PLC与触摸屏从入门到精通

岂兴明 辛宇 孙锋 张鹏◎编著

PLC YU CHUMOPING CONG RUMEN DAO JINGTONG

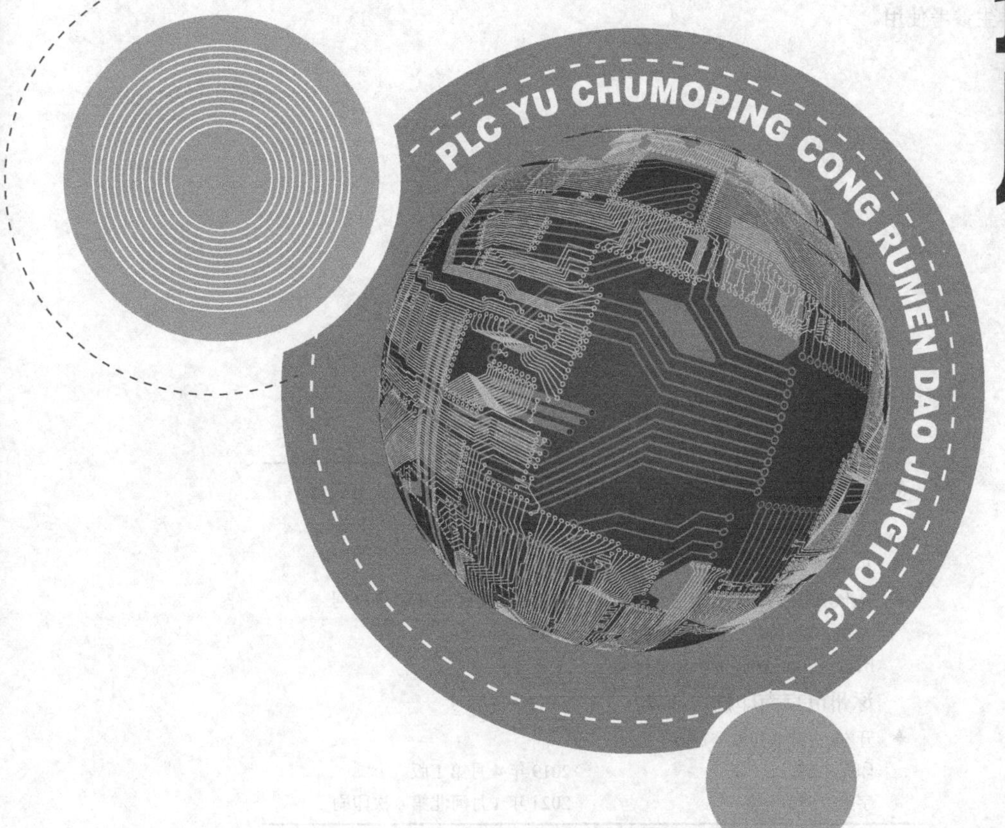

人民邮电出版社
北京

图书在版编目（C I P）数据

PLC与触摸屏从入门到精通 / 岂兴明等编著. -- 北京 : 人民邮电出版社, 2019.4（2021.1重印）
ISBN 978-7-115-50878-2

Ⅰ. ①P… Ⅱ. ①岂… Ⅲ. ①PLC技术②触摸屏 Ⅳ. ①TM571.61②TP334.1

中国版本图书馆CIP数据核字(2019)第035252号

内 容 提 要

本书首先介绍 PLC 和触摸屏的基本概念及其工作原理，然后分别介绍三菱、欧姆龙、西门子等品牌 PLC 的硬件结构、指令系统以及它们的编程软件的使用，最后从工程应用角度出发，通过多个实例深入浅出地讲解人机界面和 PLC 在工程实践中的应用方法。书中的每个实例均给出了详细的设计思路、设计步骤以及触摸屏界面。

本书可供 PLC 编程和触摸屏组态工程人员学习使用，也可供高等院校电气工程、自动化及其他相关专业的学生参考使用。

◆ 编　　著　岂兴明　辛　宇　孙　锋　张　鹏
　责任编辑　黄汉兵
　责任印制　彭志环

◆ 人民邮电出版社出版发行　　北京市丰台区成寿寺路 11 号
　邮编　100164　　电子邮件　315@ptpress.com.cn
　网址　http://www.ptpress.com.cn
　涿州市京南印刷厂印刷

◆ 开本：787×1092　1/16
　印张：27　　　　　　　　2019 年 4 月第 1 版
　字数：573 千字　　　　　2021 年 1 月河北第 4 次印刷

定价：99.00 元

读者服务热线：(010) 81055493　印装质量热线：(010) 81055316
反盗版热线：(010) 81055315

前 言

随着工业自动化技术的不断发展，各种生产设备对控制性能的要求不断提高，以 PLC 和触摸屏为代表的控制器技术不断完善与成熟，越来越多的设计者使用 PLC 来完成控制任务，可以说，PLC 已经成为工业控制系统中的一个组成部分。目前，市场上 PLC 与触摸屏的生产厂家众多，同系列的产品型号繁多，本书以主流品牌西门子、三菱和欧姆龙的产品作为讲解重点。

本书基础篇主要介绍 PLC 的基本知识和人机界面的相关知识，并介绍西门子等 3 种组态软件的安装及功能。人机界面硬件部分介绍了 CPU、触摸屏和显示器、通信模块、电源及外设，软件部分则介绍了其结构和基本功能。了解人机界面的软硬件系统结构，对使用和保养人机界面都是大有益处的。基础篇还详细讲解了西门子、三菱和欧姆龙三大厂家的组态软件及其功能，读者可以掌握组态软件的安装过程以及组态软件的功能特点。

提高篇针对不同的 PLC 和人机界面，详细讲解其基本操作步骤以及系统设计方法，还详细讲解了西门子 S7-200、三菱 Q 系列和欧姆龙 C200Hα PLC 控制系统的设计方法，硬件模块功能、选型，硬件系统构建，PLC 编程软件的安装过程及基本操作，编程软件的初步设计，并深入浅出地讲解了使用西门子 WinCC flexible 2007、欧姆龙 NTZ-Designer、GT Designer2 组态工程设计对触摸屏进行组态和模拟仿真的基本方法和技巧。

实践篇则以翔实的实际应用案例深入地讲解了 PLC 与触摸屏相结合的系统设计全过程，包括欧姆龙 PLC 及触摸屏在重型龙门铣床上的综合应用实例、S7-200 PLC 和 TP270 触摸屏的扭矩模拟量输入触摸屏组态、TP177A 在配件夹具上的应用实例、欧姆龙 C200Hα PLC 及触摸屏在轧辊车床上的应用。

本书由岂兴明、辛宇、孙锋、张鹏编著，书中如有不足与疏漏之处，望广大读者朋友批评指正。

编 者

2018 年 11 月

目 录

基础篇

第 1 章 可编程控制器概述 ······ 2

1.1 PLC 的产生与发展 ······ 2

1.1.1 PLC 的定义 ······ 2

1.1.2 PLC 技术的产生 ······ 3

1.1.3 PLC 的发展历史 ······ 4

1.1.4 PLC 技术的发展趋势 ······ 4

1.2 PLC 的特点和应用范围 ······ 6

1.2.1 PLC 的特点 ······ 6

1.2.2 PLC 的功能和应用范围 ······ 8

1.3 PLC 的基本结构 ······ 10

1.3.1 PLC 的硬件结构 ······ 10

1.3.2 PLC 的软件系统 ······ 16

1.4 PLC 的工作原理 ······ 19

1.4.1 PLC 的扫描工作方式 ······ 19

1.4.2 PLC 的输入/输出原则 ······ 21

1.4.3 PLC 的中断处理 ······ 21

1.5 可编程控制器的分类 ······ 21

1.5.1 按照 PLC 的控制规模分类 ······ 21

1.5.2 按照 PLC 的控制性能分类 ······ 22

1.5.3 按照 PLC 的结构分类 ······ 22

1.6 部分品牌 PLC 简介 ······ 23

1.6.1 西门子 PLC ······ 23

1.6.2 三菱 PLC …… 27
1.6.3 欧姆龙 PLC …… 29
1.7 本章小结 …… 31

第 2 章 触摸屏基础 …… 32

2.1 触摸屏概述 …… 32
2.1.1 触摸屏的定义 …… 32
2.1.2 触摸屏的功能与技术特点 …… 34
2.1.3 触摸屏的发展趋势 …… 36
2.2 触摸屏的分类 …… 39
2.2.1 电阻式触摸屏 …… 39
2.2.2 电容式触摸屏 …… 40
2.2.3 红外式触摸屏 …… 41
2.2.4 表面声波式触摸屏 …… 42
2.2.5 各种触摸屏特性比较 …… 43
2.3 触摸屏的基本结构及工作原理 …… 43
2.3.1 触摸屏的工作原理 …… 44
2.3.2 触摸屏的基本结构 …… 45
2.3.3 CPU 模块 …… 46
2.3.4 触摸屏模块 …… 47
2.3.5 LCD 模块 …… 48
2.3.6 串行通信模块 …… 49
2.3.7 存储模块 …… 50
2.3.8 以太网模块 …… 51
2.3.9 电源模块 …… 52
2.4 本章小结 …… 53

第 3 章 触摸屏组态软件 …… 54

3.1 组态软件简介 …… 54
3.1.1 组态软件概述 …… 54
3.1.2 组态软件主要产品 …… 56
3.2 组态软件结构 …… 58
3.2.1 按照系统环境划分 …… 59
3.2.2 按照软件功能划分 …… 60
3.3 组态软件功能 …… 61

3.3.1 图形组态功能 …… 62
3.3.2 工程管理功能 …… 63
3.3.3 数据点管理 …… 63
3.3.4 通信功能 …… 63
3.3.5 网络功能 …… 63
3.4 组态软件使用 …… 64
3.4.1 组态的典型步骤 …… 64
3.4.2 组态工程的要求 …… 65
3.5 组态软件发展趋势 …… 67
3.6 本章小结 …… 69
第 4 章 各品牌触摸屏人机界面及其组态软件 …… 70
4.1 西门子触摸屏人机界面及其组态软件 …… 70
4.1.1 西门子触摸屏及组态软件简介 …… 70
4.1.2 西门子触摸屏及组态软件安装 …… 72
4.1.3 西门子触摸屏及组态软件功能 …… 73
4.1.4 西门子触摸屏及组态软件发展 …… 74
4.2 三菱触摸屏人机界面及其组态软件 …… 74
4.2.1 三菱触摸屏及组态软件简介 …… 75
4.2.2 三菱触摸屏及组态软件安装 …… 76
4.2.3 三菱触摸屏及组态软件功能 …… 80
4.2.4 三菱触摸屏及组态软件发展 …… 82
4.3 欧姆龙触摸屏人机界面及其组态软件 …… 85
4.3.1 欧姆龙 HMI 及组态软件简介 …… 85
4.3.2 欧姆龙触摸屏组态软件安装 …… 88
4.3.3 欧姆龙 HMI 及组态软件发展 …… 91
4.4 本章小结 …… 92

提 高 篇

第 5 章 西门子 S7-200 PLC 控制系统设计方法 …… 94
5.1 S7-200 PLC 设计选型 …… 94
5.1.1 S7-200 PLC 型号 …… 94
5.1.2 S7-200 PLC 硬件选型 …… 97

5.2 S7-200 PLC 软件编程 …… 102
5.2.1 程序的基本结构 …… 102
5.2.2 存储器地址结构 …… 105
5.2.3 中断功能 …… 110
5.2.4 PTO/PWM 功能编程 …… 112
5.3 系统仿真与调试 …… 116
5.3.1 S7-200 PLC 仿真软件设置 …… 116
5.3.2 S7-200 PLC 调试 …… 119
5.4 优化设计 …… 120
5.4.1 S7-200 PLC 编程地址优化 …… 120
5.4.2 S7-200 PLC 程序组织优化 …… 121
5.5 本章小结 …… 122
第6章 三菱Q系列PLC控制系统 …… 123
6.1 三菱Q系列PLC硬件选型 …… 123
6.1.1 Q系列PLC模块分类 …… 124
6.1.2 Q系列PLC选型要点 …… 132
6.1.3 Q系列硬件系统构成 …… 136
6.2 三菱Q系列PLC软件编程 …… 138
6.2.1 软件安装 …… 139
6.2.2 软元件 …… 143
6.2.3 顺控程序 …… 146
6.3 系统调试与仿真 …… 147
6.3.1 系统调试 …… 147
6.3.2 系统仿真 …… 149
6.4 本章小结 …… 151
第7章 欧姆龙C200Hα PLC控制系统的设计方法 …… 152
7.1 C200Hα系列PLC硬件设计 …… 152
7.1.1 C200Hα系列PLC结构分类 …… 153
7.1.2 C200Hα系列PLC硬件选型 …… 155
7.2 C200Hα系列PLC软件设计 …… 165
7.2.1 创建一个工程 …… 169
7.2.2 PLC I/O表和单元设置 …… 171
7.2.3 符号地址的生成 …… 172

7.2.4 程序编辑 …… 173
7.2.5 PLC 网络配置 …… 179
7.2.6 在线模式 …… 180
7.3 C200H 系列 PLC 软件仿真 …… 181
7.4 本章小结 …… 187
第 8 章 西门子 WinCC 组态 …… 188
8.1 组态项目 …… 188
8.1.1 变量组态 …… 188
8.1.2 库的使用 …… 190
8.2 画面对象组态 …… 191
8.2.1 I/O 域组态 …… 191
8.2.2 按钮组态 …… 192
8.2.3 开关组态 …… 196
8.2.4 图形输入输出组态 …… 198
8.2.5 面板组态 …… 200
8.3 报警与用户管理 …… 202
8.3.1 组态报警 …… 202
8.3.2 报警组态 …… 204
8.3.3 用户管理 …… 207
8.4 传送与触摸屏的参数设置 …… 210
8.4.1 传送 …… 210
8.4.2 触摸屏（HMI）设备参数设置 …… 213
8.4.3 HMI 通信设备与设置 …… 215
8.5 指定运行系统属性 …… 216
8.5.1 WinCC flexible 与 STEP7 的集成属性 …… 216
8.5.2 数据存储方式与记录方式 …… 218
8.6 模拟运行与在线调试 …… 219
8.6.1 离线模拟 …… 220
8.6.2 在线模拟 …… 220
8.6.3 集成模拟 …… 221
8.7 本章小结 …… 222
第 9 章 欧姆龙 NTZ-Designer 组态工程设计 …… 223
9.1 组态项目 …… 223

9.1.1 项目创建 …… 224
9.1.2 宏设置 …… 225
9.1.3 库的使用 …… 231
9.2 画面对象组态 …… 233
9.2.1 按钮组态 …… 234
9.2.2 仪表组态 …… 241
9.2.3 各种形状图组态 …… 243
9.2.4 指示灯及动态图组态 …… 247
9.2.5 资料显示及输入组态 …… 250
9.2.6 绘图、曲线及历史记录组态 …… 253
9.3 报警信息组态 …… 259
9.3.1 报警设定 …… 259
9.3.2 报警信息组态 …… 261
9.4 人机设定 …… 262
9.4.1 常规选项 …… 262
9.4.2 通信设置 …… 263
9.4.3 默认值设定 …… 264
9.4.4 其他选项 …… 265
9.4.5 组态项目编译 …… 266
9.5 本章小结 …… 266
第10章 三菱GT Designer组态工程设计 …… 268
10.1 组态工程创建简介 …… 268
10.1.1 工程创建 …… 268
10.1.2 公共设置 …… 271
10.1.3 库的使用 …… 272
10.2 画面对象组态 …… 273
10.2.1 指示灯组态 …… 273
10.2.2 触摸开关组态 …… 275
10.2.3 数值/文本组态 …… 276
10.2.4 图表/仪表组态 …… 276
10.3 报警与用户管理 …… 277
10.3.1 报警对象功能 …… 277
10.3.2 报警和扩展报警区别 …… 278

10.4 脚本语言 …… 279
10.4.1 脚本语言功能和特点 …… 279
10.4.2 脚本语言的规格 …… 280
10.4.3 脚本语言的设置 …… 283
10.4.4 脚本语言示例 …… 284
10.5 配方组态 …… 286
10.5.1 配方介绍 …… 286
10.5.2 配方操作 …… 287
10.5.3 配方示例 …… 288
10.6 画面仿真功能 …… 289
10.6.1 画面仿真简介 …… 289
10.6.2 仿真步骤 …… 290
10.6.3 注意事项 …… 292
10.7 本章小结 …… 292
第 11 章 部分品牌触摸屏介绍 …… 293
11.1 西门子触摸屏 …… 293
11.1.1 HMI Comfort 系列触摸屏 …… 293
11.1.2 TD 400C 触摸屏 …… 294
11.1.3 TP 177micro 触摸屏 …… 295
11.1.4 HMI KP300 单色触摸屏 …… 295
11.1.5 HMI KTP300 彩色触摸屏 …… 296
11.1.6 HMI KTP1000 彩色触摸屏 …… 296
11.2 三菱触摸屏 …… 297
11.2.1 GOT1000 系列触摸屏 …… 297
11.2.2 GOT2000 系列触摸屏 …… 299
11.2.3 GS2000 系列触摸屏 …… 300
11.2.4 GT2000 系列触摸屏 …… 302
11.3 欧姆龙触摸屏 …… 303
11.3.1 NA 系列触摸屏 …… 303
11.3.2 NB 系列触摸屏 …… 304
11.3.3 NS 系列触摸屏 …… 306
11.3.4 NV 系列触摸屏 …… 307
11.3.5 NT 系列触摸屏 …… 309

11.4　本章小结…………310

实 践 篇

第 12 章　欧姆龙 C200HS PLC 及触摸屏在重型龙门铣床上的应用…………312
12.1　重型龙门铣床的概述…………312
12.1.1　龙门铣床组成…………313
12.1.2　龙门铣床电气选型…………313
12.1.3　PLC I/O 点数分配…………314
12.2　龙门铣床触摸屏画面组态…………317
12.3　龙门铣床 PLC 程序设计…………322
12.3.1　龙门铣床 PLC 梯形图程序…………322
12.3.2　龙门铣床指令助记符程序…………334
12.4　通信设置…………337
12.5　本章小结…………338
第 13 章　扭矩模拟量输入触摸屏组态…………339
13.1　组态任务…………339
13.1.1　组态描述…………339
13.1.2　变量名与 PLC 地址分配…………340
13.2　模拟量输入的触摸屏组态…………342
13.3　PLC 编程…………345
13.3.1　硬件连接图…………346
13.3.2　梯形图…………348
13.4　扭矩模拟量输入的运行与调试…………350
13.4.1　WinCC flexible 组态离线模拟…………350
13.4.2　运行与在线调试…………351
13.5　本章小结…………351
第 14 章　TP177A 在汽车配件夹具上的应用…………353
14.1　组态任务…………353
14.1.1　组态描述…………353
14.1.2　变量名与 PLC 地址分配…………354
14.2　涂油装配触摸屏组态…………356

14.2.1 主界面组态设置 ······ 356
14.2.2 操作界面组态设置 ······ 358
14.2.3 手动操作界面组态设置 ······ 360
14.2.4 调试界面组态设置 ······ 362
14.2.5 模板界面组态设置 ······ 364
14.2.6 系统设置界面组态设置 ······ 365
14.2.7 系统信息界面组态设置 ······ 366
14.2.8 项目信息界面组态设置 ······ 367
14.2.9 用户管理界面组态设置 ······ 367
14.2.10 诊断画面界面组态设置 ······ 368
14.3 PLC 编程 ······ 368
14.3.1 涂油装配工作台 ······ 368
14.3.2 端口地址分配 ······ 370
14.3.3 电气控制系统 ······ 371
14.3.4 设备控制程序 ······ 371
14.4 程序运行与调试 ······ 383
14.4.1 触摸屏与 PLC 通信连接 ······ 383
14.4.2 WinCC flexible 组态离线模拟 ······ 383
14.4.3 运行与在线调试 ······ 383
14.5 本章小结 ······ 384
第 15 章 欧姆龙 C200Hα PLC 及触摸屏在轧辊车床上的应用 ······ 385
15.1 轧辊车床的概述 ······ 385
15.1.1 C84 型轧辊车床组成 ······ 385
15.1.2 C84 型轧辊车床参数 ······ 386
15.1.3 C84125 型轧辊车床控制系统构成及其选型 ······ 387
15.2 轧辊车床硬件接线及地址分配 ······ 390
15.2.1 C200HS PLC 输入/输出硬件接线 ······ 390
15.2.2 主轴及刀架回路单元硬件接线 ······ 393
15.2.3 PLC 地址分配 ······ 395
15.3 轧辊车床触摸屏画面组态 ······ 399
15.3.1 主轴画面组态 ······ 399
15.3.2 刀架画面组态 ······ 401
15.3.3 液压站组态 ······ 403

15.3.4　速度显示组态和报警组态……403
15.4　C84125 型轧辊车床 PLC 程序设计……403
15.4.1　主轴控制部分……403
15.4.2　左刀架程序部分……408
15.4.3　轧辊车床的指令助记符程序……412
15.5　轧辊车床 PLC 与人机界面的连接……415
15.6　本章小结……416
参考文献……418

基础篇

第 1 章　可编程控制器概述

第 2 章　触摸屏基础

第 3 章　触摸屏组态软件

第 4 章　各品牌触摸屏人机界面及其组态软件

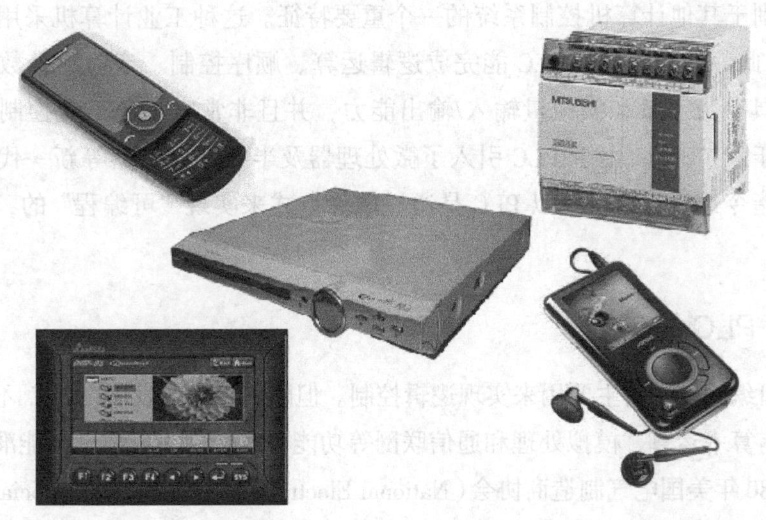

第1章 可编程控制器概述

可编程控制器（Programmable Logic Controller）简称 PLC，它是在电器控制技术和计算机技术的基础上开发出来的，并逐渐发展成为以微处理器为核心，把自动化技术、计算机技术、通信技术融为一体的一种新型工业自动化控制装置。PLC 将传统的继电器控制技术和现代计算机信息处理技术的优点有机地结合起来，具有结构简单、性能优越、可靠性高等优点，在工业自动化控制领域得到了广泛的应用，被公认为现代工业自动化的三大支柱（PLC、机器人、CAD/CAM）之一。本章将主要介绍 PLC 的发展历史以及相关技术的发展历程，进而概述 PLC 的工作原理，并详细讨论 PLC 的功能特点以及结构组成，最后对西门子、三菱和欧姆龙三个品牌的 PLC 型号和性能进行了简单介绍。

1.1 PLC 的产生与发展

可编程控制器是一种数字运算操作的电子系统，即计算机。不过 PLC 是专为在工业环境下应用而设计的工业计算机，具有很强的抗干扰能力、广泛的适应能力和应用范围，这也是其区别于其他计算机控制系统的一个重要特征。这种工业计算机采用“面向用户的指令”，因此编程更方便。PLC 能完成逻辑运算、顺序控制、定时、计数和算术运算等操作，还具有数字量和模拟量输入/输出能力，并且非常容易与工业控制系统连成一个整体，易于“扩充”。由于 PLC 引入了微处理器及半导体存储器等新一代电子器件，并用规定的指令进行编程，所以 PLC 是通过软件方式来实现“可编程”的，程序修改灵活、方便。

1.1.1 PLC 的定义

早期的可编程控制器主要用来实现逻辑控制。但随着技术的发展，PLC 不仅有逻辑运算功能，还有算术运算、模拟处理和通信联网等功能。PLC 这一名称已不能准确反映其功能。因此，1980 年美国电气制造商协会（National Electrical Manufacturers Association，NEMA）将它命名为可编程序控制器（Programmable Controller），并简称 PC。但是由于个人计算机（Personal Computer）也简称为 PC，为避免混淆，后来仍习惯称其为 PLC。

为使 PLC 生产和发展标准化，1987 年国际电工委员会（International Electrotechnical

Commission）颁布了可编程序控制器标准草案第三稿，对可编程序控制器定义如下：“可编程序控制器是一种数字运算操作的电子系统，专为在工业环境下应用而设计。它采用可编程序的存储器，用来在其内部存储执行逻辑运算、顺序控制、定时、计数和算术运算等操作的指令，并通过数字式和模拟式的输入和输出，控制各种类型的机械或生产过程。可编程序控制器及其有关外围设备，都应按易于与工业系统连成一个整体、易于扩充其功能的原则设计。”

定义强调了 PLC 应用于工业环境，必须具有很强的抗干扰能力、广泛的适应能力和广阔的应用范围，这是区别于一般微机控制系统的重要特征。

综上所述，可编程序控制器是专为工业环境应用而设计制造的计算机。PLC 具有丰富的输入/输出接口，并具有较强的驱动能力。但可编程序控制器产品并不是针对某一具体工业应用的，在实际应用时，其硬件需根据实际需要进行选用配置，其软件需要根据控制需求进行设计编制。

1.1.2　PLC 技术的产生

20 世纪 20 年代，继电器控制系统开始盛行。继电器控制系统就是将继电器、定时器、接触器等电器件按照一定的逻辑关系连接起来而组成的控制系统。由于继电器控制系统结构简单、操作方便、价格低廉，在工业控制领域一直占据着主导地位。但是继电器控制系统也具有明显的缺点：体积大、噪音大、能耗大、动作响应慢、可靠性差、维护性差、功能单一、采用硬连线逻辑控制、设计安装调试周期长、通用性和灵活性差等。

1968 年，美国通用汽车公司（GM）为了提高竞争力，更新汽车生产线，以便将生产方式从少品种大批量转变为多品种小批量，公开招标一种新型工业控制器。为尽可能减少更换继电器控制系统的硬件及连线，缩短重新设计、安装、调试周期，降低成本，GM 提出了以下十条技术指标。

① 编程方便，可现场编辑及修改程序；

② 维护方便，最好是插件式结构；

③ 可靠性高于继电器控制装置；

④ 数据可直接输入管理计算机；

⑤ 输入电压可为市电 115V（国内 PLC 产品电压多为 220V）；

⑥ 输出电压可以为市电 115V，电流大于 2A，可直接驱动接触器、电磁阀等；

⑦ 用户程序存储器容量大于 4KB；

⑧ 体积小于继电器控制装置；

⑨ 扩展时系统变更最少；

⑩ 成本与继电器控制装置相比，有一定的竞争力。

1969 年，美国数字设备公司（DEC）根据上述要求，研制出了世界上第一台可编程控制器（PLC）：型号为 PDP-14 的一种新型工业控制器。它把计算机的完备功能、灵活及通用等优点和继电器控制系统的简单易懂、操作方便、价格便宜等优点结合起来，制成了一种适合于工业环境的通用控制装置，并把计算机的编程方法和程序输入方式加以简化，用"面向控制过程，面向对象"的"自然语言"进行编程，使不熟悉计算机的人也能方便地使用。它在 GM 公司的汽车生产线上首次应用成功，取得了显著的经济效益，开创了工业控制的新局面。

1.1.3 PLC 的发展历史

PLC 问世时间虽然不长，但是随着微处理器的出现，大规模、超大规模集成电路技术的迅速发展和数据通信技术、自动控制技术、网络技术的不断进步，PLC 也在迅速发展。其发展过程大致可分为以下 5 个阶段。

（1）从 1969 年到 20 世纪 70 年代初期

CPU 由中小规模数字集成电路组成，存储器为磁芯式存储器；控制功能比较简单，主要用于定时、计数及逻辑控制。产品没有形成系列，应用范围不是很广泛，与继电器控制装置比较，可靠性有一定的提高，但仅仅是其替代产品。

（2）20 世纪 70 年代末期

采用 CPU 微处理器、半导体存储器，使整机的体积减小，而且数据处理能力获得很大提高，增加了数据运算、传送、比较、模拟量运算等功能。产品已初步实现了系列化，并具备软件自诊断功能。

（3）从 20 世纪 70 年代末期到 20 世纪 80 年代中期

由于大规模集成电路的发展，PLC 开始采用 8 位和 16 位微处理器，使数据处理能力和速度大大提高；PLC 开始具备一定的通信能力，为实现 PLC 分散控制、集中管理奠定了重要基础；软件上开发出了面向过程的梯形图语言及助记符语言，为 PLC 的普及提供了必要条件。在这一时期，发达的工业化国家在多种工业控制领域开始应用 PLC 控制。

（4）从 20 世纪 80 年代中期到 20 世纪 90 年代中期

超大规模集成电路促使 PLC 完全计算机化，CPU 已经开始采用 32 位微处理器；数学运算、数据处理能力大大提高，增加了运动控制、模拟量 PID 控制等，联网通信能力进一步加强；PLC 在功能不断增加的同时，体积在减小，可靠性更高。在此期间，国际电工委员会颁布了 PLC 标准，使 PLC 向标准化、系列化发展。

（5）从 20 世纪 90 年代中期至今

不仅实现了特殊算术运算的指令化，通信能力也进一步加强。

1.1.4 PLC 技术的发展趋势

PLC 诞生不久就在工业控制领域占据了主导作用，日本、法国、德国等国家相继研制成各自的 PLC。PLC 技术随着计算机和微电子技术的发展而迅速发展，由最初的 1 位机发展到现在的 16 位、32 位高性能微处理器，而且实现了多处理器的多通道处理，通信技术使 PLC 的应用得到了进一步的发展。PLC 技术的发展趋势是向高集成化、小体积、大容量、高速度、使用方便、高性能和智能化方向发展。具体表现在以下几个方面。

1. 小型化、低成本

随着微电子技术的发展，大幅度地提高了新型器件的功能并降低成本，使 PLC 结构更为紧凑，一些 PLC 只有手掌大小，PLC 的体积越来越小，使用起来越来越方便灵活。同时，PLC 的功能不断提升，将原来大、中型 PLC 才具有的功能移植到小型 PLC 上，如模拟量处理，数据通信和其他更复杂的功能指令，而价格却在不断下降。

2. 大容量、模块化

大型 PLC 采用多处理器系统，有的采用了 32 位微处理器，可同时进行多任务操作，处理速度大幅提高，特别是增强了过程控制和数据处理功能。另外，存储容量也大大增加。所以，PLC 的另一个发展方向是大型 PLC 具有上万个输入/输出量，广泛应用于石化、冶金、汽车制造等领域。

PLC 的扩展模块发展迅速，大量特定的复杂功能由专用模块来完成，主机仅仅通过通信设备箱模块发布命令和测试状态。PLC 的系统功能进一步增强，控制系统设计进一步简化，如计数模块、位置控制和位置检测模块、闭环控制模块、称重模块等。尤其是，PLC 与个人计算机技术相结合后，使得 PLC 的数据存储、处理功能大大增强；计算机的硬件技术也越来越多地应用于 PLC 上，并可以使用多种语言编程，可以直接与个人计算机相连进行信息传递。

3. 多样化和标准化

各个 PLC 生产商均在加大力度开发新产品，以求更大的市场占有率。因此，PLC 产品正在向多样化方向发展，出现了欧、美、日等多个流派。与此同时，为了避免各种产品间的竞争而导致技术不兼容，国际电工委员会（IEC）不断为 PLC 的发展制定一些新的标准，对各种类型的产品进行归纳或定义，对 PLC 未来发展制定方向。目前越来越多的 PLC 生产厂家均能提供符合 IEC 1131–3 标准的产品，甚至还推出了按照 IEC 1131–3 标准设计的“软件 PLC”在个人计算机上运行。

4. 网络通信增强

目前 PLC 可以支持多种工业标准总线，使联网更加简单。计算机与 PLC 之间以及各个 PLC 之间的联网和通信能力不断增强，使工业网络可以有效地节省资源、降低成本，提高系统的可靠性和灵活性。

5. 人机交互

PLC 可以配置操作面板、触摸屏等人机对话手段，不仅为系统设计开发人员提供了便捷的调试手段，还为用户提供了一个掌控 PLC 运行状态的窗口。在设计阶段，设计开发人员可以通过计算机上的组态软件，方便快捷地创建各种组件，设计效率大大提高；在调试阶段，调试人员可以通过操作面板、状态指示灯、触摸屏等反馈的报警、故障代码，迅速定位故障源，分析排除各类故障；在运行阶段，用户操作人员可以方便地根据反馈的数据和各类状态信息掌控 PLC 的运行情况。

1.2 PLC 的特点和应用范围

1.2.1 PLC 的特点

PLC 专为工业环境下应用而设计，以用户需要为主，采用先进的微型计算机技术，所以具有以下几个显著特点。

1. 可靠性高、抗干扰能力强

PLC 由于选用了大规模集成电路和微处理器，使系统器件数大大减少，而且在硬件和软件的设计制造过程中采取了一系列隔离和抗干扰措施，使它能适应恶劣的工作环境，所以具有很高的可靠性。PLC 控制系统平均无故障工作时间可达到 2 万小时以上，高可靠性是 PLC 成为通用自动控制设备的首选条件之一。PLC 的使用寿命一般在 4 万 ~ 5 万小时以上，西门子、ABB 等品牌的微小型 PLC 寿命可达 10 万小时以上。在机械结构设计与制造工艺上，为使 PLC 更安全、可靠地工作，采取了很多措施以确保 PLC 耐振动、耐冲击、耐高温（有些产品的工作环境温度达 80 ~ 90℃）。另外，软件与硬件还采取了一系列提高可靠性和抗干扰的措施，如系统硬件模块冗余、采用光电隔离、掉电保护、对干扰的屏蔽和滤波、在运行过程中运行模块热插拔、设置故障检测与自诊断程序以及其他措施等。

（1）硬件措施

主要模块均采用大规模或超大规模集成电路，大量开关动作由无触点的电子存储器完成，I/O 系统设计有完善的通道保护和信号调理电路。

① 对电源变压器、CPU、编程器等主要部件，采用导电、导磁良好的材料进行屏蔽，以防外界干扰；

② 对供电系统及输入线路采用多种形式的滤波，如 LC 或 π 型滤波网络，以消除或抑制高频干扰，也削弱了各种模块之间的相互影响；

③ 对微处理器这个核心部件所需的+5V 电源，采用多级滤波，并用集成电压调节器进行调整，以减小交流电网的波动和过电压、欠电压的影响；

④ 在微处理器与 I/O 电路之间，采用光电隔离措施，有效地隔离 I/O 接口与 CPU 之间的联系，减少故障和误动作；各 I/O 口之间亦彼此隔离；

⑤ 采用模块式结构有助于在故障情况下短时修复。一旦查出某一模块出现故障，能迅

速替换，使系统恢复正常工作；同时也有助于加快查找故障原因。

（2）软件措施

PLC 编程软件具有极强的自检和保护功能。

① 采用故障检测技术，软件定期检测外界环境，如掉电、欠电压、锂电池电压过低及强干扰信号等，以便及时进行处理；

② 采用信息保护与恢复技术，当偶发性故障条件出现时，不破坏 PLC 内部的信息。一旦故障条件消失，就可以恢复正常，继续执行原来的程序。所以，PLC 在检测到故障条件时，立即把现状态存入存储器，软件配合对存储器进行封闭，禁止对存储器的任何操作，以防止存储信息被冲掉；

③ 设置警戒时钟 WDT，如果程序每循环执行时间超过了 WDT 的规定时间，预示了程序进入死循环，立即报警；

④ 加强对程序的检查和校验，一旦程序有错，立即报警，并停止执行；

⑤ 停电后，利用后备电池供电，有关状态和信息就不会丢失。

2. 通用性强、控制程序可变、使用方便

PLC 品种齐全的各种硬件装置，可以组成能满足各种要求的控制系统，用户不必自己再设计和制造硬件装置。用户在硬件确定以后，在生产工艺流程改变或生产设备更新的情况下，不必改变 PLC 的硬件设备，只需更改程序就可以满足要求。因此，PLC 除应用于单机控制外，在工厂自动化中也被大量采用。

实现对系统的各种控制是非常方便的。首先，PLC 控制逻辑的建立是通过程序实现的，而不是硬件连线，更改程序比更改接线方便得多；其次，PLC 的硬件高度集成化，已集成为各种小型化、系列化、规格化、配套的模块。各种控制系统所需的模块，均可在市场上选购到各 PLC 厂家提供的丰富产品。因此，硬件系统配置与选择同样方便。

用户可以根据工程控制的实际需要，选择 PLC 主机单元和各种扩展单元进行灵活配置，提高系统的性价比，若生产过程对控制功能要求提高，则 PLC 可以方便地对系统进行扩充，如通过 I/O 扩展单元来增加输入/输出点数，通过多台 PLC 之间或 PLC 与上位机的通信，来扩展系统的功能；利用屏幕显示进行编程和监控，便于修改和调试程序，易于故障诊断，缩短维护周期。设计开发在计算机上完成，采用梯形图 LAD、语句表 STL 和功能块图 FBD 等编程语言，还可以利用编程软件相互转换，满足不同层次工程技术人员的需求。

目前，大多数 PLC 仍采用继电控制形式的梯形图编程方式。既继承了传统控制线路的清晰直观，又考虑到大多数工厂企业电气技术人员的读图习惯及编程水平，所以非常容易接受和掌握。梯形图语言的编程元件符号和表达方式与继电器控制电路原理图相当接近。通过阅读 PLC 的用户手册或短期培训，电气技术人员和技术工人很快就能学会梯形图编制控制程序。同时还提供了功能图、语句表等编程语言。

3. 体积小、重量轻、能耗低、维护方便

PLC 是将微电子技术应用于工业设备的产品，其结构紧凑，坚固、体积小、重量轻、能耗低。并且，由于 PLC 的强抗干扰能力，易于安装在各类机械设备的内部。例如，三菱公司的 FX_{2N}-48MR 型 PLC：外形尺寸仅为 182mm×90mm×87mm，重量 0.89kg，能耗 25W；而且具有很好的抗振、适应环境温度、湿度变化的能力。在系统的配置上既固定又灵活，输入/输出可达 24 ~ 128 点。PLC 还具有故障检测和显示功能，使故障处理时间缩短为 10min，对维护人员的技术水平要求也不太高。

由于 PLC 采用了软件来取代继电器控制系统中大量的中间继电器、时间继电器、计数器等器件，控制柜的设计安装接线工作量大为减少。同时，PLC 的用户程序可以在实验室模拟调试，减少了现场的调试工作量。并且，由于 PLC 的低故障率、很强的监视功能、模块化等特点，使得维修极为方便。

4. 功能强大，灵活通用

现代 PLC 不仅有逻辑运算、计时、计数、顺序控制等功能，还具有数字和模拟量的输入输出、功率驱动、通信、人机对话、自检、记录显示等功能，既可控制一台生产机械、一条生产线，又可控制一个生产过程。

目前 PLC 的功能全面，几乎可以满足大部分工程生产自动化控制的要求。这主要是与 PLC 具有丰富的处理信息的指令系统及存储信息的内部器件有关。PLC 的指令多达几十条、几百条，可进行各式各样的逻辑问题处理，还可以进行各种类型数据的运算。PLC 内存中的数据存储器种类繁多，容量宏大。I/O 继电器可以存储 I/O 信息，少则几十、几百，多达几千、几万，甚至十几万条。PLC 内部集成了继电器、计数器、计时器等功能，并可以设置成失电保持或失电不保存，即通电后予以清零，以满足不同系统的使用要求。PLC 还提供了丰富的外部设备，可建立友好的人机界面，进行信息交换。PLC 可送入程序、送入数据，也可读出程序、读出数据。

PLC 不仅精度高，而且可以选配多种扩展模块、专用模块，功能几乎涵盖了工业控制领域的所有需求。随着计算机网络技术的迅速发展，通信和联网功能在 PLC 上迅速崛起，将网络上层的大型计算机的强大数据处理能力和管理功能与现场网络中 PLC 的高可靠性结合起来。利用这种新型的分布式计算机控制系统，可以实现远程控制和集散系统控制。

1.2.2 PLC 的功能和应用范围

PLC 是一种专门为当代工业生产自动化而设计开发的数字运算操作系统。可以把它简单理解成，专为工业生产领域而设计的计算机。目前，PLC 已经广泛地应用于钢铁、石化、机械制造、汽车、电力等各个行业，并取得了可观的经济效益。特别是在发达的工业国家，PLC 已广泛应用于所有工业领域。随着性能价格比的不断提高，PLC 的应用领域还将不断扩大。因此，PLC 不仅拥有现代计算机所拥有的全部功能，同时，PLC 还具有一些为适应工业生产而特有的功能。

1. 开关量逻辑控制

开关量逻辑控制是 PLC 的最基本功能，PLC 的输入/输出信号都是通/断的开关信号，而且输入/输出的点数可以不受限制。在开关量逻辑控制中，PLC 已经完全取代了传统的继电器控制系统，实现了逻辑控制和顺序控制。目前，许多行业用 PLC 进行开关量控制编辑，如机场电气控制、电梯运行控制、汽车装配、啤酒灌装生产线等。

2. 运动控制

PLC 可用于直线运动或圆周运动的控制。目前制造商已经提供了拖动步进电动机或伺服电动机的单轴或多轴位置控制模块，即把描述目标位置的数据送给模块，模块移动单轴或多轴到目标位置。当每个轴运动时，位置控制模块保持适当的速度和加速度，确保运动平稳。PLC 还提供了变频器控制的专用模块，能够实现对变频电机的转差率控制、矢量控制、直接转矩控制、*U/f* 控制方式。PLC 的运动控制功能广泛应用于各种机械场合，如金属切削机床、金属成型机械、装配机械、机器人、电梯等场合。

3. 闭环过程控制

过程控制是指对温度、压力、流量等连续变化的模拟量的闭环控制。PLC 通过模块实现 A/D、D/A 转换，能够实现对模拟量的控制，包括对稳定、压力、流量、液位等连续变化模拟量的 PID 控制。现代的大中型 PLC 一般都有 PID 闭环控制功能，这一功能可以用 PID 子程序或专用的 PID 模块来实现。其 PID 闭环控制功能已经广泛应用于锅炉、冷冻、核反应堆、水处理、酿酒等领域。

4. 数据处理

现代的 PLC 具有数学运算（包括函数运算、逻辑运算、矩阵运算）、数据处理、排序和查表、位操作等功能；可以完成数据的采集、分析和处理，也可以和存储器中的参考数据相比较，并将这些数据传递给其他智能装备。有些 PLC 还具有支持顺序控制与数字控制设备紧密结合，实现 CNC 功能。数据处理一般用于大、中型控制系统中。

5. 通信联网

PLC 的通信包括 PLC 与 PLC 之间、PLC 与上位计算机及其他智能设备之间的通信。PLC 与计算机之间具有串行通信接口，利用双绞线、同轴电缆将他们连成网络，实现信息交换。PLC 还可以构成“集中管理、分散控制”的分布式控制系统。联网可以增加系统的控制规模，甚至可以实现整个工厂生产的自动化控制。

目前，PLC 控制技术已在世界范围内广为流行，国际市场竞争相当激烈，产品更新也很快，用 PLC 设计自动控制系统已成为世界潮流。PLC 作为通用自动控制设备，可用于单一机电设备的控制，也可用于工艺过程的控制，而且控制精度相当高，操作简便，又具有很大的灵活性和可扩展性，所以 PLC 广泛应用于机械制造、冶金、化工、交通、电子、电力、纺织、印刷、食品等几乎所有工业行业。

1.3 PLC 的基本结构

PLC 的基本结构包括两部分：硬件系统和软件系统。硬件系统是 PLC 的物理基础，而软件系统则像人的大脑，处理各种控制流程。各个品牌的硬件系统虽然有些差别，但是其基本结构是一样的，随着科学技术的发展，还在不断地更新，性能也越来越强大；而各个品牌的软件系统差别就比较大，其编程的指令结构都有很大的不同。因此，各个品牌的 PLC 虽然硬件系统原理相似，但是由于指令系统的差异，工程实践中难以实现不同品牌之间 PLC 的互换。

1.3.1 PLC 的硬件结构

PLC 是微机技术和控制技术相结合的产物，是一种以微处理器为核心的用于控制的特殊计算机。因此，PLC 的基本组成与一般的微机系统相似。

PLC 的种类繁多，但是其结构和工作原理基本相同。PLC 虽然专为工业现场应用而设计，但是依然采用了典型的计算机结构，主要是由中央处理器（CPU）、储存器（EPRAM、ROM）、输入/输出单元、扩展 I/O 接口、电源几大部分组成。小型的 PLC 多为整体式结构，中、大型 PLC 则多为模块式结构。

如图 1-1 所示，对于整体式 PLC，所有部件都装在同一机壳内。而模块式 PLC 的各部件独立封装成模块，各模块通过总线连接，安装在机架或导轨上（如图 1-2 所示）。无论是哪种结构类型的 PLC，都可根据用户需要进行配置和组合。

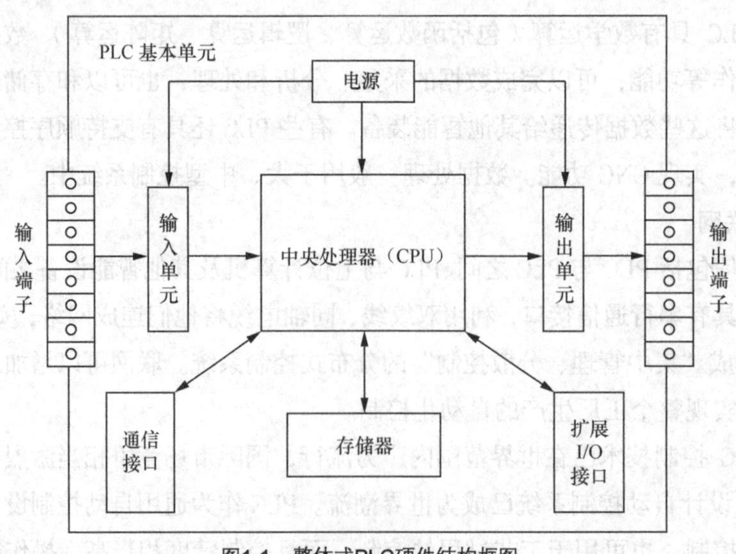

图1-1 整体式PLC硬件结构框图

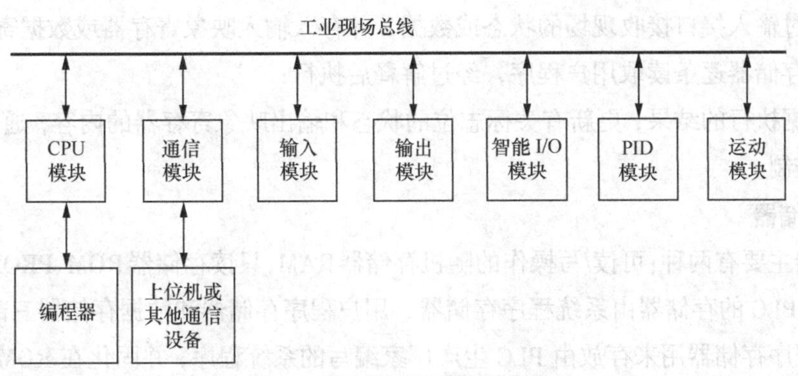

图1-2　模块式PLC硬件结构框图

1. 中央处理器（CPU）

同一般的微机一样，CPU 是 PLC 的核心。PLC 中所配置的 CPU 可分为三类：通用微处理器（如 Z80、8086、80286 等）、单片微处理器（如 8031、8096 等）和位片式微处理器（如 AMD29W 等）。小型 PLC 大多采用 8 位通用微处理器和单片微处理器；中型 PLC 大多采用 16 位通用微处理器或单片微处理器；大型 PLC 大多采用高速位片式微处理器。

目前，小型 PLC 为单 CPU 系统，而中、大型 PLC 则大多为双 CPU 系统，甚至有些 PLC 中配置了多达 8 个 CPU。对于双 CPU 系统，一般一个为字处理器，另外一个为位处理器。字处理器为主处理器，用于执行编程器接口功能，监视内部定时器，监视扫描时间，处理字节指令以及对系统总线和位处理器进行控制等。位处理器为从属处理器，主要用于位操作指令和实现 PLC 编程语言向机器语言的转换。位处理器的采用提高了 PLC 的速度，使 PLC 更好地满足实时控制要求。

CPU 的主要任务包括：控制用户程序和数据的接受与存储；用扫描的方式通过 I/O 部件接受现场的状态或数据，并存入输入映像寄存器中；诊断 PLC 内部电路的工作故障和编程中的语法错误等；PLC 进入运行状态后，从存储器中逐条读取用户指令，经过命令解释后按指令规定的任务进行数据传递、逻辑或算术运算等；根据运算结果，更新有关标志物的状态和输出映像存储器的内容，再经输出部件实现输出控制、制表打印或数据通信等功能。

不同型号的 PLC 其 CPU 芯片是不同的，有些采用通用的 CPU 芯片，有些采用厂家自行设计的专用 CPU 芯片。CPU 芯片的性能关系到 PLC 处理控制信号的能力和速度，CPU 位数越高，系统处理的信息量越大，运算速度越快。PLC 的功能随着 CPU 芯片技术的发展而提高和增强。

在 PLC 中 CPU 按系统程序赋予的功能，指挥 PLC 有条不紊地进行工作，归纳起来主要有以下几个方面。

① 接收从编程器输入的用户程序和数据；

② 诊断电源、PLC 内部电路的工作故障和编程中的语法错误等；

③ 通过输入接口接收现场的状态或数据，并存入输入映象寄存器或数据寄存器中；

④ 从存储器逐条读取用户程序，经过解释后执行；

⑤ 根据执行的结果，更新有关标志位的状态和输出映象寄存器的内容，通过输出单元实现输出控制。

2. 存储器

存储器主要有两种：可读/写操作的随机存储器RAM，只读存储器ROM、PROM、EPROM、EEPROM。PLC 的存储器由系统程序存储器、用户程序存储器和数据存储器三部分组成。

系统程序存储器用来存放由 PLC 生产厂家编写的系统程序，并固化在 ROM（只读存储器）内，用户不能直接更改。它使 PLC 具有基本的功能，能够完成 PLC 设计者规定的各项工作。系统程序质量的好坏，在很大程度上决定了 PLC 的运行，使整个 PLC 按部就班地工作。

① 系统管理程序，它主要控制 PLC 的运行，使整个 PLC 按部就班地工作；

② 用户指令解释程序，通过用户指令解释程序，将 PLC 的编程语言变为机器语言指令，再由 CPU 执行这些指令。

③ 标准程序模块与系统调用，包括许多不同功能的子程序及其调用管理程序，如完成输入输出及特殊运算等的子程序，PLC 的具体工作都是由这部分程序来完成的，这部分程序的多少也决定了 PLC 性能的高低。

用户程序存储器（程序区）和功能存储器（数据区）总称为用户存储器。用户程序存储器用来存放用户根据控制任务而编写的程序。用户程序存储器根据所选用的存储器单元类型的不同，可以使 RAM（随机存储器）、EPROM（紫外线可擦除 ROM）或 EEPROM 储存器，其内容可以由用户任意修改或增减。用户功能存储器是用来存放用户程序中使用器件的（ON/OFF）状态/数值数据等。在数据区中，各类数据存放的位置都有严格的划分，每个存储单元有不同的地址编号。用户存储器容量的大小，关系到用户程序容量的大小，是反映 PLC 性能的重要指标之一。

用户程序是随 PLC 的控制对象的需要编制的。由用户根据对象生产工艺和控制要求而编制的应用程序。为了便于读出、检查和修改，用户程序一般存于 CMOS 静态 RAM 中，用锂电池作为后备电源，以保证掉电时不会丢失信息。为了防止干扰对 RAM 中程序的破坏，当用户程序运行正常，不需要改变时，可将其固化在程序存储器 EPROM 中。现在许多 PLC 直接采用 EEPROM 作为用户存储器。

工作数据是 PLC 运行过程中经常变化、经常存取的一些数据。存放在 RAM 中，以适应随机存取的要求。在 PLC 的工作数据存储器中，设有存放输入/输出继电器、辅助继电器、定时器、计数器等逻辑器件的存储区，这些器件的状态都是由用户程序的初始化设置和运行情况而确定的。根据需要，部分数据在掉电后，用后备电池维持其现有的状态，这部分在掉电时可保存数据的存储区域为保持数据区。

3. 输入/输出单元

输入/输出单元通常也称为 I/O 单元，是 PLC 与工业生产现场之间的连接部件。PLC 通过输入接口可以检测被控对象的各种数据，以这些数据作为 PLC 对被控对象进行控制的依据；同时 PLC 又通过输出接口将处理后的结果送给被控制对象，以实现控制的目的。

由于外部输入设备和输出设备所需的信号电平是多种多样的，而 PLC 内部 CPU 处理的信息只能是标准电平，所以 I/O 接口要实现这种转换。I/O 接口一般都具有光电隔离和滤波功能，以提高 PLC 的抗干扰能力。另外，I/O 接口上通常还有状态指示，工作状况直观，便于维护。

输入/输出单元包含两部分：接口电路和输入/输出映像寄存器。接口电路用于接收来自用户设备的各种控制信号，如限位开关、操作按钮、选择开关、行程开关以及其他传感器的信号。通过接口电路将这些信号转换成 CPU 能够识别和处理的信号，并存入输入映像寄存器。运行时 CPU 从输入映像寄存器读取输入信息并进行处理，将处理结果放到输出映像寄存器中。输入/输出映像寄存器由输出点相对的触发器组成，输出接口电路将其由弱电控制信号转换成现场需要的强电信号输出，以驱动电磁阀、接触器、指示灯等被控设备的执行元件。

PLC 提供了多种操作电平和驱动能力的 I/O 接口，有各种各样功能的 I/O 接口供用户选用。由于在工业生产现场工作，PLC 的输入/输出接口必须满足两个基本要求：抗干扰能力强；适应性强。输入/输出接口必须能够不受环境的温度、湿度、电磁、振动等因素的影响；同时又能够与现场各种工业信号相匹配。目前，PLC 能够提供的接口单元包括以下几种：数字量（开关量）输入、数字量（开关量）输出、模拟量输入、模拟量输出等。

（1）开关量输入接口

开关量输入接口把现场的开关量信号转换成 PLC 内部处理的标准信号。为防止各种干扰信号和高电压信号进入 PLC，影响其可靠性或造成设备损坏，现场输入接口电路一般都有滤波电路和耦合隔离电路。滤波有抗干扰的作用，耦合隔离有抗干扰及产生标准信号的作用。耦合隔离电路的关键器件是光耦合器，一般由发光二极管和光敏晶体管组成。

（2）开关量输出接口

开关量输出接口把 PLC 内部的标准信号转换成执行机构所需的开关量信号。开关量输出接口按 PLC 内部使用电器件可分为继电器输出型、晶体管输出型和晶闸管输出型。每种输出电路都采用电气隔离技术，输出接口本身不带电源，电源由外部提供，而且在考虑外接电源时，还需考虑输出器件的类型。继电器型输出接口可用于直流及交流两种电源，但接通断开的频率低；晶体管型输出接口有较高的通断频率，但是只适用于直流驱动的场合，晶闸管型输出接口却仅适用于交流驱动场合。

为了使 PLC 避免瞬间大电流冲击而损坏，输出端外部接线必须采取保护措施：在输入

/输出公共端设置熔断器保护；采用保护电路对交流感性负载一般用阻容吸收回路，对直流感性负载使用续流二极管。由于 PLC 的输入/输出端是靠光电耦合的，在电气上完全隔离，因此输出端的信号不会反馈到输入端，也不会产生地线干扰或其他串扰。因此，PLC 输入/输出端具有很高的可靠性和极强的抗干扰能力。

（3）模拟量输入接口

模拟量输入接口把现场连续变化的模拟量标准信号转换成适合 PLC 内部处理的数字信号。模拟量输入接口能够处理标准模拟量电压和电流信号。由于工业现场中模拟量信号的变化范围并不标准，所以在送入模拟量接口前，一般需要经转换器处理。如图 1–3 所示，模拟量信号输入后一般经运算放大器放大后，再进行滤波、转换开关、A/D 转换，再经光电耦合转换为 PLC 的数字信号传递给数据总线。

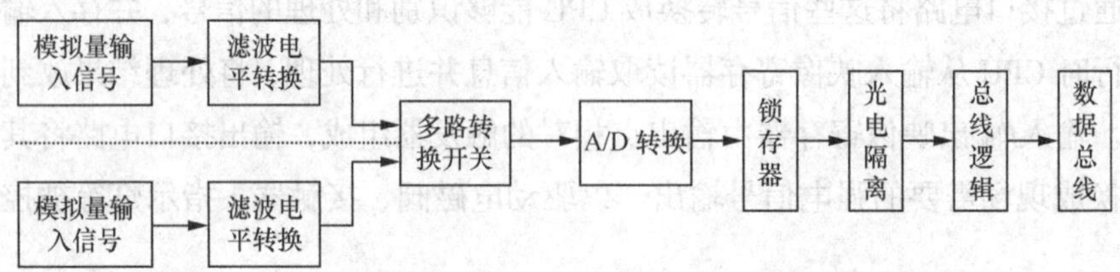

图1-3　模拟量输入接口的内部结构框图

（4）模拟量输出接口

如图 1–4 所示，模拟量输出接口将 PLC 运算处理后的数字信号转换成相应的模拟量信号输出，以满足工业生产过程中现场所需的连续控制信号的需求。模拟量输出接口一般包括：光电隔离、D/A 转换、多路转换开关、输出保持等环节。

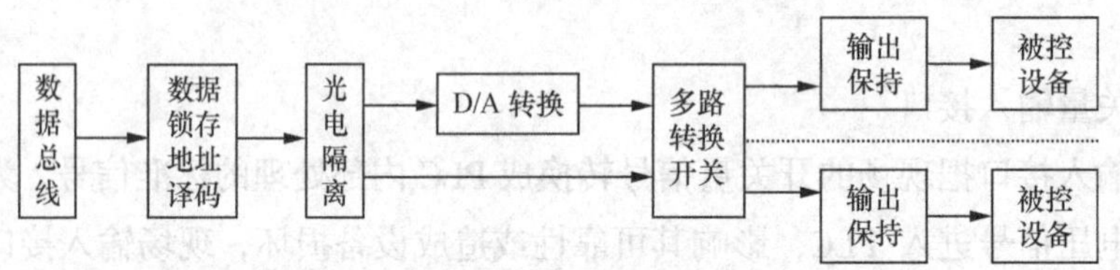

图1-4　模拟量输出接口的内部结构框图

4. 智能接口模块

智能接口模块是一个独立的计算机系统模块，它有自己的 CPU、系统程序、存储器、与 PLC 系统总线相连的接口等。智能接口模块是为了适应较复杂的控制工作而设计的，作为 PLC 系统的一个模块，通过总线与 PLC 相连，进行数据交换，如高速计数器工作模块、闭环控制模块、运动控制模块、中断控制模块、温度控制模块等。

5. 通信接口模块

PLC 配有多种通信接口模块，这些通信模块大多配有通信处理器。PLC 通过这些通信接口可与监视器、打印机、其他 PLC、计算机等设备实现通信。PLC 与打印机连接，可将过程信息、系统参数等输出打印；与监视器连接，可将控制过程图像显示出来；与其他设

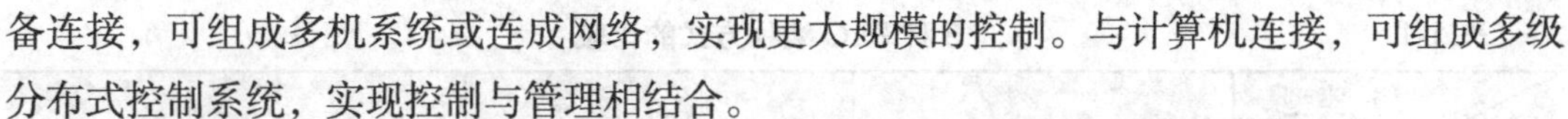

备连接，可组成多机系统或连成网络，实现更大规模的控制。与计算机连接，可组成多级分布式控制系统，实现控制与管理相结合。

6. 电源部件

电源部件就是将交流电转换成 PLC 正常运行的直流电。PLC 配有开关电源，小型整体式可编程控制器内部有一个开关式稳压电源。电源一方面可为 CPU 板、I/O 板及控制单元提供工作电源（5V DC），另一方面可为外部输入元件提供 24V DC（200mA）。与普通电源相比，PLC 电源的稳定性好、抗干扰能力强。对电网提供的电源稳定度要求不高，一般运行电源电压在其额定值 ±15%的范围内波动。一般使用的是 220V 的交流电源，也可以选配到 380V 的交流电源。由于工业环境存在大量的干扰源，这就要求电源部件必须采取较多的滤波环节，还需要集成电压调整器以适应交流电网的电压波动，对过电压和欠电压都有一定的保护作用。另外，还需要采取较多的屏蔽措施来防止工业环境中的空间电磁干扰。常用的电源电路有串联稳压电源、开关式稳压电路和变压器的逆变式电路。

7. 编程装置

编程装置的作用是编制、编译、调试和监视用户程序，也可在线监控 PLC 内部状态和参数，与 PLC 进行人机对话。它是开发、应用、维护 PLC 不可或缺的工具。编程装置可以是专用编程器，也可以是配有专用编程软件包的通用计算机系统。专用编程器是有厂家生产，专供该厂家生产的 PLC 产品使用，它主要由键盘、显示器和外存储器接插口等部件组成。专用编程器分简易型和智能型两种：简易编程器和智能编程器。

简易型的编程器只能进行联机编程，且往往需要将梯形图转化成机器语言助记符（指令表）后，才能输入。它一般由简易键盘和发光二极管或其他显示器件组成。简易编程器体积小、价格低，可以直接插在 PLC 的编程插座上，或者用专用电缆与 PLC 连接，以方便编程和调试。有些简易编程器带有存储盒，可用来存储用户程序，如三菱的 FX-20P-E 简易编程器。

智能型的编程器又称图形编程器，不仅可以联机编程，还可以脱机编程，具有 LCD 或 CRT 图形显示功能，也可以直接输入梯形图并通过屏幕进行交换。本质上它就是一台专用便携计算机，如三菱的 GP-80FX-E 智能型编程器。使用更加直观、方便，但价格较高，操作也比较复杂。大多数智能编程器带有磁盘驱动器，提供录音机接口和打印机接口。

专用编程器只能对特定厂家的几种 PLC 进行编程，使用范围有限，价格较高。同时，由于 PLC 产品的不断更新换代，导致专用编程器的生命周期也很有限。因此，现在的趋势是使用以个人计算机为支持的编程装置，用户只需购买 PLC 厂家提供的编程软件和应用的硬件接口装置。这样，用户只用较少的投资即可得到高性能的 PLC 程序开发系统。

如表 1-1 所示，PLC 编程可采用的 3 种方式分别具有各自的优缺点。

表 1-1　　3 种 PLC 编程方式的比较

类型 / 比较项目	简易型编程器	智能型编程器	计算机组态软件
编程语言	语句表	梯形图	梯形图、语句表等
效率	低	较高	高
体积	小	较大	大（需要计算机连接）
价格	低	中	适中
适用范围	容量小、用量少产品的组态编程及现场调试	各型产品的组态编程及现场调试	各型产品的组态编程，不易于现场调试

8. 其他部件

PLC 还可以选配的外部设备包括：编程器、EPROM 写入器、外部储存器卡（盒）、打印机、高分辨率大屏幕彩色图形监控系统、工业计算机等。

EPROM 写入器是用来将用户程序固化到 EPROM 存储器中的一种 PLC 外部设备。为了使调试好的用户程序不易丢失，经常用 EPROM 写入器将用户程序从 PLC 内的 RAM 保存到 EPROM 中。

PLC 可用外部的磁带、磁盘、存储盒等来存储 PLC 的用户程序，这次存储器件成为外存储器。外存储器一般是通过编程器或其他智能模块提供的接口，实现与内部存储器之间相互传递用户程序。

综上所述，PLC 主机在构成实际硬件系统时，至少需要建立两种双向信息交换通道，最基本的构造包括 CPU 模块、电源模块、输入/输出模块。通过不断地扩展模块，来实现各种通信、计数、运算等功能；通过人为灵活地变更控制规律，来实现对生产过程或某些工业参数的自动控制。

1.3.2　PLC 的软件系统

软件是 PLC 的“灵魂”。当 PLC 硬件设备搭建完成后，通过软件来实现控制规律，高效地完成系统调试。PLC 的软件系统包括系统程序和用户程序。系统程序是 PLC 设备运行的基本程序；用户程序使 PLC 能够实现特定的控制规律和预期的自动化功能。

1. 系统程序

系统程序是由 PLC 制造厂商设计编写的，并存入 PLC 的系统存储器中，用户不能直接读写与更改。系统程序一般包括系统诊断程序、输入处理程序、编译程序、信息传递程序、监控程序等。PLC 的系统程序有以下三种类型。

（1）系统管理程序

系统管理程序控制着系统的工作节拍，包括 PLC 运行管理（各种操作的时间分配）、存储器空间管理（生成用户数据区）和系统自诊断管理（如电源、系统出错、程序语法、句法检验等）。

（2）编辑和解释程序

编辑程序将用户程序变成内码形式，以便于程序进行修改、调试。解释程序能将编程语言转变为机器语言，以便 CPU 操作运行。

（3）标准子程序与调用管理程序

为提高运行速度，在程序执行中某些信息处理（如 I/O 处理）或特殊运算等是通过调用标准子程序来完成的。

2. 用户程序

控制一个任务或者过程，是通过在 RUN 模式下，使主机循环扫描并连续执行用户程序来实现的，用户程序决定了一个控制系统的功能。程序的编制可以使用编程软件在计算机或者其他专用编程设备中进行（如图形输入设备、编程器等）。

用户程序在存储器空间也称为组织块（OB），它处于最高层次，可以管理其他块，可采用各种语言（如 STL、LAD、FBD 等）来编制。不同机型的 CPU，其程序空间容量也不同。用户程序的结构比较简单，一个完整的用户控制程序应当包含一个主程序（OB1）、若干子程序和若干中断程序 3 部分。

用编程软件在计算机上编程时，利用编程软件的程序结构窗口双击主程序、子程序和中断程序的图标，即可进入各程序块的编程窗口。编译时编程软件自动对各程序段进行连接。

PLC 的用户程序是用户利用 PLC 的编程语言，根据控制要求编制的程序。在 PLC 的应用中，最重要的是用 PLC 的编程语言来编写用户程序，以实现控制目的。根据系统配置和控制要求而编辑的用户程序，是 PLC 应用于工程控制的一个最重要的环节。由于 PLC 是专门为工业控制而开发的装置，其主要使用者是广大电气技术人员，为了满足他们的传统习惯，PLC 的主要编程语言采用比计算机语言相对简单、易懂、形象的专用语言。PLC 的编程语言多种多样，不同的 PLC 厂家提供的编程语言也不尽相同。常用的编程语言包括以下 3 种。

（1）梯形图（LAD）

梯形图（LAD）编程语言是从继电器控制系统原理图的基础上演变而来的。PLC 的梯形图与继电器控制系统梯形图的基本思想是一致的，只是在使用符号和表达方式上有一定区别。梯形图是使用最多的 PLC 图形编程语言，具有直观易懂的优点，很容易被工厂熟悉继电器控制的人员掌握，特别适合于数字量逻辑控制。

梯形图由触点、线圈和用方框表示的指令框组成。触点代表逻辑输入条件，如外部的开关、按钮和内部条件等。线圈通常代表逻辑运算的结果，常用来控制外部的指示灯、交流接触器和内部的标志位等。指令框用来表示定时器、计数器或者数学运算等附加指令。使用编程软件可以直接生成和编辑梯形图，并将它下载到 PLC。

图 1-5 所示为简单的梯形图，触点和线圈等组成的独立电路称为网络（Network），编

程软件自动为网络编号。与其对应的语句表如图 1-6 所示。

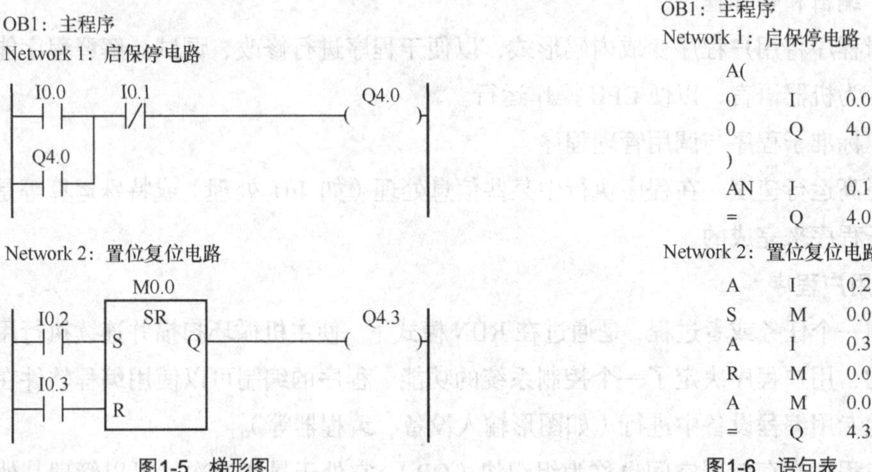

图1-5 梯形图　　图1-6 语句表

梯形图的一个关键概念是“能流”（Power Flow），这仅是概念上的“能流”。如图 1-5 所示，把左边的母线假想为电源的“火线”，而把右边的母线假想为电源的“零线”。如果有“能流”从左至右流向线圈，则线圈被激励；如果没有“能流”，则线圈未被激励。“能流”可以通过激励（ON）的常开触点和未被激励（OFF）的常闭触点自左向右流动。“能流”在任何时候都不会通过触点自右向左流动。如图 1-5 中所示，当 I0.0 和 I0.1 或者 Q4.0 和 I0.1 触点都接通后，线圈 Q4.0 才能接通（被激励），只要其中一个触点不接通，线圈就不会接通。

要强调指出的是，引入“能流”的概念，仅仅是为了和继电接触器控制系统相比较，可以对梯形图有一个深入的认识，其实“能流”在梯形图中是不存在的。

梯形图中的触点和线圈可以使用物理地址，如 I0.1、Q4.0 等。如果在符号表中对某些地址定义了符号，如令 I0.0 的符号为“启动”，在程序中可用符号地址“启动”来代替物理地址 I0.1，使程序便以阅读和理解。

用户可以在网络号的右边加上网络的标题，在网络号的下面为网络加上注释。还可以选择在梯形图下面自动加上该网络中使用符号的信息（Symbol Information）。

如果将两块独立电路放在同一个网络内将会出错。如果没有跳转指令，网络中程序的逻辑运算按从左到右的方向执行，与“能流”的方向一致。网络之间按从上到下的顺序执行，执行完所有的网络后，下一次循环返回最上面的网络（网络 1）重新开始执行。

（2）语句表（STL）

语句表（STL）编程语言类似于计算机中的助记符语言，它是 PLC 最基础的编程语言。所谓语句表编程，使用一个或者几个容易记忆的字符来代表 PLC 的某种操作功能。它是一种类似于微机的汇编语言中的文本语言，多条语句组成一个程序段。语句表比较适合经验丰富的程序员使用，可以实现某些不能用梯形图或者功能块图表示的功能。图 1-6 所示为与图 1–5 梯形图所对应的语句表。

（3）功能块图（FBD）

功能块图（FBD）使用类似于布尔代数的图形逻辑符号来表示控制逻辑。一些复杂的功能（如数学运算功能等）用指令框来表示，有数字电路基础的人很容易掌握。功能块图用类似于与门、或门的方框来表示逻辑运算关系，方框的左侧为逻辑运算的输入变量，右侧为输出变量，输入、输出端的小圆圈表示“非”运算，方框被“导线”连接在一起，信号自左向右流动。

利用 FBD 可以查看到像普通逻辑门图形的逻辑盒指令。它没有梯形图编程器中的触点和线圈，但有与之等价的指令，这些指令是作为盒指令出现的，程序逻辑由这些盒指令之间的连接决定。也就说，一个指令（如 AND 盒）的输出可以用来允许另一个指令（如定时器），这样可以建立所需要的控制逻辑。这样的连接思想可以解决范围广泛的逻辑问题。FBD 编程语言有利于程序流的跟踪，但在目前使用较少。与图 1–5 梯形图相对应的功能块图如图 1–7 所示。

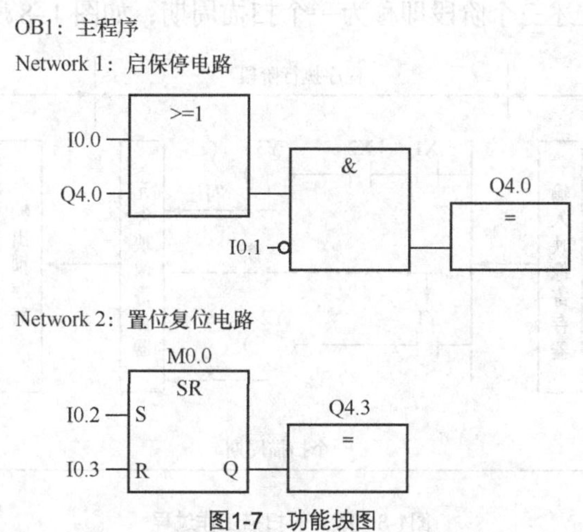

图1-7 功能块图

1.4 PLC 的工作原理

PLC 的工作原理建立在计算机基础上，故其 CPU 以分时操作方式来处理各项任务，即串行工作方式，而继电器–接触器控制系统是实时控制的，即并行工作方式。那么如何让串行工作方式的计算机系统完成并行方式的控制任务呢？通过可编程控制器的工作方式和工作过程的说明，可以理解 PLC 的工作原理。

1.4.1 PLC 的扫描工作方式

PLC 控制器程序的执行是按照程序设定的顺序依次完成相应的电器的动作，PLC 采用的是一个不断循环的顺序扫描工作方式。每一次扫描所用的时间称为扫描周期或工作周期。CPU 从第一条指令执行开始，按顺序逐条地执行用户程序直到用户程序结束，然后返回第一条指令，开始新的一轮扫描，PLC 就是这样周而复始地重复上述循环扫描。

PLC 的工作方式是用串行输出的计算机工作方式实现并行输出的继电器-接触器工作方式，其核心手段就是循环扫描。每个工作循环的周期必须足够小以至于我们认为是并行控制。PLC 运行时，是通过执行反映控制要求的用户程序来完成控制任务的，需要执行众多的操作，但 CPU 不可能同时去执行多个操作，它只能按分时操作（串行工作）方式，每一次执行一个操作，按顺序逐个执行。由于 CPU 的运算处理速度很快，所以从宏观上来看，PLC 外部出现的结果似乎是同时（并行）完成的。这种循环工作方式称为 PLC 的循环扫描工作方式。

用扫描工作方式执行用户程序时，扫描是从第一条指令开始的，在无中断或跳转控制的情况下，按程序存储顺序的先后逐条执行用户程序，直到程序结束。然后再从头开始扫描执行，重复运行。

一般来说，当 PLC 开始运行后，其工作过程可以分为输入采样阶段、程序执行阶段和输出刷新阶段。完成上述三个阶段即称为一个扫描周期，如图 1-8 所示。

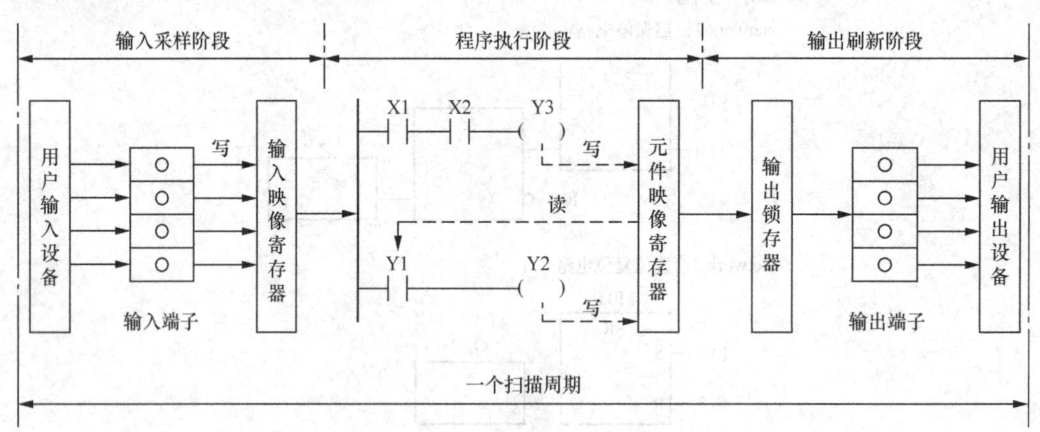

图1-8 PLC的扫描工作过程

1. 输入采样阶段

PLC 在输入采样阶段，首先扫描所有输入端子，并将各输入状态存入对应的输入映像寄存器中，此时，输入映像寄存器被刷新，接着进入程序执行阶段。在程序执行阶段或输出刷新阶段，输入元件映像寄存器与外界隔绝，无论输入信号如何变化，其内容均保持不变，直到下一个扫描周期的输入采样阶段才将输入端的新内容重新写入。

2. 程序执行阶段

PLC 根据梯形图程序扫描原则，按先左后右、先上后下的顺序逐行扫描，执行一次程序。结果存入元件映像寄存器中。但遇到程序跳转指令时，则根据跳转条件是否满足来决定程序的跳转地址。当指令中设计输入、输出状态时，PLC 就从输入映像寄存器“读入”上一阶段采入的对应输入端子状态，从元件映像寄存器“读入”对应元件的当前状态。然后进行相应的运算，运算结果再存入元件映像寄存器中。对于元件映像寄存器，每个元件（除输入映像寄存器外）的状态会随着程序的执行而发生变化。

3. 输出刷新阶段

在所有指令执行完毕后，输出映像寄存器中所有输出继电器的状态（"1"或"0"）在输出刷新阶段被转存到输出锁存器中。再通过一定的方式输出，驱动外部负载。

1.4.2 PLC 的输入/输出原则

根据 PLC 的工作原理和工作特点，可以归纳出 PLC 在处理输入/输出时的一般原则。

① 输入映像寄存器的数据取决于输入端子板上各输入点在上一刷新周期的接通和断开状态；

② 程序执行结果取决于用户所编程序和输入/输出映像寄存器的内容及其他各元件映像寄存器的内容；

③ 输出映像寄存器的数据取决于输出指令的执行结果；

④ 输出锁存器中的数据，由上一次输出刷新期间输出映像寄存器中的数据决定；

⑤ 输出端子的接通和断开状态，由输出锁存器决定。

1.4.3 PLC 的中断处理

综上所述，外部信号的输入总是通过可编程控制器扫描由"输入传送"来完成，这就不可避免地带来了"逻辑滞后"。PLC 能像计算机那样采用中断输入的方法，即当有中断申请信号输入后，系统会中断正在执行的程序而转去执行相关的中断子程序；系统有多个中断源时，按重要性有一个先后顺序的排队；系统能由程序设定允许中断或禁止中断。

1.5 可编程控制器的分类

目前，PLC 的品种很多，性能和型号规格也不统一，结构形式、功能范围各不相同，一般按外部特性进行如下分类。

1.5.1 按照 PLC 的控制规模分类

（1）小型 PLC

小型 PLC 的 I/O 点数一般在 128 以下，其中 I/O 点数小于 64 的为超小型或微型 PLC。其特点是体积小、结构紧凑，整个硬件融为一体，除了开关量 I/O 以外，还可以连接模拟量 I/O 以及其他各种特殊功能模块。它能执行逻辑运算、计时、计数、算术运算、数据处理和传送、通信联网以及各种应用指令。结构形式多为整体式。小型 PLC 产品应用的比例最高。

（2）中型 PLC

中型 PLC 的 I/O 点数一般在 256～2048，采用模块化结构，程序存储容量小于 13KB，可完成较为复杂的系统控制。I/O 的处理方式除了采用 PLC 一般通用的扫描处理方式外，还能采用直接处理方式，通信联网功能更强，指令系统更丰富，内存容量更大，扫描速度更快。

（3）大型 PLC

大型 PLC 的 I/O 点数一般在 2048 以上，采用模块化结构，程序存储容量大于 13KB。大型 PLC 的软、硬件功能极强，具有极强的自诊断功能。通信联网功能强，可与计算机构成集散型控制以及更大规模的过程控制，形成整个工厂的自动化网络，实现工厂生产管理自动化。

1.5.2 按照 PLC 的控制性能分类

（1）低档 PLC

主要以逻辑运算为主，具有逻辑运算、定时、计数、移位以及自诊断、监控等基本功能，还可有少量的模拟量输入/输出、算术运算、数据传送和比较、通信等功能。一般用于单机或小规模过程。

（2）中档 PLC

除了具有低档 PLC 的功能以外，加强了对开关量、模拟量的控制，提供了数字运算能力，如算术运算、数据传送和比较、数值转换、远程 I/O、子程序等，而且加强了通信联网功能。可用于小型连续生产过程的复杂逻辑控制和闭环调节控制。

（3）高档 PLC

除了具有中档 PLC 的功能以外，增加了带符号算术运算、矩阵运算、位逻辑运算、平方根运算及其他特殊功能函数运算、制表及表格传送等。高档 PLC 进一步加强了通信联网功能，适用于大规模的过程控制。

1.5.3 按照 PLC 的结构分类

根据结构形式的不同，PLC 可分为整体式和模块式两种。

（1）整体式 PLC

将 I/O 接口电路、CPU、存储器、稳压电源封装在一个机壳内，通常称为主机。主机两侧分装有输入、输出接线端子和电源进线端子，并有相应的发光二极管指示输入/输出的状态。通常小型或微型 PLC 常采用这种结构，适用于简单控制的场合，如西门子的 S7-200 系列、松下的 FP1 系列、三菱的 FX 系列产品等。

（2）模块式 PLC

模块式 PLC 为总线结构，在总线板上有若干个总线插槽，每个插槽上可安装一个 PLC

模块，不同的模块实现不同的功能，根据控制系统的要求来配置相应的模块，如 CPU 模块（包括存储器）、电源模块、输入模块、输出模块以及其他高级模块、特殊模块等。大型的 PLC 通常采用这种结构，一般用于比较复杂的控制场合，如西门子的 S7-300/400 系列、三菱的 Q 系统产品等。

1.6　部分品牌 PLC 简介

1.6.1　西门子 PLC

1. 西门子 S7-200 系列 PLC

S7-200 系列 PLC 是德国西门子公司设计和生产的一类小型 PLC。S7-200 系列的最小配置为 8DI/6DO，可扩展 2 ~ 7 个模块，最大 I/O 点数为 64DI/64DO、12AI/4AO。它具有功能强大（许多功能已经能够达到大、中型 PLC 的水平）、体积小、价格低廉等优点。

S7-200 推出的 CPU22*系列 PLC（它是 CPU21*的替代产品）系统具有多种可供选择的特殊功能模块和人机界面（HMI），所以其系统容易集成，并且可以非常方便地组成 PLC 网络。它同时拥有功能齐全的编程和工业控制组态软件，因此，在设计控制系统时更加方便、简单，可以完成大部分的控制任务。

S7-200 系列 PLC 属于小型机，采用整体式结构。因此，配置系统时，当输入/输出端口数量不足时，可以通过扩展端口来增减输入/输出的数量，也可以通过扩展其他模块的方式来实现不同的控制功能。S7-200 系列 PLC 由于带有部分输入/输出单元，既可以单机运行，也可以扩展其他模块运行。其特点是结构简单、体积较小，具有比较丰富的指令集，能实现多种控制功能，具有非常好的性价比，所以广泛应用于各个行业之中。

CPU22*系列 PLC 的主机，即 CPU 模块的外形图如图 1-9 所示。该模块包括中央处理器 CPU、数字 I/O、通信口及电源，这些器件都被集成到一个紧凑独立的设备中。该模块的主要功能为：采集的输入信号通过中央处理器运算后，将生成结果传给输出装置，然后输出点输出控制信号，驱动外部负载。

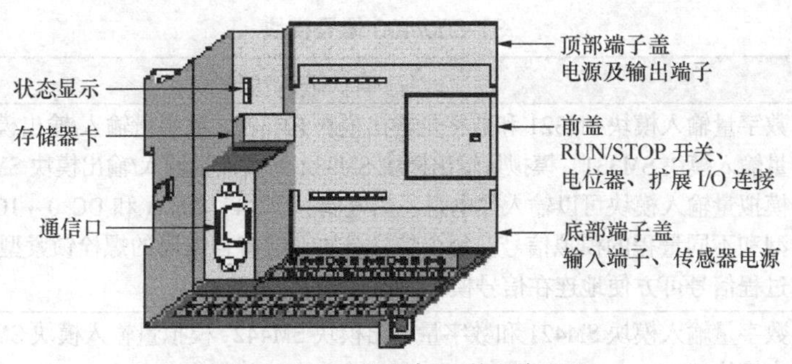

图1-9　CPU22*系列PLC的主外形图

2. 西门子 S7-300/400 系列 PLC

S7-300 系列为中小型 PLC，最多可扩展 32 个模块；而中高档性能的 S7-400 系列，最多可扩展 300 多个模块。S7-300/400 系列 PLC 均采用模块式结构，各种单独模块之间可以进行广泛组合和扩展。它的主要组成部分有机架（或者导轨）、电源（PS）模块、中央处理单元（CPU）模块、接口模块（IM）、信号模块（SM）、功能模块（FM）和通信处理器（CP）模块。品种繁多的 CPU 模块、信号模块和功能模块能满足各种领域的自动控制任务，用户可以根据系统的具体情况选择合适的模块，维修时更换模块也很方便。当系统规模扩大和更为复杂时，可以增加模块，对 PLC 进行扩展。简单实用的分布式结构和强大的通信联网能力，使其应用十分灵活。近年来，它被广泛应用于机床、纺织机械、包装机械、通用机械、控制系统、普通机床、楼宇自动化、电器制造工业及相关产业等诸多领域。

SIMATIC S7-300/400 系列 PLC 提供了多种不同性能的 CPU 模块，以满足用户不同的要求，如表 1-2 所示。不同的 CPU 有不同的性能，如有的 CPU 模块集成有数字量和模拟量输入/输出点，有的 CPU 集成有 PROFIBUS-DP 等通信接口。CPU 模块前面板上有状态故障指示灯、模式开关、24V 电源端子、电池盒、存储器模块盒（有的 CPU 没有）等。

表 1-2　　S7-300/400 中央处理单元

PLC 类别	中央处理单元介绍
S7-300	S7-300 PLC 的 CPU 模块种类有 CPU312 IFM、CPU313、CPU314、CPU315、CPU315-2DP 等。CPU 模块除完成执行用户程序的主要任务外，还为 S7-300 PLC 背板总线提供 DC 5V 电源，并通过 MPI 与其他中央处理器或者编程装置通信
S7-400	S7-400 PLC 的 CPU 模块种类有 CPU412-1、CPU413-1/413-2 DP、CPU414-1/414-2 DP、CPU416-1 等。S7-400 PLC 的 CPU 模块都具有实时时钟功能、测试功能、内置两个通信接口等特点

信号模块是数字量输入/输出模块和模拟量输入/输出模块的总称，它们使不同的过程信号电压或者电流与 PLC 内部的信号电平匹配，S7-300/400 系列 PLC 的信号模块如表 1-3 所示。

表 1-3　　S7-300/400 信号模块

PLC 类别	信号模块介绍
S7-300	数字量输入模块 SM321 和数字量输出模块 SM322，数字量输入/输出模块 SM323、模拟量输入模块 SM331、模拟量输出模块 SM332 和模拟量输入/输出模块 SM334 和 SM335。模拟量输入模块可以输入热电阻、热电偶、DC 4～20mA 和 DC 0～10V 等多种不同类型和不同量程的模拟信号。每个信号模块都配有自编码的螺栓锁紧型前连接器，外部过程信号可方便地连在信号模块前连接器上
S7-400	数字量输入模块 SM421 和数字量输出模块 SM442，模拟量输入模块 SM431 和模拟量输出模块 S432

3. 西门子 S7-1200 系列 PLC

如图 1-10 所示，S7-1200 是一款紧凑型、模块化的 PLC，可完成简单逻辑控制、高级逻辑控制、HMI 和网络通信等任务。具有支持小型运动控制系统、过程控制系统的高级应用功能，可实现简单却高度精确的自动化任务。S7-1200 控制器实现了模块化和紧凑型设计，功能强大、投资安全并且完全适合各种应用。

S7-1200 可实现最高标准工业通信的通信接口以及一整套强大的集成技术功能，使该控制器成为完整、全面的自动化解决方案的重要组成部分。HMI 基础面板的性能经过优化，旨在与这个新控制器以及强大的集成工程组态完美兼容，可确保实现简化开发、快速启动、精确监控和最高等级的可用性。

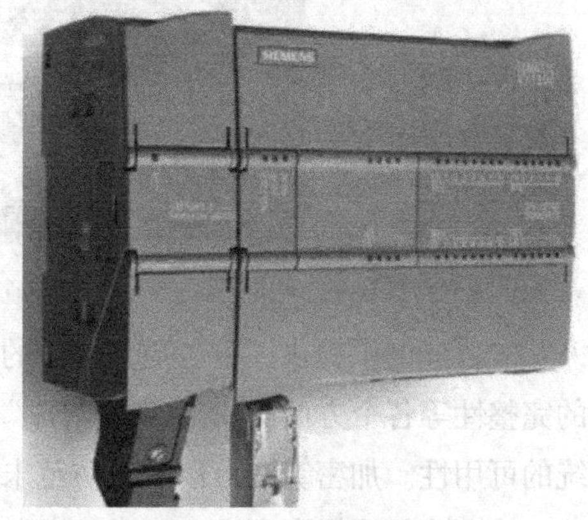

图1-10　S7-1200系列PLC

S7-1200 系统有 5 种不同模块，分别为 CPU1211C、CPU1212C、CPU1214C、CPU1215C 和 CPU1217C。每一种模块都可以进行扩展，以满足系统需要。例如，可在任何 CPU 的前方加入一个信号板，扩展数字或模拟量 I/O，同时不影响控制器的实际大小。可将信号模块连接至 CPU 的右侧，进一步扩展数字量或模拟量 I/O 容量。CPU1212C 可连接 2 个信号模块，CPU1214C、CPU1215C 和 CPU1217C 可连接 8 个信号模块。最后，所有的 S7-1200 CPU 控制器的左侧均可连接 3 个通信模块，便于实现端到端的串行通信。

所有的 S7-1200 硬件都有内置的卡扣，可简单方便地水平或竖直安装在标准的 35 mm DIN 导轨上。这些内置的卡扣也可以卡入到已扩展的位置，当需要安装面板时，可提供安装孔。在安装过程中，S7-1200 模块化的紧凑系统节省了宝贵的空间。例如，经过测量，CPU 1214C 的宽度仅为 110 mm，CPU 1212C 和 CPU 1211C 的宽度仅为 90 mm。

4. 西门子 S7-1500 系列 PLC

如图 1-11 所示，S7-1500 采用模块化结构，各种功能皆具有可扩展性。每个控制器中都包含有以下组件：一个中央处理器（自带液晶显示屏），用于执行用户程序；一个或多个电源；信号模块，用作输入/输出；相应的工艺模块和通信模块。S7-1500 不是通过扩展机架，而是通过分布式 I/O 进行扩展的。S7-1500 有标准型、工艺型、紧凑型、高防护等级型、分布式和开放式、故障安全型 CPU，和基于 PC 的软控制器，CPU 带有显示屏。ET 200SP CPU 兼备 S7-1500 的功能，其身形小巧、价格便宜。

S7-1500 带有 3 个 PROFINET 接口。其中，两个端口具有相同的 IP 地址，适用于现场级通信；第三个端口具有独立的 IP 地址，可集成到公司网络中。通过 PROFINET IRT，可定义响应时间并确保高度精准的设备性能。

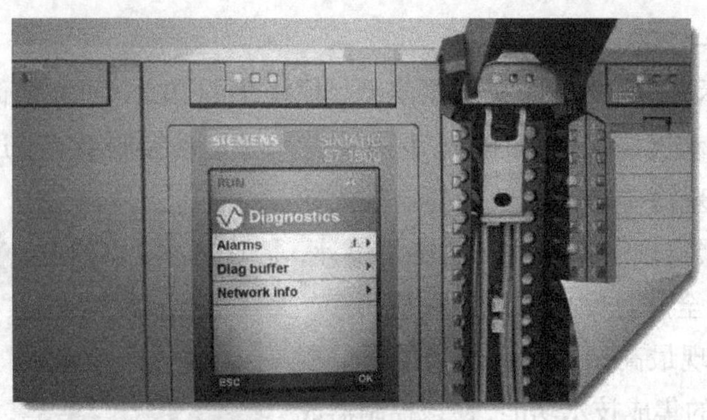

图1-11 S7-1500系列PLC

S7-1500 中提供了一种更为全面的安全保护机制，包括授权级别、模块保护以及通信的完整性等各个方面。“信息安全集成”机制除了可以确保投资安全，而且还可持续提高系统的可用性。加密算法可以有效防范未经授权的访问和修改。这样可以避免机械设备被仿造，从而确保了投资安全。可通过绑定 SIMATIC 存储卡或 CPU 的序列号，确保程序无法在其他设备中运行。这样程序就无法拷贝，而且只能在指定的存储卡或 CPU 上运行。访问保护功能提供一种全面的安全保护功能，可防止未经授权的项目计划更改。采用为各用户组分别设置访问密码，确保具有不同级别的访问权限。此外，安全的 CP 1543-1 模块的使用，更是加强了集成防火墙的访问保护。系统对传输到控制器的数据进行保护，防止对其进行未经授权的访问。控制器可以识别发生变更的工程组态数据或者来自陌生设备的工程组态数据。

S7-1500 中集成有诊断功能，无需再进行额外编程。统一的显示机制可将故障信息以文本方式显示在 TIA、HMI、Web server 和 CPU 的显示屏上。整个系统中集成有包含软硬件在内的所有诊断信息。无论是在本地还是通过 Web 远程访问，文本信息和诊断信息的显示都完全相同，从而确保所有层级上的投资安全。在测试、调试、诊断和操作过程中，通过对端子和标签进行快速便捷的显示分配，节省了大量操作时间。发生故障时，可快速准确地识别受影响的通道，从而缩短了停机时间，并提高了工厂设备的可用性。TRACE 功能适用于所有 CPU，不仅增强了用户程序和运动控制应用诊断的准确性，同时还极大优化了驱动装置的性能。

S7-1500 是 S7-300/400 的升级换代产品。S7-1200/1500 与 S7-300/400 的程序结构相同，用户程序由代码块和数据块组成。代码块包括组织块、函数和函数块，数据块包括全局数据块和背景数据块

S7-1200/1500 与 S7-300/400、S7-200 的指令有较大的区别。S7-1200/1500 的指令包含了 S7-300/400 的库中的某些函数、函数块、系统函数和系统函数块。S7-1200 的指令集是 S7-1500 指令集的子集。S7-1200/1500 的指令集的功能比 S7-300/400 的更强，表达方式更为简洁。例如，S7-1200/1500 的“转换值”指令 CONVERT（CONV）的输入、输出参数可

以设置为十多种数据类型，包含了 S7-300/400 多条指令的功能。S7-1200 与 S7-1500 的诊断功能和诊断方法基本上相同，S7-1500 还可以用 CPU 的显示屏进行诊断。S7-1200/1500 的 CPU 均有 PROFINET 以太网接口，通过该接口可以与计算机、人机界面、PROFINET I/O 设备和其他 PLC 通信，支持多种通信协议。S7-1200/1500 还可以实现 PROFIBUS-DP 通信。S7-1200 与 S7-1500 具有很多相同的通信功能，其组态和编程方法相同。S7-1500 的通信功能更强大一些。

1.6.2　三菱 PLC

1. 三菱 FX 系列 PLC

FX 系列 PLC 是由三菱公司近年来推出的高性能小型可编程控制器，已逐步替代三菱公司 F 系列 PLC 产品。近几年来又连续推出了将众多功能凝集在超小型机壳内的 FX0S、FX1S、FX0N、FX1N、FX2N、FX2NC 等系列 PLC 实现了微型化和产品多样化，具有较高的性能价格比。它们采用整体式和模块式相结合的叠装式结构。并且有很强的网络通信功能，能够满足大多数要求较高的系统的需要，在工程实际中应用广泛。

如图 1-12 所示，FX 系列 PLC 产品，包括 FX1S/1N/2N/3U 4 种基本类型，适合于大多数单机控制的场合，是三菱公司 PLC 产品中用量最大的一种 PLC 系列产品。在 FX1S/1N/2N/3U 4 种基本类型中，PLC 性能依次提高，特别是用户程序存储器容量、内部继电器、定时器、计数器的数量等方面均依次大幅度提高。在通信功能方面，FX1S 系列 PLC 一般只能通过 RS-232、RS-485、RS-422 等标准接口与外部设备、计算机以及 PLC 之间进行数据通信。FX1N/2N/3U 系列产品则在 FX1S 的基础上增加了现场 AS-i 接口通信功能与 CC-Link 网络通信功能。另外，FX1N/2N/3U 还可以与外部设备、计算机以及 PLC 之间进行网络数据的传输，通信功能得到进一步增强。

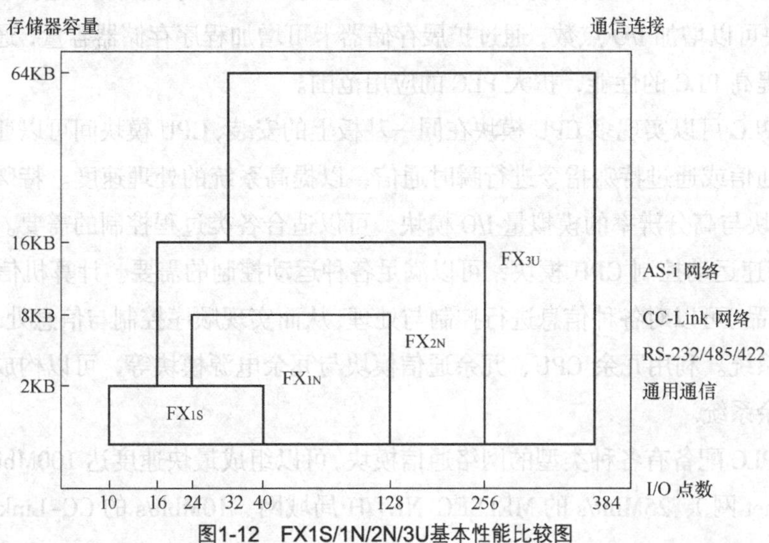

图1-12　FX1S/1N/2N/3U基本性能比较图

2. 三菱 Q 系列 PLC

如图 1-13 所示，Q 系列 PLC 是三菱公司从原 A 系列 PLC 基础上发展过来的中、大型 PLC 系列产品，具有节省空间、节省配线、安装灵活、更强的 CC-Link 网络功能、兼容性优越等优点，从而在过程控制领域得到了广泛的应用。

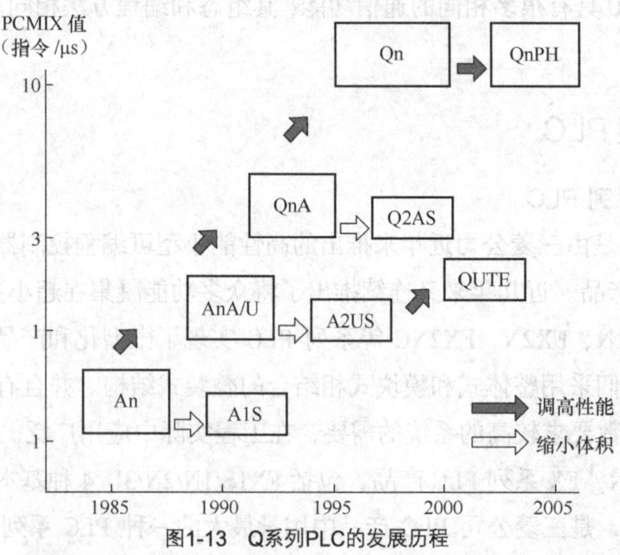

图1-13　Q系列PLC的发展历程

Q 系列 PLC 采用了模块化的结构形式，系列产品的组成与规模灵活可变，最大 I/O 点数可以达到 4096 点；最大程序存储器容量可达 252KB，采用扩展存储器后可以达到 32MB；基本指令的处理速度可以达到 34ns；其性能水平居世界领先地位，可以适合各种中等复杂机械、自动生产线的控制场合。

Q 系列 PLC 的基本组成包括电源模块、CPU 模块、基板、I/O 模块等。根据控制系统的需要，系列产品有多种电源模块、CPU 模块、基板、I/O 模块可供用户选择。通过扩展基板与 I/O 模块可以增加 I/O 点数，通过扩展存储器卡可增加程序存储器容量，通过各种特殊功能模块可提高 PLC 的性能，扩大 PLC 的应用范围。

Q 系列 PLC 可以实现多 CPU 模块在同一基板上的安装，CPU 模块间可以通过自动刷新来进行定期通信或通过特殊指令进行瞬时通信，以提高系统的处理速度。特殊设计的过程控制 CPU 模块与高分辨率的模拟量 I/O 模块，可以适合各类过程控制的需要。最大可以控制 32 轴的高速运动控制 CPU 模块，可以满足各种运动控制的需要。计算机信息处理 CPU（合作生产产品）可以对各种信息进行控制与处理，从而实现顺序控制与信息处理的一体化，以构成最佳系统。利用冗余 CPU、冗余通信模块与冗余电源模块等，可以构成连续、不停机工作的冗余系统。

Q 系列 PLC 配备有各种类型的网络通信模块，可以组成最快速度达 100Mbit/s 的工业以太网（Ethernet 网）、25Mbit/s 的 MELSEC NET/H 局域网、10Mbit/s 的 CC-Link 现场总线网与 CC-Link/LT 执行传感器网，强大的网络通信功能为构成工厂自动化系统提供了可能。

3. 三菱 L 系列 PLC

L 系列是中型 PLC，具有机身小巧、高性能、多功能及大容量等特点。CPU 具备 9.5ns 的基本运算处理速度和 260KB 的程序容量，最大 I/O 可扩展 8129 点。内置定位、高速计数器、脉冲捕捉、中断输入、通用 I/O 等功能，集众多功能于一体。硬件方面，内置以太网及 USB 接口，便于编程及通信，配置了 SD 存储卡，可存放最大 4G 的数据。无需基板，可任意增加不同功能的模块。

1.6.3　欧姆龙 PLC

欧姆龙 PLC 是一种功能完善的紧凑型 PLC,具有通过各种高级内装板进行升级的能力，大程序容量和存储器单元，以 Windows 环境下高效的软件开发能力。欧姆龙 PLC 可进行分散控制，也能用于包装系统，并支持 HACCP（寄生脉冲分析关键控制点）过程处理标准。已经广泛应用于钢铁、石油、化工、电力、建材、机械制造、汽车、轻纺、交通运输、环保、文化娱乐等各个行业。

欧姆龙品牌的 PLC 已经涵盖了整个产品序列。微型 PLC 包括 CPM1A、CPM2A、CP1H、CP1E、CP1L 等；小型 PLC 包括 CPM2C、CQM1H、CJ1M 等；中型 PLC 包括 C200HX、C200HG、C200HE、CJ1M、CJ1G、CJ1H、CJ2、CS1 等；大型 PLC 包括 CV、CS1D、CS1G、CS1H 等；运动控制系列以 NJ 系列为主。

1. CP1 系列

CP1 系列包括 CP1E、CP1L、CP1H 等系列 PLC，根据输入/输出量和控制的方式不同分为 35 种型号。可通过带智能输入功能的简易输入编辑器实现指令和地址输入的辅助功能。当在梯形图编辑窗口中通过键盘输入指令时，会自动显示提示的指令。不必记住整个助记符，而只需从列表中选择指令即可，因而简化了输入操作。

CP1E 系列 PLC 具有经济、易用、高效等特点，CP1E 系列 PLC 利用 100kHz、2 轴脉冲输出功能实现高精度定位控制。可利用 100kHz（单相）2 轴和 10kHz（单相）4 轴的高速计数器功能，实现多轴控功能。而基本机型内置的是 10kHz(单相)6 轴的高速计数器。CP1E 系列 PLC 使用扩展单元可实现最多 24 点的 1/12000 高分辨率模拟输入/输出控制。同时，通过温度输入单元和 PID 指令的组合还可实现温度控制。

CP1L 系列 PLC 内嵌 Ethernet 的高性能可编程控制器，脉冲输出功能标配 2 轴，在高精度的定位控制中发挥巨大威力。可使用 CP1W 系列的单元，高速计数器功能 标配单相 4 轴，只需 1 台即可轻松实现多轴控制，中断输入功能最多配备 6 点，凭借指令的高速处理，有助于整个装置的高速化。CP1L-M、CP1L-L 型配备了外设的 USB 端口，CP1L-EM、CP1L-EL 型标配了 Ethernet 通信功能。

CP1H 系列 PLC 包括 CP1H-XA 型、CP1H-X 型、CP1H-EX 型、CP1H-Y 型等，可使

用 CP1W 系列、CJ 系列的单元。CP1H 系列 PLC 的程序容量可达 20KB，100kHz 的相位差 4 轴高速计数器可实现多轴控制，功能块定义最大数 128、实例最大数 256。CP1H 系列 PLC 采用周期扫描方式和立即处理方式同时使用的输入输出控制方式，功能块定义内可使用的语言包括梯形图和结构化文本（ST）。

2. CJ2 系列

CJ2 系列 PLC 包括 CJ2M、CJ2H 等系列，不仅可以直接替代 2001 年问世的 CJ1 系列 PLC，还可以支持多轴同步控制，并替代部分昂贵的运动控制器。CJ2 系列可兼容 CJ1 系列的 I/O 单元，存储容量为 64 ~ 832KB。CJ2 系列不仅能够支持 Ethernet、RS-232 C、RS-422、RS-485、USB 串行通信等开放式现场总线标准，还支持高速、高精度的运动控制网络。

CJ2M 系列 PLC 最适合包装机等通用设备的自动化控制。每个 CPU 可安装 2 台模块，允许 4 个运动轴的直接控制。通过专用指令，PLC 程序可以直接控制这些轴，无需通信中断。

CJ2H 系列 PLC 最适合输送机上的高速分选以及电子零部件的图像处理检查等高级设备自动化控制。CJ2H 系列 PLC 只需要使用五个定位控制单元（高速类型），就可实现最多 20 轴的同步控制。而且，只需将电子凸轮功能块粘贴到同步中断任务窗口，即可轻松实现编程。

3. C200 系列

C200 系列 PLC 包括 C200HX/C200HG/C200HE，是实现生产现场的智能化、信息化的中型 PLC。PC 利用 SYSMACα装上的通信协议宏功能，C200HX/C200HG/C200HE 通过 PMCR 指令配置将其到梯形图程序中，可以方便地与各种各样的元器件相连。CPU 除内置了标准上位机链接端口外，还支持通信板与 SYSMAC LINK、SYSMAC NET、RS-232C/RS-422 设备、调制解调器、可编程终端、条形码读入器和温度控制器进行通信。

SYSMACα C200HX/C200HG/C200HE 系列 PLC 可兼容多达 16 个智能 I/O 单元，只需要执行 1 条指令，便可以传送多个字的数据。装载程序可达 63.2KB，扩展存储器最大 6×16KB。电源规格包括：110 ~ 120 V AC、200 ~ 220 V AC 或 24 V DC。表 1-4 给出了 C200 系列 PLC 的基本性能参数。

表 1-4　　C200 系列 PLC 基本性能参数

项目	规格
电源规格	交流电源：110 ~ 120 V AC、200 ~ 220 V AC 直流电源：24 V DC
功率消耗	交流电源：120VA 直流电源：50W
输出能力	4.6A，5 V DC；0.6A，26V DC；0.8A，24V DC
绝缘电阻	20MΩ（500 V DC）AC 端子和 CR 端子之间。

续表

项目	规格
抗干扰	峰值 1500V，频宽：100ns ~ 1μs，上升时间 1ns
抗振动	频率：10 ~ 75Hz，振幅：0.075mm，x、y、z 三个方向各承受 80min 的 1g 加速度
抗冲击	x、y、z 三个方向各承受三次 15g 加速度
环境温度	工作温度：0 ~ 55℃；储存温度：–20 ~ 75℃（不带电池）
湿度	10% ~ 90%（无凝露）
空气	必须避免腐蚀性气体
接地	小于 100Ω
防护等级	IEC IP30（面板安装）
重量	最大 6kg

4. CS1 系列

CS1 系列 PLC 包括 CS1D、CS1G、CS1H 等型号，共有 9 个不同 CPU 单元型号可供选择。由于在 12m 距离内具备多达 80 个单元和 7 个装置的扩展容量，CS1 可满足大型控制需求。CS1 系列 PLC 的 CPU 单元均有多达 5120 个 I/O 点、250KB 的数据存储器（包括扩展数据存储器）和 4096 个定时器/计数器。

CS1 系列不仅满足小型到大型系统的需求，也满足分布式系统的需求。CS1D 系列 PLC 配置有冗余的 CPU 单元、电源单元、通信单元和扩展 I/O 电缆。CS1D 系列 PLC 采用热备用方法，所有的数据均可同时共享。如果工作 CPU 单元发生错误，备用 CPU 单元无需使用切换程序便可完成自动切换。因此，CPU 单元切换操作具有平滑，切换时间短等特点，可保障设备能够平滑地持续运行。CS1D 系列 PLC 利于双 CPU、双 I/O 扩展系统不仅可在设备不停止的情况下提升性能，还可实现在线添加单元和扩展底板。不再需要计算机和编程设备程序，便可完成在线单元更换。

除了双 CPU 单元和双电源单元配置外，CS1D 系列 PLC 还可以成双配备其他组件，如通信单元（Controller Link 或 Ethernet）和扩展电缆，以满足系统需求并提供多种多样的双系统配置。CS1D 支持的双配置网络包括：Ethernet、Controller Link、DeviceNet、CompoNet、MECHATROLINK-II 运动控制器网络等。同时，CS1D 系列 PLC 可在运行过程中更换扩展单元和扩展电缆。并可监控电缆是否断线，从而轻松定位故障。

1.7　本章小结

本章简述了 PLC 的基本知识，主要包括 PLC 的发展历史、功能特点、工作原理、性能指标、系统基本组成以及西门子、三菱和欧姆龙三个品牌 PLC 产品的特点。本章的重点是了解 PLC 的技术发展趋势及其功能特点，难点是熟练地掌握 PLC 的工作原理和系统基本组成。通过本章的学习，读者可以对 PLC 有初步的认识，为后续的设计开发打下坚实的基础。

第 2 章 触摸屏基础

人机界面是操作人员与控制系统之间进行对话和信息交换的专用设备。目前市场主要的控制设备生产厂商，如西门子、三菱、松下、昆仑通态、欧姆龙、施耐德等，均有其人机界面产品。此外还有一些专门生产人机界面的厂家，如亚控科技、三维力控等。随着人机界面应用领域的扩展和市场规模的扩大，该产品也受到越来越多的关注。

使用触摸屏人机界面，首先要对人机界面的基本概念和内部结构有所了解，因此，在本章中，将介绍触摸屏的历史、触摸屏分类及触摸屏人机界面系统构成，以使读者较全面地认识人机界面。

2.1 触摸屏概述

2.1.1 触摸屏的定义

人机界面实际上也是一种嵌入式系统。首先，简单介绍嵌入系统的相关概念。

国际电气和电子工程师协会（IEEE）对嵌入式系统是这样定义的：Devices used to control，monitor，or assist the operation of equipment，machinery or plants。其中文意思是：嵌入式系统是一种用于控制、监视或辅助装置、机器或工业设备运行的器件。

图 2-1 给出了部分嵌入式产品的实物图，其中，手机是常用的通信嵌入式系统；PLC 是典型的工业控制领域嵌入式系统；MP3 是一种流行的消费类嵌入式电子产品；人机界面（作为辅助 PLC 运行的设备）是一种新兴的嵌入式产品。因此，目前嵌入式系统可以说已经遍及日常生活的每一个角落。

图2-1 部分嵌入式产品的实物图

由于技术的发展，上述 IEEE 对嵌入式系统的定义已经显得不够完善，通常对嵌入式系统的一般定义是：以应用为中心，计算机技术为基础，软硬件可裁减，适应应用系统对功能、可靠性、成本、体积、功耗有严格要求的专用计算机系统。

从上述定义中可以看到，嵌入式系统本质上是一种特殊的专用计算机系统，嵌入式系统是面向应用和产品的，具有很强的专用性，它必须结合实际系统的功能需求，进行适当的裁减，在满足应用功能的前提下尽可能缩小体积，减少功耗，降低成本，提高系统反应速度，并保证系统稳定可靠。相比较通用计算机，嵌入式系统不是一个单独存在的完整系统，它根据应用系统实际需要，嵌入到应用系统内部，成为整个系统的一部分。

嵌入式系统是先进计算机软硬件技术、半导体技术、电子信息技术和各个行业具体应用相结合的产物。这一点就决定了它必然是一个技术密集、资金密集、高度分散、不断创新的知识集成产品。随着后 PC 时代的到来，嵌入式应用呈现系统复杂化、应用多样化、硬件集约化、软件平台化的特点，其应用涵盖了消费类电子产品、电信、医疗、汽车等行业，并将继续保持发展势头，最终成为 21 世纪热门应用之一。

嵌入式系统的硬件组成上，处理器是核心部分。目前，世界上具有嵌入式功能的处理器多达上千种，很多半导体制造商都拥有生产嵌入式处理器的技术，按需求自主设计处理器将是未来嵌入式领域的发展趋势。另外，嵌入式处理器的处理速度越来越快，性能越来越强大，价格越来越低，配合相应的开发工具和环境，就可以实现众多功能需求，这也将成为嵌入式系统发展的一大动力。图 2–2 给出了一种基于 ARM 处理器的嵌入式系统开发板，此开发板具有可裁剪、可编程的开放特性，可用于实现具有特定功能、稳定可靠的嵌入式系统。

广义的人机界面（Human Machine Interface，HMI）是人与计算机之间进行信息传递、交换的重要媒介和对话接口。人机界面可以将计算机内部的信息代码转换成人类能够识别的信息，如声音、图像等。只要人类和计算机有信息的交流，就必然有人机界面。

特定的行业中人机界面有着特定的定义和分类方式。在本书中介绍的人机界面是专用于工业控制系统的设备，如西门子 TP 系列工业人机界面产品（如图 2–3 所示）。

图2-2　基于ARM技术的嵌入式开发板

图2-3　西门子操作面板

所谓工业人机界面，是一种集信息处理、数据通信、远程控制功能于一体的，可以连接 PLC、变频器、调整器、仪器仪表等各种工业控制设备，用单色或彩色显示屏显示相关信息，通过触摸屏、键盘、鼠标输入工作参数或操作命令，以实现人机交互的工业设备。

在工业技术发展和改造过程中，为了方便记录和分析工艺参数，及时了解现场工作的情况，加强对整个工艺工程状况的把握，用户希望所使用的控制系统能够对生产信息进行直观、全面的监控，从而人机界面的概念被引入到工业设备中来，形成了工业人机界面设备。经过逐步发展，工业人机界面设备已经广泛应用于各种工业现场，并逐步趋于智能化、嵌入化和网络化。

如图 2–4 所示，人机界面设备可以取代大部分传统控制面板，将西门子人机界面应用在工业现场，可以节省 PLC I/O 点数、大量按钮开关、数字设定及指示灯等装置，并且能明确显示重要信息，有利于操作人员正确掌握机器状况，避免出现错误。人机界面设备能储存多幅组态画面，设计者可以根据需要编辑出各种组态画面，用于显示设备状态、操作指示、参数设定、动作流程、统计资料、报警信息、简易报表等内容。

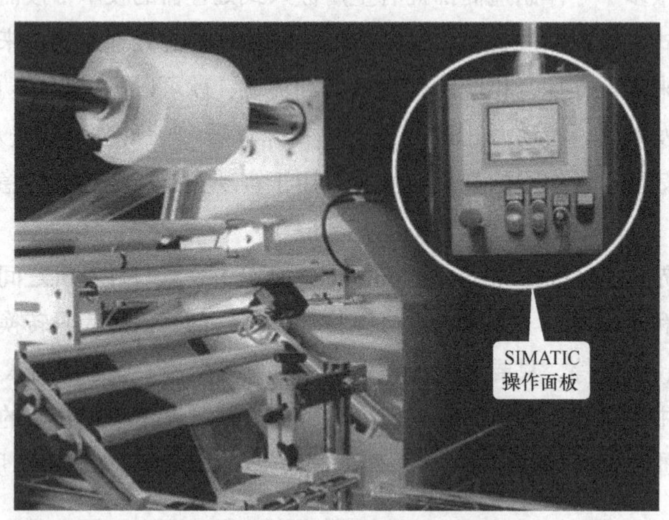

图2-4　西门子操作面板在工业现场的应用

在工业中，人们常把具有触摸输入功能的人机界面产品称为触摸屏。事实上，“触摸屏”仅是人机界面产品中可能用到的硬件部分，是一种替代鼠标及键盘部分功能，安装在显示屏前端的输入设备，而人机界面产品则是一种包含硬件和软件的人机交互设备。在本书中，我们将把人机界面直接称作触摸屏，以符合业界的习惯。

2.1.2　触摸屏的功能与技术特点

触摸屏起源于 20 世纪 70 年代，早期多被装于工控计算机、POS 机终端等工业或商业设备中。2007 年 iPhone 手机的推出，成为触摸屏行业发展的一个里程碑。苹果公司把一部至少需要 20 个按键的移动电话，设计为仅需三四个键，剩余操作则全部交由触摸屏完成。

除了赋予使用者更加直接、便捷的操作体验之外，还使手机的外形变得更加时尚轻薄，增加了人机直接互动的亲切感，得到消费者的热烈追捧，同时也开启了触摸屏向主流操控界面迈进的征程。目前市面上的触摸屏产品，一般都具有以下 4 个功能。

（1）控制功能

可以对数据进行动态显示和监控，将数据以棒状图、实时趋势图及离散/连续柱状图等方式直观地显示，用于查看 PLC 内部状态及存储器中的数据，直观地反映工业控制系统的流程。数据、文字输入操作、打印输出、监视并改变数值数据，可以监视和改变每一个元件的开/关状态和 PLC 中每一个定时器、计数器的设定值和当前值以及数据寄存器的值。

用户可以通过触摸屏来改变 PLC 内部状态位、存储器数值，使用户直接参与过程控制。实时报警和历史报警记录功能，使工业控制系统的安全性能更有保障。生产工艺存储，设备生产数据记录，可以将报警（位元件 ON）存储为报警历史，每个元件的报警频率可以作为历史数据存储。使用画面创建软件可通过个人计算机读出报警历史信息，并将信息传入打印机。

组态画面的多级口令设置，有效地保护现场操作不被随意更改。组态软件提供的在线模拟、离线模拟的功能，使得在 PC 上就可以方便地进行组态画面的调试，摆脱连接人机界面测试组态工程的麻烦。

另外，随着计算机技术和数字电路技术的发展，很多工业控制设备都具备串口通信能力。触摸屏可连接多种工业控制设备组网，配置各种接口，如 RS-232（串口）、RS-422、RS-485 接口、MPI、Profibus-DP、USB，也可选用以太网接口。可利用网络接口实现远程下载/上传组态和硬件升级产品。如图 2-5 所示的变频器、直流调速器、温控仪表、数据采集模块等，都可以连接人机界面产品，实现人机交互。

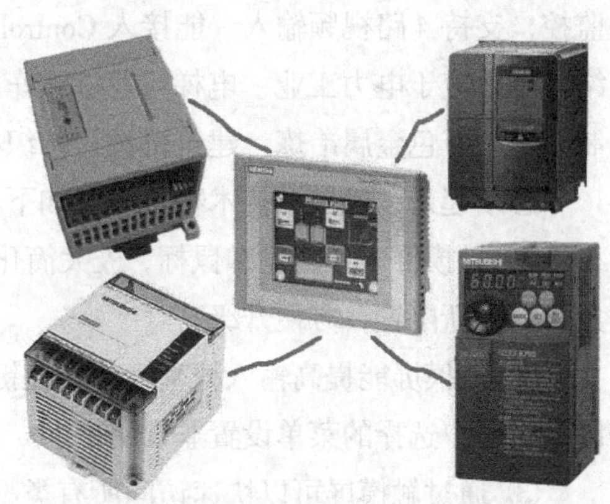

图2-5　触摸屏与各种工业设备连接

（2）显示功能

触摸屏所支持的色彩从单色到 256 真彩色甚至 26 万色，最高可达 1800 万色。丰富的色彩，多种图片文件格式的支持，使得制作的画面可以更生动、更形象。如指示灯、按钮、文字、图形、曲线等，也可以显示直线、圆和长方形等简单图形。触摸屏支持简体中文、繁体中文及其他多个语种的文本，字体可以任意设定。位图也可以作为预定义画面组件导入和显示。显示 PLC 中文元件设定值和当前值，可以数字或棒图的形式显示，供监视用。图形组件的制定区域可以根据 PLC 中元件的开/关状态反转显示等。触摸屏含有大容量的存储器及可扩展的存储接口，使画面的数据保存更加方便。

（3）通信功能

人机界面提供多种通信方式，包括 RS232、RS422、RS485、Host USB、Slave USB 和 CAN，可与多种设备直接连接，并可以通过以太网组成强大的网络化控制系统。如通过 RS232 与小型 PLC 通信以监控 PLC 的运行，通过 USB 与 PC 相连下载组态工程文件，或与打印机相连打印历史数据曲线图和报警信息。

（4）配方功能

在工业控制领域中，配方就是用来描述生产一件产品所用的不同配料之间的比例关系，是生产过程中一些变量对应的参数设定值的集合。例如，在钢铁厂，一个配方可能就是机器设置参数的一个集合，而对于批处理器，一个配方可能被用来描述批处理过程中的不同步骤。

如欧姆龙 NS 系列人机界面产品（实物图如图 2-6 所示），可进行 PLC 数据监控、直接连接温控器，可以高达 26 万色的视频显示，可人性化地进行用户绘图，可扩展大容量的存储器，可通过网络互连组成强大的网络化控制系统，具备 FTP 功能等。其新一代触摸屏有效显示区域尺寸为 12.1 英寸，采用 TFT 液晶显示材料，像素为 800×600，显示色彩为 256 色，画面数据容量达 60MB，且支持存储卡，PLC 梯形图监控，支持 4 路视频输入，能接入 Controller Link 网络。可适应于电力工业、电梯行业、汽车工业、冶金工业、制冷工业、钢铁工业、燃烧控制系统、有色金属冶炼、建筑机械、纺织机械、水处理等多个行业。

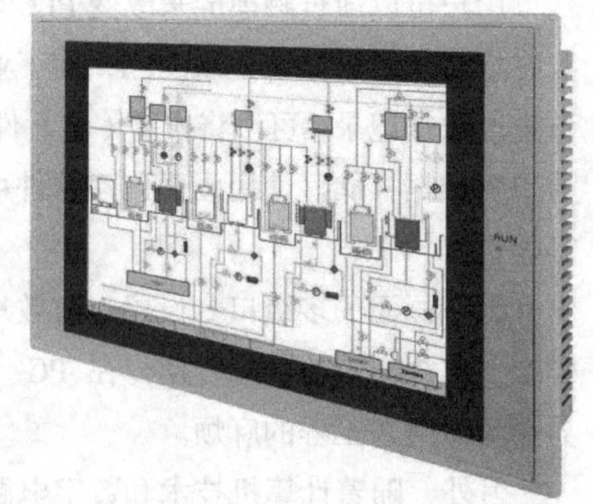

图2-6　欧姆龙NS12触摸屏

总结起来，触摸屏技术特点表现如下。

① 触摸屏取代键盘和鼠标，极大简化人机界面硬件设备。触摸屏扩充性好，其触摸对象可以重新配置，方便升级。

② 触摸屏能提高输入精确度，相比键盘输入，触摸屏可减少操作员误操作的可能性，因为供用户选择的菜单设置非常明确。

③ 通过触摸屏可以快速访问所有类型的数字媒体，不会受到文本界面的妨碍，触摸信息可以做到图文并茂，结构清晰，使用者可以轻松点击所需要的选项。

④ 触摸输入设备已完全整合到显示器中，这使得设备更结实耐用，可以承受一定程度的恶劣环境，同时缩小了系统设备体积，简化安装，保证空间不被浪费。

2.1.3　触摸屏的发展趋势

随着信息化社会的发展，触摸屏应用日趋普及，从工厂用途的控制/操作系统、公共信息查询的电子查询设施、商业用途的提款机，到消费电子类的手机、PDA、数码相机等，都大量采用触摸屏作为输入设备。图 2-7 给出了部分采用触摸屏作为输入设备的产品。触摸屏输入是以触摸显示器屏幕来输入信息的一种输入技术，是实现人机交互最方便、最直观的方式。

图2-7 部分采用触摸屏作为输入设备的产品

经过几十年发展，触摸技术已经变得比较成熟，全球主要触摸屏生产大厂多集中在日、美、韩等国家及中国台湾地区，主要技术关键零组件和原材料也基本上由日、美厂商掌握，如 Mircro Touch、Nisha 等都是具有数十年生产经验的触摸屏厂商。

中国触摸屏产业起步晚于日、美等国，制造触摸屏的厂商主要分布在长江和珠江三角洲等地，目前我国触摸屏厂商主要有南京华睿川、广州华意等，其产品多为电阻式触摸屏，但是由于这些生产厂商总体产能规模较小，产品档次较低，而且触摸屏上游的一些关键原材料，如 ITO 薄膜、ITO 导电玻璃、ITO 镀膜技术等依然被国外厂商所控制，导致生产成本较高，竞争力不强。因此，完善上下游产业链，提高产业的配套能力是今后发展我国触摸屏产业的重点。也正因为上述原因，我国触摸屏技术行业发展的空间还是非常大的，它有望成为我国电子厂商创新发展的一个新领域。

随着数字电路和计算机技术的发展，未来的触摸屏产品在功能上的高、中、低划分将越来越不明显，触摸屏的功能将越来越丰富：5.7in（1in=2.54cm）以上的触摸屏产品将全部是彩色显示屏，其寿命也将更长。由于计算机硬件成本的降低，触摸屏产品将以平板 PC 计算机为硬件的高端产品为主，因为这种高端的产品在处理器速度、存储器容量、通信接口种类和数量、组网能力、软件资源共享上都有较大的优势，是未来触摸屏产品发展的方向。当然，小尺寸的（显示尺寸小于 5.7in）触摸屏产品，由于其在体积和价格上的优势，随着其功能的进一步增强，将在小型机械设备的人机交互应用中得到广泛关注。

据调查，近几年来中国人机界面需求都保持着 20%的比例高速增长，表现为应用领域的扩展、供应商的增多、数量的快速增长和价格的持续下降等特点。综上所述，触摸屏人机界面有如下 7 个方面的发展趋势。

（1）输入设备方面

按键控制方式面临淘汰，逐渐被触摸屏所代替。触摸屏种类较多，有电阻式触摸屏、电容式触摸屏、红外触摸屏、表面声波触摸屏。其中，四线电阻触摸屏是目前的主流。

（2）液晶显示器方面

TFT 液晶显示屏渐渐取代 STN 液晶显示屏。STN（Super Twisted Nematic，超扭曲向列）LCD 反应时间较长，色彩饱和度较差，视角较小，图像质量较差。TFT（Thin Film Transistor，薄膜晶体管）有较快的反应速度，同时可以精确控制显示色阶，其亮度好，对比度高，层次感强，颜色鲜艳，可视角度大。随着 LCD 价格持续下降，TFT 显示器应用更加广泛。

（3）通信联网功能方面

除了提高 RS232 和 RS485 接口的通信速率外，USB 接口逐渐成为人机界面的标准配置，它主要用于与组态计算机交换项目数据。此外，它还可以连接键盘、鼠标、打印机和读码器。几乎所有主要厂家的高档人机界面均有以太网通信功能，一般是集成的 RJ45 接口，部分需要选配以太网接口卡。人机界面可以通过以太网访问网络计算机和网络打印机，发送电子邮件或短信等，更方便快捷地将 PLC 的运行情况通知维修人员。

（4）组态软件方面

组态软件操作将更显人性化和智能化。支持 Windows 通用文件格式（如 CSV 文件格式）功能、宏编辑功能、多界面画框显示功能、鼠标拖放绘制组态画面功能，使得人机界面既能保持其工业环境下的可靠稳定，又能像 PC 一样方便有效地操作。软件模拟控制系统的功能，如西门子新一代组态软件 WinCC，使用户在没有人机界面的情况下，能依靠软件 WinCC flexible 实现离线模拟、在线模拟、集成模拟三种模拟功能，即用一台计算机就可以模拟人机界面和 PLC 组成的控制系统。

（5）人机界面与 PLC 一体化

人机界面与 PLC 的功能相互结合也是一种发展趋势，西门子的 C7 系列产品由 S7-300 PLC、操作面板、I/O、通信和过程监控系统组成，其面向用户的配置/编程、数据管理与通信集成在一起，具有很高的性能价格比。由于高度集成，节约了 30%的安装空间，在一个平台上实现 PLC 控制和人机界面功能。以色列 Unitronics 的 OPLC 集 PLC、操作面板和 I/O 功能于一体，支持多种通信方式，可以用于工业自动控制、采集、处理和远程传送各种监控数据，并且具备系统故障远程自动诊断功能。

（6）兼容性和网络化

作为显示操作类产品，HMI 产品初步呈现向下兼具控制功能的趋势。一些 HMI 产品整合了简单的控制功能，应用在一些对控制要求较低的场合。但目前主流 HMI 仍是控制器的辅助配套产品。虽然开放式 HMI 具有更好的通用性，但发展仍比较慢，目前人机界面主要是和 PLC 配套操作，通信方式和协议都较为单一。随着工业以太网、现场总线等技术应用日趋成熟，网络型产品将会有更大的市场，但因为技术还不够成熟，且市场的推动力也不够，网络型产品也还有待更深入的开发应用。

（7）价格发展趋势

近年人机界面产品价格下降虽然不是很明显，但仍有一定程度的下降，主要体现在以下 3 个方面。

① 低端产品继续打价格战，其原因主要是我国大陆和台湾品牌参与市场竞争，新品牌也给之前的供应商带来了压力。由于低端 HMI 产品的进入门槛很低，一些原本代理 HMI

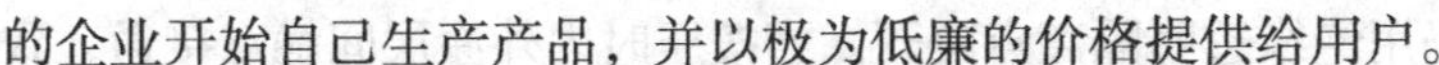

的企业开始自己生产产品，并以极为低廉的价格提供给用户。

② 中低端产品面临着低端产品的竞争压力，一些传统 HMI 厂商不得不采取措施来应对，为了维持市场份额也相继采取降价或者变相降价的措施。

③ 中高端产品由于技术含量高，功能强大，其价格相对稳定。

国外厂商如西门子、欧姆龙等生产的触摸屏，以高端的功能、稳定的网络通信、图形化监控、数据存储等优势占有着中高端市场。

2.2　触摸屏的分类

根据触摸屏的工作原理和传输介质，可以将当前的触摸屏输入技术划分这几大类：电阻式、电容式、红外式、表面声波式（如图 2–8 所示）。事实上还有矢量压力传感触摸屏，只不过它已退出历史舞台。这些触摸屏输入方式各有优缺点，所以必须根据实际需要适当地选择类型，以满足不同应用场所的要求。下面详细介绍这 4 种触摸屏输入技术的特点。

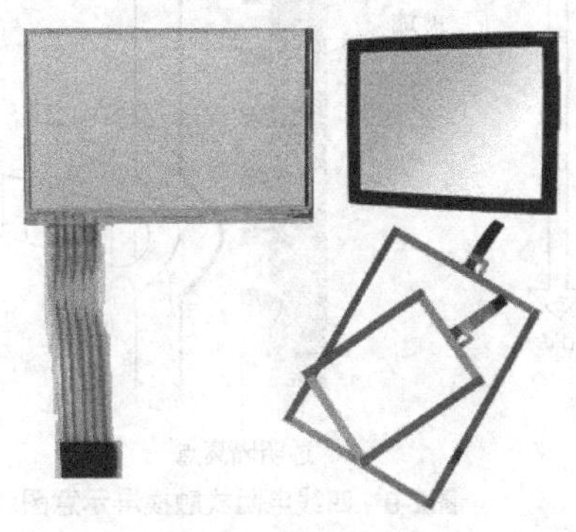

图2-8　触摸屏产品

2.2.1　电阻式触摸屏

电阻式触摸屏输入采用层状结构，通常用玻璃或有机玻璃作为基层，在其表面涂有一层透明的导电层，上面再盖有一层外表面经过硬化处理、光滑防刮的塑料。其内表面也涂有一层 ITO，在两层导电层之间用许多细小（小于 1/1000 英寸）的透明隔离点将它们隔开。当手指接触屏幕时，两层 ITO 发生接触，电阻发生变化，控制器就根据检测到的电阻变化来计算接触点的坐标，以获取用户输入点。

电阻式触摸屏又可以分为四线电阻和五线电阻式触摸屏。如图 2–9 所示，四线电阻触摸屏用一块与显示屏紧贴的玻璃作为基层，其外表面涂有一薄层透明氧化铟（InO）作为电阻层，其水平方向加有 0 ~ 5V 的直流工作电压，形成均匀连续的电压分布。在导电层上再盖有一层保护层，保护层的外表面经防刮硬化处理，内表面也涂有相同氧化金属层，该导电层垂直方向也加有 0 ~ 5V 的直流连续分布电压。两电阻层之间用约 1/1000 英寸的透明绝缘隔离点隔开。触摸屏幕时，两电阻层在触点位置就有一个接通，经过模拟量电压模数（A/D）转换，控制器就能计算出触点的 x，y 坐标值。

如图 2–10 所示，五线电阻触摸屏的优点是外层电阻层只用作导体层，作为五线中其中一线，这样即使屏幕有裂损，只要不断裂开就不会影响侦测计算，极大地增强了其使用寿命，在内层电阻涂层中，则把四线电阻技术中纵横电压分布场技术应用在同一涂层中。在由金属氧化物构成的细密条的 x 轴上形成正向电压差，经过中值点又形成反向电压差，构成同面四线模式。内外涂层仍用绝缘透明隔离点隔开。当按压时内外涂层间触点接通，致使左侧向下电压的上端某处有不同阻值的分压产生，据此控制器计算出该触点的水平坐标值。内涂层上每一触点都有不同对应的 x 轴坐标值，触点 y 轴方向坐标则是由控制器测定从内涂层经触点流入外涂层（五线之一）的电流值确定出。

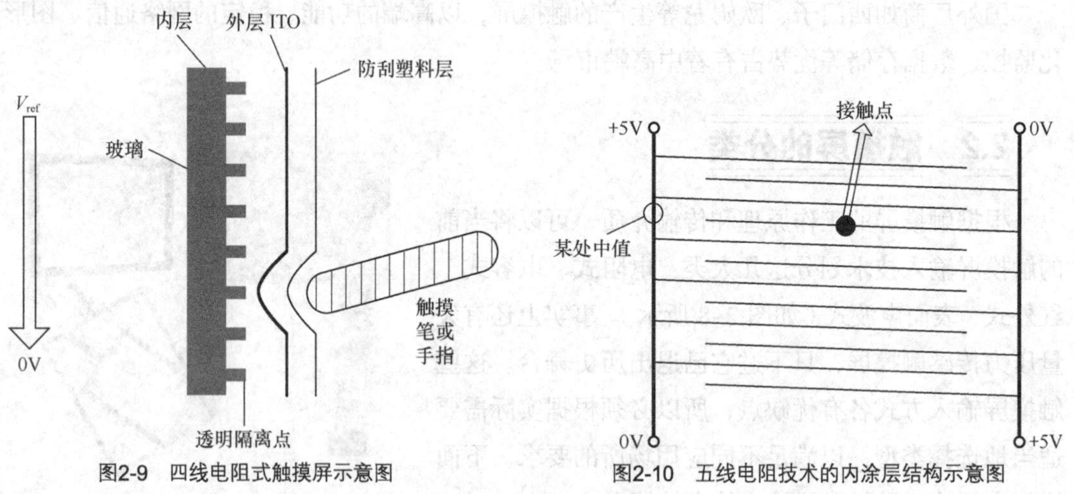

图2-9　四线电阻式触摸屏示意图　　图2-10　五线电阻技术的内涂层结构示意图

另外还有七线、八线电阻式触摸屏。七线电阻式触摸屏在实现方法上，除了左上角和右下角各增加一根线之外，其余与五线电阻式触摸屏相同。八线电阻式触摸屏的实现方法，除了在每条总线上各增加一根线之外，其余与四线电阻式触摸屏相同，这里就不再做过多介绍。

电阻式触摸屏工作时对外界完全隔离，其优点是不怕灰尘和水汽，可以用任何物体来触摸，可以用来写字画画，因此它比较适合在工业控制领域及办公室内使用。电阻式触摸屏共同的缺点是，因为复合薄膜的外层采用塑胶材料，如果触摸时用力过大，或者用尖锐的物体触摸，都很可能划伤整个触摸屏并导致其整体报废。

2.2.2　电容式触摸屏

如图 2–11 所示，电容式触摸屏利用人体电流感应原理进行工作。电容式触摸屏是一块4 层复合玻璃屏，玻璃屏的内表面和夹层各涂有一层 ITO，最外层是一薄层矽土玻璃保护层，夹层 ITO 涂层作为工作面，4 个角上引出 4 个电极，内层 ITO 为屏蔽层以保证良好的工作环境。当手指触摸在玻璃保护层上时，在用户和触摸屏表面形成一个耦合电容，于是手指从接触点吸走一个很小的电流。这个电流分别从触摸屏的 4 个角上的电极中流出，并且流经这 4 个电极的电流与手指到 4 个角的距离成正比，控制器通过对这 4 个电流比例的精确计算，得出触摸点的位置。

电容屏反光严重，且对各波长光的透光率不均匀，导致屏幕出现色彩失真问题，光线在各层间反射，还造成图像、字符模糊等不利影响。此外，用较大面积导体物靠近电容屏，在还未触摸到时就能引起电容屏的误动作。电容屏在用不导电物体触摸时没有反应，这是因为增加了更为绝缘的介质。电容屏还有一些缺点，如漂移问题，当环境温度、湿度改变时，环境电场发生改变时，都会引起电容屏的漂移，出现不准确现象。电容屏漂移问题属于技术上的先天不足，电容屏的漂移是累积的，在工作现场也经常需要校准。此外，许多理论上应该线性的关系实际上却是非线性的。虽然电容触摸屏最外层的矽土保护玻璃防刮擦性很好，但是只要被硬物敲击，就有可能破坏其表面形成小洞，并伤及 ITO，导致电容屏不能再正常工作。

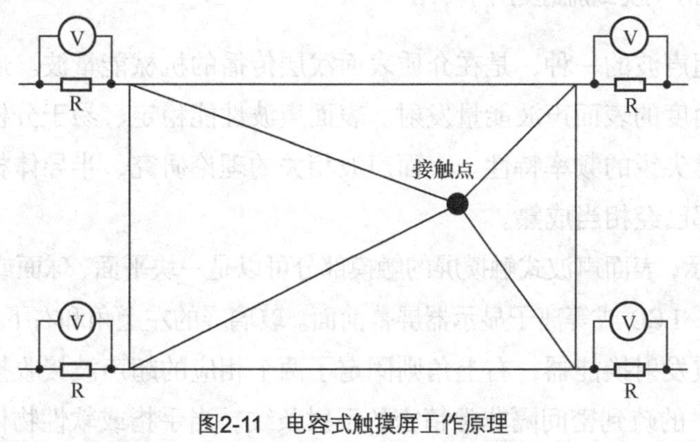

图2-11　电容式触摸屏工作原理

2.2.3　红外式触摸屏

红外式触摸屏是利用 x、y 方向上密布的红外线矩阵来检测并定位用户触摸点。图 2-12 给出了红外式触摸屏的工作原理。红外式触摸屏在显示器的前面安装一个电路板外框，电路板在屏幕四边排布红外发射管和红外接收管，一一对应形成横竖交叉的红外线矩阵。用户在触摸屏幕时，触摸物体就会挡住经过该位置的横竖两条红外线，因而可以判断出触摸点在屏幕的位置。

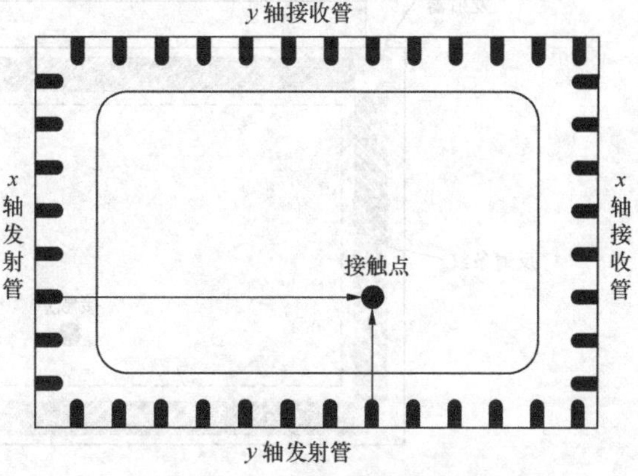

图2-12　红外式触摸屏工作原理

在红外式触摸屏发展的初期，由于其分辨率低、触摸方式受限制和易受环境干扰而误动作等技术上的局限，曾一度淡出市场。此后发展的第二代红外屏部分解决了抗光干扰问题，第三代和第四代在分辨率和稳定性能上也有所提升，但仍未能在关键指标或综合性能上有质的飞跃。前四代红外式触摸屏的分辨率由框架中红外对管数目决定，因此分辨率较低，市场上主要国内产品为 32×32、40×32。第五代红外式触摸屏是全新的智能技术产品，其分辨率取决于红外线对管数目、扫描频率及差值算法，已经达到了 1000×720，其多层次自调节和自恢复的硬件适应能力和高度智能化的判别识别，可长时间在各种恶劣环境下任意使用，并且可针对用户定制扩充功能，如网络控制、声感应、人体接近感应、用户软件加密保护、红外数据传输等。

相比较而言，采用声学和其他材料学技术的触摸屏都有其难以逾越的屏障，如单一传感器的受损、老化，触摸界面怕受污染、破坏性使用，维护繁杂等问题。而红外式触摸屏具有不受电流、电压和静电干扰，能适宜恶劣环境的优势，只要其真正实现了高稳定性能和高分辨率，必将替代其他技术产品而成为触摸屏市场的主流产品。

2.2.4 表面声波式触摸屏

表面声波是超声波的一种，是在介质表面浅层传播的机械能量波。通过三角基座，可以做到定向、小角度的表面声波能量发射。表面声波性能稳定、易于分析，并且在横波传递过程中具有非常尖锐的频率特性。表面声波相关的理论研究、半导体材料、声导材料、检测技术等技术都已经相当成熟。

如图 2-13 所示，表面声波式触摸屏的触摸部分可以是一块平面、球面或柱面的玻璃平板，安装在 CRT、LED、LCD 或等离子显示器屏幕前面。玻璃屏的左上角和右下角各固定了竖直和水平方向的超声波发射换能器，右上角则固定了两个相应的超声波接收换能器。玻璃屏的 4 个边则刻有 45° 的疏到密间隔非常精密的反射条纹。当手指或软性物体触摸屏幕时，部分声波能量被吸收，于是改变了接收信号，经过控制器的处理得到触摸点的 x、y 坐标。

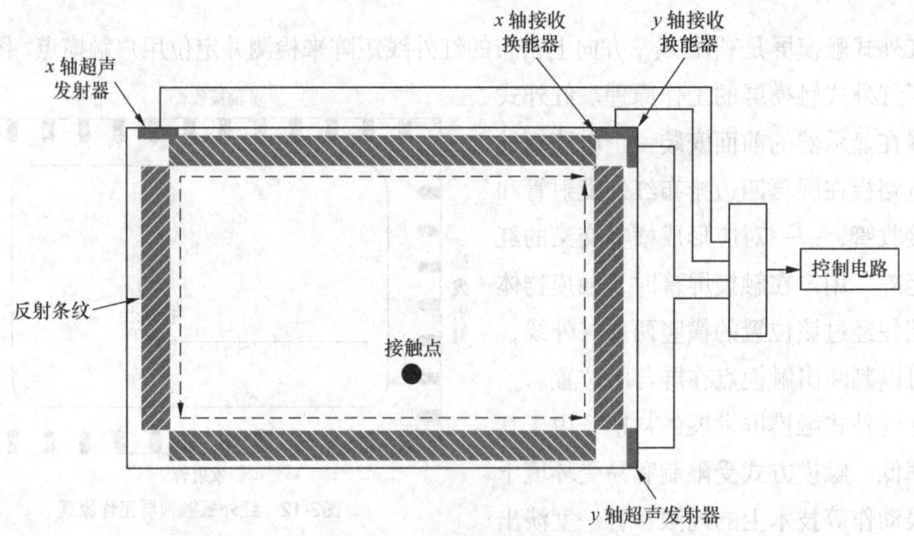

图2-13 表面声波式触摸屏原理图

表面声波式触摸屏具有清晰度较高、透光率好、高度耐久、抗刮伤性良好、反应灵敏、不受温度和湿度等环境因素影响等优点，在公共场所使用较多。表面声波屏需要经常维护，因为灰尘、油污甚至饮料的液体沾染在触摸屏的表面，都会阻塞触摸屏表面的导波槽，使声波不能正常发射，或使波形改变而控制器无法正常识别，从而影响触摸屏的正常使用。

用户需严格注意环境卫生，经常擦抹触摸屏的表面，并定期作全面彻底擦除，以确保表面声波式触摸屏的使用寿命和精度。

2.2.5　各种触摸屏特性比较

综上所述，可以参照表 2-1 来比较几种触摸屏的功能特征和技术优劣。

表 2-1　　　　各种触摸屏特性比较

	四线电阻式	五线电阻式	声波式	电容式	红外式
清晰度	较好	较好	很好	较好	较好
反光度	很少	有	很少	严重	有
透光度	90%	75%	92%以上	85%	100%
色彩失真	无	无	无	有	有
分辨率	4096×4096	>4096×4096	4096×4096	1024×1024	1024×1024
漂移	无	无	无	有	有
防刮擦性	怕锐器	怕锐器	很好	一般	很好
响应时间	10 ~ 20ms	10ms	3 ~ 8ms	8 ~ 15ms	12 ~ 15ms
材料	镀有特制玻璃	镀有玻璃	强化玻璃	四层复合	复合材料
触摸物	任何物体	任何物体	手指或软胶	手指	截面
多点触摸	中心点	中心点	智能检测	中心点	中心点
干扰情况	不受任何干扰	不受任何干扰	受灰尘和水干扰	受静电干扰	受电磁、光照干扰
寿命	5000 万次	5000 万次	5000 万次	2000 万次	5000 万次
价格	适中	适中	适中	适中	较低

2.3　触摸屏的基本结构及工作原理

初步了解人机界面的概念后，本节将较深入地探讨人机界面的系统构成。

在工业控制领域，原有的工业监测控制设备主要由基于 X86 体系的计算机组成，但 X86 体系计算机系统有稳定性差、成本高、体积大、效率低等固有的缺点。因此，这些监测设备渐渐被基于嵌入式平台的监测设备所取代。如图 2-14 所示，基于嵌入式平台的监控系统具有高效、稳定、节能、抗干扰强等优点。

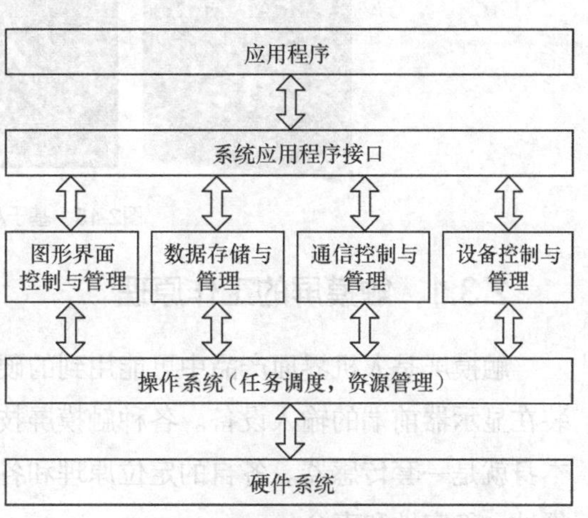

图2-14　嵌入式系统平台总体结构

RISC（Reduced Instruction Set Computer，

精简指令集计算机）是相对 CISC（Complex Instruction Set Computer，复杂指令集计算机）而言的，CISC 指令众多，开发程序比较容易，但是指令非常复杂，因此执行效率较低，数据处理速度较慢，而 RISC 通过简化 CISC 指令，具有指令种类少、格式规范、执行效率较高等优点。

基于 RISC 架构的 CPU 具备结构简单、体积小巧、处理速度快、处理功能强、功耗较低等优点，能满足功耗、可靠性等要求，非常适合于嵌入式系统，已成为嵌入式系统设计的中坚力量。新型嵌入式系统大多数都采用 RISC 型处理器作为内核，许多厂家都开始全线生产基于 RISC 的处理器，如 ARM 公司的 ARM 系统、Hitachi 公司的 SH 系统、Motorola 公司的 Cold Fire 系统、MIPS/LSI Logic/IDT 公司的 MIPS 系统等。其中，ARM 架构的 RISC 处理器应用最为广泛，在市场上占据着相当大的份额。因此，这里将主要介绍基于 ARM 技术的嵌入式人机界面的基本结构。

ARM 公司（Advanced RISC Machines Limited）成立于 1990 年，其本身并不生产芯片，而只是专门从事芯片的设计，并出售芯片技术授权。ARM 公司为 ARM 架构处理器提供内核，并将这些 IP 核（IP Core）授权给其他半导体公司，半导体公司在这些处理器内核的基础上进行再设计，嵌入各种外围功能部件，构建成具有不同风格特色的嵌入式处理器。据统计，目前总共有 30 家半导体公司与 ARM 公司签订了硬件技术使用许可协议，其中包括 Intel、IBM、LG 半导体、NEC、SONY、飞利浦等大公司。ARM 软件系统的合作商则包括 Microsoft、升阳、MRI 等知名公司。ARM 处理器产品有 ATMEL 公司的 AT91 系列、Cirrus Logic 公司的 EP 系列、Intel 公司的 StrongARM 等（实物图如图 2-15 所示）。国内的中兴集成、上海华虹、大唐电信等公司也购买了 ARM 内核授权，生产基于 ARM 架构的电子设备。

图2-15　基于ARM架构的处理器

2.3.1　触摸屏的工作原理

触摸屏是人机界面产品中可能用到的硬件部分，是一种代替鼠标及键盘部分功能，安装在显示器前端的输入设备。各种触摸屏技术都是依靠传感器来工作的，甚至有的触摸屏本身就是一套传感器。各自的定位原理和各自所用的传感器决定了触摸屏的反应速度、可靠性、稳定性和寿命。

触摸屏由触摸检测部件和触摸屏控制器组成。触摸检测部件安装在显示器屏幕前面，用于检测用户触摸位置，接收后送至触摸屏控制器；而触摸屏控制器的主要作用是从触摸点检测装置上接收触摸信息，并将它转换成触点坐标，再送给 CPU，它同时能接收 CPU 发来的指令信号并执行。

综上所述，触摸屏的基本工作原理是：用手指或其他物体触摸安装在显示器前端的触摸屏，所触摸的位置（以坐标形式）由触摸屏控制器检测，并通过接口（如 RS-232 串口）送到 CPU，从而确定输入的信息。

2.3.2　触摸屏的基本结构

在触摸屏人机界面设计中，硬件设计必须能提供嵌入式操作系统和应用程序运行时所需的足够资源，包括高速的处理器运行速度、足够容量的存储空间、多种通信接口、稳定的电源系统、可扩展功能等。为适应这样的要求，触摸屏人机界面硬件组成可划分为如图 2-16 所示的功能模块。

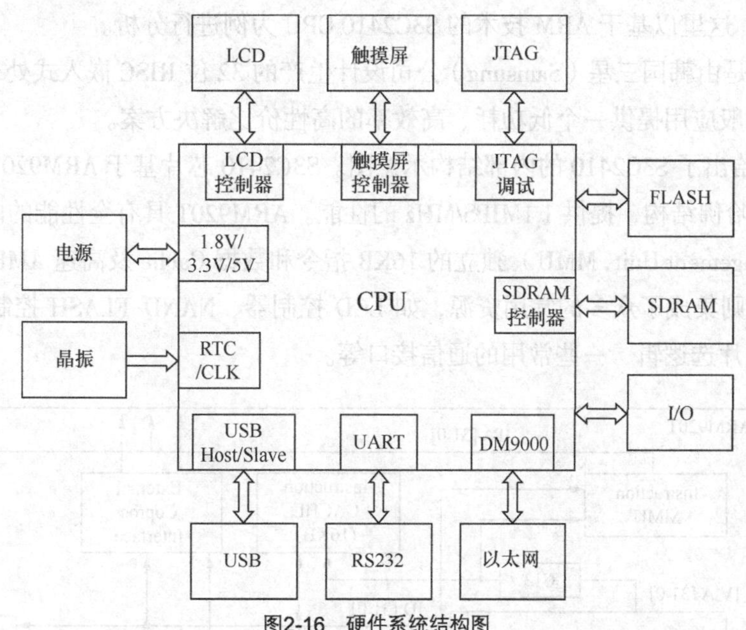

图2-16　硬件系统结构图

① CPU（中央处理器）模块。处理器模块是整个人机界面硬件系统的核心部分，完成人机界面运行时所有的任务处理，如逻辑运算、控制、通信、显示等。

② LCD 模块和触摸屏模块。此模块显示系统运行状态和接收用户输入请求，是实现人机交互最直接的途径，是人机界面中必不可少的部分。

③ 通信模块。嵌入式系统应该为本机或联机通信提供丰富的通信接口，至少需要包括一个 UART、一个 USB 总线接口或一个以太网（Ethernet）接口。

④ I/O 模块。系统设计时就包含多路通用 I/O 口用于采集和控制外部开关量信号，通过输入口将外部信号状态采集进来，运算后通过输出口发出控制命令。

⑤ 存储模块。S3C2410 自带有存储器，但容量并不大，所以必须扩展外部存储系统，以存储操作系统和应用程序及其他数据。通常扩展 FLASH 来存储操作系统和应用程序的数据，扩展 SDRAM 来存储运行时的动态数据。

⑥ JTAG 调试模块。为方便调试和维护，硬件系统应提供一个 JTAG 口进行程序下载或在线调试。

⑦ 电源模块。人机界面系统所需的电源有 5V、3.3V、1.8V 3 种，电源模块除了保证能提供这 3 种不同的电源外，还应该确保电源供电的稳定性。

下面将分别详细介绍人机界面 CPU 模块、触摸屏模块、LCD 模块、串行通信模块、存储模块、以太网模块、电源模块。

2.3.3 CPU 模块

嵌入式系统 CPU 有多个选择方案，如传统的 51 系列单片机，新兴的基于 ARM 技术的 RISC CPU 等，这里以基于 ARM 技术的 S3C2410 CPU 为例进行分析。

S3C2410 是由韩国三星（Samsung）公司设计生产的 32 位 RISC 嵌入式处理器，可以为手持设备和一般应用提供一个低功耗、高效率的高性价比解决方案。

图 2-17 给出了 S3C2410 的内部结构示意图。S3C2410 芯片基于 ARM920T 内核，采用 5 级流水线和哈佛结构，提供 1.1MIPS/MHz 的性能。ARM920T 具有全性能的内存管理单元（Memory Management Unit，MMU）、独立的 16KB 指令和数据 Cache 及高速 AMBA 总线接口。S3C2410 本身则集成了众多的常用资源，如 LCD 控制器、NAND FLASH 控制器、SDRAM 控制器、系统片选逻辑、一些常用的通信接口等。

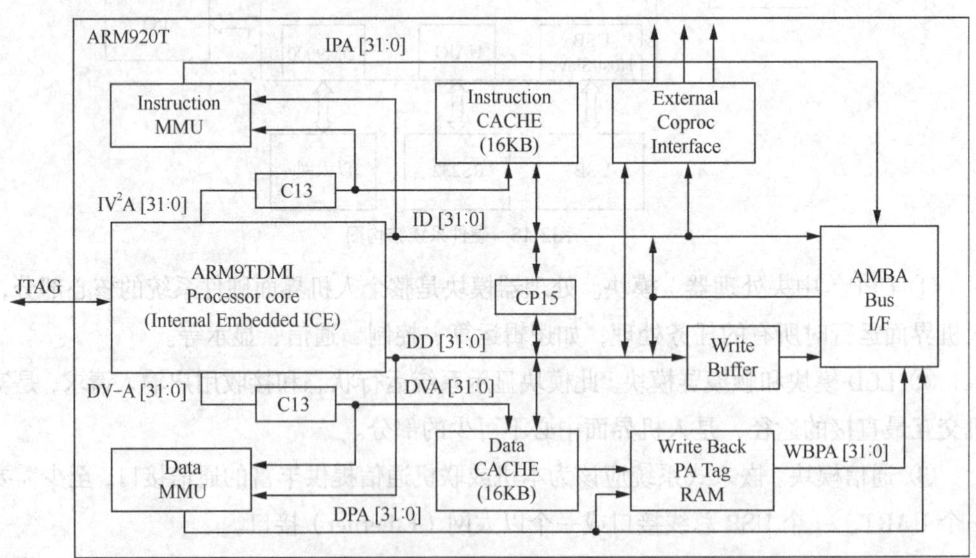

图2-17 S3C2410的内部结构示意图

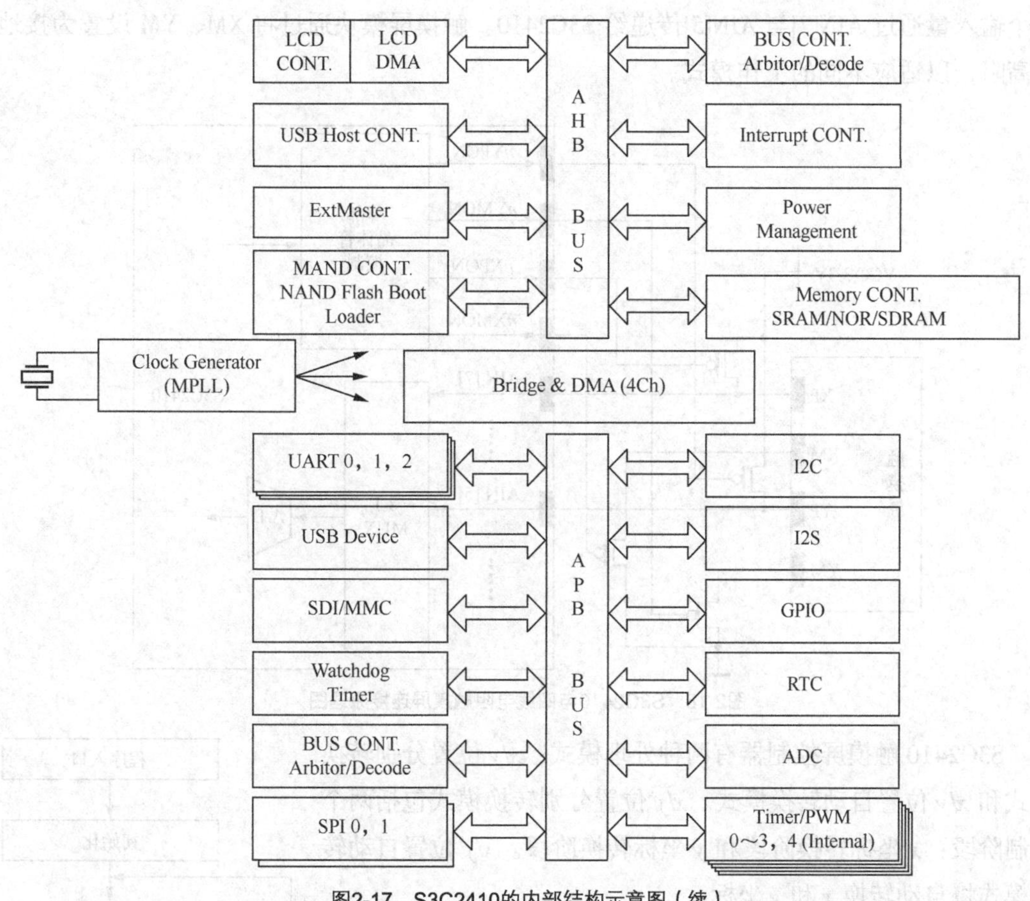

图2-17 S3C2410的内部结构示意图（续）

在设计 CPU 模块时，需要对以下 4 类信号加以关注：电源信号、控制信号、地址/数据总线信号及通用 I/O 口信号。S3C2410 的 70 多根引脚中，有 27 根地址总线，32 根数据总线，部分通用 I/O 引脚和诸如 LCD、UART、USB 等引脚，以及一些控制信号。

硬件设计中，要特别注意的是芯片引脚的接法，CPU 的引脚信号可分为输出、输入、输入/输出 3 种类型。输出信号主要是 S3C2410 通过输出引脚对外部设备发出的控制信号。输入信号接法一定要正确，因为输入信号将影响到 CPU 运行，如果出错将可能导致整个系统崩溃。输入/输出信号是 CPU 与外部设备进行信息交换的传输通道。

2.3.4 触摸屏模块

S3C2410 内部集成了触摸屏控制器，可以直接外接四线电阻屏。触摸屏控制部分包括外部晶体管控制逻辑、模数转换控制和中断控制逻辑。

图 2-18 给出了触摸屏与 S3C2410 接口电路的工作原理。四线电阻式触摸屏有 4 个接口 XP、XM、YP、YM，外部晶体管通过控制 4 个 MOS 管实现对 XP、XM、YP、YM 工作模式的选择。当触摸屏被按下后，XP 和 YP 分别为此时接触点的 x 与 y 的坐标模拟量输入，这

两个输入量通过 AIN[7]与 AIN[5]传递给 S3C2410。触摸屏模块通过将 XM、YM 设置为接地或高阻，以适应不同的工作模式。

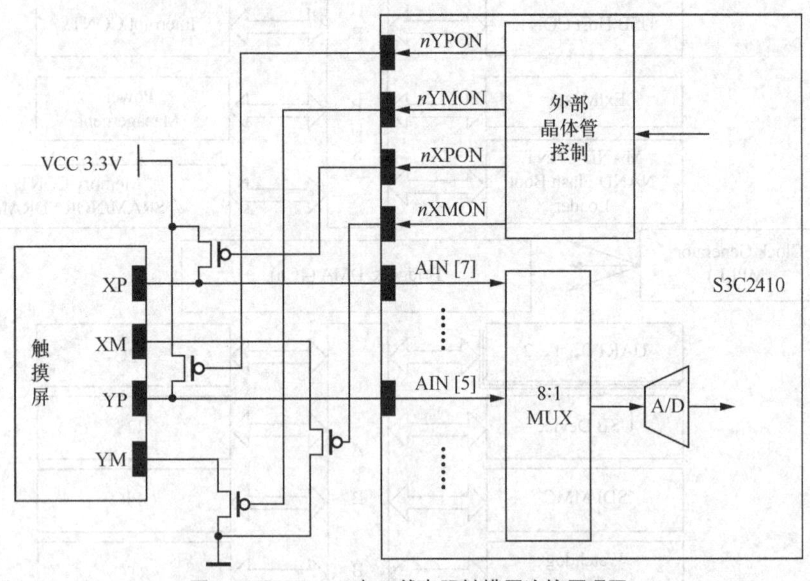

图2-18　S3C2410与四线电阻触摸屏连接原理图

S3C2410 触摸屏控制器有两种处理模式：*x*/*y* 位置分别转换模式和 *x*/*y* 位置自动转换模式。*x*/*y* 位置分别转换模式包括两个控制阶段：*x* 坐标转换阶段和 *y* 坐标转换阶段。*x*/*y* 位置自动转换模式将自动转换 *x* 和 *y* 坐标。

触摸屏模块的主要任务是将触摸屏上的触摸点位置转换成 *x*/*y* 轴方向坐标，并判断是否为有效的坐标范围。如图 2-19 所示，触摸屏模块软件部分可采用如下的方案。

初始化触摸屏控制器，置触摸屏的工作模式为中断模式，当有触摸输入时，即有中断产生时，则进入触摸屏处理，关中断、保护现场、激活相应的 A/D 转换函数，这里可采用 *x*/*y* 位置分别转换模式或 *x*/*y* 位置自动转换模式。在获得触摸点的 *x*/*y* 坐标值后，返回到等待中断模式。

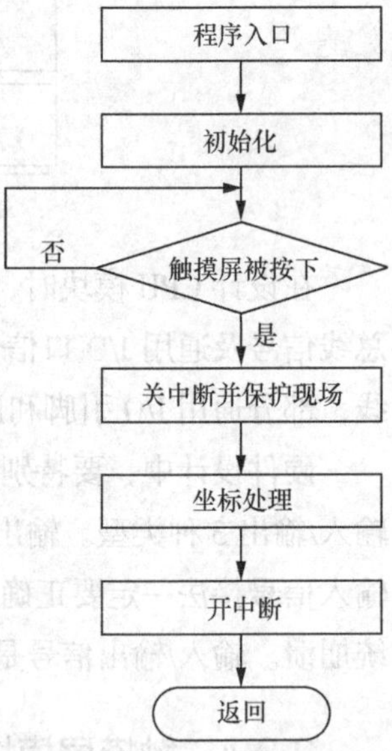

程序入口
初始化
触摸屏被按下
否
是
关中断并保护现场
坐标处理
开中断
返回

图2-19　触摸屏控制流程图

2.3.5　LCD 模块

在嵌入式系统中，LCD 作为人机界面是实现人机交互的主要设备之一，正逐渐向着彩色化方向发展，彩色液晶显示器以其功耗低、体积小、驱动电路简单、字符图形显示功能优异等特点，被广泛应用于触摸屏人机界面中。

LCD 显示器件种类繁多、发展迅速，从种类到原理、从结构到效应、从使用方式到应用范围差异很大。目前，比较常用的有 STN 和 TFT 液晶显示器，背光电源常用发光二极管（LED）背光源和冷阴极管（CCTL）背光源两种模式。比较而言，采用 LED 背光的 TFT 显示器在性能上更具优势，因此其应用更为广泛。

通常使用的 LCD 显示模块有两种：一种是带有驱动电路的 LCD 显示屏；另一种是不带驱动电路的 LCD 显示屏。由于大部分 ARM 处理器中都集成了 LCD 控制器，所以针对 ARM 处理器，一般使用的是不带驱动电路的 LCD 显示屏。

S3C2410 的 LCD 控制器能产生显示驱动信号，可以传输视频数据和必要的控制信号，将显示缓存中的 LCD 图像传输到外部 LCD 驱动电路上，以驱动 LCD 显示器。图 2-20 所示为 S3C2410 与 LCD 显示器的硬件连接图。S3C2410 的 LCD 控制器支持单色到 16 位色显示灰度，使用 RGB（Red，Green，Blue）格式显示彩色，通过软件编程可实现不同色彩的图形显示。另外，通过对 LCD 控制器中相应寄存器的设置，可以使其驱动不同尺寸的显示器，并可以任意改变显示方向。

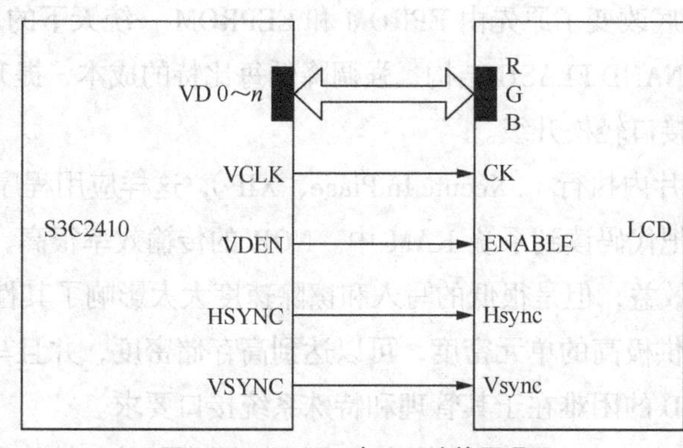

图2-20　S3C2410与LCD连接原理图

2.3.6　串行通信模块

通常，人机界面会提供两种形式的串行通信接口，以适应不同的应用场合。

1. UART 串行接口

在嵌入式系统中，UART 是不可缺少的接口。在开发阶段，调试程序的下载及调试信息的输出都可以通过串口来传递数据。在人机界面系统中，可通过串口与各种现场设备进行数据交换。

由于 UART 串行接口的应用已相当广泛，技术难度不大，这里就不再赘述。

2. USB 接口

USB 接口是 Intel、DEC、Microsoft、IBM 等公司联合提出的一种新型串行总线标准，主要用于 PC 与外围设备的互联。USB 由于具有使用方便、可热插拔、外设自我标识、速度快、连接灵活、独立供电、价格低廉等优点，得到了广泛应用。目前，打印机、鼠标、数码相机、MP3 播放器、扫描仪、存储设备等大多使用 USB 接口。

人机界面配备USB接口可以使得现场数据能被方便地备份和传递，同时也使得人机界面拥有了与其他工控设备互联的可能性，如人机界面USB与PC相连接后，可以实现组态画面和系统软件的下载更新。

2.3.7 存储模块

存储系统包括FLASH和SDRAM两部分。其中，FLASH又分为NOR FLASH和NAND FLASH两部分。

1. FLASH存储器

FLASH存储器是一种可在系统（In System）进行电擦写，掉电后信息不丢失的存储器，它具有功耗低、容量大、擦写速度快、可整片或分扇区在系统编程等特点，并且可由内部嵌入算法完成对芯片的操作，因而在嵌入式系统中有广泛的应用。

NOR和NAND是目前市场上两种主要的非易失闪存技术。Intel于1988年首先开发出NOR FLASH技术，彻底改变了原先由EPROM和EEPROM一统天下的局面。紧接着，1989年，东芝公司发表了NAND FLASH结构，强调降低每比特的成本，提升更高的性能，并且像磁盘一样可以通过接口轻松升级。

NOR的特点是芯片内执行（eXecute In Place，XIP），这样应用程序可以直接在FLASH闪存内运行，不必再把代码读到系统RAM中。NOR的传输效率很高，在1~4MB的小容量时具有很高的成本效益，但是很低的写入和擦除速度大大影响了其性能。

NAND结构能提供极高的单元密度，可以达到高存储密度，并且写入和擦除速度也很快。目前，应用NAND的困难在于其管理和特殊系统接口要求。

图2-21给出了S3C2410与FLASH的接口原理。通常，基于性能和价格的考虑，可以选用一片NOR FLASH和一片NAND FLASH组合成FLASH存储部分，其中NOR FLASH主要用来存储系统掉电后需要保存的用户数据。对于较小的系统，也可以直接将代码存储在NOR FLASH中，从NOR FLASH中启动。NAND FLASH主要是用来进行大数据量和代码等的存储，如操作系统代码、嵌入式GUI图形库、应用程序。

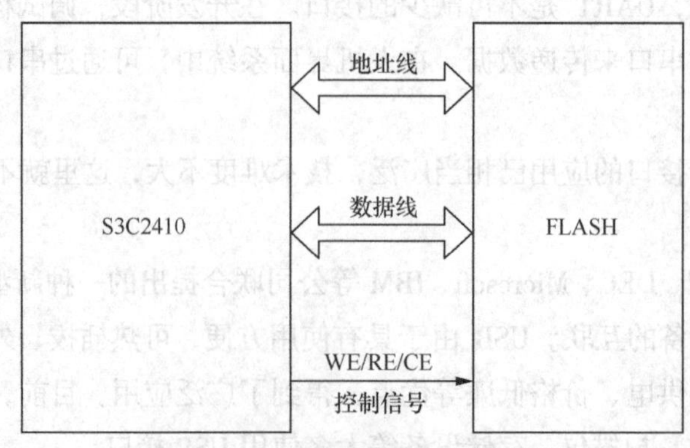

图2-21 S3C2410与FLASH连接原理图

2. SDRAM

SDRAM（Synchronous Dynamic Random Access Memory，同步动态随机存储器）是新一代动态存储器，它可以与 CPU 总线使用同一个时钟，SDRAM 的出现使计算机性能大大提高。与 FLASH 存储器相比，SDRAM 不具有掉电保持数据的性能，但其存取速度大大高于 FLASH 存储器，数据吞吐率更大，且具有随机可读/写的特性。SDRAM 在系统中主要用作程序的运行空间、数据及堆栈区。

SDRAM 的存储单元可以理解为一个电容，总是倾向于放电，为避免数据丢失，必须定时刷新（充电）。因此，要在系统中使用 SDRAM，就要求微处理器具有刷新控制逻辑，或在系统中另外加入刷新控制逻辑电路。S3C2410 集成了 SDRAM 控制器，可以很方便地外接两组 SDRAM（如图 2-22 所示），总容量可达 256MB，其数据位宽度可编程为 8 位、16 位或 32 位。

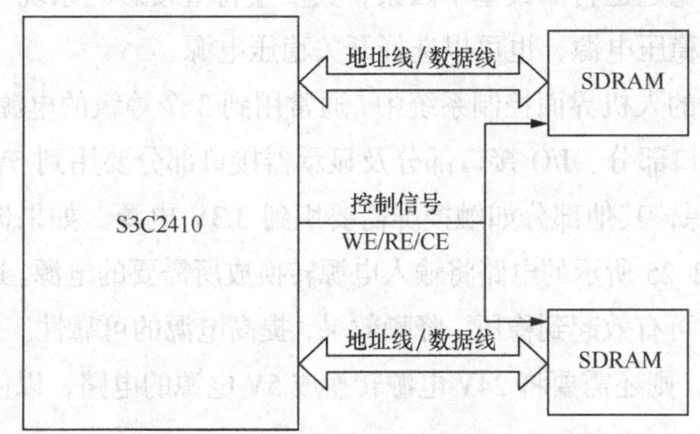

图2-22　S3C2410与两片SDRAM连接原理图

2.3.8　以太网模块

以太网是局域网中很常用的数据传输协议，它采用 IEEE 802.3 标准，使用 CSMA/CD（具有冲突检测的载波监听多点接入）的接入机制。

在人机界面系统中，为适应工业控制向网络化发展的趋势，支持以太网是很有必要的。目前，市场上已有部分人机界面产品提供以太网接口。以太网口可以方便地将工业现场数据向上传送到企业信息平台上，避免信息流通阻塞，对实现企业信息集成化有着重大的意义。另外，在软件调试开发阶段，也可以充分利用以太网口高速稳定的特点，通过以太网口将可执行映像文件下载到目标机上，提高开发效率。

在以太网控制器选择上，RTL8019AS 是一款高性价比的产品，其主要特点包括：符合 Ethernet 2 与 IEEE 802.3 标准；支持全双工，收发可同时达到 10Mbit/s 速率；内置 16KB 的 SRAM，用于收发缓冲，降低对主处理器的要求；支持 UTP、AUI、BNC 自动检测，还支持对 10BaseT 拓扑结构的自动极性修正；允许 4 个诊断 LED 引脚编程输出。RTL8019AS 内部有 2 个 RAM 区：1 块 16KB，地址为 0x4000 ~ 0x7FFF；1 块 32B，地址为 0x0000 ~ 0x001F。RAM 按页存储，每 256B 为一页。S3C2410 与以太网控制器连接原理如图 2-23 所示。

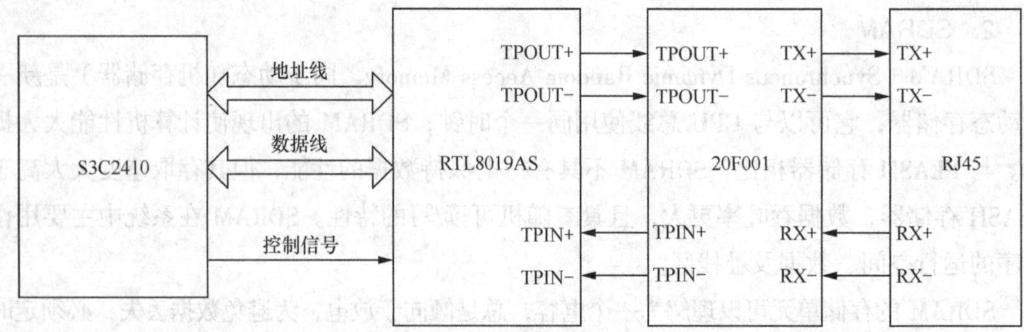

图2-23 S3C2410与RTL8019AS连接原理图

2.3.9 电源模块

电源是电子设备稳定运行的最基本因素，其质量将直接影响系统可靠性。按电源消耗程度，可以选择线性稳压电源，也可以选择开关稳压电源。

在基于 S3C2410 的人机界面控制系统中，通常用到 3 个等级的电源，分别为 5V、3.3V、1.8V。其中，USB 接口部分、I/O 接口部分及显示器接口部分要用到 5V 电源，S3C2410 处理器要用到 1.8V 电源，其他部分如触摸屏需要用到 3.3V 电源。如果选择线性稳压电源，可用如图 2–24 和图 2–25 所示的电路将输入电源转换成所需要的电源。这里采用专用的电源转换芯片 LDO 芯片，可有效起到稳压、降噪效果，提高电源的可靠性。另外，由于人机界面输入电源一般为 24V，则还需要将 24V 电源转换成 5V 电源的电路，以使系统正常工作。

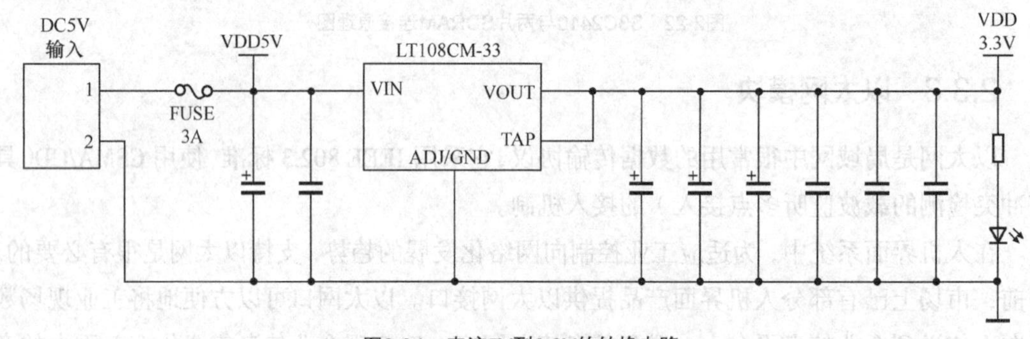

图2-24 直流5V到3.3V的转换电路

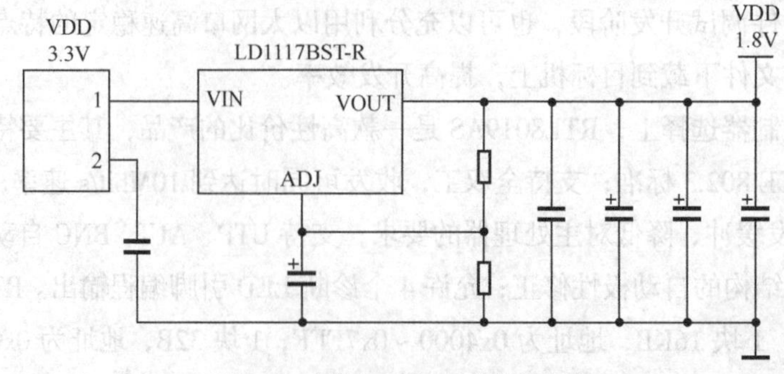

图2-25 直流3.3V到1.8V的转换电路

2.4　本章小结

随着计算机软、硬件技术的发展，嵌入式系统在工业控制中的应用也越来越广泛。嵌入式人机界面凭借其使用简单、交互方便、控制灵活、画面组态等优点，逐渐取代工控机平台，成为工业控制设备的重要部分。

本章首先介绍嵌入式系统、人机界面的概念，然后详细分析嵌入式人机界面的功能、结构，并讨论嵌入式人机界面的主要硬件模块，其模块主要包括 CPU 模块、人机接口（LCD/触摸屏）模块、通信接口模块、存储模块等，在讨论中还分别给出了它们的硬件原理和实现方法，呈现给读者更加直观的印象。

第3章 触摸屏组态软件

随着科技进步，计算机在工业领域应用更加广泛，工业自动化水平迅速提高，人们对工业自动化的要求也越来越高，各种各样的控制设备和过程监控装置在工业领域推广应用，一方面极大地提高了工业过程效率和增强了可靠性，另一方面也导致传统工业控制软件出现种类繁多、兼容性差、操作不便等问题，难以满足用户的需求。

在传统工业控制软件开发中，如果工业被控对象有所变动，则软件开发工程人员就必须修改控制系统的源程序，这样不仅延长了开发周期，提高了软件成本，而且不便于对已有的项目进行改造升级，使已经成功应用的软件得不到很好的扩展，造成代码重复利用率很低。另外，如果开发源代码的技术人员离职变动，则原有的代码将得不到良好的维护，导致项目改进也相对缓慢困难。

组态软件的出现，能够很好地解决上述问题。由于组态软件是基于模块化的设计思想，用户可以按工程实际需要，任意组建、修改被控对象的属性和功能，实现控制目标。即使是普通操作人员，只要通过一定的培训，就可以制作出高效的组态应用文件，这样既提高了工作效率，又节省了时间和金钱。

本章将介绍触摸屏人机界面组态软件的相关知识，包括组态软件的概述、结构、功能、使用规范及发展趋势。

3.1 组态软件简介

在工业控制软件中，常常要用到的一个词是“组态”。“组态”一词是翻译自英文“Configuration”，组态即模块化的任意组合，通俗地讲，组态就是用应用软件中提供的工具、方法，去设计并实现工业控制项目中某一个具体任务的过程。

3.1.1 组态软件概述

在组态的思想出现之前，为了实现某一项任务，软件工程师需要编写专门的应用程序来实现相应功能，编写程序不但工作量大、周期长，而且容易出现软件漏洞，软件维护和升级也比较麻烦。组态软件的出现，很好地解决了这个问题。通过专门的组态软件，技术人员只需要短暂的培训，就可以掌握系统设计的方法，以往需要几个月才能完成的工作，现在可以在很短的时间内完成，不仅节约了时间和精力，而且在系统维护方面也很方便。

组态类似常见的组装的概念。例如，由于计算机硬件系统的模块化设计，可以根据实际应用需要，将不同型号、不同厂家的部件如主板、CPU、硬盘、显示器等，组装成一台功能齐全的个人计算机。人机界面组态就是在软件中，用不同的元件对象，如文本、矩形、直方图、饼状图等组合成一个工程画面，并通过修改这些元件对象的属性，如颜色、大小、形状，以实现对特定的工业设备的监视控制。

事实上在很多行业都有组态的概念，如图形软件（如 Photoshop）、编程工具（如 Visual Studio）等均存在相似的操作，即使用软件提供的控件或工具，通过组合形成自己的项目文件，并以数据文件保存文件。通常，工业控制中组建的组态文件用于实时监控，组态工具的解释引擎即人机界面，根据这些组态结果由人机界面实时运行。

组态软件通常可以分为两类：通用型组态软件和专用型组态软件。

通用型组态软件如 InTouch、组态王。早期由于计算机软件和硬件的限制，通用型组态软件是在 DOS 环境下进行开发的，只能进行简单地组态。随着计算机的发展，Windows 可视化操作的普及，组态软件的图形化操作功能得到了很大提高，绘图工具得以增强、图库得以完善，可以组态出丰富的图形画面和生动的动画效果。

目前的人机界面组态软件大多提供了用户编程方式，通过内置编译系统，人机可以编译 BASIC 语言，有的甚至支持 VB，操作灵活性很高。

目前国内市场上，进口组态软件占很大比例，但其价格相对较高。而国内开发的组态软件在性能上尚有欠缺。当然近年来，随着国内计算机水平和工业自动化程度的不断提高，通用型组态软件的市场需求日益增大，一些技术力量雄厚且具有工业控制经验的公司相继发布了更高性能的通用型组态软件，相信会得到很好的发展。

专用型组态软件是针对特定人机界面编写的，必须配合相应的硬件系统才能正常的使用。如西门子的 WinCC 软件需要有 TP 系列人机界面，三菱的 GT Designer2 软件需要配备 GOT 系列人机界面等，在接下来的几章中，将介绍这些专用的组态软件。

如图 3-1 所示，工业控制设计工程师通过分析系统需求、被控对象及其应用环境，使用组态软件进行“组态”，设计一个专用的、面向具体被控对象的监控软件。操作人员通过操作人机界面就可以实现与被控对象实时交互信息，实时监控工业过程。

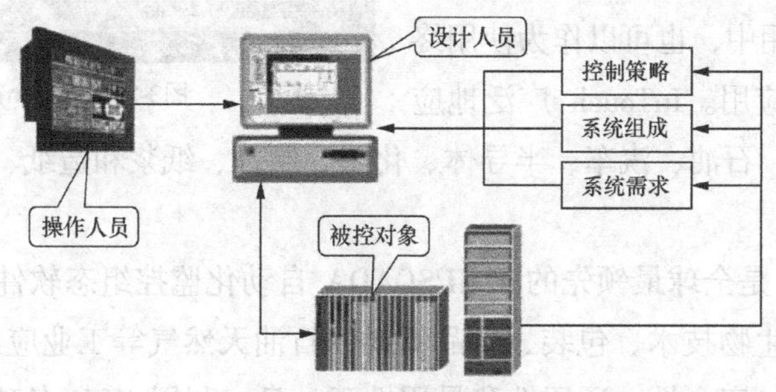

图3-1 组态过程示意图

组态软件的特点如下。

① 扩展性高。用组态软件开发的工程文件，在现场（包括硬件设备或系统结构）或用户需求发生改变时，不需要做很多修改也能方便地完成软件更新和升级。

② 操作方便。组态软件经过封装后，提供给用户的操作都是很方便的，通常采用鼠标Drag And Drop（拖放操作）的形式，就可以方便地组态。用户即使没有掌握很多的编程语言技术，或者甚至没有编程语言技术，也能很好地完成一个复杂工程所要求的所有功能。

③ 通用性强。通用性强主要是针对通用型组态软件，用户根据工程实际情况，利用通用型组态软件提供的底层设备（如PLC、变频器等）的I/O驱动、开放式的数据库和画面制作工具，就能实现动画效果、实时数据处理、历史数据和曲线，高级的组态软件还具有多媒体功能和网络功能。

3.1.2 组态软件主要产品

组态软件产品出现于20世纪80年代初，并在20世纪80年代末期进入我国。但在20世纪90年代初期，组态软件在我国应用并不普及。随着工业控制系统应用的深入，控制系统的规模越来越大，越来越复杂。同时，管理信息系统和计算机集成制造系统的大量应用，要求工业现场为企业生产、经营、决策提供更详细和深入的数据，以便优化企业生产经营中的各个环节。因此，在20世纪90年代中后期，组态软件在国内应用逐渐得到了普及。

下面对使用较多的7种通用组态软件进行简单地介绍。

① InTouch。作为世界上第一款商品化的监控组态软件，InTouch诞生于美国Wonderware公司，迄今已有20年历史，InTouch软件是最早进入我国的组态软件。图3-2给出了InTouch的操作画面。InTouch软件是一个开放的、可扩展的HMI，为定制应用程序设计提供了灵活性。InTouch软件适合部署在独立机械中、在分布式的服务器/客户机体系结构中、在利用Factory Suite工业应用服务器的应用中，也可以作为使用终端业务的瘦客户机应用。InTouch广泛地应用于包括食品加工、石油、汽车、半导体、化工、制药、纸浆和造纸、交通等在内的全球众多纵向市场。

图3-2 InTouch操作画面

② iFIX。iFIX是全球最领先的HMI/SCADA自动化监控组态软件，在冶金、电力、石油化工、制药、生物技术、包装、食品饮料、石油天然气等工业应用当中，iFIX独树一帜地集强大功能、安全性、通用性和易用性于一身。利用iFIX各项领先的技术，iFIX

可以帮助用户精确地监视、控制生产过程，并优化生产设备和企业资源管理，对生产事件快速反应，减少原材料消耗，提高生产率，从而加快产品对市场的反应速度，提高用户收益。

③ Citech。悉雅特集团（Citect）是世界领先的工业自动化系统、设施自动化系统、实时智能信息和新一代 MES 的独立供应商。该公司的 Citech 也是较早进入中国市场的产品之一。Citech 是基于 Windows 平台上的工业软件系统，具有简洁的操作方式，只是其操作方式更多的是面向程序员，而不是工控用户。Citech 为用户提供了一个开放的控制系统，它提供类似 C 语言的脚本语言进行二次开发。Citech 利用第三方应用程序增加系统功能，灵活的 ActiveX 扩展功能，使用户可以通过将一些如文件、录影和分析应用模块的“对象”直接嵌入 Citech。

④ WinCC。西门子自动化与驱动集团（A&D）是西门子股份公司中最大的集团之一，是西门子工业领域的重要组成部分。Siemens 的 WinCC 是一套完备的组态开发环境，它是第一个使用最新 32 位技术的过程监视系统，具有良好的开放性和灵活性，其欢迎画面如图 3-3 所示。WinCC 集生产自动化和过程自动化于一体，实现了相互之间的整合，已大量应用于各种工业领域，包括汽车工业、化工和制药行业、印刷行业、能源供应和分配、塑料和橡胶行业、机械和设备成套工程、金属加工业、食品、造纸和纸品加工、钢铁行业、运输行业、水处理和污水净化等。

图3-3 WinCC欢迎画面

⑤ TRACE MODE。由俄罗斯 AdAstrA Research Group，Ltd 公司于 1992 年开发成功。AdAstrA 科技集团（AdAstrA Research Group，Ltd）是独联体和东欧各国工业自动化实时控制软件开发方面的领先者，基本产品是将 SCADA/HMI 和 Soft Logic 集成为一体的新一代 32 位工控组态软件 TRACE MODE，可以用于开发多个行业的大型分布式控制系统。TRACE MODE 是世界上首家将人机界面开发工具（SCADA/HMI）和 PC 控制器编程软件（Soft Logic）集成为一体的工控软件。它可以实现对一个控制系统中的所有节点设备进行统一编程，从而提高工程开发效率 10～20 倍。TRACE MODE 适用于分布式控制系统的开发，是俄罗斯最畅销的工业控制组态软件，在市场上占有绝对垄断地位。

⑥ 组态王。北京亚控科技发展有限公司早在 1993 年就开始研发组态王（King View）产品，并迅速应用到了国内用户的系统中，其目标是为用户建立集易用性强、动画功能丰富、技术性能卓越、稳定可靠且价格低廉于一身的工业自动化软件平台，组态王系列软件如图 3-4 所示。

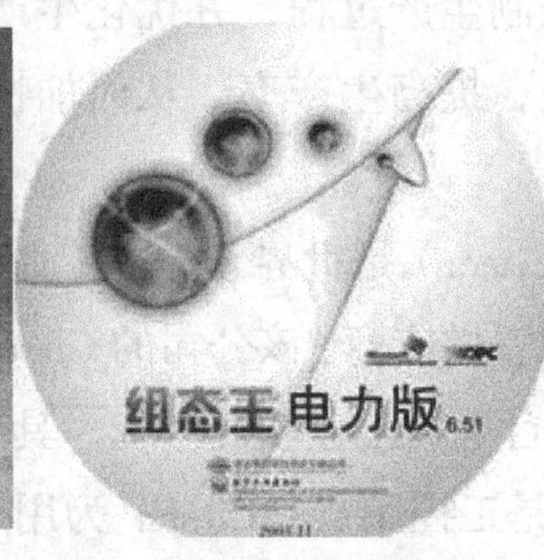

图3-4　组态王系列软件

组态王具有适应性强、开放性好、易于扩展、经济、开发周期短等优点。组态王提供了资源管理器式的操作主界面，并且提供了以汉字作为关键字的脚本语言支持，组态王还具有丰富的设备驱动程序和灵活的组态方式、数据链接功能。此外，组态王充分利用Windows 的图形编辑功能，能方便地构成监控画面，并以动画方式显示控制设备的状态，其具有报警窗口、实时趋势曲线等，可方便地生成各种报表。

⑦ 力控。三维力控科技有限公司是专业从事监控组态软件研发与服务的高新技术企业，公司以自主创新为动力，逐渐奠定了在国内市场的领先地位。从时间概念上来说，力控（Force Control）也是国内较早出现的组态软件之一。力控提供了一个高度集成化、可视化的开发环境，其极为友好的界面风格使用户很容易就能掌握操作，丰富的组件和控件能方便构成强大的系统，丰富的函数和设备驱动程序使系统集成更容易。它提供面向对象的编程方式；内置间接变量、中间变量、数据库变量；支持自定义函数；支持大画面和自定义菜单；使用户能够快捷构造强大的运行系统；脚本语言方面，包含有多样的脚本类型和触发方式；支持数组运算和循环。在很多环节的设计上，力控都能从国内用户的角度出发，既注重实用性，又不失大软件的规范。

其他常见的组态软件有 Rockwell（罗克韦尔）的 RsView、NI 的 LookOut、PC Soft 的 Wizcon 及国内产品，如北京世纪长秋科技有限公司的世纪星组态软件、华富计算机公司的 Controx、北京昆仑通态自动化软件科技有限公司的 MCGS，这些组态软件产品也都非常有特色，限于篇幅这里不再一一介绍。

3.2　组态软件结构

如同其他的基于 Windows 操作平台的应用软件一样，用户使用组态软件并通过组态生成的一个目标应用项目，使用一个唯一的名称进行标识并保存到计算机硬盘中，这个应用项目就被称为一个组态工程。用户可以对组态工程进行打开、关闭、修改等操作。

组态软件的结构划分有多种标准，这里从系统环境和软件功能两种分类方式来讨论组态软件的结构。

3.2.1　按照系统环境划分

总的来说，组态软件按其工作环境可以再划分为两大部分：组态开发环境和组态运行环境，两者之间的关系如图 3–5 所示。

1．组态开发环境

组态开发环境运行在 PC，能为用户提供一个可视化的组态软件平台，主要用于组态生成人机界面，是自动化工程设计工程师为实施其控制方案、在组态软件的支持下生成组态工程所必须依赖的工作环境。在该平台上，用户可以设置需要采集的数据类型和采集数据的周期；可以设计各种反映被控对象工作状态的图形界面，并利用组态软件提供的工具将数据和图形等建立连接以反映所监控数据的变化；通过建立一系列用户数据文件，生成最终的图形目标应用系统，供系统运行环境运行时使用。

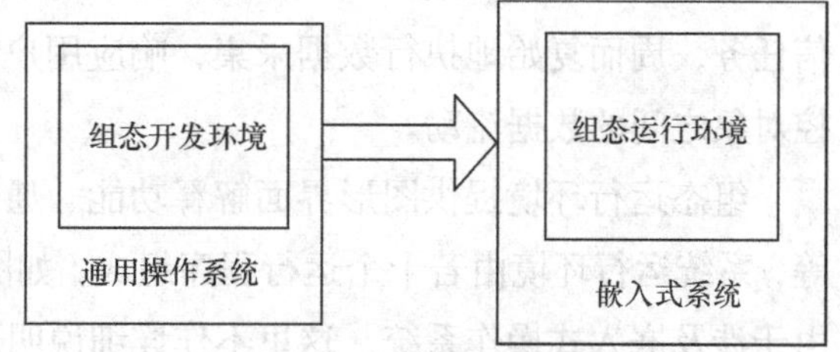

图3-5　组态软件结构框图

组态环境提供图形界面设计功能、数据保存和加载功能、配置文件生成功能、组态数据下载功能。组态开发环境由若干个组态子程序组成，如图形界面组态程序、实时数据库组态程序等。

① 工程管理。工程管理即组态数据的编辑，主要包括系统参数的设置及该工程所包含的全部画面的组织和管理。

② 图形界面组态。图形界面组态主要用于实现各种组态软件支持的图形元素以及实现鼠标拖放式的交互操作，以所见即所得的操作方式进行组态编辑。

③ 组态文件操作。组态文件操作主要完成数据的组织生成、解析、保存和加载。该部分需对组态编辑结果进行有效地组织和整理，将整理后的数据生成组态信息配置文件，提供给人机界面运行环境使用。组态信息配置文件是一个工程的组态结果，该部分功能还包括对此文件进行保存、读取操作，即以文件的形式保存起来，供以后再次打开进行查看和修改。读出已有的文件并进行查看和修改则需要将已整理好的文件恢复到编辑界面上，这还需要具有解析的功能。

④ 通信模块。通信模块主要负责将生成的组态工程文件正确、快速下载到人机界面的运行环境中。由于串口通信的过程易受干扰以及擦写存储器容易出错，所以串口通信模块一方面要保证组态结果数据能够快速下载，另一方面更要保证下载数据正确无误。

2．组态运行环境

组态运行环境运行于嵌入式设备上，其主要功能是进行现场控制和仿真，它按照组态工程中用户指定的方式进行各种处理，完成用户组态设计的目标。运行环境必须与组态工程一起作为一个整体，才能构成用户应用系统。一旦组态工作完成，并且将组态好的工程通过串口或以太网下载到下位机运行环境中，在硬件设备的支持下，组态工程被装入嵌入式设备的内存并进行实时控制。此时，组态工程就可以离开组态环境而独立运行在下位机上，实现了控制系统的可靠性、实时性、确定性和安全性。

组态运行环境在嵌入式操作内核的支持下，对组态工程的配置文件进行解析，生成通信任务，周而复始地执行数据采集，响应用户的控制请求，维护图形界面与通信任务、被控对象之间的数据流动。

组态运行环境提供图形界面解释功能、通信任务创建和调度功能、图形画面显示功能等，系统运行环境由若干个运行程序组成，如图形界面运行程序、实时数据库运行程序等。由于涉及嵌入式操作系统，这里不作详细说明。

3.2.2 按照软件功能划分

组态软件所能执行的各个功能相对来说具有一定的独立性。因此，按其实现的功能，又可将其划分为标准模块、扩展模块（如图 3-6 所示），标准模块如应用程序管理模块、图形界面开发模块等，扩展模块如通用数据库接口模块、策略编辑/运行组态模块等。

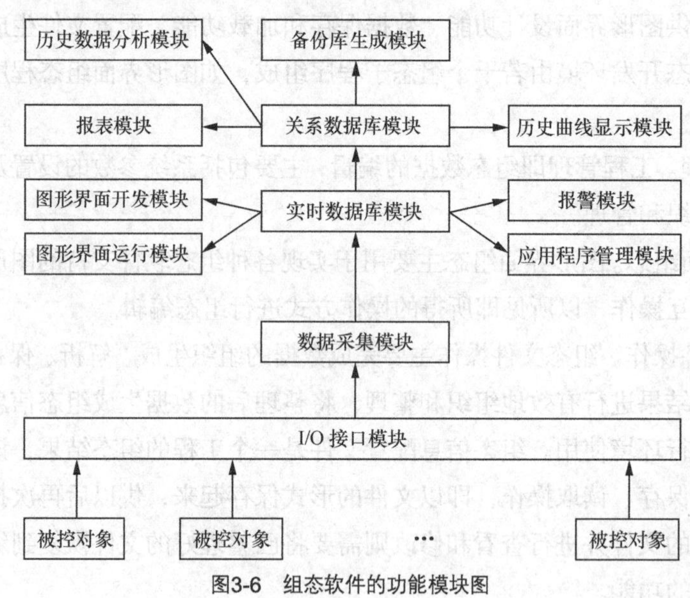

图3-6 组态软件的功能模块图

1. 标准模块

① 应用程序管理模块。应用程序管理模块功能为新建、保存、备份、搜索组态工程。应用程序管理模块能够进行组态数据的管理，使得工程技术人员详细地了解计算机中保存的应用项目。

② 图形界面开发模块。图形界面开发模块是自动化工程技术人员为实施其控制方案，在图形编辑工具的支持下，生成组态工程所依赖的开发环境，通过建立一系列用户数据文件，生成最终的组态工程，以下载到运行环境中对控制对象进行监控。

③ 图形界面运行模块。图形界面运行模块用于在硬件系统及运行环境的支持下，图形组态工程被图形界面运行程序装入计算机内存并投入实时运行。

④ 实时数据库模块。实时数据库模块主要用于对实时数据库进行组态和运行。目前，比较先进的组态软件不仅提供简单的数据管理功能，还具有独立的实时数据库组件，以提高系统实时性。实时数据库模块是建立、维护、访问及历史数据生成的组态工具，可以定义实时数据库的结构、数据来源、数据连接、数据类型及相关参数。目标实时数据库及其应用系统被实时数据库系统运行程序装入系统内存并执行预定的各种数据计算、数据处理任务。历史数据的查询和检索、报警的管理都是在实时数据库系统运行程序中完成的。

⑤ I/O 接口模块。I/O 驱动程序是组态软件中必不可少的组成部分，用于和 I/O 设备通信，互相交换数据。利用网络通信模块实现网络系统与计算机之间的实时数据的传输任务，保证系统各节点实时数据的一致性。利用前置通信模块，完成系统与现场设备之间的数据通信。

⑥ 系统中还有其他模块，这里不再过多介绍，有兴趣的读者可以查找相关资料。

2. 扩展模块

① 通用数据库接口模块。通用数据库接口模块主要用来对通用数据库接口进行组态和运行。通用数据库接口组件（ODBC 接口）用来完成组态软件的实时数据库与通用数据库（如 Oracle、Sybase 等）的互联，实现双向数据交换，实时数据库和通用数据库可以相互读取实时数据和历史数据。

② 策略编辑/运行组态模块。策略编辑/运行组态模块也称为控制方案。策略编辑组件是以 PC 为中心，实现低成本监控的核心软件，具有很强的算术逻辑运算能力和丰富的控制算法。策略编辑/运行组件可为使用者提供标准的编程环境，共有 4 种编程方式：梯形图、结构化编程语言、指令助记符和模块化功能块。组态的策略目标系统被装入系统内存并执行预定的各种数据计算、数据处理任务，同时完成与实时数据库的数据交换。

③ 实用通信程序模块。实用通信程序极大地增强了组态软件的功能，可以实现与第三方程序的数据交换，是组态软件价值的主要表现之一。实用通信程序可以实现操作站的双机冗余热备用，实现数据的远程访问和传送。实用通信程序可以使用以太网、RS485、RS232、PSTN 等多种通信介质或网络实现其功能。只要实用通信程序模块的服务器方与客户端建立起连接，就可以相互传送数据。

3.3 组态软件功能

组态软件一般都具有实时多任务处理、接口灵活开放、操作简单高效、功能齐全完善、运行稳定可靠等特点。组态软件的主要作用是与控制对象之间进行数据交换，把从控制对象中采集的数据与计算机图形画面上的各元素关联起来，及时地处理数据报警和系统报警，存储并查询历史数据，生成和打印输出报表，具有与第三方程序的接口，方便数据共享。

图 3-7 给出了基于 TRACE MODE 组态软件的数据采集和控制系统。该系统采用两台工程师站进行采集和控制，操作站为现场操作人员提供显示和控制的功能，操作站可独立地对各自的设备进行操作。TRACE MODE 还可以为用户保存历史数据，方便了应用。

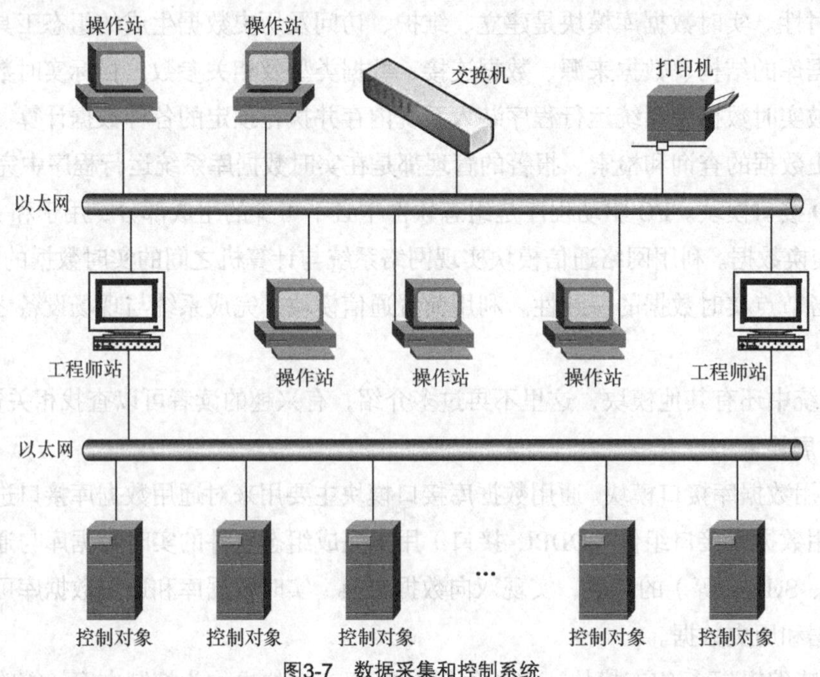

图3-7　数据采集和控制系统

接下来对监控软件的图形组态、工程管理、数据点管理、通信、网络 5 个方面的功能作详细说明。

3.3.1　图形组态功能

组态软件的图形组态功能强大，支持多种图形格式，通常软件自带的图库图形丰富多彩，用户还可以添加自定义的图形库，更完善图形画面的制作。

组态软件大多可以使用多达 256 种颜色，并支持从画面到画面包含对象的颜色渐变。

组态软件点数的扩展功能很强，有全面解决扩展点的报警、报警记录、历史记录的方法，组态软件支持组态对象查找、替换功能，可以替换整个图画及画面中的对象的属性、组态点信息。

软件内嵌脚本语言，如 VB、C 脚本语言，许多组态软件通常具有自己的内部函数，扩展功能很便利。

组态软件支持双向 OPC，支持各种类型的 ActiveX、OLE。

图形组态的编辑过程与运行过程是独立运行的，有利于对现场生产安全的保障；有独立的报警监视程序，支持在线修改；具有画面分层功能，运行时可以根据程序很方便地更换对象的连接数据源，可以使控制更灵活。

3.3.2　工程管理功能

安全管理方面，针对操作人员的级别控制，可设置组态工程环境，使工程满足生产的安全级别管理。对操作系统的安全防护方面，直接设置组态就可以不重新启动软件即可生效。有些软件有较为复杂的操作、设定，而且还要系统重新启动方起作用。

报警管理方面，组态软件可拥有独立的报警管理器和报警控件，提供报警的分区管理。

报表管理方面，组态软件内嵌的 VBA 或 SQL 语言，对于常用的办公软件如 Office 及一般的数据库软件如 SQL Server、Access、Oracle 等，都可进行访问和操作。

3.3.3　数据点管理

组态软件提供了统一环境进行数据点的定义，如 iFIX 提供多种数据类型，有很多现成的功能块，如历史记录块、趋势块、计算块、PID 块、计时块，这使得设备运行时间计算、数据转化等工作可以不必在画面中去做，同时 iFIX 还提供十多种信号发生器，在调试中帮助很大，非常方便。

部分组态软件的数据点管理是独立于画面运行的，直接反映现场信息，只要通信是正常的，数据点一经设定就可以立即反映现场状态。

组态软件在运行时可以用来监视点状态，编辑时可以用来查看点组态信息，实现组态的替换。

数据管理库输入、输出功能，可以将信息输出到 Excel 网格文档操作方式的工具中，在 Excel 中方便地完成烦琐的点定义设置，再将数据从 Excel 返回到数据库中。

3.3.4　通信功能

通信功能方面，部分产品如 WinCC 与 Cimplicity 分别是西门子与通用电气公司推出的适用于配套产品的监控套装软件，因此所支持的硬件（如 PLC）有限。而三菱 GT Designer2、欧姆龙 NTZ-Designer 等组态软件，可以与目前工业应用的许多控制设备连接，其通信设置方便，稳定性良好，应用范围广泛。

3.3.5　网络功能

几乎所有组态软件都有网络功能，只不过是在性能上有所区别。例如，WinCC、Cimplicity 基于工程的，在网络上寻找的是工程名，而 iFIX 是基于结点的，寻找的是节点名。参数设置方面，可以在线增加、修改、删除远程节点中的数据库点，真正实现远程组态，所以远程拨号修改现场数据库画面，对网络上任何节点数据库点的修改都是完全在线的，不用重新启动。

3.4 组态软件使用

3.4.1 组态的典型步骤

众所周知，图形画面所包含的信息量比其他形式如文字、符号、声音包含的信息量要大得多，因此人机交互画面的设计在自动控制系统中占有重要地位。现代自动控制系统的设计几乎都是基于对象画面，画面可以真实地展现工艺流程、运行状态、报警信息等。在工业自动化领域，组态软件的发展正是适应了这样的需求，给系统的监视、控制、管理等带来了极大的方便。组态软件与下位机通信的方式如图 3–8 所示。

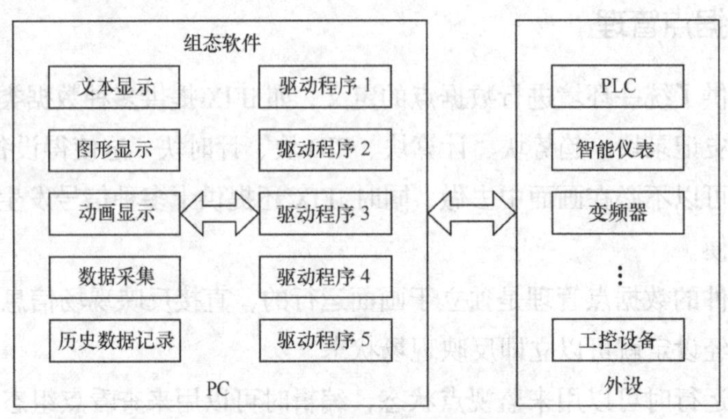

图3-8　组态软件与下位机通信

通常，应用组态软件进行工程实际开发时，需要进行严格地设计和严密地操作，才能使组态工程发挥最大效用且确保稳定，以下简单列出组态的典型步骤，如图 3–9 所示。

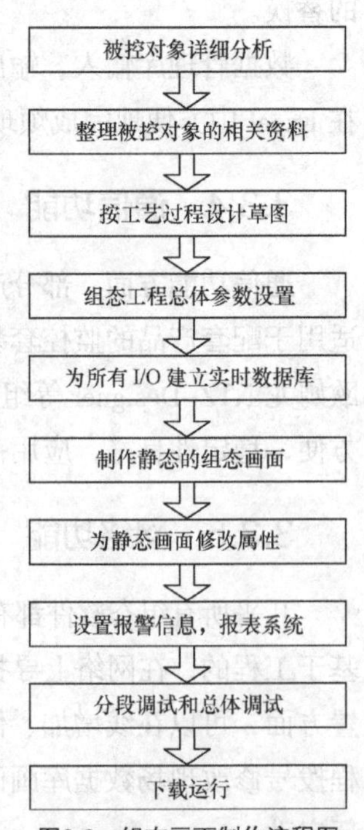

图3-9　组态画面制作流程图

① 被控对象的详细分析，包括对象的性能、接口参数、功能需求。

② 收集齐全所有 I/O 点的参数，以备在监控组态软件和 PLC 上组态时使用。

③ 确定监控对象的生产商、种类、型号、通信接口类型、通信协议，以便设置通信参数。

④ 整理对象设备的所有 I/O 标识，并填写表格。I/O 标识是唯一的确定一个 I/O 点的关键字，组态软件通过向 I/O 设备发出 I/O 标识来请求其对应的数据。在大多数情况下，I/O 标识是 I/O 点的地址或位号名称。

⑤ 根据工艺过程绘制、设计画面结构和画面草图。

⑥ 对组态工程总体参数进行设置，如安全级别、报警参数。

⑦ 对所有的 I/O 点建立实时数据库，正确组态各种变量参数。

⑧ 根据上述的统计结果，在实时数据库中建立实时数据库变量与 I/O 点的一一对应关系，即定义数据连接。

⑨ 按照画面结构和画面草图，在组态软件上组态每一幅静态操作画面。

⑩ 修改画面上所有的组态元件的属性，使画面中的图形对象与实时数据库变量形成映射关系。

⑪ 制作历史趋势、报警显示及开发报表系统。

⑫ 对组态内容进行分段和总体调试，视调试情况对软件进行相应修改。这部分可以充分利用组态软件提供的模拟功能，以最大程度地减少调试的工作量。

⑬ 如果经调试完全符合功能需求，则可以下载到目标设备中，对工业现场进行实时控制。

上述步骤可用图 3-9 所示的流程图来描述。

3.4.2 组态工程的要求

3.4.1 小节中提到，制作组态工程，需要进行严格论证和设计，下面对组态工程制作过程需要注意的事项作详细说明。

1. 组态工程基本要求

① 控制规律和参数可以通过画面方便地在线调节和设定，对现场采集的数据能给予实时处理和响应。

② 界面能够逼真模拟现场系统和设备的运行状态，故障信息能够及时传给监控操作平台，操作平台可以各种形式，如图像、声音、指示灯等提醒操作人员。

③ 能满足容错控制和冗余要求。当设备被误操作或意外触发时，要具有一定的容错性，从而不至于盲目进行响应。监控软件如因突发故障等不能正常使用时，应有备份而不至于使系统停止工作。

④ 对现场生产和设备信息能分类管理，支持数据管理信息报表生成和输出打印。

⑤ 具有安全保护措施。如当监控系统遇到事故报警、偏差超限、故障等异常信号，且操作人员因其他原因无法及时调整系统状态或采取措施时，将整个操作系统转换到预先设定好的一些安全状态。

2. 图形界面设计基本要求

在工业现场，使用人机界面，操作人员可以方便地获取设备运行状态、实时数据等信息。另外，操作人员对设备的监控操作应该是尽可能简单快捷、及时有效，尤其是在突发故障时，需要迅速排除异常和解除报警，所以在设计面向工业现场的人机界面时，有如下 6 点要求是应遵循的。

① 用户界面操作简洁明了。操作命令越简短，输入和执行控制信息越快。简化人机交

互对话步骤，如默认一些正常运行时的常用参数值。根据设备操作和运行规律，捆绑式输入各组控制参数。必要时屏蔽和捆绑一些在运行操作时进行的参数传递和对话细节，而在维护或诊断时可根据一定步骤解开或细查这些参数和对话细节。

② 尽量使用能直接操作控制的元件，减少和避免二级菜单。因为在控制现场，直接操作控制的元件可以被快速操作，二级菜单不利于提高系统响应速度。另外，界面图标不易太小，颜色尽量有别于其他次要信息。

③ 重要参数信息以显眼的方式反映，并且按照人机交互频率及其重要性，排布在界面上的显眼位置。对于动态变化参数，可以用图表形式显示在界面，以便于直观地实时监视和控制。

④ 突发事件以单独窗口提示，即用事件触发弹出式对话窗口界面的交互方式，如报警信息除弹出窗口外，还可以配合以声音提醒。

⑤ 设置多级安全操作保护措施。组态软件通常提供多级安全口令，可视具体情况，使图形对象的操作具备不同操作权限，因为现场控制器直接面向生产和设备，不当操作可能直接危及生产安全。另外，组态工程设置警告信息，对于不符合正常运行操作或逻辑顺序的控制信息输入要给出提示或警告，按分类和级别拒绝执行或等待进一步确认后才执行。

⑥ 设置系统安全运行保护措施。现场控制中，根据事故发生的原因及类别执行自动切换，将该控制系统限制在预先设定好的一些安全状态上。

3. 人机界面设计原则

对于技术人员，图形监控画面设计的主要原则是画面意义明确、操作简单快捷。而对非专业人员（如管理人员、销售人员等），还要求人机界面有较高的直观性和友好性，以便于通过界面了解现场生产情况，指导工作。因此人机界面设计应该考虑以下 4 个原则。

① 顺序原则。顺序原则即按照控制工艺流程、对事件处理访问查看顺序，设计图形界面的主界面及其二级界面，以及多级菜单。

② 功能原则。功能原则即按照对象应用环境及场合具体使用功能要求，以功能任务来区分多级菜单、分层提示信息的窗口等的人机交互图形界面，使用户易于分辨和掌握界面的规律和特点，提高其友好性和易操作性。

③ 频率原则。频率原则即按照操作对象的人机交互频率高低，组织人机界面的层次顺序和对话窗口菜单的显示位置等，以提高监控和访问对话频率。

④ 重要性原则。重要性原则即按照管理对象在控制系统中的重要性和全局性水平，设计人机界面的主次菜单、对话窗口的位置和突显性，从而有助于管理人员把握好控制系统的主次，实施好控制决策的顺序，实现最优调度和管理。

设计良好的人机交互图形界面，不仅能大大地提高系统运行效率，更能为操作人员进行人机交互提供强大的支持。

3.5 组态软件发展趋势

组态软件从面世距今已有 30 年左右的时间，组态软件在技术方面和市场方面都有了飞速发展，应用领域日益广泛，并开始体现出“工业技术民用化”的发展趋势。目前，罗克韦尔（Rockwell）、ABB、施耐德等国际知名工业自动化厂商均开发出自己的组态软件。

市场方面，国际上，Wonderware 和 Citech 提供的组态软件产品具有明显的优势，据调查，这两种专业组态软件拥有超过 20%的市场份额；在中国，国产组态监控软件厂商占有低端市场的大部分市场份额。以北京亚控科技有限公司（简称亚控）、北京三维力控科技有限公司（简称三维力控）为代表的国产品牌的组态软件产品，依靠价格优势、灵活的销售方式，得到中低端用户的肯定。另外，中小型企业提供的软件定制服务，也拥有着不少的市场份额。

从用户的操作角度来看，目前几乎所有组态软件都以类似的操作，完成类似的功能。如组态软件都采用类似资源浏览器的窗口结构，用户可以对组态工程的各种资源（如元件、画面等）进行配置和编辑，组态软件大多为用户提供脚本语言以进行二次开发的功能。但是，从技术层面来说，虽然各种组态软件功能相似，但软件的架构、实现技术却不尽相同。通过目前科技的发展、编程方式的变化、市场的需要等各方面，可以大胆从下面几个方面，推测组态软件未来的发展动向。

1．控制功能方面

组态软件基本功能就是监控功能，因此，如何尽可能地方便用户进行组态监控操作是组态软件厂商最需要关注的地方。

随着自动控制系统技术的日趋完善、工程技术人员使用组态软件水平和经验的不断提高，用户对组态软件的要求已不仅限于画面，而更需要考虑如软 PLC、先进过程控制策略等一些实质性的应用功能。

所谓软 PLC，是指基于 PC 开放结构的控制装置。利用软件技术可将标准的工业 PC 转换成全功能的 PLC 过程控制器，使 PC 具有硬 PLC 在功能、速度、故障查找等方面的特点。软 PLC 提供了与硬 PLC 同样的功能，同时还具备有 PC 环境的各种优点，软 PLC 综合了计算机和 PLC 的开关量控制、模拟量控制、数学运算、数值处理、通信网络等功能，通过一个多任务控制内核，提供了强大的指令集、快速而准确的扫描周期、可靠的操作和可连接各种 I/O 系统及网络的开放式结构。目前，国际上软 PLC 产品较为出色的有美国 Wonder Ware Controls 公司的 In Control、Soft PLC 公司的 Soft PLC 等，国内类似的组态软件还未见发布。

先进过程控制（Advanced Process Control，APC）是指一类在动态环境中，基于模型、充分借助计算机能力，为工厂获得最大理论而实施的运行和控制策略。以经典控制理论为基础的控制方案已经不能适应企业提出的高柔性、高效益的要求，而以多变量预测控制为代表的先进控制策略的提出和成功应用之后，先进过程控制受到了过程工业界的普遍关注。先进控制策略主要有：智能控制（专家控制、模糊控制和神经网络控制）、双重控制及阀位控制、解耦控制、自适应控制、差拍控制、状态反馈控制、多变量预测控制、推理控制及软测量技术等，其中的智能控制是目前开发和应用的热点。目前，国外许多控制软件公司和DCS厂商都在竞相开发先进控制和优化控制工程软件包，国内大企业也纷纷投资进行研发类似技术，期望在组态软件的发展大势中占有一席之地。

2. 组态画面方面

组态软件作为一种工业信息化的管理工具，其发展方向必然是不断降低工程开发的工作量，提高工作效率，因此，易用性是提高效率永恒的主题。可以预见，组态软件的发展必将沿着更好的人机交互、更加逼真的画面、能满足客户个性化需求、具备行业特征和区域特征、具有很好的开放性、信息可见即可得、更高的可靠性及大型SCADA的方向发展。

3. 脚本语言方面

脚本语言是扩展系统功能的重要手段之一。因此，大多数组态软件都为用户提供了脚本语言编程。目前，实现脚本语言的方式有内置类C/Basic语言、VBA编程语言、面向对象的脚本语言等。类C/Basic语言要求用户使用类似高级语言的语句书写脚本，使用系统提供的函数调用组合完成各种系统功能。相比较而言，微软的VBA具有较完善的开发环境，组态系统中的对象以组件方式实现，使用VBA的程序对这些对象进行访问。而面向对象的脚本语言提供了对象访问机制，可以通过其属性和方法对系统中的对象进行访问，面向对象脚本语言方法功能较强，但是编程比较复杂。

图3-10给出了西门子WinCC flexible的脚本编辑界面。用户通过脚本语言编辑框，能够为HMI添加更多的功能。

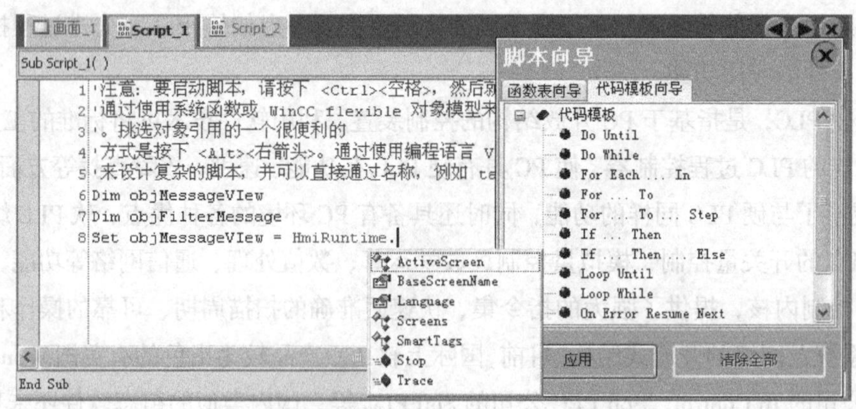

图3-10 西门子WinCC flexible的脚本编程界面

4. 可扩展性方面

可扩展性是指不改变原有系统的结构，向系统添加新功能模块的能力。新增功能模块来源不限，可以来自于组态软件开发商、第三方软件提供商或用户自主开发。

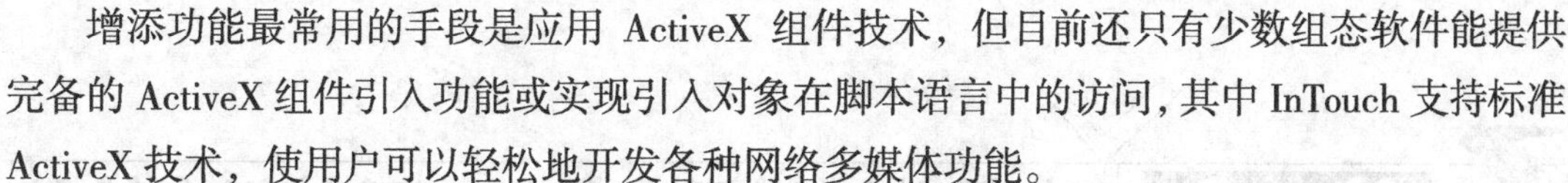

增添功能最常用的手段是应用 ActiveX 组件技术，但目前还只有少数组态软件能提供完备的 ActiveX 组件引入功能或实现引入对象在脚本语言中的访问，其中 InTouch 支持标准 ActiveX 技术，使用户可以轻松地开发各种网络多媒体功能。

5. 开放性方面

开放化是未来软件的发展趋势。随着管理信息系统和计算机集成制造系统的普及，生产现场数据的应用已经不仅仅局限于数据采集和监控。在生产制造过程中，需要现场的大量数据进行流程分析和过程控制，以实现对生产流程的调整和优化。

这些不仅要求企业生产管理要求的提升，对于监控软件也是更高的挑战。现有的组态软件对大部分这些方面的需求还只能以报表的形式提供，或者通过 ODBC 将数据导出到外部数据库，以供其他的业务系统调用，这种以本地监控为主的系统越来越不能满足需要。在绝大多数情况下，仍然需要进行再开发才能实现系统、生产数据库、信息、质量管理等相互之间以网络化形成资源共享。

可以预见，组态软件与管理信息系统或领导信息系统的集成必将更加紧密，并很可能以实现数据分析与决策功能的模块形式在组态软件中出现。

6. 因特网方面

随着全球化趋势的发展，企业生产也已经趋向国际化、分布式的生产方式。例如，InTouch 具备强大的网络功能，可实现本机和其他计算机中的应用程序实时交换数据，还能方便地连接到各种控制设备，同时，它支持通过 OPC 访问各种类型的数据库，便于系统的综合管理。

因特网将是实现分布式生产的基础。对于组态软件支持因特网功能的开发，将是未来软件开发商的研究重点之一。

3.6 本章小结

本章主要介绍组态软件的发展过程、系统结构以及组态软件的功能和使用。结合相关的组态软件介绍，相信读者对其会有更深入的了解。

实际上，组态软件给工业自动化、信息化及社会信息化带来的影响是深远的。组态软件的出现，极大地简化了工业控制过程，提高了生产率。经过几十年的发展，组态软件不论在功能上还是在界面上，都达到了很高的水准，模块化的软件结构、开放式的系统接口、完善的软件功能及人性化的操作方式，使其成为工业控制领域的重要部分。预计未来组态软件将是一个能提供更加强大的控制功能、更人性化的交互画面、更全面地支持 ActiveX、更强扩展能力和具有通过因特网进行访问功能的开放式系统。

第 4 章 各品牌触摸屏人机界面及其组态软件

目前市场上存在很多触摸屏产品，其性能和价格不等。这些触摸屏产品中比较有名的品牌有西门子、三菱和欧姆龙，这 3 种品牌的触摸屏产品不论在硬件系统方面还是在组态软件方面，都各有其显著特点和明显优势。本章将详细讲解西门子、三菱和欧姆龙的触摸屏产品及其组态软件概述、功能特点和发展前景。

4.1 西门子触摸屏人机界面及其组态软件

首先介绍西门子触摸屏组态软件 WinCC flexible 2007 及一些具有代表性的西门子触摸屏产品。

4.1.1 西门子触摸屏及组态软件简介

西门子公司有品种丰富的人机界面产品，如触摸面板（TP）、操作员面板（OP）、多功能面板（MP）等，这些产品都可以用 WinCC flexible 2007 组态软件进行组态。表 4–1 列举了西门子触摸屏型号及与其对应的组态软件。

表 4-1　　西门子触摸屏及与其对应的组态软件

组态软件	触摸屏型号
WinCC flexible 2007	可以组态西门子公司所有 HMI 设备
ProTool	TD17、OP3、OP7、OP17、OP170B、OP270、TP170A、TP270、TP170B、MP270B、MP370

西门子公司的人机界面品种丰富，表 4–2 列举了西门子公司不同类型面板的功能特点与典型产品型号。

表 4-2　　西门子触摸屏产品

产品类型	功能特点	典型产品
按钮面板	可靠性高，适于恶劣环境中工作	PP17–2
微型面板	操作简单，品种丰富	K–TP178 micro
移动面板	可在不同地点灵活应用	Mobile Panel 170

续表

产品类型	功能特点	典型产品
操作员面板	主导产品，实用可靠，品种丰富	OP77B
多功能面板	高端产品，具有开放性和可扩展性	MP270B

1. 西门子触摸屏各品种简介

（1）按钮面板

按钮面板结构简单，安装方便，易于维护，能节省安装时间和成本。面板上的操作元件与 PLC 中的位地址连接，可用其上面的按键来改变这些位的状态，也可以用键上集成的 LED 显示 PLC 中位的状态。按钮面板上每一个键可以组态成两种形式：瞬动触点开关和开关。其中，瞬动触点开关在按下时为置位，松开时为复位，即没有保持功能；开关是布尔量，在按下时为置位，再按一次时被复位，即具有锁存功能的按钮。

（2）文本显示器

文本显示器的主要产品有 TD200、TD200C、OP73 micro 等，这种产品只能显示数字、字符和汉字，而不能显示图形。这种显示屏一般用于小型项目，在显示屏中能显示的区域也很有限。

（3）微型面板

典型的微型面板有 TP070、TP170 micro、K-TP178 micro 等，这些都是 5.7 英寸蓝色触摸屏，有 4 种蓝色色调，且具有 CCFL 背光和 320×240 像素。电源为直流 24V，额定电流为 240mA，通信接口均为 RS 485。

TP170 micro 是一款具有较高性价比的触摸屏，是 170 系列中的低端产品，能满足大多数工业现场需求，组态软件为 WinCC flexible 2007 标准版。K-TP178 micro 是为中国客户量身定做的 5.7 英寸触摸屏，灰度显示为蓝色 4 级，组态软件也为 WinCC flexible 2007。

（4）触摸面板

触摸面板主要有 4 种型号：5.7 英寸的 TP170A、TP170B、TP270 及 10 英寸的 TP270。这几款产品也是执行简单任务的经济性触摸屏，能够满足大多数工业现场需求。

（5）移动面板

移动面板的典型产品是 Mobile Panel 170，5.7 英寸触摸屏，在大型生产线上、长线传输及隔离系统中有很大优势，同时也可在现场监视设备的工作情况下进行直接控制。移动面板在调试期间快速方便，能减少维护和故障停机时间。

（6）操作员面板

操作员面板主要产品有：OP3、OP7、OP77B、OP17、OP170B 和 OP270。这些产品可以通过密封薄膜键盘来进行操作控制和过程监视。在这类产品中，不同型号产品之间的功能差异比较大，根据现场实际情况来制定相应的操作员面板。

（7）多功能面板

多功能面板是性能最高的人机界面，它具有开放性和可扩展性。面板上有 RS232 接口、RS422/485 接口、USB 接口和 RJ45 以太网接口，其中 RS485 接口可以使用 MPI、PROFIBUS-DP 协议，且可通过各种通信接口传送组态。此外，面板还可使用存储卡，可以存储配方和文件，能实现备份/恢复或作为附加接口。

2. 西门子触摸屏组态软件简介

西门子人机界面过去使用的是 ProTool 组态软件，SIMATIC WinCC flexible 是在 ProTool 组态软件基础上发展而来的，它与 ProTool 具有一致性，并支持多种语言。其中，WinCC flexible 综合了 WinCC 和 ProTool 的优点，具有开发性、易用性等。WinCC flexible 可以为所有基于 Windows CE 的 SIMATIC HMI 设备组态，还可以对西门子 C7 系列产品组态。

ProTool 适用于单用户系统，WinCC flexible 可以满足各种需求，能控制与监视从单用户、多用户到基于网络的工厂自动化设备。某些新型 HMI 产品只能用 WinCC flexible 进行组态，并能将 ProTool 组态项目移植到 WinCC flexible 组态中。

4.1.2 西门子触摸屏及组态软件安装

西门子触摸屏组态主流软件是 WinCC flexible，这是一款大型软件，其功能非常强大，使用起来也很方便。

1. 安装 WinCC flexible 的计算机推荐配置

WinCC flexible 对计算机硬件要求比较高，在使用时按如下要求来配置。

① 操作系统：Windows 2000 SP4 或 Windows XP Professional SP1/SP2。

② Internet 浏览器：Microsoft Internet Explorer V6.0 SP1/SP2。

③ 图形分辨率：1024×768 像素或更高，256 色或更多。

④ 处理器：Pentium 4 或 1.6GHz 及以上处理器。

⑤ 内存：1GB 或更大。

⑥ 硬盘空间：2GB 或更大。

2. 安装 WinCC flexible 前的准备

在安装 WinCC flexible 前，先在计算机上安装好 STEP 7 和配套仿真软件 PLCSIM，然后在计算机上安装 WinCC flexible 软件。在安装英文版的 STEP 7 V5.3 之前，应将计算机控制面板的“区域和语言设置选项”对话框中的“区域选项”和“高级”选项卡中的“中文”临时设置为“英文”，安装完毕后再改回到“中文”。

WinCC flexible 2005 三光盘版本能试用 14 天，需破解授权密钥后才能长期使用该软件。但 WinCC flexible 2007 版本安装完成后能直接无限期使用，建议读者使用 WinCC flexible 2007 版本或以上更高版本。

在安装前，将低版本的 WinCC flexible 删除干净，以免高版本在安装时产生错误。

3. 安装 WinCC flexible 步骤

打开 WinCC flexible 安装文件夹，找到“Setup”安装图标，双击后可进行自动安装。在 C 盘创建的一个文件夹中安装所需的文件并解压到该文件夹中。按照软件安装提示可以顺利地完成整个安装。

4. WinCC flexible 卸载与修复

在 WinCC flexible 安装后，常常会出现软件打不开或是软件工作不正常的情况，这时需对软件进行修复或卸载。

（1）卸载程序

打开计算机控制面板的“添加和删除程序”窗口，将窗口中有关 WinCC flexible 2007 的相关程序全部删除掉。在“添加和删除程序”窗口中删除 WinCC flexible 2007 组态程序，如图 4-1（a）所示，在“添加和删除程序”窗口中删除“SIMATIC WinCC flexible 2007”和“SIMATIC WinCC flexible Runtime 2007”安装程序。图 4-1（b）中给出的是 SIMATIC WinCC flexible 2007 的授权管理程序，此安装程序也要删除掉。

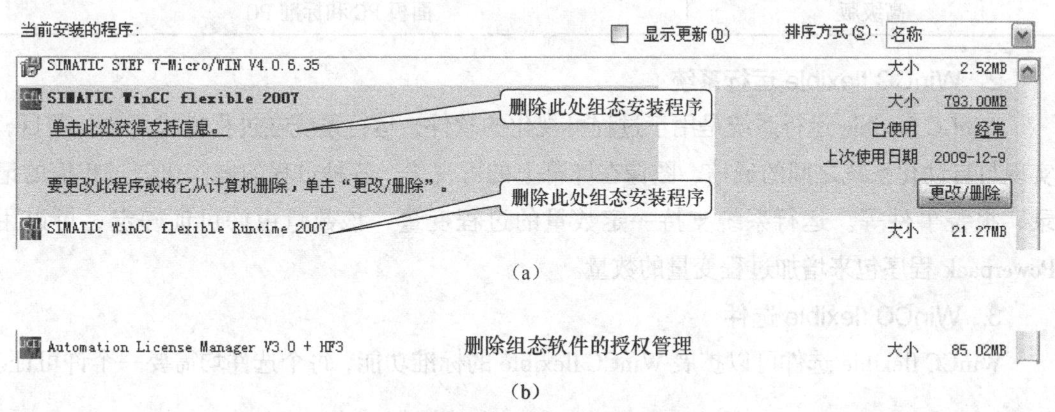

图4-1　卸载WinCC flexible 2007组态程序

（2）修复程序

在 WinCC flexible 软件不能正常工作时，可尝试软件修复功能，这能快速恢复软件的正常工作。打开 WinCC flexible 安装文件夹，找到“Setup”安装图标并双击，程序即可进行自动安装。在当程序安装到“修复”对话窗口时，单击“修复”按钮即可对程序进行修复。

4.1.3　西门子触摸屏及组态软件功能

触摸屏（HMI）是人（操作员）与过程（机器/设备）之间的接口。PLC 是控制过程的实际单元。因此，在操作员和 WinCC flexible（位于 HMI 设备端）之间及 WinCC flexible 和 PLC 之间均存在一个接口。其所具有的功能如下。

过程可视化：过程显示在 HMI 设备上。

操作员对过程的控制：操作员可以通过 GUI（图形用户界面）来控制过程。

显示报警：过程的临界状态会自动触发报警。

归档过程值和报警：HMI 系统可以输出报警和过程值报表。

过程和设备的参数管理：HMI 系统可以将过程和设备的参数存储在配方中。

1. WinCC flexible 工程系统

WinCC flexible 工程系统是用于处理组态任务的软件。WinCC flexible 采用模块化设计，为各种不同的HMI设备量身定做了不同价位和档次的版本。随着版本的升级，WinCC flexible 支持的设备范围及 WinCC flexible 的功能都得到了扩展，可以通过 Powerpack 程序包将项目移植到更高版本中。表 4-3 给出了不同版本 WinCC flexible 所对应的典型产品。

表 4-3 WinCC flexible 工程系统

WinCC flexible 版本	典型产品
微型版	OP73 micro、TP170 micro
压缩版	70 系列、170 系列、可移动面板 170
标准版	TP/OP270 和 MP 系列
高级版	面板 PC 和标准 PC

2. WinCC flexible 运行系统

WinCC flexible 运行系统是用于过程可视化的软件，运行系统在过程模式下执行项目，实现与自动化系统之间的通信、图像在屏幕上的可视化、各种过程的操作化、过程值的记录、报警事件等。运行系统支持一定数量的过程变量，该数量由许可证确定，可以用 Powerpack 程序包来增加过程变量的数量。

3. WinCC flexible 选件

WinCC flexible 选件可以扩展 WinCC flexible 的标准功能，每个选件均需要一个许可证。

4.1.4 西门子触摸屏及组态软件发展

WinCC flexible 提出了新的设备级自动化概念，可以显著地提高组态效率。西门子触摸屏组态软件有 WinCC flexible 2004、WinCC flexible 2005、WinCC flexible 2007、WinCC flexible 2008 和 WinCC flexible 2009。触摸屏组态软件在未来的趋势是将组态软件与 PLC 编程软件集成到一个软件中，程序编写者可在同一款软件下进行 PLC 编程和触摸屏组态，且此软件具有模拟仿真功能。

4.2 三菱触摸屏人机界面及其组态软件

三菱电机（Mitsubishi Electric）作为引领全球机电产品市场的综合供应商，在中国 FA（工厂自动化）领域占据着举足轻重的地位，其产品渗透了从社会基础设施到半导体制造等高科技产业，从现场控制到远程监控等领域。

本节将介绍三菱触摸屏及其组态软件的安装、功能和发展。

4.2.1　三菱触摸屏及组态软件简介

GOT（Graphic Operation Terminal，图形操作终端）是三菱电机推出的一系列人机界面产品。如图 4–2 所示，将 GOT 连接到可编程控制器或控制设备，用户就可以在其监视屏幕上进行开关、数据写入等操作，查看指示灯、数据显示状态，并监视或调整各种设备的运行状态。

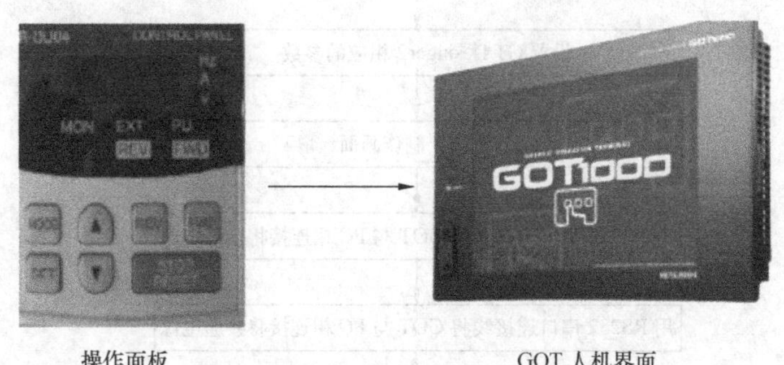

图4-2　用GOT代替传统操作面板

目前，市场上使用的 GOT 主要有 GOT900 系列和 GOT1000 系列，其中 GOT900 系列又包括 A900 系列和 F900 系列，GOT1000 系列又包括 GT10 系列、GT11 系列、GT15 系列。

图 4–3 给出了 GOT 监控 PLC 系统的基本流程，其中 GOT 监视屏幕上显示的数据是在 PC 上用组态软件（GT Designer2）创建的。

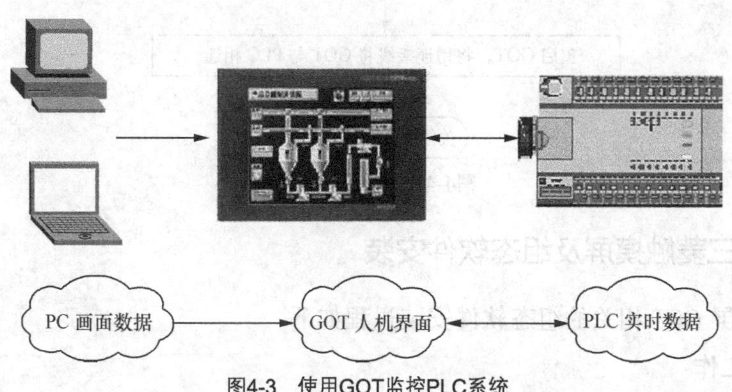

图4-3　使用GOT监控PLC系统

图 4–4 给出了 GOT 工作的详细流程。如图 4–4 所示，用户可通过以下步骤来实现人机界面对 PLC 的监控。

首先，在 GT Designer2 上创建工程，在工程画面上放置不同的图形元件，如开关元件、指示灯元件、数值显示元件，这些元件被称为对象，用户可对对象属性进行修改。然后，在画面制作完成后，用 GT Simulator2 进行仿真，测试工程的正确性和可行性。最后，再用

RS 232 电缆或 PC 卡（存储卡）将创建的监控画面数据传送到 GOT 存储器中。把 GOT 连接到 PLC 上，即可对 PLC 进行监视和控制。

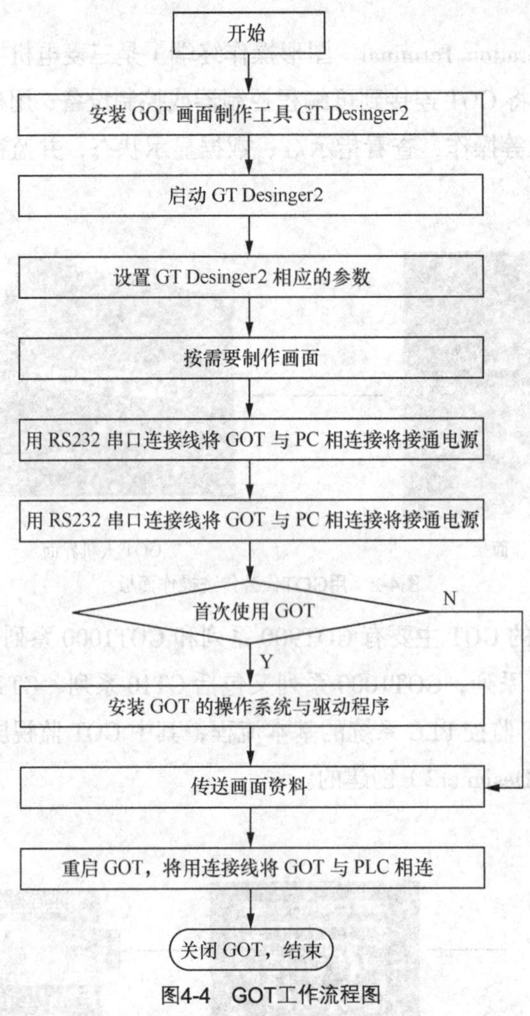

图4-4　GOT工作流程图

4.2.2　三菱触摸屏及组态软件安装

三菱触摸屏 GOT 相关的组态软件安装过程如下。

1. 准备工作

选择安装任一种 GOT 软件时，应该结束所有其他运行中的应用程序。在安装过程中，尽量不要安装其他软件，PC 不要连接任何一款 GOT 触摸屏，不要将 CD-ROM 从驱动器中弹出。另外，如果在个人计算机上已经安装过 GOT 触摸屏相关的组态软件，则需要将旧版本完全卸载掉，以免安装过程出现错误，导致安装失败。

以下安装过程是在基于 Microsoft Windows XP Professional 版本 2002 Service Pack 2 操作系统的个人计算机上进行。

2. 启动安装程序

将 CD-ROM 插入个人计算机的 CD-ROM 驱动器中，将弹出如图 4-5 所示的安装程序主画面。

如果 PC 光驱设置为不自动启动，则需要在操作系统中通过窗口浏览器，找到 CD-ROM 所在的目录，点击 GTWK2.exe，弹出如图 4-5 所示的安装程序主画面。

安装程序主画面包括画面设计 GT Designer2、仿真 GT Simulator2、数据转换 GT Converter、GT SoftGOT 及工具软件 Tools 等安装程序。其中，GT Designer2 是进行工程和画面创建、图形绘制、对象配置和设置、公共设置及数据传输的软件。GT Simulator2 是在 PC 上模拟 GOT 运行的仿真软件，GT Converter2 是将 Digital Electronics 公司 GP-PRO/PBⅢ系列 HMI 工程数据或三菱电机 GOT800 系列工程数据转换到三菱电机 GOT A900 或 GOT1000 系列工程数据的工具。GT SoftGOT 是使用 PC 或三菱电机 PC CPU 实现 GOT 功能的系统运行及驱动程序等的软件，Tools 里包含文档显示转换工具、MES 数据库连接服务软件及数据传输工具等。

3. 选择所要安装的软件

从上述软件中选择一种软件进行安装，如果不安装软件或安装软件结束，可点击“退出”按钮，退出所有的软件安装。

这里以 GT Designer2 安装为例，说明软件安装的过程。点击图 4-5 中的“GT Designer2 安装”图标，即可弹出如图 4-6 所示的软件安装提示画面。

图4-5 安装程序主画面

图4-6 GT Designer2安装提示画面

点击接下来的提示对话框中“下一步（N）”按钮，并填写正确的个人信息和公司信息，确定后，弹出如图 4-7 所示的序列号窗口。

输入正确的序列号，则进入如图 4-8 所示的安装路径选择窗口。

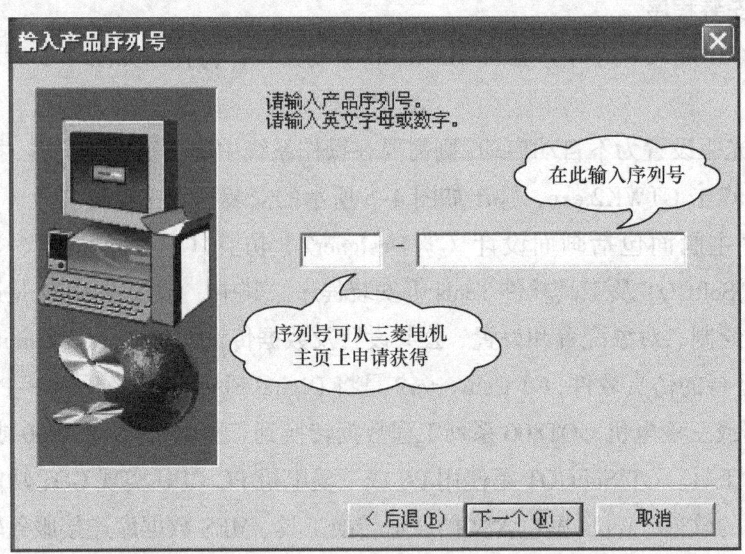

图4-7　序列号输入窗口

图4-8　安装路径选择窗口

选择目标位置后，点击“下一个（N）”，安装程序即可自动完成软件安装，结束后安装程序将弹出如图 4-9 所示的确认对话框，点击“确定”后将回到安装程序主画面。

到此 GT Designer 2 安装完成。GT Simulator 2 软件安装过程与之基本相同，两者可共用一个序列号。

点击安装程序主画面上的“GT SoftGOT 菜单”可弹出如图 4-10 所示的软件安装画面，此画面可点击安装 GT SoftGOT 1000 和 GT SoftGOT 2。

选择 GT SoftGOT 2 或者 GT SoftGOT 1000 任一款软件的安装过程都与前面所述的安装过程类似，这里就不再讲解。

图4-9　安装完毕确认对话框

图4-10　GT SoftGOT的安装画面

4. 程序的启动

安装完软件后，可以在 Windows 系统的程序中看到三菱电机的可编程逻辑控制器和触摸屏人机界面相关软件的图标。如图 4-11 所示，用户通过 Windows 操作系统的“开始”→“所有程序”→“MELSOFT Application”，选择相应软件，即可进行相关操作。

图4-11　三菱电机触摸屏相关软件图标

点击 GT Designer 2 的快捷方式运行该软件。图 4-12 给出了 GT Designer 2 运行的主框架。

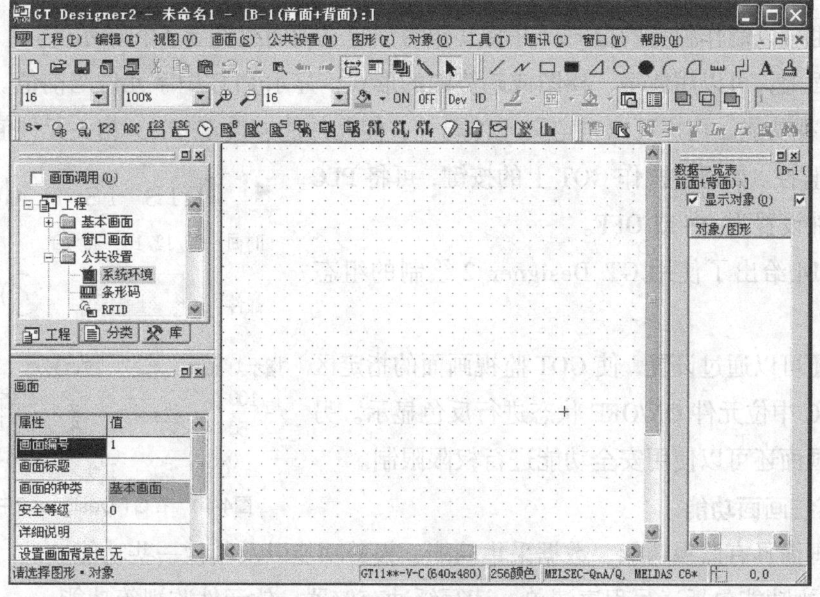

图4-12　GT Designer 2主框架

5. **程序卸载**

如果要卸载三菱触摸屏相应软件，可通过“开始”→“控制面板”→“添加或删除程序”，找到相应软件。如图 4-13 所示，点击“更改/删除”按钮，即可删除相应软件。

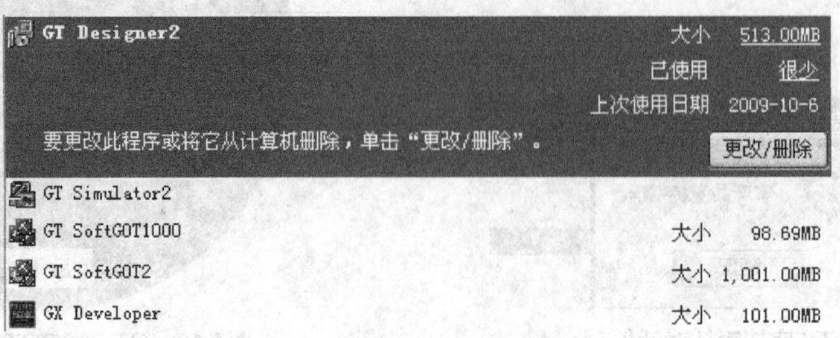

图4-13 卸载GOT相关软件

4.2.3 三菱触摸屏及组态软件功能

GOT 系列触摸屏的主要功能是进行画面显示。GOT 本身内置了几个系统画面，用来完成各种功能，用户也可以通过 GT Designer 2 方便地制作所需要的用户画面，这些画面的功能如下所示。

1. **用户画面功能**

用户画面主要有显示功能、监视功能等。GOT 系列高达 256 色的显示屏幕能实现清晰明亮地显示，其可以显示的用户画面达数百个。用户在创建画面时，两个或更多画面之间可以互相覆盖或任意切换。

① 显示功能。每个用户画面都可以显示直线、圆和长方形等简单图形，或者添加用户绘制的图形，还可以显示数字、英文、日文、中文和朝鲜文等多国文字。

用户也可以制作独特的位图，并将其作为预定义画面组件导入和显示。

在画面上，可以用数字、棒图或趋势图的形式，显示 PLC 中字元件当前值。

② 监视功能。用户可以自定义元件属性，使元件能够设定 PLC 相关元件值，以实现对 PLC 的监控。如通过操作 GOT 上的按键，可将 PLC 内的位元件设置为 ON 或 OFF。

图 4-14 给出了使用 GT Designer 2 绘制的组态画面。

用户还可以通过设置，使 GOT 监视画面的指定区域根据 PLC 中位元件 ON/OFF 状态进行反色显示。另外，用户画面还可以使用安全功能进行权限限制。

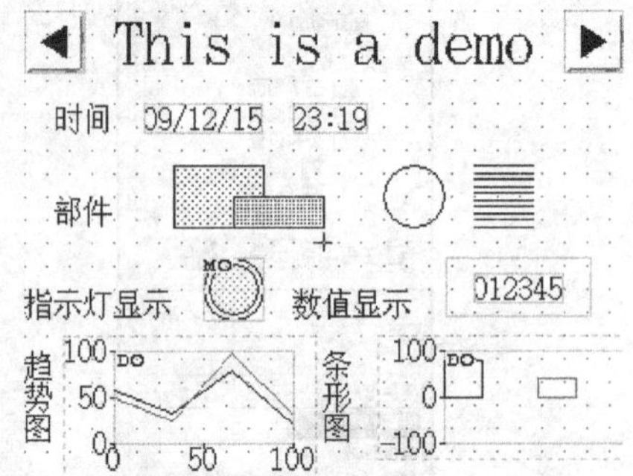

图4-14 在GT Designer 2中绘制图形

2. **系统画面功能**

系统画面具有监视功能、数据采集功能、报警功能以及其他一些功能。

① 监视功能包括读写程序清单、读写缓冲存储器、软元件监视等功能。

如对于 FX 系统 PLC，GOT 可以将其程序以指令清单程序的形式从存储器中读出、写入和监视。

对于 FX2N 和 FX2NC 系列的 PLC 缓冲存储器，可由 F940GOT 和 F940WGOT 将 PLC 有效特殊模块的缓冲存储器中内容读出、写入和监视。

GOT 可以监视和改变每个元件的 ON/OFF 状态，PLC 中每个定时器/计数器的设定值和当前值、数据寄存器的值。GOT 也可以通过键盘输入元件号以显示其数据值，并对指定元件强制置 ON/OFF。

② 数据采集功能可以以恒定周期或在满足触发条件时获取指定数据寄存器的当前值，采集到的数据可以用列表或图形形式显示，还可以用清单形式输出到打印机。

③ 报警功能可以将报警信息指定到 PLC 中多达 256 个的连续地址位元件中，不同型号 GOT 中报警信息的长度不等。当指定元件值变成 ON 时，即报警条件成立，在画面上将显示该位元件对应的报警信息，此信息将覆盖在用户画面上。

用户可以将报警（位元件 ON）存储为报警历史，数目可达上千个。另外，每个元件的报警频率可以作为历史数据存储。使用 GOT 相关软件，用户还可以通过个人计算机读出报警历史信息，并将信息传入打印机，或者用户也可以通过将相应位元件设置为 ON 来显示指定的用户画面，即当一个位元件变成 ON 时，在用户画面上显示相应的消息，或者显示信息清单。

④ 其他功能。GOT 系列内置有许多很实用的功能。这里列举几个功能说明。

实时时钟功能。实时时钟功能可以设定和显示当前时间和日期（除 F920GOT-K）。

穿越通信功能。GOT 可以作为接口，在 PLC 和运行编程软件的个人计算机之间进行通信，即穿越通信功能。此功能使得在工业现场修改 PLC 的参数变得非常方便简捷，只需要将 GOT 与 PC 连接，无需打开控制柜和更换电缆。如图 4-15 所示，多个工业设备连接时，可通过 GOT 15 多通道功能自由地切换通信对象，且此功能并不影响画面显示。

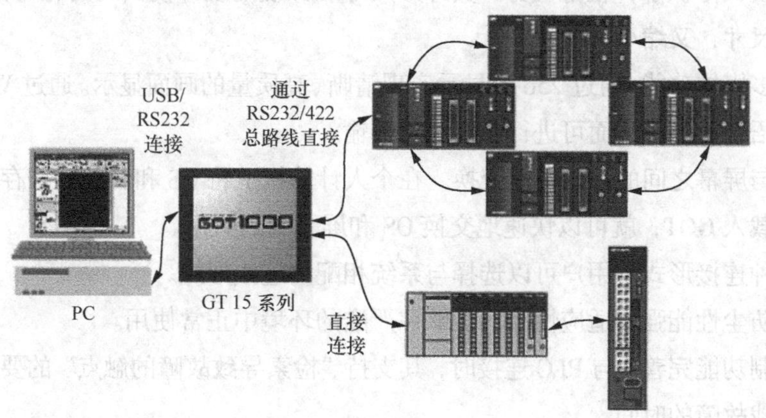

图4-15　穿越通信功能

在线模拟和离线模拟功能。安装 GOT 软件 GT Simulator 2，通过鼠标单击模仿触摸屏操作，即可以实现在 PC 上模拟 GOT 的动画效果，此时还可以确认系统报警，检查脚本错误，进行 PC 屏幕调试。如果模拟后有必要进行画面修改，可以在 GT Designer 2 中修改，然后在 GX Simulator2 中进行测试验证，大大缩短了调试时间并减少了工作量。

此外，GOT 画面对比度和蜂鸣器音量都可根据用户的需要进行调节。

4.2.4 三菱触摸屏及组态软件发展

目前，市场上比较常用的三菱人机界面产品主要有 GOT900 系列和 GOT1000 系列，配合编程软件 GT Designer 2，用户可以轻松实现画面数据的设置、编辑和转换，降低开发难度并有效节约时间。

1. GOT900 系列简介

图 4-16 给出了 GOT900 人机界面实物的正面图和背面图。GOT900 可分为 GTA900 和 GT F900。

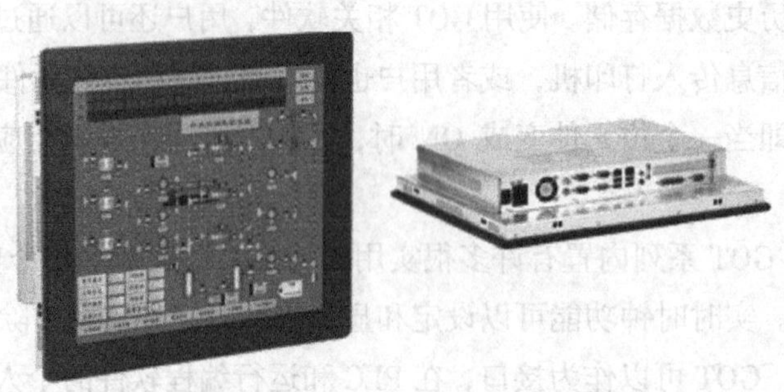

（a）正面图　　（b）背面图

图4-16 GOT900系列人机界面实物图

（1）GT A900 系列性能概述

易于安装，体积小，较薄机身。其外形尺寸和深度的设计使其既具有与常规类型相同的显示屏幕尺寸，又缩小了体积。

友好的多媒体功能。通过 256 色显示实现清晰、高质量的画面显示。通过 Windows WAV 文件，支持语音输出，从而可进行声音信息传输。

存储卡与屏幕之间的数据快速交换。在个人计算机上将 OS 和屏幕数据存入存储卡中，将此存储卡载入 GOT，就可以快速地交换 OS 和屏幕间的数据。

兼容多种连接形式。用户可以选择与系统相配的连接形式。

防水、防尘性能强，适应性高，能够在严酷的环境中正常使用。

监视控制功能完善。与 PLC 连接时，其支持“检索导致故障的触点”的要素检索功能，大为缩短查找故障的时间。

充实的警报历史功能。GOT 支持故障发生计数功能、累积故障时间总计功能和历史记录打印功能，并可在搜索时，在故障细节显示时间画面通过一次按键启动梯形图监视。

安全系数高。通过 GT Designer 2 中可设置多达 16 级的口令，根据口令级别，GOT 可以隐藏显示或禁止输入操作。通过设置触摸开关的时间延迟功能、互锁条件，可以有效地减少错误操作而造成的故障。

独特的节能模式（仅对 A985GOT），内置的人体感应探测器可以检测区域内是否有人，以决定自动接通或关闭背光，如果在一定时间内没有检测到人的活动，则自动地关闭背光。

（2）GT F900 系列性能概述

程序修改功能（支持 Melsec-A 系列）可显示程序并进行修改，可用于现场作程序修改，使用方便，相当于编程器。

针对不同的模块，具有梯形图监控功能、系统监控功能、网络监控功能等。

高速画面数据及 OS 传送，使得除了用 RS232C 通信数据传送以外，还能用存储器卡完成画面数据及 OS 程序的传送，由此避免了每次把数据从计算机和电缆传送到 GOT，大幅度缩短数据的替换时间。

同时具有密码功能、条形码读出器功能、打印机功能、声音输出功能。

多国语言显示功能，能显示日语、韩国语、中文（简体/繁体）、英语、德语、葡萄牙语等多国语言。

由过程管理器对画面数据进行管理，画面文件的制作很方便，画面制作功能比较充实，通过建立库文件还能有效地利用现有的各种数据。

仿真功能可缩短调试时间。

2. GOT1000 系列简介

在 GOT900 产品推出之后，三菱电机又相继推出新一代的人机界面产品 GOT1000 系列。图 4-17 是 GOT1000 系列人机界面实物图。GOT1000 分为 GT10、GT11 和 GT15 这 3 个系列，考虑到客户的实际需求，这 3 个系列的功能划分更加分明，市场定位也更明确，其中 GT10 定位为超小型机，GT11 定位为基本功能机型，GT15 则定位为高性能机型。

图4-17　GOT1000系列人机界面实物图

（1）GT10 系列性能概述

超小型，外形小巧，可水平或垂直放置，可安装于狭小空间。

高辉度 2 色 STN 液晶，3 色背光灯。

支持 Unicode2.1 的 Windows 标准字体，支持斜体、下划线、斜体下划线等，可丰富绚丽地显示各国文字，可轻松实现语言切换画面。

高速 RS232、RS422 通信接口可达 115.2kbit/s。

可实现一台 PLC 连接两台 GT10。

可连接多种 PLC 设备，支持 FX、A、QnA、Q 系列 PLC 和第三方 PLC 连接。

FA 透明传输功能，GOT 与三菱 PLC 连接时，可通过 GOT 进行程序的读取、写入、监控等。

（2）GT11 系列性能概述

采用 64 位处理器，显示、运算及通信功能的高速响应。

内置有 USB 接口，传输速率可达 12Mbit/s，RS232、RS422 接口传输速度达 115.2kbit/s。

现有 256 色彩屏与单色屏两种机型，单色屏为 16 级辉度显示。

高亮度、宽视角、高清晰，可显示鲜明、绚丽的画面。

支持 Unicode2.1 高品位的字体、TrueType 字体，支持斜体、下划线、斜体下划线等，表现力丰富绚丽，可显示各国文字，可轻松实现语言切换画面。

内存容量大幅增加，内置 3MB 标准内存。可选 CF 卡接口机型，实现 GOT 数据快速传送，支持不同厂商 PLC 连接，也可支持连接三菱伺服放大器、条形码阅读器等。

支持 PLC 软元件的监控和修改，支持 FX、A 系列 PLC 的列表编辑。

FA 透明传输功能，GOT 与三菱 PLC 连接时，通过 GOT 可进行程序的读取、写入、监控等。

（3）GT15 系列性能概述

采用 64 位处理器，显示、运算、通信三位一体的高速响应。

内置有 USB 接口，传输速率可达 12Mbit/s，RS232、RS422 接口传输速度达 115.2kbit/s。

有 65536 色、256 色与 16 色彩屏。

高亮度、宽视角、高清晰，可显示鲜明、绚丽的画面。

支持 Unicode2.1 高品位的字体、TrueType 字体，支持斜体、下划线、斜体下划线等，表现力丰富绚丽，可显示各国文字，可轻松实现语言切换画面。

内存容量大幅增加，内置 5MB 或 9MB 标准内存，最大可扩展至 57MB 内存。含标准 CF 卡接口，实现 GOT 数据快速传送。

丰富的连接方式，支持总线、CPU 直接连接、计算机连接、CC-Link、以太网等，支持不同厂商 PLC 协议，可与三菱伺服放大器、变频器等连接，一台 GT15 最多同时进行 4 通道通信。

支持部件的重合、注释组、脚本编程、扩展配方、日志、记录趋势图表等功能。

FA 透明传输功能，GOT 与三菱 PLC 连接时，可通过 GOT 进行程序的读取、写入、监控等。

4.3　欧姆龙触摸屏人机界面及其组态软件

伴随着制造现场信息化的发展，操作面板和显示器也向着高度集成化和多样化的方向发展。欧姆龙（OMRON）人机界面也在不断满足制造现场的操作和显示需求。由于工业上大量使用可编程终端（PT）与可编程控制器（PLC），它们联机通信后可以对 PLC 进行操作、监控。可编程终端具有输入和显示数据的功能，现在工业应用最普遍的是触摸型可编程终端。可编程终端（PT）的使用简化了控制柜中的仪表、按钮、指示灯的设计和制作。本节主要讲述可编程终端分类、组态软件安装和组态软件发展。丰富的图例能使初学者快速了解欧姆龙触摸屏及其组态软件，并对其基本概念有一个清晰的认识。

4.3.1　欧姆龙 HMI 及组态软件简介

欧姆龙 HMI 以其反应迅速、结构简易、操作方便、图形化窗口及良好扩充性等优点正在被越来越多地应用于工业控制场合。欧姆龙 HMI 分为文本型可编程终端和触摸型可编程终端，其分类及特点如下。

1. 文本型可编程终端

文本型可编程终端主要包括 3 种类型。

① MPT002。如图 4-18（a）所示，MPT002 是一种微型可编程终端，其主要特点有：用于工厂自动化设备的现场监控、通信端口可选、RS232C 口可通过适配器转成 RS422 口、与远程 PLC 进行通信、支持两台 MPT 之间画面数据的传送、4 行 LCD 屏幕显示、人机界面更为友好、支持任何语言的字符、支持不同方向棒图的百分比显示及保留屏。

② NT11。如图 4-18（b）所示，NT11 的主要特点有：小巧的尺寸、超高的性能、完整的数字按键板、长寿命背光灯和按键名称可以自由定。

③ NT11S。如图 4-18（c）所示，NT11S 的主要特点有：简单操作型的小型终端机、采用单色液晶体显示器、可简单地用功能键输入数值、荧幕上显示的密码有利于保密。

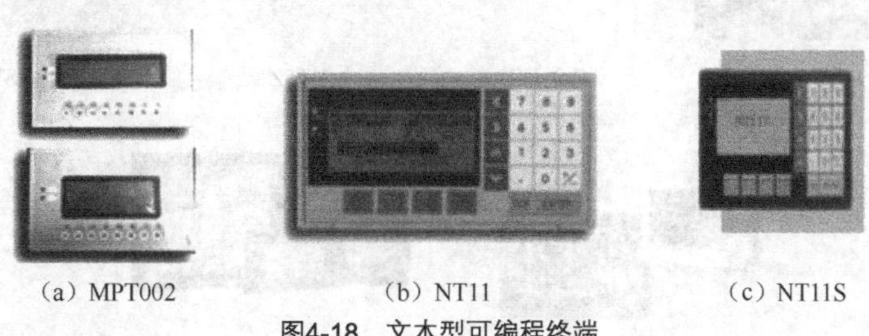

（a）MPT002　　（b）NT11　　（c）NT11S

图4-18　文本型可编程终端

2. 触摸型可编程终端

触摸型可编程终端主要包括以下 8 种类型。

① NS10。如图 4-19（a）所示，NS10 的主要特点有：OMRON 新一代触摸屏、有效显

示区域尺寸为 10.4 英寸、显示材料是 TFT、像素为 640×480、显示色彩为 256 色、画面数据容量为 60MB、支持存储卡、PLC 梯形图监控（仅 CJ1 和 CS1）、支持 4 路视频输入及可以接入 Controller Link 网络。

② NS 5。如图 4-19（b）所示，NS 5 的主要特点有：OMRON 新一代触摸屏、有效显示区域尺寸是 5.7 英寸、显示材料是 STN、像素是 320×240、显示色彩是 4096 色、画面数据容量为 6MB、能上以太网并且能直接连 OMRON 温控表。

③ NT5Z。如图 4-19（c）所示，NT5Z 的主要特点有：OMRON 新一代 5.7 英寸黑白色触摸屏、支持多厂家的 PLC、可在线/离线模拟、USB 接口连接计算机、高速上传/下载程序、两个串行通信接口、可独立使用不同通信协议、强大的宏功能、实现方便的编程和丰富的通信、4MB 内存容量、支持扩展 SMC 存储卡及多种密码保护设置。

④ NS12。如图 4-19（d）所示，NS12 的主要特点有：OMRON 新一代触摸屏、有效显示区域尺寸为 12.1 英寸、显示材料为 TFT、像素是 800×600、显示色彩为 256 色、画面数据容量是 60MB、支持存储卡、PLC 梯形图监控（仅 CJ1 和 CS1）、支持 4 路视频输入及能接入 Controller Link 网络。

⑤ MPT5。如图 4-19（e）所示，MPT5 的主要特点有：操作方便，简单易学，丰富的图形元素，机壳采用模塑一次成型工艺、真正达到 IP65 防护，OMRON 外设端口、RS232 端口、RS422 端口配置齐全，支持 OMRON HOSTLINK、NT LINK 通信协议，棒图、刻度表、趋势图等 13 种用户图形对象，蓝白膜 LCD 屏，清晰显示文字和图形并支持多种语言。

⑥ NT631/NT31/NT20。如图 4-19（f）所示，NT631/NT31/NT20 的主要特点有：更容易创建屏幕、更有效地利用可支持的软件设计、提供在线帮助、提供更多的语言帮助、特殊单元传递屏幕数据及轻巧机身有利于携带和安装。

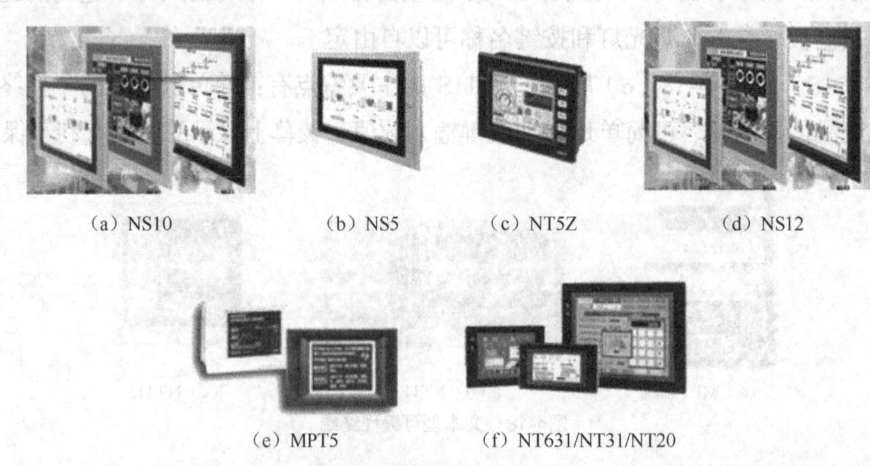

（a）NS10　（b）NS5　（c）NT5Z　（d）NS12

（e）MPT5　（f）NT631/NT31/NT20

图4-19　触摸型可编程终端

⑦ NP3。如图 4-20（a）所示，NP3 的主要特点有：集成的操作单元、易于连接、能兼容欧姆龙其他控制设备、使用简单并支持多国语言。

⑧ NV 系列。如图 4–20（b）所示，NV 系列的主要特点有：易于显示、美观、支持多语言、3.1 英寸及 3.6 英寸集成面板。

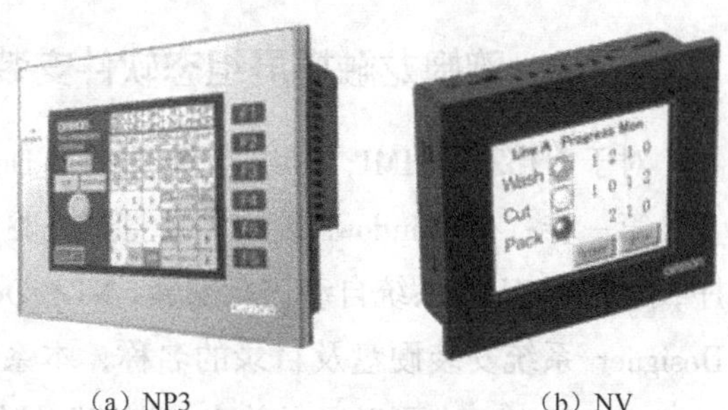

（a）NP3　　（b）NV

图4-20　其他可编程终端

3. 可编程终端支持软件

欧姆龙人机界面软件功能强大，它的主要特点有：支持 20 多种不同厂商的 PLC、支持多种字体的画面编辑、提供 Windows 系统可提供的字体来编辑、便利的运算和通信宏指令、使用 USB 快速上传/下载程序、便利的配方功能、可同时支持两台不同的 PLC、一台人机对多台 PLC 联机功能、模拟功能、多重保密功能和多国语言。以下主要对欧姆龙 HMI 中的 NT5Z 机型进行介绍。

对于 NT5Z 机型的 HMI，其组态软件为欧姆龙公司的 NTZ–Designer。图 4–21 给出了 NTZ–Designer 组态软件的主画面。该组态软件主画面主要分为 4 类：工具栏区、编辑画面区、属性区及输出区。工具栏区不仅包括基本工具栏，还包括图形、规划、文字及元件工具栏；编辑区可对一般元件进行组态；属性栏是对画面各个属性的显示；输出栏显示各步骤的执行动作及基本输出状态的显示。

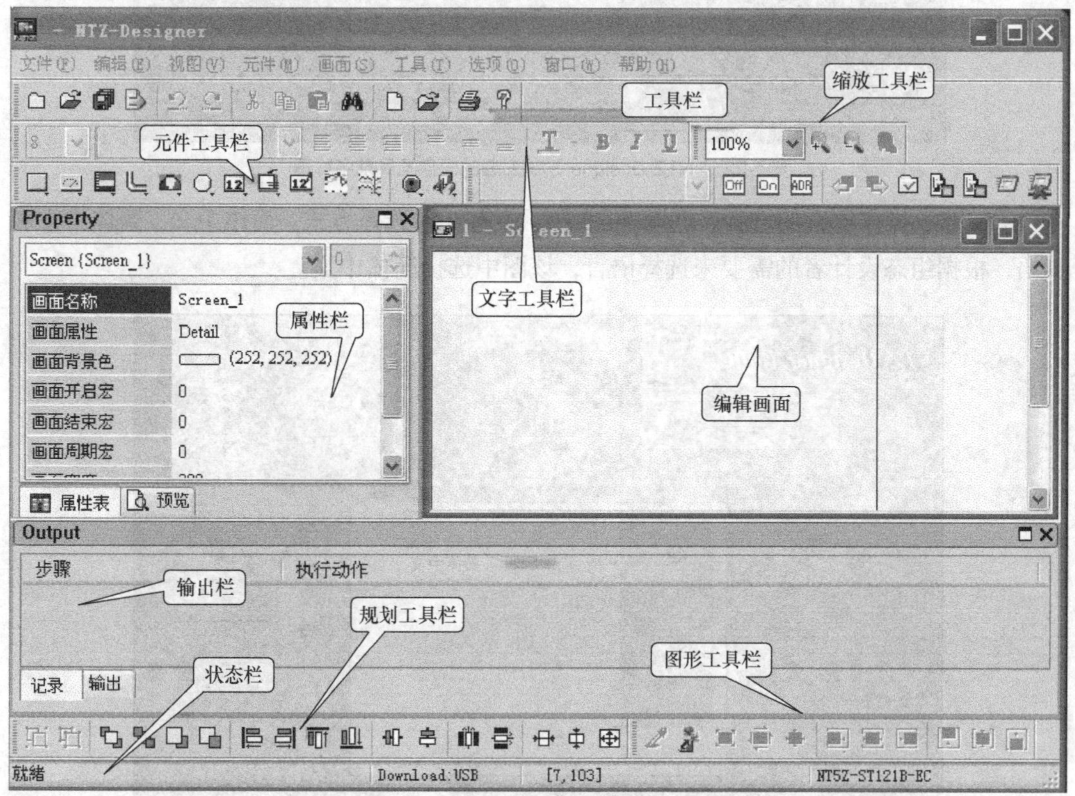

图4-21　NTZ-Designer 组态软件主画面

4.3.2 欧姆龙触摸屏组态软件安装

对于NT5Z的HMI，其组态软件NTZ-Designer 1.00C安装步骤如下。

第一步：在Windows窗口下，打开光驱或硬盘中的安装文件，点击“SETUP”应用程序，按下确定后，系统自动进行安装，NTZ-Designer出现如图4-22所示的画面，确认NTZ-Designer系统安装硬盘及目录的名称，本系统的默认值为C:\Program Files\OMRON\NTZ-Designer 1.00C，也可以通过单击“浏览”按钮自行变更所要安装的硬盘位置及目录名称。

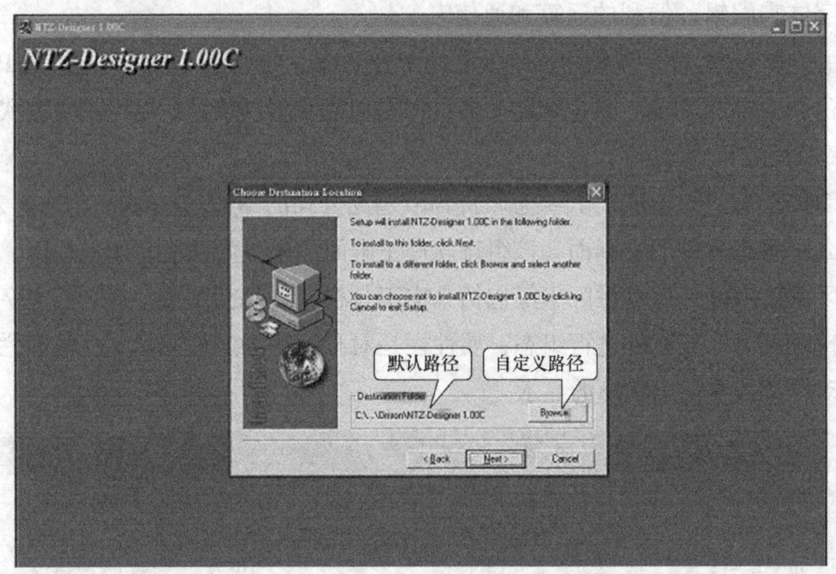

图4-22　NTZ-Designer系统安装的硬盘及目录名称图

第二步：操作语言的选择，如图4-23所示，有3种选择方式：简体中文、繁体中文和英语，根据组态设计者的需要来选择语言，该图中选择简体中文。

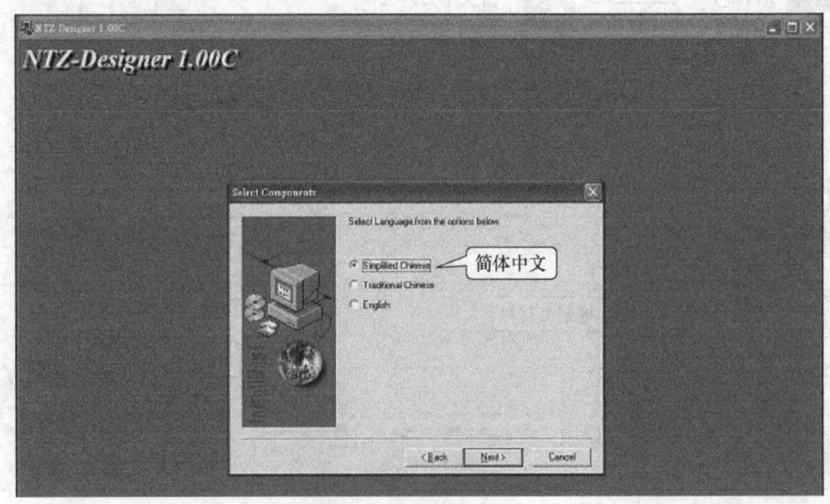

图4-23　操作语言选择栏

第三步：单击“下一步”后，出现如图 4–24 所示的对话框。该对话框分别显示文件拷贝过程、创建目录过程和安装进度显示。该图中安装进度显示为 63%，当安装完成后自动弹出如图 4–25 所示对话框。

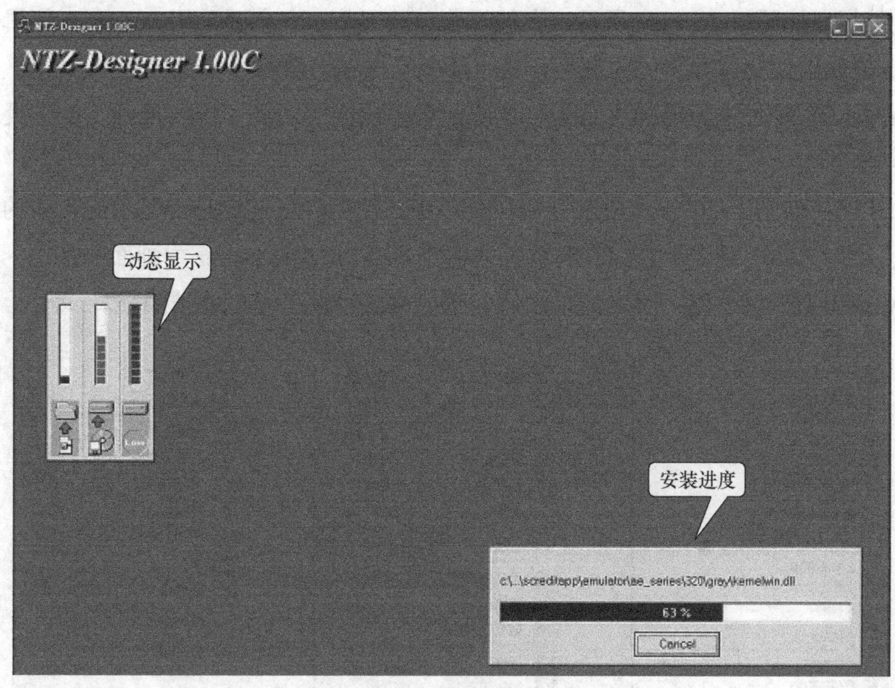

图4-24　安装进程图

如图 4–25 所示，提示 NTZ–Designer 已经成功安装在计算机上，单击“完成”按钮，选择重启计算机，NTZ–Designer 程序便可以正常运行。欧姆龙组态软件 NTZ–Designer 功能选单和工具列功能选单主要包括以下 9 部分。

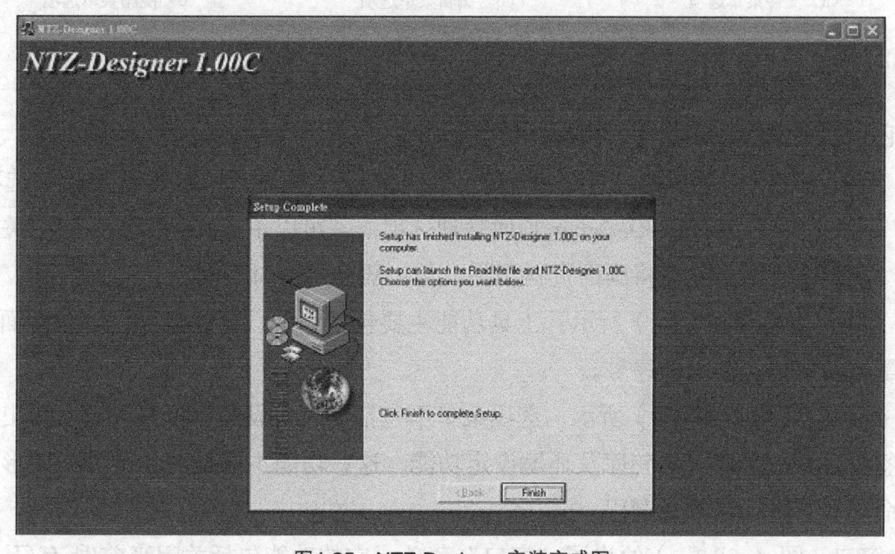

图4-25　NTZ-Designer安装完成图

① 文件。如图 4-26（a）所示，在文件选项下，文件包括新建工程、打开工程、关闭工程、保存工程、另存工程、系统宏、制作 SMC 画面文件、开启 SMC 画面文件、上载全部、上载配方、更新固件、密码保护及打印选项。

② 编辑。如图 4-26（b）所示，在编辑菜单选项下，它主要采用 Microsoft 编辑选项下的功能，提供给使用者编辑的便利性。其主要包括撤销、恢复、剪切、复制、粘切、删除、全选、查找、替换、站号替换、组合、解除组合、层次、对齐、统一尺寸、文字处理及多重复制功能。

③ 视图。如图 4-26（c）所示，视图菜单中，使用者可设定是否显示嵌入式的工具栏及窗口，对勾选的图标表示在编辑时属性表会出现在 NTZ-Designer 主画面的左边，属性表可以随意拖曳至任意位置；反之如果没有勾选，则表示此工具栏将被隐藏。

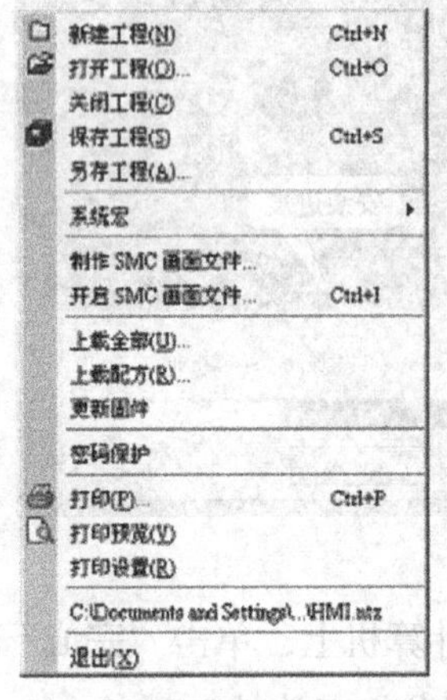

(a) 文件菜单选项

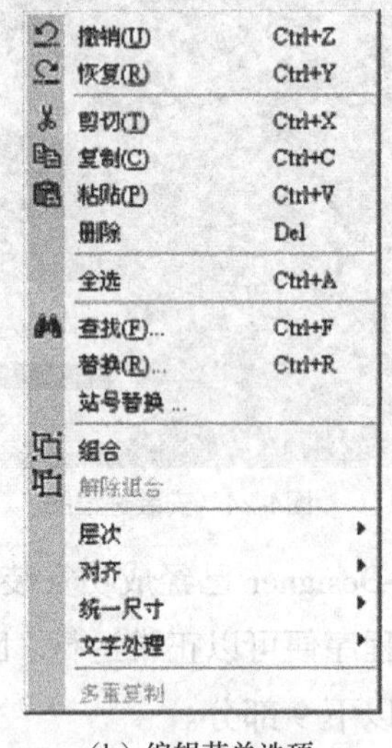

(b) 编辑菜单选项

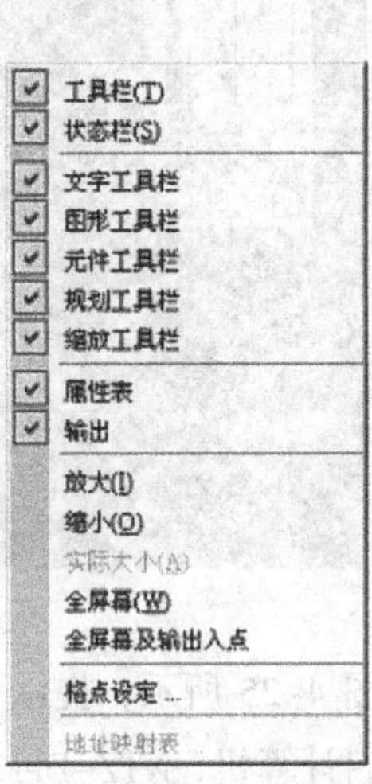

(c) 视图菜单选项

图4-26 "文件"、"编辑"及"视图"选项图

④ 元件。NTZ-Designer 提供 13 组不同类型元件，而每组有多种样式，如图 4-27（a）所示，它包括了仪表、棒状图、扇形图等。

⑤ 画面。在画面菜单中，NTZ-Designer 提供了一些关于画面编辑的相关选项，如图 4-27（b）所示。在 NTZ-Designer 画面管理选项下，可以单击画面编辑区中的关闭框，其只是对画面的隐藏，并非将画面资料删除，与一般关闭窗口不同。

⑥ 工具。如图 4-27（c）所示，工具功能主要包括编译、下载全部、下载画面数据、模拟、配方及取得当前固件序号。

⑦ 选项。如图 4-28（a）所示，选项菜单下包括了人机设定、报警设定、历史缓存设定、标签管理、图形库、语句库及环境设定功能。这些功能主要是对各种界面图形及符号信息的命名、管理、增减及调用。

⑧ 窗口。图 4-28（b）给出了"窗口"菜单，它的功能包括关闭当前/所有/下一个/上

一个窗口、重叠显示、水平并排及垂直并排。这些功能主要是对窗口进行排列、布局。

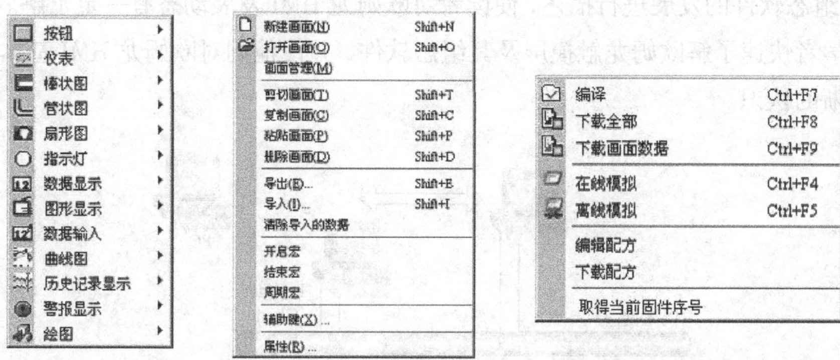

（a）元件菜单选项　　（b）画面菜单选项　　（c）工具菜单选项

图4-27　“元件”、“画面”及“工具”菜单选项图

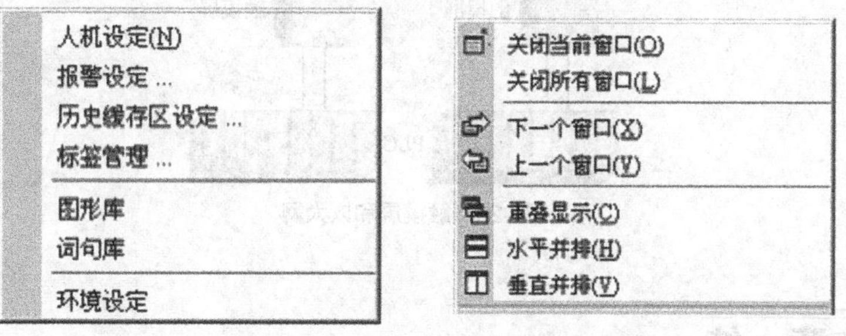

（a）选择菜单　　（b）窗口菜单

图4-28　“选项”及“窗口”菜单图

⑨ 帮助。帮助菜单下主要是介绍当前 NTZ-Designer 的版本及版权。

4.3.3　欧姆龙 HMI 及组态软件发展

欧姆龙公司可编程终端从 MPT001 发展至 MPT002、MPT005。从 NT20S、NT30、NT600 发展至 NT31、NT631。随着网络的不断发展，欧姆龙触摸屏的网络功能也得到了进一步的发展，新一代触摸屏的诞生使其在工业现场的作用得以推广，并使这个设备接入网络成为可能。

如图 4-29 所示，它不仅使同一局域网内几台设备之间相互连接，而且可以连接到广域网 Intranet，使得不同设备之间实现网络通信和数据传输。使用开放的 TCP/IP，不需要其他额外的接入设备，从而扩大了应用范围。上述以太网可以提供更快捷的通信速度。目前，在计算机成品化的网卡中已经出现了百兆位网卡甚至千兆位网卡，还可以提供无线网络支持，摆脱物理线路的束缚。总之，随着通信及网络技术的不断发展，触摸屏还会得到进一步的发展。

本节主要通过文本型和触摸型可编程终端的分类及特点讲述欧姆龙 HMI，使读者对欧姆龙 HMI 有一些初步认识；通过对欧姆龙 NT5Z 型 HMI 组态软件——NTZ-Designer 的介绍，使读者进一步明白触摸屏组态基本功能，为设计组态触摸屏奠定了良好的基础；同时对欧姆龙 HMI 组态软件的发展进行描述，使读者对欧姆龙 HMI 发展动态有一定了解。丰富的图例能使初学者快速了解欧姆龙触摸屏及其组态软件，并使他们对欧姆龙 HMI 基本组成及特点有更清晰的认识。

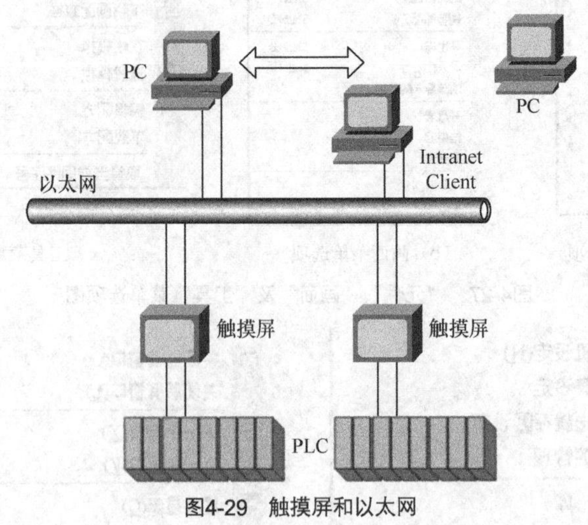

图4-29 触摸屏和以太网

4.4 本章小结

本章介绍了西门子、三菱和欧姆龙 3 种知名品牌触摸屏产品的相关知识，包括各触摸屏的性能简介、安装步骤及发展前景。

西门子公司人机界面产品种类丰富多样，功能齐全，如触摸面板（TP）、操作员面板（OP）、多功能面板（MP）等，这些产品都可以用 WinCC flexible 2007 组态软件进行组态。

三菱公司人机界面产品 GOT 系列也包含了多种类型，配合使用 GT Designer 2 组态软件，其功能可以覆盖很多应用需求。

欧姆龙人机界面产品包含了文本型终端和触摸型可编程终端，其产品种类较多，且使用方便，在 NTZ-Designer 组态软件的支持下，可以组态出高效生动的组态画面。

这 3 种触摸屏人机界面产品代表了目前市场上主流人机界面的发展方向，因此，学习掌握其操作和功能，对构建控制系统是大有益处的。

提高篇

第 5 章　西门子 S7-200 PLC 控制系统设计方法

第 6 章　三菱 Q 系列 PLC 控制系统

第 7 章　欧姆龙 C200Hα PLC 控制系统的设计方法

第 8 章　西门子 WinCC 组态

第 9 章　欧姆龙 NTZ-Designer 组态工程设计

第 10 章　三菱 GT Designer 组态工程设计

第 11 章　部分品牌触摸屏介绍

CPU 221
（10 I/O 点）

升级版
2004

CPU 222
（14 I/O 点）

升级版
2004

CPU 224
（24 I/O 点）

升级版
2004

CPU 224 XP
（24 I/O 点）

新
2004

CPU 226
（40 I/O 点）

升级版
2004

第 5 章 西门子 S7-200 PLC 控制系统设计方法

S7-200 系列 PLC 是西门子公司开发、生产的小型模块化 PLC 系统。其最早版本型号为 CPU 21X，其后的改进型产品型号为 CPU 22X，其中 21X 和 22X 各有 4～5 个型号。S7-200 PLC 功能强大且具有较高的性价比，控制系统运行可靠稳定，语言易于被开发者掌握。本章将逐节介绍 S7-200 PLC 的硬件和软件选型、程序控制语句、仿真及运行调试。

5.1 S7-200 PLC 设计选型

S7-200 系列 PLC 品种较多，其结构形式、性能、价格等各不相同，适用的场合也各有侧重。合理选择 PLC 型号，对于提高 PLC 控制系统技术的经济性指标具有重要意义。

5.1.1 S7-200 PLC 型号

S7-200 系列 PLC 可提供 5 种不同的基本单元和多种规格的扩展单元。目前提供的 S7-200 CPU 有：CPU 221、CPU 222、CPU 224、CPU 224 XP、CPU 226 和 CPU 226 XM，CPU 21X 系列产品现已被 CPU 22X 完全替代。不同型号的 S7-200 PLC CPU 性能差别比较大，见表 5-1，程序存储区、数据存储区、本机 I/O 及扩展模块是 CPU 模块的重要性能指标。

表 5-1 S7-200 系列 PLC CPU 型号表

特性	CPU 221	CPU 222	CPU 224	CPU 224 XP	CPU 226	CPU 226 XM
程序存储区	4096 B	4096 B	8192 B	12288 B	16384 B	24576 B
数据存储区	2048 B	2048 B	8192 B	10240 B	10240 B	20480 B
本机 I/O	6 入 4 出	8 入 6 出	14 入 10 出	14 入 10 出	24 入 16 出	24 入 16 出
扩展模块数	0	2	7	7	7	7

1. 扩展模块型号

S7-200 系列 PLC 的 CPU 为了扩展 I/O 点和执行特殊的功能，可以连接扩展模块，不同型号 CPU 的扩展能力不同。扩展模块中有数字量 I/O 模块、模拟量 I/O 模块、测温模块、通信模块、Modem 模块、定位模块和以太网模块。如图 5-1 所示，在列举的扩展模块中，数字量模块和模拟量模块用于数字量输入输出和模拟量输入输出；测温模块用于温度模拟量测量；通信模块可以实现 PLC 与计算机、PLC 与 PLC、PLC 与其他智能控制器之间的联网通信；Modem 模块可以实现电话交换机和电话网之间的远距离通信；以太网模块用于支持工业以太网通信。

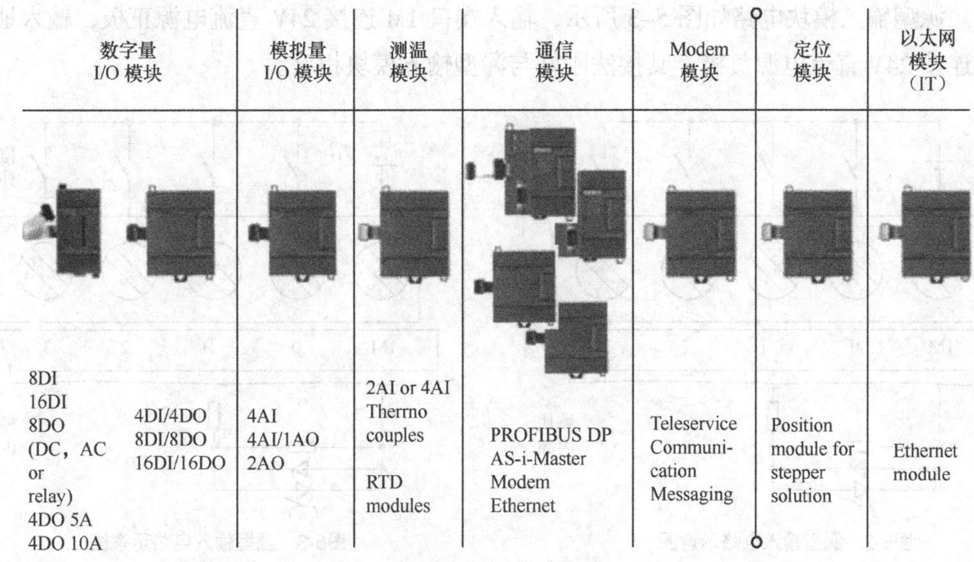

图5-1　S7-200扩展模块图

① 数字量 I/O 模块。数字量 I/O 模块型号有 EM221、EM222 和 EM223，其中 EM221 有 3 个品种，EM222 有 5 个品种，EM223 有 6 个品种。可以根据不同需求，选择合适的数字量扩展模块。

② 模拟量 I/O 模块。生产中有很多电压、电流信号，用连续变化的形式表示流量、温度、压力等工艺参数大小，这些信号在一定范围内连续变化，如 0 ~ 10V 电压或者 0 ~ 20mA 电流。模拟量信号通过模拟量模块转换后，用户程序可以通过访问模拟量数据通道，获得相应的数据，数值的大小跟模拟量的变化对应。模拟量扩展模块主要有 EM231、EM232 和 EM235。其中 EM231 是模拟量输入模块，EM232 是模拟量输出模块，EM235 是模拟量输入/输出模块。

③ 温度测量扩展模块。温度测量扩展模块是模拟量模块的特殊形式，可以直接连接热电偶和热电阻来测量温度。其中 EM231 TC 是热电偶输入模块，EM231 RTD 是热电阻输入模块。用户可以访问相应的模拟量输入通道，直接读取温度值。

④ 特殊功能模块。特殊功能模块可以完成特定的工作任务。如 EM253 是定位控制模块。

⑤ 通信模块。不同的通信方式对应不同的通信模块。通信模块的主要品种有 EM277、EM241、EM243-1、EM243-1 IT 和 CP243-2。

⑥ 总线延长电缆。总线延长电缆是用来延长总线电缆的，以适应灵活安装需求，长度为 0.8m，在一个系统中只能安装一条总线延长电缆。

2. 数字量模块输入电路

数字量输入电路有两种类型：源型和漏型，分别对应 NPN 型和 PNP 型输出的传感器信号。数字量输入都是 24V 直流电源，接到公共端构成闭合电路。两种接法的区别是电源公共端接 24V 直流电源的负极（漏型输入），或者正极（源型输入）。其中漏型输入模块电路如图 5-2 所示，输入端口 1M 连接 24V 直流电源负极，输入地址端口连接 24V 直流电源正极。源型输入模块电路如图 5-3 所示，输入端口 1M 连接 24V 直流电源正极，输入地址端口连接 24V 直流电源负极，其接法刚好与漏型输入模块相反。

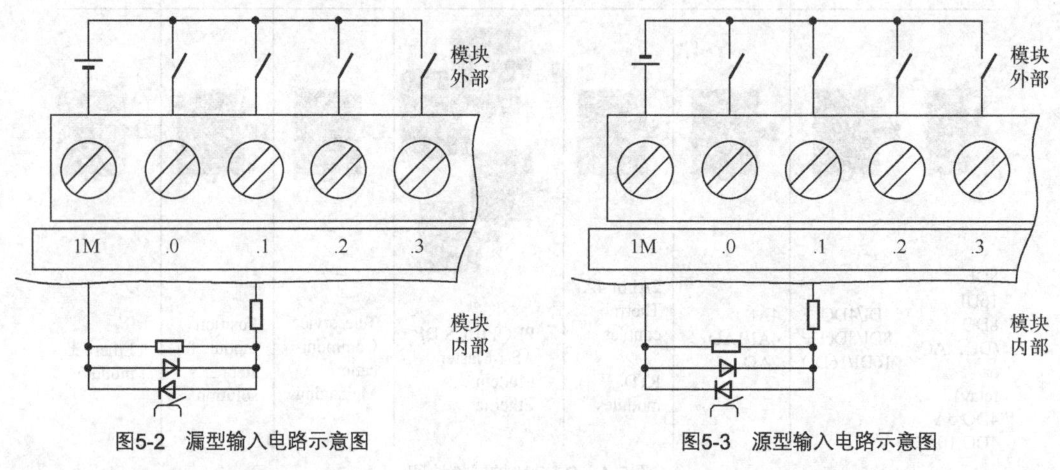

图5-2 漏型输入电路示意图　　图5-3 源型输入电路示意图

3. 数字量模块输出电路

S7-200 的数字量输出电路有 3 种：继电器输出、24V 直流晶体管输出和晶闸管输出。一般来说，24V 直流供电的 CPU 是晶体管输出，220V 交流供电的 CPU 是继电器接点输出。这三种输出形式的区别对 PLC 的硬件设计工作十分重要。

① 继电器输出接点没有电流方向，既可以连接直流信号，也可以连接交流信号，但是不能连接 380V 交流电源。PLC 的输出不宜直接驱动大电流负载，一般通过一个小负载来驱动大负载，如 PLC 的输出可以接一个电流比较小的中间继电器，再由中间继电器触点驱动大负载，如接触器线圈等。PLC 继电器输出电路形式中继电器触点的使用寿命也有限制，一般数十万次左右，根据负载而定，如连接感性负载时的寿命要小于阻性负载。继电器输出的响应时间也比较慢（10ms 左右），在要求快速响应的场合不适合使用此种类型的电路输出形式。当连接感性负载时，为了延长继电器触点的使用寿命，对于外接直流电源的情况，通常应在负载两端加过电压抑制二极管；对于交流负载，应在负载两端加 RC 抑制器。如图 5-4 所示，继电器型输出电路的两个输出端子分别连接到 220V 交流电源的正负极，输出地址端口与 220V 交流电源的负极相连接。

② 直流晶体管输出点只有源型输出一种。晶体管输出电路形式相比于继电器输出响应快，一般在 0.2ms 以下，适用于要求快速响应的场合。由于晶体管是无机械触点，因此比

继电器输出电路形式的寿命要长。但是晶体管输出驱动能力要小于继电器输出，因而在使用时要注意输出电路的形式。在驱动感性负载时，也要在负载两端反向并联二极管防止过电压，保护 PLC 的输出电路。如图 5-5 所示，直流晶体管型输出电路的两个输出端子分别连接到 24V 直流电源的正负极，输出地址端口与 24V 直流电源的负极相连接。

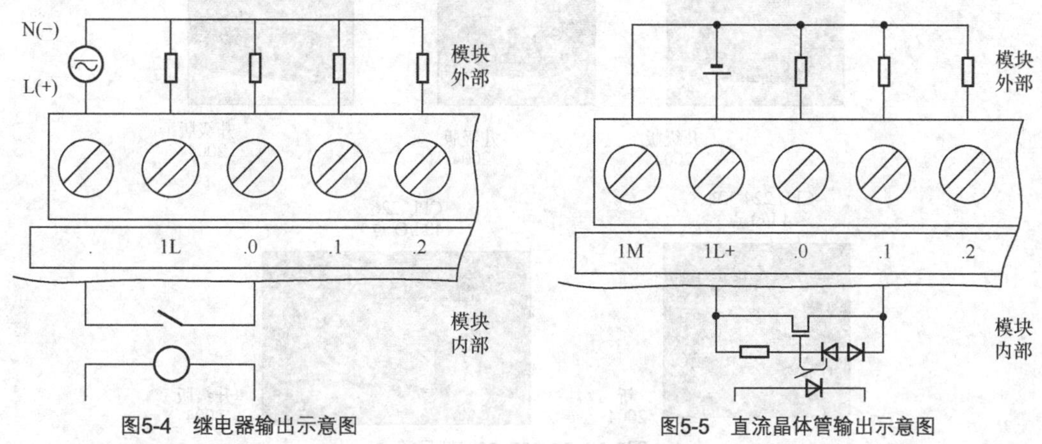

图5-4 继电器输出示意图　　图5-5 直流晶体管输出示意图

③ 双向晶闸管输出电路只能驱动交流负载。响应速度也比继电器输出电路形式要快，寿命要长。双向晶闸管输出的驱动能力比继电器输出的要小，当多点共用公共端时，每点的输出电流应减小。为了保护晶闸管，通常在 PLC 内部电路晶闸管的两端并接 RC 阻容吸收元件和压敏电阻。这种输出电路形式的 PLC 目前应用比较少，应用最为广泛的是继电器型和直流晶体管型输出的 PLC。

5.1.2 S7-200 PLC 硬件选型

根据实际项目要求对 CPU 型号、输入输出点数、供电电源、数据存储及系统开发工具进行正确选型，在选型确定后对每处细节都要求仔细斟酌，反复讨论方案的可行性。

1. 机型的选择

在满足功能的要求下，保证可靠、维护使用方便及最佳性价比。西门子公司在 2004 年推出几款升级版 CPU，如 CPU 221、CPU 222、CPU 224、CPU 224 XP 和 CPU 226。如图 5-6 所示，CPU 221 有 10 个 I/O 点，CPU 222 有 14 个 I/O 点，CPU 224 和 CPU 224 XP 有 24 个 I/O 点，CPU 226 有 40 个 I/O 点。

选择机型具体考虑以下几个方面。

① 在不同工况下选用合适的 PLC 结构形式，如整体式或模块结构式。选用同一机型的 PLC，互为备用。

② 对于开关量控制项目，选用一般低档机就能满足要求。以开关量为主，带少量模拟量控制的项目，可选用带 A/D 转换等功能的低档机。对于控制复杂、控制功能要求高的工程项目，可选用中档或高档机。高档机主要用于大规模过程控制、DCS 控制系统及整个工

厂的自动化等。

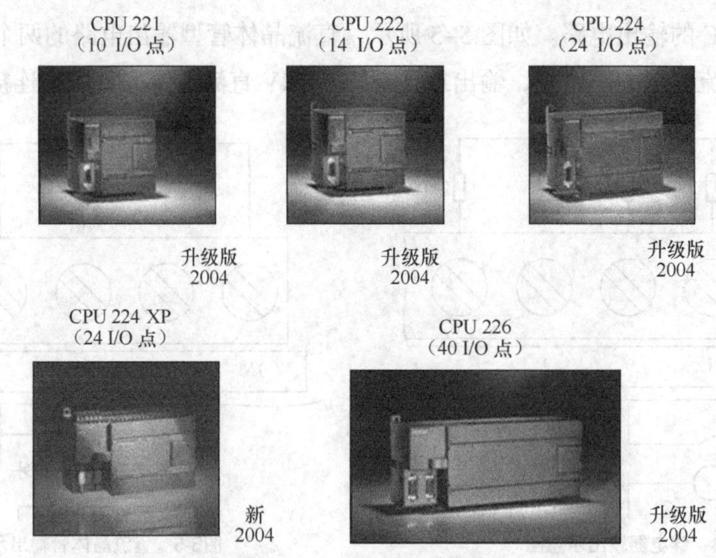

图5-6　S7-200 CPU型号图

③ 对于中小型 PLC 多采用离线编程，大型 PLC 多采用在线编程。是否在线编程应该根据被控制设备的工艺要求来定，对产品定型的设备和工艺不常变动的设备，应选用离线编程的 PLC，反之，可考虑选用在线编程的 PLC。

2. 输入/输出的选择

输入/输出选型可以采用估算和经验法则，根据不同电气设备可以估算所需的 I/O 点数。S7-200 各种 CPU 的供电能力对抗干扰能力和传输距离有一定影响，在不同条件下要正确选用输出模块、内存、扫描周期和响应时间。

① 系统对可编程控制器的 I/O 点的要求与连接的输入/输出设备类型有关。一般主要考虑控制电磁阀、控制交流电机和控制直流电动机等所需的 I/O 口点数。估算出被控对象的 I/O 口数目后，选择点数相当的可编程控制器。选择时一般还需要留有 10%～15%的 I/O 口余量。表 5-2 给出了不同电气设备与元件的输入/输出点数。

表 5-2　典型电气设备与元件所需 I/O 点数参考表

序号	电气设备与元件	输入点数	输出点数	I/O 总点数
1	Y-△启动笼型电机	4	3	7
2	单向运行的笼型电机	4	1	5
3	可逆运行的笼型电机	5	2	7
4	单向变极电机	5	3	8
5	可逆变极电机	6	4	10
6	单向运行的直流电机	9	6	15

续表

序号	电气设备与元件	输入点数	输出点数	I/O 总点数
7	可逆运行的直流电机	12	8	20
8	单线圈电磁阀	2	1	3
9	双线圈电磁阀	3	2	5
10	比例阀	3	5	8
11	按钮开关	1	—	1
12	光电开关	2	—	2
13	信号灯	—	1	1
14	拨码开关	4	—	4
15	三挡波段开关	3	—	3
16	行程开关	1	—	1
17	接近开关	1	—	1
18	抱闸	—	1	1
19	风机	—	1	1
20	位置开关	2	—	2

② PLC 模块类型分为直流 5V、12V、24V、60V、68V 5 种，交流为 115V 和 220V 两种。直流 5V、12V、24V 属于低电平，传输距离不宜太远，高密度输入模块可同时接通点数不超过总数的 60%。为了提高系统的稳定性，需考虑门槛电平的大小，门槛电平值越大，抗干扰能力越强，传输距离也越远。表 5-3 给出了 S7-200 CPU 在不同供电电源下的供电能力，不同型号 CPU 在相同供电电源下其供电能力差异较大，同一型号 CPU 在不同供电电源下其供电能力差异也较大。

表 5-3　　S7-200 CPU 供电能力表　　单位：mA

CPU 型号	5V DC	24V DC
CPU 221	—	180
CPU 222	340	180
CPU 224/224 XP	660	280
CPU 226	1000	400

③ 对于开关频率高、电感性、低功率因素负载，建议使用晶闸管输出模块。继电器输出模块适用电压范围宽，导通压降损失小，价格低，但寿命短，响应速度慢。输出模块同时接通点数的电流累计值必须小于公共端所允许通过的电流值，输出模块的电流输出能力必须大于负载电流的额定值。

④ 不同厂家产品把用户程序变成机器语言存放时，所需内存数是不同的。高的内存率可以降低内存投资，缩短扫描周期，从而提高系统的响应速度。可编程控制器开关量输入/

输出总点数是计算所需内存的重要依据，一般开关量输入相对开关量输出的比为 6 : 4。

所需内存字数=开关量（输入+输出）总点数 × 10

⑤ 模拟量输入输出占用内存较多，一般要对模拟量进行读入、数字滤波、传送和比较运算，尤其是在闭环控制时。在模拟量处理中，常常把模拟量读入、滤波及模拟量输出编成子程序使用，这样会大大减少内存使用量。

⑥ 对过程控制、扫描周期和响应时间要认真考虑，可编程控制器顺序扫描的工作方式使它可靠地接收持续时间小于扫描周期的输入信号。系统响应时间是指输入信号产生时刻与由此使输出信号状态发生变化时刻的时间间隔。

3. 供电电源

S7-200 的 CPU 有两种供电形式：24V 直流和 110/220V 交流。需要供电的扩展模块，除了 CP243-2 之外，都是 24V 直流供电。

① 在 S7-200 系统中，标记为 L1/N 的端口是交流电源端子，标记为 L+/M 的端口是直流电源端子。PE 是保护接地（屏蔽线），可以连接到三相五线制的地线，或者机柜金属壳，或者真正的大地，不可与交流电源的零线连接。每个 CPU 右下角都有一个 24V 直流电源，称为直流传感器电源。它可以用于 CPU 自身和扩展模块 I/O 点的电源供电，也可以用于扩展模块本身的供电。如图 5-7 所示，直流电源供电方式较为常用且安全；如图 5-8 所示，交流电源供电电源连接到 220V 交流电源；如图 5-9 所示，传感器电源供电是 PLC 上自带电源，供电能力比较有限。

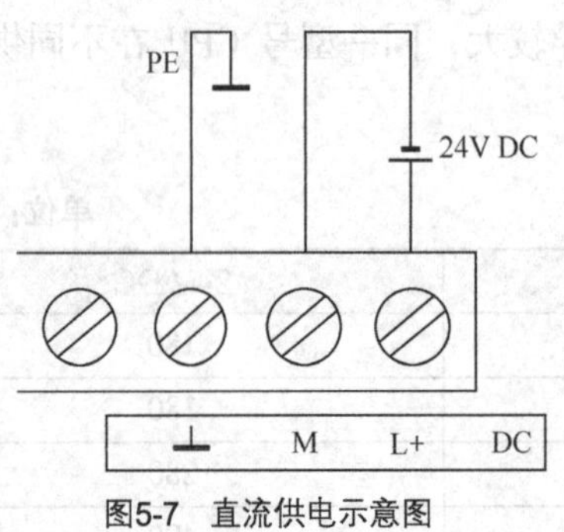

图5-7　直流供电示意图

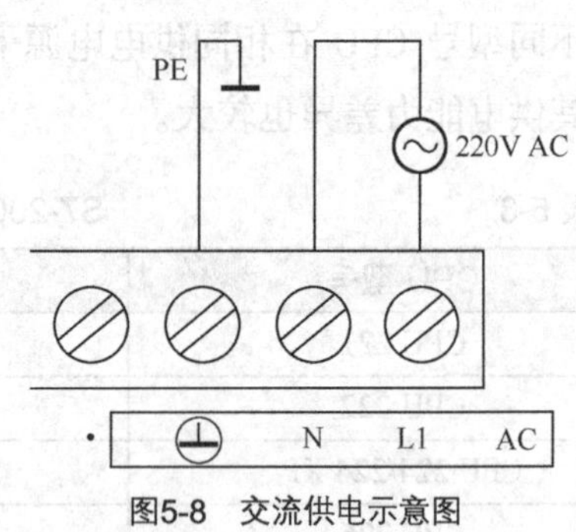

图5-8　交流供电示意图

② 扩展模块所需 5V 电源从扩展模块总线取得，24V 直流电源（部分模块需要）从外部获得供应。电源从模块的 L+和 M 端输入，也可使用 CPU 传感器电源作为扩展模块电源，也可使用符合标准的其他电源。

③ PLC 供电电源为 50Hz、220 ± 22V 的交流电，对于电源线的干扰，PLC 本身有足够的抗干扰能力。对于可靠性要求高的场合或电源干扰严重的环境，安装带屏蔽层的隔离变压器，以减少设备与地之间的干扰，还可以在电源输入端串入 LC 滤波电路。如图 5-10 所示，抗干扰电源给 PLC 供电时，用 LC 滤波电路和隔离变压器来降低各种杂波干扰。

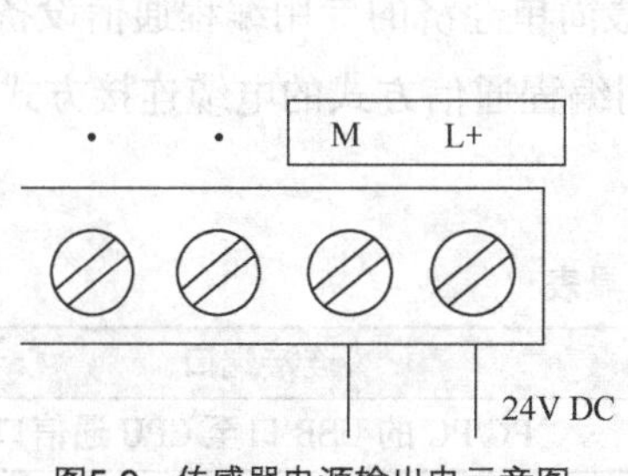

图5-9　传感器电源输出电示意图

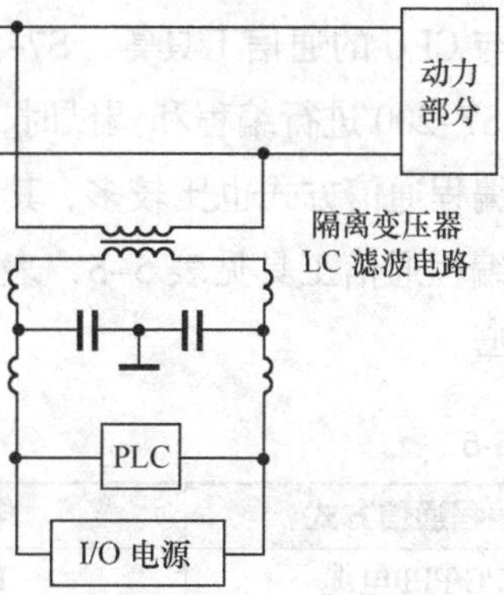

动力部分
隔离变压器
LC 滤波电路
PLC
I/O 电源

图5-10　抗干扰电源示意图

4. 数据存储

S7-200 提供了几种数据存储的方法，在实际应用时要根据实际情况灵活运用。

① 使用数据块，永久不需要更改数据。在用户编程时编辑数据块，用 V 存储器区指定初始值，可选用不同长度的字节、字或双字在 V 存储器中保存不同格式的数据。数据下载到 S7-200 CPU 的 EEPROM 内，下载后可使用状态表观察 V 存储区，在不同的变量监视格式下，同样的数值可以有不同显示结果。如图 5-11 所示，在数据块中设置需要存储的数据，且可永久保存。

图5-11　数据块存储

CPU 上附加电池卡，与内置超级电容配合，其中电池卡要求另外购买并安装在 PLC 中。在电池卡使用寿命快到时，要及时更换电池卡，以免存储数据丢失。

② CPU 中内置超级电容，在不太长的断电时间内保存数据和为时钟提供电源。表 5-4 列举了不同型号 CPU 在配置有内置电容时数据的保存时间，但配置有电池卡和内置电容的 CPU 存储时间较仅配置有内置电容明显要长，其存储时间为 200 天。

表 5-4　各类数据存储时间对照表

特性	CPU 221	CPU 222	CPU 224	CPU 224 XP	CPU 226	CPU 226 XM
内置电容	50h	50h	100h	100h	100h	100h
电池卡+内置电容	200 天	200 天	200 天	200 天	200 天	200 天

5. 系统开发工具

S7-200 系统开发需要一些必备条件，如 S7-200 CPU、安装有编程软件的计算机、编程计算机与 CPU 的通信工具等。S7-200 PLC 不提供仿真软件，因而调试程序工作较重。

在 S7-200 进行编程和调试时，运行编程软件的计算机和 CPU 之间需要建立通信连接。常用的编程通信方式也比较多，其中 PC/PPI 电缆是最简单经济的专用编程通信设备。有关详细的编程通信工具见表 5-5，表中列举了几种常用编程通信方式的电缆连接方式及连接端口类型。

表 5-5　　S7-200 编程通信工具表

编程通信方式	电缆形式	连接端口
PC/PPI 电缆	USB/PPI	PG/PC 的 USB 口至 CPU 通信口
PC/PPI 电缆	RS232/PPI	PG/PC 的串行通信口至 CPU 通信口
CP 卡	通信处理卡	MPI 电缆至 CPU 通信口

PPI 是点对点接口，是西门子专门为 S7-200 系统开发的通信协议，是一种主从协议，从站不主动发信息，只是等待主站的要求，根据地址信息做出相应的响应。如图 5-12 所示，S7-200 编程线缆类型为 USB/PPI，其中 RS485 接头连接到 PLC 的 RS485 接口，USB 接头连接到计算机的 USB 接口。

图5-12　USB/PPI电缆

5.2　S7-200 PLC 软件编程

S7-200 PLC 中有大量的功能指令和程序控制指令，另外还有些特殊功能指令，如通信指令、高速计数、脉冲输出、模拟量单元与 PID 控制指令。合理运用各类指令对提高功能及实现某些技巧性运算，具有重要的意义。

5.2.1　程序的基本结构

S7-200 程序指令主要分为基本功能指令、程序控制指令和特殊功能指令 3 种。本小节主要介绍程序控制指令，这类指令包括跳转指令、循环指令、顺控继电器指令、子程序指令，这类控制指令可以用于构成程序的基本框架。

1. S7-200 程序控制类基本指令

S7-200 PLC 的程序控制类指令有跳转指令、循环指令、顺控继电器指令、子程序指令。程序控制指令对程序的流向和结构有很大影响。合理安排程序的结构，可以提高程序功能及实现一些特定的技巧性运算。

（1）跳转指令

跳转指令使流程跳转到指定标号 N 处的程序分支执行，标号指令标记跳转目的地的位置 N。如图 5-13 所示，跳转指令要求有标号、跳转指令和标号指令，在程序实际应用中跳转指令应用较少。

（2）循环指令

FOR-NEXT 指令循环执行 FOR 指令和 NEXT 指令之间的循环体指令段一定次数。FOR 和 NEXT 指令用来规定需要重复一定次数的循环体程序。参数 INTI 及 FINAL 用来规定循环次数的初始值及终值。循环体程序每执行一次 INDEX 值加 1。当循环次数当前值大于终值时，循环结束。如图 5-14 所示，FOR 和 NEXT 指令必须成对使用，在嵌套程序中距离最近的 FOR 指令和 NEXT 指令是一对。

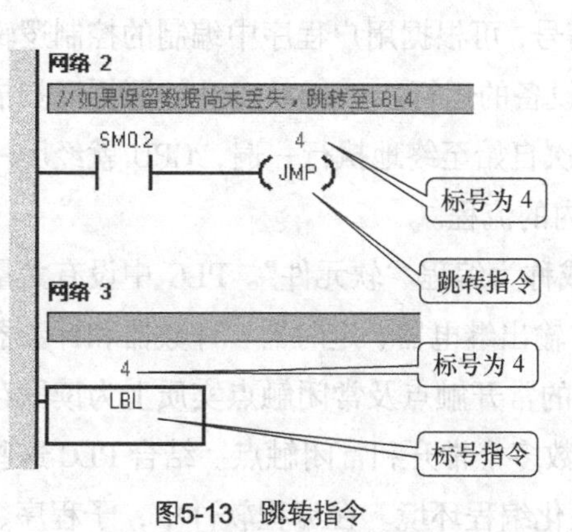

图5-13　跳转指令

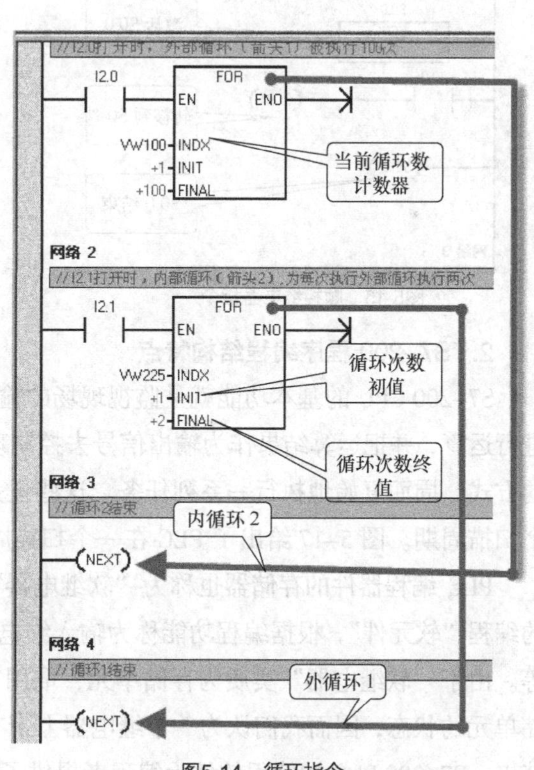

图5-14　循环指令

（3）顺控继电器指令

顺控继电器指令用于步进顺控程序的编制，一般是针对小状态及小状态的联系安排的，再依次将这些小状态程序连接起来以实现总的控制任务。如图 5-15 所示，SCR 装载指令（LSCR）标志着小状态程序的开始，SCR 结束指令（SCRE）则标志着 SCR 段的结束。SCR 传输指令（SCRT）将程序控制权从一个激活的 SCR 段传递到另一个 SCR 段，可使当前的 SCR 程序段复位，使下一个将要执行的 SCR 程序段置位。SCR 条件结束指令（CSCRE）可以使程序退出一个激活程序而不执行 CSCRE 与 SCRE 之间的指令。

（4）子程序指令

子程序指令含有子程序调用指令和子程序返回指令。如图 5-16 所示，子程序调用指令将程序控制权交给子程序 SNR-N，该子程序执行完成后，程序控制权回到子程序调用指令的下一条指令。

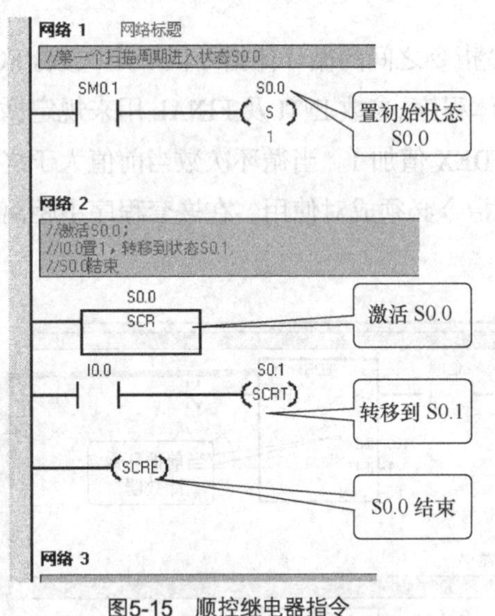

图5-15 顺控继电器指令

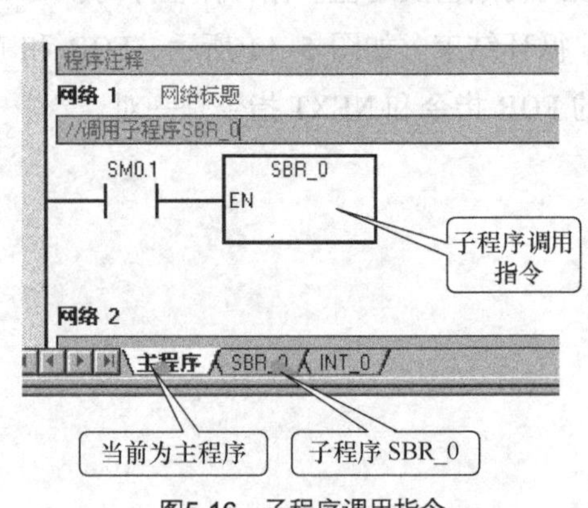

图5-16 子程序调用指令

2. S7-200 程序编程结构特点

S7-200 CPU 的基本功能就是监视现场的输入信号，可根据用户程序中编制的控制逻辑进行运算，并把运算结果作为输出信号去控制现场设备的运行。S7-200 CPU 按照循环扫描的方式，周而复始地执行一系列任务。这些任务每次自始至终地执行一遍，CPU 就经历一个扫描周期。图 5-17 给出了 PLC 在一个扫描周期内的流程。

PLC 编程器件的存储器也称为“软继电器”，或称为编程“软元件”。PLC 中设有大量的编程“软元件”，根据编程功能称为输入继电器、输出继电器、定时器、计数器和计数器等。由于“软继电器”实质为存储单元，取用它们的常开触点及常闭触点实质上为读取存储单元的状态，因而我们认为一个继电器上带有无数多个常开和常闭触点。结合 PLC 这些特点，S7-200 PLC 的编程软件为编程者提供了模块化编程环境。在编程软件中，子程序、中断子程序模块是由软件自动分段及编号的。软件将编程分为程序块、系统块、数据库分开管理，这是一种结构式编程语言。常见的程序结构有如下 3 种方式。

（1）顺序结构

顺序结构是一种线性结构，编写和执行时都是顺序进行，在执行时每个扫描周期中每一条指令都要被扫描到。

（2）跳转与循环结构

在程序扫描周期中，不一定全部程序都被扫描到，可以是有选择的，被跳过的指令不被扫描。在编程中使用比较少，特殊的控制要求才会用到跳转和循环指令，如自动、手动程序段的选择，初始化程序段和工作程序段的选择等。

（3）组织模块式结构

组织模块式程序可分为组织块、功能块、数据块。组织块解决程序流问题，作为主程序；功能块则独立地解决局部的、单一的功能，相当于子程序；数据块是程序所需的各种数据的集合。它们之间是并列结构，可为编程者提供比较清晰的思路。

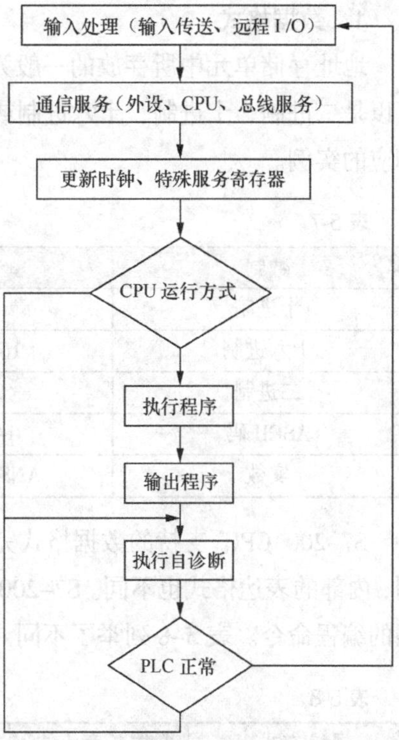

图5-17 一个周期内扫描过程示意图

5.2.2 存储器地址结构

S7-200 CPU 将信息存储在不同的存储器单元中，每个单元都有唯一地址。为了方便不同的编程功能需要，存储单元作了分区。表 5-6 列举了不同内存区域所对应的数据类型。

表 5-6 S7-200 CPU 各数据存储区类型

内存区域	存储区说明	数据类型
I	输入继电器	位、字节、字、双字
Q	输出继电器	位、字节、字、双字
M	内部标志位	位、字节、字、双字
SM	特殊标志位	位、字节、字、双字
T	定时器	位、字
C	计数器	位、字
HC	高速计数器	双字
V	变量寄存器	位、字节、字、双字
AC	累加器	字节、字、双字
L	局部存储器	位、字节、字、双字
S	状态元件	位、字节、字、双字
AIW/AQW	模拟量输入/输出	字

1. 数据格式

地址存储单元中所存放的一般为一个具体的数据，可以是字符串也可以是数字，数字可以是二进制、十进制、十六进制或实数。表 5-7 列举了不同数制的格式形式，并给出了相应的实例。

表 5-7　　常数表示方法

数制	格式	举例
十进制	[十进制值]	10047
十六进制	16#[十六进制值]	16#4E41
二进制	2#[二进制值]	2#1010
ASCII 码	'[ASCII 码文本]'	'Good'
实数	ANSI/IEEE754-1985	1.02E18

S7-200 CPU 支持的数据格式完全符合通用的相关标准，它们占用的存储单元长度不同，内部的表达格式也不同。S7-200 的 SIMATIC 指令系统针对不同数据格式提供了不同类型的编程命令。表 5-8 列举了不同寻址方式下数据的格式、长度、类型与取值范围。

表 5-8　　数据格式及其范围

寻址方式	数据长度（位）	数据类型	取值范围
BOOL（位）	1	布尔数	真（1）；假（0）
BYTE（字节）	8	无符号整数	0 ~ 255；0 ~ FF(H)
INT（整数）	16	有符号整数	−32768 ~ 32767；8000 ~ 7FFF(H)
WORD（字）	16	无符号整数	0 ~ 65535；0 ~ FFFF(H)
DINT（双整数）	32	有符号整数	−2147483648 ~ 2147483647；8000 0000 ~ 7FFF FFFF(H)
DWORD（双字）	32	无符号整数	0 ~ 4294967295；0 ~ FFFF FFFF(H)
REAL（实数）	32	单精度浮点数	−3.402823E+38 ~ +3.402823E+38
ASCII	8 字节/个	字符列表	ASCII 字符、汉字内码
STRING（字符串）	8 字节/个	字符串	1 ~ 254 个 ASCII 字符、汉字内码

2. 数据寻址类型与长度

（1）数据的寻址类型

在编程时可以使用以下 3 种模式之一为指令操作数编址：直接寻址、间接寻址和符号寻址。常用的是直接寻址，在一些特殊场合下用到间接寻址和符号寻址。

① 直接寻址。直接编址指定内存区、大小和位置。寻址时，数据地址以代表存储区类型的字母开始，随后是表示数据长度的标记，然后是存储单元编号；对于二进制寻址，还需要在一个小数点分隔符后指定定位编号。如图 5-18 所示，位寻址由区域标识符、字节地址和字节位组成。

② 间接寻址。间接编址使用指针存取内存中的数据。指针是包含另一个内存位置地址的双字内存位置。只能将 V 内存位置、L 内存位置或累加器寄存器（AC1、AC2、AC3）用作指针。要建立指针，必须使用“移动双字”指令，将间接编址内存位置移至指针位置。指针还可以作为参数传递至子程序。S7-200 允许指针存取以下内存区：I、Q、V、M、S、T 和 C（仅限当前值）。不能使用间接编址存取单个位或存取 AI、AQ、HC、SM 或内存区。欲间接存取内存区数据，输入一个“和”符号（&）和需要编址的内存位置，建立一个该位置的指针。如图 5-19 所示，指令的输入操作数前必须有一个“和”符号（&），表示内存位置的地址（而并非内存位置的内容）将被移入到指令输出操作数中识别的位置（指针），在指令操作数前面输入一个星号（*），指定该操作数是一个指针。

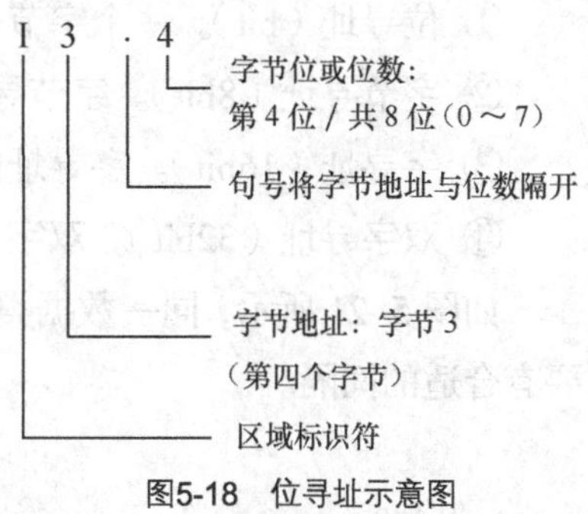

图5-18　位寻址示意图

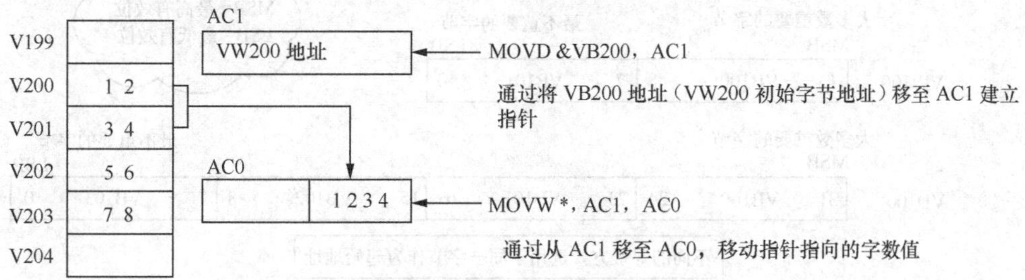

图5-19　间接寻址示意图

③ 符号寻址。符号编址使用字母数字字符组合来识别地址。符号常数使用符号名识别常数或 ASCII 字符值。对于 SIMATIC 程序，用符号表进行全局符号赋值；对于 IEC 程序，使用全局变量表进行全局符号赋值。如图 5-20 所示，绝对地址和符号地址之间可以相互切换，在编写好符号地址之后，符号地址还要赋绝对地址，这时的符号地址才有效。

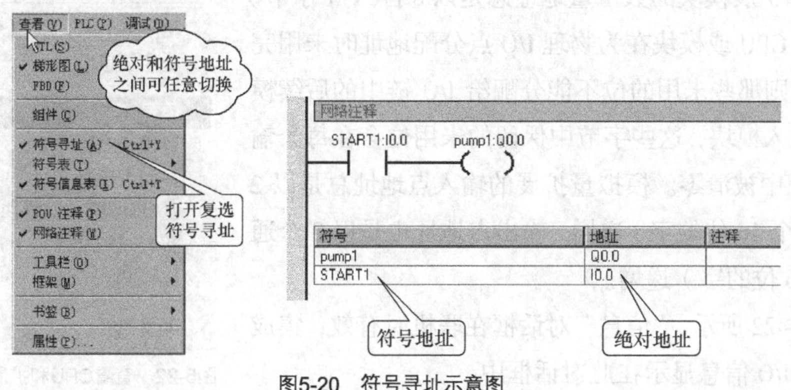

图5-20　符号寻址示意图

（2）数据的寻址长度

① 位寻址（bit）。一个字节占有8个位，一般用来表示“开关量”或“逻辑量”。

② 字节寻址（8bit）。字节寻址由存储区标识符、字节标识符、字节地址组成。

③ 字寻址（16bit）。字寻址由存储区标识符、字标识符及字节地址组合而成。

④ 双字寻址（32bit）。双字寻址由存储区标识符、双字标识符、字节地址组合而成。

如图5-21所示，同一数据类型寻址在不同寻址长度下有重合，起始地址在编写程序时要有合适的间隔。

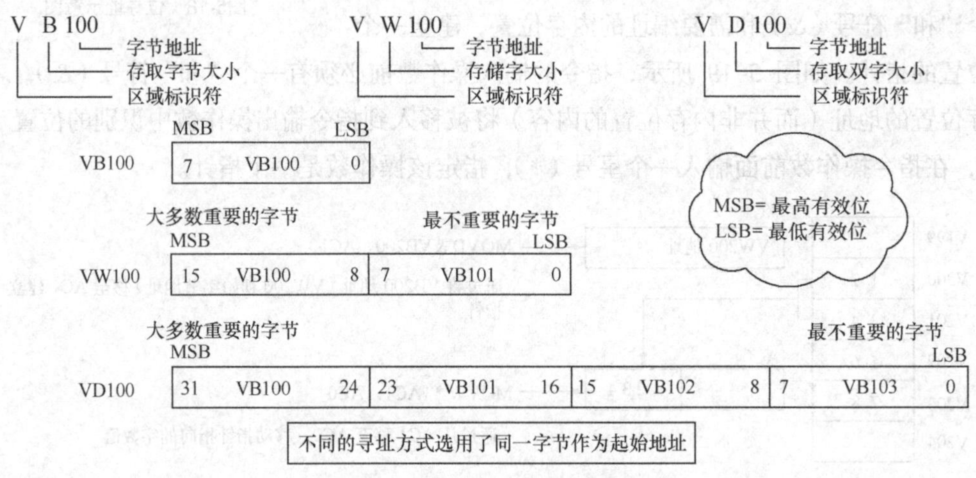

图5-21 同一地址的不同寻址方式比较图

3. 集成I/O和扩展I/O

CPU中本地的I/O具有固定的地址，当需要扩展某类输入/输出时，可以将扩展模块连接到CPU右侧形成I/O链。对于同类型的输入、输出模块而言，模块的地址取决于I/O类型和模块在I/O链中的位置。

CPU和扩展模块的数字量地址总是以8位(1个字节)递增，如果CPU或模块在为物理I/O点分配地址时未用完1个字节，则那些未用的位不能分配给I/O链中的后续模块。对于输入模块，这些字节中保留的未用位会在每个输入刷新周期中被清零。模拟量扩展的输入点地址总是以2个通道（2个16位的字）递增，输出点地址也是以2个通道（2个16位的字）递增。

如图5-22所示，“信息”对话框在联机时有效，集成I/O和扩展I/O信息显示在此对话框中。

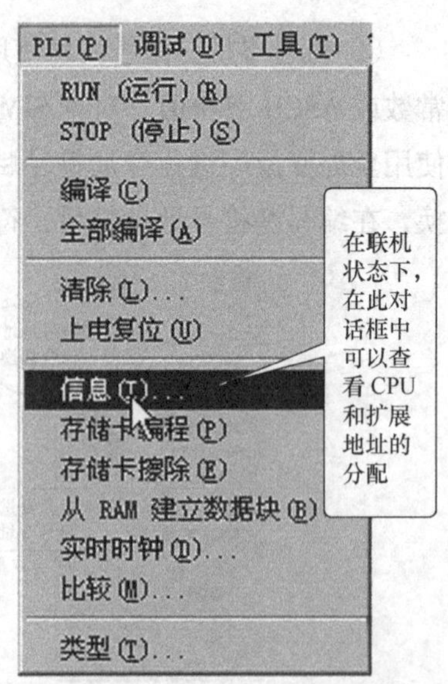

图5-22 查看CPU和扩展模块地址分配

4. 内存地址范围与特殊内存地址

PLC 地址分为内存地址与特殊内存地址，内存地址类型很多且有各自应用范围，PLC 的 CPU 操作系统从特殊内存读取配置/控制数据，并将新改动写入存储在特殊内存中的系统数据。

（1）内存地址

在与 PLC 通信时，STEP 7-Micro/WIN 自动识别 CPU 型号。如果尝试下载的程序存取的 I/O 或内存位置超出 S7-200 CPU 的允许范围，则会收到一条错误信息。如图 5-23 所示，不同型号的 CPU 型号对应有各自的内存地址范围，但特殊内存地址是相同的。

被存取	内存类型	CPU 221	CPU 222	CPU 224	CPU 226
位（字节.位）	V	0.0~2047.7	0.0~2047.7	0.0~5119.7 V 1.22 0.0~8191.7 V 2.00 0.0~10239.7 XP	0.0~5119.7 V 1.23 0.0~10239.7 V 2.00
	I	0.0~15.7	0.0~15.7	0.0~15.7	0.0~15.7
	Q	0.0~15.7	0.0~15.7	0.0~15.7	0.0~15.7
	M	0.0~31.7	0.0~31.7	0.0~31.7	0.0~31.7
	SM	0.0~179.7	0.0~299.7	0.0~549.7	0.0~549.7
	S	0.0~31.7	0.0~31.7	0.0~31.7	0.0~31.7
	T	0~255	0~255	0~255	0~255
	C	0~255	0~255	0~255	0~255
	L	0.0~59.7	0.0~59.7	0.0~59.7	0.0~59.7
字节	VB	0~2047	0~2047	0~5119 V1.22 0~8191 V2.00 0~10239 XP	0~5119 V1.23 0~10239 V2.00
	IB	0~15	0~15	0~15	0~15
	QB	0~15	0~15	0~15	0~15
	MB	0~31	0~31	0~31	0~31
	SMB	0~179	0~299	0~549	0~549
	SB	0~31	0~31	0~31	0~31
	LB	0~59	0~59	0~59	0~59
	AC	0~3	0~3	0~3	0~3
字	VW	0~2046	0~2046	0~5118 V1.22 0~8190 V2.00 0~10238 XP	0~5118 V1.23 0~10238 V2.00
	IW	0~14	0~14	0~14	0~14
	QW	0~14	0~14	0~14	0~14
	MW	0~30	0~30	0~30	0~30
	SMW	0~178	0~298	0~548	0~548
	SW	0~30	0~30	0~30	0~30
	T	0~255	0~255	0~255	0~255
	C	0~255	0~255	0~255	0~255
	LW	0~58	0~58	0~58	0~58
	AC	0~3	0~3	0~3	0~3
	AIW	0~30	0~30	0~62	0~62
	AQW	0~30	0~30	0~62	0~62
双字	VD	0~2044	0~2044	0~5116 V1.22 0~8188 V2.00 0~10236 XP	0~5116 V1.23 0~10236 V2.00
	ID	0~12	0~12	0~12	0~12
	QD	0~12	0~12	0~12	0~12
	MD	0~28	0~28	0~28	0~28
	SMD	0~176	0~296	0~546	0~546
	SD	0~28	0~28	0~28	0~28
	LD	0~56	0~56	0~56	0~56
	AC	0~3	0~3	0~3	0~3
	HC	0~5	0~5	0~5	0~5

图5-23 CPU内存存储范围

（2）特殊内存地址

每次扫描周期后，S7-200 CPU 操作系统将新改动写入特殊内存中存储的系统数据中。程序可以读取存储在特殊内存地址中的数据、评估当前系统状态，并使用有条件逻辑决定如何应答。在运行模式中，对程序的连续扫描提供对所选系统数据的连续监管。其中 SMB0 ~ SMB29 是 S7-200 只读特殊内存，SMB30 ~ SMB549 是 S7-200 读取/写入特殊内存。表 5-9 列举了所有特殊内存地址的读写方式和功能。

表 5-9 特殊内存地址

SM 地址	读写方式	功能
SMB0	只读	系统状态位
SMB1	只读	指令执行状态位
SMB2	只读	自由口接收字符
SMB3	只读	自由口校验错误
SMB4	只读	中断队列溢出、运行时间程序错误、中断启用、自由口变送器被强制
SMB5	只读	I/O 错误状态位
SMB6	只读	CPU 代码寄存器
SMB8 ~ SMB21	只读	I/O 模块代码和错误寄存器
SMB22 ~ SMB26	只读	扫描时间
SMB28 ~ SMB29	只读	模拟电位器
SMB30&SMB130	读取/写入	自由口控制寄存器
SMB31 ~ SMB32	读取/写入	EEPROM 写入控制
SMB34 ~ SMB35	读取/写入	用于定时中断的时间间隔寄存器
SMB34 ~ SMB65	读取/写入	HSC0、HSC1 和 HSC2 高速计数器寄存器
SMB64 ~ SMB85	读取/写入	PTO / PWM 高速输出寄存器
SMB86 ~ SMB94	读取/写入	接收信息控制
SMB186 ~ SMB194	读取/写入	接收信息控制
SMW98	读取/写入	I/O 扩充总线
SMB134 ~ SMB165	读取/写入	HSC3、HSC4 和 HSC5 高速计数器寄存器
SMB164 ~ SMB194	读取/写入	用于 PLC（脉冲）指令的 PTO 轮廓表
SMB200 ~ SMB549	读取/写入	为智能扩充模块提供的状态信息保留

5.2.3 中断功能

中断指令。中断程序是子程序，但有别于普通子程序，它是为随机发生且必须立即响应的事件安排的，其响应时间应小于机器的扫描周期。如图 5-24 所示，在一条中断指令中，中断连接和全局中断允许是开启中断指令的基本要求，中断分离和全局中断禁止在有特殊功能要求时使用。

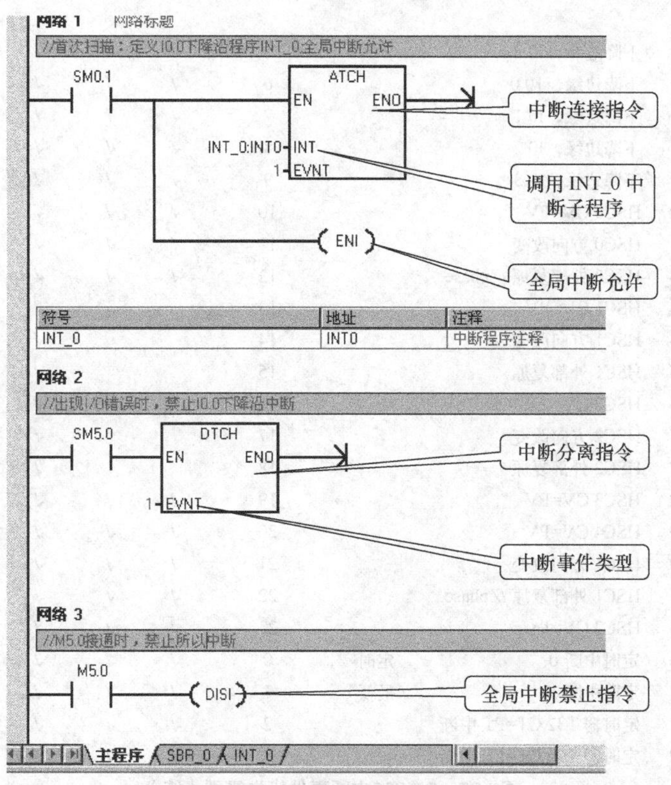

图5-24　S7-200中断调用指令

S7-200 系列 CPU 支持 34 种中断源，可分为 3 类：通信类中断、I/O 中断和时基中断。中断控制是脱离于程序扫描执行机构的，如有多个突发事件出现时处理也需有先后顺序，这就是中断优先级。S7-200 中断优先级别可分为：通信（最高级）、I/O（含 HSC 和脉冲列输出）、定时（最低级），在每一级中又有各自的优先级别。如图 5-25 所示，各种 CPU 型号的中断事件优先级别相同，有些型号的 CPU 不支持一些特殊的中断事件。

事件号码	中断说明	优先级别群组	优先级别组别	受 CPU 支持 221	222	224	224 XP 226 226 XM
8	端口 0：接收字符	通信	0	√	√	√	√
9	端口 0：传输完成	（最高）	0	√	√	√	√
23	端口 0：接收信息完成		0	√	√	√	√
24	端口 1：接收信息完成		1				√
25	端口 1：接收字符		1				√
26	端口 1：传输完成		1				√
19	PTO 0 完全中断		0	√	√	√	√
20	PTO 1 完全中断		1	√	√	√	√
0	上升边缘，I0.0	离散	2	√	√	√	√
2	上升边缘，I0.1	（中等）	3	√	√	√	√
4	上升边缘，I0.2		4	√	√	√	√

图5-25　S7-200中断事件优先级别

6	下降边缘，I0.3		5	√	√	√	√
1	下降边缘，I0.0		6	√	√	√	√
3	下降边缘，I0.1		7	√	√	√	√
5	下降边缘，I0.2		8	√	√	√	√
7	下降边缘，I0.3		9	√	√	√	√
12	HSC0 CV=PV		10	√	√	√	√
27	HSC0 方向改变		11	√	√	√	√
28	HSC0 外部复原 /Zphase		12	√	√	√	√
13	HSC1 CV=PV		13			√	√
14	HSC1 方向改变		14			√	√
15	HSC1 外部复原		15			√	√
16	HSC2 CV=PV		16			√	√
17	HSC2 方向改变		17			√	√
18	HSC2 外部复原		18			√	√
32	HSC3 CV=PV		19	√	√	√	√
29	HSC4 CV=PV		20	√	√	√	√
30	HSC1 方向改变		21	√	√	√	√
31	HSC1 外部复原 /Zphase		22	√	√	√	√
33	HSC2 CV=PV		23	√	√	√	√
10	定时中断 0	定时	0	√	√	√	√
11	定时中断 1	（最低）	1	√	√	√	√
21	定时器 T32 CT=PT 中断		2	√	√	√	√
22	定时器 T96 CT=PT 中断		3	√	√	√	√

图5-25　S7-200中断事件优先级别（续）

5.2.4 PTO/PWM 功能编程

S7-200 CPU 提供两个高速脉冲输出点（Q0.0 和 Q0.1），可以分别工作在 PTO（脉冲串输出）和 PWM（脉宽调制）状态下。使用 PTO 或 PWM 可以实现速度、位置的开环运动控制。PTO 提供方波（50%占空比）输出，配备周期和脉冲数用户控制功能。PWM 提供连续性变量占空比输出，配备周期和脉宽用户控制功能。

只有晶体管输出类型的 CPU 支持高速脉冲输出功能，因而在程序需要用到高速脉冲输出时应选用晶体管输出类型的 PLC。S7-200 新型 CPU 224 XP 的高速脉冲输出速率可以达到 100kHz（其他型号最大可达 20kHz），其输出电压范围也扩展为 TTL 电平 5～24V DC。

1. PTO 功能编程

PTO 是脉冲串输出，PTO 可为指定的脉冲数和指定的周期提供方波（50%占空比）输出。

（1）PTO 操作

PTO 可提供单脉冲串或多脉冲串（使用脉冲轮廓），可以自己指定脉冲数和周期（以μs 或 ms 递增）。周期范围为 10～65535μs 或 2～65535ms。脉冲计数范围为 1～4294967295 次。即当周期指定基数μs 或 ms（如 75ms）时会引起占空比的失真。如图 5-26 所示，PTO 口输出脉冲串方波，脉冲方波周期可以通过编程来控制。

（2）PTO 工作模式

PTO 有两种工作模式，即单段管线作业和多段管线作业。

图5-26　PTO脉冲串输出方波

① 单段管线作业。在单段管线作业中，需更新下一个脉冲串的 SM 位置。初始 PTO 段一旦开始，必须按照对第二个信号波形的要求立即修改 SM 位置，并再次执行 PLS 指令。第二个脉冲串特征被保留在管线中，直至第一个脉冲串完成。管线中每次只能存储一个条目。第一个脉冲串一旦完成，第二个信号波形输出即开始，管线可用于新的脉冲串规格。可以重复此步骤，设置下一个脉冲串的特征。

② 多段管线作业。在多段管线作业中，S7-200 从 V 内存中的轮廓表自动读取每个脉冲串段的特征。该模式中的 SM 位置是轮廓表的控制字节、状态字节和起始 V 内存偏移量（SMW 168 或 SMW178），可以为μs 或 ms，但该选项适用于轮廓表中的所有周期值，且在轮廓运行时不得变更，然后可由执行 PLS 指令开始多段操作。每段输入的长度均为 8 个字节，由一个 16 位周期值和一个 32 位脉冲计数值组成。

（3）PTO 控制寄存器

PLS 指令读取存储在指定的 SM 内存位置的数据，并以此为 PTO 发生器编程。PTO 发生器和过程映像寄存器共用 Q0.0 和 Q0.1，PTO 功能在 Q0.0 或 Q0.1 位置限用时，PTO 发生器控制输出，并禁止输出点的正常使用。如图 5-27 所示，SMB67 控制 PTO 0，SMB77 控制 PTO 1。PTO 控制寄存器表描述用于控制 PTO 操作的寄存器。有 3 类控制寄存器：状态位、控制位和其他 PTO 寄存器。其中 PTO 控制位寄存器的控制字节有对应的规定，均为 16 位进制。

PTO/PWM 控制寄存器

Q0.0	Q0.1	状态位		
SM66.4	SM76.4	PTO 轮廓由于△计算错误异常中止	0= 无错；	1= 异常中止
SM66.5	SM76.5	PTO 轮廓由于用户命令异常中止	0= 无错；	1= 异常中止
SM66.6	SM76.6	PTO 管线溢出 / 下溢	0= 无溢出；	1= 溢出 / 下溢
SM66.7	SM76.7	PTO 空闲	0= 进行中；	1=PTO 空闲
Q0.0	**Q0.1**	**控制位**		
SM67.0	SM77.0	PTO/PWM 更新周期值	0= 无更新；	1= 更新周期
SM67.1	SM77.1	PWM 更新脉宽时间值	0= 无更新；	1= 更新脉宽
SM67.2	SM77.2	PTO 更新脉冲计值	0= 无更新；	1= 更新脉冲计数
SM67.3	SM77.3	PTO/PWM 选择	0-1μs/tick；	1-1ms/tick
SM67.4	SM77.4	PWM 更新方法	0= 异步更新；	1= 异步更新
SM67.5	SM77.5	PTO 操作	0= 单段操作；	1= 多段操作
SM67.6	SM77.6	PTO/PWM 模式选择	0= 选择 PTO；	1= 选择 PWM
SM67.7	SM77.7	PTO/PWM 启用	0= 禁用 PTO/PWM；	1= 启用 PTO/PWM

图5-27　PTO控制寄存器

Q0.0	Q0.1	其他 PTO/PWM 寄存器
SMW68	SMW78	PTO/PWM 周期值（范围：2～65535）
SMW70	SMW80	PWM 脉宽值（范围：0～65535）
SMD72	SMD82	PTO 脉冲计值（范围：1～4294967295）
SMB166	SMB176	进行中的段数（仅用于多段 PTO 操作）
SMW168	SMW178	轮廓表起始位置，用距离 V0 的字节偏移量表示（仅用于多段 PTO 操作）
SMB170	SMB180	线性轮廓状态字节
SMB171	SMB181	线性轮廓结果寄存器
SMB172	SMB182	手动模式频率寄存器

图5-27　PTO控制寄存器（续）

（4）PTO 编程

对于单管线，可在主程序中调用初始化子程序。对于多段 PTO 操作，可在主程序中调用初始化子程序。单段 PTO 编程是最为基础的高速脉冲输出编程，现举一个单段 PTO 编程的实例，该程序主要分为以下 3 个部分。

① 主程序。如图 5-28 所示，在主程序中一次性调用初始化子程序 SBR_0。

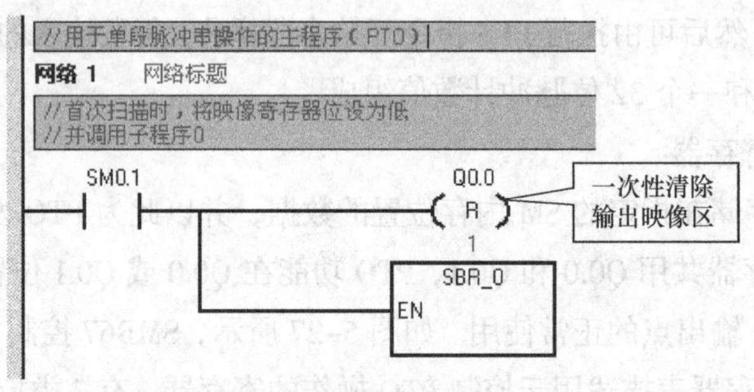

图5-28　主程序

② SBR_0 程序。如图 5-29 所示，在子程序中设置脉冲个数、周期、脉冲串输出口等。

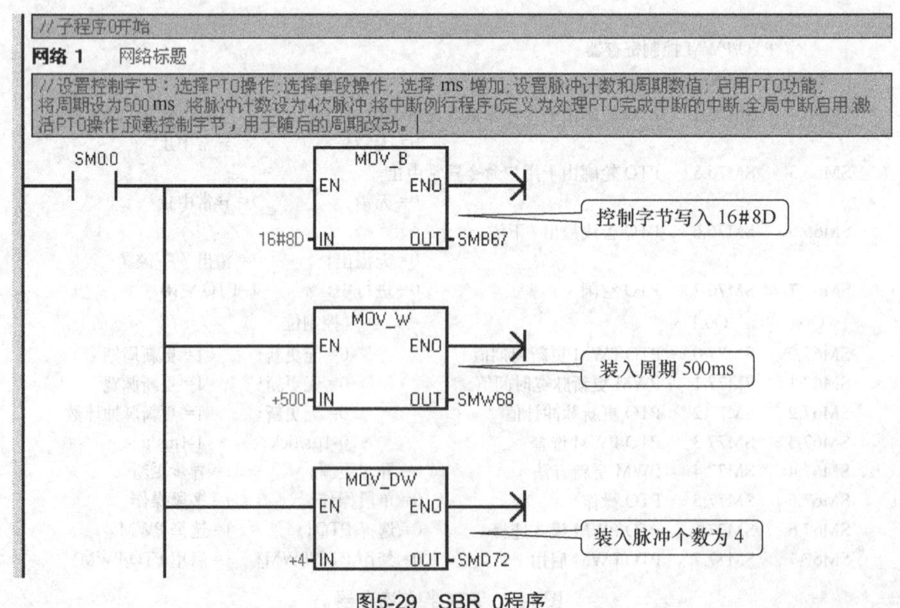

图5-29　SBR_0程序

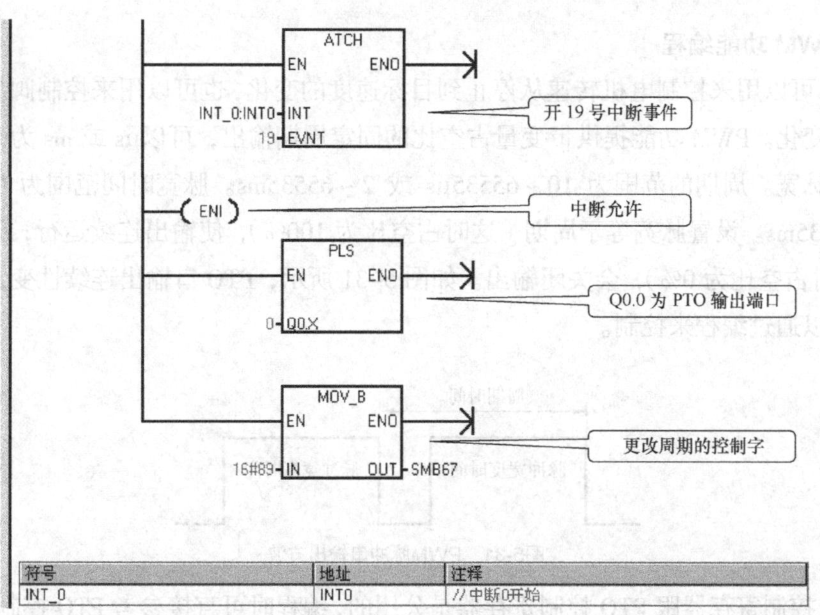

图5-29　SBR_0程序（续）

③ INT_0 程序。如图 5-30 所示，在中断程序中改变脉冲周期。

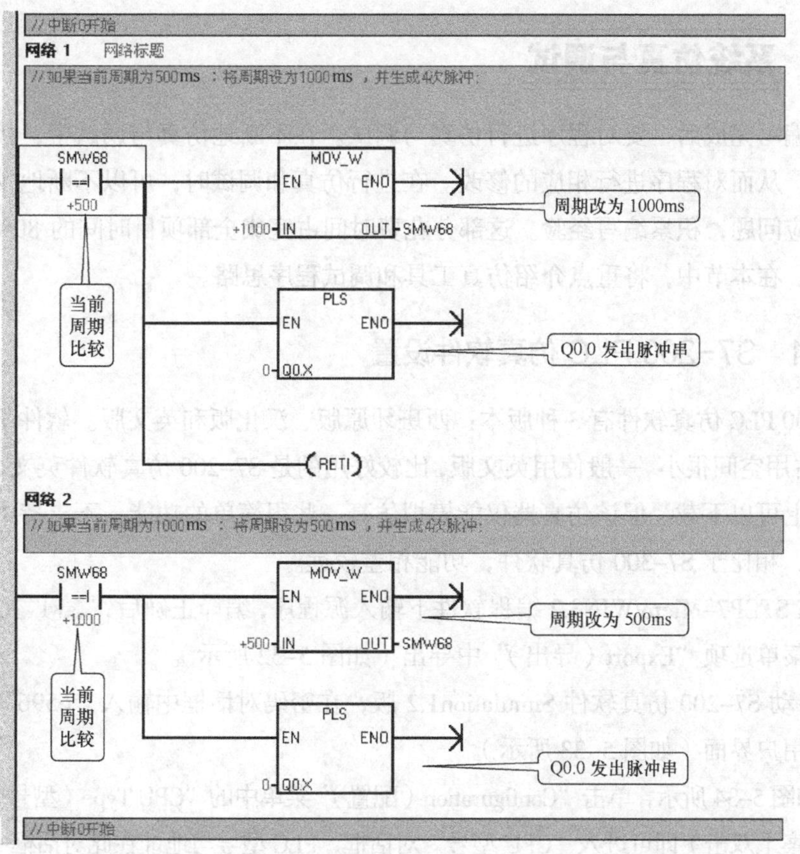

图5-30　INT_0程序

2. PWM 功能编程

PWM 可以用来控制电机转速从停止到目标速度的变化，也可以用来控制阀从关到开的各位置的变化。PWM 功能提供带变量占空比的固定周期输出，可以μs 或 ms 为时间基准指定周期和脉宽。周期的范围为 10～65535μs 或 2～65535ms。脉宽时间范围为 0～65535μs 或 0～65535ms。设置脉宽等于周期（这时占空比为 100%），使输出连续运行；设置脉宽等于 0（这时占空比为 0%），会关闭输出。如图 5-31 所示，PTO 口输出连续性变量占空比脉冲周期可以通过编程来控制。

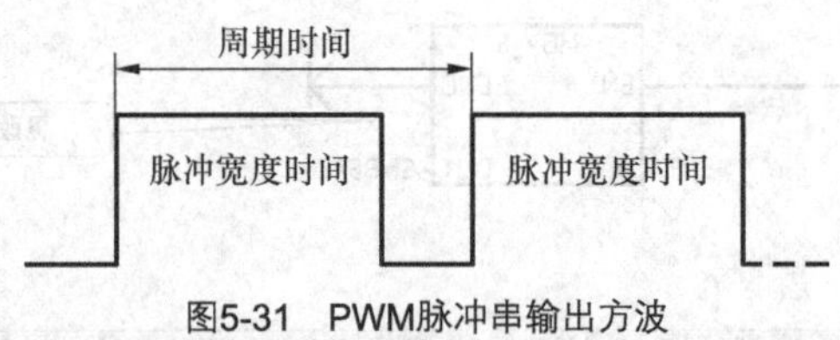

图5-31　PWM脉冲串输出方波

PWM 控制寄存器跟 PTO 控制寄存器是公用的，编程时可直接参考 PTO 控制寄存器表。一般使用向导来配置 PWM，在向导中可以轻松完成位控组态。向导配置较为简单，且可以节省时间，高效且不易出错。

5.3　系统仿真与调试

程序编写完成后，要对程序进行仿真与调试。在不断地仿真与调试中，找到问题和不合理之处，从而对程序进行相应的修改。在进行仿真和调试时，可以不断地发现问题，然后解决相应问题，积累编写经验。这部分花费时间占完成全部项目时间的 80%，是一项长期的任务。在本节中，将重点介绍仿真工具和调试程序思路。

5.3.1　S7-200 PLC 仿真软件设置

S7-200 PLC 仿真软件有 3 种版本：西班牙原版、汉化版和英文版。软件不需安装可直接使用，占用空间很小。一般使用英文版，比较好用的是 S7-200 仿真软件英文 Simulation1.2 版，在网上可以下载。但该仿真器仅能模拟仿真一些很简单的功能，不支持中断、子程序和 PID 等，相比于 S7-300 仿真软件，功能相差较远。

① 在 STEP7-Micro/WIN3.2 编程软件下输入源程序，编译正确后，".awl" 文件可在 "File（文件）" 菜单选项 "Export（导出）" 中导出（如图 5-32 所示）。

② 启动 S7-200 仿真软件 Simulation1.2 版，在密码对话框中输入 "6596" 即可进入仿真软件的用户界面（如图 5-33 所示）。

③ 如图 5-34 所示，单击 "Configuration（配置）" 菜单中的 "CPU Type（型号）"（或在已有的 CPU 图案上双击）即可进入 "CPU 型号" 对话框，PLC 型号与地址在此对话框中进行设置。

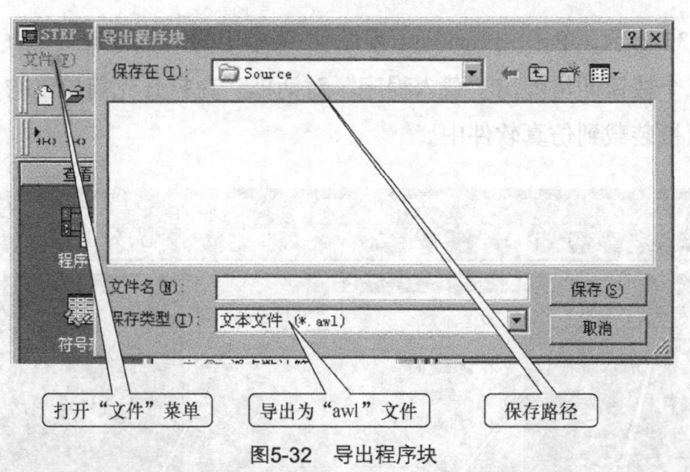

图5-32　导出程序块

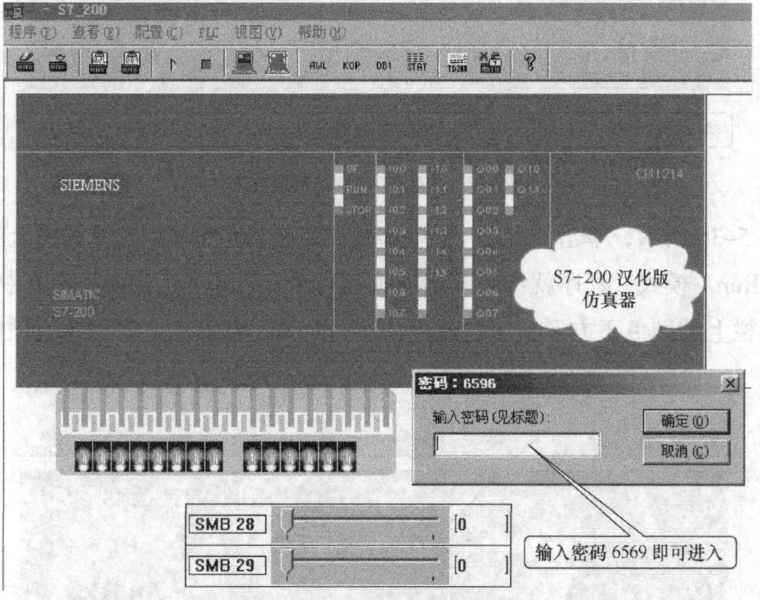

图5-33　S7-200汉化版仿真器

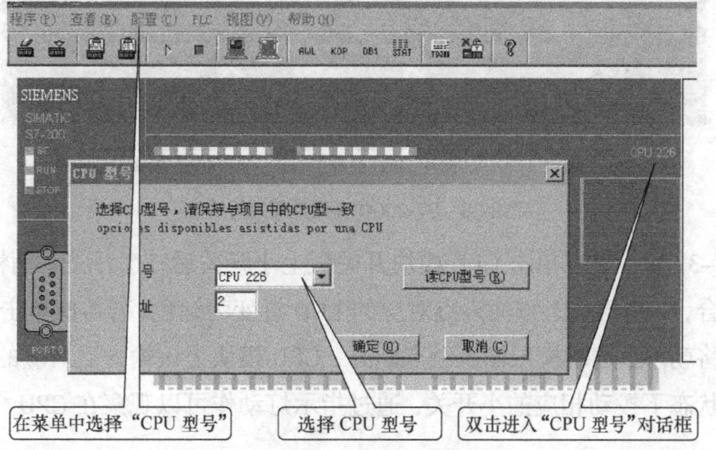

图5-34　S7-200仿真器配置CPU型号

④ 如图 5-35 所示，单击“Program（程序）”菜单中的“Load Program（载入程序）”（或工具条中的第二个按钮即可弹出“载入程序”对话框。在打开先前导出的“.awl”文件后，仿真程序就可以被装载到仿真软件中。

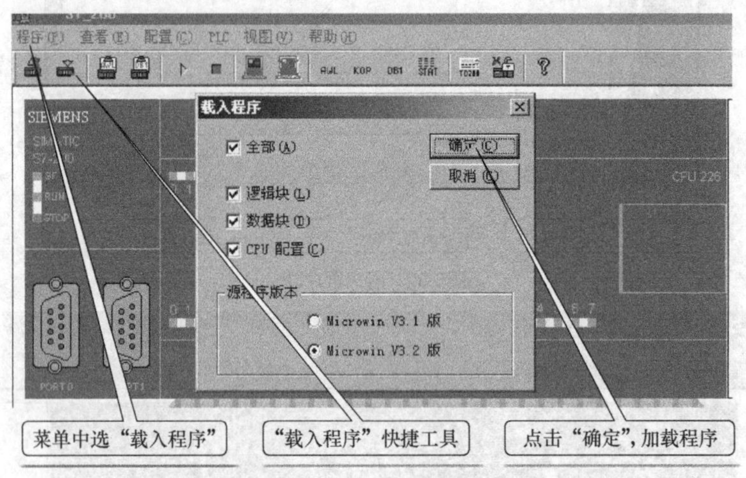

图5-35　S7-200仿真器加载程序

⑤ 如图 5-36 所示，单击“PLC”菜单中的“Run（运行）”（或工具栏上的绿色三角按钮），进入“Run”模式，程序就可以开始模拟运行了；若单击“PLC”菜单中的“Stop（停止）”或工具栏上的红色正方形按钮，就进入了“Stop”模式，这时程序就被停止运行了。

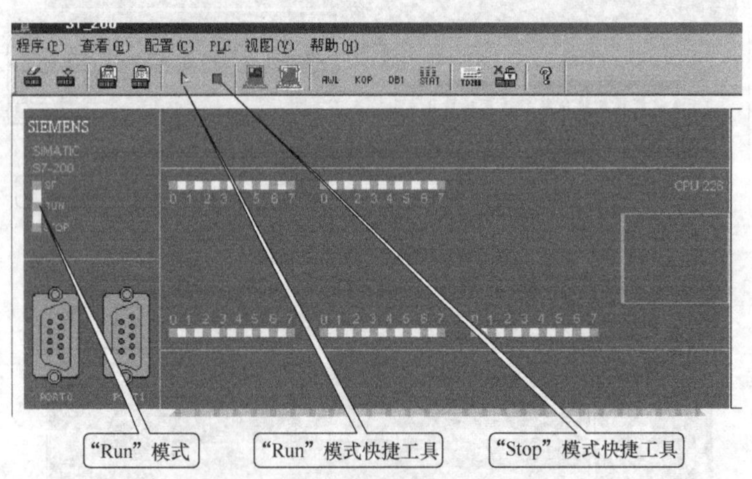

图5-36　S7-200仿真器选择运行模式

⑥ 如图 5-37 所示，在单击 CPU 模块开关板上小开关后，小开关手柄将朝上，这时模拟输入触点闭合，CPU 模块上该输入点对应的 LED 灯变为绿色；若再次单击闭合小开关后，小开关的手柄将朝下，这时模拟输入触点断开，CPU 模块上该输入点对应的 LED 灯就变为灰色。在 Run 状态下拨动相应的小开关，通过指示灯动作可以观察在 CPU 模块中被控线圈的变化情况。

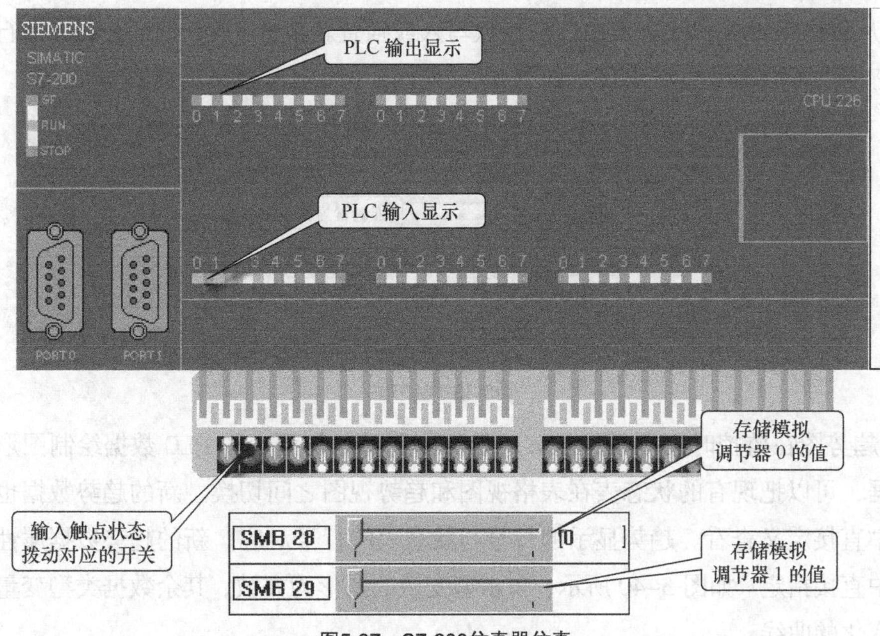

图5-37　S7-200仿真器仿真

5.3.2　S7-200 PLC 调试

S7-200 PLC 的仿真软件 Simulation1.2 版功能较弱，使用时不大方便。在硬件电路都已经搭好后，程序要进行反复调试。上电后观察梯形图的“能流”、状态表及趋势图是最为常用的方法。

① “能流”是一种假设的“能量流”，把左边母线假设为电源的火线，右边母线假想为电源的“零线”。如果有“能流”从左至右流向线圈，则线圈被激励。“能流”是一种假想的概念，比较直观地告诉人们如何理解梯形图各个输出点的动作。图 5-38 给出了程序在上电后的能流图，图中黑色方块表示此处变量有能流。

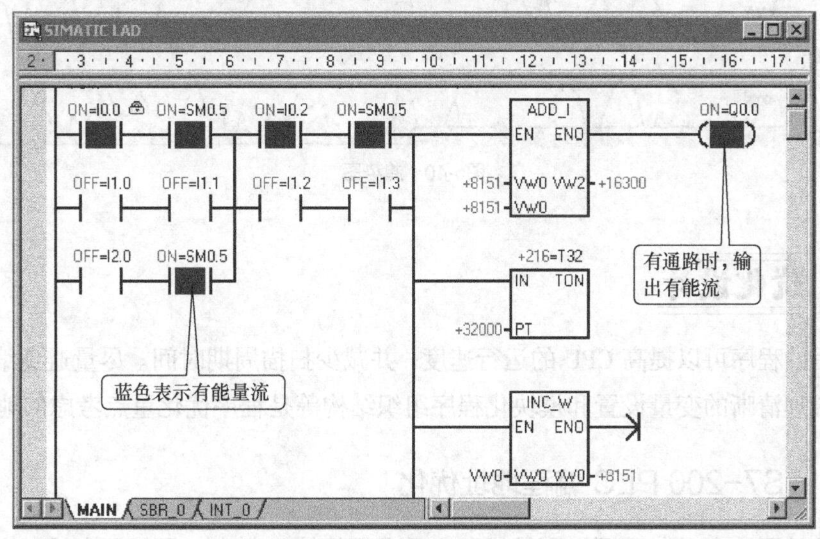

图5-38　程序在上电后的能流图

② 从程序编辑器和状态表中向操作数写入或强置新数值，各个地址在程序运行时的情况在状态图中可以清晰显示出来。如图 5-39 所示，I0.0 被强制设置为高电平。

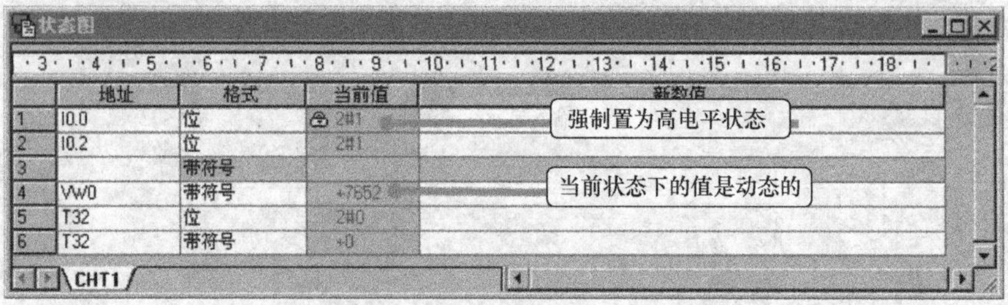

状态图

	地址	格式	当前值	新数值
1	I0.0	位	2#1	强制置为高电平状态
2	I0.2	位	2#1	
3		带符号		
4	VW0	带符号	+7652	当前状态下的值是动态的
5	T32	位	2#0	
6	T32	带符号	+0	

CHT1

图5-39　状态图

③ 趋势图在监控时也用得比较多，趋势图用随时间而变的 PLC 数据绘制图形以跟踪状态数据，可以把现有的状态表在表格视图和趋势视图之间切换。新的趋势数据也可在趋势视图中直接定义查看。趋势显示的行号与状态表的行号对应。新的趋势数据属性也可在趋势图中直接指定。如图 5-40 所示，布尔型变量的图形为方波，其余数据类型变量的图形为连续变化的曲线。

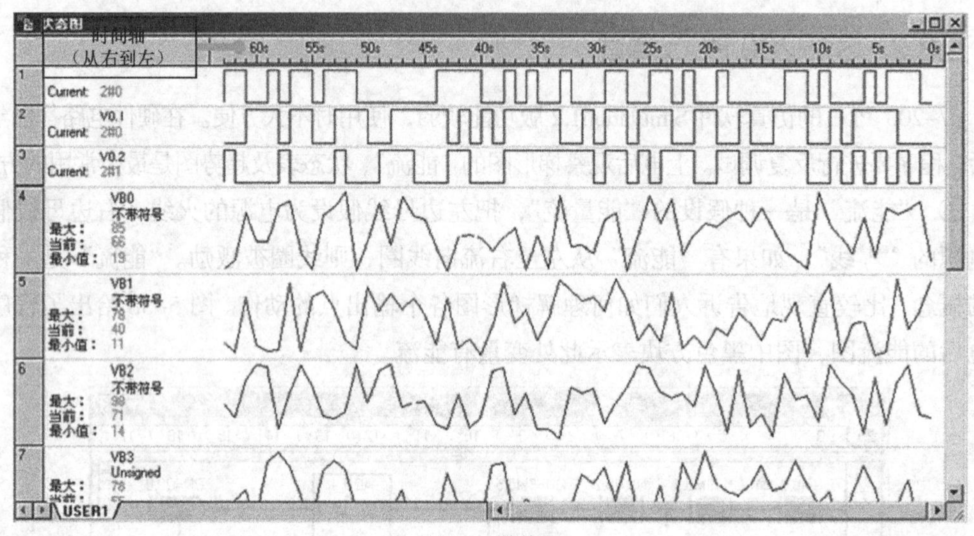

图5-40　趋势图

5.4　优化设计

优化后的程序可以提高 CPU 的运行速度，并减少扫描周期时间。尽量避免编程地址类型转换、合理清晰的变量设置和模块化程序组织结构等是程序优化重点考虑的地方。

5.4.1　S7-200 PLC 编程地址优化

编程地址要注意避免不同类型转换，变量名下缀统一制定，另外用字或双字数据传送

给 DO 点方法也可以优化程序。

（1）避免类型转换

内存格式与常用的 PC 相反，它是高字在前，低字在后。字变量在赋地址时可放在后两个字节，另外前两个字节（程序的其他地方不得使用这两个字节）在程序初始化时清零。如图 5-41 所示，VD0 有两个有效字节，其中一个为高字节，另外一个为低字节。

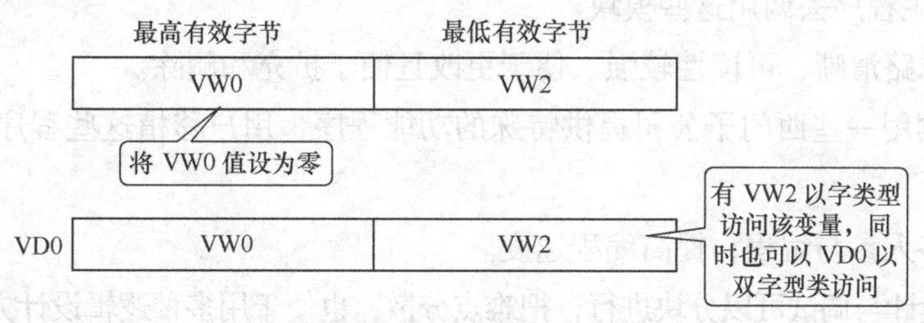

图5-41　类型转换用法

（2）变量名下缀

为了避免使用时混淆，字类型和双字类型要以明确的符号定义来区分。以前缀指示变量类型和首字母大写的有意义的英文单词组合作变量名。表 5-10 列举了常用的下缀名，不同的变量类型给定相应的简写方式和英文全称，这些变量名称就可以在程序编写过程中应用。

表 5-10　常用下缀名

变量类型	简写	英文全称
字节	b	byte
字	w	word
双字	d	double
实型	r	real
位变量	f	flag
切换开关	sw	switch
按钮	btn	button
输出继电器位	rly	relay

（3）用字或双字数据传送给 DO 点方法来控制输出

在 PLC 的应用中，通常都会有大量的输出控制，用字或双字数据传送给 DO 点方法来控制输出，从而提高速度。只要根据实际应用的要求，合理分配输出地址，变换控制输出控制字，便可以大大减少 PLC 程序执行的步数，从而加快 PLC 的程序运行速度。

5.4.2　S7-200 PLC 程序组织优化

PLC 中的子程序是为一些特定的控制目的而编制的相对独立的程序。在执行子程序调用指令 CALL 等，且子程序调用不满足条件时，程序的扫描就仅在主程序中进行，不再去扫描这段子程序，这样就减少了不必要的扫描时间。因而合理组织程序结构可以简化程序，提供运行速度。

（1）程序模块化

S7-200 PLC 编程语言是结构化语言，很适合模块化编程。人为的先分解程序，后再合成程序，即用主程序去调用这些模块。

① 程序思路清晰、可读性较强、便于更改且便于扩充和删除。

② 可以调用一些西门子公司提供特殊的功能程序，用户移植这些程序可以大大简化编程。

③ 可以多人参与编程，提高编程速度。

④ 程序设计与调试可以分块进行，把难点分散，也便于用多种逻辑设计方法设计程序。

（2）使用跳转命令

跳转指令可以实现程序模块化 JMP 与 JME 之间程序组成块，执行 JMP 的条件 ON 后作为对其的调用。由于 JMP-JME 指令可以嵌套，用它也可以实现在模块之间的再分块，类似于子程序再调用子程序。

（3）使用步进指令模块化

步进指令中的每一步程序是自成体系的，可以看作一个程序模块。整个程序或程序的一部分是依次顺序、分支或平行执行的，可通过步进指令进行程序的模块化组织。

5.5 本章小结

通过本章的学习，读者可以比较容易地掌握如下内容：S7-200 PLC 各种型号 CPU 与其扩展模块性能及选型，编程线缆的使用，S7-200 PLC 程序编写软件的应用与操作，S7-200 PLC 程序指令，PLC 程序优化设计方法。

本章中详细介绍了 S7-200 系列 PLC 的硬件和软件选型、基本程序和控制类程序的编写、系统调试与仿真及对 PLC 程序优化。在每处讲解中都配有相应的图解，深入浅出地讲解了 S7-200 系列 PLC 中的选型、编程及优化等知识点。

第6章 三菱Q系列PLC控制系统

三菱电机MELSEC-Q系列是一个品种繁多的系列产品，其特点可总结如下。

① 紧凑的结构。其体积仅相当于AnS系列PLC的60%，优越的模块插口设置可节省配线时间和空间，节约连线工序的成本。专门为小规模应用而设计的基本模式，使用户构建低成本紧凑的系统成为可能。

② 高性能的模块。MELSEC-Q系列为用户提供更方便、更高速、更精确的智能化模块和网络模块，功能更为强大，其基板单元高速系统总线已实现了对智能功能模块更快的访问，并与网络模块更快的链接刷新。

③ 灵活的配置。程序容量最多为252K步、I/O控制点数最多为8192点，标准RAM内在容量可扩展为128KB，使得系统的配置达到最优化。

④ 简单的安装。Q系统有2槽、3槽、5槽、8槽、12槽等多种主基板和扩展基板，灵活的安装空间确保优化配置。通过使用安装在同一块基板上的多CPU，可获得一个高速高性能的多PLC系统。

⑤ 强大的网络功能。通过软件GX Developer8的设置，可以比以前产品更为方便地使用CC-Link模块，减小编程时间，同时支持MODBUS、Profibus、DeviceNet、以太网等。多功能的网络和快速的数据传输，实现从专用网络到开放式网络的高级信息系统，电子邮件、FTP服务器和自动通知等互联网功能可确保产品信息的传输。

⑥ 高效的程序开发/调试。高性能模式的CPU允许编制执行专为不同机器设备的操作功能而设计的多个程序，使程序更宜于理解。配合相关的设置软件，将模拟和实用程序工具集成到开发环境中，可提高用户设计和开发效率，编程及调试更加方便。

上述的优点，使Q系列PLC功能强大且应用方便，能广泛适用于不同系统，在市场上占有相当大的份额。接下来将介绍Q系列PLC产品分类和系统构成，以便为读者在搭建编程控制器系统时提供一些参考。

6.1 三菱Q系列PLC硬件选型

三菱Q系统PLC采用模块化的硬件设计，用户使用时按功能需求选择适合的模块构建系统，下面首先介绍Q系列PLC模块分类及其功能特点。

6.1.1 Q系列PLC模块分类

1. CPU模块

MELSEC-Q系列CPU模块有4种：基本型CPU、高性能型CPU、过程CPU及冗余CPU。CPU模块外观如图6-1所示。

（1）基本型CPU

基本型CPU是专门为小规模系统应用而设计，非常适合于简单而又紧凑的控制系统。基本型CPU的参数见表6-1，其所支持的最大I/O点数为1024点（Q00JCPU为256点），软元件存储器约为19KB，允许软元件在16KB范围内任意分配，Q00/Q01CPU还可将32KB的文件寄存器存入内置的标准RAM中。基本型CPU内部都含有闪存ROM，所以能在不使用存储卡的情况下对ROM进行操作。

图6-1 PLC模块（基本型CPU、高性能型CPU、过程CPU、冗余CPU）

表6-1 基本型CPU参数

项目	基本型CPU		
	Q00JCPU	Q00CPU	Q01CPU
程序容量	8K步	8K步	14K步
I/O点数	256	1024	1024
I/O软元件点数	2048	2048	2048
软元件存储器	18KB	18KB	18KB
标准RAM	无	32KB	32KB
存储卡（槽数）	无	无	无
扩展基板单元数	2	4	4
装载模块数	16	24	24
扩展电缆总长度	13.2m	13.2m	13.2m

基本型CPU具有自动启动CC-Link功能，可以在不设定参数的情况下自动启动CC-Link和刷新数据，节省了人工设定参数的时间。

（2）高性能型CPU

高性能型CPU是以中大规模系统为对象，在大幅度提高CPU模块处理性能和程序寄存器容量的同时，还提高了与网络模块、编程用外围设备之间数据通信的性能。

表6-2给出了高性能型CPU的参数。高性能型支持的本地I/O最大可达4096点，程序容量28～252K步（1步为4字节），最快指令仅需34ns。可以使用梯形图、指令表、ST、SFC、FBD 5种编程语言进行编程，最大程序数量为252个。该CPU有USB和RS232两个

编程接口（Q02CPU 只有 RS232 编程接口）。

表 6-2　　高性能型 CPU 参数

项目	高性能型 CPU				
	Q02CPU	Q02HCPU	Q06HCPU	Q12HCPU	Q25HCPU
程序容量	28K 步	28K 步	60K 步	124K 步	252K 步
I/O 点数	4096	4096	4096	4096	4096
I/O 软元件点数	8192	8192	8192	8192	8192
软元件存储器	29KB	29KB	29KB	29KB	29KB
标准 RAM	32KB	32KB	128KB	128KB	128KB
存储卡（槽数）	1	1	1	1	1
扩展基板单元数	7	7	7	7	7
装载模块数	24	24	64	64	64
扩展电缆总长度	13.2m	13.2m	13.2m	13.2m	13.2m

高性能型 CPU 可支持多达 4 个 CPU：可集成顺控 CPU、过程控制 CPU、运动控制 CPU（最大 96 轴）和 PC CPU。

高性能型支持 100Mbit/s 以太网，另有 WEB SERVER 模块，可用浏览器通过 INTRANET 和 INTERNET 监控 PLC，远程进行程序监控、读写等。可靠性高的 10M/25Mbit/s MELSECNET/H 光纤双环网，通信距离达 30km，同时支持总线型同轴电缆 MELSECNET/H 网络，最远距离 2.5km。除支持开放式现场总线 CC-Link 外，它还支持主要的工业网络，如 Profibus、DeviceNet、Modbus、ASI 等。

（3）过程 CPU

过程 CPU 以高性能型 CPU 为基础，具有高性能型 CPU 的全部性能（见表 6-3）。此外，它一方面添加计量测试控制用指令，另一方面提高了工程环境使用的随意性，在构建高性价比的计量测试控制系统时很适应。过程 CPU 具有 52 种控制算法，自整定 PID，具有小型 DCS 的特性，但成本更低廉。由于采用全新的 PX-DEVELOPER 编程软件，在编程时可以实现完全功能块图编程，与梯形图相结合，其编程效率非常高。此外，过程 CPU 还支持在线模块更换。

表 6-3　　过程 CPU 参数

项目	过程 CPU	
	Q12PHCPU	Q25PHCPU
程序容量	124K 步	252K 步
I/O 点数	4096	4096
I/O 软元件点数	8192	8192
标准 RAM	256KB	256KB

（4）冗余 CPU

冗余 CPU 具有过程 CPU 的全部功能，并在其基础上扩展实现电源冗余、网络冗余、CPU 冗余。表 6-4 给出了冗余 CPU 的参数。在以太网、MELSECNET/H、CPU、电源发生故障时，CPU 都会进行自动切换，切换时间最快可达 40ms。冗余 CPU 使用简单，双 CPU 自动同步功能，可以预防因突然出现的故障而造成的损失。

表 6-4 冗余 CPU 参数

项目	冗余 CPU	
	Q12PHCPU	Q25PHCPU
程序容量	124K 步	252K 步
I/O 点数	4096	4096
I/O 软元件点数	8192	8192
标准 RAM	256KB	256KB

2. 基板

（1）主基板

主基板的功能是把电源模块产生的 5V 直流电源提供给插在主基板上的 CPU 模块、输入/输出模块和智能功能模块，并且在 CPU 模块、输入/输出模块和智能模块之间交换控制数据。表 6-5 给出了主基板的参数。

表 6-5 主基板参数

项目	主基板			
	Q33B	Q35B	Q38B	Q312B
I/O 槽数	3 槽	5 槽	8 槽	12 槽
电源模块	可装电源模块			
可用 CPU 系列	用于装 Q 系列模块			

（2）电源冗余系统主基板

表 6-6 给出了电源冗余系统主基板的主要参数。电源冗余系统主基板把电源模块产生的 5V 直流电源提供给插在电源冗余系统主基板上的冗余 CPU 模块、输入/输出模块和智能功能模块，并且在这些模块之间进行控制数据交换。

表 6-6 电源冗余系统主基板参数

项目	主基板
	Q38RB
I/O 槽数	8 槽
电源模块	双电源模块的电源冗余系统
可用 CPU 系列	用于装 Q 系列模块

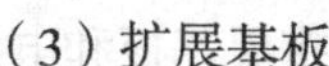

（3）扩展基板

扩展基板主要把电源模块产生的 5V 直流电源提供给插在扩展基板上的输入/输出模块和智能功能模块，同样也能在 CPU 模块、输入/输出模块和智能模块之间进行控制数据交换（见表 6-7）。

表 6-7　　扩展基板参数

项目	扩展基板					
	Q63B	Q65B	Q68B	Q612B	Q52B	Q55B
I/O 槽数	3 槽	5 槽	8 槽	12 槽	2 槽	5 槽
电源模块	可装电源模块				不可装电源模块	
可用 CPU 系列	用于装 Q 系列模块					

（4）电源冗余系统扩展基板

电源冗余系统扩展基板的作用是把电源模块产生的直流电源提供给插在其上的输入/输出模块和智能功能模块，它同时还具有在冗余 CPU 模块、输入/输出模块和智能模块之间进行控制数据交换的功能。电源冗余系统扩展基板的参数见表 6-8。

表 6-8　　电源冗余系统扩展基板参数

项目	主基板
	Q68RB
I/O 槽数	8 槽
电源模块	双电源模块的电源冗余系统
可用 CPU 系列	用于装 Q 系列模块

（5）超薄型主基板

超薄型电源模块提供的主基板不可扩展连接，不能使用过程 CPU 和冗余 CPU。表 6-9 给出了超薄型主基板的参数。

表 6-9　　超薄型主基板参数

项目	主基板		
	Q32SB	Q33SB	Q35SB
I/O 槽数	2 槽	3 槽	5 槽
电源模块	可装超薄型电源模块		
可用 CPU 系列	用于装 Q 系列模块		

3. 电源模块

电源模块可分为 3 种：电源模块、电源冗余系统用电源模块和超薄型电源模块。电源模块是为安装在基板上的模块提供 5V 直流电源的模块；电源冗余系统用电源模块是向安装在电源冗余系统用基板上的模块提供 5V 直流电源的模块；超薄型电源模块是向安装在超薄型主基板上的模块提供5V直流电源的模块（见表6–10）。主基板、扩展基板和电源模块的实物图如图6–2所示。

表6-10 电源模块参数

项目	电源模块				
	Q61P-A1	Q61P-A2	Q62P	Q63P	Q64P
输入电压范围	AC 100 ~ 120V	AC 200 ~ 240V	AC 100 ~ 240V	DC 24V	AC 100 ~ 120V/AC 200 ~ 240V
输出电压	5V 直流	5V 直流	5V /24V 直流	5V 直流	5V 直流
输出电流	6A	6A	3A/0.6A	6A	8.5A

图6-2 主基板、扩展基板和电源模块实物图

4. 数字量模块

Q系列数字量模块（I/O模块）是可配用高性能Q系列CPU模块（仅限于Q模式）的总线输入输出模块。此I/O模块小巧节能、功能丰富，具有输入响应时间可变功能、短路保护功能和在线更换功能。

Q系列数字量模块可分为4种：数字量I/O模块、中断输入模块、输出模块和输入模块。数字量I/O模块（见表6–11）可配用Q系列CPU模块的总线I/O模块，可支持在线更换；中断输入模块（见表6–12）是可配用Q系列CPU模块的总线中断模块；输出模块是可配用Q系列CPU模块的总线输出模块，有继电器输出、可控硅输出和晶体管输出3种，输出模块具有短路保护功能；输入模块是可配用Q系列CPU模块的总线输入模块，其响应时间可改变。

数字量输出模块和输入模块产品较多，这里不再罗列，读者可查阅相关手册。

表6-11 数字量I/O模块参数

项目	数字量I/O模块	
	QH42P	QX48Y57
输入点数	32点	8点
额定输入	DC 24V 共阳极输入	DC 24V 共阳极输入
响应时间	1/5/10/20/70ms	小于1ms
输出点数	32点	7点
额定输出	DC 12 ~ 24V，0.1A 漏型输出	DC 12 ~ 24V，0.5A 漏型输出

表 6-12　　中断输入模块参数

项目	中断输入模块
	QI60
输入点数	16 点
额定输入	DC 24V
响应时间	0.1/0.2/0.4/0.6/1ms

5. 模拟量模块

模拟量模块通过将传感器等外部设备所感知的电压、压力、温度、电流和速度等的模拟量数据转换为数字量数据，送入到 CPU 模块并由 CPU 进行处理。模拟量模块又可细分为如下 4 个部分。

（1）模拟量输入模块

此模块可高速、高精度地将外部的电压或电流信号转换为数字量，并存入 CPU。用户可以根据应用对其分辨率进行切换，其输入范围也可通过 GX Developer8 软件进行设置。模拟量输入模块支持在线更换，使用很方便。表 6-13 给出了模拟量输入模块的参数。

表 6-13　　模拟量输入模块参数

项目	模拟量输入模块			
	Q62AD-DGH	Q64AD-GH	Q84AD	Q88ADV
输入点数	2 点（2 通道）	4 点（4 通道）	4 点（4 通道）	8 点（8 通道）
模拟量输入	DC 26（±2V） DC 24mA	DC −10 ~ 10V DC 0 ~ 20mA	DC −10 ~ 10V DC 0 ~ 20mA	DC −10 ~ 10V DC 0 ~ 20mA
数字量输出	16/32 位带符号二进制数	16/32 位带符号二进制数	16 位带符号二进制数	
转换时间	10ms/2 通道	10ms/通道	80μs/通道	80μs/通道

（2）模拟量输出模块

Q 系列模拟量输出模块高速、高精度地将 CPU 模块所赋予的数字量数据转换为模拟量信号，向处理模拟量数据的设备传送数据。表 6-14 给出了模拟量输出模块的参数。模拟量输出模块具有分辨率模式切换功能、输出范围切换功能、同步输出功能、模拟量输出 HOLD/CLEAR 功能、利用软件设置增益功能。

表 6-14　　模拟量输出模块参数

项目	模拟量输出模块			
	Q62DA	Q62DA-FG	Q64DA	Q68DAV
输入点数	2 通道	2 通道	4 通道	8 通道
数据量输入	16 位带符号二进制			
模拟量输出	DC −10 ~ +10V DC 0 ~ 20mA	DC −12 ~ +12V DC 0 ~ 20mA/22mA	DC −10 ~ +10V DC 0 ~ 20mA	DC −10 ~ +10V
转换时间	80μs/通道	10ms/2 通道	80μs/通道	

（3）温度输入模块

Q 系列温度输入模块能将 PLC 外部热电偶输入值或白金测温电阻输入值转换为 16 位带符号二进制数据的温度测定值及 16 位带符号二进制数据的比例值（比率值），并存入 CPU 模块。

（4）温度调节模块

温度调节模块是将来自外部温度传感器的输入值转换为 16 位带符号二进制数据，自动进行 PID 运算，利用晶体管的输出向外部进行输出以达到温度控制目的。

图 6–3 给出了数字量和模拟量 I/O 模块的实物图。

6. 脉冲输入模块

（1）高速计数模块

高速计数模块（或称为脉冲输入模块）是为高速脉冲串计数而设计的模块，可以与外部编码器组合以进行定位控制，具有计数器选择功能，可以从 4 种不同的计数器功能中选择一种功能使用。

（2）通道间隔离脉冲输入模块

通道间隔离脉冲输入模块是用于测量速度、转速、瞬间流量等输入脉冲数及计测数量、长度、累计流量等的模块，输入脉冲值每 10ms 更新一次。此模块具有丰富的功能，如可以选择计数输入脉冲的上升沿或下降沿、通过对采样脉冲数进行指定次数的平均处理来进行平均值计算、采样脉冲数显示和累计计数。

7. 信息模块

① 智能通信模块可以用 BASIC 程序执行很多功能，如副 CPU 功能、监视器显示功能、键输入功能、打印机功能、数据输入功能等，并具有在线编程功能和多任务调试功能。

② 串行通信口模块是用串行通信电路线 RS232、RS422、RS485 与外围设备相连接，实现与外部设备进行数据交换的模块。

图 6–4 给出了脉冲输入模块和智能模块的实物图。

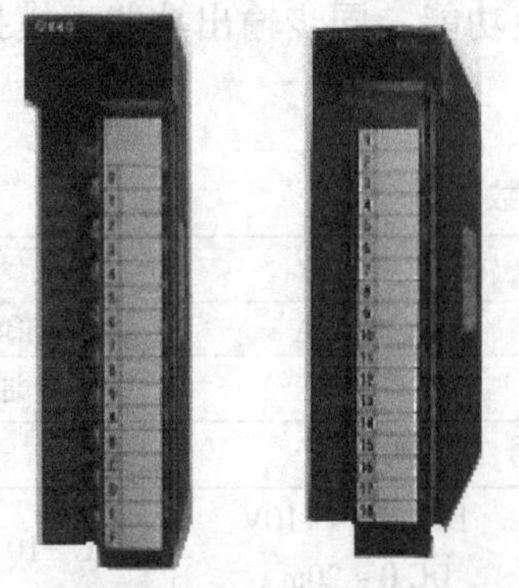

图6-3　数字量I/O模块和模拟量I/O模块实物图

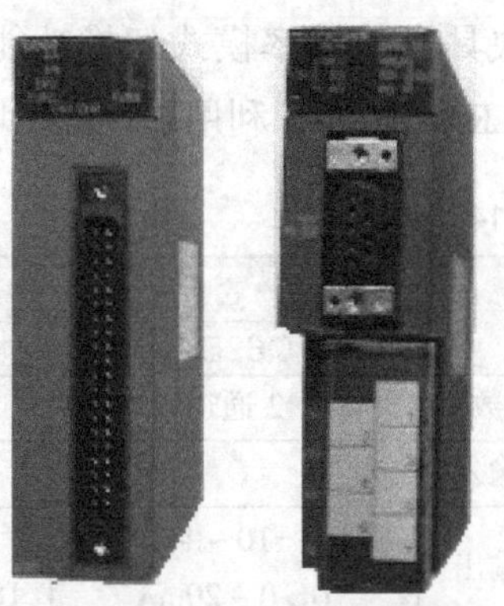

图6-4　脉冲输入模块和智能模块实物图

8. 网络模块

① 以太网模块通过以太网连接个人计算机或者工作站等上位系统。以太网是连接个人计算机或工作站等信息之间的网络中使用最普及的网络，在 PLC 中安装以太网接口，能将关于生产的管理信息高速传送给个人计算机或工作站，进行 PLC 数据收集或变更、CPU 模块运行监视、状态控制和任意数据接收。

② CC-Link 模块所构成的 CC-Link 网络是一种开放式的现场总线。CC-Link 专为控制和通信的集成而设计，通过简单的总线将工业设备连接成为设备层的网络，它具有实时处理控制和信息数据功能，分散控制功能，与智能设备通信功能和 RAS 功能，同时还可以方便地连接到其他网络。

CC-Link/LT 不仅继承有 CC-Link 的实时性、分布式控制、RAS 等优点，还提供了更适合于开放环境的远程 I/O 网络。

③ MELSECNET/H 模块。MELSECNET/H 是高速可靠的控制层网络，可以用于 PLC 与 PLC、 PLC 与远程 I/O 构成的 MELSECNET/H 或 MELSE- CNET/10 网络。

④ 其他网络模块如 WEB 服务器模块、Profibus 模块、FL-net 模块、ASI 模块等。

图 6-5 分别给出了 CC-Link 模块、CC-Link/LT 模块、以太网模块实物图。

图6-5　网络模块实物图

9. 定位模块

定位模块有多种型号，下面介绍 QD70 型和 QD75 型定位模块。

QD70 型定位模块包括 QD70P4 和 QD70P8，是不需要复杂控制的多轴系统中使用的定位模块。QD70P4 控制轴数有 4 个，QD70P8 控制轴数有 8 个，其对安装的模块数没有限制，因此当需要 8 个以上的控制轴时，可以同时安装多个模块以满足需要。QD70 型定位模块有丰富的控制方式，具有 PTP（点到点）控制、速度/位置切换控制等。QD70 型定位模块在 I/O 信号，功能等方面与 MELSEC-A 系列 AD70 定位模块不兼容，不过 QD70 型定位模块还是有许多定位控制系统所需的如定位控制到任意位置和匀速控制等功能。QD70 型定位模块的每个轴最多可以设置 10 项定位数据。

QD75 型定位模块有 1 轴、2 轴、4 轴模块，产品型号有 QD75P1、QD75P2、QD75P4 、QD75D1、QD75D2、QD75D4、QD75M1、QD75M2、QD75M4 等，此系列的定位模块具有两种不同输出方式：开路集电极和差动驱动器方式，另外采用差动驱动器方式可以增大 QD75 到伺服放大器的距离并进行高速高精度控制，对可装载模块数没有限制，所以如果需要 4 个以上的控制轴时，则可以采用多个模块装载的办法。该模块同样含有丰富的控制方式，包括有 PTP（点到点）控制、固定尺寸进给控制、速度控制、速度和位置切换控制、位置和速度切换控制等丰富的控制方式。

10. 附件

Q系列PLC附件有电池、电缆、连接器、端子排、弹簧夹紧式端子排、压接端子排转接器、继电器终端模块及其连接用电缆等。图6-6给出了RS232连接线的实物图。

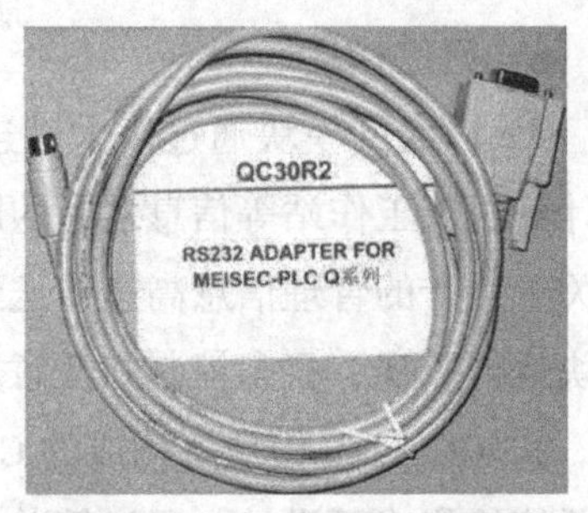

图6-6 RS232连接线的实物图

6.1.2 Q系列PLC选型要点

MELSEC-Q系列CPU模块中，基本型是为客户提供的设计小规模系统简单系统的CPU模块；高性能型是为客户提供的具备高速处理功能和系统可扩展性的系统模块；过程CPU是为想构建计量系统的客户提供的模块；冗余CPU则不仅具有过程CPU的全部功能，并且扩展实现了电源冗余、网络冗余、CPU冗余。由于三菱MELSEC-Q系列品种较多，用户可以考查以下几个要点，选择最适合需求的型号。

1. 输入/输出点数

可编程控制器系统的规模由实际控制和监视输入/输出点数和数据处理时使用的内部软元件点数决定，也就是说，输入/输出点数不仅包括基板和扩展基板上的输入/输出点，还有经由网络输入/输出的远程I/O用输入/输出链接软元件及模拟输入/输出的点数等与智能功能模块的输入/输出点数。

基板和扩展基板上的输入/输出点数与智能功能模块的输入/输出点数，是指安装在基板和扩展基板上的输入和输出模块、智能功能模块上使用的输入/输出（X/Y）软元件的点数。各模块所使用的输入/输出点数由模块本身决定，安装时将被系统自动占用。另外，还有作为与智能功能模块的接口信号使用的点数。如图6-7所示，用基本型CPU构建控制系统时，系统合计有输入/输出点数：32+32+16+16+32=128点，其中，各个模块的输入/输出编号是可以用参数更改的。

Q00JCPU	QX41 32点	QX41 32点	Q64AD 16点	Q64AD 16点	QJ61BT11 32点
输入/输出	X000	X020	X/Y040	X/Y050	X/Y060
编号	01F	03F	04F	05F	07F

图6-7 由基本型CPU组成的控制系统的点数

经由网络输入输出的远程I/O用输入/输出，是指通过CC-Link、MELSECNET/H远程I/O网络控制的远离CPU处的输入/输出。

链接软元件和模拟输入/输出，是指 MELSECNET/H 上所使用的链接继电器（B）、链接软元件（W），需要注意的是，由于网络构成等的不同，可使用的链接软元件点数将会有所限制。

2. 存储容量

存储容量主要从 3 个方面考虑：程序和注释容量、软件元件点数和文件寄存器点数。

程序和注释存储在程序存储器、标准 ROM、存储卡 3 种存储器中的任一个存储器中。CPU 型号不同，则可使用的存储容量也将不同，另外，基本型 CPU 的存储容量是不能扩展的，高性能型 CPU 和过程 CPU 是可以通过使用标准 ROM 存储卡扩展其可使用的存储容量。图 6-8 是基本模式 CPU 存储器构成示意图，其中文件寄存器存储在 CPU 内置的标准 RAM 或存储卡中，可以用于控制数据的扩展，如记录监视数据。

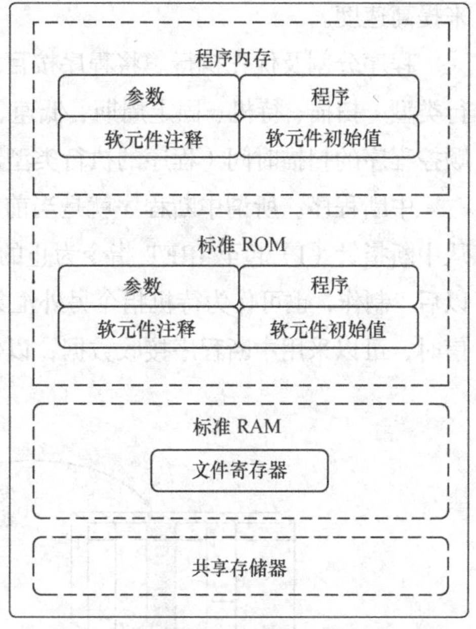

图6-8　Q系列基本模式CPU存储器构成

在选择 CPU 及存储卡时，建议计算所使用的存储器的容量和存储单位的存储容量，选择有一定余量的型号。

3. 高级控制功能

此部分主要是针对多 CPU 的控制系统，所谓多 CPU 系统是将多个（最大 4 个）CPU 模块安装在主基板上，并由各个 CPU 模块控制输入输出模块、智能功能模块的系统。用户可以根据系统规模和用途选择最合适的 CPU 模块，如使用 QCPU、运动 CPU 和个人计算机 CPU 等组合成多 CPU 系统，通过灵活的应用发挥各种 CPU 的性能优点，构成各种行业的系统。如图 6-9 所示，可以用多个 CPU 模块构建具有高级控制功能的多 CPU 用户系统。

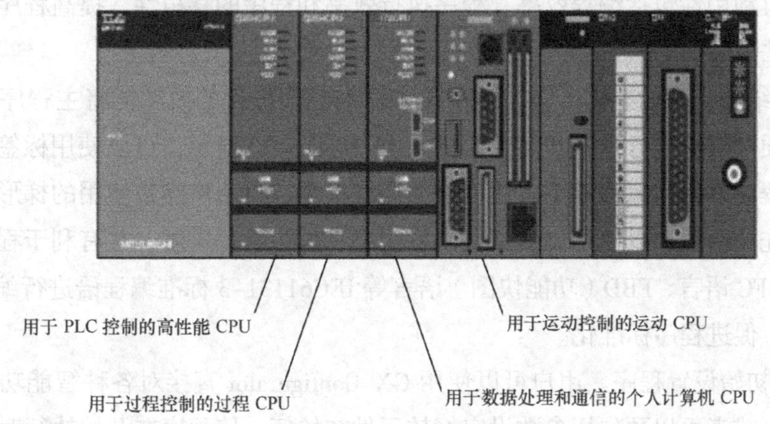

图6-9　多CPU用户系统

当然这里需要注意的是，系统设计时必须考虑各个模块所消耗的电流值，如运动 CPU

和个人计算机 CPU 等都是电流消耗较大的模块，应用中需要对电流加以计算。

4. 扫描时间

CPU 的指令处理速度直接影响 CPU 的扫描时间。对 Q 系列 PLC，可通过如下两种方式来提高速度。

程序分割及优先执行。将程序按目的或功能分割并制作，可以对各种程序分别定义执行类型（扫描、待机、固定周期、低速、初始）。通过优先执行希望高速处理的程序可缩短顺控程序的扫描时间（程序的执行类型用 PC 参数设置）。

中断程序。所谓中断程序就是当前中断条件成立时暂时中断子程序地执行，转而执行从中断指针（I）起至 IRET 指令为止的程序段。中断程序可在主程序的后面（FEND 指令以后）制作，也可作为待机指令另外汇集制作一个程序。如图 6-10 所示，在进行串行口通信时，可以采用中断程序接收数据，以便更为有效地利用 CPU。

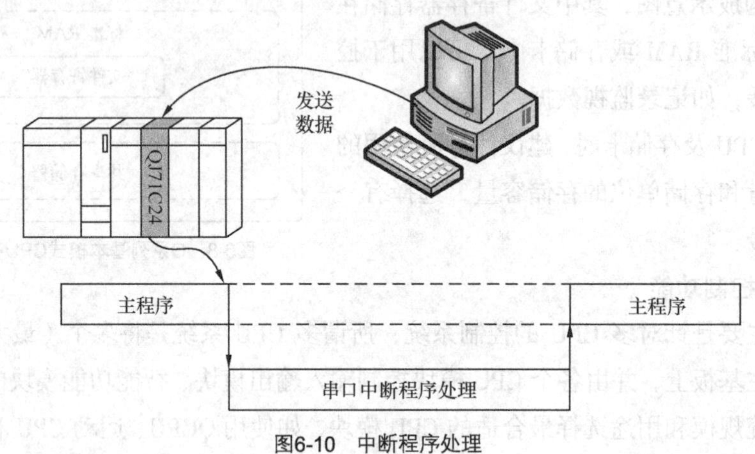

图6-10　中断程序处理

5. 程序的可利用性

程序的可利用性包括编程效率、程序执行效率和程序的移植性。提高程序的利用性可采用以下方法。

① 程序结构化和标准化。程序结构化和标准化即按目的或功能将主程序划分为多个子程序，以便并行地进行程序开发。如图 6-11 和图 6-12 所示，可以使用标签代替软元件进行标签编程，以提高编程效率；还可以使用宏指令，将用户经常使用的梯形图程序作为一个指令预先注册后加以使用，提高代码重用率，加快编程进度，且有利于程序标准化；另外，使用 SFC 语言、FBD（功能快图）语言等 IEC61131-3 标准编程语进行编程，能更好地描述程序，促进程序标准化。

② 减少初始设置程序。用户可以使用 GX Configurator 直接对各种智能功能模块进行初始值设置，或者可以预先用参数设定好软元件初始值，使程序在开始执行时能自动将设定的数据写入软元件存储器中，以减少或不必调用设置软元件值的初始化程序段。

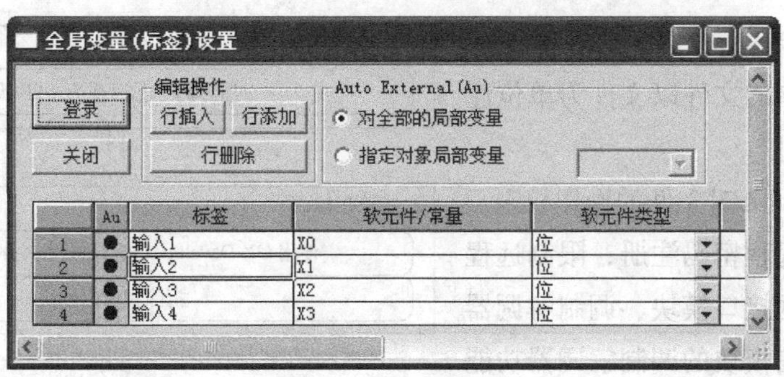

图6-11　设置标签

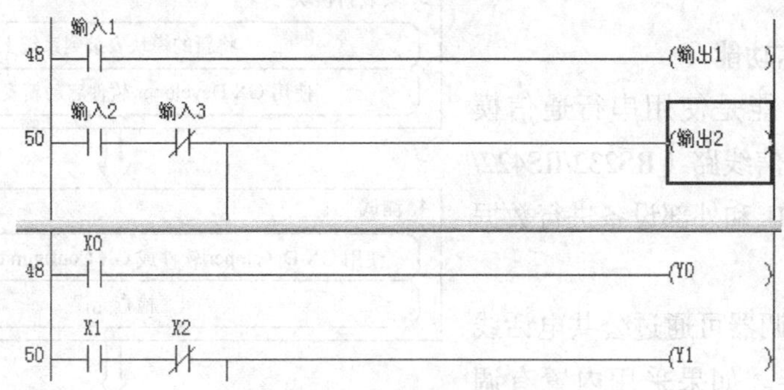

图6-12　标签编程软元件显示

③ 提高调试效率。为了简化调试步骤，提高调试效率，可以用 GX Developer8 对正在运行的 CPU 输入/输出点进行强制操作，如置位或复位，以减少输入/输出信号线拆卸和安装的次数。此外，可以利用 GX Simulator 软件，无需连接 PLC，用 PC 模拟 GX Developer8 所制作的控制程序，减少接线的麻烦，也减少读写存储器的次数，延长设备的使用寿命。

6. 系统可维护性

可维护性可以从采样跟踪功能、在线更换模块功能等方面来说明。

采样跟踪功能。采样跟踪功能是用 GX Developer8 软件，按设置的条件和特定的周期，去采集 PLC CPU 中指定软元件的内容，如开关状态和当前值，并将采集结果保存到存储器。

自动读取存储卡内容功能。在工业现场，不需要使用 GX Developer8 软件，只需要将存储卡接到控制系统上，其存储的数据和控制程序就可以被 CPU 自动地读取并投入运行。

在线更换模块功能。在线更换模块功能是指当某个模块发生故障时，不必停止系统运行即可更换故障模块，可更换 Q 系列模块有输入模块、输出模块、混合输入/输出模块、A/D 转换模块、D/A 转换模块、温度输入模块、温度调节模块、脉冲输入模块。在线更换模块功能需要硬件的支持，可支持在线更换的模块可参照本章 Q 系列 PLC 分类。图 6–13 给出了 Q 系列数模转换模块在线更换步骤。

7. 安全性能

安全性能包括 CPU 保护、存储卡保护、文件保护和网络安全性等几个方面。通过设置可使 CPU 被保护以禁止任何外部文件写入。通过操作存储卡的写保护开关可以禁止向作了

写保护的存储卡写入数据。通过将 PLC 存储器中所存储的文件以文件为单位注册密码，可限制

GX Developer8 对文件的操作权限。另外，可以用远程密码注册，限制远程用户使用以太网接口模块、调制解调器接口或串行通信模块的调制解调器功能进行网络访问。

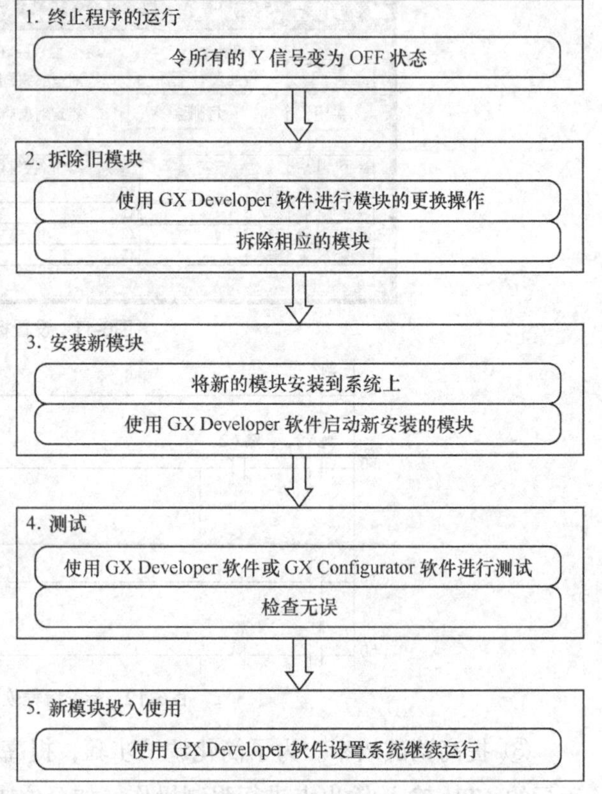

图6-13 Q系列数模转换模块的在线更换步骤

8. 串行通信功能

串行通信功能是使用串行通信模块，通过串行通信线路（RS232/RS422/RS485）连接 CPU 和外部设备进行数据通信的功能。

使用调制解调器可通过公共电话线路进行远地连接。如果采用内置有调制解调器的串行通信模块，只要作简单设置即可进行调制解调器的初始化等操作。

对于高性能型 CPU，可用密码限制远程用户通过公共电话线路访问 CPU，加强安全性。

通过使用内置有串行通信功能的 CPU，不必另外安装串行通信功能模块，就可以使用个人计算机和显示器等外部设备及 MELSEC 通信协议（MC 协议）进行数据通信。

6.1.3 Q 系列硬件系统构成

综合上述内容，以下用两个硬件系统示例，来讲解 Q 系列 CPU 的硬件构成。

1. Q 系列 PLC 的单 CPU 系统构成

单 CPU 系统可使用基本型 CPU（Q00 CPU/Q01 CPU）构成，也可以选择高性能型 CPU、过程 CPU 或通用型 CPU 等。在基板的选择上，可使用主基板、超薄型主基板、多 CPU 高速主基板或冗余电源主基板。图 6-14 给出了使用基本型 CPU、主基板构成控制系统的示意图。

要注意的是，由于 Q00J CPU 模块自带了电源模块，并且其主基板与 CPU 模块是合成一体的，因此，由 Q00J CPU 构成系统时，是不需要电源模块和主基板的。另外要注意的是，Q00J CPU 不能使用超薄型主基板。

2. Q 系列 PLC 与外围设备组合系统构成

使用基本型 CPU、高性能型 CPU 或过程 CPU 的系统可以和一些外围设备如个人计算

机等进行连接，以组成控制系统。如图 6-15 所示，可以使用高性能型 CPU 与外围设备如编程器、PC 等进行连接，以构成功能更为强大的控制系统。

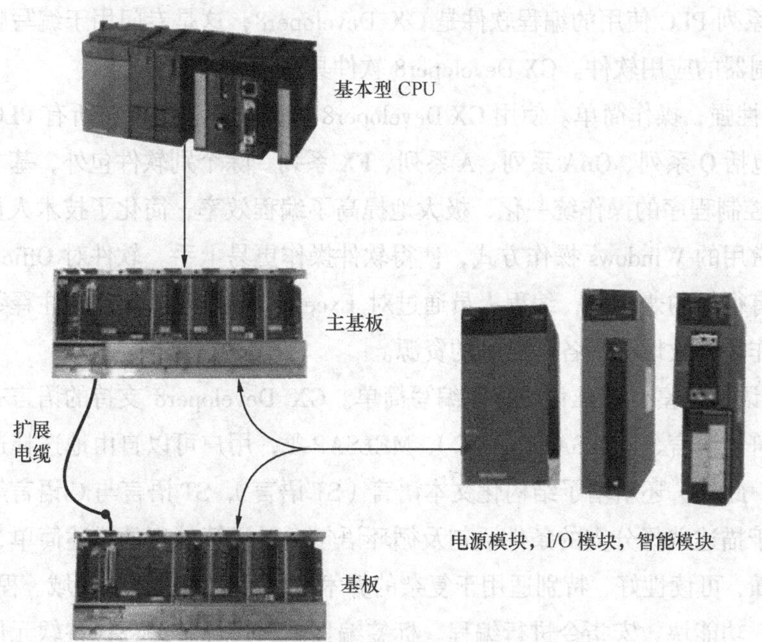

图6-14　基本型CPU和主基板构成的系统

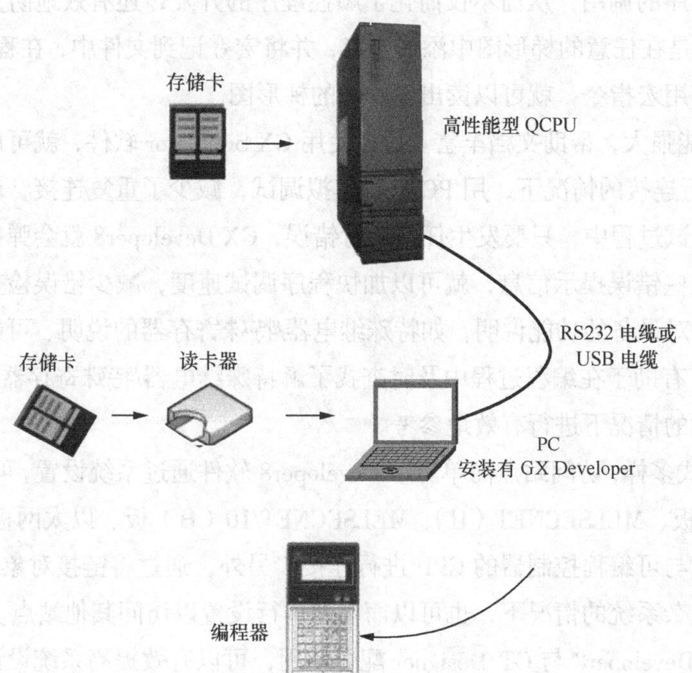

图6-15　使用高性能型CPU的系统与外围设备

6.2 三菱 Q 系列 PLC 软件编程

三菱 Q 系列 PLC 使用的编程软件是 GX Developer8，这是专门用于编写顺控程序、监控可编程控制器的应用软件。GX Developer8 软件具有以下特点。

① 通用性强，操作简单。使用 GX Developer8 可以创建三菱电机所有 PLC 设备的控制应用程序，包括 Q 系列、QnA 系列、A 系列、FX 系列。除个别软件包外，基本上实现了编写三菱 PLC 控制程序的操作统一化，极大地提高了编程效率，简化了技术人员的工作量。另外，采用常用的 Windows 操作方式，使得软件操作更易上手。软件对 Office 系列产品所创建的数据有很好的兼容性，编程人员通过对 Excel、Word 等所创建的注释数据等进行复制、粘贴操作，有效地利用各种已有的资源。

② 编程语言丰富，标准化的程序编写简单。GX Developer8 支持的语言有继电器符号语言、逻辑符号语言、MELSAP3（SFC）、MELSAP-L，用户可以自由地选择适当的语言进行程序编写。此外，还新增了结构化文本语言（ST 语言），ST 语言与 C 语言等高级语言一样，可以用于描述选择分支的条件语句及循环语句，对运算处理的描述简单，因此其程序语句简洁易懂，可读性好，特别适用于复杂的算术运算、比例运算等领域。程序的标准化，是指用标签、功能块、宏指令进行编程。标签编程是通过标签编程代替软元件编号来创建标准程序。功能块（FB）是将可能需要经常使用的顺控程序的梯形图块转化为 FB 部件，以备其他顺控程序的调用，从而不仅简化了顺控程序的开发，还有效地防止了编程时的输入错误。宏指令是在任意的梯形图中添加宏名，并将宏登记到文件中，在程序的其他位置，只需通过输入调用宏指令，就可以读出已登记的梯形图。

③ 调试功能强大，帮助文档丰富。通过使用 GX Simulator 软件，就可以在不与可编程控制器 CPU 进行连接的情况下，用 PC 进行模拟调试，减少了重复连接，简化了顺控程序的调试。程序调试过程中，只要发生任何运行错误，GX Developer8 就会弹出导致出错原因的信息，参考这些错误提示信息，就可以加快程序调试速度，减少错误检查时间。另外，在帮助文档中，对设备的功能说明，如特殊继电器/特殊寄存器的说明、可能出现的异常情况如 CPU 出错，有助于在编程过程中及时查找了解特殊继电器/特殊寄存器内容，并在运行过程中发生错误的情况下进行有效地参考。

④ 连接方式多样，访问站点简单。GX Developer8 软件通过系统设置，可以使用 RS232、USB、CC-Link 板、MELSECNET（II）、MELSECNET/10（H）板、以太网板、CPU 板、AF 板等任一种方式与可编程控制器的 CPU 进行连接。另外，通过将链接对象的指定图形化，即使是在配置复杂系统的情况下，也可以简单地进行设置以访问其他站点。

另外，GX Developer8 与 GT Designer 配合使用，可以有效提高系统设计效率，这些将在随后的章节中介绍。

接下来，介绍 GX Developer8 软件的安装步骤和基本操作，然后说明 CPU 的软元件情况，并讲解简单的顺控程序创建。

6.2.1　软件安装

在 PC 中安装 GX Developer8 软件步骤如下，将安装光盘放入到光盘驱动器中，如果光驱设置了自动播放，则等待数秒将出现安装画面，如果没有自动播放则可从资源管理器中打开光盘文件。

点击光盘根目录下的 SETUP.exe，打开安装程序。安装程序将进入到如图 6–16 所示的对话框，提示输入用户信息，此项必填。

输入正确的用户信息后，再点击“下一步”，弹出如图 6–17 所示的注册确认对话框。

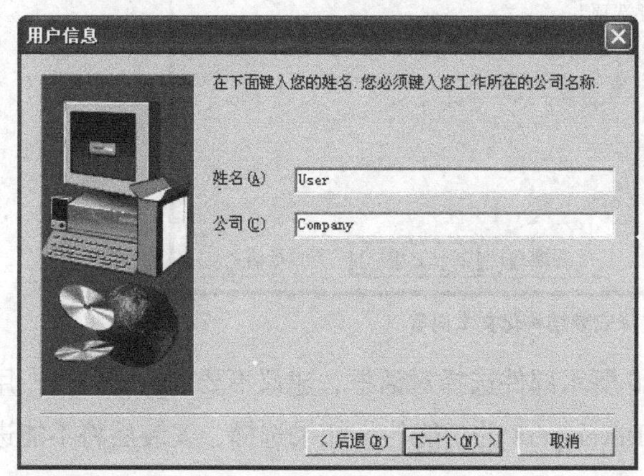

图6-16　输入用户信息

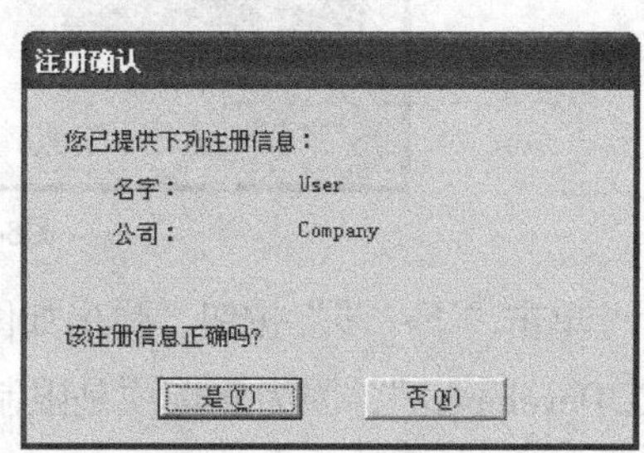

图6-17　确认注册信息

确定注册信息后，再将产品序列号输入到如图 6–18 所示的对话框里。关于产品序列号，可登录三菱电机的相关网站，填写申请信息，即可免费获得注册序列号。序列号申请网址是：http://www.meas.cn/member/mem_idx_get Soft ID.asp。

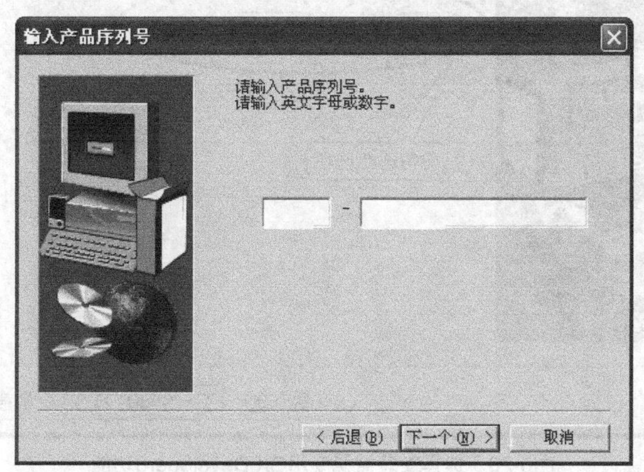

图6-18　输入产品序列号

填写正确的注册信息后，安装程序将弹出如图 6-19 所示的部件选择对话框。上文已经指出，ST 语言与 C 语言等高级语言一样，其程序语句简洁易懂，可读性好，特别适用于复杂的算术运算、比例运算等领域，因此，建议安装时勾选上“结构化文本（ST）语言编程功能”。

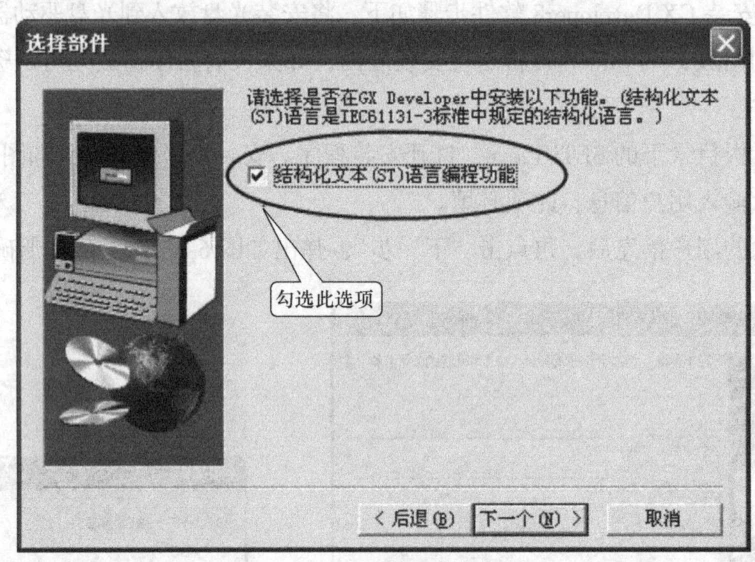

图6-19　选择安装结构化文本语言

单击“下一步”按钮，弹出如图 6-20 所示部件选择对话框，建议不要勾选“监视专用 GX Developer8”，因为此选项是限制 GX Developer8 的功能的，如果选择，安装后将不能进行新程序的编写和 PLC 的写入。

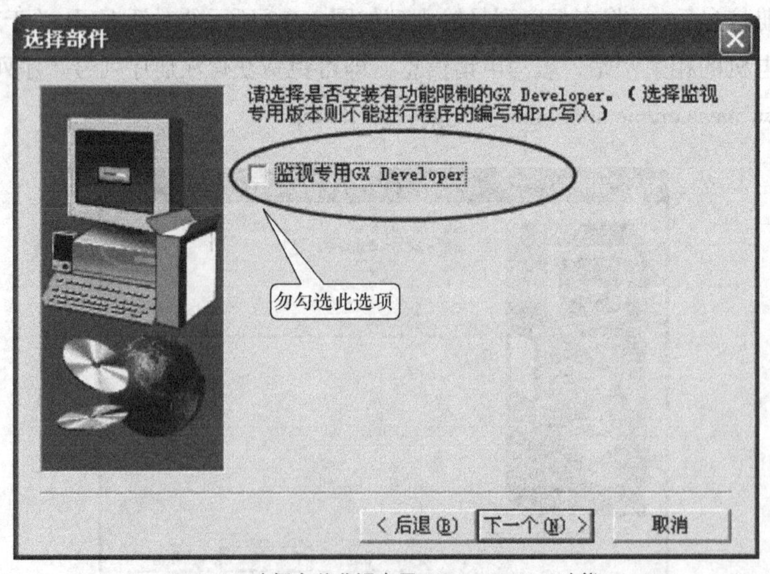

图6-20　选择安装监视专用GX Developer8功能

单击“下一步”按钮，弹出如图 6-21 所示对话框，在此对话框上，勾选两个选项，使程序能够以 MELSEC MEDOC 格式读取输出至文件的数据，作为打印输出数据。

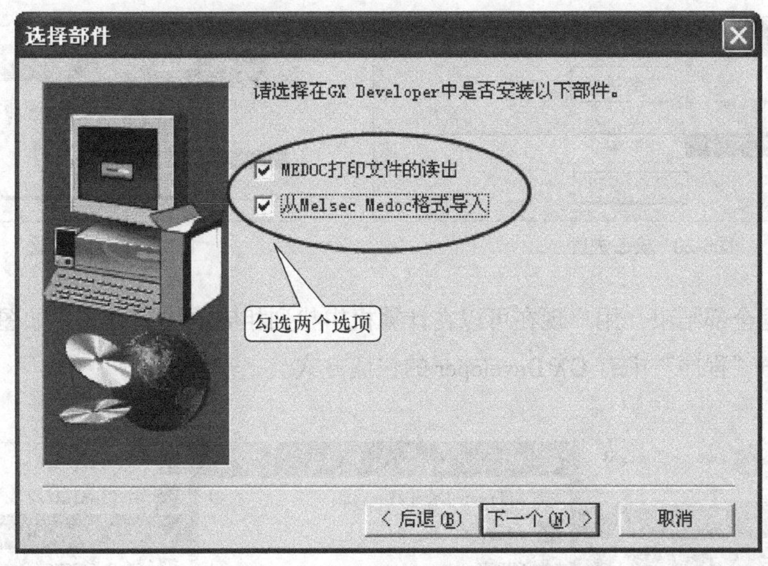

图6-21　选择安装相关文档操作功能

单击“下一步”按钮，进入如图 6-22 所示对话框，点击“浏览”按钮，这里可以选择软件的安装目标位置，此位置是可选的。

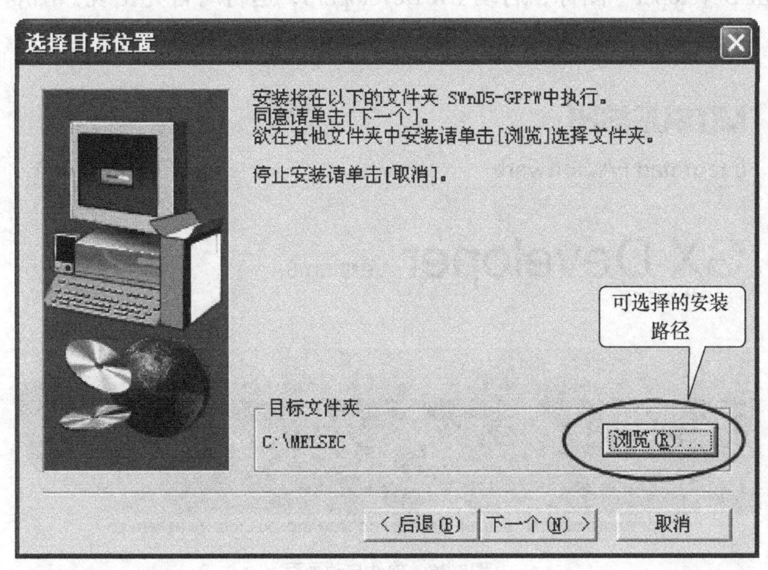

图6-22　选择安装路径

单击“下一步”按钮后，将弹出如图 6-23 所示的安装进度对话框，至此，安装设置全部完成，安装程序将把文件复制到计算机上。

等待数分钟后，如果安装正常，弹出如图 6-24 所示的安装完毕对话框。

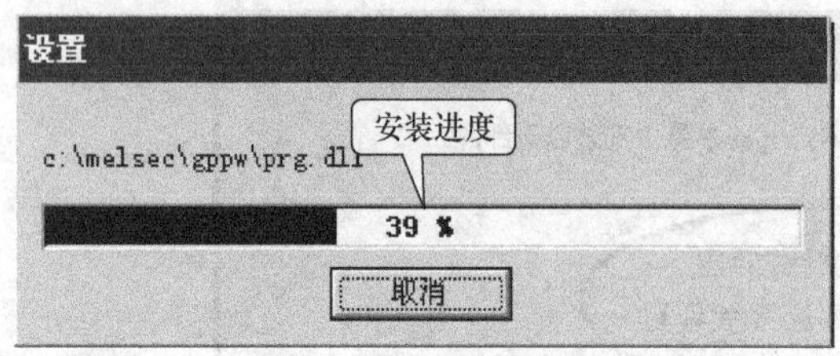

图6-23　安装进度

图6-24　安装完成

安装过程全部结束，用户现在可以在计算机中找到相应的快捷方式。如图 6-25 所示，在“开始”→“程序”中有 GX Developer 的快捷方式。

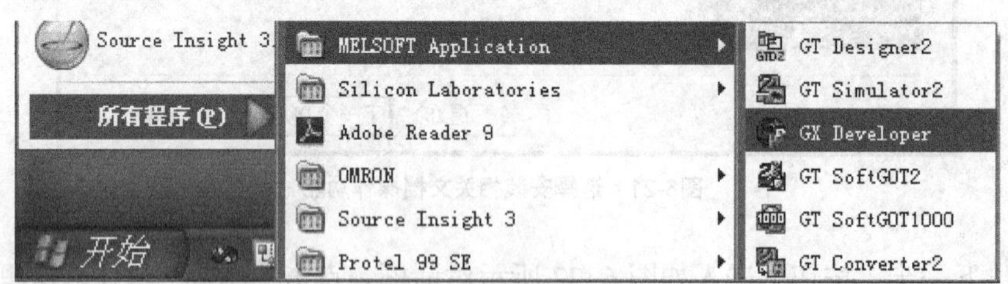

图6-25　GX Developer8快捷方式

单击“GX Developer”图标，启动 GX Developer8，运行时首先出现如图 6-26 所示的软件启动画面。

图6-26　软件启动画面

图 6-27 给出了 GX Developer8 的操作界面，其中工具栏所代表的操作在图中均被方框标记。

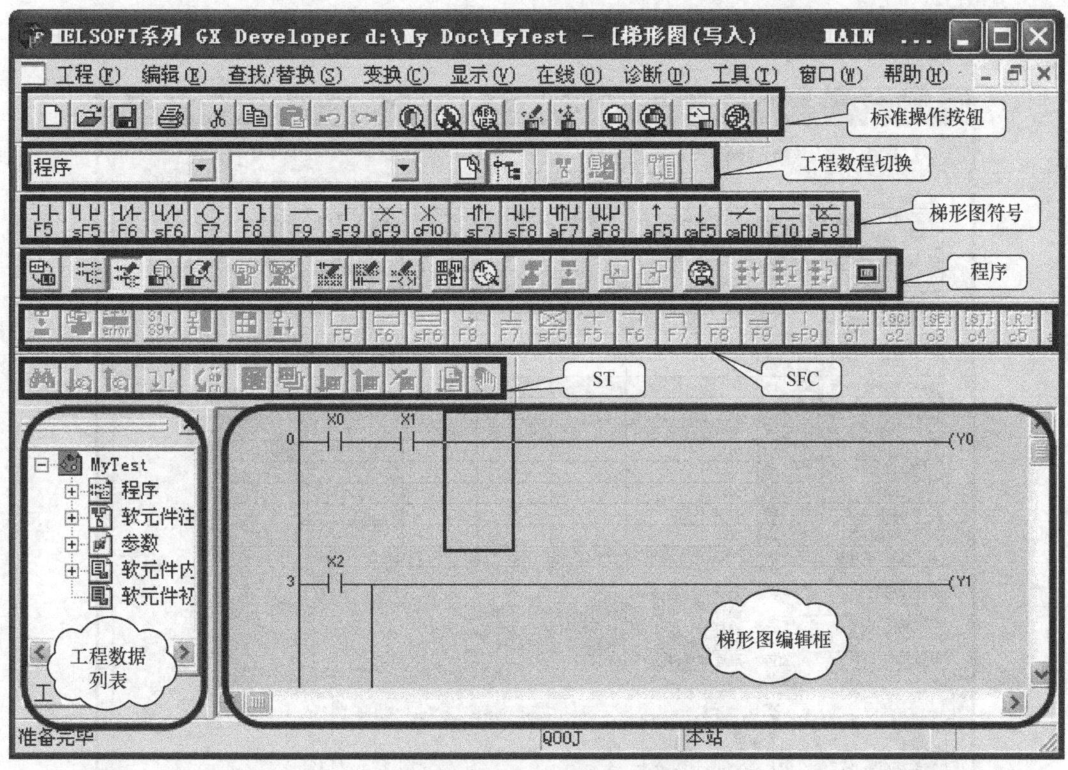

图6-27　GX Developer8操作界面

6.2.2　软元件

软元件的操作，是 GX Developer8 编程的重要部分，事实上，这也是 GOT 人机界面对 PLC 进行监控的重要信息途径。

软元件包括位软元件和字软元件。位软元件用于处理开关量或指示灯 ON/OFF（开/关）状态等位信息，如输入位软元件 X 表示接收到的按钮或数字开关等外设的开关状态，输出 Y 表示输出到信号灯或数字显示器等外部设备的开关状态。字软元件用于处理数值或字符串等字节或字信息，如数据寄存器 D 可用于存储数据和字符串，定时器 T 可用于测定时间。

CPU 模块的软元件可分为如下 11 类。

① 内部用户软元件。内部用户软元件是指可由用户指定其用途的软元件。内部用户软元件在 16.4KB 内是可变更，如图 6-28 所示，用户通过 GX Developer8 的 PLC 参数设置对话框对内部用户软元件进行变更。

② 内部系统软元件。内部系统软元件是指系统保留使用的软元件。内部系统软元件的分配和容量是固定的，用户不可以对其进行更改操作。

③ 链接直接软元件。链接直接软元件是指可用于直接存取 MELSECNET/G 或者 MELSECNET/H 网络模块内链接软元件的软元件。

④ 智能功能模块软元件。智能功能模块软元件是指可以通过 CPU 模块对安装在主基

板及扩展基板上的智能功能模块或其他特殊功能模块的缓冲存储器进行直接存取的软元件。

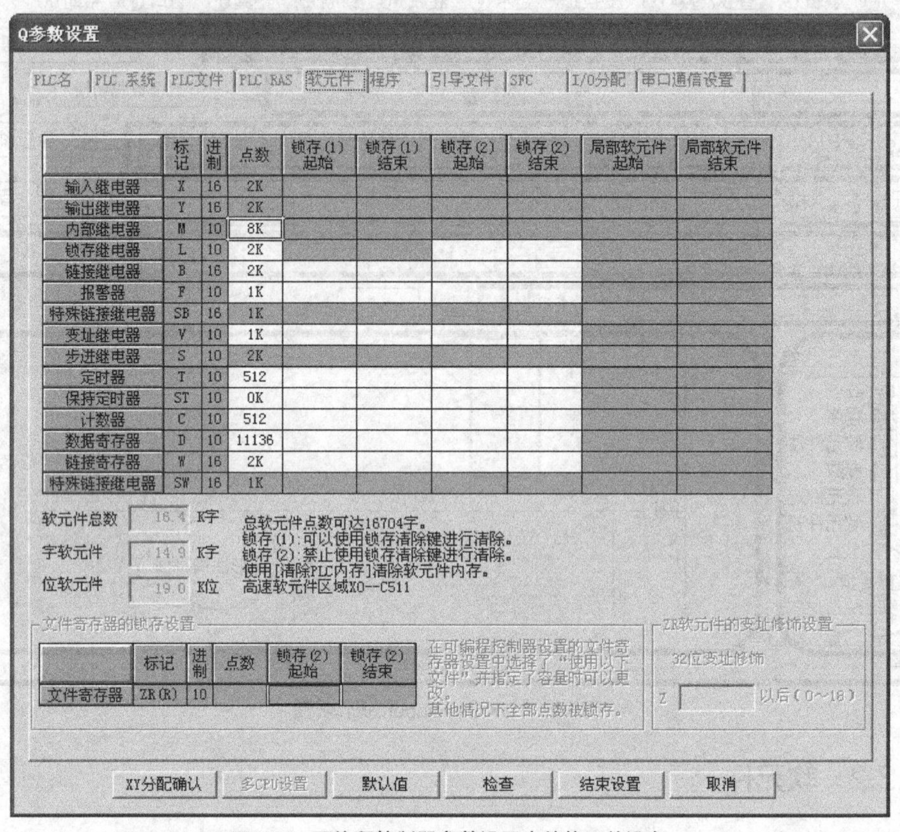

图6-28 可编程控制器参数设置中的软元件设定

⑤ 变址寄存器。变址寄存器是用于顺控程序中软元件间接设定（变址修饰）的软元件。

⑥ 文件寄存器。文件寄存器是数据寄存器的扩展用软元件，它可以与数据寄存器以相同的速度进行处理。

⑦ 嵌套结构。嵌套结构是指在主控指令（MC 指令、MCR 指令）中使用的，将动作条件以嵌套结构进行编程的软元件。

⑧ 指针。指针是用于跳转指令和子函数调用指令中的软元件。

⑨ 中断指针。中断指针是在中断程序的起始处，作为标签使用的软元件。中断指针可在执行中的全部程序中使用。

⑩ 其他软元件。包括 SFC 块软元件、SFC 转移软元件、网络号指定软元件。

SFC 块软元件是用来检查 SFC 程序的指定块有效性的软元件。

SFC 转移软元件是用来检查 SFC 程序的指定块的指定转移条件是否被指定为强制转移的软元件。

网络号指定软元件是利用链接专用指令来指定网络号的软元件。

⑪ 常数。常数分为十进制和十六进制。十进制常数是指在顺控程序中定义为十进制数

据格式的软元件，在数据前用 K 指定的就是十进制常数，如 K1234。十六进制常数是在顺控程序中被定义为十六进制数据或 BCD 数据的软元件，在数据前用 H 指定的就是十六进制常数，如 H1234。另外，当用 BCD 定义数据时，十六进制的每位都应是 0 ~ 9 的数字。

综合起来，可以用表 6-15 来说明基本模式 CPU 模块中可使用的软元件名称与使用范围。

表 6-15　　基本模式 CPU 模块中可使用的软元件

分类	类别	软元件名	默认值		
			点数	使用范围	
内部用户软元件	位软元件	输入	2048 点	X0 ~ 7FF	十六进制
		输出	2048 点	Y0 ~ 7FF	十六进制
		内部继电器	8192 点	M0 ~ 8191	十进制
		锁存继电器	2048 点	L0 ~ 2047	十进制
		报警器	1024 点	F0 ~ 1023	十进制
		变址继电器	1024 点	V0 ~ 1023	十进制
		步进继电器	2048 点	S0 ~ 127 块	十进制
		链接继电器	2048 点	B0 ~ 7FF	十六进制
		链接特殊继电器	1024 点	SB0 ~ 3FF	十六进制
	字元件	定时器	512 点	T0 ~ 511	十进制
		累计定时器	0 点	ST0 ~ 511	十进制
		计数器	512 点	C0 ~ 511	十进制
		数据寄存器	11136 点	D0 ~ 11135	十进制
		链接寄存器	2048 点	W0 ~ 7FF	十六进制
		链接特殊寄存器	1024 点	SW0 ~ 7FF	十六进制
内部系统软元件	位软元件	功能输入	16 点	FX0 ~ F	十六进制
		功能输出	16 点	FY0 ~ F	十六进制
		特殊继电器	1000 点	SM0 ~ 999	十进制
	字元件	功能寄存器	5 点	FD0 ~ 4	十进制
		特殊寄存器	1000 点	SD0 ~ 999	十进制
链接直接软元件	位软元件	链接输入	8192 点	Jn/X0 ~ 1FFF	十六进制
		链接输出	8192 点	Jn/Y0 ~ 1FFF	十六进制
		链接继电器	16384 点	Jn/B0 ~ 3FFF	十六进制
		链接特殊继电器	512 点	Jn/SB0 ~ 1FF	十六进制
	字元件	链接寄存器	16384 点	Jn/W0 ~ 3FFF	十六进制
		链接特殊寄存器	512 点	Jn/SW0 ~ 1FF	十六进制
智能功能模块软元件	字元件	智能功能模块软元件	65536 点	Un/G0 ~ 65535	十进制
变址寄存器	字元件	变址寄存器	10 点	Z0 ~ 9	十进制

续表

分类	类别	软元件名	默认值		
			点数	使用范围	
文件寄存器	字元件	文件寄存器	0 点	—	—
			64K 点	R0 ~ 32767，ZR0 ~ 65535	十进制
嵌套结构	—	嵌套结构	15 点	N0 ~ 14	十进制
指针	—	指针	300 点	P0 ~ 299	十进制
		中断指针	128 点	I0 ~ 127	十进制
常数	—	十进制常数	K-2147483648 ~ 2147483647		
		十六进制常数	H0 ~ FFFFFFFF		
		实数常数	E ± 1.17550-38 ~ E ± 3.40282+38		
		字符串常数	“ABC”，“123”		
其他	位软元件	SFC 块软元件	128 点	BL0 ~ 127	十进制
	—	网络号指定软元件	239 点	J1 ~ 239	十进制
		I/O 号指定软元件	—	U0 ~ F	十六进制
			—	U0 ~ 3F	十六进制
	—	宏指令变量软元件	—	VD0 ~ 9	十进制

6.2.3 顺控程序

所谓顺控程序，就是进行顺序控制的程序，是使用顺控程序指令、基本指令、应用指令等编写的程序。用户通过 GX Developer8 对“软元件”和“指令符号”进行组合，即可以创建顺控程序对 PLC 进行监控。

顺控程序编程方式有梯形图模式与列表方式两种。图 6-29 给出了梯形图模式代码段，图 6-30 给出了列表模式代码段。梯形图模式是梯形图块为单位进行编程，列表方式通过使用梯形图模式中标有记号的触点、线圈等的专用指令来进行编程。

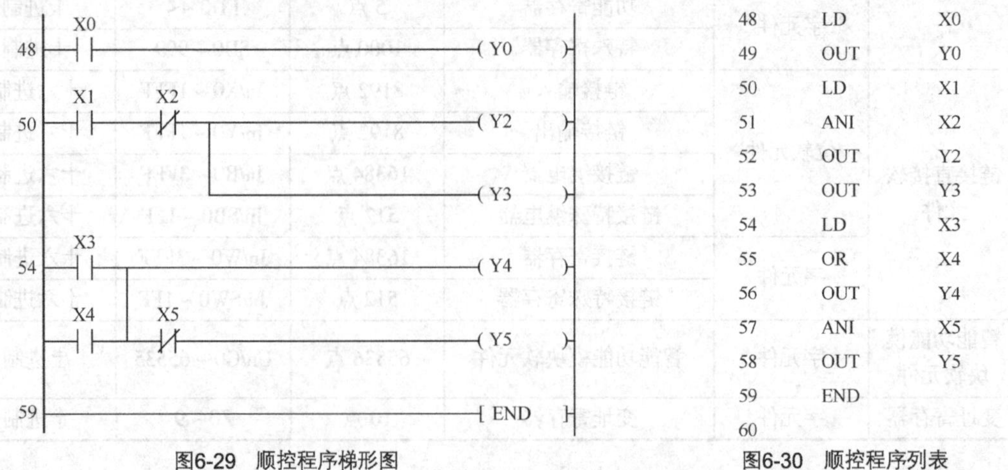

图6-29 顺控程序梯形图

图6-30 顺控程序列表

梯形图模式下顺控程序运算按照从步0到END/FEND指令的顺序循环执行，即从左侧的纵线到右侧的纵线，从上到下的顺序。列表模式则是从上往下的顺序循环执行。

根据程序所执行的功能，可以将顺控程序按如图6-31所示结构分为3类：主程序、子程序和中断程序。

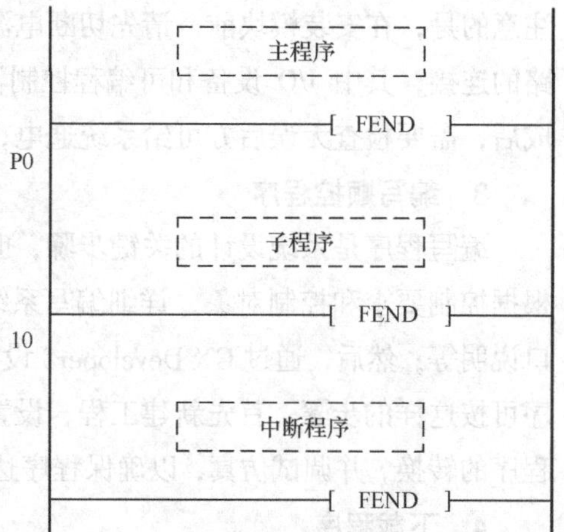

图6-31　顺控程序分类

主程序是指从步0到END/FEND指令间的程序。当只有一个程序时，主程序在处理完END后会再次回到步 0，进行新一轮运算。当存在多个程序时，主程序要按程序中的设置条件运行。其中基本型CPU不能添加多个程序，其文件名固定为“MAIN”不能更改，其执行的过程也是从步0到END/FEND指令循环进行。

子程序是指从指针（P）开始到RET指令的程序。为减少扫描的次数，可以将需要多次执行的程序制作成子程序，以提高程序执行效率。当主程序运行到子程序调用指令时，会自动跳转到指定的子程序，子程序被执行。

中断程序是从中断指针（I）开始到IRET指令的程序，当中断条件成立时，即在EI指令满足条件时，系统暂时中断主程序或子程序的执行，转而执行中断程序。中断程序能够实现高速响应，且不会对顺控程序的扫描时间产生影响。中断程序的位置应在主程序之后（FEND 以后），其中断源有两个：从中断模块发出的中断请求和由内部定时器发出的中断请求。

6.3　系统调试与仿真

系统调试和仿真是设计并完善一个高性能、高可靠性系统的重要过程，下面针对这两方面进行讲解。

6.3.1　系统调试

控制系统设计时有几个要求需要注意：系统必须能最大限度满足设计要求，系统必须安全可靠且保证简单易用，此外系统需要留有适当余地以备升级改造。

通常，系统的设计过程可以分解为如下6个步骤。

1. 系统选型

深入了解分析被控对象的工艺条件和控制要求，明确系统设计的目的，确定系统所需的输入输出设备。熟悉Q系列PLC各个模块的功能和性能参数，详细了解系统的配置，选择适应的PLC模块，准备外围设备如开关、信号灯，安装编程软件和仿真软件。

2. 安装模块

在熟悉各个模块的电气特性后，将CPU模块和其他模块正确的安装在基板上。特别要注意的是，在安装模块前，请先切断电源，然后对电源模块、CPU模块和I/O模块进行线路的连接，其中I/O设备和可编程控制器的电源应尽量分开进行布线。模块安装接线都完成后，需要检查无误后方可给系统通电，以确保CPU模块能够正常的工作。

3. 编写顺控程序

编写程序是系统设计的关键步骤，也是最复杂的步骤，需要进行多次调试修改。首先，根据控制要求和控制对象，详细编写系统设计文档，包括各模块工作流程、逻辑组成、接口说明等；然后，通过GX Developer8设置正确的运行环境，并创建顺控程序。创建顺控程序可按这样的步骤：首先新建工程，设置PLC参数，然后输入程序指令，完成后需要进行程序的转换，并调试仿真，以确保程序达到预定的目标，要注意的是应当及时地保存工程。

4. 下载程序

将GX Developer8创建并仿真通过的程序写入CPU模块，其过程应当这样：将安装完整的CPU模块用电缆接入个人计算机，在GX Developer8上设置PLC连接参数，格式化CPU模块使其处于初始化状态，下载顺控程序，至此完成下载的所有步骤。

5. 功能测试

置CPU于RUN状态，执行程序，测试输入输出的开关状态是否正确。可以用开关和指示灯进行测试，也可通过GX Developer8在线监测PLC的运行状况。如果功能不完善，应该回到步骤3，重新审查设计思路和控制程序，直至系统达到要求的性能。

6. 整理文档

编制相应的控制系统技术文档。系统技术文档包括说明书、硬件原理图、电气元件明细表、PLC程序等。

整个设计过程可用如图6-32所示的流程图表示。

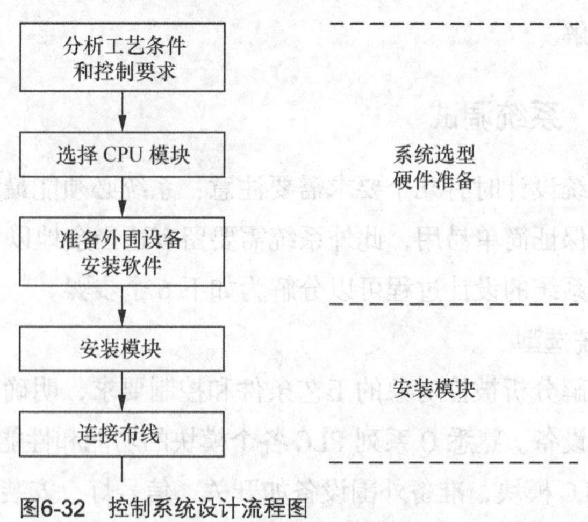

图6-32 控制系统设计流程图

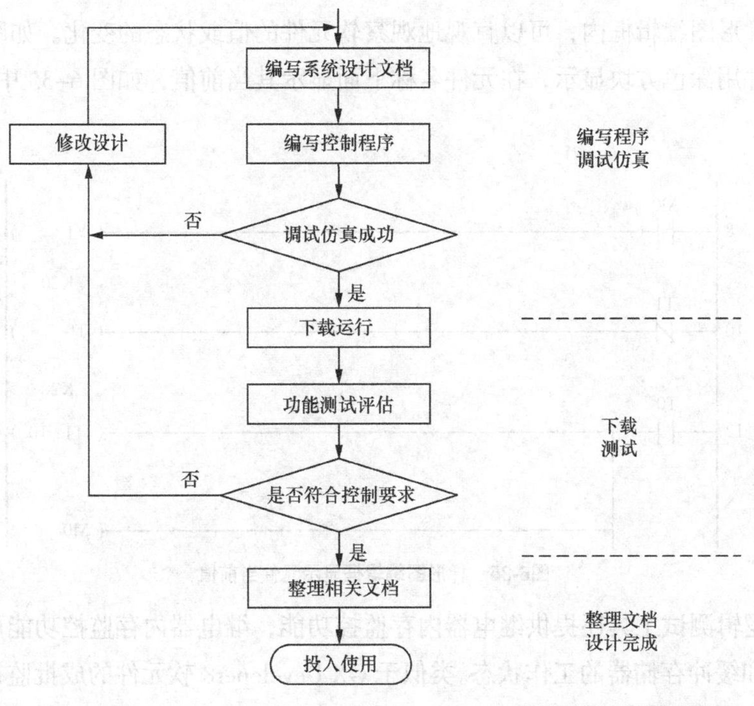

图6-32　控制系统设计流程图（续）

6.3.2　系统仿真

三菱电机不仅为用户提供界面友好、功能强大的编程工具 GX Developer8，还为用户设计了仿真功能完善的软件 GX Simulator。用户无需连接 PLC 系统的 I/O 口，在个人计算机上进行简单设定就可以模拟设备的输入输出，使得设计控制系统和调试顺控程序更加方便，不仅提高了工作效率，更有效降低了硬件损坏的风险。

系统仿真工具 GX Simulator 可以在个人计算机上虚拟一个 PLC 系统并下载顺控程序进行调试，GX Simulator 的安装这里不再赘述，用户编辑好顺控程序后，按如图 6–33 所示的路径，或点击工具栏上的图标“ ”，即可以启动梯形图逻辑测试工具框（见图 6–34 所示）。

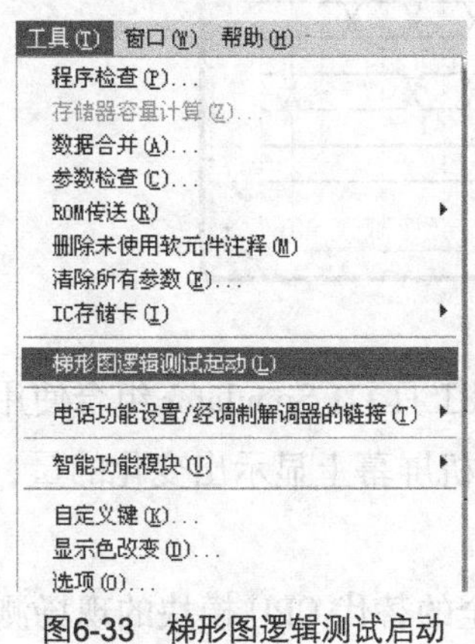

图6-33　梯形图逻辑测试启动

图6-34　梯形图测试界面

此时在梯形图编辑框内，可以直观地观察软元件的值或状态的变化。如图 6-35 所示，被监视的元件用深色方块显示，在元件名称下面显示其当前值，如图 6-35 中定时器 T0 的当前值为 20。

图6-35　梯形图编辑框显示元件当前值

梯形图逻辑测试工具还提供继电器内存监控功能，继电器内存监控功能可以监视虚拟 CPU 存储器和缓冲存储器的工作状态。类似于 GX Developer8 软元件的成批监视和缓冲存储器的成批监视，继电器内存监控功能除了能够监视软元件的开关状态和数值外，还能够对软元件的当前值进行强制 ON/OFF 变更。此外，梯形图逻辑测试工具还可用时序图显示软元件的 ON/OFF 状态和数值。图 6-36 给出了时序图的界面，用户可根据此界面了解控制系统的工作状态。

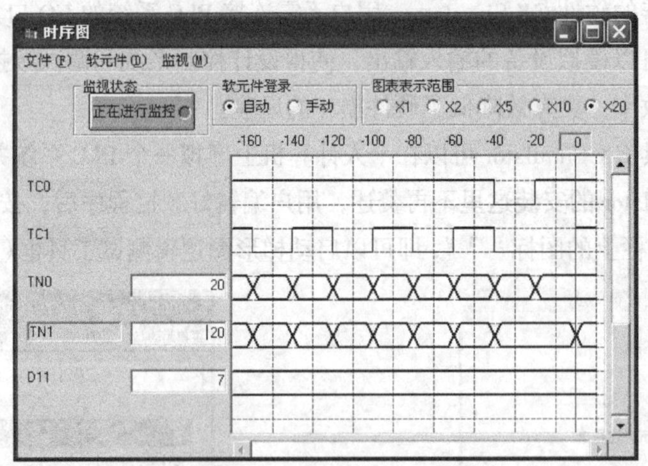

图6-36　时序图监控界面

另外，GX Simulator 还能和人机界面组态软件的模拟工具 GT Simulator 组合使用，通过 GT Simulator 对软元件的值进行强制设置，便可以在计算机屏幕上显示出变化的量，从而更紧密地将 PLC 控制系统的设备相关联起来。

当然，用软件 GX Simulator 进行仿真还是不可能完全的替代 CPU 模块的现场测试，与

Q 系列 CPU 相比，GX Simulator 还是具有一定的局限性的，如 GX Simulator 不能运行 SFC 程序，不能够支持中断程序，不能进行智能功能模块及网络模块的功能仿真调试等。因此，所有的顺控程序都应该在仿真无误后，下载到 CPU 中，进行实物测试。

6.4 本章小结

本章主要讲解三菱电机 Q 系列 PLC 的硬件、软件系统相关知识，其中包括硬件模块分类、选型、系统构成，编程软件和仿真软件操作，顺控程序制作、系统调试和仿真。

本章以模块实物图和模块参数来直观地介绍 Q 系列 PLC 的分类，并列举了 Q 系列 PLC 模块选型的要点，使读者在系统设计中更加明确硬件型号的选择。还详细地介绍了 Q 系列 PLC 的软件部分知识，即 GX Developer8 的安装、资源、操作及初步编程的相关知识。最后还介绍了软件的调试与仿真，以帮助读者更好地掌握系统设计技巧。

控制系统设计的基础在于硬件选择，关键在于程序设计。因此，设计人员在详细了解控制系统的需求后，不仅需要深入学习掌握硬件系统的功能和性能，还需要编制良好的控制程序，使设计出的系统具有高可靠性、高安全性。

第7章 欧姆龙 C200Hα PLC 控制系统的设计方法

C200H 系列 PLC 是日本欧姆龙公司开发的中型 PLC。现已经在 C200H 的基础上开发出 C200Hα系列，集中体现了“信息化对应控制器”功能，C200Hα是 C200HX/HG/HE 的简称，它是 C200H/C200HS 的后续机型。本章将介绍 C200Hα系列 PLC 硬件结构、元件选型、基本设计方法，用欧姆龙 PLC 编程软件 CX-Programmer 创建工程，C200Hα系列 PLC 的 I/O 表和单元设置、符号地址生成、程序编辑、网络配置、在线模拟和软件仿真。图解了 PLC 组成的各个模块，清晰反映了欧姆龙 C200Hα系列 PLC 组成。介绍梯形图和时序图编程方法，同时附有相关图片说明，从而使软件设计更加简单易懂。

7.1 C200Hα系列 PLC 硬件设计

C200Hα系列 PLC 模块主要由电源单元、CPU 单元、基本 I/O 单元、特殊功能单元和通信单元组成，各模块通过其底部的总线插头安装在 CPU 底板和 I/O 扩展底板上，图 7-1 给出了 C200H PLC 实物图。

图7-1 C200H PLC实物图

与 C200H PLC 相比较，C200Hα PLC 具有如下几种优点：指令条数种类多、指令执行时间短、存储器容量大、继电器区 I/O 点数多、扩展单元机架连接数目及特殊 I/O 单元连接数目多。C200Hα PLC 应用越来越广泛。为了进一步掌握 C200H 系列产品，表 7-1 比较了 C200Hα、C200HS 和 C200H 的基本性能。

表 7-1 C200Hα、C200HS 和 C200H 的基本性能比较

项目		规格		
		C200Hα	C200HS	C200H
指令数	基本指令	14 条	14 条	12 条
	应用指令	231 条	215 条	160 条
执行时间	基本指令	0.1μs 以上	0.375 ~ 1.313μs	0.75 ~ 2.25μs
	应用指令	0.4μs 以上	数十微秒	34 ~ 724μs

续表

项目		规格		
		C200Hα	C200HS	C200H
存储器	程序存储器	最大 63.2KB	最大 15.2KB	最大 7.2KB
	标准 DM	6144 Byte	6144 Byte	1000 Byte
	固定 DM	512 Byte	512 Byte	1000 Byte
	扩展 DM	3000 Byte	3000 Byte	无
	EM	最多 6K×16 存储体	无	无
继电器区	I/O 位（远程 I/O 使用）	640～184	880（1680）	880（1680）
	IR 位	6000 多	6000 多	3000 多
	SR 位	1016	1016	312
	TR 位	8	8	8
	HR 位	1600	1600	1600
	AR 位	448	448	448
	LR 位	1024	1024	1024
	TIM/CNT 位	512	512	512
I/O 单元连接	I/O 扩展机架	最多 2 或 3 个	最多 2 个	最多 2 个
	特殊 I/O 单元	最多 16 个	最多 10 个	最多 10 个
CPU 功能	RS232C 口	部分有	部分有	部分有
	时钟功能	除 C200HE-CPU11 外都有	所有机型都有	部分有或配有内存卡时有

由于 C200Hα的指令数、执行时间、存储器容量、继电器区各个位数、I/O 扩展及 CPU 功能都优于 C200HS 和 C200H，因此 C200Hα及 C200HS 系列 PLC 有逐步替代 C200H 系列 PLC 的趋势。本节主要讨论 C200Hα系列 PLC 的主单元及其功能、标准单元及其功能、特殊单元及其功能、编程器和电缆。用图表的形式列出了每一类模块的组成，使得选型更加直观。同时，通过表格方式列出了 C200Hα系列 PLC 每个功能模块的基本参数，使选型更加容易。

7.1.1 C200Hα系列 PLC 结构分类

C200Hα PLC 由 4 部分组成：主单元、标准模块、特殊功能单元和通信单元，所有模块通过其底部的总线插头安装在 CPU 底板和 I/O 扩展底板上。

1. 主单元

如图 7-2 所示，C200Hα PLC 主单元由 CPU 模块、电源模块和底板 3 部分组成。CPU 模块主要作用是：运算处理、数据存储和响应中断；电源模块为其他单元提供大小不同的各类电源；底板将各个模块按顺序固定，从而实现了模块集成化。

图7-2　C200Hα主单元分类

2. 标准模块

如图 7–3 所示，数字量输入模块是指将直流（DC）数字量信号送给 PLC 的模块；数字量输出模块是指输出 PLC 数字量信号给继电器、信号灯及执行装置的模块，它用来控制电气元件完成基本的逻辑动作；模拟量输入模块是指将模拟信号如电压或电流转换成二进制数据输入的模块；模拟量输出模块是指将 12 位二进制数据转换为模拟信号，并将该信号输出到外围设备的模块；通信模块 Controller Link 是组成 OMRON 工厂自动化网络的一部分，它支持在 PLC 之间及 PLC 和上位机之间的自动数据链接，也可以使用信息服务进行可编程数据传送。

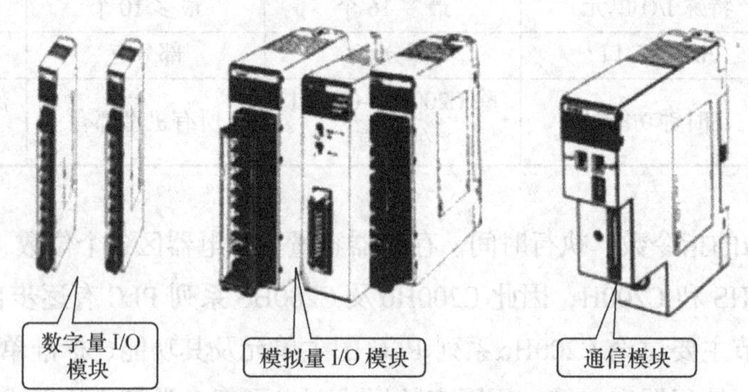

图7-3　C200Hα系列PLC标准模块组成图

3. 特殊功能单元

如图 7–4 所示，特殊功能单元中位置控制单元支持脉冲序列输出的开环控制，它使用自动梯形或 S 曲线加/减速进行定位，同时它可以选择 1、2 或 4 轴，并与伺服电动机或步进电动机组合使用；运动控制单元是用多任务 G 语言将 2 轴运动控制功能单元化；温度控制单元根据热电偶或铂电阻的输入进行两个回路的 PID 控制，温度传感器单元最多可变换从 4 个热电偶或铂电阻传来的温度信号，它将该温度信号转换为 4 位 BCD 码，并直接输入 PLC；高速计数单元是对来自增量型旋转编码器或其他信号源的输入信号进行计数，实现了与各种外围设备的连接和运算；ASCII 单元可以用在显示器实时显示或打印输出 PLC 数据。

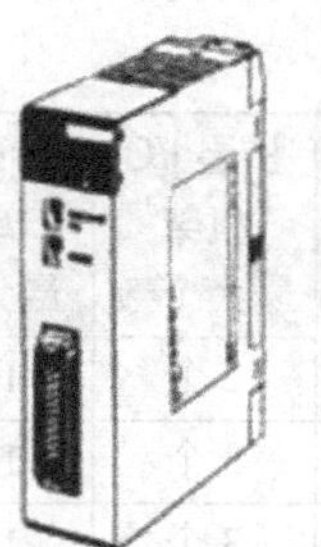
位置控制单元

运动控制单元

温度控制单元

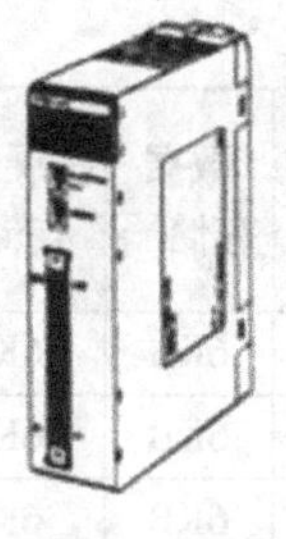
高速计数单元

ASCII 单元

图7-4　特殊功能单元

4. 编程器及电缆

如图 7-5 所示，欧姆龙 C200Hα手持式编程器完成对 PLC 应用程序在线写入、修改、检查和编辑，使用连接电缆将手持式编程器与 PLC 连接，电缆的规格一般有 2m 和 4m。

手持式编程器

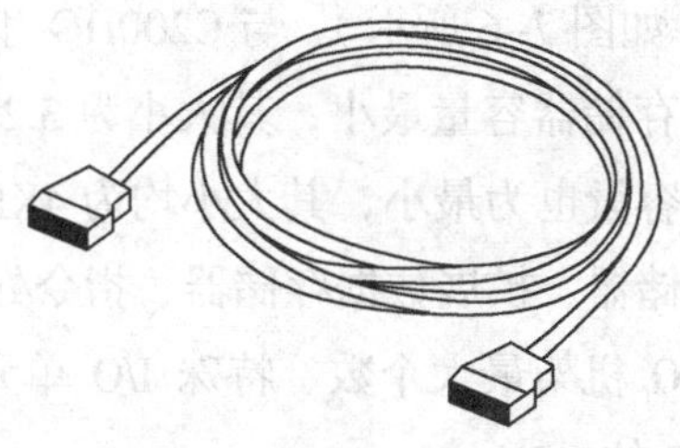
连接电缆

图7-5　手持式编程器及电缆

7.1.2　C200Hα系列 PLC 硬件选型

1. 主单元分类

① CPU。C200Hα PLC CPU 主要有以下 5 种类型：第 1 种为 C200H-CPU01/CPU02/CPU03/CPU11/CPU21/CPU31；第 2 种为 C200HS-CPU01/CPU21/CPU31；第 3 种为 C200HE-CPU11/CPU32/CPU42；第 4 种为 C200HG-CPU33/CPU43/CPU53/CPU63；第 5 种为 C200HX-CPU34/CPU44/CPU54/CPU64/CPU65/CPU85。以高性能且可靠的 CPU 单元 C200Hα系列为例，它有 3 种处理速度和多种程序存储容量。CPU 都有 1 个与 CPU 总线直接连接的专用板插槽，在插槽上可以安装 1 块串行通信板。表 7-2 给出了 C200Hα系列各个类型 CPU 规格参数。

表 7-2　C200Hα CPU 规格参数表

型号	用户程序存储器	数据存储器	扩展数据存储器	指令处理时间（基本指令）	受支持的 I/O 最大实用点数	扩展 I/O 机架最大个数	特殊 I/O 单元最大个数	时钟功能
C200HE-CPU11-E	3.2KB	4KB	4KB	0.3μs	640 点	2 个	10 个	无
C200HE-CPU32-E	7.2KB	6KB	6KB	0.3μs	880 点	2 个	10 个	有
C200HE-CPU42-E	15.2KB	6KB	6KB	0.3μs	880 点	2 个	10 个	
C200HG-CPU33-E	15.2KB	6KB	6KB	0.15μs	880 点	2 个	10 个	

续表

型号	用户程序存储器	数据存储器	扩展数据存储器	指令处理时间（基本指令）	受支持的 I/O 最大实用点数	扩展 I/O 机架最大个数	特殊 I/O 单元最大个数	时钟功能
C200HG-CPU43-E	15.2KB	6KB	6KB	0.15μs	880 点	2 个	10 个	有
C200HG-CPU53-E	15.2KB	6KB	6KB	0.15μs	1184 点	3 个	16 个	
C200HG-CPU63-E	15.2KB	6KB	6KB	0.15μs	1184 点	3 个	16 个	
C200HX-CPU34-E	31.2KB	6KB	6KB	0.1μs	880 点	2 个	10 个	
C200HX-CPU44-E	31.2KB	6KB	18KB	0.1μs	880 点	2 个	10 个	
C200HX-CPU54-E	31.2KB	6KB	18KB	0.1μs	1184 点	3 个	16 个	
C200HX-CPU64-E	31.2KB	6KB	18KB	0.1μs	1184 点	3 个	16 个	

欧姆龙 C200HαPLC 分为 C200HE、C200HG 和 C200HX 3 种类型。这 3 种类型 PLC 有不同的 CPU 型号（如图 7-6 所示）。与 C200HG 和 C200HX PLC CPU 性能相比，C200HE-CPU11 的用户程序存储器容量最小，其大小为 3.2KB；同样 C200HE-CPU11 的数据存储器和扩展数据存储器容量也为最小，其大小均为 4KB；C200HX 型 PLC CPU 性能有：用户程序存储器、数据存储器、扩展数据存储器、指令处理时间（基本指令）、受支持的 I/O 最大实用点数、扩展 I/O 机架最大个数、特殊 I/O 单元最大个数和时钟功能，这些性能均优于 C200HE 和 C200HG 的 CPU。

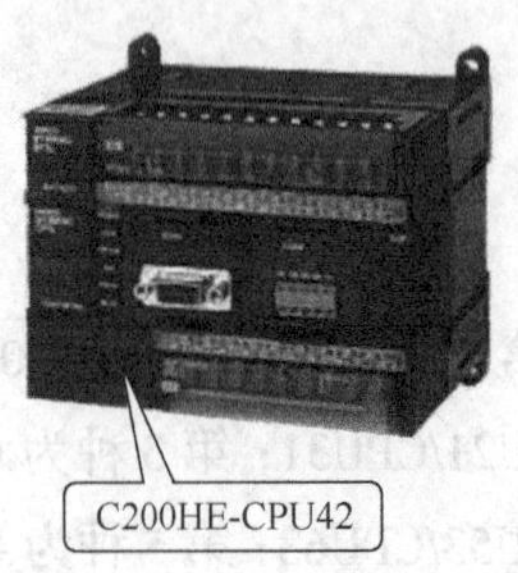

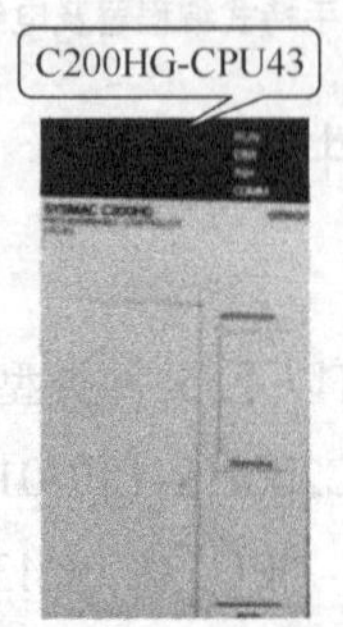

图7-6　C200HE/G/X CPU图

② 电源。C200Hα PLC 电源主要包括：C200H-B7A12/ PS211/ PS221。在 C200Hα系列中，电源单元型号为 C200HW-PA204/ PA204S/PA204R/PA209R/PD024，其中扩展单元电源 C200H-PS221 可以取代 C200H-PS211。

图 7-7 给出了 C200HW-PA/PD 系列实物图，它是 C200Hα系列的供电单元模块，PLC 系统可以工作于 24V DC 电源或者 100～240V AC 电源。对于以数字量为主的小型系统，也可以使用一个低成本的小容量电源单元。如果 PLC 系统使用了大量的模拟量和控制/通信单元，则需采用大容量的电源单元。

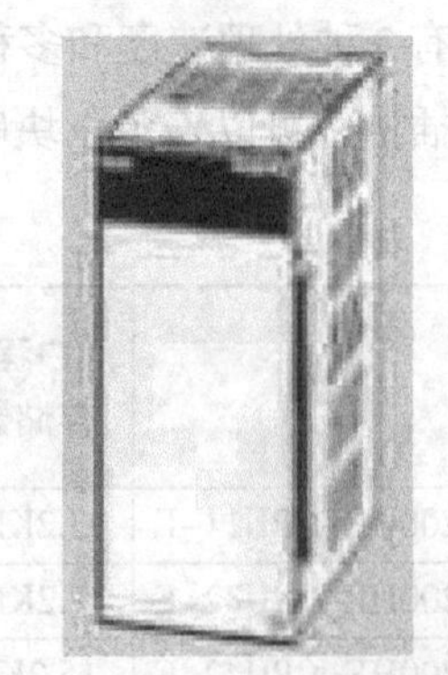

图7-7　C200HW-PA/PD实物图

表 7-3 列出了 C200Hα PLC 电源的部分规格型号。与 C200HW 电源其他型号相比，C200HW-PA209R 电源的输入范围、电源消耗、输出容量、最大输出功率和输入范围均最大，而 C200HW-PD024 电源参数均最小。电源选型时应注意它们的区别。

表 7-3　　　　C200HW 电源规格

型号	电源消耗	输出容量 5VDC（A）	输出容量 24VDC（A）	最大输出功率（W）	特点	输入范围
C200HW-PD024	最大 40W	6.6	0.62	30	n. a	19.2 ~ 28.8V DC
C200HW-PD025	最大 55VA	5.3	1.3	40	n. a	
C200HW-PA204C	最大 120VA	4.6	0.4	30	维护状态显示	85 ~ 264V AC 50/60Hz
C200HW-PA204					n. a	85 ~ 132V 或 170 ~ 264V AC 50/60Hz
C200HW-PA204S					服务电源输出 24V DC，0.8A	
C200HW-PA204R					运行状态输出（SPST 继电器）	
C200HW-PA209R	最大 180VA	9.0	1.3	45	运行状态输出（SPST 继电器）	

③ CPU 底板和扩展底板。CPU 底板和扩展底板主要分为 C200H-BC031/BC051/ BC081/ BC101 及 C200HW-BI031/BI051/BI081/BI101。欧姆龙 C200Hα 系列底板如图 7-8 所示，PLC 机架有各种尺寸，其宽度可以从 3 槽扩展至 10 槽。根据 CPU 的类型，最多有 3 个扩展机架可以连接到 CPU 机架上，最大可以扩展到 40 个 I/O 单元。

图7-8　底板扩展单元

表 7-4 给出了 C200Hα底板的规格。底板包括 CPU 底板和扩展底板，它们规格分别为：型号、类型、槽数、5V 电流消耗、扩展连接器和宽度。其中 CPU 底板和扩展底板最大可以达到 10 个，它们都允许扩展连接器，C200HW-BI101 扩展底板的宽度为 434mm，比其他类型扩展底板宽度都大。C200HW-BC101CPU 底板的宽度为 505mm，比其他类型 CPU 底板宽度都大。

表 7-4　　　　C200Hα底板规格表

型号	类型	槽数	5V 电流消耗（mA）	扩展连接器	宽度（mm）
C200HW-BC031	CPU 底板	3	100	有	260
C200HW-BC051		5	100		330
C200HW-BC081		8	100		435
C200HW-BC101		10	100		505

续表

型号	类型	槽数	5V 电流消耗（mA）	扩展连接器	宽度（mm）
C200HW-BI031	扩展底板	3	150		189
C200HW-BI051		5	150		259
C200HW-BI081		8	150		364
C200HW-BI101		10	150		434

2. 标准模块分类

① 数字量 I/O 单元接口可实现可靠的顺序控制。如图 7-9 所示，该型号 I/O 口种类齐全，从高速的 DC 输入到继电器输出。I/O 单元有各种密度 I/O 连接方式。最多 16 个 I/O 点可以被电缆连接到单元上的可脱卸螺栓端子块。高密度 32 点或者 64 点 I/O 单元可以使用标准的 40-pin 的可脱卸连接器。有预制的电缆和端子块可以简单地连接到高密度 I/O 单元。

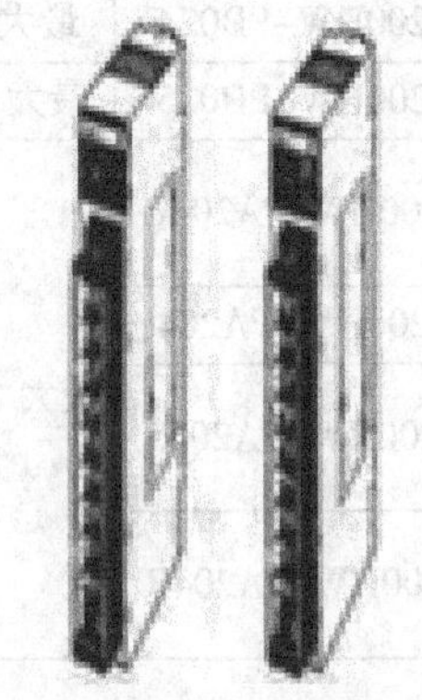

图7-9 C200Hα数字量I/O单元

其型号主要有 C200H-IA**、IM**、ID**输入单元，C200H-OA**、OC**、OD**、MD**输出单元和 C200HS-INT01 输入单元。

表 7-5 所示，AC 输入点数最多为 16 点，最少为 8 点，其额定电压有 120V AC 和 240V AC

表 7-5　C200Hα数字量 I/O 规格

型号	类型	点数	类型	额定电压	额定电流	5V 电流消耗（mA）	26V 电流消耗（mA）	连接种类
C200H-IA121	输入	8	AC 输入	120V AC	10mA	10	—	可拆卸端子块
C200H-IA122		16			10mA			
C200H-IA122V					7mA			
C200H-IA221		8		240V AC	7mA			
C200H-IA222		16			7mA			
C200H-IA222V					6mA			
C200H-IM211		8	AC/DC 输入	12～24V AC/V DC	6mA			可拆卸端子块
C200H-IM212		16		24V AC/V DC	5mA			
C200H-ID211		8	DC 输入	12～24V DC	10mA			可拆卸端子块
C200H-ID212		16		12V DC	7mA			
C200H-ID216		32		24V AC	4.1mA	100		连接器
C200H-ID217		64		24V DC	4.1mA	120		
C200H-ID218		32		24V DC	6mA	100		
C200H-ID219		64		24V DC	6mA	120		

续表

型号	类型	点数	类型	额定电压	额定电流	5V 电流消耗（mA）	26V 电流消耗（mA）	连接种类
C200H-ID111		64		12V DC	4.1mA	120		
C200H-ID215		32		24V DC	4.1mA	130		
C200H-ID501		32	TTL 输入	5V DC	35mA	130		
C200HS-INT01		8	DC 输入	12～24V DC	10mA	20		可拆卸端子块
C200H-OA223		8			1.2A	180		
C200H-OC222V		12	晶闸管输出		0.3A	200		可拆卸端子块
C200H-OC224		12			0.5A	270		
C200H-OC221		8				10	最大 75	
C200H-OC222		12				10	最大 75	
C200H-OC222N		12		250V AC		8	最大 90	
C200H-OC225		16				50	最大 75	可拆卸端子块
C200H-OC226N		16	继电器输出			30	最大 75	
C200H-OC223		5				10	最大 90	
C200H-OC224						10		
C200H-OC224N						10		
C200H-OD411	输出		DC 输出（漏型）	12～48V DC		140		
C200H-OD213		8		24V DC		140		
C200H-OD214			DC 输出（源型）	24V DC		140		
C200H-OD216				5～24V DC		10	最大 75	可拆卸端子块
C200H-OD211		12	DC 输出（漏型）	24V DC		160		
C200H-OD212		16		24V DC		180		
C200H-OD217		12	DC 输出（源型）	5～24V DC		10	最大 75	
C200H-OD21A		16				160		
C200H-OD218		32		24V DC		270		
C200H-OD219		64	DC 输出（漏型）			480		连接器
C200H-OD215		32				220		
C200H-OD501		32	TTL 输出	5V DC		220		连接器
C200H-MD215				24V DC				
C200H-MD115	输入 + 输出	16+16	DC 输入/输出（漏型）	12V DC 输入 24V DC 输出		180		连接器
C200H-MD501			DC 输入/输出（TTL 型）	5V DC				

两种；AC/DC 输入最多为 16 点，最少为 8 点，其额定电压有 12 ~ 24V AC/V DC 和 24V AC/V DC 两种；DC 输入点数最多为 64 点，最少为 8 点；TTL 输入点数为 32；晶闸管输出最多为 12 点，最少为 8 点，其额定电压为 250V AC，额定电流最小为 0.5A，最大为 1.2A；继电器输出最多为 16 点，最少为 8 点，其额定电压为 250V AC；DC 输出（漏型）最多为 64 点，最少为 8 点，其额定电压最高为 48V DC，最低为 12V DC，额定电流最小为 0.1A，最大为 2.1A；DC 输出（源型）最多为 16 点，最少为 8 点，其额定电压最高为 24V DC，最低为 5V DC，额定电流最小为 0.3A，最大为 1.0A；TTL 输出点数为 32，额定电压为 5V DC；特殊 I/O 单元为既有输入又有输出，其点数为输入和输出各 16 个。额定电压最小 5V DC，最大为 24V DC，额定电流最小 35mA，最大为 50A。

② 模拟量 I/O 模块如图 7-10 所示。C200Hα系列模拟量 I/O 单元种类丰富，它可以完成从低速、多通道的温度测量到高速、高精度的数据采集。同时模拟量输出也可以实现精确地控制和外部测量。C200Hα 模拟量 I/O 模块类型有：C200H-AD001/AD002/AD003/DA001/DA002/DA003/ DA004/MAD001。

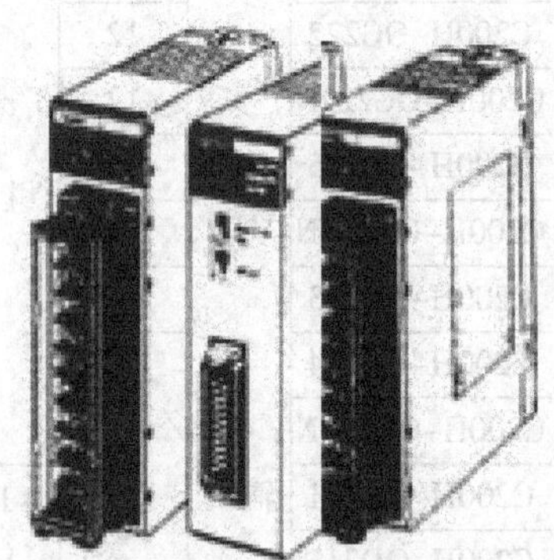

图7-10 模拟量I/O单元

表 7-6 给出了模拟量 I/O 模块的规格型号。该模拟量输入单元点数最多为 8 点，最少为 4 点；模拟量输出单元点数最多为 4 点，最少为 2 点；电压输出和电流输出的点数相同，它们分别输出 8 个点；特殊模拟量单元是指既有模拟量输入又有模拟量输出，它的输入/输出点数分别为 2 点。模拟量 I/O 单元在选型时需注意：输入信号的类型是电流型还是电压型、输入极性的变化、分辨率和精度大小。

表 7-6 C200Hα模拟量基本 I/O 单元规格

型号	点数	类型	范围	分辨率	精度	转换时间	5V 电流消耗（mA）	26V 电流消耗（mA）	连接种类
C200H-AD001	4	模拟输入	4 ~ 20mA 1 ~ 5V 0 ~ 10V	1/4000	± 0.5%Fs	2.5ms/点	550	—	端子块
C200H-AD002	8		4 ~ 20mA 1 ~ 5V		电压：0.25%Fs 电流：0.4%Fs				连接器
C200H-AD003	8		0 ~ 10V −10V ~ 10V		电压：0.2%Fs 电流：0.4%Fs	1ms/点	100	100	端子块
C200H-DA001	2	模拟输出	4 ~ 20mA 1 ~ 5V 0 ~ 10V	1/4000	0.5%Fs	2.5ms/点	650	—	端子块
C200H-DA002	4		4 ~ 20mA −10V ~ 10V	电压：1/8000 电流：1/4000	电压：0.3%Fs 电流：0.5%Fs		600		

续表

型号	点数	类型	范围	分辨率	精度	转换时间	5V 电流消耗（mA）	26V 电流消耗（mA）	连接种类
C200H-DA003	8	电压输出	0 ~ 5V 0 ~ 10V -10V ~ 10V	1/4000	0.3%Fs	1ms/点	100	200	
C200H-DA004	8	电流输出	4 ~ 20mA	1/4000	0.5%PV		100	250	
C200H-MAD001	2+2	模拟输入+输出	4 ~ 20mA 1 ~ 5V 0 ~ 10V -10V ~ 10V	1/4000	电压：0.2%PV 电流：0.4%PV 电压：0.3%PV 电流：0.5%PV	1ms/点	100	200	端子块

③ 图 7-11 所示是通信模块的外观图，通信模块主要完成PLC 之间或者与上位信息系统间的数据连接，它们可以使用串行连接，也可以使用简捷明了的 Controller Link 网络。欧姆龙 PLC支持两种主要的现场网络，它们是 DeviceNet 和 Profibus-DP。对于高速现场 I/O，欧姆龙独有的 Compo-Bus/S 提供了最简洁的安装。完整的用户定义串行和基于 CAN 的通信用于解决各种特定应用的协议。

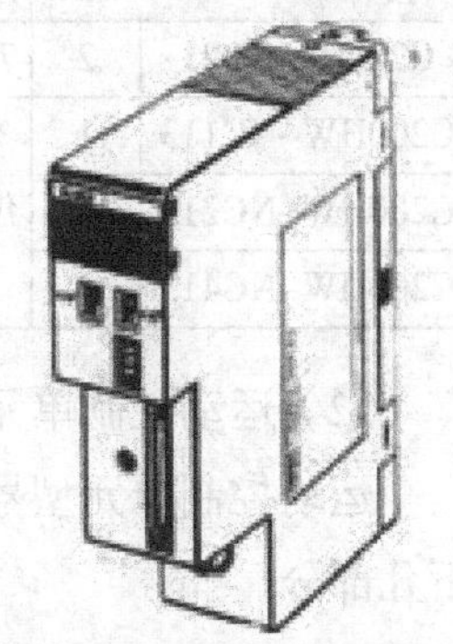

图7-11　C200HW通信单元

C200Hα通信单元规格有端口、协议、I/O 电流消耗和连接种类。C200HW-CLK21 通信单元采用 Controller Link 连接，端口为 2 芯双绞线，并采用欧姆龙专用协议；其余型号规格见表 7-7。在选型时应注意：类型的区分、端口的定义和协议的使用。

表 7-7　C200Hα通信单元规格

型号	类型	端口	协议	I/O 电流消耗（mA）	连接种类
C200HW-CLK21	Controller Link	2 芯双绞线	欧姆龙专有	330	2 芯螺栓+GND
C200HW-DRM21-V1	DeviceNet	1 × CAN	DeviceNet	250	5-pin 可拆卸
C200HW-DRT21	DeviceNet	1 × CAN	DeviceNet	250	5-pin 可拆卸
C200HW-PRM21	Profibus-DP	1 × RS485（主站）	DP	600	9-pin D 型
C200HW-PRT21	Profibus-DP	1 × RS485（从站）	DP	250	9-pin D 型
C200HW-SRM21-V1	Compo-Bus/S	2 芯线（主站）	欧姆龙专有	150	2 芯螺栓+ 2 芯电源

3. 特殊功能单元分类

（1）位置控制单元

位置控制单元主要有 C200H-CT021 和 C200HW-NC113/NC213/NC413。位置控制单元主要是从简单的位置测量到多轴同步运动控制，计数器单元从编码器收集位置信息。实际的位置信息将和内部存储的目标值作比较。位置控制单元用于对伺服驱动器或者步进电动机进行点对点的定位。目标数据和加速/减速曲线可以在运行中调整。

表 7-8 给出了位置控制单元的规格参数。一个位置控制单元最多可控制 4 轴，其信号类型采用 24V 开路集电极，电流消耗为 300mA。同时，计数器单元频率为 75kHz，它与编码器连接收集位置信息。

表 7-8　C200Hα位置控制单元规格

型号	通道/轴数	类型	信号类型	单元分类	I/O 电流消耗（mA）	备注	连接种类
C200H-CT021	2	75kHz 计数器	24V，12V 线性驱动	特殊 I/O 单元	450	2 输入	连接器
C200HW-NC113	1	位置控制单元	24V 开路集电极		300	500kpulse/s 脉冲输出，原点、限位开关、停止、中断输入	
C200HW-NC213	2				300		
C200HW-NC413	4				500		

（2）运动控制单元

运动控制单元型号为 C200H-MC221，选型设计应根据其特点设定参数。其特点分为以下几部分。

① 对象驱动器可连接模拟量输入的伺服驱动器。

② ABS 编码器分别对应 ABS 型（绝对值输出型）编码器和 ABS 伺服电机。它对应 ABS 伺服电机时，紧急停止后需要进行原点搜索。

③ 备有可与运动控制单元进行单点连接的专用电缆。

④ 备有可选的连接伺服驱动器的专用电缆（1 轴/2 轴用）、外围输入/输出信号用端子平台和专用电缆。

⑤ 采用 G 语言编写复杂的处理程序更简单，且不会增加梯形图程序的额外负担。

⑥ 1 个槽口实现 2 轴同步控制，通过多任务功能可实现 2 轴同步和每一轴的独立控制。最多可安装 8 个单元，SYSMACα一台可搭载 8 个单元，最多可控制 16 根轴。

⑦ S 形圆弧标准搭载，还搭载了抑制设备振动的 S 形圆弧。

⑧ 程序登录最多达 100 条。

⑨ 可连接手动脉冲发生器（MPG）。

（3）温度控制单元

温度 I/O 单元支持更多的传感器，实现更快、更精确的数据采集。温度控制单元减少了 PLC CPU 的 PID 计算和报警监视。这些功能由单元自由处理，实现了良好的控制和自动

整定功能，与独立的温度控制器类似。其型号主要有 C200H-TS001/002/101/102、C200H-TC***系列和 C200H-TV***系列。

表 7-9 列出了温度控制单元规格参数。温度控制单元中转换时间、5V 电流消耗和连接类型都分别采用相同规格；热电偶和 RTD 输入点数都为 2 个，其分辨率为 0.8℃，无输出连接；温度控制回路和加热冷却控制分辨率为 0.1℃，其输出方式有：晶体管输出、电压输出和电流输出。

表 7-9　C200Hα温度控制单元规格

<table>
<tr><th>型号</th><th>类型</th><th>点数</th><th>范围</th><th>分辨率</th><th>精度</th><th>转换时间（ms）</th><th>5V 电流消耗（mA）</th><th>连接种类</th><th>备注</th></tr>
<tr><td>C200H-TS001</td><td>热电偶</td><td rowspan="4">4</td><td>J，K</td><td rowspan="4">0.8℃</td><td rowspan="4">±1%Fs
或±1%</td><td rowspan="16">500</td><td rowspan="16">330</td><td rowspan="16">端子块</td><td rowspan="4">—</td></tr>
<tr><td>C200H-TS002</td><td>热电偶</td><td>J，K</td></tr>
<tr><td>C200H-TS101</td><td>RTD</td><td>JPt</td></tr>
<tr><td>C200H-TS102</td><td>RTD</td><td>Pt</td></tr>
<tr><td>C200H-TC001</td><td rowspan="3">温度控制回路，热电偶</td><td rowspan="12">2</td><td rowspan="3">R，S，K，J，T，E，B，N，L，U</td><td rowspan="12">0.1℃</td><td rowspan="3">±0.5%Fs
或±2%</td><td>晶体管输出</td></tr>
<tr><td>C200H-TC002</td><td>电压</td></tr>
<tr><td>C200H-TC003</td><td>电流</td></tr>
<tr><td>C200H-TC101</td><td rowspan="3">温度控制回路，RTD</td><td rowspan="3">Rt100
JPt100</td><td rowspan="3">±0.5%Fs
或±1%</td><td>晶体管输出</td></tr>
<tr><td>C200H-TC102</td><td>电压</td></tr>
<tr><td>C200H-TC103</td><td>电流</td></tr>
<tr><td>C200H-TV001</td><td rowspan="3">加热/冷却控制，热电偶</td><td rowspan="3">R，S，K，J，T，E，B，N，L，U</td><td rowspan="3">±0.5%Fs
或±2%</td><td>晶体管输出</td></tr>
<tr><td>C200H-TV002</td><td>电压</td></tr>
<tr><td>C200H-TV003</td><td>电流</td></tr>
<tr><td>C200H-TV101</td><td rowspan="3">加热/冷却控制，RTD</td><td rowspan="3">Rt100
JPt100</td><td rowspan="3">±0.5%Fs
或±1%</td><td>晶体管输出</td></tr>
<tr><td>C200H-TV102</td><td>电压</td></tr>
<tr><td>C200H-TV103</td><td>电流</td></tr>
</table>

（4）高速计数单元

高速计数单元型号为 C200H-CT001-V1，选型时应注意：输入模式、外部输出、完成功能及计数模式。C200H-CT001-V1 特点主要有：相位差、加/减输入和脉冲/方向输入；外部控制输入个数为 2，外部输出个数为 8；3 种功能和 6 种计数模式为预置计数功能，预置模式和计数功能包括：门限模式、锁存模式、采样模式；长距离输入和抗噪声（线性驱动器输入）。

（5）ASCII 单元

ASCII 单元选型主要是根据外围设备的连接个数和由该单元确定的非 I/O 字。当 PLC 模块安装在任何一个 C200HX/HG/HE 机架上时，需要由该单元号确定 10 个非 I/O 字。它可以方便地使用 BASIC 语言或汇编语言对 ASCII 单元编程。该程序运行与 PLC 内部梯形图无关。

特殊功能模块是根据现场需要来分别选取的。除上述特殊功能模块外，还有 PID 控制模块，其功能是实现良好的控制和自动整定，其型号主要有 C200H-PID01/PID02/PID03。

表 7-10 给出了 PID 自整定的模块参数。选择 PID 单元时，主要依据的是连接类型，即判断它是晶体管输出还是电压或电流输出。

表 7-10　　PID 自整定模块参数

型号	类型	点数	范围	分辨率	精度	转换时间（ms）	5V 电流消耗（mA）	连接种类	备注
C200H-PID01	PID 控制	2	4～20mA，1～5V，0～10V，0～5V	0.1%Fs	0.5%PV	100	330	晶体管输出	端子块
C200H-PID02								电压	
C200H-PID01								电流	

4．编程器及电缆选择

欧姆龙 C200Hα PLC 外围扩展编程设备一般有两种连接方式：一是与手持简易编程器直接连接，另外一种是 PLC 与个人计算机（PC）连接。

如图 7-12 所示，它给出了 C200H-PRO27 型手持式编编程设备与 C200Hα PLC CPU 的连接图。由手持编程终端通过编程键盘给 PLC 输入程序指令，C200HE/HG/HX CPU 单元与手持编程器之间通过 2m 的 C200H-CN222 型连接电缆或者采用 4m 的 C200H-CN422 型连接电缆连接。

如图 7-13 所示，PC 可通过编程电缆与 C200Hα PLC 连接，同时实现较大规模程序上传、下载、在线诊断、调试和编程功能。C200HE/HG/HX 系列 PLC 使用的编程软件为 CX-Programmer，该软件可运行在 Windows 操作系统下。

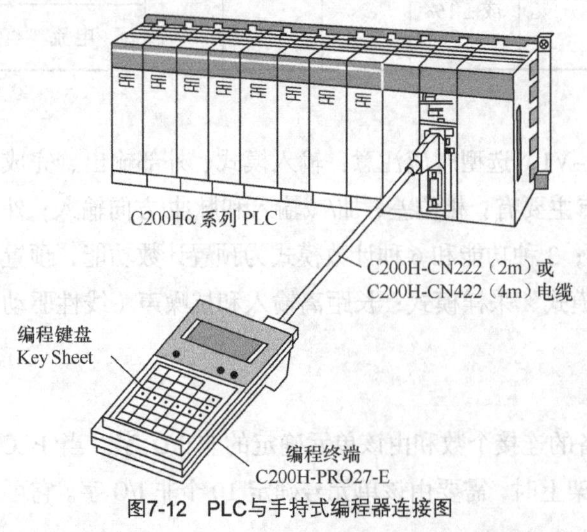

图7-12　PLC与手持式编程器连接图

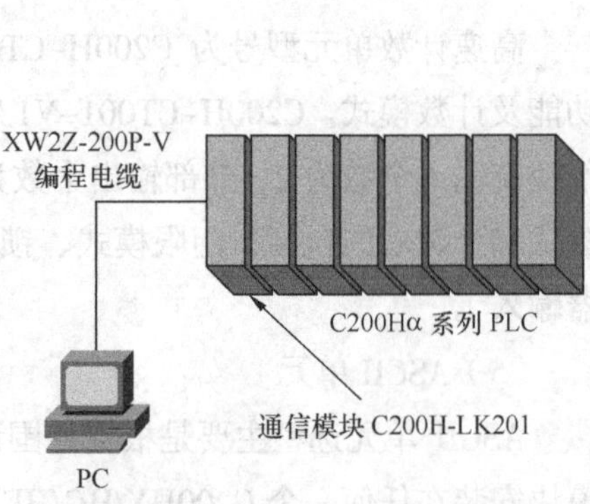

XW2Z-200P-V
编程电缆
C200Hα 系列 PLC
PC
通信模块 C200H-LK201

图7-13　PC与C200Hα系列PLC连接图

图 7-14 给出了 CX-Programmer 软件运行界面，该软件版本为 CX-Programmer V 5.0，可支持多个版本的欧姆龙 PLC，如 CJ 系列、CQM*系列、CS 系列、CV 系列、C200H 系列、C1000H 及 C2000H 系列、CVM 系列、SRM 系列及 IDSC。每个系列都有相对应的网络类型。

图7-14　CX-Programmer V 5.0软件运行界面

C200H 系列中 C200H 只对应一种网络类型 SYSMAC WAY，C200H-HG/HX 则有 6 种网络类型可供选择，它们分别为：SYSMAC WAY、SYSMAC NET、SYSMAC LINK、Controller Link、Tool bus 和以太网；C200H-HE/HS PLC 则对应 SYSMAC WAY 和 Tool bus 两种。

7.2　C200Hα系列 PLC 软件设计

熟悉了 C200Hα系列 PLC 的结构分类及硬件选型后，需要进一步对软件进行设计，软件设计是 PLC 设计中最重要的环节。软件设计是指根据编程项目的工艺流程及其功能，用 PLC 梯形图或指令助记符实现的过程。本节主要介绍欧姆龙常用编程软件——CX-Programmer，介绍了 PLC 编程的两种方法：梯形图编程法和时序图编程法。同时，还介绍了如何创建一个工程、I/O 表和单元设置、符号地址生成、程序编译、PLC 网络配置和在线模拟。

欧姆龙 C200Hα系列 PLC 软件编程是从应用 CX-Programmer 开始的。欧姆龙 PLC 软件设计主要步骤如图 7-15 所示。

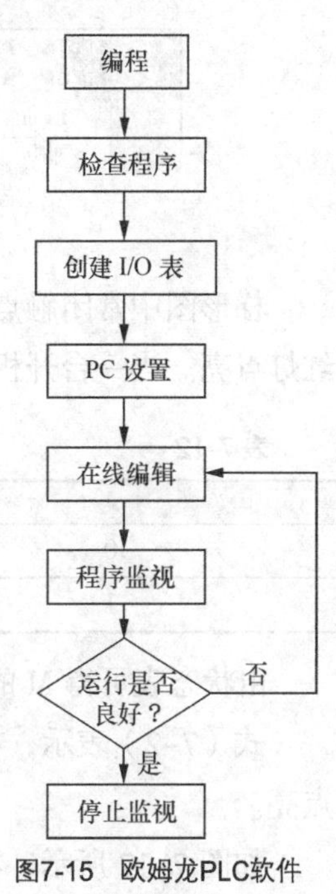

图7-15　欧姆龙PLC软件设计步骤

根据确立的 I/O 点功能对程序进行编制，编程的方法很多，如逻辑设计法、时序图设计法、顺序控制法及综合设计法。编程过程中，需检查程序逻辑结构、语法、调用程序、中断及数值赋值是否正确，如有问题需及时修改；基本程序编辑完后，需要创建一个 I/O 表，目的是对所有 I/O 进行归纳整理，从而缩短在线调试时间；然后需对个人计算机进行网络配置，如通信协议设定、通信端口确定、波特率设置；设置完成后 PC 与 PLC 建立连接，可进行在线调试，在线调试需反复检查诊断，确定基本参数，如果最终达到控制要求，对数据进行备份、归档，软件设计完成。程序设计最重要的环节是程序编制，编制 PLC 程序需要根据控制要求来确定编程方法。以下对逻辑设计法和时序图设计法进行介绍。

1. 逻辑设计法

逻辑设计法可对开关量进行控制，它将控制电路中元件的通、断电状态看作触点接通、断开，并将其作为逻辑变量。经过化简的逻辑函数，利用 PLC 的逻辑指令可以顺利地设计出满足要求的、较为简练的控制程序。

① 例如，对两台电机在不同状态下发出不同的显示信号进行控制。一台开机时红灯闪烁，两台都停机时红灯持续点亮。

② 两台电机都停止时，可设这两台电机分别为 A 和 B。红灯 M 亮为“1”，灭为“0”；电机转动为“1”，停止为“0”。表 7–11 列出了红灯持续点亮的状态。

表 7-11　红灯持续点亮状态表

A	B	M
0	0	1

由状态表可得电机 M 的逻辑函数为：$M=\overline{AB}$　(7–1)

式（7–1）表示，电机 A 和 B 在停止时红灯 M 持续点亮。其梯形图如图 7–16 所示。

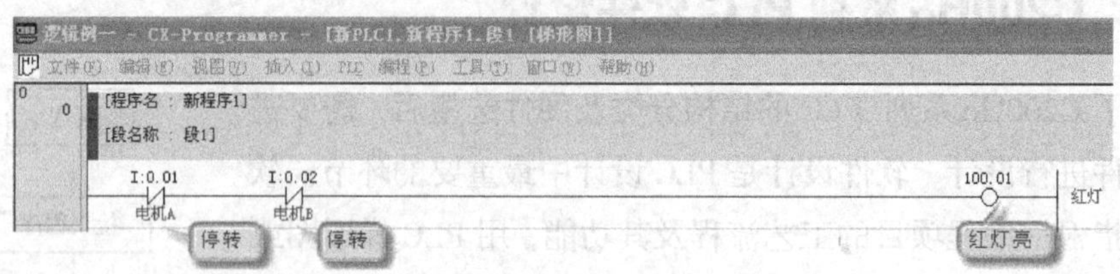

图7-16　红灯持续点亮梯形图

梯形图中常闭触点 0.01 和 0.02 代表电机 A 和 B 处于停止状态，输出 100.01 接通表示红灯点亮。当一台开机时，即红灯闪烁情况下，其状态见表 7–12。

表 7-12　红灯闪烁状态表

A	B	M
0	1	1
1	0	1

由状态表可得 M 的逻辑函数为：$M=\overline{A}B+A\overline{B}$　(7–2)

式（7–2）表示，在电机 A 停止和电机 B 启动或者电机 A 启动电机 B 停止时，红灯 M 点亮。

如图 7–17 所示，梯形图中常闭触点 0.01 与常开触点 0.02 串联，同时与常开触点 0.01 与常闭触点 0.02 并联，这表示 A 或 B 有一台电机接通；同时为了使输出 100.01 红灯以 0.2s

闪烁，又在梯形图回路串入 0.2s 的时钟脉冲。将以上两种情况综合后得到红灯点亮时的总梯形图。

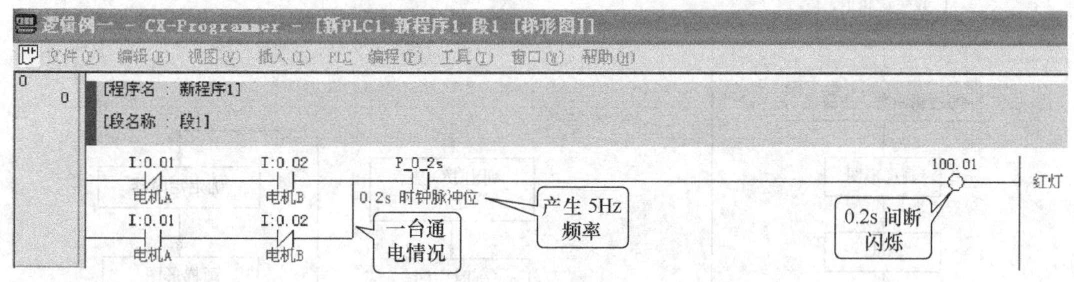

图7-17　红灯闪烁梯形图

如图 7–18 所示，梯形图分为两个分支，一个分支表示一台电机运行情况；另一个分支表示两台电机都停止的情况，其含义如图 7–17 和图 7–18 所示，从而可得出梯形图逻辑设计的一般步骤，如图 7–19 所示。

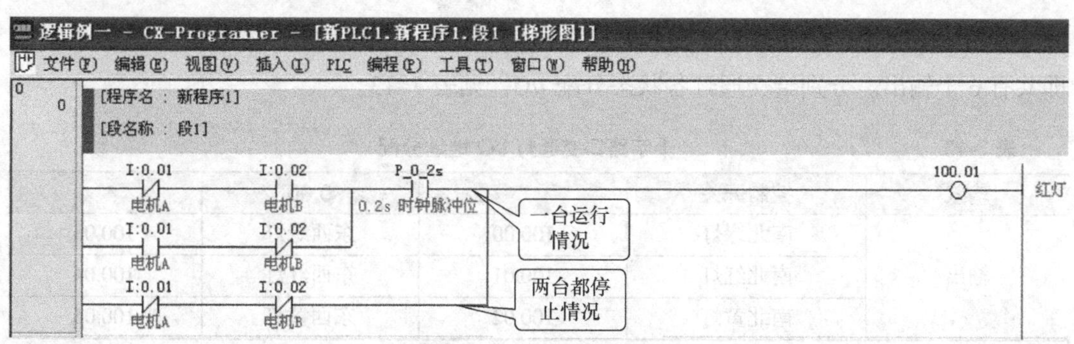

图7-18　红灯点亮时总梯形图

梯形图逻辑设计第 1 步是将实际输入输出信号分类，并分配逻辑变量；第 2 步是对分配的逻辑量设定布尔值，并将分析出的逻辑关系式进行简化；第 3 步是根据逻辑关系画梯形图；第 4 步是画出梯形图后进行调试，如果出现问题返回第 2 步。也可以根据个人设计习惯将列状态表及写逻辑函数作为一步。同时逻辑设计法也可以通过指令助记符编制。

2. 时序图设计法

当控制信号状态变化有时间顺序时，可选用时序图设计法。由时序图理清各逻辑关系，最终写出程序。如图 7–20 所示，它列出了时序图设计法的一般步骤。

时序图设计法中最重要的是对每个状态动作的先后顺序进行分类，分配 I/O 地址，并列出每个状态转换条件，同时画出时序图。其余步骤与逻辑设计法类似。最典型的时序图设计实例为十字路口交通灯控制，在红、黄、绿 3 种交通灯下，假设南北方向车流多，放行时间（即绿灯亮时间）可以设为 30s，东西方向放行时间为 20s。当在南北（或东西）方向的绿灯灭时，该方向的黄灯与东西（或南北）方向的红灯一起以 5Hz 的频率闪烁 5s，提醒司机，闪烁过后，立即开始另外一边放行。

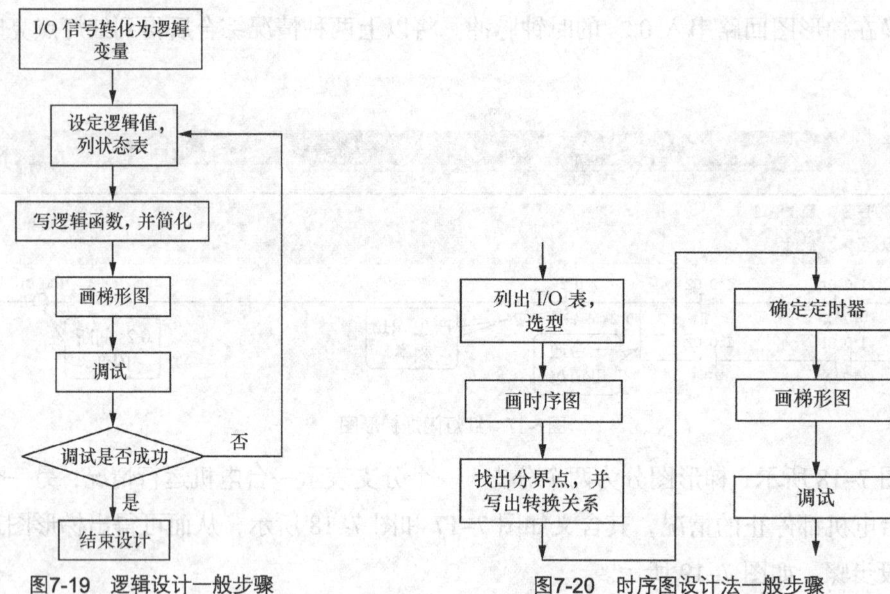

图7-19　逻辑设计一般步骤　　图7-20　时序图设计法一般步骤

分析以上状态，可以选用一个开关控制，状态输出为南北及东西方向各 3 个灯的点亮，即共有 6 个输出。分别给交通灯各状态分配 I/O，见表 7-13。

表 7-13　　十字路口交通灯 I/O 地址分配

输入	控制开关		0.00	
输出	南北绿灯	100.00	东西绿灯	100.03
	南北红灯	100.01	东西红灯	100.04
	南北黄灯	100.02	东西黄灯	100.05

输入为一个控制开关 0.00，输出为 6 种状态，分别控制南北及东西绿灯、黄灯和红灯。由这 6 种灯的不同点亮顺序，可以得出工作时序图如图 7-21 所示。

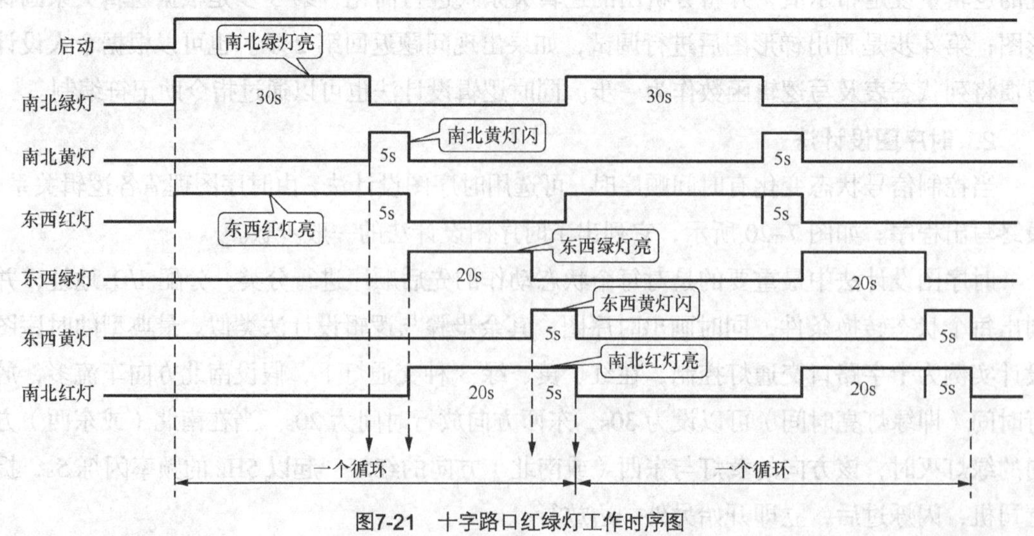

图7-21　十字路口红绿灯工作时序图

启动控制开关 0.00 后，第一阶段：南北绿灯 100.00 点亮 30s，同时东西红灯 100.04 亮 30s；第二阶段：30s 后南北黄灯 100.02 及东西红灯 100.04 闪 5s；第三阶段：东西绿灯 100.03 亮 20s，南北红灯 100.01 亮 20s；第四阶段：东西黄灯 100.05 及南北红灯 100.01 闪 5s；第四阶段结束，第一个循环结束，系统又重复第一阶段方式，开始进入第二次循环。

时序图设计结束后，需要确定定时器的个数及定时时间，通过工作时序图可以看出该工作方式下需要 4 个时间定时器，分别完成如下 4 种功能。

① 定时器 1，从南北绿灯点亮开始计时，30s 后，定时到，输出为 ON，且一直保持。

② 定时器 2，从南北绿灯点亮开始计时，35s 后，南北黄灯及东西红灯熄灭，定时到，输出为 ON，且一直保持。

③ 定时器 3，从南北绿灯点亮开始计时，55s 后，东西绿灯由点亮变熄灭，定时到，输出为 ON，且一直保持。

④ 定时器 4，从南北绿灯点亮开始计时，60s 后，东西黄灯及南北红灯闪烁结束，定时到，输出为 ON，随即自复位所有定时器，开始下一个循环周期，及南北绿灯开始点亮。

确定了定时器之后，根据 I/O 点的个数和工作时序图来画梯形图，其具体设计方法与逻辑设计法类似，这里不再赘述。

7.2.1　创建一个工程

创建一个编程项目后，在 Windows 系统下便可运行编程软件及一个监控软件包。

如图 7-22 所示，它为 CX-Programmer（简称 CX-P）启动后的窗口。图 7-22（a）给出了 CX-P 的界面，其可以分为 5 个区：标题栏、菜单栏、工具栏、工作区和状态栏，其中图 7-22（b）为另外弹出的对话窗口，它是一些基本功能热键显示区，以便进行快速查找。CX-P 的界面包括：标题栏，它用于显示打开的工程文件名和软件名称等；菜单栏是将 CX-P 的不同功能组合起来，按各种不同用途以菜单形式显示，同时可以进行相应的操作；工具栏是将 CX-P 中经常使用的功能以按钮形式集中显示；状态栏显示即时帮助、PLC 在线/离线状态、工作模式、连接的 PLC 和 CPU 类型、PLC 扫描循环时间等；工作区分为程序工作区和工程工作区，工程工作区在一个工程下可生成多个 PLC，每个 PLC 又包括若干分块，成树形结构显示；程序工作区是编辑梯形图和助记符程序的区域。

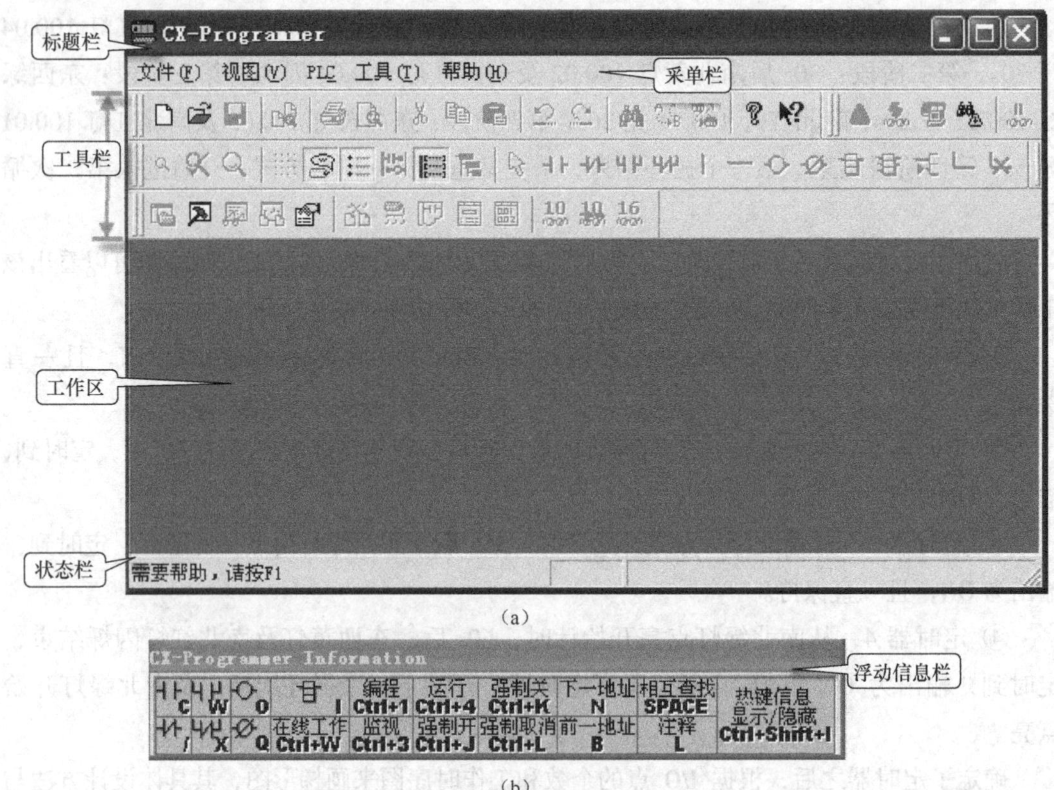

(a)

(b)

图7-22 CX-Programmer 窗口

单击主窗口的“新建”按钮，将弹出一个对话框，如图7–23所示。将设备类型在下拉菜单中可设为C200H，名称自定义为新PLC1，网络类型将自动更改为SYSMAC WAY。如果需要对该设备特殊说明，可在注释栏里对其详细说明。单击“确定”按钮后，弹出CX–P主画面对话框，如图7–24所示。

图7-23 更改PLC的对话框

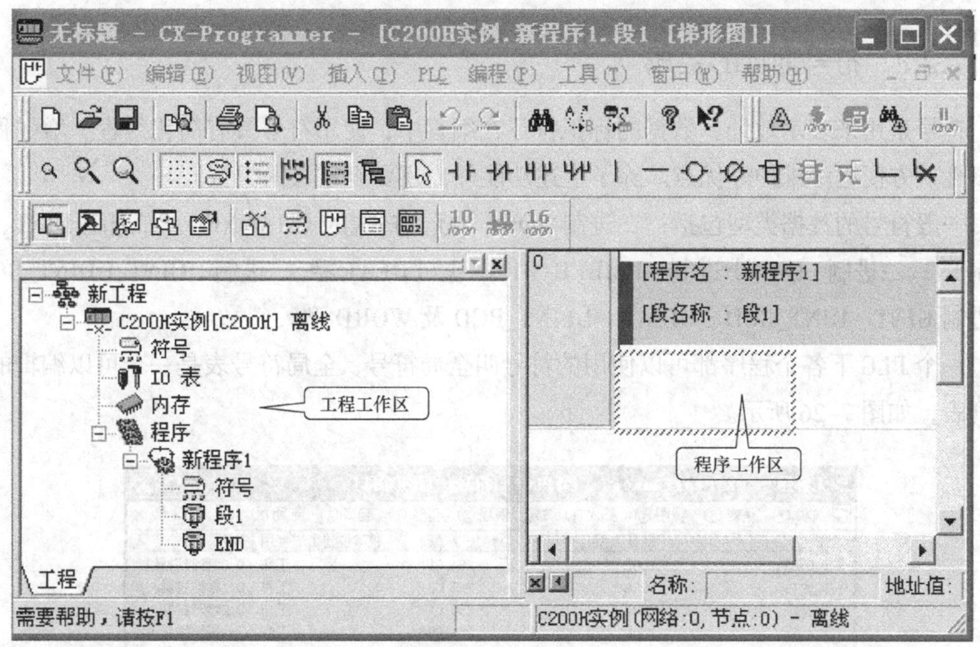

图7-24 CX-P主窗口

以 C200H PLC 为例，它的下拉菜单中包括：符号、IO 表和内存。程序中包括：新程序 1 下的符号、段 1 和 END 项目。“符号”中是 C200H 中的全部变量地址分配表，包括用户定义的 I/O 地址、各工作位地址和系统标志的地址分配。“IO 表”中为各机架和空槽的 I/O 点数分配情况，具体框图如图 7-25 所示。“内存”栏中主要是对各个存储空间中的地址进行分配。程序菜单下又包括新程序 1 的符号、段 1 和 END 指令，其中该菜单下的“符号”包括了新程序 1 下的局部变量地址的分配，段 1 中是设计的梯形图程序。

7.2.2 PLC I/O 表和单元设置

PLC 程序编辑前需要设定基本参数，在 CX-P 通过 I/O 表进行设置。双击工程工作区中的“IO 表”图标来实现 I/O 点数及所用扩展槽的个数分配。如图 7-25 所示，在该窗口中根据实际需要，可扩展机架至两个，主机架是基本 I/O 分配机架，可以分配槽数从 0 ~ 9，每个槽数可以为数字量 I/O、模拟量 I/O、位置控制器、高速计数器（单向/双向）、其他特殊 I/O 单元和连接模块等。下载至 PLC 后，设置生效。

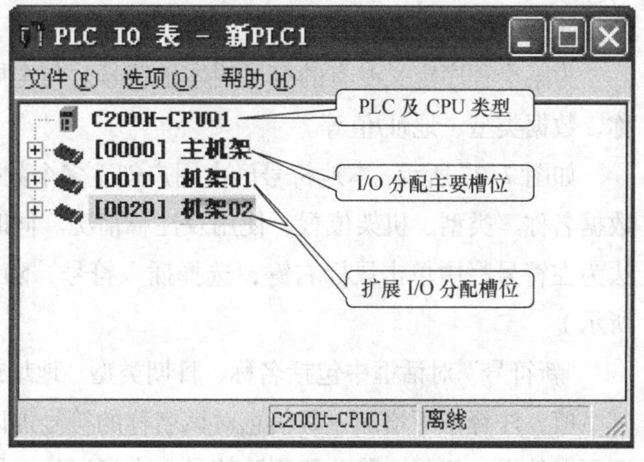

图7-25 I/O扩展图

7.2.3 符号地址的生成

符号是用来表示地址、数据的标识符。在编程中，使用符号具有简化编程、增强程序可读性、方便程序维护等优点。除了上述功能外，还要规定数据类型。

一般符号的数据类型包括：二进制 BOOL、任意格式的 CHANNEL、二进制 DINT、二进制 INT、二进制 LINT、十进制 NUMBER、REAL 型、LREAL 型、二进制 UDINT、UDINT_BCD、二进制 UINT、UINT_BCD、ULNIT、ULINT_BCD 及 WORD 型。

一个 PLC 下各个程序都可以使用的符号叫全局符号，全局符号表是一个可以编辑的符号列表，如图 7-26 所示。

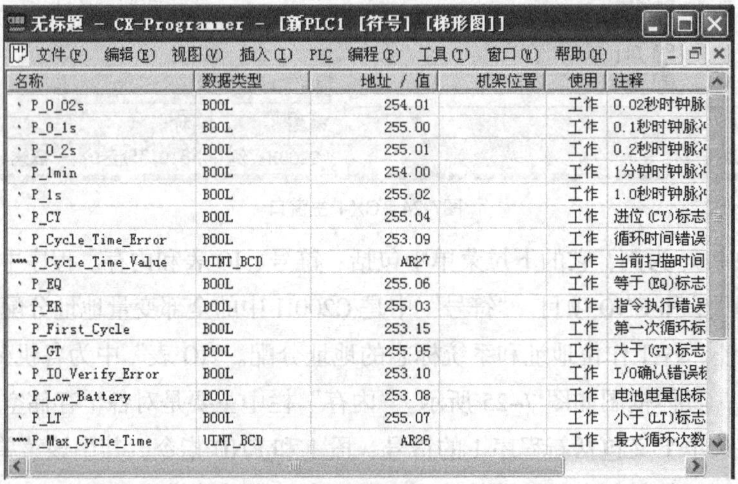

无标题 - CX-Programmer - [新PLC1 [符号] [梯形图]]

文件(F) 编辑(E) 视图(V) 插入(I) PLC 编程(P) 工具(T) 窗口(W) 帮助(H)

名称	数据类型	地址 / 值	机架位置	使用	注释
P_0_02s	BOOL	254.01		工作	0.02秒时钟脉
P_0_1s	BOOL	255.00		工作	0.1秒时钟脉
P_0_2s	BOOL	255.01		工作	0.2秒时钟脉
P_1min	BOOL	254.00		工作	1分钟时钟脉
P_1s	BOOL	255.02		工作	1.0秒时钟脉
P_CY	BOOL	255.04		工作	进位(CY)标志
P_Cycle_Time_Error	BOOL	253.09		工作	循环时间错误
P_Cycle_Time_Value	UINT_BCD	AR27		工作	当前扫描时间
P_EQ	BOOL	255.06		工作	等于(EQ)标志
P_ER	BOOL	255.03		工作	指令执行错误
P_First_Cycle	BOOL	253.15		工作	第一次循环标
P_GT	BOOL	255.05		工作	大于(GT)标志
P_IO_Verify_Error	BOOL	253.10		工作	I/O确认错误
P_Low_Battery	BOOL	253.08		工作	电池电量低标
P_LT	BOOL	255.07		工作	小于(LT)标志
P_Max_Cycle_Time	UINT_BCD	AR26		工作	最大循环次数

图7-26 全局符号表

全局符号表包括：名称、数据类型、地址/值、注释、机架位置和使用。当工程中添加了一个新 PLC 时，根据 PLC 型号的不同，全局符号表中会自动添加一些预先定义好的与该型号匹配的符号。

为某个程序定义专有的符号叫本地符号。与全局符号表类似，本地符号表也包括：名称、数据类型、地址/值等。

如图 7-27 所示，本地符号已由用户创立多个数据变量，并在本地符号表中明确表明了数据名称、类型、机架位置、使用及注释情况。同时也可在符号表中插入符号，其插入方法为在符号栏中单击鼠标右键，选择插入符号，随即弹出“新符号”对话框（如图 7-28 所示）。

“新符号”对话框中包括名称、日期类型、地址或值和注释。其中地址或值可按顺序给其赋值，注释中可增加一些信息对该名称的符号加以说明。在符号表中除了插入符号外，还可以编辑、复制、移动和删除符号，也可以从“插入”菜单的下拉列表中选择“符号”来添加新符号。

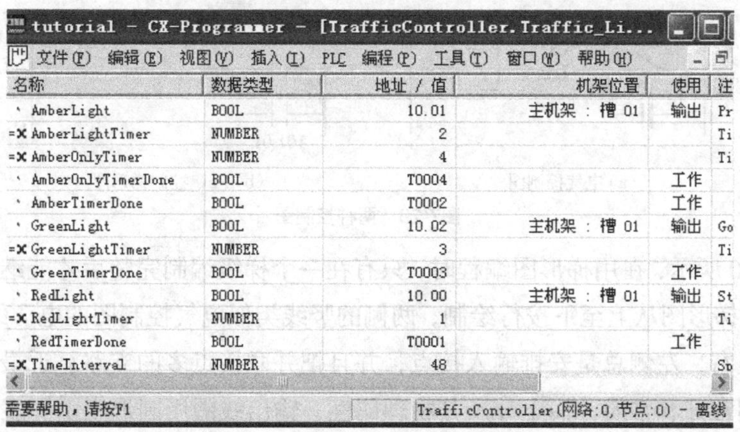

图7-27 本地符号图

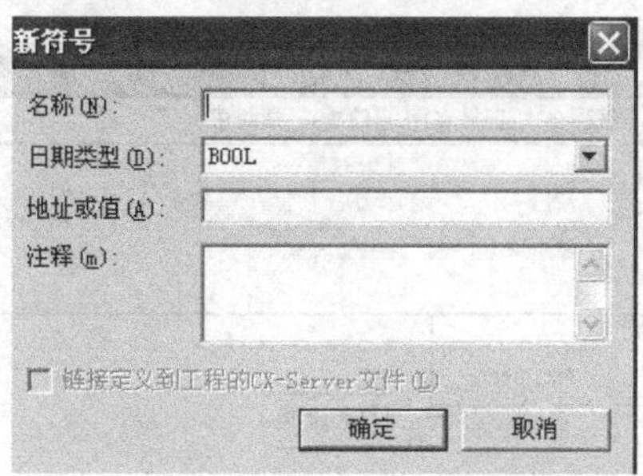

图7-28 “新符号”对话框

7.2.4 程序编辑

程序编辑有两种编程方式：梯形图编程和助记符编程。

1. 梯形图语言

梯形图表达式是在原电气控制系统中常用的接触器、继电器图基础上演变而来的，与电气操作原理图相呼应，形象、直观和实用，为电气技术人员所熟悉。梯形图是 PLC 的主要编程语言。

图 7-29（a）是继电器控制系统中典型的启动、停止和控制电路；图 7-29（b）是将图 7-29（a）的继电器控制梯形图转化为 PLC 控制的梯形图。从图 7-29（a）和图 7-29（b）可以看出如何将继电气控制系统中的电气控制梯形图转变为 PLC 控制系统的梯形图。两种梯形图基本思想是一致的，具体表达方式有一定区别。PLC 的梯形图使用的是内部继电器、定时/计数器等，控制功能是由软件实现的，而电气控制系统的继电器梯形图是用电线将控制元件连接起来，是硬连接，控制功能是硬件实现的。这是两种图形的本质区别。

梯形图由多个梯级组成，每个输出元素可构成一个梯级，每个梯级可由多个支路组成，最右边的元素是输出元素。简单的编程元素只占用 1 条支路（如常开/常闭接点，继电器线圈等），有些可占用多条。

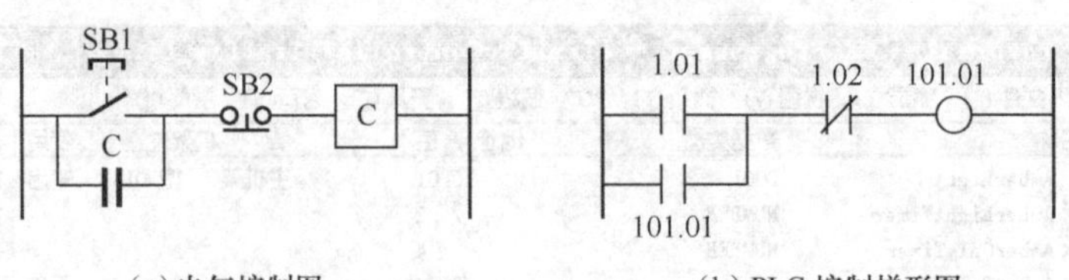

（a）电气控制图　　（b）PLC 控制梯形图

图7-29　两种控制图

如图 7-30 所示，在用梯形图编程时，只有在一个梯级编制完整后才能继续后面的程序编制。PLC 的梯形图从上至下按行绘制，两侧的竖线类似电气控制图的电源线，称作母线，每一行从左至右，左侧总是安排输入接点，并且把并联接点多的支路靠近最左端。在图形符号上都只用常开和常闭，而不计及其物理属性，输出线圈用圆形表示。表 7-14 给出了 CX-P 梯形图工具栏中的符号及名称。

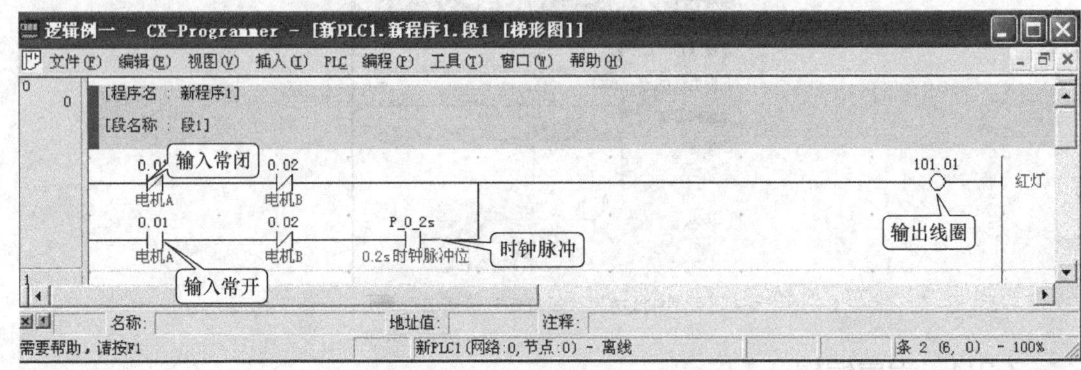

图7-30　梯形图

表 7-14　CX-P 梯形图符号及功能表

符号	名称	功能
	缩小、缩放到合适大小、放大	缩小、放大程序工作区的梯形图程序及将其放大到合适大小
	切换网络	PLC 梯形图程序段之间的切换
	显示注释、显示条注释列表、以短条显示、显示程序/段注释	对每个触点位置所加的注释进行显示，切换是否在梯形图中显示条注释列表，当进入只读模式时，可在梯形图中短条显示，离线模式则不能显示短条；并切换是否在程序段中显示程序/段注释
	多重互缩映射	显示嵌套的互锁命令
	选择模式	将选择的符号模式切换回选择模式，停止调用梯形图符号
	新接点、新常闭接点、新触点、新闭合触点	常开触点，通电后变为常闭，同理常闭触点通电后变为常开，使梯形图处于通、断状态；新常开触点与另外一个触点并接建立或关系，同理可有新闭合触点与另外一个触点并接建立或关系

续表

符号	名称	功能
ǀ — ○ ⌀	新的纵线、新的横线、新线圈、新常闭线圈	为梯形图创建一个纵向、横向连接使程序完整，为梯形图创建一个输出线圈，该线圈可以为常开，也可以为常闭
日	新的 PLC 指令	创建一个新的 PLC 调用指令
∟ ⨯	线连接模式、线删除模式	在线连接模式下可以为梯形图创建横线、纵线，由选择模式符号取消；线删除模式是将现有的梯形图程序横向及纵线删除，由选择模式返回

CX-P 中可以对梯形图中的程序进行放大、切换、注释、映射、模式选择、触点选择、线路及线圈的选择、新指令应用和连接模式的选择。这些是梯形图编程的基本操作。

（1）编辑触点

在新建一个 C200H 项目后，在梯形图工具栏中单击“新接点”按钮，弹出如图 7-31（a）所示的输入工具条，单击详细资料，出现对话框如图 7-31（b）所示，在“符号栏”中有下拉列表选择符号，表中显示全局和本地符号表已有的符号。

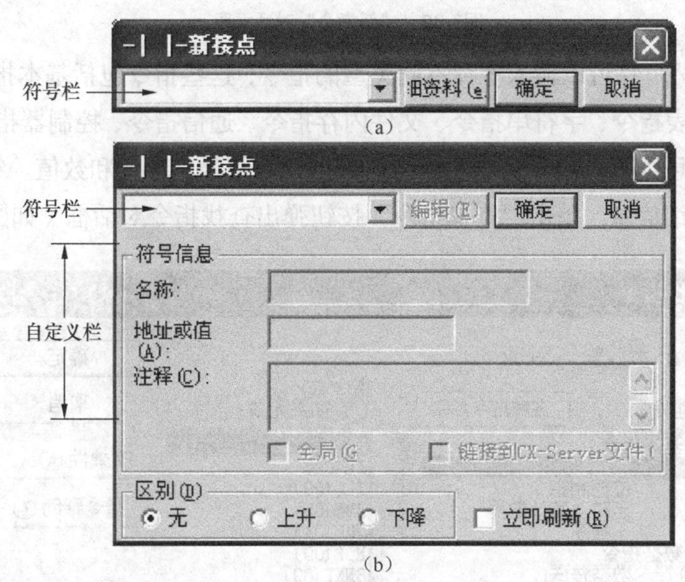

图7-31　“新的常闭触点”对话框

也可以在“符号信息”中自定义输入，有名称、地址或值和注释，编辑完后单击“确定”来完成一个触点设定。其基本设定与图 7-28 类似。梯形图左边红色母线代表该线路未编辑完，显示为一个错误信息。

（2）编辑指令

继续编辑新指令，单击“新指令”按钮，出现一个输入工具条如图 7-32（a）所示，继续单击详细资料，弹出如图 7-32（b）所示对话框。

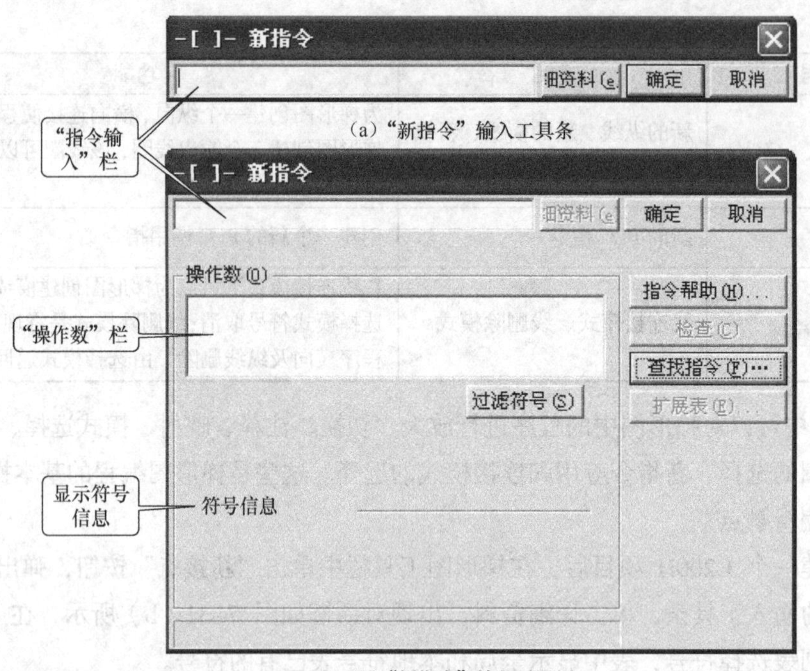

(a)"新指令"输入工具条

(b)"新指令"输入对话框

图7-32 "新指令"对话框图

在"指令输入"栏可以输入多种不同类型的指令，这些指令包括基本指令、数据指令、逻辑指令、数据表指令、字符串指令、文件内存指令、通信指令、控制器指令及系统指令。在"操作数"栏可以输入指令操作数。操作数可以是符号、地址和数值。符号信息上方可显示操作数的详细信息。单击"查找指令"按钮弹出查找指令对话框（如图 7–33 所示）。

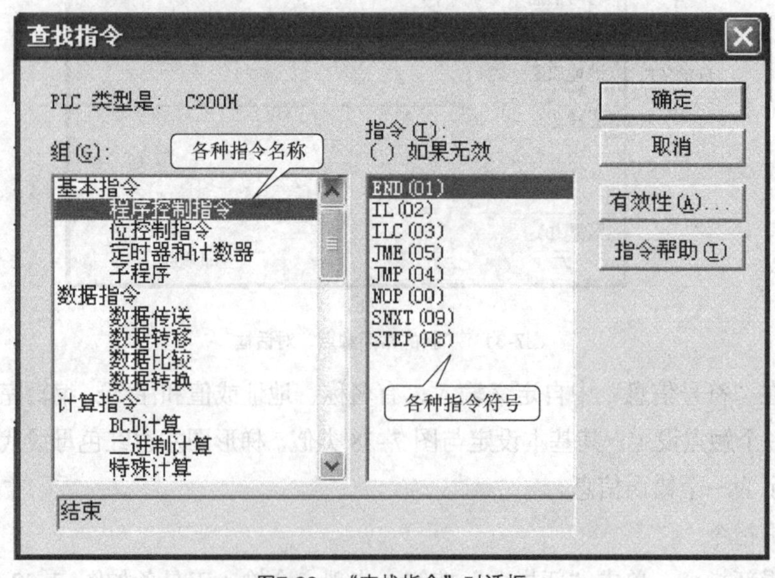

图7-33 "查找指令"对话框

PLC 类型中划分为组栏目和指令栏目两个对话框，分别显示各种指令及其对应符号，确定一条指令后，如需要可单击“指令帮助”按钮，CX–P 弹出指令帮助对话框（如图 7–34 所示）。

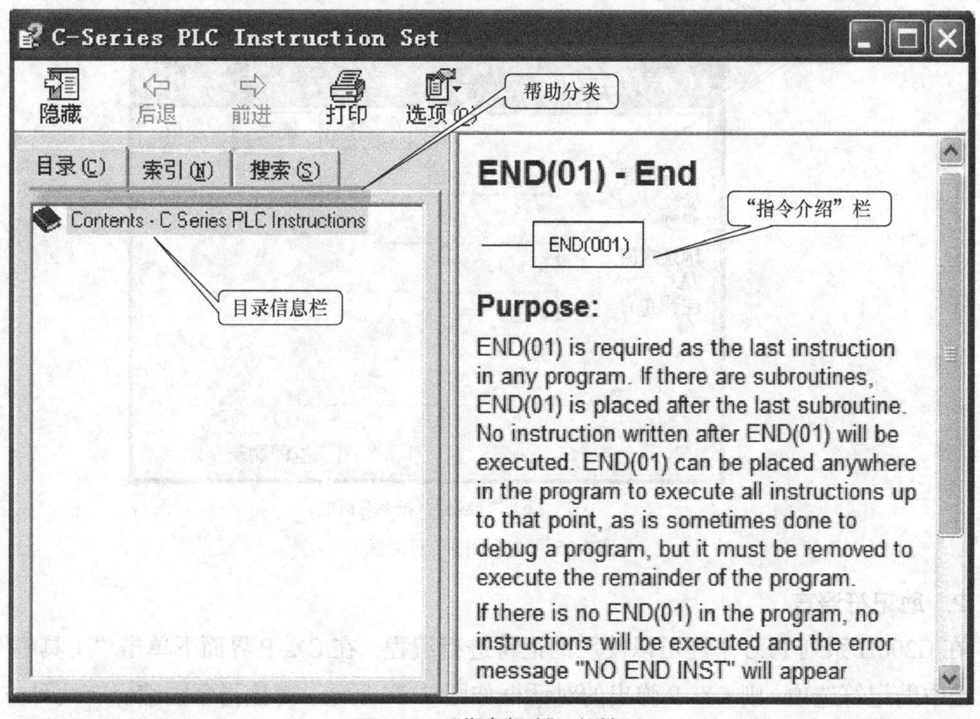

图7-34 “指令帮助”对话框

指令帮助方式可通过点击“指令帮助”按钮来查询，也可按 F1 键来获取帮助信息，还可以通过 CX–P 主菜单栏上的帮助按钮来获取帮助信息。帮助查询分为 3 种方式查询：一是通过目录逐条分类查询；二是通过索引窗口，对其直接查询；三是通过搜索对话框下的搜索项查询。

（3）编辑线圈

作为控制逻辑的输出，需注意线圈的编辑方法，一般有两种线圈可供选择：一种为常开线圈，其符号可参见表 7–14，常开线圈接通需要梯形图回路中各个触点导通；另一种线圈是常闭线圈，符号可参见表 7–14，在没有梯形图回路触点动作的情况下，常闭线圈为导通状态。以一般常开线圈为例，在梯形图工具栏点击“新线圈”图标，CX–P 出现图 7–35（a）给出的线圈输入指令工具条，单击“详细资料”，出现图 7–35（b）给出的“新线圈”指令对话框，在“符号”栏中可直接输入线圈符号，并在其下拉列表中进行选择。在符号信息栏中可以直接输入新符号，这时“地址或值”及注释栏可以进行相应编辑，完成后单击“确定”。最后将接触点指令、各种指令与线圈指令连接，即编完一条梯形图程序。为了使每个触点及线圈指令更加清晰明了，可给梯形图程序添加注释，如单击表 7–14 中的“显示注释”按钮，就可以给梯形图注释了。

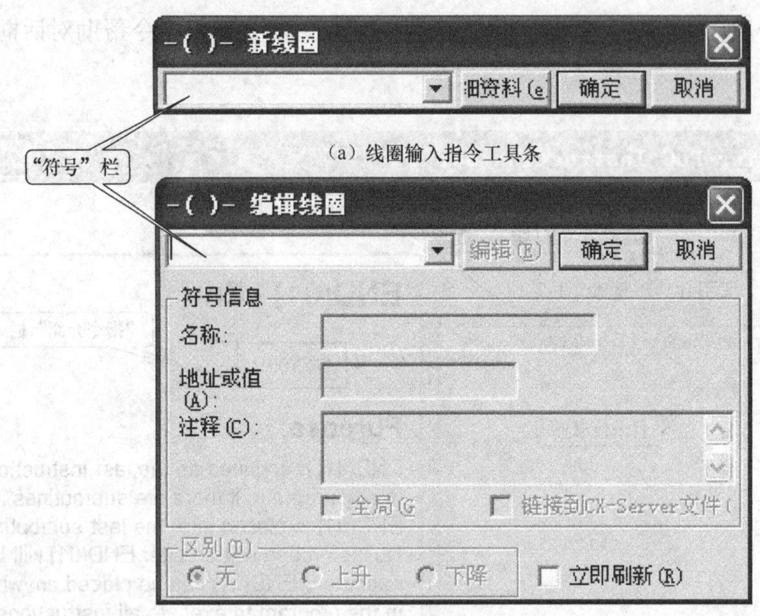

(a) 线圈输入指令工具条

(b)"新线圈"指令对话框

图7-35 "新线圈"对话框

2. 助记符语言

在C200H系列PLC中还可以使用助记符进行编程. 在CX-P界面下单击"工具栏"视图，选中助记符选项，则CX-P弹出的对话框如图7-36所示。对该指令图编译有两种方法：一是将鼠标移至某一位置双击鼠标左键，助记符图出现光标即可以进行编辑；二是选中某一位置后点击"回车"，即可以进行编辑。指令助记符指令一般包括：条数，即程序共占用网络数，如第0条，即改程序指令包括在第一个网络里；步数以程序安装自左至右、从输入至输出分步编辑为原则；操作数指按照欧姆龙的编程原则对每一步所编的序号，根据指令不同编写序号也不同；注释是对指令的进一步描述。

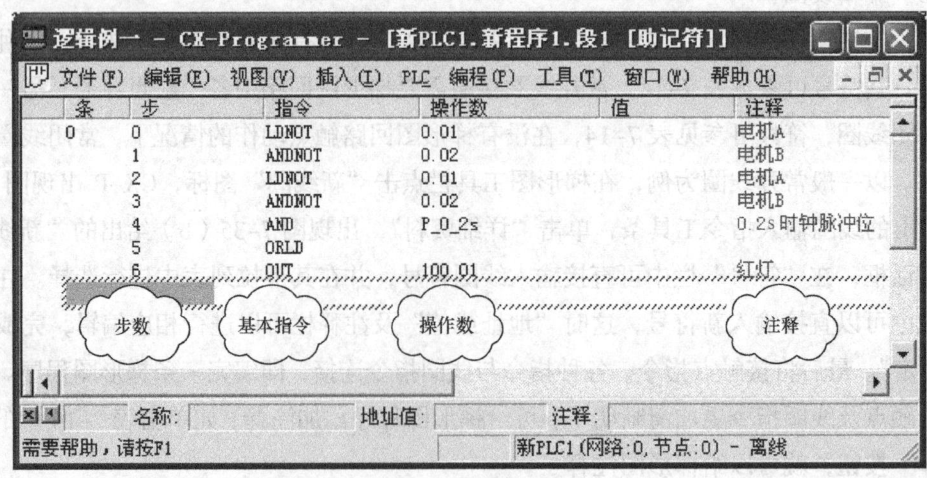

图7-36 "助记符"视图

设计者用梯形图或指令表编辑完程序后，需进行编译，编译分为“编译程序”和“编译 PLC 程序”。

单击表 7-15 给出的两个图标，可以对单个程序或整个程序进行编译，同时也可以通过选择“PLC”菜单中的“程序检测选项”命令进行编译。

表 7-15　　编译程序符号及功能表

符号	名称	功能
	编译程序	编译 PLC 下的单个程序
	编译 PLC 程序	编译 PLC 的所有程序

如图 7-37 所示，程序检查分为“A”、“B”、“C”和“定制”级别，其中，“A”级别检查内容最多，“C”级别检查内容最少，“定制”级别指可对程序进行任意检查，从而保证了程序的正确性。

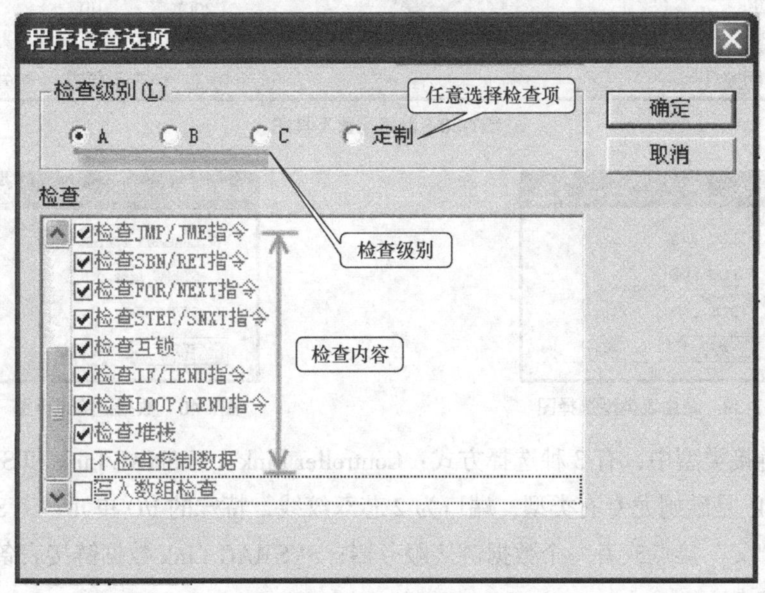

图7-37　程序检查选项

7.2.5　PLC 网络配置

编译好程序后，为了与 PLC 建立正常的通信，需进行网络配置，在 CX-P 主菜单工具栏下单击“工具”，选择“网络配置工具”选项，出现如图 7-38 所示网络配置工具图。

将编程电缆 XW2Z-200P-V 与 PLC 的 C200H-LK201 通信模块连接后，可以对 SYSMAC 网络进行配置，进行路由器设置和数据链接设置。单击“路由表设置”按钮，弹出路由表类型对话框（如图 7-39 所示）。

路由表有 3 种类型：FINS 本地型、FINS 网络型及 SYSMAC NET 型。路由表允许不同的网络进行通信，它包括本地及远端网络地址的一些详细信息。直接连接相当于一个本地路由表；网络连接相当于一个网络路由表。单击“数据链接”按钮，CX-P 弹出数据链接选择对话框（见图 7-40）。

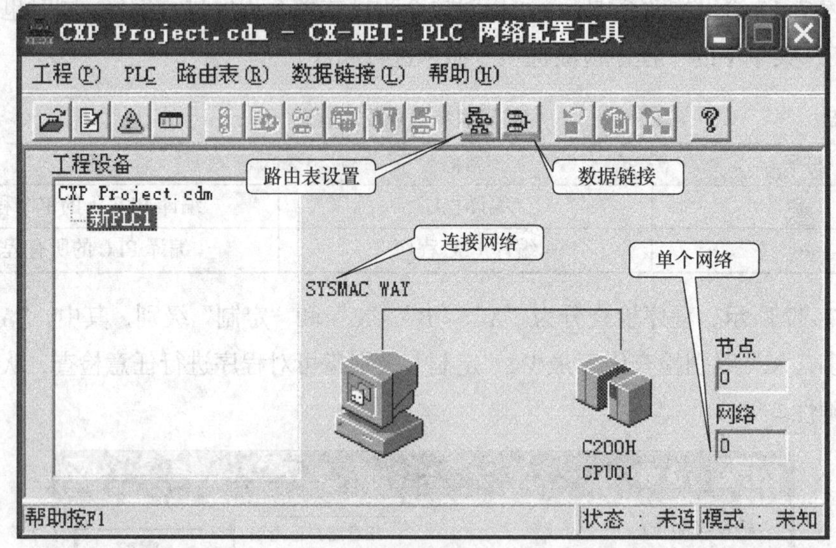

图7-38 网络配置工具图

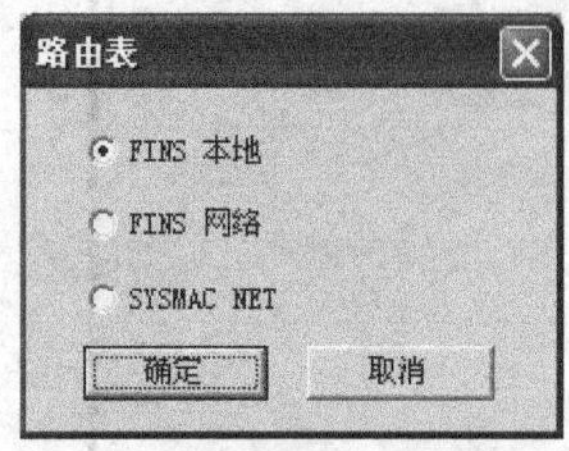

图7-39 路由表类型选择图

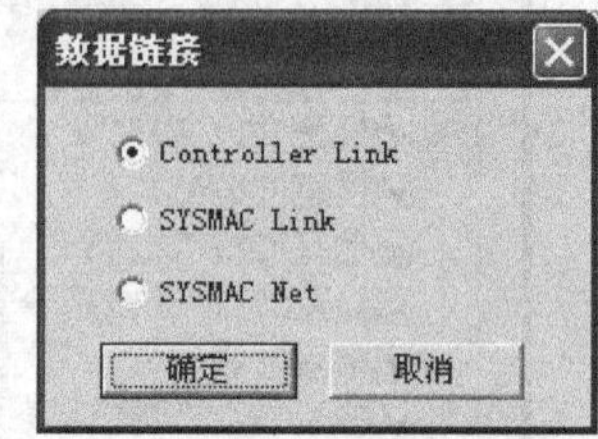

图7-40 数据链接选择图

在数据链接类型中，有 3 种选择方式：Controller Link、SYSMAC Link 和 SYSMAC Net。Controller Link 是欧姆龙专有类型，端口为 2 芯双绞线，特殊的 I/O 单元；SYSMAC Net 网络包括一个“父”接点或者一个数据链接服务器；SYSMAC Link 数据链接表备份被送往该网络的所有节点。

7.2.6 在线模式

C200Hα系列在线模式是指对 PLC 程序的调试、监控、运行及数据跟踪。一般 PLC 有 3 种工作模式，分别如下所述。

① 编程模式。编程模式可以从 PLC 下载程序和数据，进行 PLC 设定和配置 I/O。

② 监视模式。监视模式可以对运行的程序进行监控，并进行在线编辑。

③ 运行模式。PLC 在运行模式下执行用户程序，此状态下不能改写 PLC 内部数据。

同时，在建立与 PLC 连接后，CX-P 可以在在线模式下把程序传送至 PLC，单击 PLC 工具栏“传送到 PLC”的对话框，下载成功后单击“确定”；也可以把 PLC 的程序上传至

个人计算机，其方法是在 PLC 工具栏中单击“从 PLC 传送”按钮，上传成功后，单击“确定”按钮结束上传。

在线状态下，设计者使用在线编辑功能需要 PLC 运行在“编程”模式或“监视”模式下，而不能运行在“运行”模式下。单击 PLC 工具栏中的“监视模式”或“运行模式”按钮，可以对程序进行监控；单击“切换 PLC 监视”按钮，可监视梯形图中数据变化和程序的执行过程，再次单击“切换 PLC 监视”按钮将停止监视。

7.3 C200H 系列 PLC 软件仿真

欧姆龙程序设计完成后，下一步需要验证所编写程序的正确性，因而需要对 PLC 程序进行仿真，仿真结果正确后，才能进行程序上传或下载。仿真也是整个软件设计不可缺少的一部分，一个好的仿真结果能提高程序设计的正确性，缩短设计周期。欧姆龙软件仿真主要是指对编制后的 PLC 程序进行在线调试、监控和观察各能流实现状况。对于 C200H 系列 PLC 没有专门对应的欧姆龙仿真软件，需要将其转化为 CS/CJ 系列的 PLC，然后通过 CX-Simulator 软件仿真。

对于不同的 CX-Programmer 软件版本对应不同的 CX-Simulator 版本，表 7-16 列出了其对应的版本。

表 7-16　CX-Simulator 与 PLC 版本对照表

CX-Programmer	CX-Simulator
4.0	1.3
5.0	1.5
6.0	1.6
7.0	1.7
7.2	1.8

由于 CX-Programmer4.0 以前的版本不使用仿真器，而对于 6.1 以后的版本 CX- Programmer 与 CX-Simulator 软件都是集成在 CX-ONE 软件中的，所以很容易匹配欧姆龙各种类型的 PLC。

以 CX-Programmer5.0 及对应的 CX-Simulator1.5 为例，先在离线模式下安装 CX-Simulator1.5。C200H 系列 PLC 要实现在线模拟第 1 步需先转换 PLC 类型；第 2 步进行 PLC 的网络配置；第 3 步进行 CX-Simulator1.5 的设定；第 4 步在线仿真和调试。

1. C200H 系列 PLC 的转换

在 CX-Simulator1.5 版本中，需先将 PLC 类型转换为可以仿真的 CS/CJ 系列，进入 CX-P 主画面后，C200H PLC 显示为离线模式。

如图 7-41 所示，工具栏中“工作在线仿真”按钮为灰色，即在该类型 PLC 下，不能仿真，同时也看到在线编辑工具条为灰色，然后在工作区中右键单击“新 PLC1[C200H]离线”，选择修改 PLC 类型，如可以将 PLC 类型修改为可以仿真的类型，如改为图 7-42 给出的 CS1H 型 PLC。“工作在线仿真”按钮可以点击，在线仿真工具条变为可用。

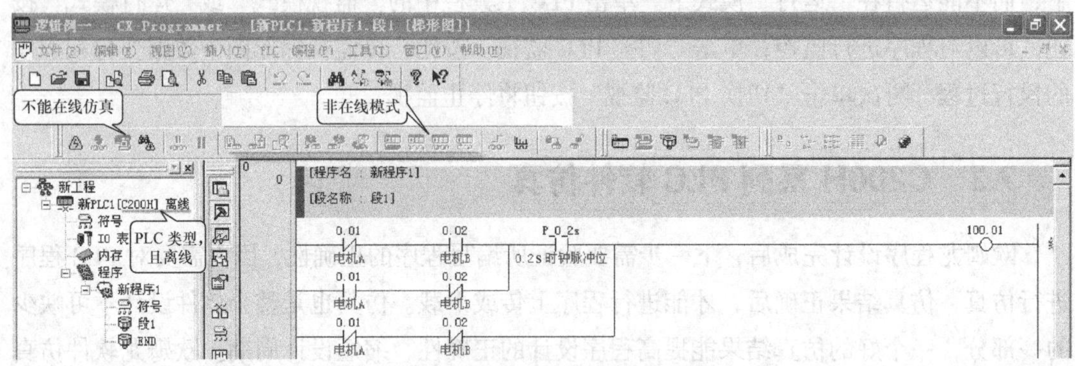

图7-41 C200H系列离线模式图

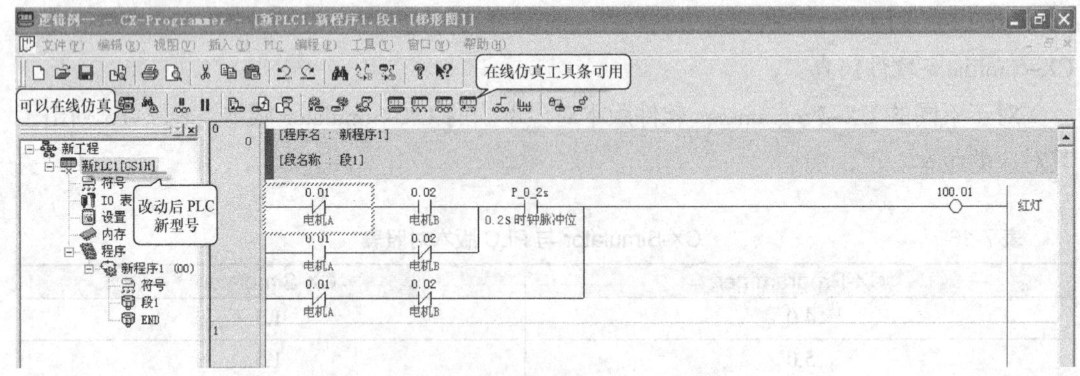

图7-42 修改后的CS1H系列PLC

2. CX-Simulator1.5 的通信设置

安装完 CX-Simulator1.5 仿真软件后单击图标“”，便出现仿真画面（如图 7-43 所示）。

图7-43 CX-Simulator1.5仿真软件画面

CX-Simulator1.5 版本支持 SYSMAC CS/CJ 等系列 PLC 仿真，仿真成功后需要将 CS1H

型转换为 C200H 型进行上载。CX-Simulator 的仿真步骤主要包括以下几部分。

① 首次运行要设置参数，CX-Simulator 出现设置向导，如图 7-44 所示，对 PLC 选择 。选中创建一个新 PLC“Create a new PLC（PLC Setup Wizard）”后，设计者选取一个数据文件夹。第二次运行时，可选择打开已有的 PLC“open an existing PLC”，单击“确认”，CX-Simulator 出现创建新 PLC 数据文件夹对话框。

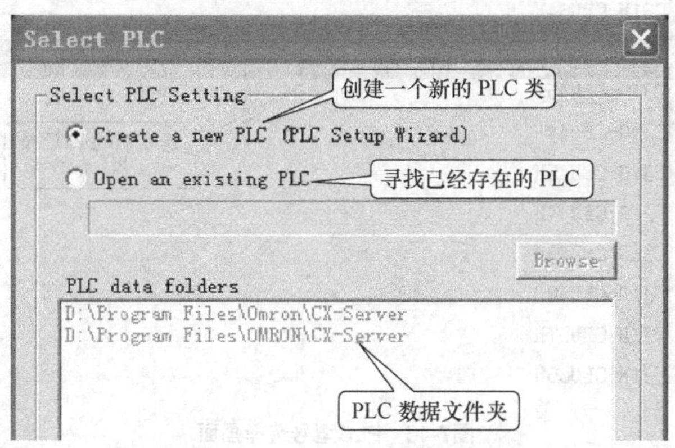

图7-44 “选择PLC”对话框图

② 创建一个新的 PLC 数据文件夹。如图 7-45 所示，其创建路径位于 D 盘上，该新数据文件为子目录 CX-Server 下的文件，该文件存储了 PLC 各种数据信息，确定后单击“下一步”。

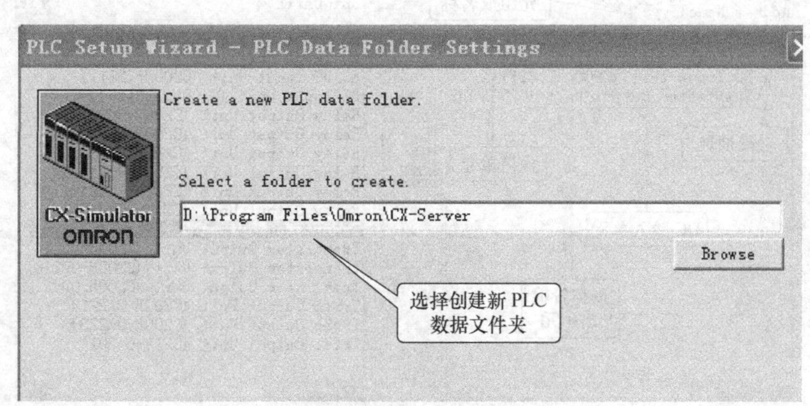

图7-45 “创建新PLC数据文件夹”对话框图

③ 选择 PLC 及 CPU 的类型。选择 PLC 型号时需要与 CX-Programmer5.0 中 PLC 设置的类型一致。如图 7-46 所示，选择型号为 CS1H-CPU63H，选定型号后，单击“下一步”，CX-Simulator 出现 PLC 基本信息设置对话框。

④ 在该项目下记录所使用的 PLC 基本单元信息，在左边单元选项菜单下分别加入一个输入模块与一个输出模块，如图 7-47 所示，加入的为一个 DC 输入模块及一个晶体管输出模块。设置完成后单击“下一步”，出现网络单元设置对话框。

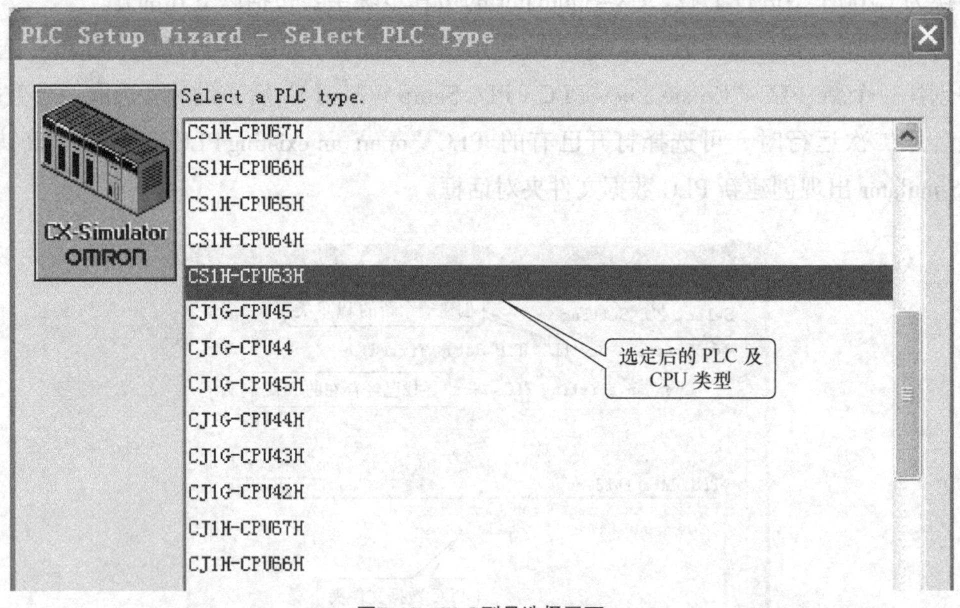

图7-46　PLC型号选择画面

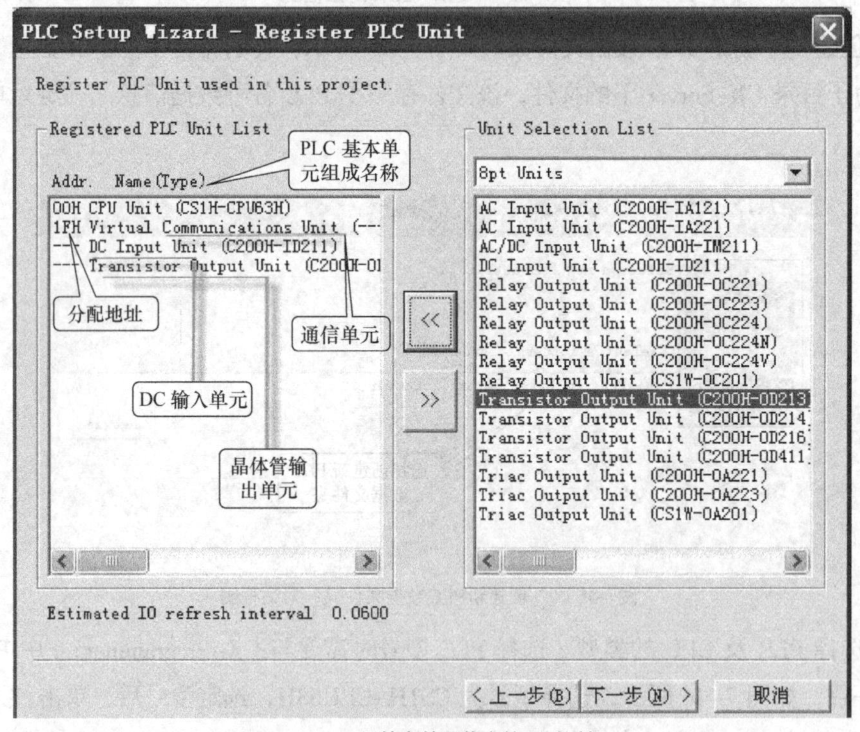

图7-47　PLC基本单元信息输入对话框

⑤ 网络通信单元设置对话框。如图7–48所示，在通信单元设置中，通信下拉列表分为“message”和“local”，其中节点地址可以在1～126调节，对应于CX–P中接点地址、网络地址及计算机地址。设计者选择好后，单击“确认”，进入下一级菜单。

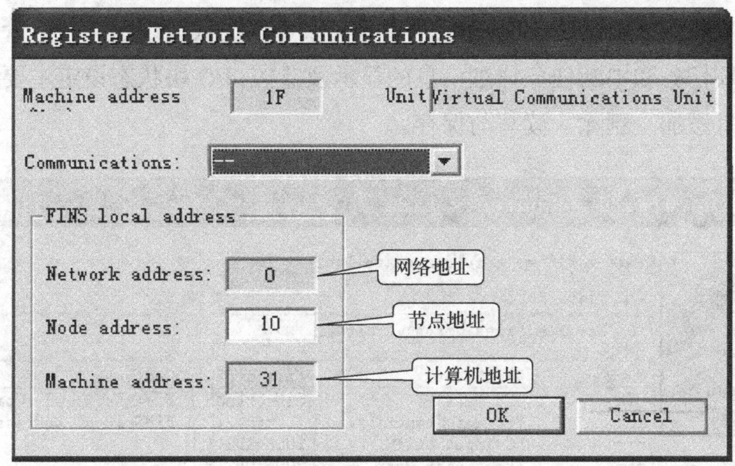

图7-48　通信单元设置对话框

⑥ 串口设置。如图 7-49 所示，通信选项下拉列表中有“Message”、“file”和“real comms”，串口名可在“file”和“real comms”通信方式下更改，串口可以在 COM1 ~ COM4 内设定，并可以选择使能串口标签项。选中后可点击“确定”，CX-Simulator 进入下一步。

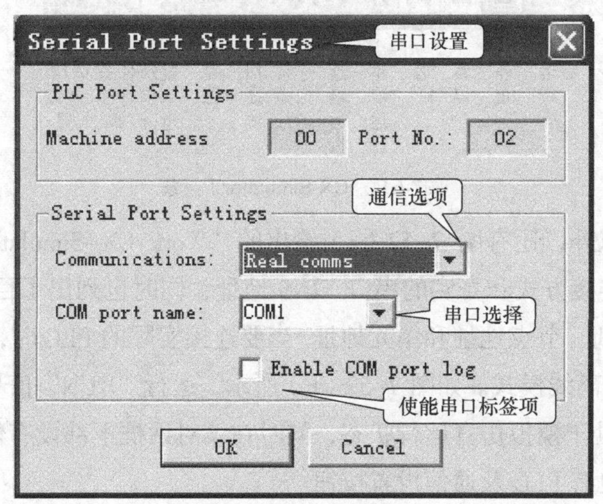

图7-49　串口设置对话框

如图 7-50 所示，基本单元设置包括地址分配、单元名称、单元型号和单元内容。

⑦ 弹出 Work CX-Simulator 对话框，“Connect”选项位于 CX-Simulator 调试终端下 的菜单文件下，在 Virtual 选择框中选“Controller Link”，单击连接“Connect”后，CX-Simulator 显示连接成功。

⑧ 单击 CX-Simulator 调试对话框中的“Run”运行按钮（Monitor Mode），Run 指示灯变绿，表示模拟 PLC 已开始运行。

图 7-51 所示为仿真调试工具条，图中标明了各个按键名称，可以实现单步程序运行并显示其运行状态，也可以实现连续运行，同时具有对当前状态进行复位操作的功能。

CX-Simulator 工具条中还包括了 PLC 任务管理器及 I/O 块状态设定。任务管理器主要是对各种任务如循环任务和中断任务详细信息的显示及监控；I/O 块状态设定主要是对菜单及菜单下的指令条目添加、删除、读写与保存。

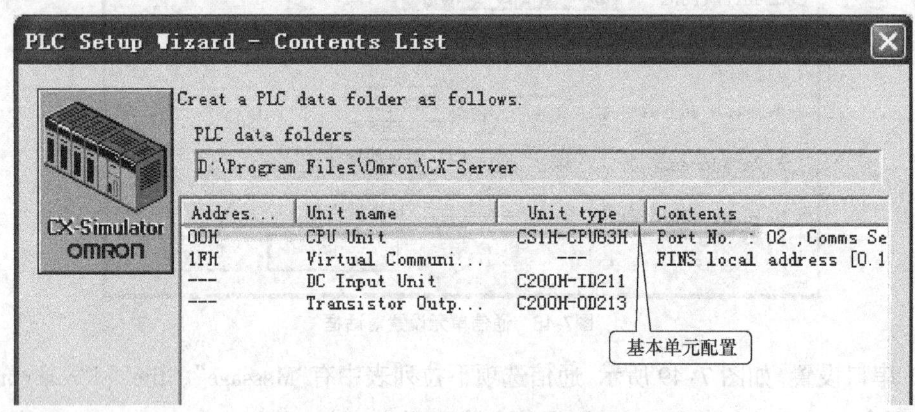

图7-50 仿真软件基本单元设置

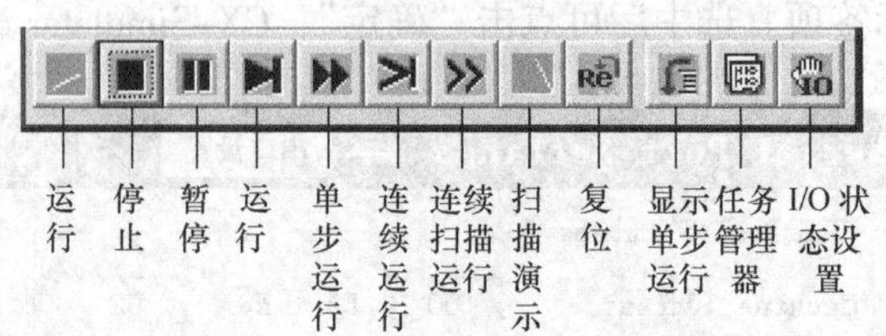

图7-51 CX-Simulator工具条

除以上工具条以外，还有图 7-52（a）给出的“Work CX-Simulator”栏，该对话框中包括了真实的通信连接方式和真实的串口 FINS 地址，同时也列出了目标 PLC 应用设置的详细信息，如网络地址、节点地址和单元地址。当要连接实际的 PLC 时，需单击“Disconnect”按钮，使 CX-P 进入离线模式。如图 7-52（b）所示，运行“RUN”信号及网络信号显示绿色，即说明 PLC 正处于模拟仿真运行状态，同时在该对话框下部设有信息显示、报警显示及详细信息按钮，也有 PLC 及通信设置按钮。

⑨ 设置完成后，就可以用 CX-P5.0 下载或上传梯形图程序。运行 CX-P5.0，在文件菜单下，新建一工程，选择与模拟器相同的 CPU 类型。更改 PLC 弹出对话框中的设备类型并选择为 CS1H-CPU63H。在模拟 PLC 中并无程序，需在新工程中创建一个梯形图，并以“END”结尾。

⑩ CX-P5.0 与 PLC 连接。单击 CX-P5.0 菜单中的“PLC”选项，选择工作在线仿真器，CX-P 出现上传弹出框从 PLC 传至 CX-P5.0。因为 PLC 中无程序，上传会覆盖以前编制的程序，所以应单击“取消”，选择向 PLC 下载程序。

⑪ 向 PLC 下载编制好的程序。单击 CX-P5.0 工具栏 PLC 菜单下的传送项目到 PLC，在梯形图上可以看到传送情况。如果要修改梯形图，则要断开模拟 PLC 的仿真状态。

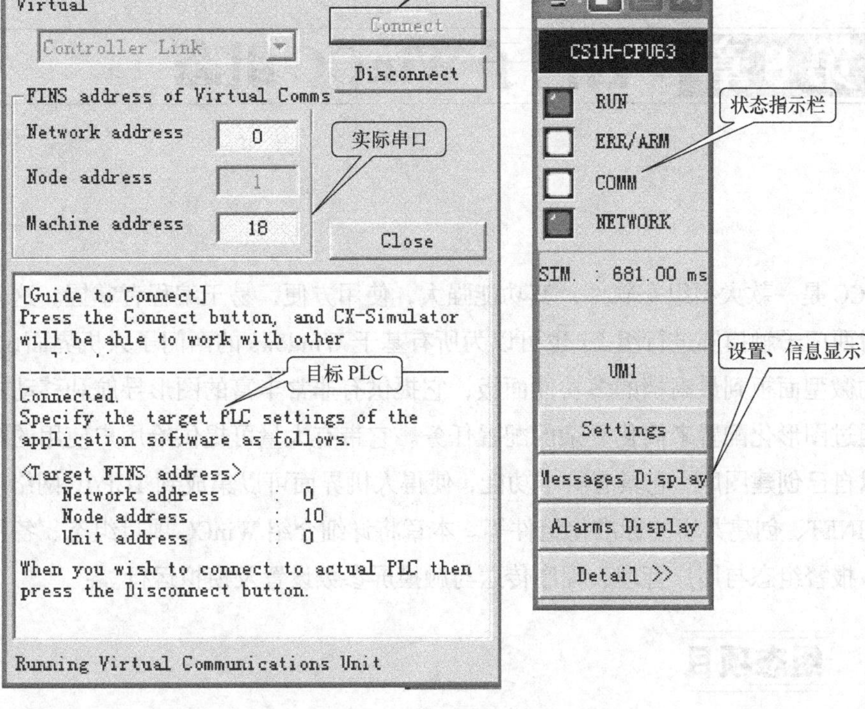

图7-52　CX-Simulator 运行状态下仿真界面图

7.4　本章小结

本章详细介绍了 C200Hα系列 PLC 硬件结构、元件选型、C200Hα PLC 的基本设计方法、用欧姆龙 PLC 编程软件 CX-Programmer 创建工程、C200Hα PLC 的 I/O 表和单元设置、符号地址生成、程序编辑、PLC 网络配置、在线模拟和软件仿真。读者可以比较容易地理解如下内容：C200HαPLC 各模块组成及功能，PLC 硬件选型，C200HαPLC 软件设计流程和方法，CX-Simulator 的仿真步骤。表格的引入使得 PLC 各个模块规格更加明确，有利于快速硬件选型；同时引入 C200HαPLC 软件设计流程图，使读者更加明确了软件设计步骤。欧姆龙 PLC 程序设计方法的选择是一个难点，本章以图表的形式对逻辑设计法和时序图设计法进行了详细介绍。并深入浅出地介绍了 CX-Simulator 仿真步骤，方便读者快速掌握 CX-Simulator 的软件设计方法。通过本章的学习，读者可以进一步体会欧姆龙 PLC 设计方法的本质。

第8章 西门子 WinCC 组态

WinCC 是一款大型组态软件，其功能强大，使用方便，易于编程者掌握。这款组态软件主要对西门子触摸屏进行组态，也可以为所有基于 Windows 的西门子人机界面设备组态，从最小的微型面板到最高档的多功能面板，它提供有非常丰富的图形导航和移动的图形化组态，通过图形化配置来简化复杂的配置任务。它带有大量可提供给用户使用的图库，用户也可以自己创建图库。它具有脚本功能，使得人机界面可以集成到 TCP/IP 网络中。它支持 PROFINET、创建共享的标准化组件等。本章将详细介绍 WinCC 项目组态、各种画面对象组态、报警组态与用户管理、程序传送与触摸屏参数设置及模拟运行。

8.1 组态项目

本章将介绍触摸屏项目组态，同时采用图解风格详细讲解项目创建、内部与外部变量组态及库的使用。不仅明确了项目组态的基本概念，还深入浅出地讲解了项目组态的技巧和方法。

8.1.1 变量组态

本小节主要介绍变量的类型、变量的数据类型、变量在触摸屏中怎样设置。触摸屏中的外部变量要求与 PLC 中的变量一致，PLC 通过控制这些外部变量来控制触摸屏。

1. 变量类型

变量分为内部变量和外部变量两种，对应有各自的应用范围。

① 内部变量存储在 HMI 设备的存储器中，且与 PLC 地址之间没有联系，只有 HMI 设备才能访问内部变量。内部变量没有地址和符号，用名称来区分。

② 外部变量存储在 PLC 的存储器中，其值随 PLC 程序的执行而改变。每一个变量都有其对应的地址和数据类型，可以在 HMI 设备中访问外部变量。如图 8-1 所示，连接名称为“连接_1”的变量为外部变量，外部变量要设置其数据类型和地址；连接名称为“内部变量”的变量为内部变量，内部变量要设置数据类型但没有地址，它在触摸屏中存储。

2. 变量的数据类型

内部变量和外部变量的数据类型是相同的，根据要求来正确选择相应数据类型。表 8-1

列出了不同数据类型的变量对应有相应的符号与取值范围，变量取值超出取值范围时将会溢出。

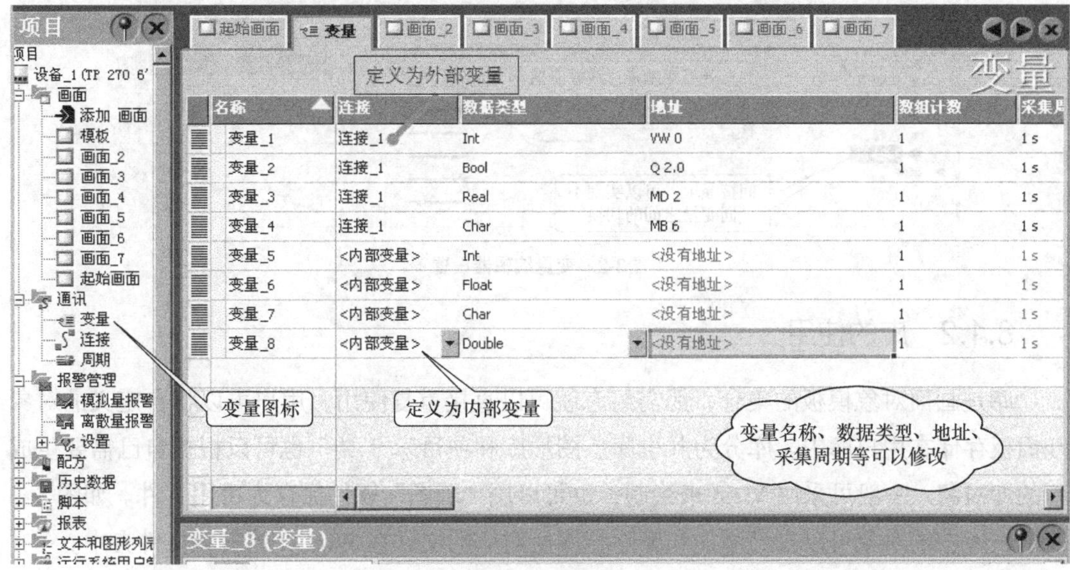

图8-1　变量设置

表 8-1　　变量的数据类型

变量类型	符号	取值范围
字符	char	
字节	byte	0 ~ 255
有符号整数	int	−37268 ~ 32767
无符号整数	uint	0 ~ 65535
长整数	long	−2147483648 ~ 2147483647
无符号长整数	ulong	0 ~ 4294967295
浮点数	float	± 1.75495e−38 ~ ± 3.402823e+38
双精度浮点数	double	
布尔变量	bool	真（1）、假（0）
字符串	string	
日期时间	datetime	日期/时间值

3. 变量设置

在变量编辑器中可以设置变量的限制值、线性转换、起始值等。限制值可以组态模拟量报警，用警告“信息”来提醒操作人员。线性转换适用于外部变量，在转换时应在触摸屏和 PLC 上各指定一个数值范围。变量的间接寻址可以访问变量列表对应位置的变量，用以实现不同变量之间的切换。如图 8-2 所示，变量属性中“限制值”“线性转换”“指针化”等功能，其中指针化是间接寻址，用以实现不同变量之间的切换。

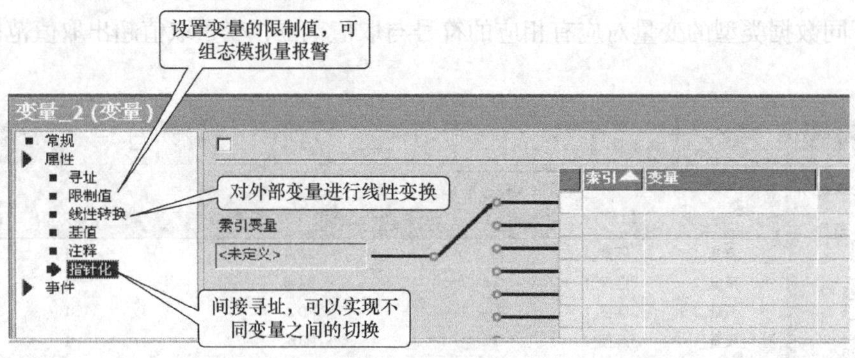

图8-2　变量编辑器设置

8.1.2　库的使用

库是画面对象模板的集合，无需组态就可以直接重复使用，用户可以将自定义的对象和面板存储在用户库中。库分为共享库、图形库和项目库3类。也可以根据自己需要生成新的库对象，一般可采用Visio来绘制，也可以用“画图”软件保存为可用文件。如图8-3所示，库中的对象可以自己添加和删除，库所对应的文件在WinCC的安装文件夹中。

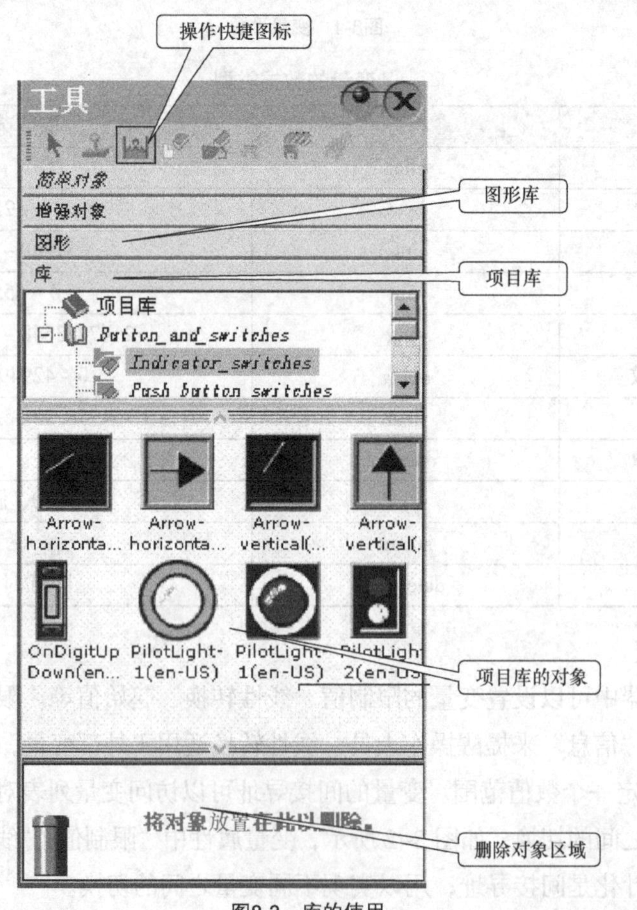

图8-3　库的使用

1. 在图形视图上生成图形对象列表

先将工具箱的“简单对象”组中的“图形视图”拖放到画面上，然后选中它的“常规”属性，这时图形对象列表将出现在属性视图中。新增的图形对象会自动命名为“图形_x”（x 为数字编号），同时右侧预览窗口中将显示新增的图形。如图 8-4 所示，在新增图形对象的路径中找到所需的图形对象，双击图标即可选中图形对象。

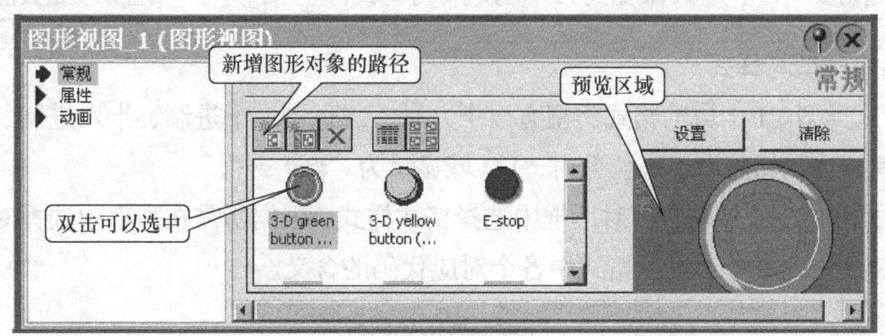

图8-4　图形对象列表

2. 在图形 I/O 域中组态对象

先将工具箱的“简单对象”组中的“图形 IO 域”拖放到画面上，然后选中它的“常规”属性，对象的模式设置为“双状态”。如图 8-5 所示，运行时该图形 I/O 域的两个图形用来显示位变量的两种状态，在“ON”状态时图形为“Green button（pressed）”，在“OFF”状态时图形为“E-stop”。

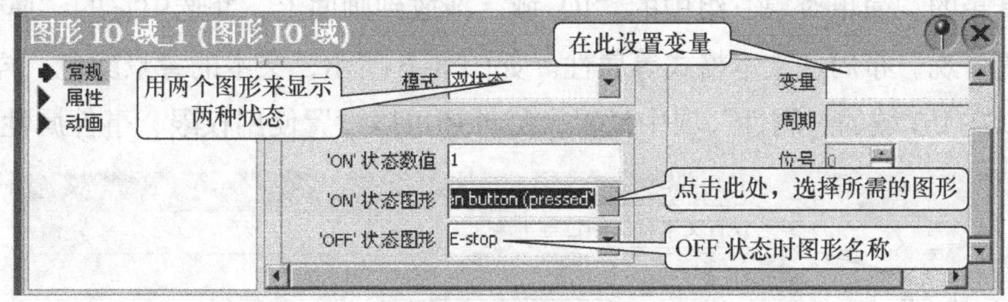

图8-5　图形I/O域组态

8.2　画面对象组态

简单对象、增强对象、图形和库中包含有各种画面对象。拖动简单对象、增强对象、图形和库里面的相应图标到当前画面中就可以组态一个画面对象。熟悉各种组态画面对象特性是掌握 WinCC 的基础。

8.2.1　I/O 域组态

I/O 域分为 3 种模式：输入模式、输出模式及输入/输出模式。表 8-2 中列举了不同类型 I/O 域的输入/输出特性。

表 8-2　I/O 域模式

类型	输入（Input）	输出（Output）
输出域	无	显示变量数值
输入域	输入传送到 PLC 的数字、字母或符号	无
输入/输出域	输入传送到 PLC 的数字、字母或符号	显示变量数值

1. 格式类型与样式

① 格式类型。I/O 域的格式类型有以下几种：二进制、十进制、十六进制、字符串、日期、时间。当数值超出组态位数时，I/O 域显示为“### ···”。

② 格式样式。在“常规”对话框中选择格式样式，根据所需在列表中选择对应的数据格式。表 8–3 中列举了十进制格式中各个对应代码的含义。

表 8-3　十进制时的格式样式

格式代码	代码含义解释
9999	9 指定数字 0 ~ 9 在所显示的号码中的位置，为 4 位整数
99.99	“.”为小数点分隔符的位置，小数点也算一位，共有 5 位
s99.99	s 显示有符号正数，它始终位于格式信息的开始
0999	0 显示前导零和后置零。通常显示在 s 后面，如果没有 s，则显示在最前面

2. 创建 I/O 域与设置属性

将工具箱的“简单对象”组中的“IO 域”拖放到画面上，并选中它的“属性”，这时就可以设置外观、布局、文本格式等属性。如图 8–6 所示，文本的背景颜色、样式、对齐方式等可以在 I/O 域的“属性”项中设置，另外还可以设置使用权限、事件属性等。

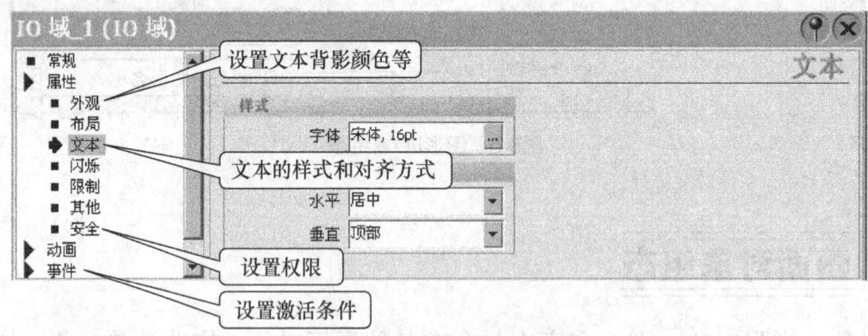

图8-6　I/O域属性设置

8.2.2　按钮组态

按钮最主要功能是在单击它时执行事先组态好的系统函数，使用按钮可以完成各种丰富的任务。如图 8–7 所示，按钮的功能在按钮组态的“事件”属性中设置，如设置“单击”事件的系统函数为“Set Bit”，则在触摸屏上单击按钮可实现置位功能。

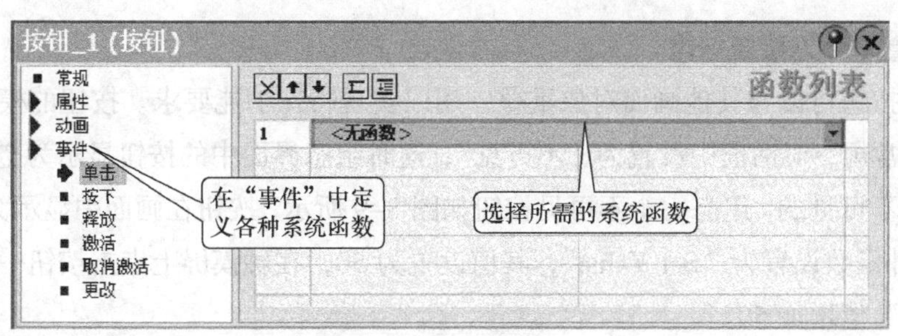

图8-7　“事件”属性设置

1. 系统函数

在按钮编辑器的“事件”中作相关设置后，按钮就可以有很多种组态方法。系统函数分为记录、计算、用户管理、画面、位处理、打印、设置、报警、配方、系统、键盘、用于画面对象的热键等函数。表 8-4 中给出了画面系统函数名称与其对应的含义。

表 8-4　　画面系统函数

系统函数名称	系统函数含义
ActivateScreen	将画面切换到指定的画面
ActivateScreenByNumber	根据变量值将画面切换到另一画面
ActivateFirstChildScreen	将画面切换到位于子层最左侧的画面
ActivateLeftScreen	将画面切换到与激活画面同一层级的左侧的画面
ActivateRightScreen	将画面切换到与激活画面同一层级的右侧的画面
ActivateRootScreen	将画面切换到定义为起始画面的画面
ActivateParentScreen	将画面切换到激活画面的父画面
ActivatePreviousScreen	将画面切换到在当前画面之前激活的画面

2. 按钮属性设置

按钮属性设置类似于 I/O 域属性设置，有常规、属性、动画和事件 4 类。事件设置最为核心，不同的系统函数能够实现不同的功能和任务。在组态按钮时可用按钮实现切换画面、增减变量值、设置变量值等功能。如图 8-8 所示，在设置“单击”按钮组态事件时，可同时对相关变量进行复位与置位操作。

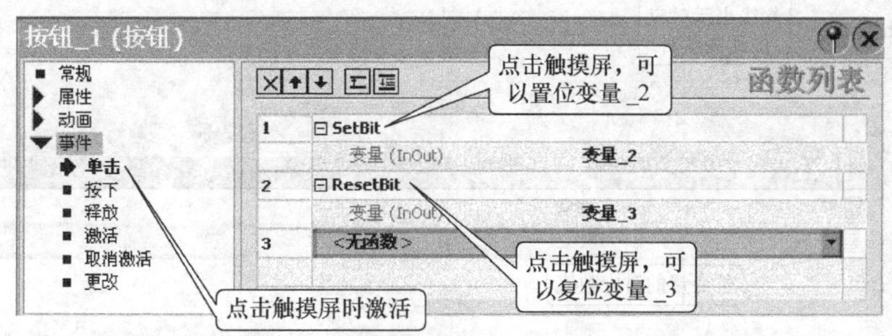

图8-8　置位与复位函数设置

3. 设置不可见按钮组态

不可见按钮可以与其他画面对象重叠，用以实现特殊功能要求。按钮的模式在按钮属性视图的“常规”对话框中设置为“不可见”，这时组态界面中的按钮显示为空心方框，但在运行时是不可见的。组态一个不可见按钮如图 8-9 所示，按钮在画面中显示为空心方框，“单击”事件函数设置为“Set Value”，其值设置为 50，在触摸屏上点击按钮一次就能使变量“变量_1”值增加 50。

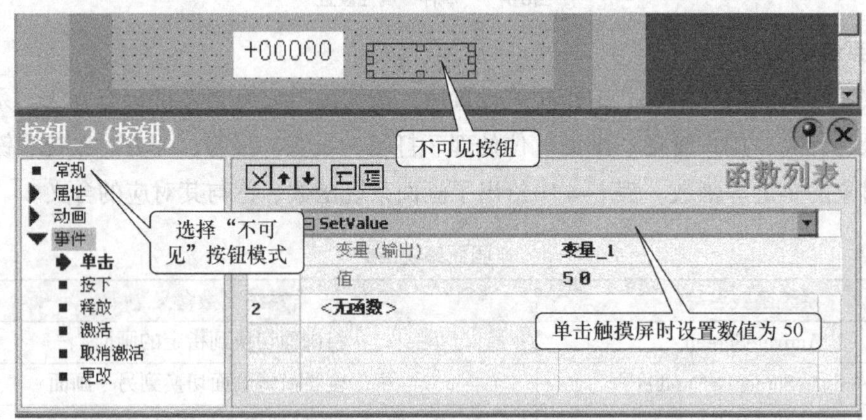

图8-9　不可见按钮设置

4. 带有文本列表的按钮设置

单击系统视图中的“文本和图形列表”文件夹中的“文本列表”图标，就可创建一个名为“按钮文本”的文本列表。位变量“位变量 0”、“位变量 1”在变量表中创建。如图 8-10 所示，文本列表中的数值为位变量对应的数值，条目中内容为按钮在变量值不同时显示的文本。

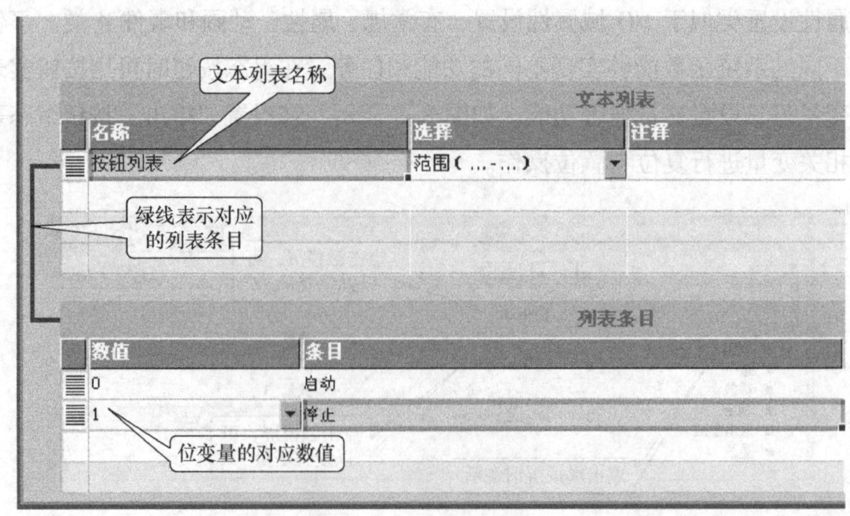

图8-10　文本列表

先将工具箱中的“按钮”对象图标拖放到画面工作区中，然后在按钮属性视图的“常规”对话框中设置按钮模式为“文本”，并按所要求的功能来设置“事件”。如图 8–11 所示，文本列表在其常规属性中设置。

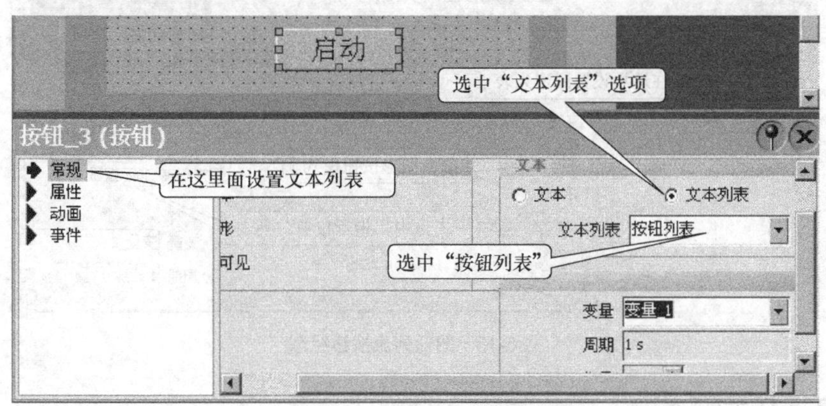

图8-11 文本列表按钮组态

5. 使用图形列表的按钮设置

双击系统视图中的“文本和图形列表”文件夹中的“图形列表”图标，即可打开图形列表编辑器并创建一个图形列表。如图 8–12 所示，图形列表中的数值为位变量对应的数值，条目中的图形为在变量值不同时所显示的图形。

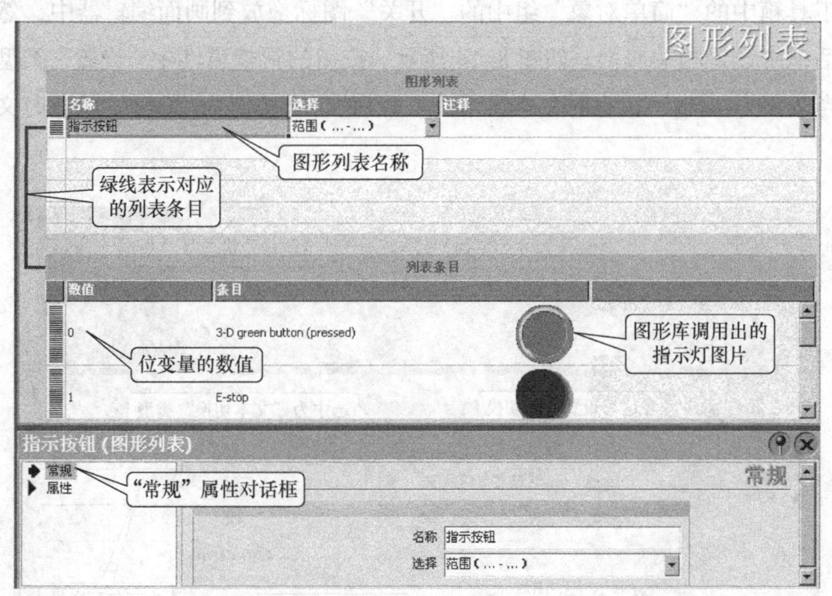

图8-12 图形列表

先将工具箱中的“按钮”对象图标拖放到画面工作区，然后在按钮属性视图的“常规”对话框中设置按钮模式为“图形”，并按所要求功能来设置“事件”。如图 8–13 所示，按钮常规属性的“按钮模式”设置为图形，“图形”选项选择为图形列表。

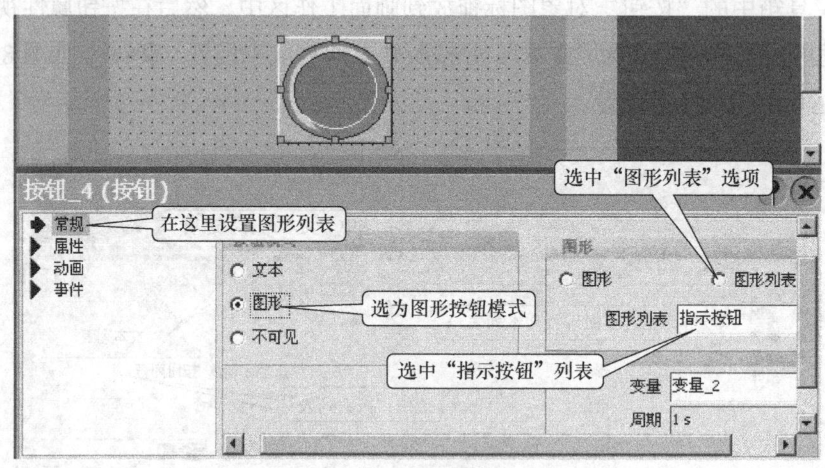

图8-13　图形列表按钮组态

8.2.3　开关组态

开关量是布尔型变量，有0和1两种状态。当点击开关时，可切换所连接的布尔型变量状态，并可在0和1这两种状态中切换。开关组态有3种切换模式：通过文本切换、通过图形切换和切换模式下切换。

1. 通过文本切换开关组态

先将工具箱中的“简单对象”组中的“开关”图标拖放到画面编辑器中，然后在属性视图的对话框中设置相关属性。如图8-14所示，按钮的常规属性中“设置”类型为通过文本切换，当按钮为“ON”状态时文本显示为“开启”，当按钮为“OFF”状态时文本显示为“关闭”。

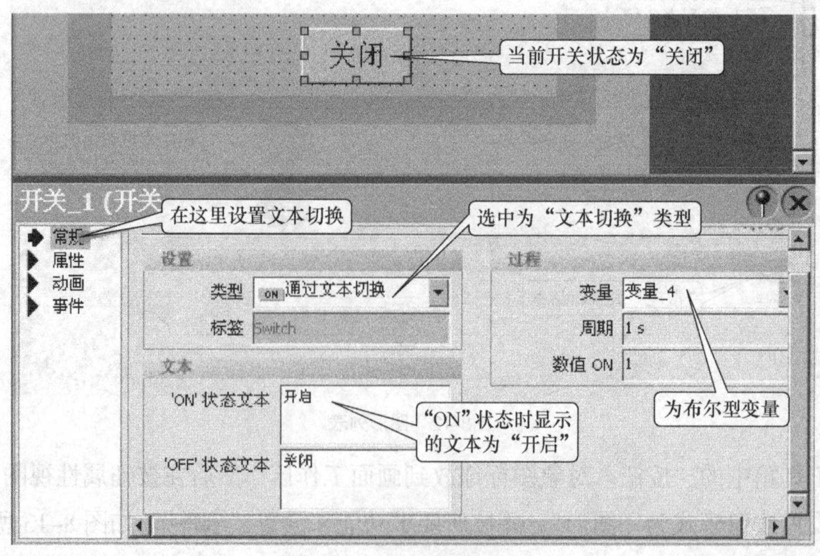

图8-14　文本切换开关组态

2. 通过图形切换开关组态

先将工具箱的“简单对象”中的“开关”拖放到画面编辑器中，然后在属性视图的对话框中设置开关的属性。如图 8–15 所示，按钮常规属性中的“设置”类型为通过图形切换，当按钮为“ON”状态时图形显示为“Green button”，当按钮为“OFF”状态时图形显示为“Yellow button”。

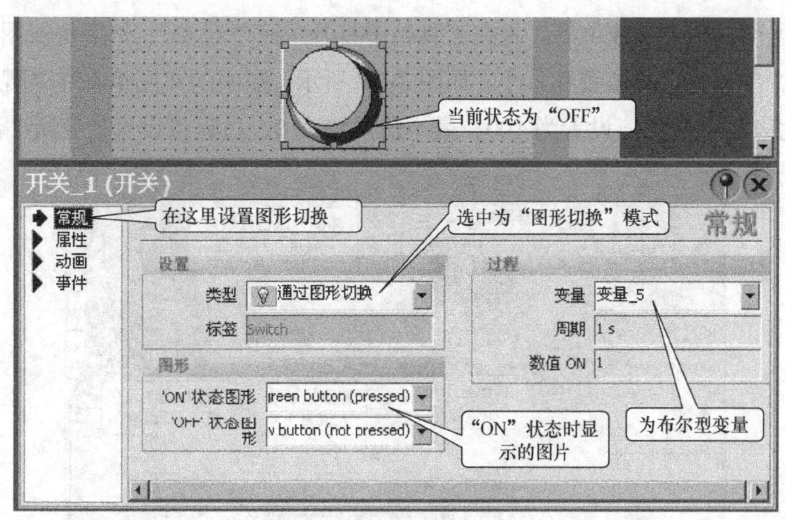

图8-15　图形切换开关组态

3. 切换模式下切换开关组态

先将工具箱的“简单对象”中的“开关”拖放到画面编辑器中，然后在属性视图的对话框中设置开关的属性。在这种切换模式下开关的上部是文字标签，下部是带滑块的推拉式开关，中间是打开和关闭两种状态所对应的文本。如图 8–16 所示，开关的常规属性中“设置”类型为切换，当按钮为“ON”状态时文本显示为“开”，当按钮为“OFF”状态时文本显示为“关”。

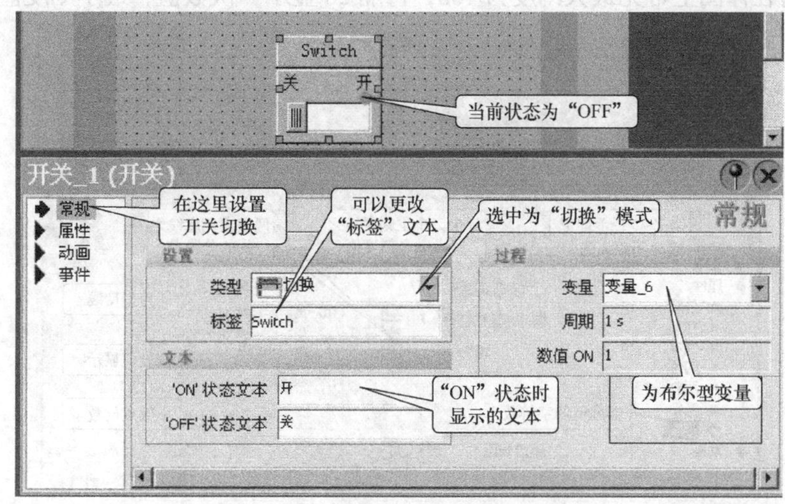

图8-16　切换模式下切换开关组态

8.2.4 图形输入输出组态

输入/输出的数值用图形来显示是比较清晰明了的，且相应数值可以直接显示在图形上。图形输入/输出所显示的对象有3种：棒图、量表和滚动条。

1. 棒图组态

棒图可以像温度计那样形象地显示模拟量数值大小，因而可用于显示传感器等所测得的数据，如温度、压力、液位等。先在工具箱中打开“简单对象”，然后将棒图对象拖放到初始画面中，并调整它的位置和大小。如图8-17所示，图中的棒图组态在常规属性中设置“刻度”属性，其中最大值设置为100，最小值设置为0，过程值设置为变量“温度”。

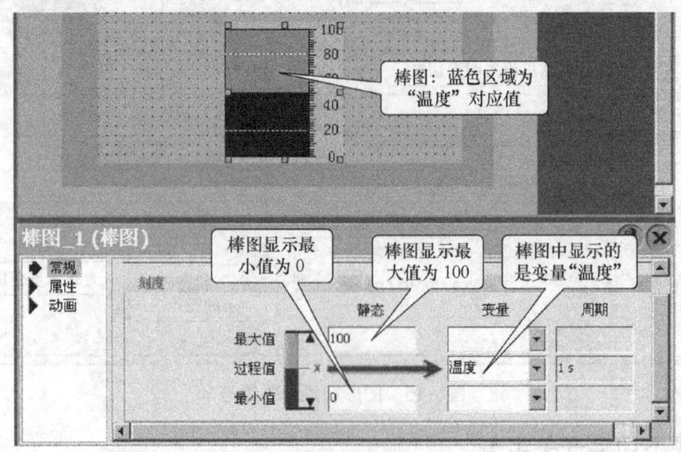

图8-17 棒图常规属性组态

在属性视图的“刻度”对话框中可以选择显示刻度和刻度值，还可以设置刻度值的总位数和小数点后的位数。当修改“刻度”对话框中的参数后，棒图上就有相应的变化。如图8-18所示，棒图在“刻度”对话框中设置大刻度间距为10，标记增量标签为2，份数为5，总长度为3，这时在棒图上可见最大刻度为100，每隔20显示一次数值，最小刻度值为2。

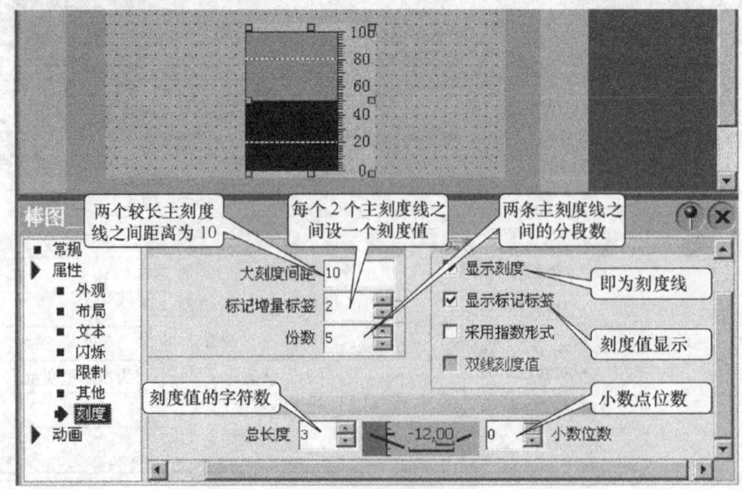

图8-18 棒图刻度组态

2. 量表组态

量表可以像压力表一样来显示数值，它跟棒图功能类似。先将工具箱中的“复杂视图”组中的“量表”图标拖放到画面中，然后设置属性视图的“常规”对话框。如图 8-19 所示，常规属性对话框的标签被设置为“压力表”，单位为“MPa”，在压力表上显示的数值带有小数并显示峰值。

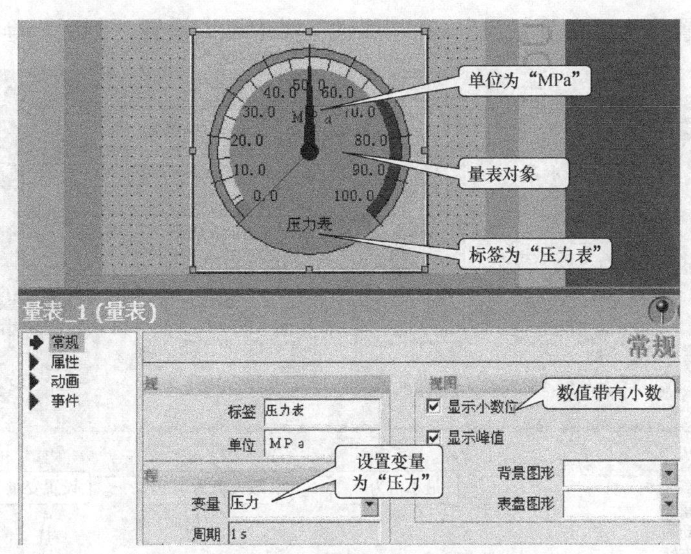

图8-19　量表常规属性组态

在属性视图的“刻度”对话框中可以设置刻度最大最小值及圆弧的起点和终点角度等。如图 8-20 所示，量表的“属性”类的刻度对话框中设置最大最小值所对应的角度和相邻刻度值之间的角度，另外还可按角度和颜色来设置警告和危险区域，其中黄色为警告区域，红色为危险区域。

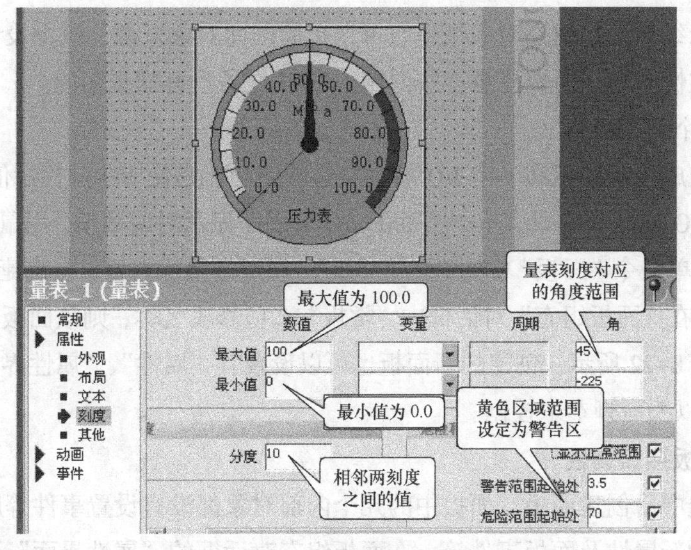

图8-20　量表刻度组态

3. 滚动条组态

滚动条便于操作人员输入和监控变量的数值，而且拖动滚动条滑块位置可以改变指示控件输出的过程值。将工具箱中的“复杂视图”组中的“滚动条”图标拖放到画面中，设置属性视图的“常规”对话框。设置好常规属性后，还可在属性视图中设置图样、外观、文本、安全等属性。如图8-21所示，在“常规”对话框中最大值设置为100，最小值设置为0，过程值设置为变量“变量_1”，在“属性”类中可以设置“刻度”等属性。

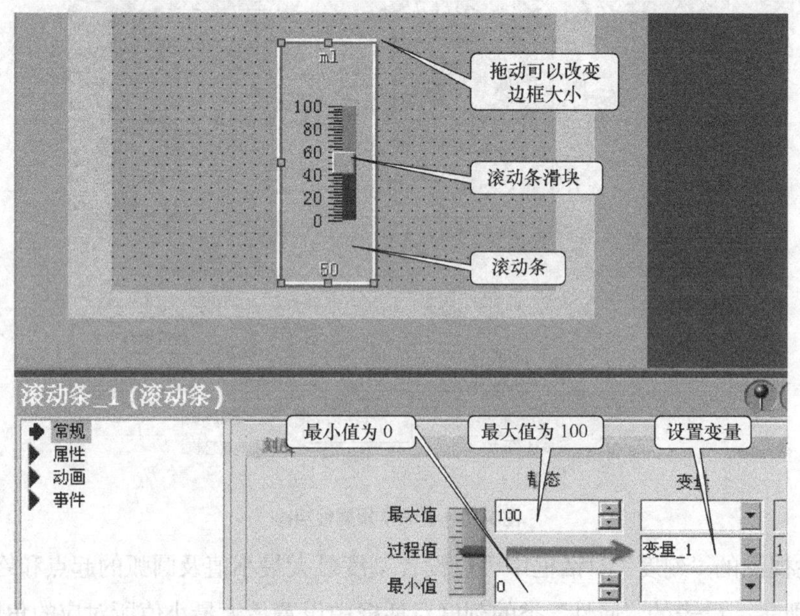

图8-21 滚动条常规属性组态

8.2.5 面板组态

面板是可以编辑的预组态对象组，它可以扩展画面对象资源，减少设计工作量，同时确保项目的一致性布局，但要注意有些低档的HMI设备没有面板功能。

1. 创建一个新面板

在画面上生成两个按钮和一个I/O域，左边按钮功能是使I/O域显示值增加10，右边按钮功能是使I/O域显示值减少10，上面的I/O域用于显示对应数值。用鼠标同时选中这3个对象，执行菜单命令“面板”中的“创建面板”，或点击鼠标右键，在快捷菜单中执行“创建面板”命令。在“面板组态”对话框中“常规”选项修改名称，则该面板将会出现在“项目库”中。如图8-22所示，创建的新面板也可以设置其“属性”、“属性界面”和“事件界面”，另外还可以编写脚本来控制。

2. 定义面板接口属性

几个对象选中后创建面板，面板中的几个内部对象都没有设置事件等属性，这时需要定义面板接口的新属性及面板事件等。在面板组态对话框的“属性界面”选项中，左侧的

“接口”是使用面板时可组态的面板属性，右侧的“内部对象”是嵌入在面板中那几个对象的属性，在对应的单个内部对象的属性对话框中设置各自属性。如图 8-23 所示，面板中“按钮_1”、“按钮_2”和“IO 域_1”的过程值均设置为变量“变量_8”，属性视图上不同的颜色对应着不同的含义，其中紫色表示选中，灰色表示未选中，浅蓝色表示可编辑。

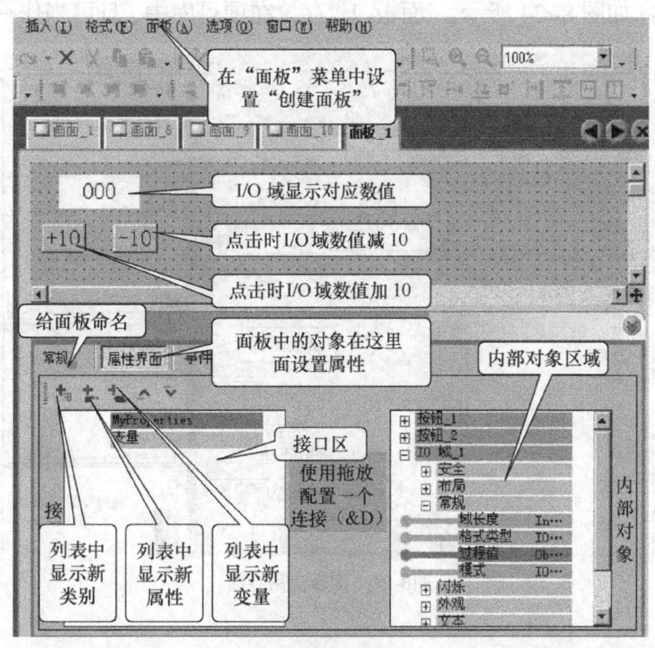

图8-22　面板创建

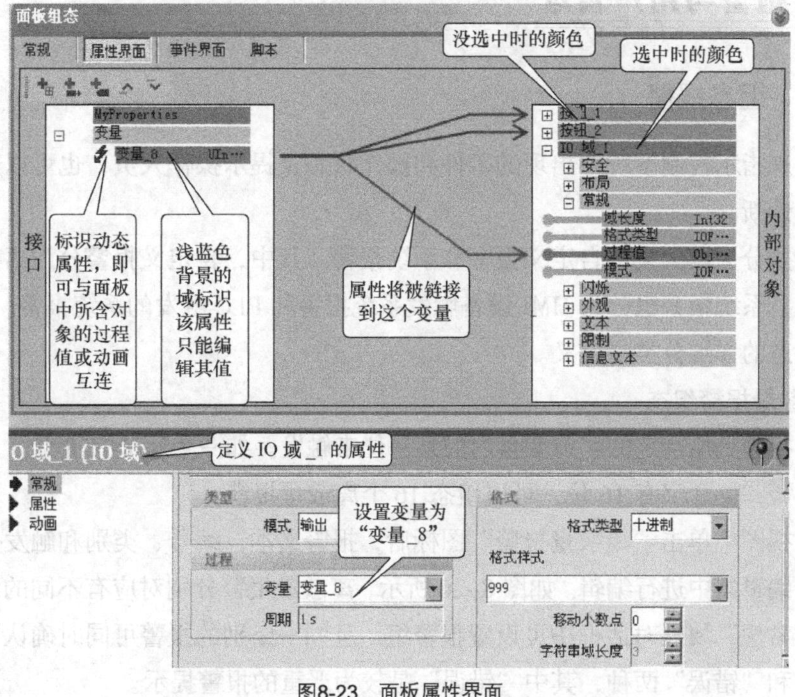

图8-23　面板属性界面

3. **面板的应用**

在设置好面板属性后，工具箱项目库将自动显示出该面板图标，将面板拖放到画面中即可应用，也可将其添加到共享库中，这样就可以在其他项目中使用这个面板。用右键点击工具箱项目库中要修改的面板图标，在快捷菜单中选中“编辑面板类型”命令，即可对面板属性视图中的属性进行修改。如图 8-24 所示，“面板_1”存放在项目库中，且可当作一个组态对象使用。

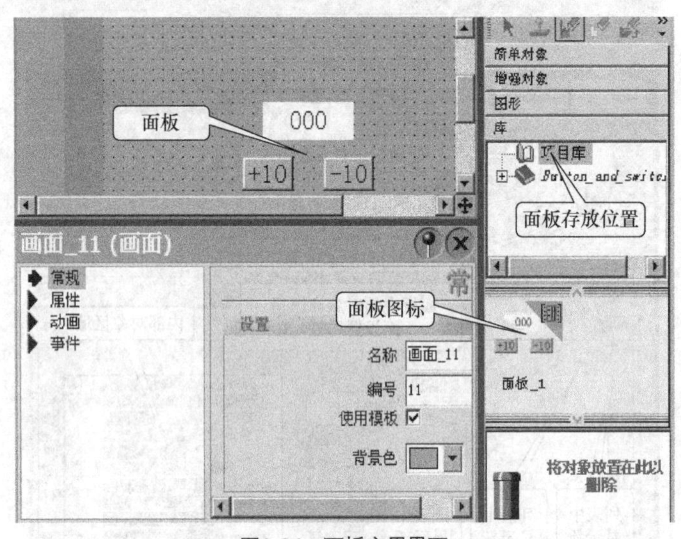

图8-24 面板应用界面

8.3 报警与用户管理

8.3.1 组态报警

报警用来指示控制系统中出现的事件和操作状态，提示操作人员，也可以用报警信息对系统进行诊断。

报警主要分为两大类：自定义报警和系统报警。其中，自定义报警分为离散量和模拟量报警两类；系统报警也分为 HMI 设备触发系统报警和 PLC 触发的系统报警。图 8-25 给出了报警组态的详细分类与定义。

1. **离散量报警组态**

离散量报警是用指定的字节变量内的某一位来触发。如一个字节有 8 位，可以组态 8 个离散量报警；一个字有 16 位，可以组态 16 个离散量报警。

在项目视图中单击“离散量报警”图标后，报警文本、编号、类别和触发变量等可在离散量报警编辑器中进行编辑。如图 8-26 所示，离散量报警分别对应有不同的编号和触发器位，在“常规”属性对话框中可设置报警组，且同一组别的报警可同时确认，错误类别有“警告”和“错误”两种，其中“错误”是较为严重的报警提示。

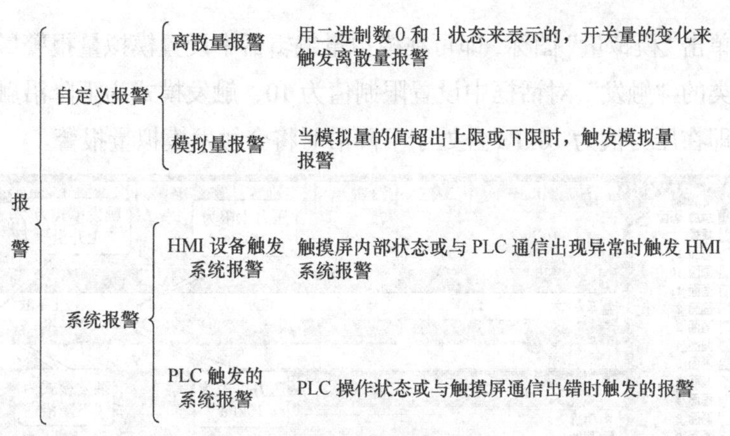

图8-25 组态报警分类

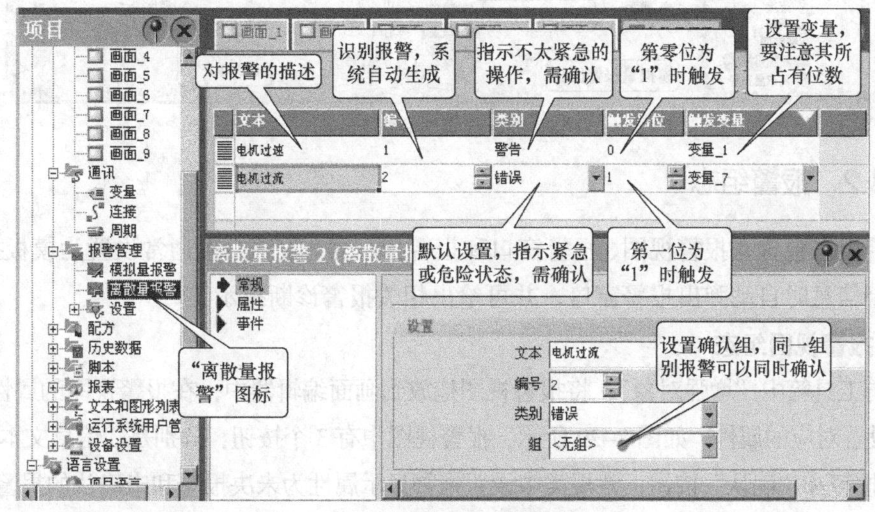

图8-26 离散量报警编辑器

2. 模拟量报警组态

模拟量报警是用报警变量的限制值来触发的，连接的是外部变量。如图 8–27 所示，模拟量报警地址存储的是数值，采集模式设置为循环连续方式。

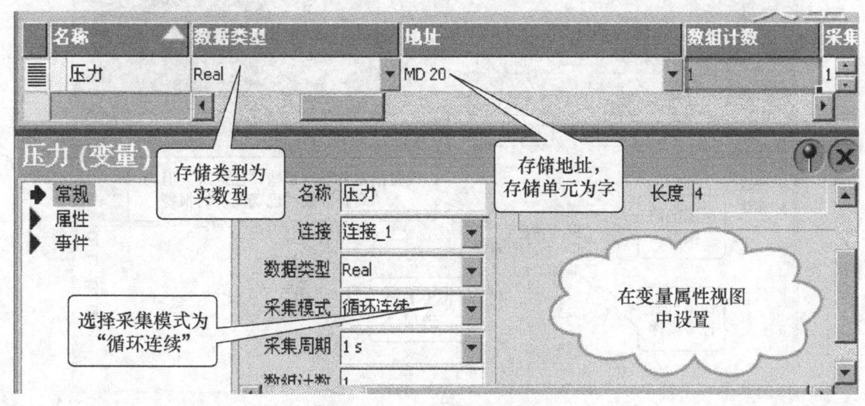

图8-27 设置模拟量变量

在视图中单击“模拟量”图标，即可在模拟量编辑器中设置模拟量报警属性。如图 8-28 所示，在属性类的“触发”对话框中设置限制值为 10，触发模式为下降沿触发，且触发过程中有滞后，即在压力值为 10kPa 且处于下降沿时将会触发模拟量报警。

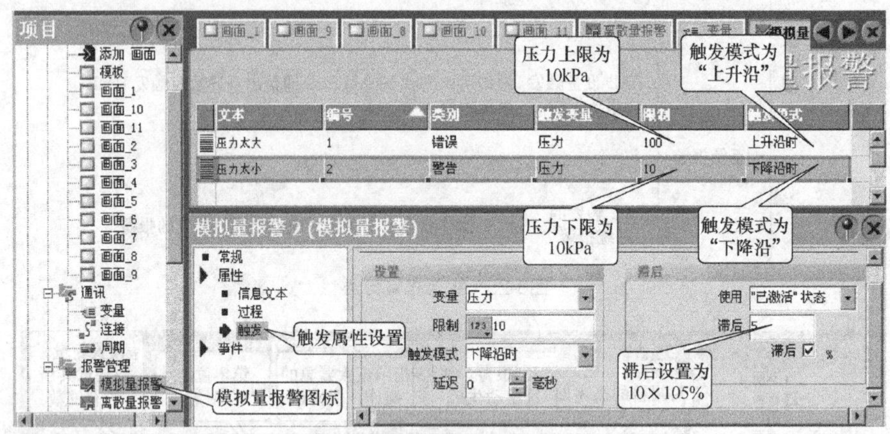

图8-28　模拟量报警编辑器

8.3.2　报警组态

报警组态包含有报警视图、报警窗口和报警指示器。报警组态通常设置为模板换面中，在有报警信息时自动弹出报警窗口，并可给出相关报警诊断提示。

1. 报警视图组态

单击工具箱中“增强对象”，将报警视图拖放到画面编辑器中，在报警视图的属性视图对话框中设置对应的属性。如图 8-29 所示，报警视图中有 3 个按钮，分别是“信息文本”按钮、“编辑”按钮和“确认”按钮；常规类中设置报警显示属性为未决报警和未确认的报警。

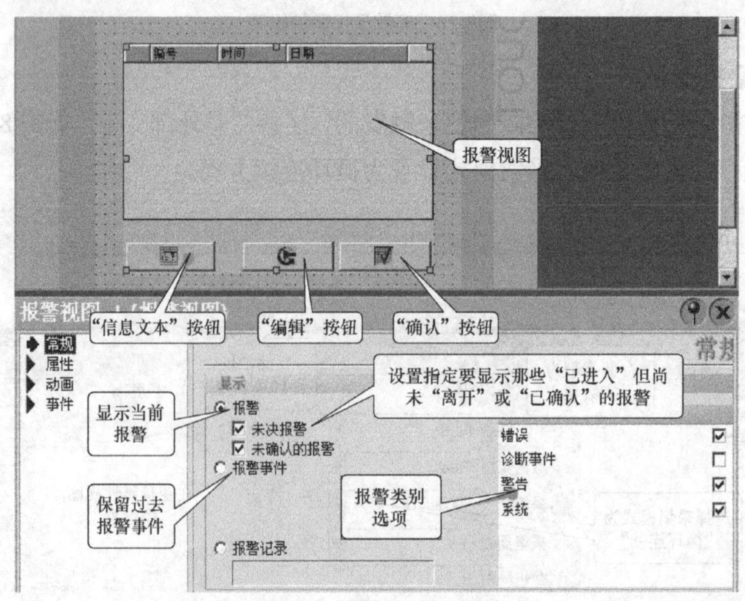

图8-29　报警视图常规组态

在设置完常规属性后，还需要设置其“属性”对话框和报警视图中要显示的内容。报警视图要显示的列在“属性”的“类”中可以设置，且报警视图要显示的内容在“属性”的“显示”中可以设置。如图 8-30 所示，“信息文本”按钮、“编辑”按钮、“确认”按钮和滚动条可在属性类的显示对话框中设置，报警编号、时间、报警文本、确认组等可在列对话框中设置。

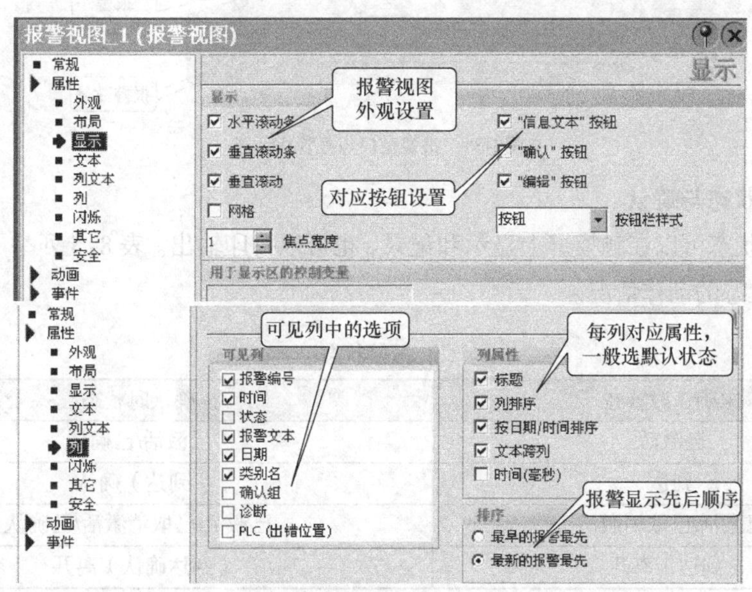

图8-30　报警视图“属性”类设置

2. 报警窗口与报警指示器

① 将工具箱中“增强对象”组的“报警窗口”图标拖入画面模板中即可得到报警窗口组态。在当前画面中设置“使用模板”后，浅色的报警窗口将在该画面中出现。当运行中出现报警情况时，报警窗口将会自动弹出，与该画面是否选择“使用模板”无关。

报警在 HMI 设备的报警视图或报警窗口中显示。报警窗口的布局和操作与报警视图是相同的，但报警窗口只能在画面模板中组态。

② 将工具箱中的“增强对象”组中的“报警指示器”图标拖入画面模板中即可得到报警指示器组态。在当前画面中设置“使用模板”后，浅色的报警指示器将会在该画面中出现。当运行中出现报警情况时，报警指示器将会自动弹出，且与该画面是否选择“使用模板”无关。报警指示器有两种状态：一种为闪烁，另一种为静态。

闪烁是至少有一条未确认的报警。静态是报警已被确认，但至少有一条报警事件还未消失。如图 8-31 所示，在有报警情况出现时报警窗口与报警指示器自动弹出，报警窗口中蓝色区域为最新报警，报警指示器中的数字为报警个数，当报警单击确认后报警窗口将自动消失，但报警指示器需在报警消除后才会消失。

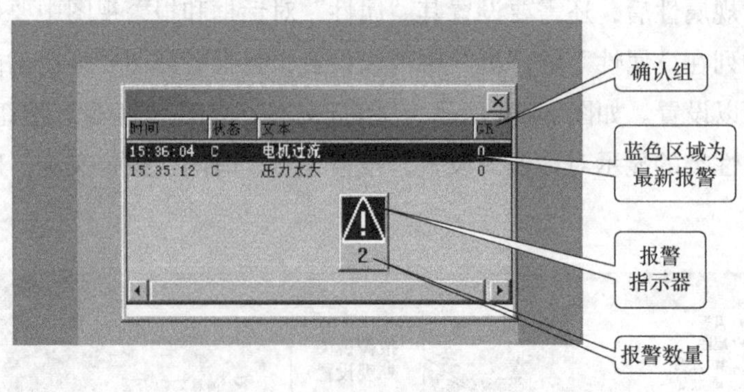

图8-31 报警窗口与报警指示器

3. 报警状态与确认

① 报警状态可以在触摸屏上显示和记录，也可以打印输出。表 8-5 列举了未确认和确认时这两种状态的动作情况。

表 8-5 报警状态

未确认时状态	确认时状态
已激活	已激活/已确认
到达	（到达）确认
已激活/已取消激活	已激活/已取消激活/已确认
（到达）离开	（到达确认）离开

② 对于关键性或危险性运行状态，要求对报警进行确认。操作人员可以在触摸屏上确认，也可以在 PLC 程序中置位指定的变量中的一个特定位。有以下元件可用来进行确认。

- 操作员面板（OP）上的确认键（ACK）。
- 触摸屏画面上的按钮，或操作员面板上的功能键。
- 通过函数列表或脚本中的系统函数来进行确认。

报警类别决定了是否需要确认该报警。在组态报警时，操作员可进行单个逐步确认，也可以对同一报警组内的报警集中进行确认。

③ 报警组。系统有时需要同时确认好几个报警，这时可将这些报警加入到同一个报警组中。在运行时单击一次“确认”按钮，就能同时确认该组内的全部报警。

在“报警组”表格编辑器中，可以创建报警组并指定它们的属性。在项目试图中，双击“报警设置”组中的“报警组”，即在工作区和属性视图中分别设置对应的属性。如图 8-32 所示，报警确认组在“报警组”表格编辑器中设置，报警文本、编号、类别和组可在相关报警属性视图的常规类中进行设置。

④ 报警类别。报警可分为以下几类。表 8-6 列举了有关报警的类别号，并分别对这些类别的功能进行描述。

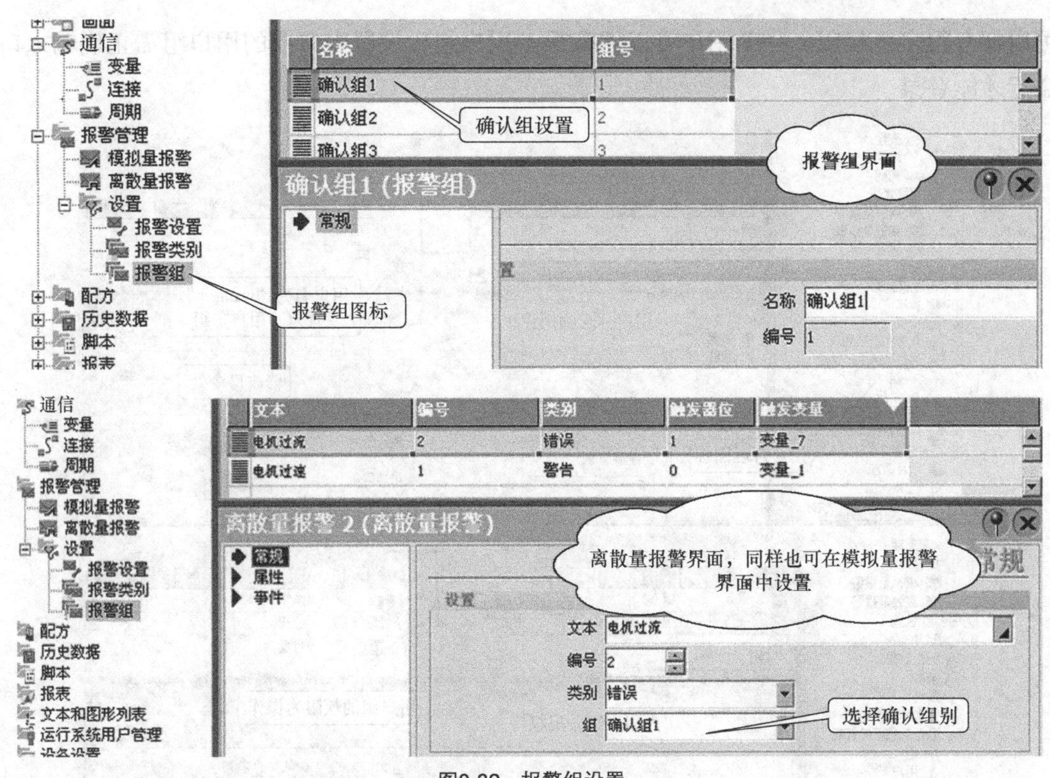

图8-32　报警组设置

表 8-6　　报警分类

类别号	功能
警告	警告报警通常显示设备状态，该类别中的报警不需要进行确认
错误	该类报警通常显示设备的关键错误，该类报警必须始终进行确认
系统	系统报警指示 HMI 设备本身的状态或事件
诊断报警	SIMATIC 诊断报警说明 SIMATIC S7 或 SIMOTION 控制器中的状态与事件
STEP 7 报警类别	在 STEP 7 中组态的报警类别也可用于 HMI 设备
自定义报警类别	该报警类别的属性必须在组态中定义

8.3.3　用户管理

本小节主要讲解用户管理结构、组编号、访问权限设置、用户视图及用户管理系统函数。用户管理用于在运行时控制对数据和函数的访问，在系统运行时可通过“用户视图”来管理用户和口令。

1. 用户管理结构

用户管理中权限是分配给用户组而不是用户，同一个用户组中的用户具有相同的权限。在“用户”编辑器中，将用户分配到用户组，可获得不同的权限。在“组”编辑器中，各个用户组都分配有特定的访问权限。如图 8-33 所示，组权限可以自己添加设置，一个组中可以拥有很多组权限，一个用户可以拥有很多用户组，设置有口令的用户组需正确输入口令后才能登录。

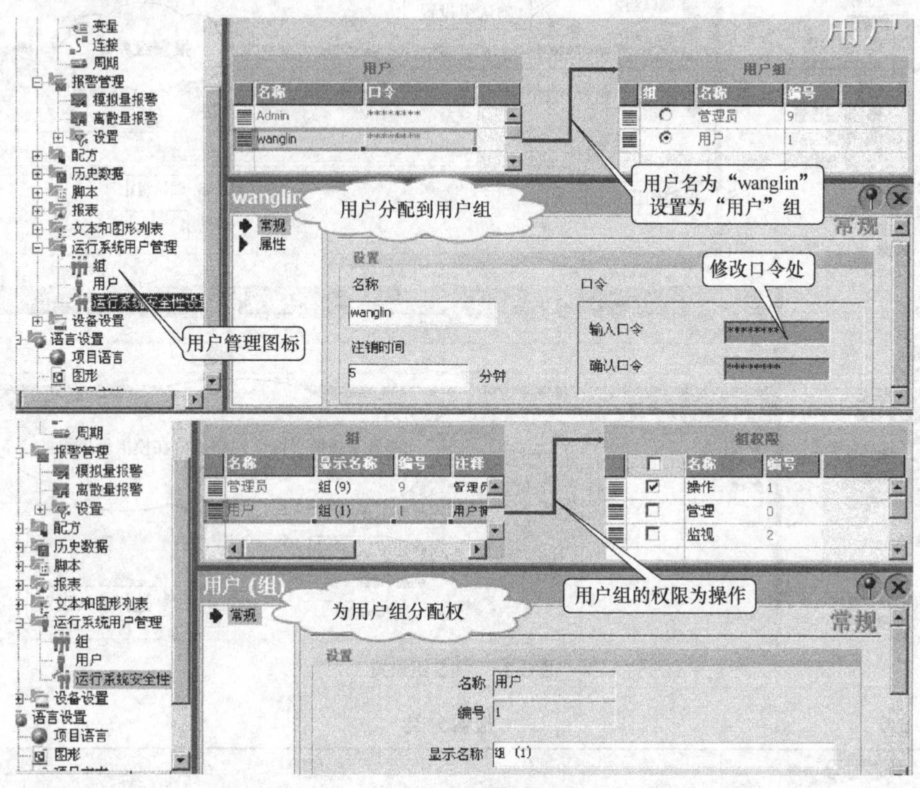

图8-33　用户管理设置

2. 组编号与权限

每个用户组都有其编号，通常组的编号越大则权限越大，如管理员编号为9，具有最大的权限。在选中某一用户后，需要给每个组分配其权限。除了自动生成的“操作”、“管理”、“监视”权限外，用户可以根据需要生成其他权限。其中管理员用户组可以不受限制地访问所有用户。表8-7给出了组权限名称与其相应的权限说明。

表8-7　　组权限

组权限名称	组权限说明
管理	具有修改删除等功能，级别最高
操作	对数据等可以进行修改等
监视	具有访问等功能，但不能修改删除数据
自定义组权限	对自定义位置的操作

3. 访问权限设置

在运行时，用户访问一个对象且没有访问权限保护时，该对象组态功能在单击时就会被执行。在访问对象受到权限保护时，确认当前登录用户属于哪一个用户组，并将该用户组的权限分配给该用户。

将对象属性视图中"属性"类的"安全"对话框中设定对应的权限，选中复选框"启用"，否则无法在运行时对该对象进行操作。如图 8-34 所示，如果选中复选框"隐藏输入"，则输入的数字或字符都显示为"****"，其余人看不到输入的数字或字符。

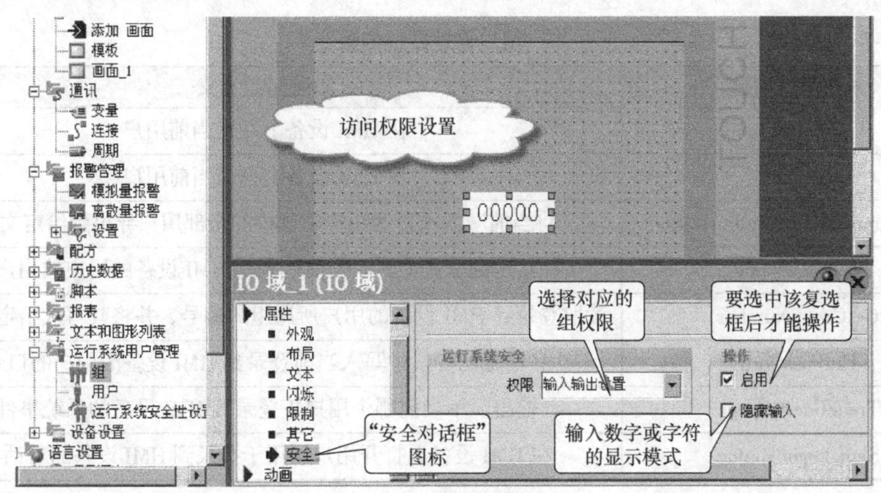

图8-34 访问权限属性设置

4. 用户视图

将工具箱中的增强对象组中的"用户视图"拖放到初始画面，并调整好它对应的位置和大小。如图 8-35 所示，可在属性视图的"常规"类中设置视图类型为"扩展的"，但一些特殊型号的触摸屏只能设置为"简单的"。

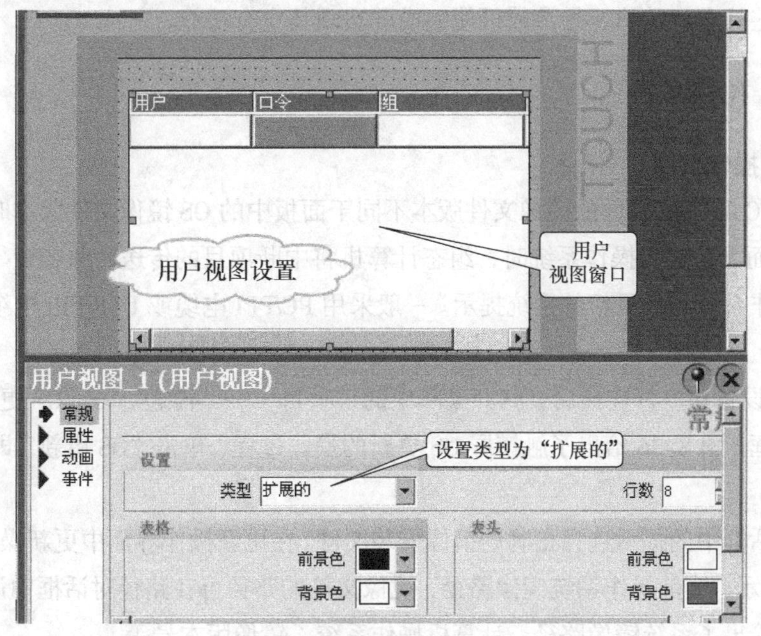

图8-35 用户视图属性设置

5. 用户管理系统函数

用户管理系统函数在视图属性的“事件”对话框中设置，其中以“Get”开头的系统函数用于读取值，带有“Log”的系统函数跟登录有关。表 8-8 详细地列出了用户管理系统函数的名称及其相关含义，这些系统函数可以完成相关的用户管理操作。

表 8-8　　用户管理系统函数

系统函数名称	系统函数含义
Logoff	在 HMI 设备上注销当前用户
Logon	在 HMI 设备上登录当前用户
ExportImportUserAdministration	将当前激活项目的用户管理中的全部用户导出到给定文件
GetUserName	在给定的变量中写入当前登录到 HMI 设备的用户的用户名
GetGroupNumber	读取登录到 HMI 设备的用户所属组的编号，并将其写入给定的变量
GetPassword	在给定的变量中写入当前登录到 HMI 设备的用户的口令
TraceUserChange	输出显示当前哪个用户正登录到 HMI 设备的系统事件
ShowLogonDialog	在 HMI 设备上打开用户可用于登录到 HMI 设备的对话框

8.4 传送与触摸屏的参数设置

传送有项目文件的下载、反向传送、更新操作系统、备份数据、传送授权等，其中项目文件下载使用最为频繁。在触摸屏上可以设置相应的参数，如语言、字体、通信、日期时间等。这些具有特殊功能的参数可使触摸屏实现其应有功能。

8.4.1 传送

1. 更新操作系统

当 WinCC flexible 软件的镜像文件版本不同于面板中的 OS 镜像文件版本时，或在面板的 OS 损坏而无法进入操作系统时，组态计算机将中断项目的传送，并产生一条提示兼容性冲突和操作系统必须更新的系统提示。一般采用 PC/PPI 电缆或 USB/PPI 电缆来对触摸屏进行 OS 更新。

与 HMI 设备建立好连接后，打开菜单中的“项目”→“传送”→“OS 更新”，出现更新操作对话框。图 8-36 给出了触摸屏 OS 更新的操作过程，单击“OS 更新”即可进入“OS 更新”窗口。

按照对话框中的提示选择正确的镜像安装文件。在更新操作界面中更新操作系统版本，如图 8-37 所示，当前操作系统镜像路径，镜像文件的路径可在路径对话框中设置，系统文本信息提示给出了系统镜像路径、计算机操作系统、镜像版本号等。

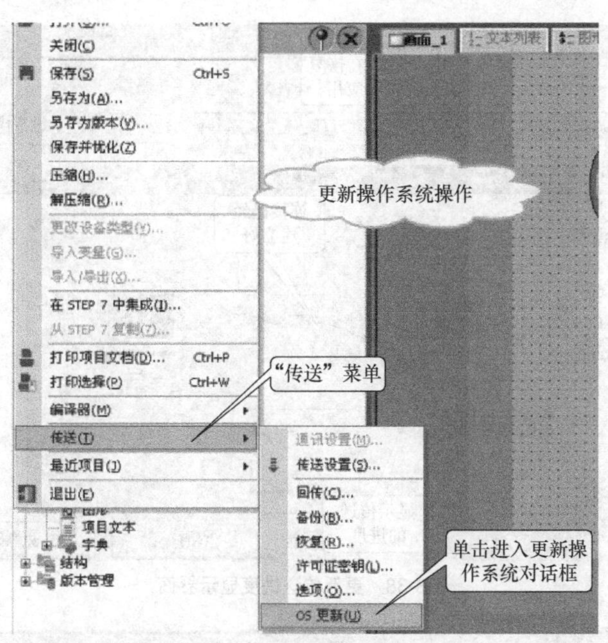

图8-36　更新操作菜单

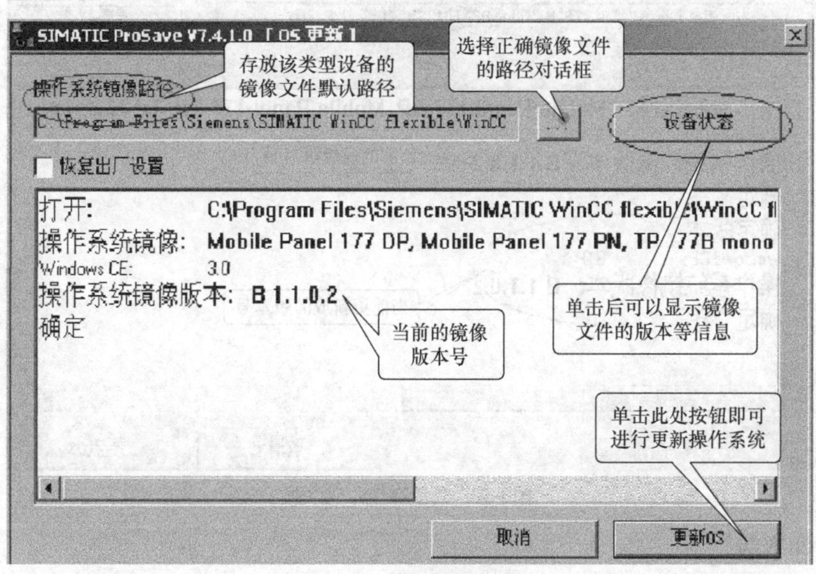

图8-37　更新操作界面

在单击“更新 OS”按钮后，将出现传送进度对话框并在对话框中显示正在建立连接的过程，当连接成功后，对话框中将显示传送的进度。图 8-38 给出了传输镜像文件的更新传送进度。

在更新结束后，“OS 更新”窗口中将再次显示面板的镜像版本信息，这时 OS 更新已经完成。图 8-39 给出了系统程序的更新完成界面。

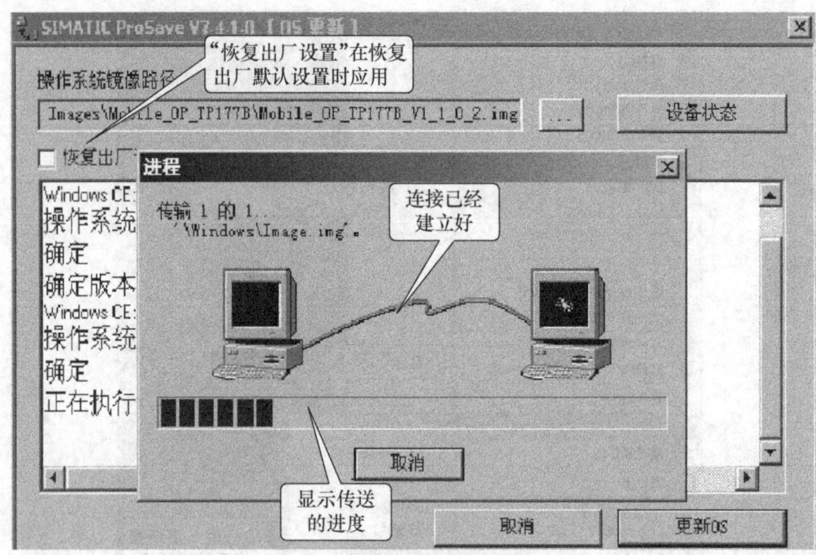

图8-38　更新传送进度显示界面

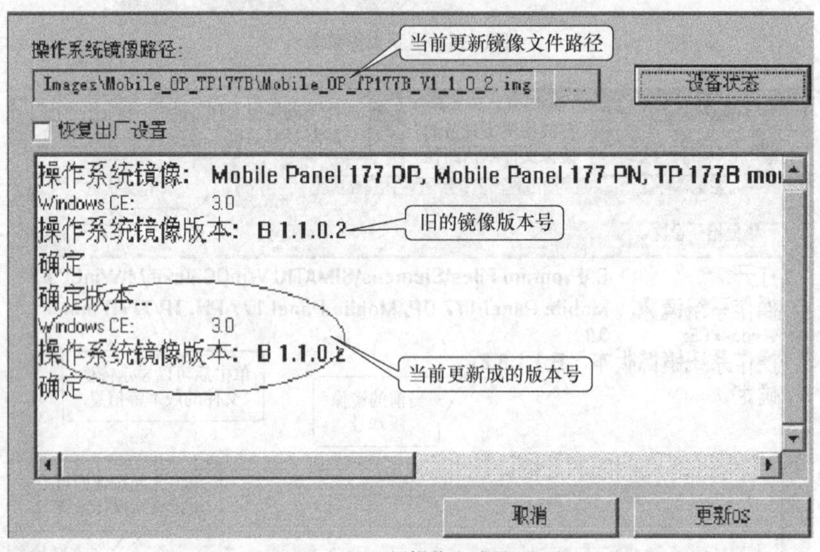

图8-39　更新操作完成界面

2. 文件下载

下载是指将一个完整的项目文件传送到要运行该项目的 HMI 设备上。当有多个 HMI 设备时，一次只能对一个 HMI 设备进行传送。

在文件下载时，HMI 设备与计算机能正确连接上的条件是两者的通信设置一致。如图 8-40 所示，在通信连接好后，执行菜单命令“项目”→“编译器”→“检查一致性”。一致性检查完成后，系统将生成编译好的扩展名为“*.fwx”的项目文件，其文件名与项目名称相同，然后就可以将编译好的项目文件传送到组态的 HMI 设备中去。

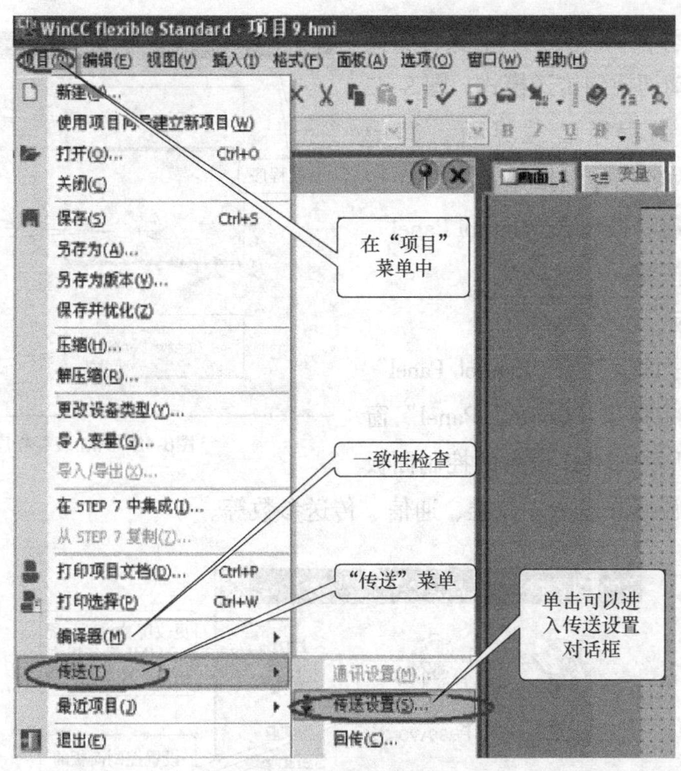

图8-40 文件传送菜单

将触摸屏设置为传送状态，单击 WinCC 软件上的“传送”按钮即可对文件进行传送操作。如图 8-41 所示，根据传送数据的类型在文件下载对话框中设置传送模式。

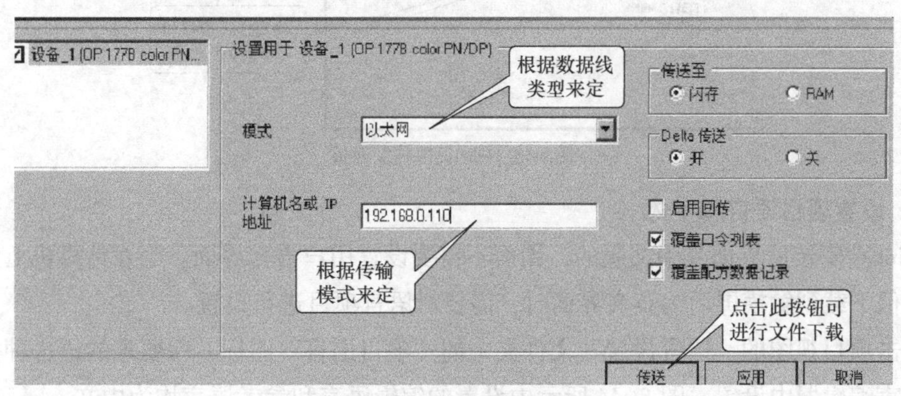

图8-41 传送设置对话框

8.4.2 触摸屏（HMI）设备参数设置

西门子 HMI 设备种类繁多，本节以 TP177A 为例来介绍其参数设置，其余类型 HMI 设备的参数设置过程类似于 TP177A。

1. 装载程序

在 HMI 设备启动时，将出现装载程序。当触摸屏中已装有项目时，触摸屏上电 5s 后该项目将会被启动；当触摸屏中未装有项目时，触摸屏将自动切换到传送模式。图 8–42 给出了 TP177A 的程序装载界面，其中“Transfer”按钮为数据传送按钮，“Start”按钮为触摸屏系统启动按钮，“Control Panel”按钮为控制面板按钮。

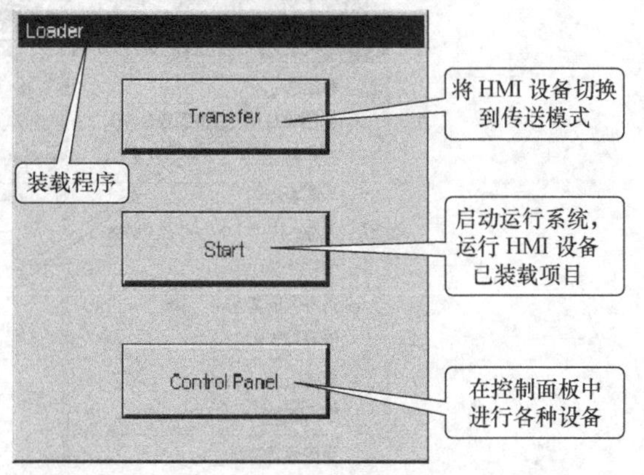

图8-42　HMI装载程序界面

2. 控制面板

单击装载程序面板上的“Control Panel”按钮，触摸屏上将弹出“Control Panel”窗口。如图 8–43 所示，HMI 设备的控制面板可以设置口令、触摸屏显示、校准、通信、传送参数等。

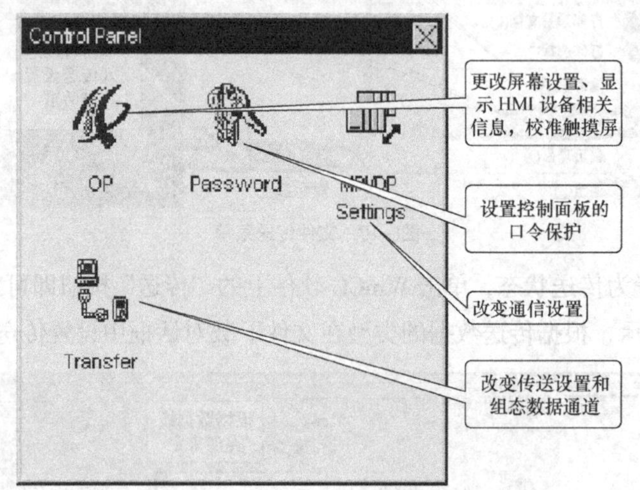

图8-43　HMI设备控制面板

3. 设置项目语言和字体

WinCC 安装后界面是中文版的，因而不需要设置用户语言界面。当在计算机上为中文界面，但下载到触摸屏后为英文界面时，需要对语言项目进行设置。

单击项目视图的“语言设置”文件夹中的“项目语言”图标，所要求的语言种类可在项目语言编辑器中设置。图 8–44 所示中设置的编辑语言和参考语言均为中文。

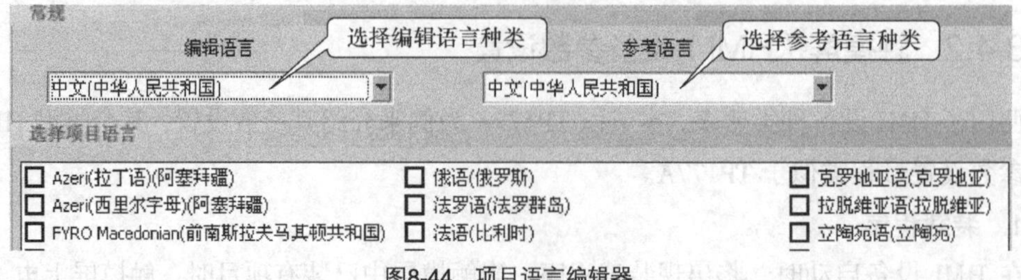

图8-44　项目语言编辑器

单击项目视图的“设备设置”文件夹中的“语言和字体”图标，运行时所需的语言种类在语言和字体编辑器中确定，还可根据文本要求对文字字体进行设定，其中默认字体为标准字体。如图 8–45 所示，带方框的箭头可用于运行系统语言的上移与下移，项目中还可以设置语言的种类、字体、标准字体等。

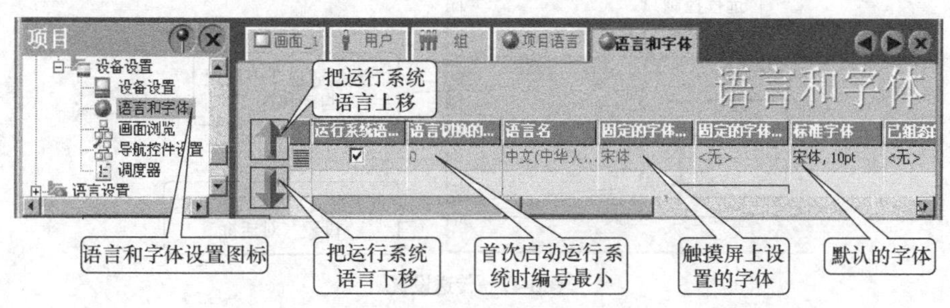

图8-45 语言设置

8.4.3 HMI 通信设备与设置

在触摸屏上可以设置 MPI/DP 传送参数、传送通道号、高级传送参数等，这些参数要求与 PLC、WinCC 上的传送参数完全相一致。

1. MPI/DP 通信设置

在触摸屏上单击“MPI/DP Settings”图标后，相应的通信参数可在 MPI/DP 传送设置对话框中设置。如图 8–46 所示，触摸屏的地址设为 1，其波特率设置为 187.5kBaud，并要求通信设置参数跟 PLC 保持一致。

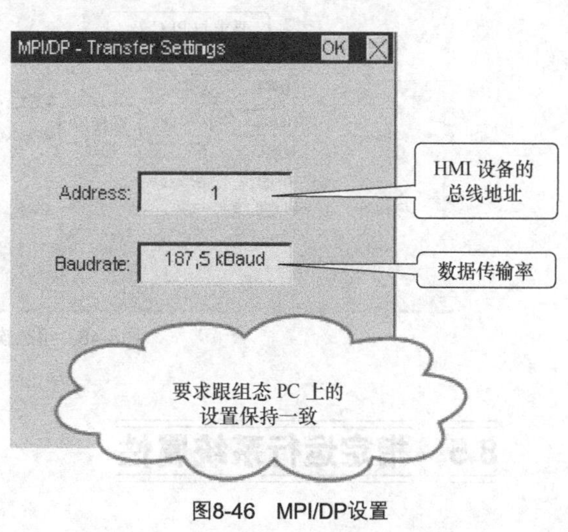

图8-46 MPI/DP设置

2. 传送与通信高级设置

在触摸屏上单击“Transfer”图标后，传送参数在传送设置对话框中设置。如图 8–47 所示，TP177A 有两个传输通道，分别为“Channel 1”和“Channel 2”，单击复选框即可选中相应传输通道。

3. 组态软件连接设置

在与组态软件连接时，各自地址和波特率等要求完全一致。单击组态软件中的“连接”图标，对应的通信属性在对话框中按要求进行设置。图 8–48 中的参数是根据 PLC、触摸屏和数据线中的参数和型号来设置的。

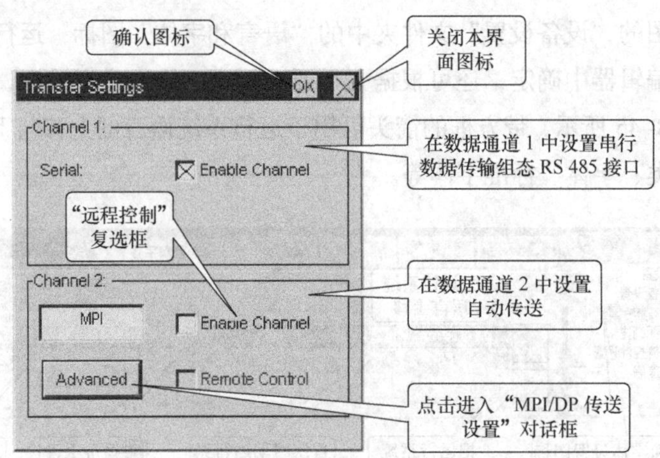

图8-47　传送设置

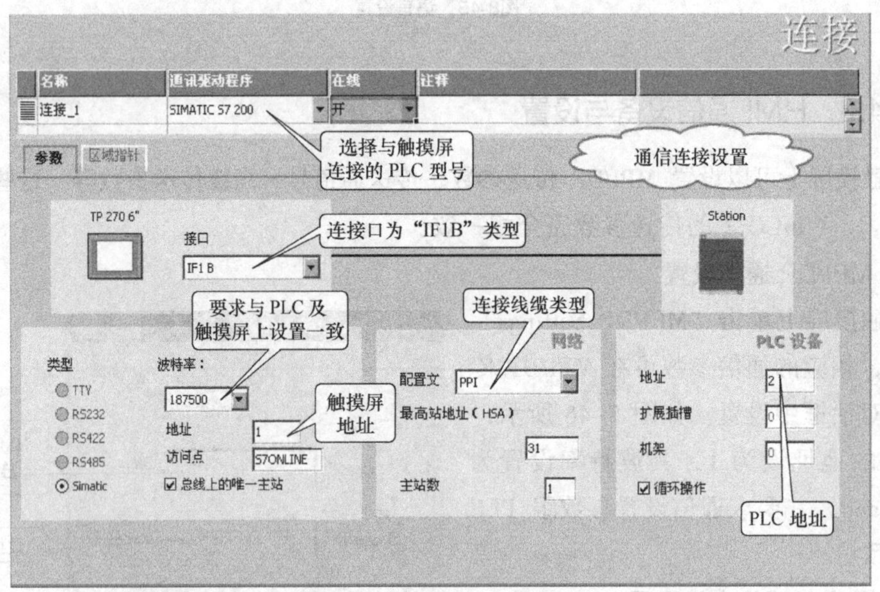

图8-48　组态软件通信设置

8.5　指定运行系统属性

8.5.1　WinCC flexible 与 STEP7 的集成属性

西门子 PLC S7-300 价格较高，用硬件来做实验比较不方便。为了解决这一问题，将 HMI 项目集成在 S7-300/400 的编程软件中，用其仿真软件 PLCSIM 来模拟 S7-300/400 的运行，用 WinCC flexible 的运行来模拟 HMI 设备功能。在项目集成中，可以同时模拟 HMI 设备和 PLC 之间的通信和数据交流，只需要用计算机就能很好地模拟真实的 PLC 和 HMI 设备组成的实际控制系统功能。

1. 安装要求

必须遵照指定的安装顺序，在 STEP 7 中集成 WinCC flexible。必须先安装 STEP 7 软件，然后安装 WinCC flexible。安装 WinCC flexible 时，检测到现有的 STEP 7 安装，从而自动安装集成到 STEP 7 中的支持选项。对于用户自定义安装，则必须激活“与 STEP 7 集成”选项。如果已经安装了 WinCC flexible，随后又安装了 STEP 7，则必须卸载 WinCC flexible，并在 STEP 7 安装完成后重新安装。

2. 建立 STEP 7 与 WinCC flexible 项目连接

（1）在 SIMATIC 管理器中创建 HMI 站

在 WinCC flexible 集成到 STEP 7 中时，可以将 SIMATIC 管理器用于 WinCC flexible 项目。在 STEP 7 项目中，SIMATIC 管理器是管理项目（包括 WinCC flexible 项目）的关键。SIMATIC 管理器可以访问自动化系统的组态及操作员控制和监控层的组态。图 8-49 给出了在 STEP 7 中创建集成 HMI 站。

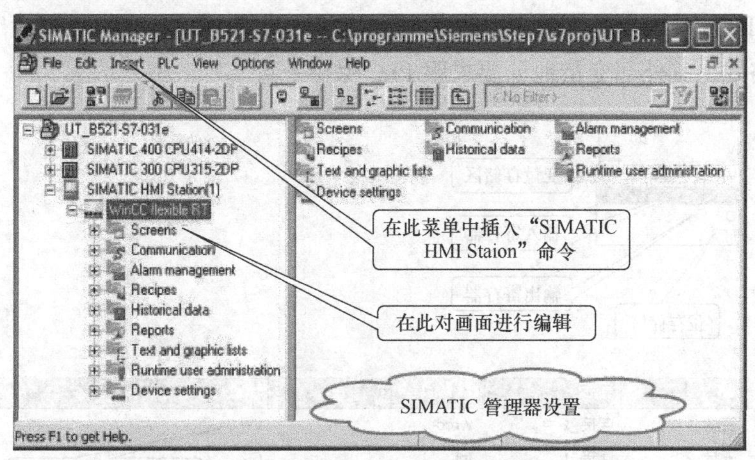

图8-49　STEP 7中集成HMI站

（2）在 NetPro 和 HW Config 中建立连接

实现 PLC 和 HMI 设备之间的自动数据交换的方法有两种：网络组态工具 NetPro 和使用硬件组态工具 HW Config。

① NetPro 集成在 STEP 7 网络组态工具中。在 SIMATIC 管理器中点击相应的按钮图标，显示出项目中尚未与 MPI 网络连接的 S7-300 站和 MPI 站。按要求设置好 S7-300 站和 CPU 的对应属性对话框中的选项，确认后 S7-300 便被连接到 MPI 网络上。

② 除了可以在 NetPro 建立 PLC 与 HMI 设备的连接外，也可应 HW Config 编辑器来建立它们之间的连接。打开“HW Config”窗口，设置出现的 HMI MPI/DP 属性对话框，确认后 S7-300 便被连接到 MPI 网络上。

（3）将组态项目集成到 STEP 7 中

在 WinCC flexible 中执行菜单命令“项目”→“集成在 STEP 7 项目中”，在打开的对话框中选择 STEP 7 项目，确认后项目便被集成到指定的 STEP 7 项目中去了。

8.5.2 数据存储方式与记录方式

数据存储记录用于获取、处理和记忆工业设备的过程数据。在 WinCC flexible 中，外部变量用于采集过程值及读取与触摸屏连接的自动化设备的存储器。内部变量与外部设备没有联系，只能在它所在的触摸屏内使用。

根据触摸屏的配置，数据可以记录在本地计算机的硬盘上、触摸屏的存储卡上及网络驱动器上。只有 TP270/OP270 及以上的触摸屏设备才有数据记录功能。

1. 数据存储方式

数据在触摸屏上存储地址类似于 PLC 中的存储地址。通过与 PLC 中变量存储位置的连接来访问外部变量。使用地址指定变量的存储位置。变量地址仅对外部变量可用。然而，地址对于间接寻址和数组元素不可用。在 SIMATIC S5 控制器中，控制器为 CPU 保留了数据块 DB0 ~ DB9，因此这些数据块不能在 WinCC flexible 中使用。图 8-50 给出了触摸屏上的数据存储格式，其外部变量地址要求跟 PLC 保持一致。

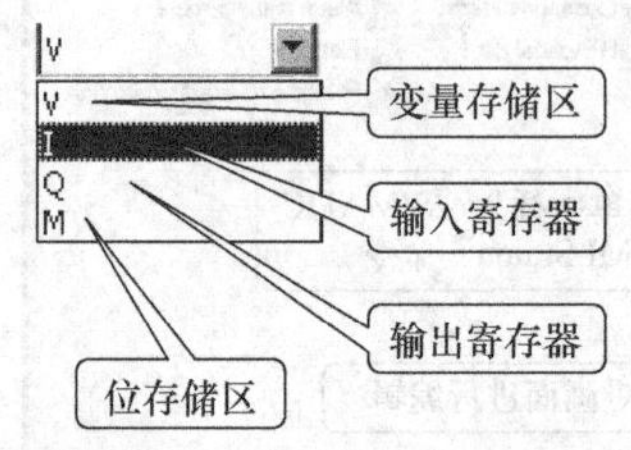

名称	连接	数据类型	地址	
变量_1	连接_1	Word	VW 0	1
变量_2	连接_1	Int	C 2	1
变量_3	连接_1	Word	VW 3	1
变量_4	连接_1	Real	VD 5	1

地址设置时跟所对应的 PLC 地址相同

图8-50 数据存储地址设置

2. 数据记录方式

来自外部变量和内部变量的值可以保存在数据记录中，可以分别为每个变量指定将对其保存的记录。数据记录通过周期和事件控制。记录周期用于确保持续采集和存储变量值。此外，数据记录也能通过事件触发，如当数值改变时，可以分别为每个变量进行这些设置。

在运行时，要记录的变量值被采集、处理，并存储在 ODBC 数据库或文件中。

（1）创建数据记录组态常规属性

双击项目视图“历史数据”文件夹中的“数据记录”图标，可在数据记录编辑器中编辑所需的选项。数据可以存储在计算机的 ODBC 数据库中，或存放在可以用 Excel 打开的“*.csv”格式文件中，根据自己需求选择相应的存储方式。如图 8-51 所示，属性视图的“常规”类中可设置数据存储路径、存储方式及每个记录的数据记录数目。

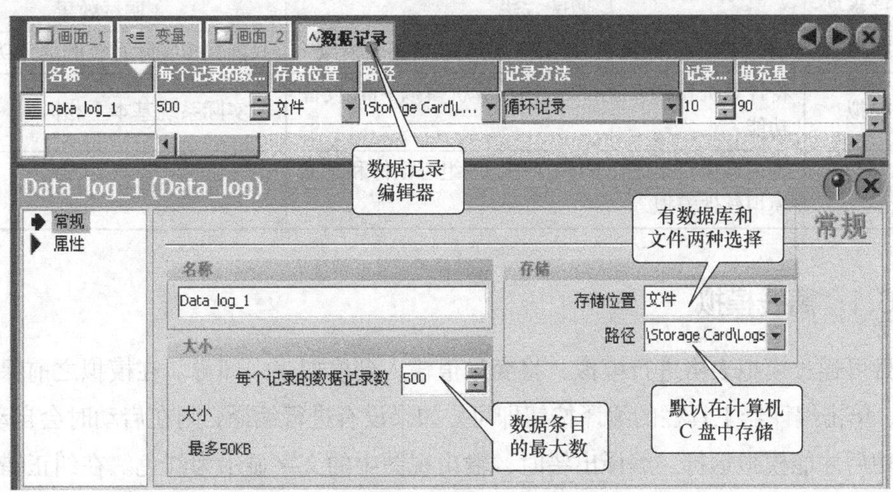

图8-51 数据记录常规属性

（2）数据记录属性组态

数据记录属性在属性视图“属性”类“重启动作”和“记录方法”对话框中设置。如图 8-52 所示，循环记录方式类似于队列，数据可先进先出，还可以在“记录方法”对话框中设置其触发事件。

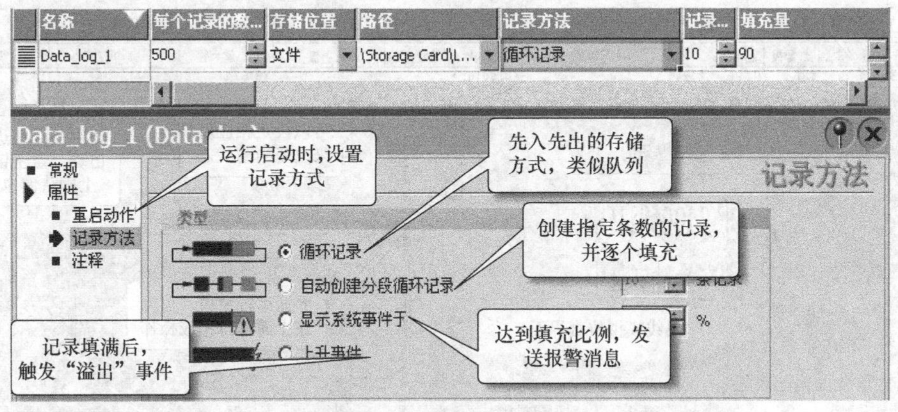

图8-52 数据记录属性组态

8.6 模拟运行与在线调试

模拟器允许直接在组态计算机上对项目进行模拟，可模拟所有可组态 HMI 设备的项目。模拟程序是一个独立的工具，随 WinCC flexible 一起安装。模拟器允许通过设置变量和区域指针的值来测试组态的响应。变量值可通过仿真表格进行仿真，或者可以通过与实际 PLC 的系统通信进行仿真。表 8-9 给出了不同模拟调试类型的调试方法和调试效果。

表 8-9　　模拟调试

模拟调试类型	调试方法	调试效果
离线模拟	没有 HMI 设备和 PLC，用离线模拟功能来模拟	只能模拟实际系统的部分功能
在线模拟	将计算机和 PLC 连接好，用计算机模拟 HMI 设备功能	与实际系统基本上相同
集成模拟	将组态项目集成在 STEP7 中，用组态软件和 PLC 模拟软件模拟	接近真实系统运行情况

8.6.1　离线模拟

项目可通过模拟表格进行模拟，将变量值输入到模拟表中即可。在模拟之前保存和编译项目，单击编译器工具栏的编译按钮即可。如果没有进行编译，则在启动时会自动编译，编译成功后才能模拟运行。编译出错时，输出视图中的文字显示为红色。在纠正错误后，编译方能成功。图 8–53 给出了离线模拟界面，在运行模拟器上设置变量的“设置数值”后即可观察到仿真界面上的相应变化。

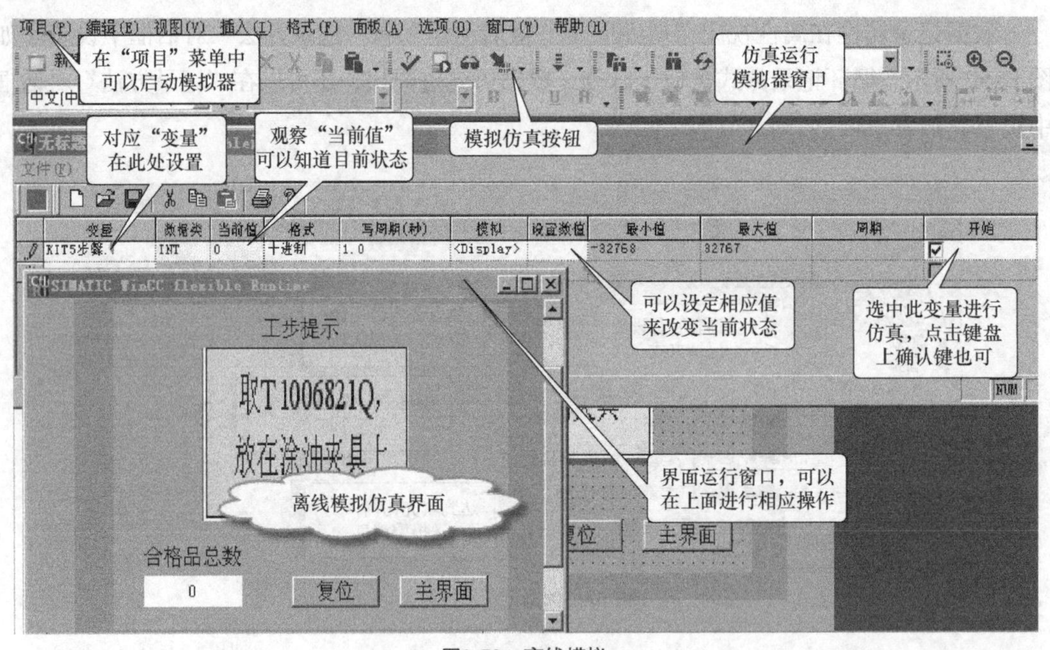

图8-53　离线模拟

8.6.2　在线模拟

在线模拟的第一步是要建立 PLC 与 WinCC 的计算机之间的通信连接。计算机与 S7-300/400 的连接可以使用计算机的通信处理卡或 PC/MPI 适配器。PC/MPI 适配器能将 PLC 的 MPI（RS485 接口）转化为计算机的 RS232 接口，只能用于点对点连接。

将 STEP7 中的用户程序下载到 PLC 中，通信连接好，然后通电，PLC 切换到 RUN（运行）模式。在 WinCC flexible 中，执行菜单命令“项目”→“编译器”→“启动运行系统”，或点击“编译”工具栏中的编译按钮。启动 WinCC flexible 运行系统，系统进入在线模拟状态，初始画面将被打开，点击“在线模拟”按钮即可进入在线模拟画面（如图 8-54 所示）。

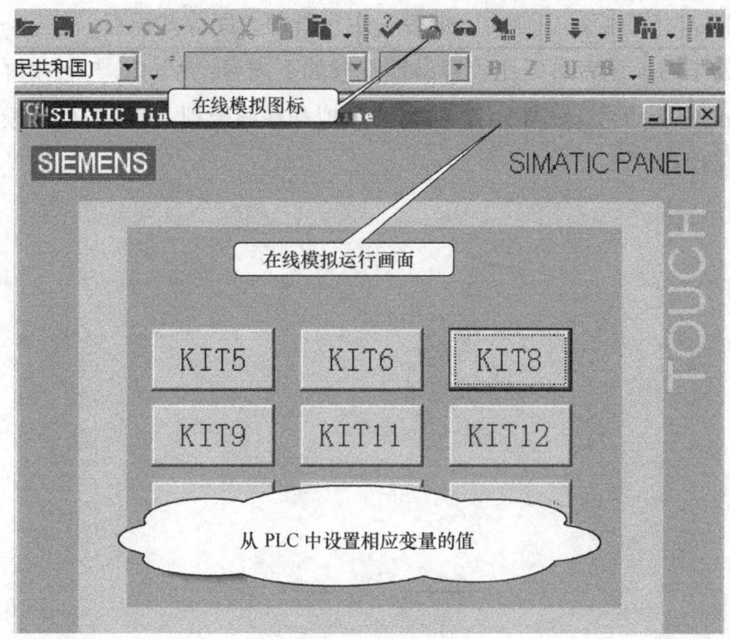

图8-54 在线模拟

8.6.3 集成模拟

集成模拟不适合 S7-200 PLC，一般使用 S7-300 PLC 中 PLCSIM 和 WinCC flexible 运行系统进行在线模拟。

① 在 STEP 7 中设置 HMI 站对象，点击 STEP 7 右侧工作区内的“Symbols”图标，在符号表中生成附表。

② 在 STEP 7 中编辑一个程序，在 NetPro 中建立 PLC 与 HMI 设备之间的连接。

③ 在 SIMATIC 管理器中打开 WinCC flexible 的连接编辑器。连接表内自动生成了在 NetPro 中组态的连接，在“激活的”列将连接打开。

④ 在 WinCC flexible 中打开变量编辑器，将 STEP7 的符号表中的变量转移到 WinCC flexible 的变量中。

⑤ 在 STEP 7 的 SIMATIC 管理器中打开 S7-PLCSIM。在 PLCSIM 中建立监视相应存储地址的视图对象。

⑥ 选中 SIMATIC 管理器的项目视图中 PLC 最底层的“Blocks”对象，将程序下载到仿真 PLC 中，同时使 CPU 进入 RUN 模式。

⑦ 在 WinCC flexible 中，单击工具栏的在线模拟图标，启动运行系统，开始在线模拟。

8.7 本章小结

本章中详细介绍了 WinCC 的主要组态功能，在每处讲解中都配有相应的图解。深入浅出地介绍了 WinCC 中的变量、画面、报警、用户管理、库等知识点。

通过本章的学习，读者可以比较容易地掌握如下内容：WinCC 与触摸屏之间的传送设置与下载、WinCC 画面组态、WinCC 的离线模拟和在线模拟、TP177A 触摸屏参数设置、数据存储与记录保存。

第9章 欧姆龙NTZ-Designer组态工程设计

组态一个工程，需要先明确组态设计的方法，欧姆龙组态软件界面简单易懂、操作方便、功能多样，易于设计者快速掌握其组态方法。本章将介绍 NTZ-Designer 的项目组态、宏设置、库的使用、按钮组态、图形组态、指示灯及动态图组态、资料显示及输入组态、绘图曲线及历史记录组态、报警设定、报警信息画面组态、常规选项设置、通信设置、默认值设定和其他设定。同时，本章配有各种组态画面图片，使组态人员能快速掌握欧姆龙 NTZ-Designer 软件组态方法。

9.1 组态项目

组态一个工程是从创建项目开始的，而在组态项目之前，需要设计者对组态一个工程有清晰的设计步骤。图 9-1 描述了欧姆龙的基本组态设计流程。组态触摸屏第一步是组态项目，组态项目是指在了解工程项目的工艺流程和 PLC 设备类型的前提下对欧姆龙触摸屏型号的确定；第二步是对画面组态，所谓画面组态就是组态基本功能按钮、开关及 I/O 域；第三步是对报警组态，它是指对各种报警类型信息的记录、触发、显示，同时进行用户管理功能设定，用户管理设定是指显示或设置各种用户权限及密码；第四步是对 HMI 传送数据前基本参数设置，如 COM 口、波特率、人机站号、通信端口等；第五步是系统运行属性，它是指对系统控制区、状态区设定、通信优化方式及上/下载设定；第六步是对触摸屏进行模拟运行，它可分为在线模拟和离线模拟；第七步是调试过程，该过程需要反复调试，因为在模拟过程中遇到问题，则返回画面组态处，重复第二步往下的步骤，如果模拟成功，则完成基本组态。

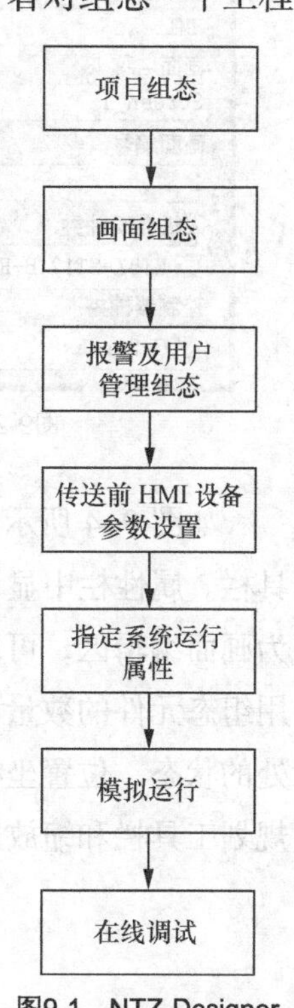

图9-1 NTZ-Designer 组态设计流程图

本节主要讲述了项目创建、宏设置及库的使用。宏功能不仅给人机使用者提供便利的操作方式，而且降低了 PLC 上的程序数目，使程序使用效率进一步提高。同时，库的使用使元件设计方式更加多样，强大的库功能使得组态设计周期进一步缩短。

9.1.1 项目创建

第一次进入欧姆龙 NTZ-Designer 组态软件，触摸屏画面显示为空，可以直接单击图标“□”来开启一个新工程；或者单击打开图标“📂”对原有工程继续创建，同时也可单击“文件”菜单下“新建工程”选项，弹出如图 9-2 所示的对话框。NTZ-Designer 新增了一个编辑专案对话框，包括工程名称、画面名称及编号、人机界面种类和控制器种类。其中，人机界面种类默认型号为 NT5Z-ST121B-EC，可通过下拉列表来改变其类型。控制器种类也有多种，通过下拉列表获得不同厂家的控制器类型，如欧姆龙 C 系列、CS/CJ 系列及 NT-Link、Micro Logix 系列、SLC5 系列、GE FRANC 系列、西门子系列、艾默生系列等。单击“确定”按钮，NTZ-Designer 进入主编辑界面。

如图 9-3 所示，如果窗口中有其他工程时，在打开新工程之前程序会先询问是否存储应用程序。单击“是”按钮则出现保存路径，组态工程选择好路径后单击“确定”按钮，系统出现新的工程；单击“否”则未保存以前应用信息，NTZ-Designer 直接进入新工程。

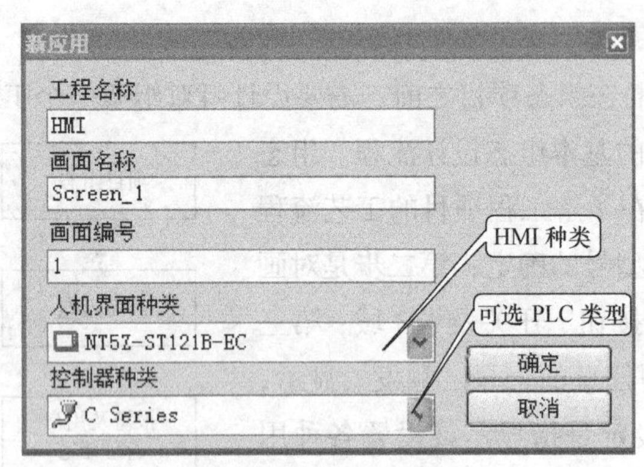

图9-2 新建工程对话框

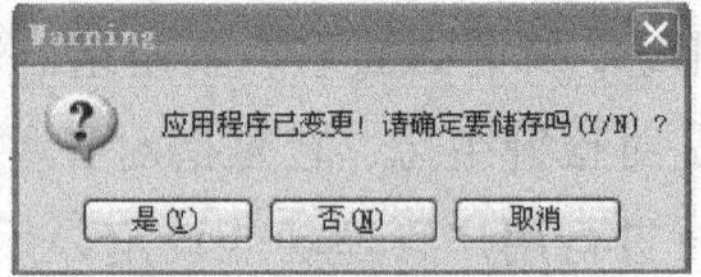

图9-3 存储选择对话框

如图 9-4 所示，它是组态画面 1 的主界面，包括属性栏、编辑区、输出、状态栏和工具栏。属性栏中显示了画面 1 的基本属性，如名称、背景色、宏、高度及宽度。右侧方框为画面编辑区，可以添加各种元件。编辑区是组态元件放置的区域，可以在该区域看到所用组态元件的数量。输出是显示每个元件的步骤和执行的动作。状态栏是显示画面当前所处的状态、位置坐标和设备类型号。工具栏包括文字工具栏、图形工具栏、元件工具栏、规划工具栏和缩放工具栏。

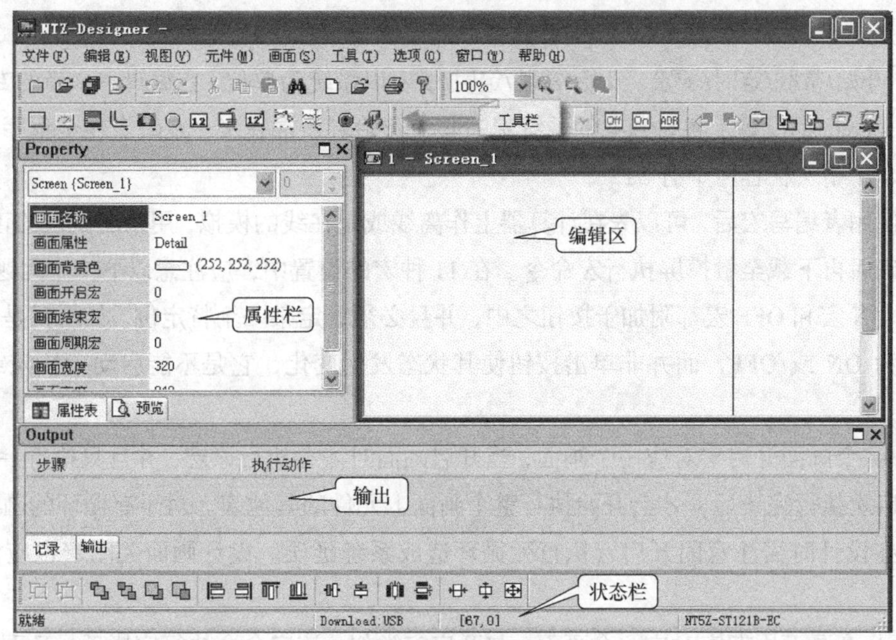

图9-4　新建后的画面

9.1.2　宏设置

所谓宏，就是完成某一单位元件动作及画面转换的特殊功能选项。宏的选取是单击“文件”菜单下“系统宏”选项（如图 9-5 所示）。系统宏中主要有开始宏、常驻宏、定时宏和子宏。一般情况下人机提供的宏共有 11 种，并将其划分为 4 大类。

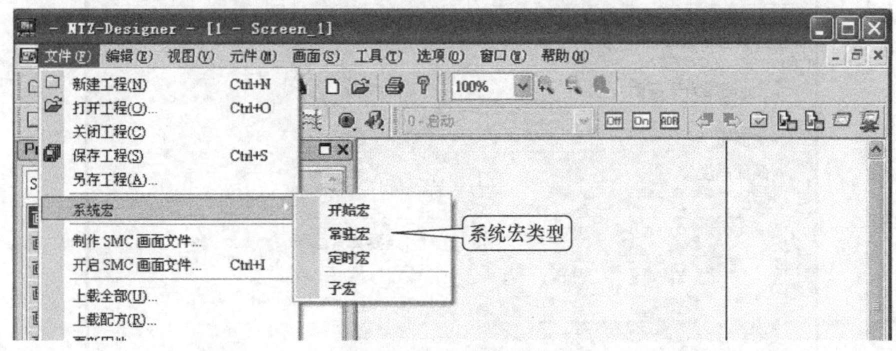

图9-5　宏功能的启用

① 元件 ON/OFF 宏。元件 ON/OFF 宏存在于每一个可写入存储器元件中。例如，按钮元件里的即时或交替按钮。它随特定按钮存在，每一个按钮对应一个 ON/OFF 宏。

② 元件执行前/后宏。元件执行前/后宏存在于所有可写入存储器元件中。例如，输入元件和所有的按钮元件（包含系统按钮），每一个按钮对应一个前/后宏。

③ 画面开启/结束/周期宏。画面开启/结束/周期宏以画面为单位，每一个画面都有各自独立的画面宏。例如，画面开启宏、画面关闭宏和画面周期宏。n 个画面对应有 n 个画

面宏。

④ 开始/常驻/定时/子宏。开始/常驻/定时/子宏以系统为单位。在编辑一个新的专案时，NTZ-Designer 都设置了各自独立的系统宏。其中开始宏、常驻宏、定时宏在全程序中分别只有一个，子宏在程序中有 512 个。

当使用者编写宏后，可以先在计算器上作离线或是在线的模拟，用来测试宏的正确性；测试正确后再下载至触摸屏执行宏命令。在 11 种宏的设置中，应注意以下 7 个问题。

① ON 宏和 OFF 宏都附加于按钮之中，并且必须设定某一个特定位。如果只是此特定位被设为 ON 或 OFF，而并非单击按钮使其状态发生变化，它是不能启动 ON 宏或 OFF 宏的。

② 一个画面开启宏对应一个画面，当开启画面时才会执行该宏，并且只执行一次。该画面开启宏执行完毕后，才会开始执行整个画面上元件的其他宏。对于有循环的画面组态情形，在设计时需注意因开启宏执行死循环造成系统延误。设计画面关闭宏也应注意死循环。

③ 一个画面周期宏对应一个画面，与开启宏类似，该宏命令执行完毕后，又重新开始执行该宏，一直循环到切换画面为止。鉴于以上原因，不建议设计者写入太多或太长的宏。使用者还可以设定周期宏延迟时间（如图 9-6 所示），即每一次周期宏命令执行结束后，延迟设定时间后再重新开始执行，系统默认时间为 100ms。

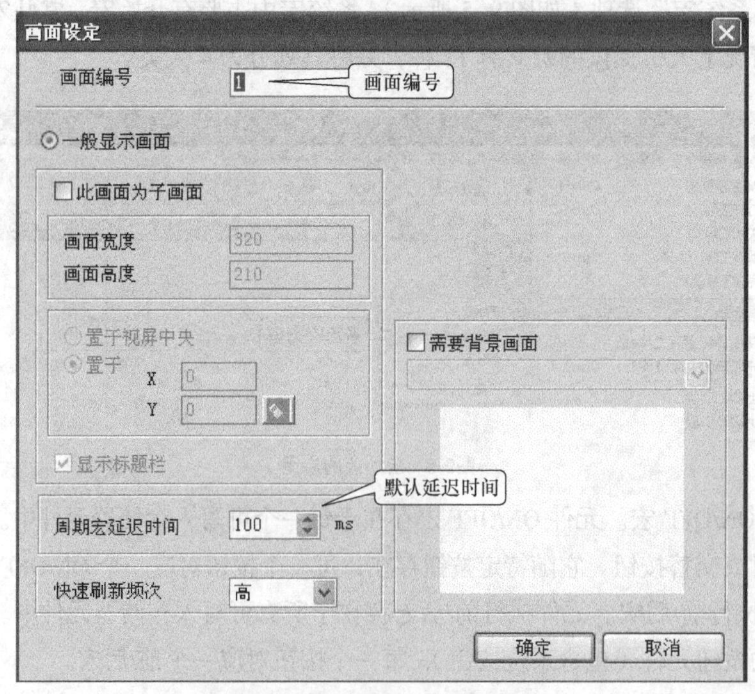

图9-6 画面周期宏延迟时间设定

④ “开始宏”在整个程序中只有一个，在开始扫描程序时执行该宏。因而在起始时将

整个过程中先起始或者设定的值先行放入，不但可以省掉设定的麻烦，而且避免因为初始值未知出现的问题。

⑤ “常驻宏”在整个程序中只有一个，该宏如果一直存在，则 NTZ-Designer 一直执行一段或多段指令，并非一次执行完毕。执行此宏时不会影响其他宏的执行。

⑥ 子宏与程序中的子程序类似，使用者可以把重复性高的动作或是功能放入子宏中（如图 9-7 所示）。

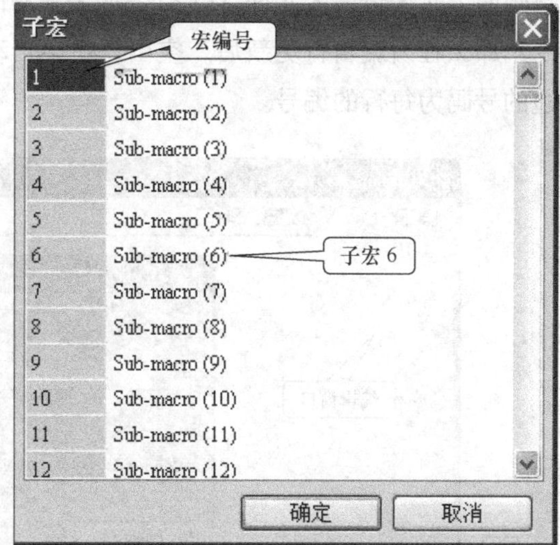

图9-7　子宏设定界面

例如，有 10 个宏都使用到某一功能，可以将该功能编辑成一个子宏。如写到子宏 1，需要时只需输入一行命令“CALL 1”。而且如果此功能需要修改的话，只需要修改子宏 1 便完成要求。

⑦ 定时宏与画面周期宏类似，整个程序只有一个，定时过程中会一直重复执行而且是一次执行完毕，执行完成后重新启动。设计者也可以在人机设定定时宏延迟时间，如图 9-8 所示，系统默认时间为 100ms。同时不建议写过长宏程序。

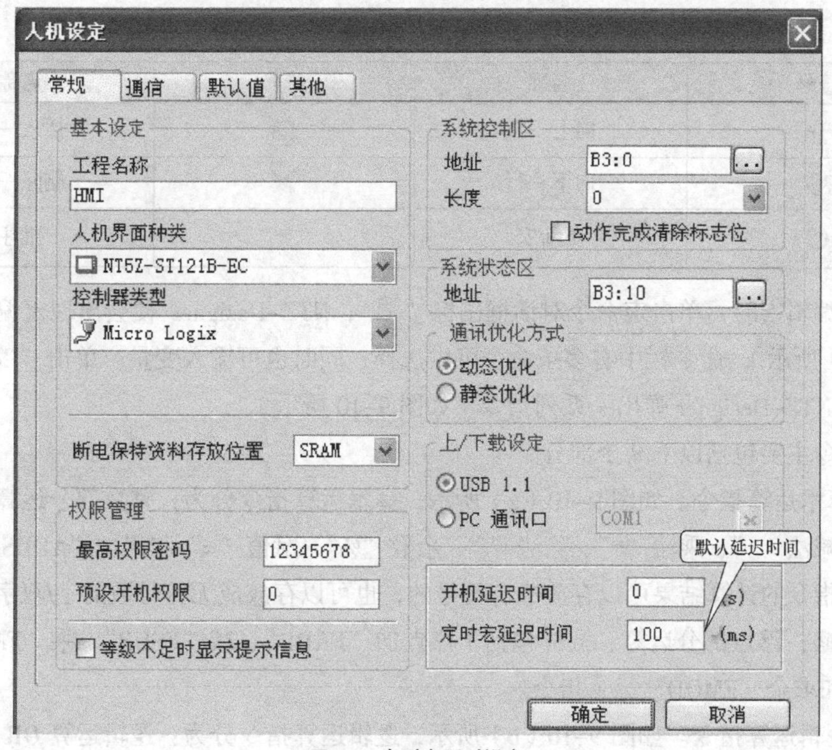

图9-8　定时宏延时设定

宏编辑，选好所要编写的宏后，如图 9-9 所示，编辑系统宏中的开始宏。单击进入编辑画面，宏编辑最大允许 512 行，如果编写的时候有跳行，或是两道指令中间没有编写指令，那么在所编辑行更新后，空白行将会自动设为标注指令。为了方便使用者编辑，最左边的号码为每行的编号。

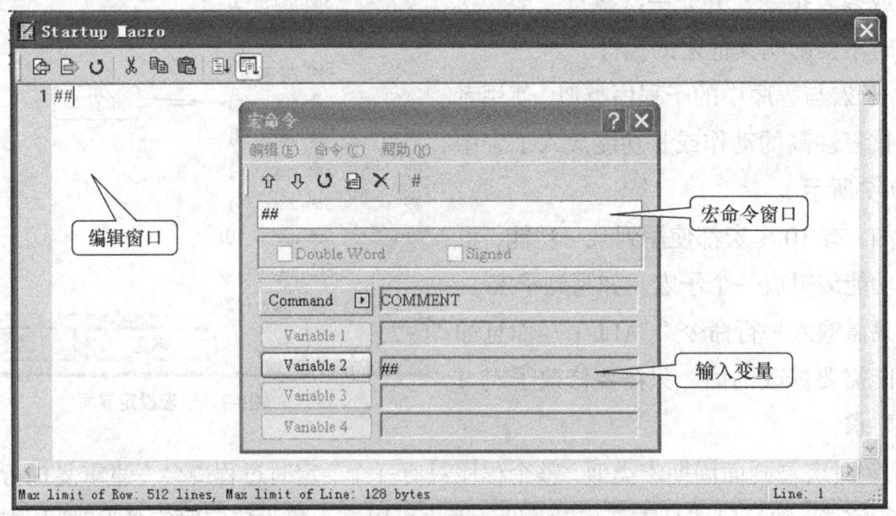

图9-9 宏编辑图

宏命令对话框中工具栏的功能见表 9-1。

表 9-1 工具栏符号表

符号	名称	符号	名称
⇧	向上一行		插入一行
⇩	向下一行	✕	删除一行
↻	更新宏	#	批注

开始编辑宏时，单击宏命令对话框图标“”，NTZ-Designer 便会出现宏编辑对话框（如图 9-9 所示），命令栏中有多条命令可供选择，同时也可输入变量。单击“Command”图标，则 NTZ-Designer 弹出一系列指令（如图 9-10 所示）。

宏指令主要包括以下 8 个部分。

① 算术运算指令。如图 9-10（a）所示，算术运算指令分为：整数部分运算，包括加法“+”、减法“-”、乘法“*”、除法“/”、余数“%”、赋值“=”和累加“ADDSUMW”指令，这些指令的计算结果可以存放成有符号的，也可以存放成无符号数的字/双字，溢出部分将被忽略；浮点部分运算，同样包括了浮点加“FADD”、减“FSUB”、乘“FMUL”、除“FDIV”和求余“FMOD”运算指令。

② 逻辑运算指令。如图 9-10（b）所示，逻辑运算指令分为：逻辑运算 OR“|”、位

逻辑 AND“&&”、位逻辑 XOR“∧”、位逻辑 NOT“NOT”、位逻辑右移“＞＞”以及位逻辑左移“＜＜”指令，其结果存放成字或双字。

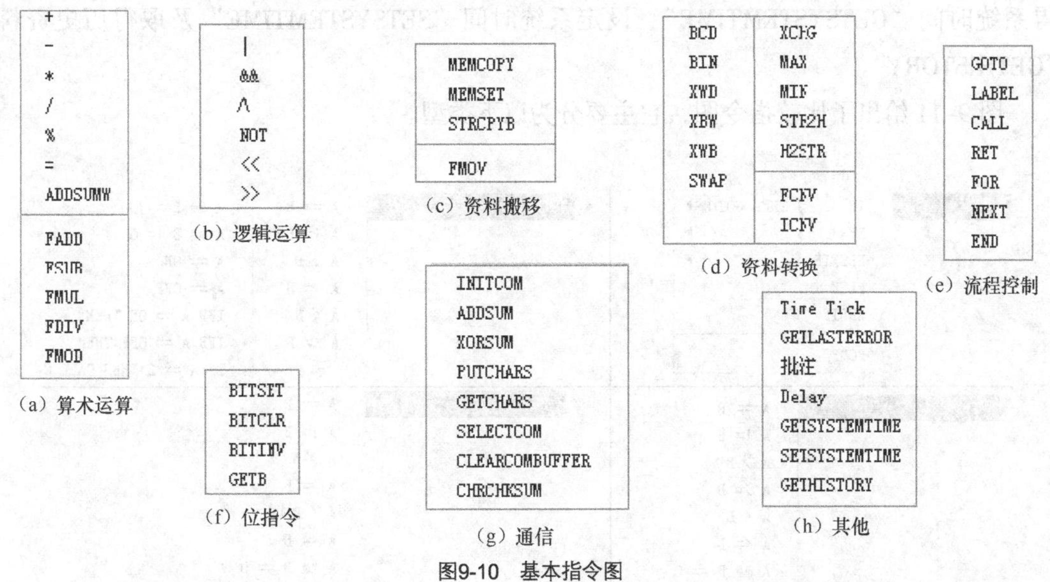

图9-10　基本指令图

③ 资料搬移指令。如图 9-10（c）所示，资料搬移指令分为：复制区块指令“MEMCOPY”、填充区块“MEMSET”、文字转为 ASCⅡ数值“STRCPYB”及浮点数值资料指定“FMOV”指令。

④ 资料转换指令。如图 9-10（d）所示，资料转换指令分为：十进制转换 BCD 数值“BCD”、BCD 数值转换十进制数值“BIN”、WORD 转换成 DWORD“XWD”、BYTE 转为 WORD“XBW”、WORD 转为 BYTE“XWB”、对调 WORD 字节“SWAP”、数值资料对调“XCHG”、最大值“MAX”、最小值“MIN”、ASCⅡ字符转化为 N 位数的整数“STR2H”、16 位整数转化为 ASCⅡ字符“H2STR”、整数转换浮点数“FCNV”及浮点数转换整数“ICNV”。

⑤ 流程控制指令。如图 9-10（e）所示，流程控制指令包括：“GOTO”无条件跳到某个标签、“LABEL”标签、“CALL RET”调用子宏（Sub-macro）程序、“FOR NEXT”程序循环、“END”结束宏程序。

⑥ 位指令。如图 9-10（f）所示，位指令包括：设定指定的位为 ON“BITSET”、设定指定的位为 OFF“BITCLR”、反相指定的位“BITINV”和取得一个位的值放到另一位“GETB”。

⑦ 通信指令。如图 9-10（g）所示，通信指令包括：初始化通信串口 COMPORT“INITCOM”、利用加法算出 CHECKSUM“ADDSUM”、利用异或指令算出 CHECKSUM“XORSUM”、经由通信口输出字符“PUTCHARS”、经由通信口得到字符“GETCHARS”、选定要切换指定通信口“SELECTCOM”、消除指定通信口的缓冲区“CLEARCOMBUFFER”及计算字符串的长度和“CHECKSUM”。

⑧ 其他指令。如图 9-10（h）所示，其他指令包括：取得系统启动到现在的时间“Time Tick”、得到上一条指令的错误值“GETLASSERROR”、批注“#”、系统延迟“Delay”、取得系统时间“GETSYSTEMTIME”、设定系统时间“SETSYSTEMTIME”及取得历史资料“GETHISTORY”。

图 9-11 给出了比较指令图，它主要分为以下类型。

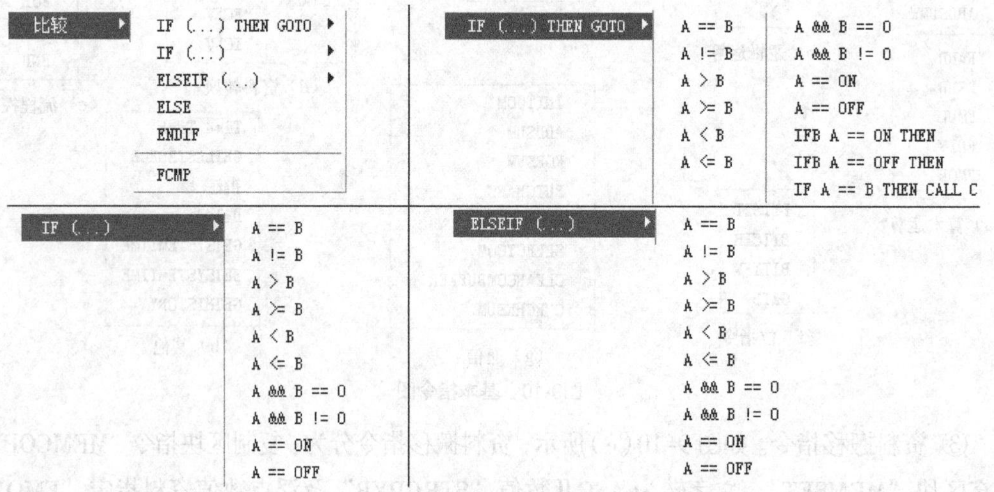

图9-11 比较指令图

① IF…THEN GOTO LABEL…句型可以表达如下。

IF A THEN GOTO LABEL B

如果 A 的句型为真就跳到 B 的程序段执行 A 的表示法。

② IF…THEN CALL…句型可表达如下。

IF V1==V2 THEN CALL macro

如果 V1 等于 V2 成立，转到调用 macro。V1 与 V2 为内部存储器或常数。

③ IF…ELSE…ENDIF 句型可以表达如下。

IF A1 A2

ELESEIF B1 B2

ELSE

C2

ENDIF

如果 A1 成立就执行 A2；反之则再判断 B1，若成立就执行 B2；若都不成立则执行 C2。

两个数的比较主要有：大于“>”、等于“==”、不等于“！==”、小于“<”、小于等于“<=”、大于等于“>=”、两个数“与”运算结果为 0、两个数“与”运算结果不为 0、单个数等于 ON 或 OFF（如表 9-2 所示）。

表 9-2 比较指令表

V1==V2	V1 等于 V2	V1 与 V2 为内部寄存器或常数
V1!=V2	V1 不等于 V2	
V1>V2	V1 大于 V2	
V1>=V2	V1 大于等于 V2	
V1<V2	V1 小于 V2	
V1<=V2	V1 小于等于 V2	
V1&&V2==0	V1 与 V2 作 AND 运算等于 0	
V1&&V2!=0	V1 与 V2 作 AND 运算不等于 0	
V1==ON	V1 为 ON	
V1==OFF	V1 为 OFF	

9.1.3 库的使用

欧姆龙 NTZ-Designer 不仅提供了多种元件库，还提供了图形库及词句库。元件库是组态中最基本的图形组态和功能显示部分；词句库是对字符串进行文本编辑，从而方便下次字符串调用。

1. 元件库

在工具栏中点击菜单“元件”，弹出元件列表对话框（如图 9-12 所示）。元件选项下包括各种形状的元件供组态使用，该元件库中包括的符号有按钮、仪表、棒状图、管状图、扇形图、指示灯、数据显示、图形显示、数据输入、曲线图、历史记录显示、警报显示及绘图。在 NTZ-Designer 组态中应用最多的是按钮，而每个元件右边都有子菜单，列出了详细符号图。

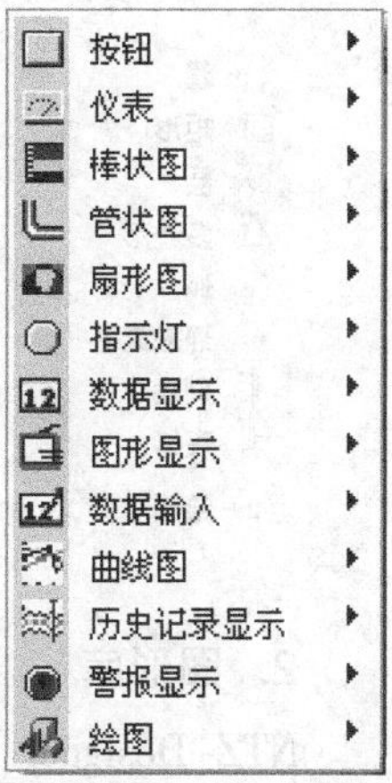

按钮
仪表
棒状图
管状图
扇形图
指示灯
数据显示
图形显示
数据输入
曲线图
历史记录显示
警报显示
绘图

图9-12 元件库列表

图 9-13（a）列出了按钮的各种符号图；图 9-13（b）为仪表的 3 种符号图；图 9-13（c）为棒状图的两种符号；图 9-13（d）为管状图的 7 种符号；图 9-13（e）为扇形图的 4 种符号。除以上符号外，元件库还包括如图 9-14 和图 9-15 所示元件符号。

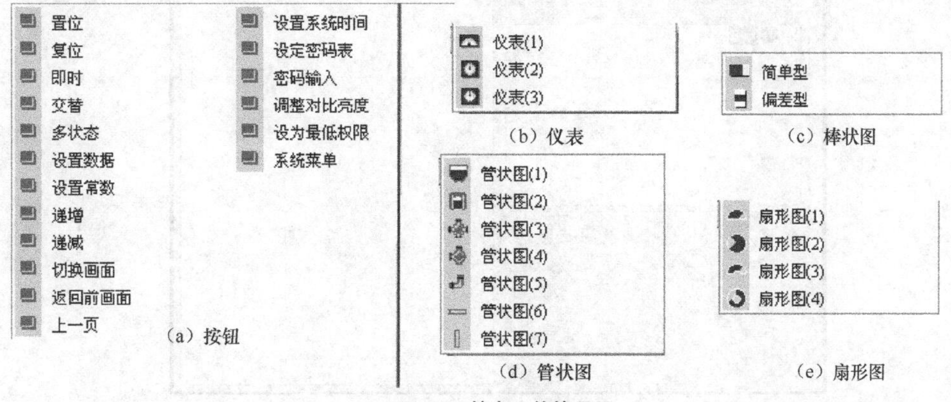

图9-13 基本元件符号图

图 9-14（a）中列出了指示灯的 3 种符号，它主要显示指示灯各种状态及范围；图 9-14（b）列出了数值显示的 7 种方式；图 9-14（c）中列出了图形符号变化属性；图 9-14（d）列出了数据输入方式，它分为数值和字符串输入。

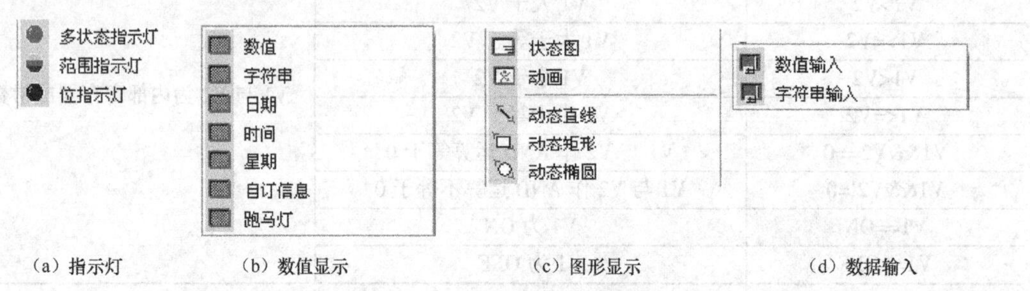

图9-14　显示及输入元件符号图

图 9-15（a）中列出了绘图中用到的基本形状；图 9-15（b）为 4 种报警记录符号指示；图 9-15（c）为数据及时间的历史记录；图 9-15（d）为折线及 XY 分布图。

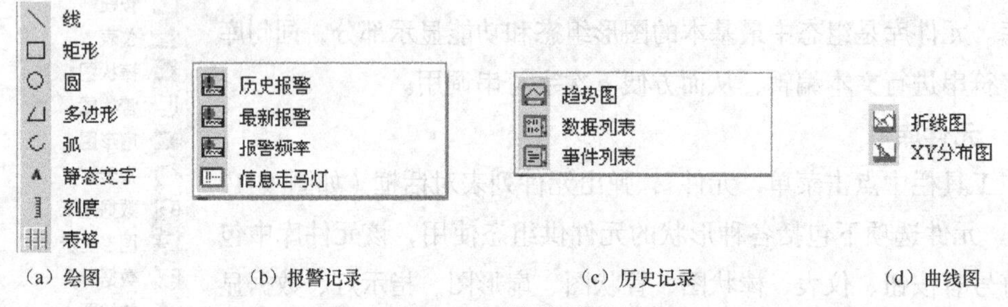

图9-15　记录及图线显示

2. 图形库

NTZ-Designer 可以使用图形库功能导入不同的图形，但组态时只能选择选项中的图形库。在工具栏选项菜单下点击“图形库”，弹出图形库编辑对话框（如图 9-16 所示）。

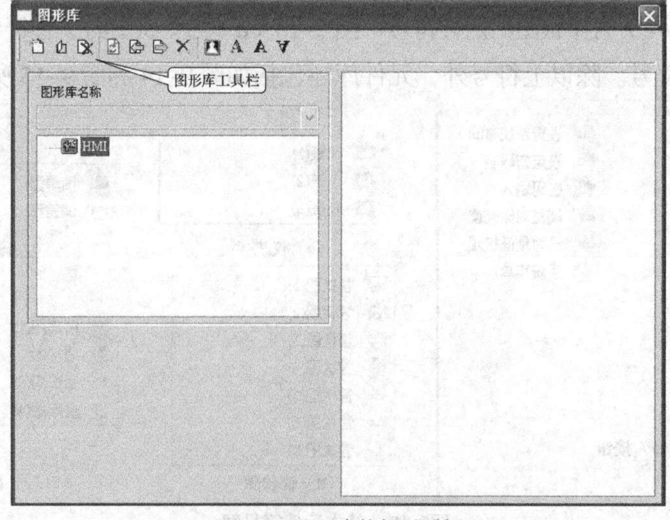

图9-16　图形库编辑对话框

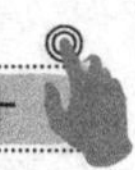

图形库工具栏功能主要有：新增图库、从硬盘中导入已存在的图形库、移除选择的图形库、存储变更后的图形至图形库、将图形文件导入至图形库、将图形库内容导出至文件、色彩转换、灰阶转换、水平镜像及垂直镜像。

图 9-17 给出了图形库工具栏的图标及每个图标对应的功能，这些基本功能是图形组态中不可或缺的部分，每个符号功能说明如图 9-16 所示。

打开图库	开启安装图形库	移除图形库	存储变更后的图形至图形库	将图形文件导入至图形库	将图形库内容导出至文件	删除图形	色彩转换	转成256灰阶	水平镜像	垂直镜像

图9-17　图形库中工具条符号名称图

3. 词句库

组态时将常用的词句放入词句库中，如果元件需要调用字符串，NTZ-Designer 便可以直接从词句库中导入编辑好的字符串。在工具栏中单击“选项”菜单下的词句库，弹出词句库对话框（如图 9-18 所示）。图中“新增”按钮功能为增加词句库的输入，支持多国语言；“删除”按钮是将已输入的词句删除；“开启”按钮是指从硬盘里导入编辑的内容；“储存”按钮是将输入的词句库列表输出至硬盘文件；“关闭”按钮是指退出关闭词库对话框。

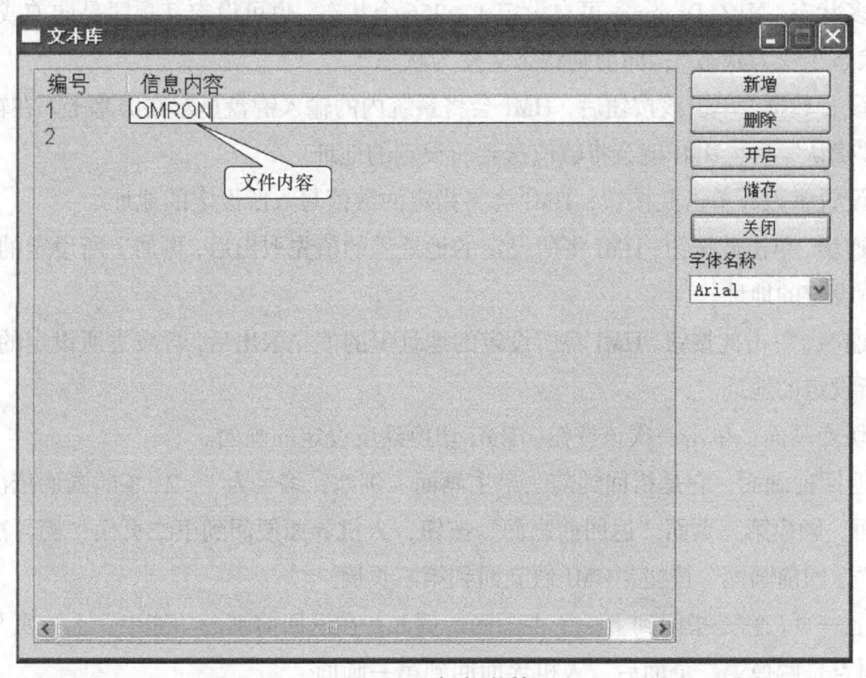

图9-18　词句库对话框

9.2　画面对象组态

掌握了一般宏的设置及库的使用后，设计者便可以对画面对象进行组态。NTZ-Designer 组态软件提供了大量的库元件，使画面对象组态更加多样化。画面对象组态是组态工程中必不可少的部分，一个完整的画面内容及合理的元件布置能简化繁琐的操作，充分提高劳动生产率。画面对象组态包括：输入单元组态和输出单元组态，输入单元需要人为给定一个输入状态，如对按钮组态和输入数值或字符串；输出单元是通过人机界面输出一个状态，这种状态可以直接被获取，从而准确判断系统在某一时刻的运行状态。输出单元包括设备信息及各种图形组态、指示灯及动态图组态、资料显示和报警信息显示。

9.2.1 按钮组态

如图 9-13（a）所示，按钮基本功能包括以下 12 项。

① 置位，单击此按钮后，HMI 将所设定的位置为 ON，且保持。它可以在 ON 宏下编写。

② 复位，单击此按钮后，HMI 将所设定的位置为 OFF，且保持。它可在 OFF 宏下编写。

③ 即时，单击此按钮后，HMI 会将所设定的位地址置为 ON，松开则转换为 OFF。它可在 ON 或是 OFF 宏选项下编写。

④ 交替，按下此按钮后，HMI 会将设定的位地址置为 ON，同时执行 ON 宏，并保持；当再次按下该按钮时将设定的位地址置为 OFF，同时执行 OFF 宏，并保持。

⑤ 多状态，NTZ-Designer 可自设定 1 ~ 256 个状态，也可设定其顺序是向前或是向后，向后则状态 1 变为状态 2；向前则状态 2 变为状态 1。

⑥ 设置数据，单击该按钮后，HMI 会将系统内的输入键盘显示在屏幕上，在输入数据并单击“确认”后，HMI 就会将数值送到所设定的地址。

⑦ 设置常数，单击此按钮，HMI 会将指定的数值写入所设定的地址。

⑧ 递增，单击此按钮，HMI 将所设定的地址里的值先取出后，再加上所设定的常数值，并存回所设定的地址。

⑨ 递减，单击此按钮，HMI 将所设定的地址里的值先取出后，再减去所设定的常数值，并存回所设定的地址。

⑩ 切换画面，单击一次该按钮，HMI 切换到所设定的画面。

⑪ 返回前画面，它是指回到前一个主画面。例如，编号为 1、2、3 的画面依次点击至第 3 画面，触摸第三页面“返回前画面”按钮，人机界面便回到第二页面；当再次触摸第二页面“返回前画面”按钮，HMI 便又回到第三页面。

⑫ 上一页，它是指回到上一个主画面。例如，在返回前画面功能中，上一页与返回前画面不同点是触摸第二页面后，人机界面回到第一画面。

1. 位按钮

HMI 以设定的位地址发出信号给控制器，这类按钮称作位按钮，如置位按钮、复位按钮、即时按钮及交替按钮。

如图 9-19 所示，它是一个置位按钮的组态画面图。左边属性栏中列出了该按钮的一些详细属性，在该置位_001{}选项下拉列表中可以进行其他元件及不同画面的调用。以下为置位按钮属性说明，复位按钮、即时按钮及交替按钮属性与其类似。

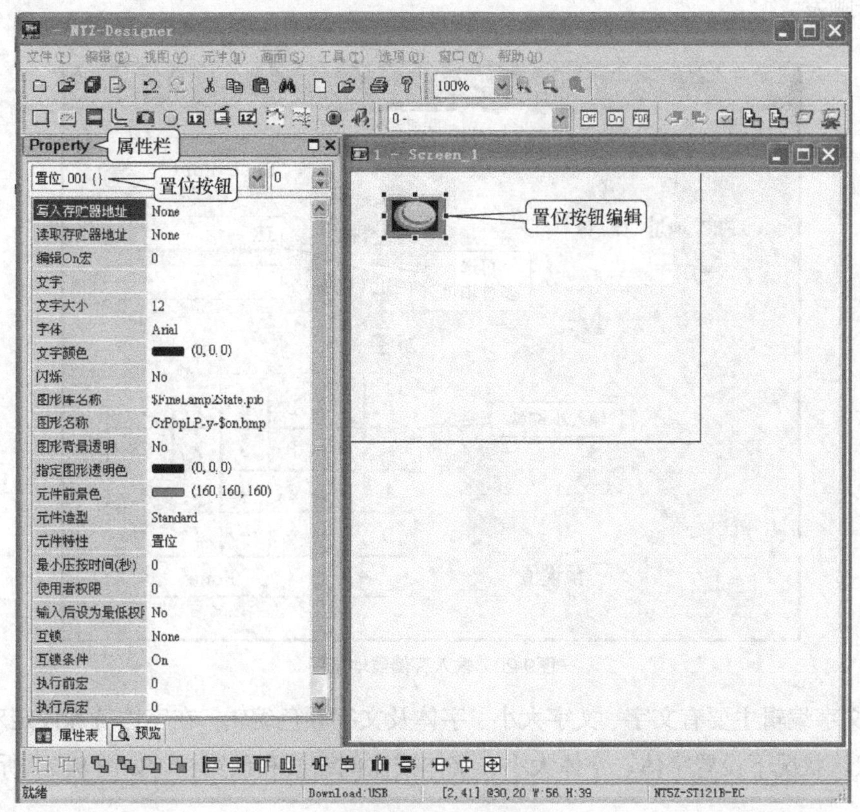

图9-19　按钮选项图

① 写入/读取存储器地址为选择联机中内部存储器或已联机的存储器地址，将内容写入或读取到指定存储器地址。如图 9-20 所示，HMI 显示联机种类会有一个基点及内部存储器，当有新增加的联机时，连线下拉列表会新增联机名称。在选择联机与元件种类并输入正确的地址确认后，HMI 对应的数值资料会被记录在所选元件上。同时右下方有一个数字键盘，可用其编辑地址值，还可以完成空格、回车及退格等功能。一般情况下元件地址种类包括以下 6 部分。

- $直接寻址 SDRAM。
- $M 直接寻址 SRAM。
- *$间接寻址 SDRAM。
- RCP 配方编号寄存器。
- RCPNO 配方寄存器区。
- Other 其他控制器支持的元件名称。

② 位按钮中编辑宏选项。在置位按钮中单击“ON 宏”右侧的“□”按钮，进入图 9-9 给出的编辑对话框。位按钮宏编辑指令主要如图 9-10 和图 9-11 所示。位按钮中复位按钮

编辑的是“OFF 宏”；即时按钮及交替按钮宏编辑中可以编辑“ON 和 OFF 宏”，它们用基本位指令触发。

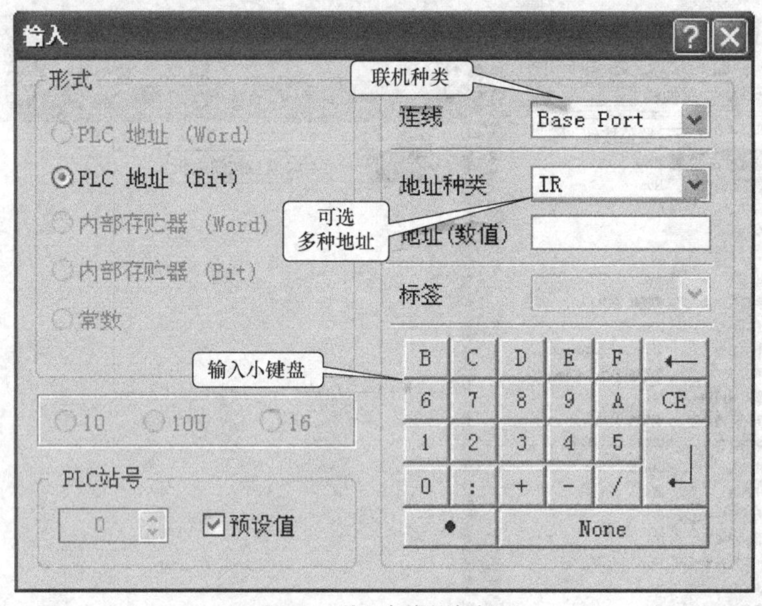

图9-20　输入存储器地址图

③ 文字编辑主要有文字、文字大小、字体及文字颜色编辑。在字体特殊设定对话框中可以在默认状况下设置字体、字体大小、字体按比例缩放和预览栏（如图 9-21 所示）。

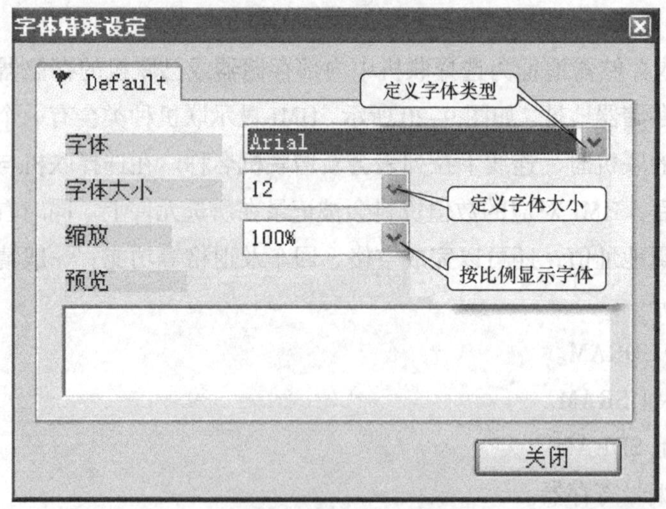

图9-21　文字编辑对话框

该对话框中文字大小、字体与颜色功能与 Windows 所提供的字体编辑功能类似，给设计者带来很大方便。除上述功能外，HMI 还可以对指定字体的比例进行缩放，通过预览可以直接显示字体变化。闪烁功能主要是提醒设计者当前运行状态，以闪烁方式显示。

④ 按钮图形库提供了各种类型按钮，设计者可以根据组态需要选择图形库名称，HMI 弹出如图 9-22 所示的下拉列表。

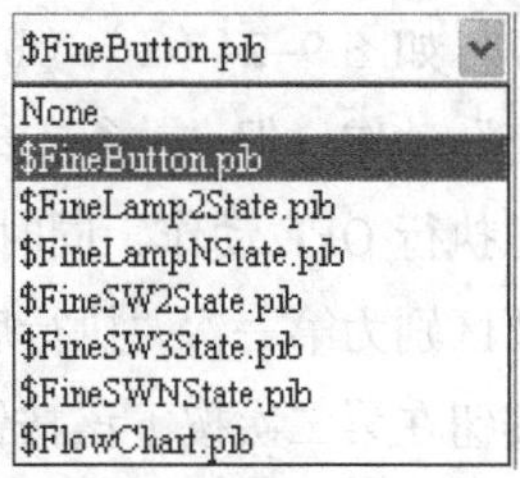

图9-22　按钮图库下拉列表

按钮开关主要分为：按钮普通状态显示、按钮 2 个状态显示、按钮多状态显示、开关 2 个状态、开关 3 个状态和开关多个状态。选择已存在的对话框（如图 9-23 所示）。

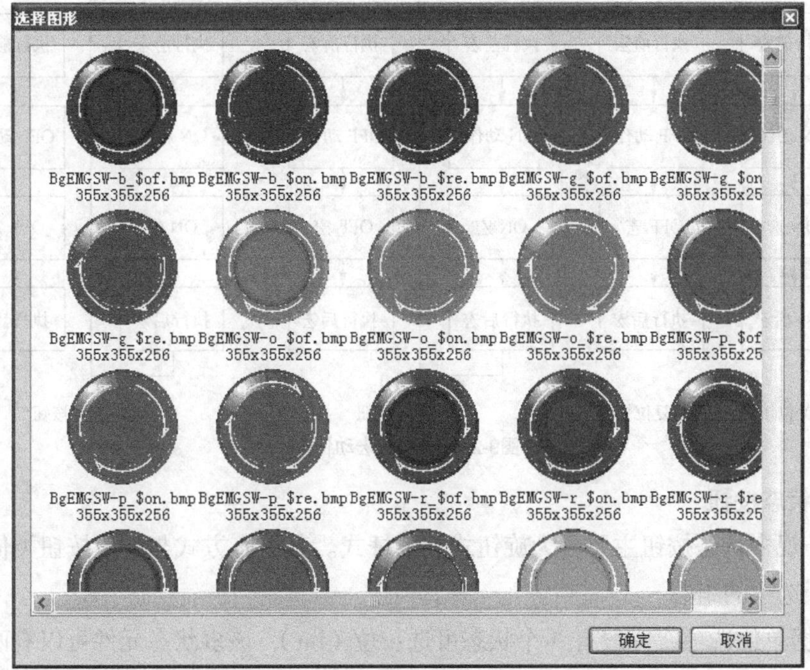

图9-23　按钮图库选择

双击选定的按钮后，HMI 将导入一张图形，并对选中的按钮进行编辑，即设置该元件的前景色、造型和特性。

⑤ 最小按压时间设定，当按压超过按压动作时间后该元件才会动作，这是为了避免误动作。范围为 0 ~ 10s。

⑥ 使用者权限编辑，它是为了防止其他无关人员误操作，进而造成事故。触摸屏设置的权限为 0 ~ 7。

⑦ 输入后设为最低权限，HMI 强制在执行按压动作之后将目前的设计者权限设为最低。

⑧ 互锁也可以在输入存储器地址中进行编辑（如图 9-20 所示）。

⑨ 互锁条件，它是指读取位有变化时此按键互锁功能启动。

⑩ 执行前宏，执行按钮动作之前，HMI 先启动并执行此宏；执行后宏，执行按钮动作之后，HMI 启动并执行此宏。

如图 9-24（a）、（b）所示，置位按钮与复位按钮都相应完成“执行前宏”和“执行后宏”动作，但“执行前宏”动作完成后置位按钮执行 ON 动作，同时执行 ON 宏；复位按钮执行 OFF 动作，同时执行 OFF 宏。如图 9-24（c）、（d）所示，即时按钮与交替按钮主要区别为第一次“执行后宏”都完成后，即时按钮松开后便执行第二次“执行前宏”；交替按钮在第二次按下该按钮后才执行第二次“执行前宏”。

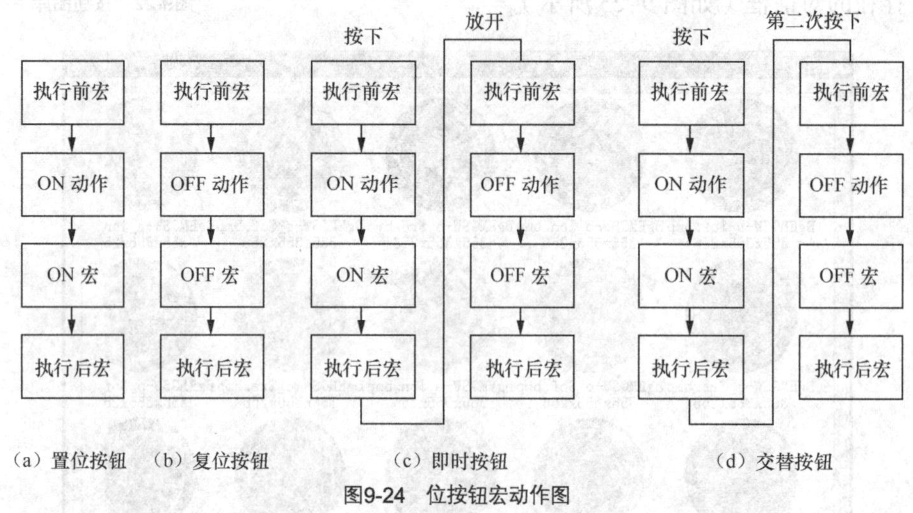

图9-24　位按钮宏动作图

2. 多状态按钮

按照外观多状态按钮主要分为旋钮式和摇杆式。其组态方式与一般按钮类似，但需注意以下几个选项的组态。

① 数据单位选项，一般有 3 个状态可选：位（bit），该多状态元件可以有两个状态；字（word），该多状态元件可以有 256 个状态；LSB，该多状态元件可以有 16 个状态。

② 数据格式，多状态下 HMI 提供二进制到十进制（BCD）、符号型十进制（Signed Decimal）、无符号型十进制（Unsigned Decimal）和十六进制（Hex）4 种数据格式来解释读取到的存储器内容。

旋钮状态从 S0 ~ S4，数据单位选择 LSB 时为 D100.0 ~ D100.4，在每种状态下该数值位被置为 ON（如图 9-25 所示）。

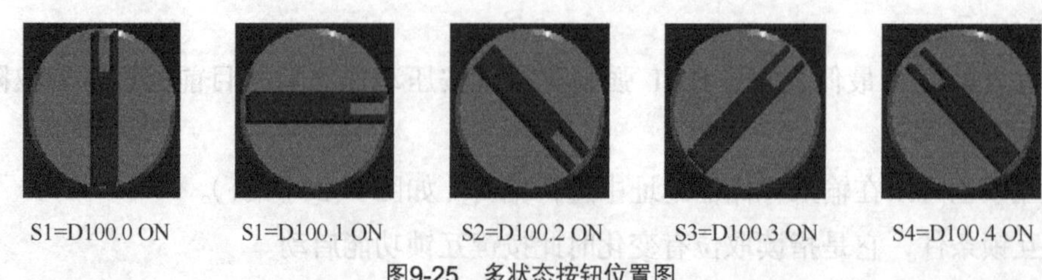

图9-25　多状态按钮位置图

③ 多状态按钮下新增/删除状态总数。数据单位状态数设定分别为：字可以设定 1 ~ 256

个状态；LSB 可以设定 1 ~ 16 个状态；位则可以设定 1 ~ 2 个状态。

④ 多状态按钮切换顺序可以设为切换至前一个状态，也可以设置为切换至下一个状态。

3. 设置数据按钮和设置常数按钮

设置数据和常数功能是显示系统键盘于屏幕上提供给使用者输入数据。当单击“确认”后，HMI 就会送出数值给设定控制器对应的寄存器，最大值及最小值由设计者自行决定。同时可设定输入前或是输入后触发地址来触发指定的控制器某一位地址。设定数据范围值［如图 9-26（a）所示］，设置常数按钮［如图 9-26（b）所示］。

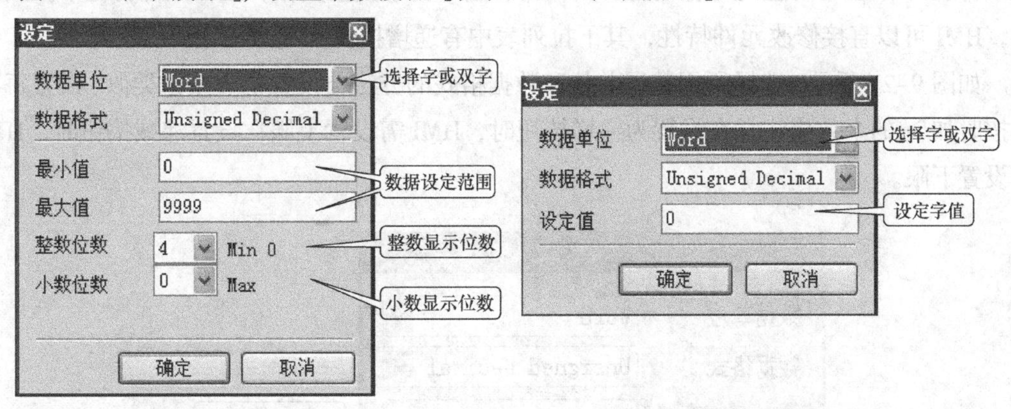

（a）设置数据按钮范围　　（b）设置常数按钮范围

图9-26　设置数值/设置常数按钮数值范围设定图

见表 9-3，与设置常数按钮数据格式相比，在字单位下设置数据按钮数据格式增加了二进制（Binary）数据格式；在双字（Double Word）单位下设置数值按钮数据格式增加了二进制和浮点数据格式。设置常数按钮数据格式下，字和双字的数据格式相同。

表 9-3　数值设置格式

设置数据按钮数据格式	
Word	Double Word
BCD Singed Decimal Unsigned Decimal Hex Binary	BCD Singed Decimal Unsigned Decimal Hex Binary Floating
设置常数按钮数据格式	
Word	Double Word
BCD Singed Decimal Unsigned Decimal Hexadecimal	BCD Singed Decimal Unsigned Decimal Hexadecimal

在设置数据按钮中可以设定输入值的最大值和最小值，限制输入值的范围。对于整数

位数/小数位数的选择决定输入的整数位数和小数位数。这里的小数位数并非真的小数值，只是显示样式，只有在数据格式选择浮点以后，程序自动依据修改后的数据单位、数据格式、整数位数与小数位数作数值范围检查。设置常数与设置数据类似。

4. 递增/减按钮

递增/减按钮的功能主要是：读取寄存器的数值、加/减所设定的常数值和将运算结果写至与控制器相对应的寄存器。如果增加/减少后的值超过所设定的上/下限值，递增/减按钮将维持上/下限值与对应的寄存器里。其编辑方法与一般按钮类似，但在元件特性下拉列表中，HMI可以直接修改元件特性，其下拉列表中有递增按钮和递减按钮可供选择。

如图9-27所示，选择所用数据单位和数据格式的方法与设置常数按钮类似。设置每次压按时加/减的个数应注意在设置为递增按钮时，HMI需设置上限；设置递减按钮时，HMI需设置下限。

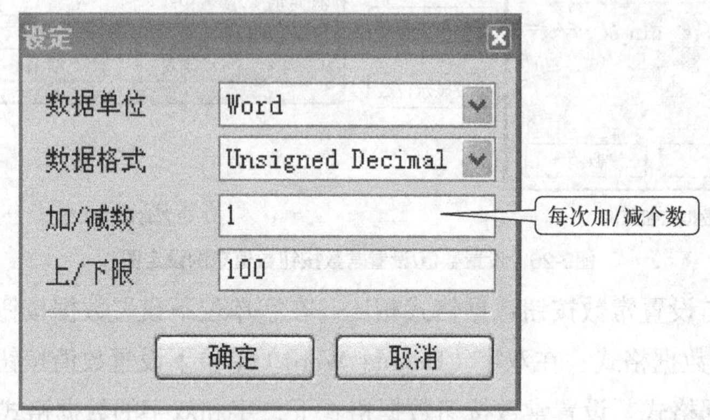

图9-27 设定递增/减按钮范围

5. 系统功能按钮设置

如图9-13（a）所示，系统功能按钮主要包括：设置系统时间、设定密码表、密码输入、调整对比亮度、设为最低权限和系统菜单。

① 设置系统时间，即设定HMI系统时间日期。

格式可以表示为“年-月-日小时：分：秒”。如图9-28所示，按下SYS键进入人机系统设定画面中Time的功能选项。

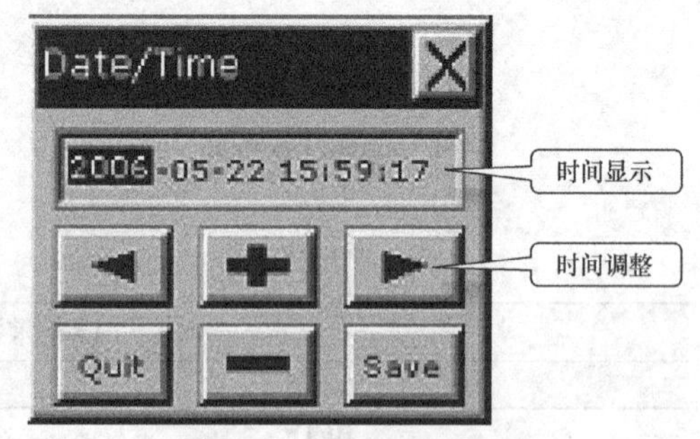

图9-28 日期/时间显示调整

② 设定密码表。密码设定与使用者权限有关，越高权限的使用者，可以对比自己权限低的密码进行修改，如果高于自己等级密码，不能对其修改。

如图9-29所示，密码修改权限最高为7。由于其最高权限7可以修改，所以此图为最高权限下设定的密码。密码通过左边键盘区进行修改，如果用户权限为4，则其只能修改4

以下的密码，4 以上的密码处于隐藏状态，该状态不能修改。

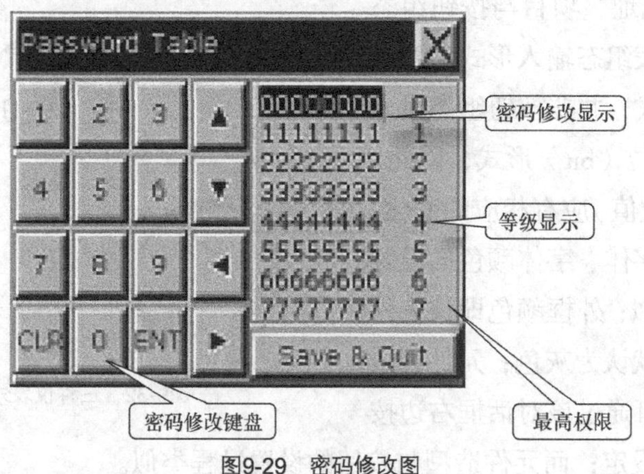

图9-29　密码修改图

③ 密码输入按钮为输入密码的界面。输入密码后 HMI 根据输入密码等级来决定用户使用权限（如图 9-30 所示）。

④ 调整对比亮度按钮，即 HMI 在对比亮度上的调整。此按钮点选后会出现“LCD Modulate”对话框，让用户调整对比度及亮度。中间值为默认值（如图 9-31 所示）。

图9-30　密码输入栏

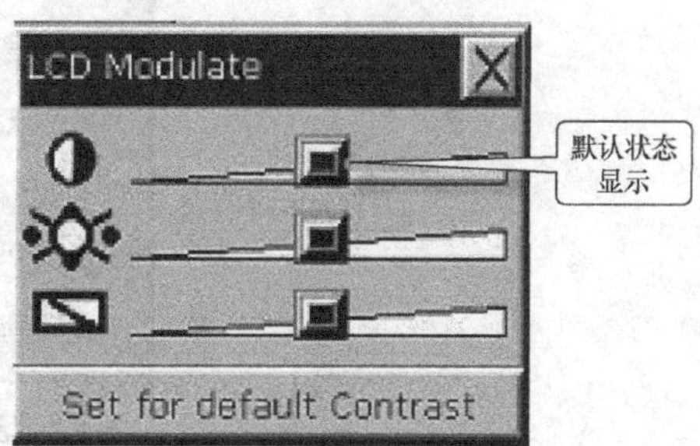

图9-31　对比度及亮度调整

⑤ 设为最低权限按钮，此按钮元件建立目的是为了保证在用户离开不同画面时，将权限都设为最低，保护控制系统参数不被他人修改，以免系统造成运转错误。

⑥ 系统菜单按钮是用于切换回系统菜单画面。

9.2.2　仪表组态

图 9-32 给出了 3 种仪表外形图，它分别按顺序对应仪表图标栏下的 3 个仪表。仪表（1）为半刻度仪表盘；仪表（2）为大圆弧刻度盘；仪表（3）为圆盘刻度表。其组态项目组主要由以下两部分组成。

1．“读取存储器地址”项目

“读取存储器地址”项目与按钮组态类似，但应注意仪表组态输入形式为 PLC 地址字（word）形式，并非按钮组态输入形式下的 PLC 地址位（bit）形式，因此，地址种类及地址（数值）应有相应的变化。文字、文字大小、字体、字体颜色的设置与按钮组态方法类似；外框颜色即仪表外框颜色设定，一般默认为灰色；元件背景色一般为白色，也可通过该对话框右边按键对其背景色重新设定；而元件造型与按钮的设置过程类似。

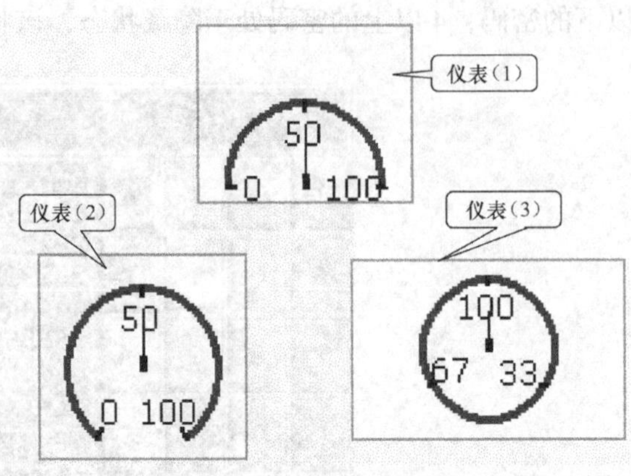

图9-32　三种仪表外形显示图

2．“设定值”项目

如图 9-33 所示，数据类型为字（Word）和双字（Double Word）两类；数据格式见表 9-4，字单位和双字单位下的数据类型相同，分别包括了：BCD、Singed Decimal、Unsigned Decimal。

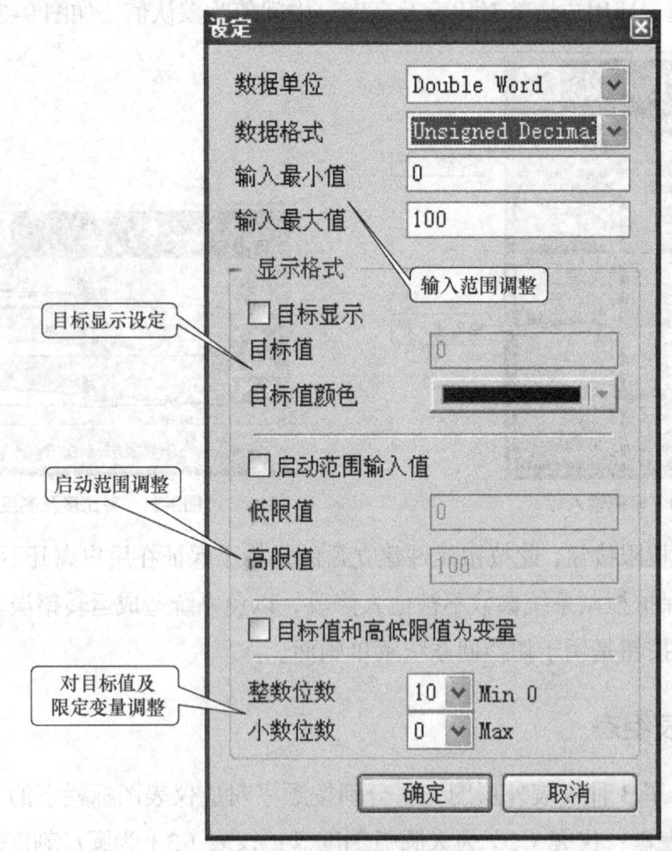

图9-33　仪表各种范围设定

表 9-4　　仪表数据类型

Word	Double Word
BCD Singed Decimal Unsigned Decimal	BCD Singed Decimal Unsigned Decimal

输入最大值/最小值是指对区间最小值与最大值的设定。组态时可以添加“目标值设定”项目，添加方法是目标值及其颜色设定后直接会从中心点位置拖出 1 条目标线指到所设定的目标值上。组态时可以添加“启动范围输入值”项目，添加后可以定义低限区、高限区指针及刻度颜色，刻度区数目可以通过点选上下的按钮来增加或减少，范围为 1 ~ 10 个区间。组态时可以添加“目标值和高低限值为变量”，当设定目标值与高低限值为变量时，低限值地址为读取存储器地址+1，高限值地址为读取存储器地址+2，目标地址为读取存储器地址+3。“整数位数/小数位数”是指对输入整数位数及小数位数设定，其中小数位数并非实际小数值，它只是一种显示形式。

9.2.3　各种形状图组态

在 NTZ-Designer 中组态形状图是指组态各种柱状图、管状图和扇形图。以下是对这 3 种图功能特点、组态步骤的描述。

1. 柱状图组态

柱状图分为简单型和偏差型，其功能主要是人机读取控制器对应寄存器的数值。将数值以图形进度表的方式显示在人机屏幕上。图 9-34 分别给出了简单型柱状图和偏差型柱状图的外观图。

简单型柱状图需要对低限区及外限区附加说明，即定义其颜色，其他属性两种柱状图说明基本类似。其组态项目组由以下几部分组成。

（a）简单型

（b）偏差型

图9-34　柱状图分类显示图

① 读取存储器地址设置、文字/文字大小/字体/文字颜色设定，可参阅一般按钮说明。

② 外框颜色设定即简单柱状图元件边框颜色设定。

如图 9-35 所示，边框颜色可定义为从黑到白的各种颜色。

③ 元件前景色/元件背景色，设定简单型柱状图前景色与背景颜色。其设置范围定义为从黑到白。

④ 元件造型中一般分为 3 种类型：标准型、突起型和下沉型，如图 9-36（a）、（b）及（c）所示。在组态柱状图外观图时，需要根据组态元件特性分别对其进行设置。

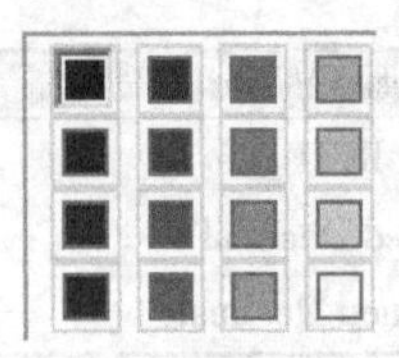

图9-35　边框颜色选择

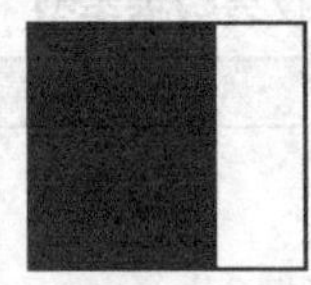

（a）标准型

（b）突起型

（c）下沉型

图9-36　元件造型显示

⑤ 显示格式。

如图 9-37 所示，简单型柱状图显示格式的进度变化可分为 4 种。图 9-37（a）为“Top”显示的进度方向是由下至上递增（递减），图 9-37（b）为“Right”显示的进度方向是由左至右递增（递减），图 9-37（c）为“Left”显示的进度方向是由右至左递增（递减），图 9-37（d）为“Bottom”显示的进度方向是由上至下递增（递减）。

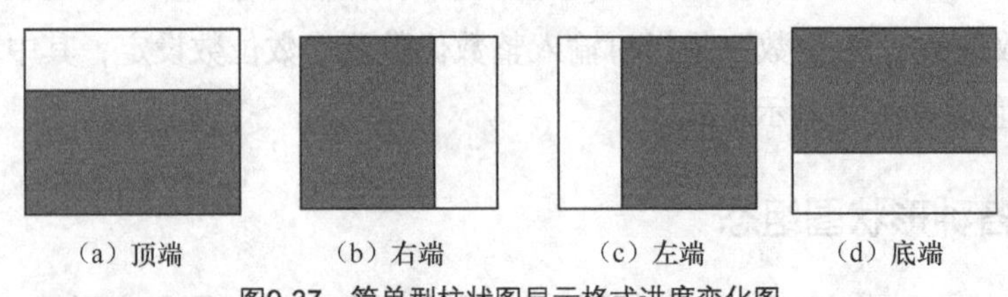

（a）顶端　（b）右端　（c）左端　（d）底端

图9-37　简单型柱状图显示格式进度变化图

偏差型柱状图有两种显示格式：图 9-38（a）为“Vertical”，垂直型是指以垂直方式显示与标准值的偏差量；图 9-38（b）为“Horizontal”以水平方式显示与标准值的偏差量。

（a）垂直型　（b）水平型

图9-38　偏差型柱状图显示格式变化

⑥ 设定值设置。

如图 9-39（a）所示，它是简单型柱状图设置内容，数据格式与表 9-3 中设置常数按钮相同。在简单型柱状图设置中需输入柱状图显示范围，其输入最大与最小值分别为 100 与 0。组态时可以添加“启动范围输入值”项目，可对柱状图低限区颜色/高限区颜色设置；组态时可以添加“目标值和高低限值为变量”项目，当设定目标值与高低限值为变量时，低限值地址为读取存储器地址+1，高限值地址为读取存储器地址+2，目标值地址为读取存储器地址+3。图 9-39（b）中标准值用来计算偏差量的基准值；输入最小值/最大值为偏差柱状图两端的最大最小值；组态时可以添加“显示偏差”项目，选择后可以设定偏差上限值，并依据指定的颜色来显示与标准值之间的偏差量；组态时可以添加“标准值和偏差值上限为变量”项目，当设定标准值与偏差值上限为变量时，标准值地址为读取存储器地址+1，偏差上限的地址为读取存储器地址+2。

2. 管状图组态

管状图是指人机读取控制器对应的寄存器的数值，并将该数值转换为容器的水位容量显示在人机界面的管状元件上。

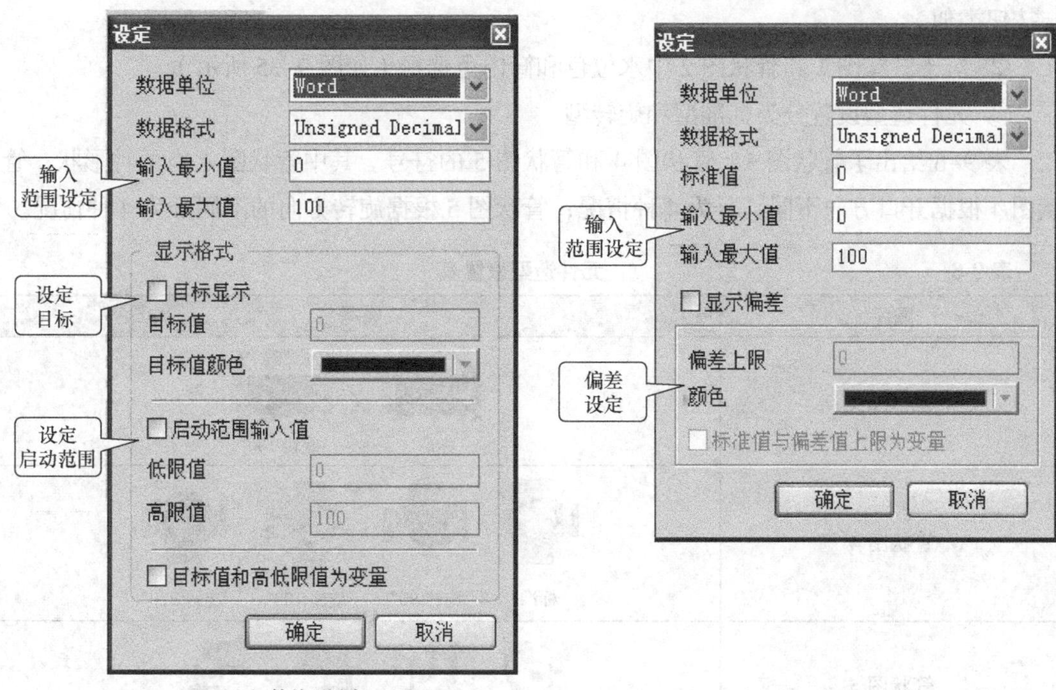

(a) 简单型设定　　(b) 偏差型设定

图9-39　柱状图设定值

表 9–5 给出了 6 种管状图符号和功能特点，通过直管、弯管、开口数量和水容器的形状可以对其功能进行描述。以下列出了管状图的组态项目。

表 9-5　管状图组态功能及特点表

符号	功能及特点
	人机读取控制其对应的寄存器的数值，该数值转换为容器的水位容量
	连接管口用，口径分为 5 个等级，5 为最大口径
	连接管口用，可选择 3 种角度 90°、180°、270°，口径也分为 5 个等级
	连接管口用，同上，有 3 种旋转角度，口径也分为 5 个等级
	水平水管可显示水流方向
	垂直水管可显示水流方向

① 读取存储器地址，其组态方法可参见一般按钮说明，HMI 选择联机中内部存储器或已联机的存储器地址，从指定的存储器地址读取资料；文字、文字大小、字体及文字颜色

与按钮类似。

② 对于管状图 1 和管状图 2 中水位色和筒内色选择（如图 9–35 所示）。

③ 元件造型设置分为标准型和旋转型。

表 9–6 给出了管状图 1、管状图 4 和管状图 5 的符号。其中管状图 1 有两种形状；管状图 4 根据开口方向不同，分为 4 种情况；管状图 5 根据旋转方向的不同分为 4 种情况。

表 9-6　　元件造型设置表

顺序	符号
管状图 1	标准　旋转 180°
管状图 4	标准　旋转 90°　旋转 180°　旋转 270°
管状图 5	标准　旋转 90°　旋转 180°　旋转 270°

直管型图 6 和 7 需设置流动标识色，当读取的存储器地址有数据产生时，直管会显示标示流动效果，可以设定此流动标示的颜色。对于管状图 1、2 设置类似于简单型柱状图设置。

④ 管口口径。选择口径大小范围为 1 ~ 5，口径 1 代表水管的宽度至少 13 个像素，口径 2 代表水管的宽度 26 个像素。其他以此类推。

3. 扇形图组态

扇形图共有 4 种方式可供选择（如图 9–40 所示）。

扇形图用来显示特定地址的计量大小，随着面积的增加/减少来快速判别数量。为了清楚分辨数量大小，扇形图各区位的变色不同，起到了警示作用。其组态项目组要由以下几部分组成。

① 读取存储器地址，可参阅一般按钮说明；文字/文字大小/字体/文字颜色与一般按钮组态类似。

② 外框颜色、元件前景色和元件背景色设置与简单型柱状图类似。

③ 元件造型，图 9–41 给出了扇形图的 4 种图片。根据元件特性及使用场合来设定其显示形状。

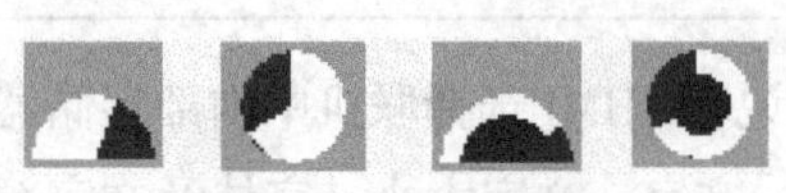

图9-40　扇形图种类说明

图9-41　扇形图元件造型图

④ 扇形图设置值与柱状图设置（如图 9-39 所示）类似。

9.2.4　指示灯及动态图组态

1．指示灯组态

如图 9-14（a）所示，指示灯可以分为多状态指示灯、范围指示灯和位指示灯。图 9-42 给出了指示灯的图形库。指示灯选择可以单击属性栏中“图形库名称”选项，在下拉列表中选择。指示灯可以显示启动/停止状态，也可以显示运行、停止、出错状态等。

图9-42　指示灯选择图形库

多状态指示灯的作用是指示某一个地址的状态，同时提醒用户使用状态的改变。对于重要的状态指示有两种：一是立即改变显示状态；二是由不同状态文字来设定。范围指示灯作用是人机读取控制器对应的寄存器的数值，以此数值对应元件与所设定的范围下限值作比较运算，然后将运算结果切换至元件对应的状态，最后将此状态内容显示在人机屏幕上。位指示灯提供两个基本状态（ON/OFF），给使用者方便作底图的交替变化。其组态项目组由以下几部分组成。

① 读取存储器地址，这 3 种指示灯设置方法可参阅一般按钮说明，特别地对于多状态指示灯，当所设定的读取存储器地址为控制器的接点时（ON 或 OFF），多状态指示灯会按照设定的状态变化。

② 文字/文字大小/字体/字体颜色可按照一般按钮组态原则设计，位指示灯中 XOR 色是指定与底图 XOR 的颜色。

③ 图形库名称/图形名称、图形背景透明/指定图形透明色及元件前景色/元件造型组态设计可参阅一般按钮说明。闪烁即选择是否以闪烁的显示方式提醒用户。

④ 在多状态指示灯下可以对数据单位及数据格式进行定义，其单位设定与多状态按钮相同，它包括位的两个状态：字的 256 个状态和 LSB 的 16 个状态。

⑤ 多状态指示灯数据格式、新增/删除状态总数也与多状态按钮设置相同。

同时，对于范围指示灯单击设定值选项右侧按钮，HMI 将弹出范围指示灯设定值对话框。

如图 9–43 所示，范围指示灯设定值的数据单位和数据格式与仪表组态相同。在范围对话框中，选择常量即可以设置 5 个状态范围值。将状态 0 ~ 4 的元件文字分别设为状态 1 ~ 状态 5。

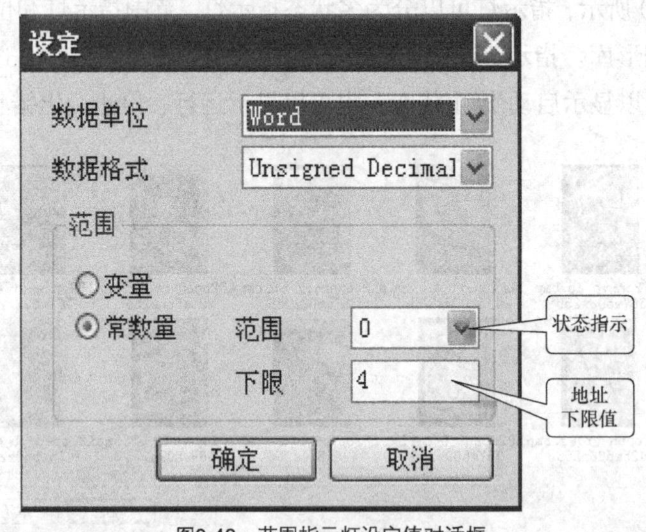

图9-43　范围指示灯设定值对话框

表 9–7 给出了范围指示的设定表，当读取的存储器位地址大于等于 100 时范围指示灯呈现状态 1；当读取的存储器位值地址大于等于 50，范围指示灯会呈现状态 2；其他以此类推。当所设定的范围为变量时，范围指示灯元件会将读取存储器地址后 *n*–1 个地址作为范围下限值，其中 *n* 为范围指示灯的状态总数。

表 9-7　　范围指示的设定表

范围 0	范围 1	范围 2	范围 3
100	50	33	1

2. 动态图组态

如图 9–14（c）所示，动态图主要分为状态图、动画、动态直线、动态矩形和动态椭圆。

（1）动态图含义

状态图的图标为▭，它控制多个状态的动态图，以固定位置设置于人机画面，其状态可控，同时状态图可以显示不同的图形文件；动画的图标为▣，它控制一个动态图并且可以在人机画面上的任何位置显示该图标，动画是指在 X 或 Y 方向任意移动且能显示不同的状态图形文件；动态直线的图标为↖，它是指控制所绘制直线在 X 或 Y 方向任意移动且能延展其大小；动态矩形的图标为□，它是指控制所绘制的矩形在 X 或 Y 方向任意移动且能延展其大小；动态椭圆的图标○，它是指控制所绘制的椭圆在 X 或 Y 方向任意移动且能延

展其大小。

（2）动态图基本组态项目

① 这 5 种动态图的读取存储器地址组态均可参阅一般按钮说明。对于状态图和动画图形库名称、图形名称、图形背景透明及指定图形透明色的设定也可参阅一般按钮说明。状态图、动态矩形、动态椭圆元件前景色设定可参阅一般按钮说明。状态图中数据单位及数据格式与多状态指示灯相同。动画数据单位设置无位选项。动态直线、矩形及椭圆数据格式设定与多状态指示灯相同。状态图中自动变换图形选项有 3 种选择方式 No、Yes 和 Variation，其分类及功能见表 9-8。

表 9-8　　状态图中自动变换图形分类及功能表

名称	功能
No	读取存储器里地址值来决定显示切换至所要求的状态图。如$0 为 0 即切换至第 0 个状态，$0 为 5 则切换至第 5 个状态
Yes	当读取存储器地址里的值为非零的值时，状态图元件会自己开始变换图形。如$0 为 1 以上，元件就会根据所设定的图形变换时间，进行变换图形。$0 为 0，则此状态返回初始状态且不动作
Variation	以读取存储器地址（$0）属性当作状态图的切换，而读取存储器地址+1（$1）作为是否要自动变换图形；值是非零作自动变换图形，反之不动作

② 状态图图形变换时间选项。

如图 9-44 所示，状态图形变换时间默认值为 500ms，最大可以设为 3000ms，最小可以设为 100ms。

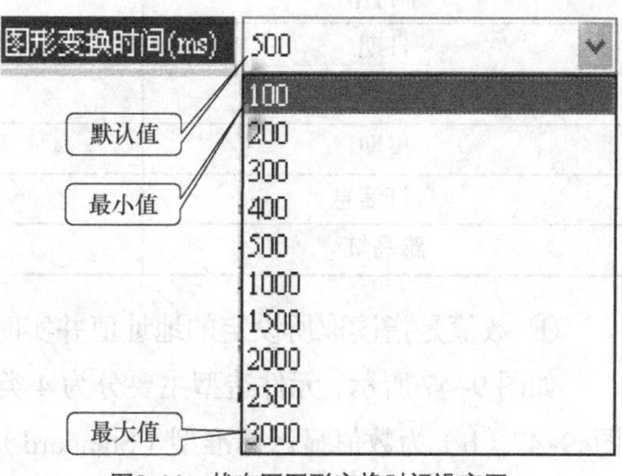

图9-44　状态图图形变换时间设定图

③ 状态图中透明色选取，当选择“是”（Yes）后状态图以透明状呈现，通常状态图是配合图形透明色来使用（如图 9-45 所示）。

④ 动画图形中清除图形选项有两个状态可选：“No”选项是指在完成图形移动和切换状态图片时不清除图形；“Yes”选项是指在完成图形移动和切换状态图片时清除图形。

⑤ 动态直线表示直线以闪烁、移动或变化颜色方式来显示。其组态方法主要是在属性栏目中选择开启闪烁、位置可变及颜色可变功能。线条宽度范围是 1 ~ 8，其中 8 为最宽。

⑥ 动态矩形表示矩形以闪烁、移动、大小变化和颜色变化来显示。其组态方法主要是指在属性栏目选择开启闪烁、位置可变、大小可变及颜色可变功能。线条宽度定义同动态直线组态类似。对于动态矩形可以设置其圆角半径（如图 9-46 所示），HMI 可以改变动态矩形四角的圆角半径，其半径变化范围为 0 ~ 28 像素。

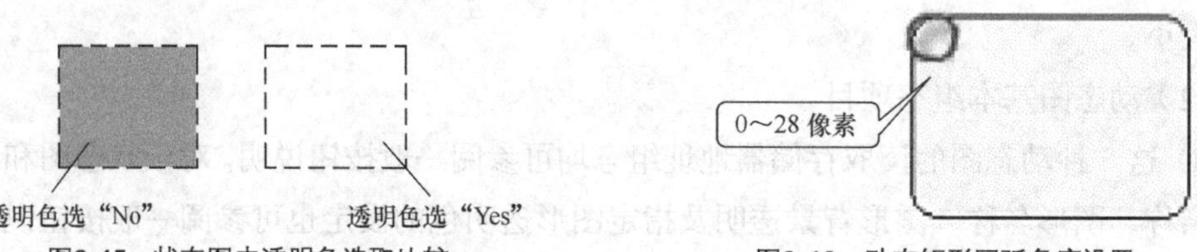

图9-45　状态图中透明色选取比较　　图9-46　动态矩形圆弧角度设置

⑦ 动态椭圆表示椭圆以闪烁、移动、大小变化和颜色变化来显示。其组态方法主要是指在属性栏目选择开启闪烁、中心点可变、半径可变和颜色可变功能。线条宽度定义同动态直线类似。

9.2.5　资料显示及输入组态

1. 资料显示组态

图 9–14（b）给出了资料显示组态，它分为数值、字符串、日期、时间、星期、自订信息及跑马灯。表 9–9 给出了资料显示分类及功能表，该表格主要说明了 HMI 完成的一些基本功能显示，如显示 HMI 日期/时间/星期、显示 HMI 字符串等。

表 9-9　资料显示分类及功能表

资料显示类别	功能
数值	显示特定地址的值
字符串	显示特定地址的字符串
日期	显示人机的日期
时间	显示人机的时间
星期	显示人机的星期
自订信息	根据状态显示信息
跑马灯	根据状态以走马灯的方式显示信息

① 数值是指读取所设定的地址值并实时显示，它是基于用户设定的格式。

如图 9–47 所示，元件造型主要分为 4 类：图 9–47（a）中为中间字体下沉型（Sunken）；图 9–47（b）为数值显示标准型（Standard）；图 9–47（c）为中间数值突起型（Raised）；图 9–47（d）为背景透明型（Transparent）。前面数值补零选项开启后与开启前的区别如图 9–48 所示。

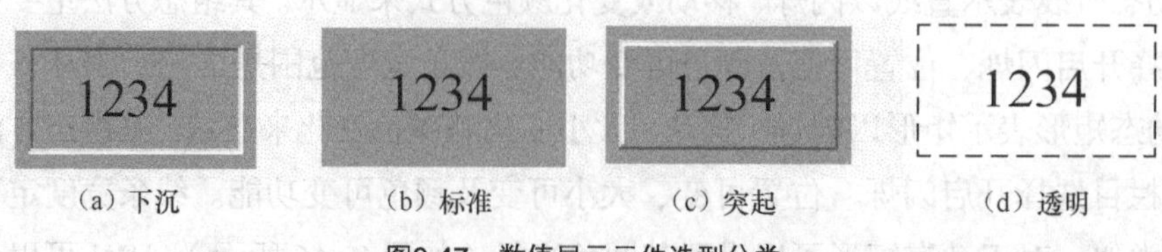

图9-47　数值显示元件造型分类

设整数位数是 4 位，数值补零如果不够 4 位的整数位前需加 0［如图 9–48（a）所

示]；图 9-48（b）为去掉零的显示情形，这是对数据显示格式的定义。

如何在“数值”选项下对“设定值”组态可参见如图 9-49 所示。数值位数设置是指设置整数位数和小数位数，整数位数和小数位数最大可以设置 5 位，最小可以设置 0 位。整数默认位数为 4 位，小数默认位数为 0 位。这里的小数位数并不是真的小数值，只是显示样式，只有在用户选择浮点数时小数位数的设定才是真正的小数。增益（*a*）/偏移（*b*）用式（9-1）决定其显示变化。

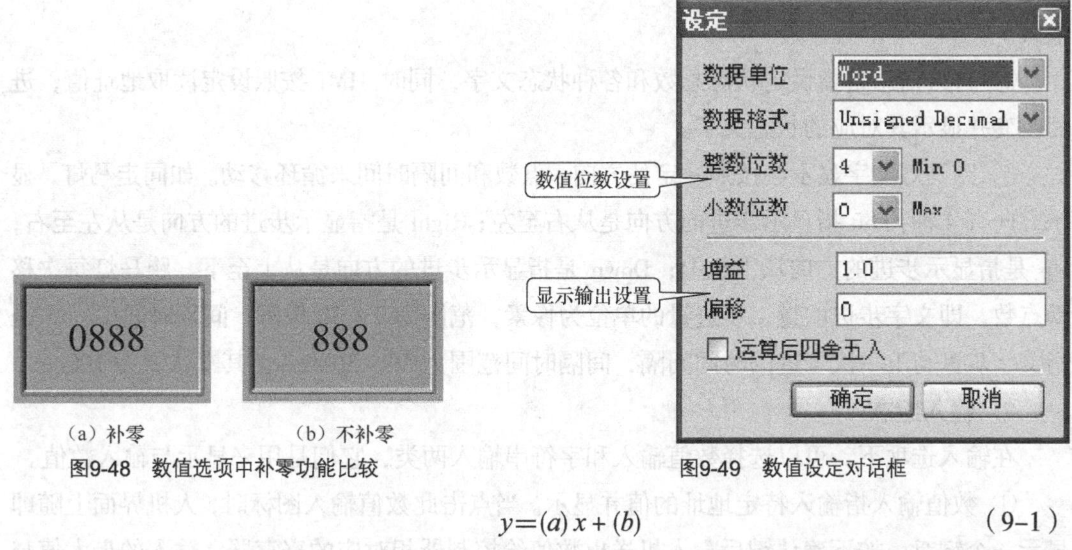

（a）补零　（b）不补零

图9-48　数值选项中补零功能比较

图9-49　数值设定对话框

$$y=(a)x+(b) \tag{9-1}$$

如式（9-1）中增益（*a*）设为 2、偏移（*b*）设为 3，当读取存储器地址为 3 时显示的数值将变为 9=(2)×3+(3)，组态时可以添加“运算后四舍五入”选项，添加后读取存储器地址的值经过增益与偏移的计算后用四舍五入方法显示其结果。显示快速更新是指为了实现在切换画面时能实时显示元件，可以设定快速更新的频率，它分为高、中和低 3 个等级。

② 字符串长度可显示的字范围为 1～28。下面对字符串作进一步说明，HMI 将字符串元件的读取地址设为内部存储器 0（即$0），字符串长度设为 6，并假设 $0=4142H、$1=4344H、$2=4546H，则显示图 9-50 显示的执行结果。

图9-50　字符串存储显示

字符串读取的是位值，当读到内部存储器$0 时，因$寻址模式是以字为单位，而且显示时会高低位对换，所以显示出来会变成 B(42H)A(41H)D(44H)C(43H)F(46H)E(45H)，依此类推连续读取 6 个字节。

③ 日期设置是指显示人机界面内部所设定的日期。如图 9-51 所示，日期显示可分为 3 种：月/日/年、日/月/年和日.月.年。

④ 时间显示人机界面内部所设定的时间。时间格式如图 9-52 所示。

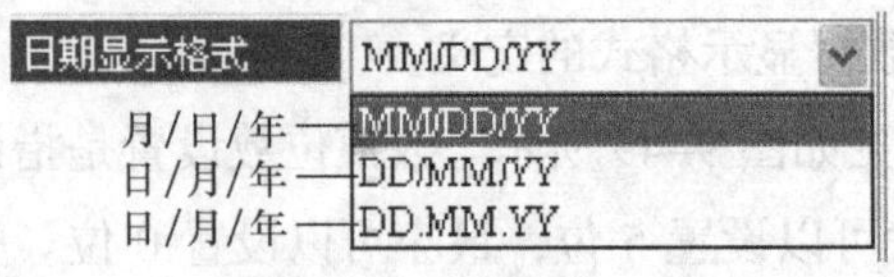

图9-51　日期设置格式

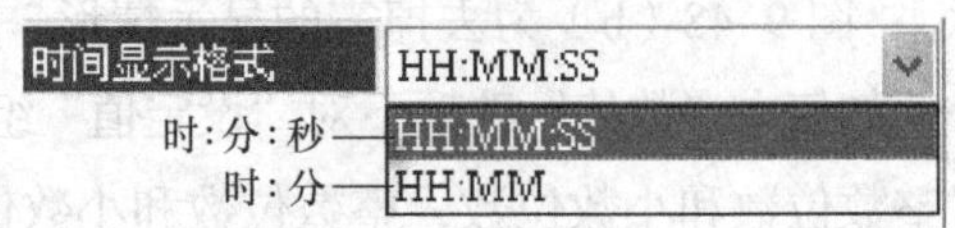

图9-52　时间设置格式

时间设置格式为两种：时：分：秒和时：分。

⑤ 星期是指对一个星期某一天的显示。在文字中可以对这 7 天进行定义，但每个状态系统预设的星期描述为（如 SUN，MON，…，SAT），对星期输入时需要按照规定的格式输入。

⑥ 自订信息是指设定状态总数和各种状态文字，同时 HMI 按照设定读取地址值，进而改变并显示其对应的状态文字。

⑦ 跑马灯文字显示会按照一定的方向、点数和间隔时间来循环移动。如同走马灯，显示方向有 4 种：Left 指显示步进的方向是从右至左；Right 是指显示步进的方向是从左至右；Up 是指显示步进的方向从下至上；Down 是指显示步进的方向是从上至下。跑马灯每次移动点数，即文字步进的量，步进量的单位为像素，范围为 1 ~ 50 像素；间隔时间（ms）是指文字步进与下一次步进的时间间隔，间隔时间范围为 50 ~ 3000ms，其默认值为 100ms。

2. 输入组态

在输入选项下，可以选择数值输入和字符串输入两类，它们是用来显示与输入数值。

① 数值输入指输入特定地址的值并显示。当点击此数值输入图标时，人机界面上随即显示一个键盘，按下确认键后，人机送出数值给控制器相对应的寄存器，输入的最大值与最小值由用户自行设定。同时还可以设定输入前或输入后触发地址来触发指定控制器的某一位。数值输入设定的一般选项与按钮和指示灯类似。设置触发方式的步骤是：第一选择数值写入指定的控制器，并触发该位地址为 ON；第二再次触发时需自行将该地址清为 OFF。

② 设定值设置中，在数据单位为字和双字下时数据格式见表 9-10。

表 9-10　数值输入下数据格式选取表

Word		Double Word	
BCD Signed Decimal Unsigned Decimal	Hex Binary	BCD Signed Decimal Unsigned Decimal	Hex Binary Floating

数值输入下的数据单位分为字和双字格式，在以字为单位时数据格式有 5 种，在以双字为单位时数据格式有 6 种，比字单位下多出了浮点型（Floating）。

如图 9-53 所示，HMI 对“数值输入”选项下“设定值”的设置。在位数设定中小数位数并不是真的小数值，它只是显示样式，只有在数据格式选择浮点型时小数才是真正的小数。其余功能可见数值设定值对话框（如图 9-49 所示）。

③ 使用者权限选项中可以设定元件按压动作的权限，只有高于目前权限者的权限才能使 HMI 动作；“显示为*号”选项选择是后，当你在输入数值时，相应在输入口令对话框中显示“*”号。其余选项可参见数值设置及数值组态选项设定。

字符串输入是指 HMI 输入并显示特定地址的字符串。在组态该项目时，字符串长度可显示 1～28 个字，默认值为 4 个字。其余选项组态可参见数值输入部分。

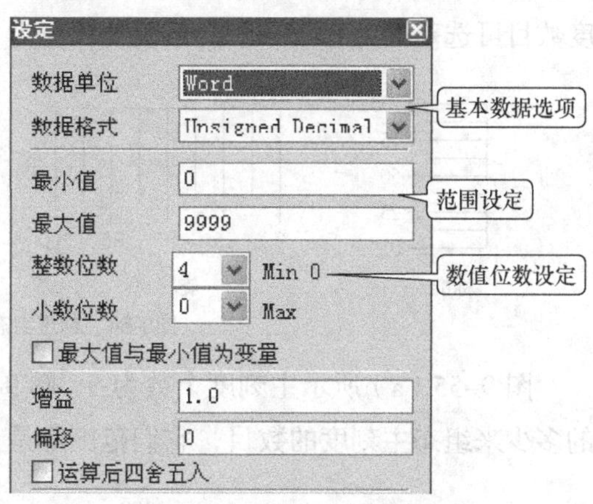

图9-53　数值输入设定值对话框

9.2.6　绘图、曲线及历史记录组态

1. 绘图组态

绘图项目是指在 NTZ-Designer 没有提供元件的情况下，为了方便使用者能够自己绘制所需要的图形，HMI 提供了线、矩形、圆、多边形、弧、静态文字、刻度和表格基本绘图元件的制作。表 9-11 给出了绘图元件的符号和特点。

表 9-11　　绘图元件符号及特点

名称	符号	特点
线	╲	选此直线时，会出现一个矩形范围，方便移动，可进一步修正；直线以外的地方，则以透明处理
矩形	□	对于只完成放入特定的图形，不实现其他功能可选择此元件
圆	○	通过设定长和宽来决定圆的形状，对于图形以外的其他部分作透明处理
多边形	⊿	所有点设定好后，按住鼠标右键，可自动组成一个多边形，用户可以自定义颜色
弧	◌	由点击鼠标两个不同点，可以确定扇形圆弧方向及整个扇形的大小，由属性表中的透明色决定显示为弧形或扇形
静态文字	A	无动态效果，在画出的矩形里输入文字后，元件前景色设定会使得整个矩形变成所设定的颜色
刻度	⫞	利用元件造型的选项来改变刻度的方向，利用属性主次刻度数目选项来改变主次刻度的数目，并利用颜色的改变来创建刻度
表格	⊞	可利用元件造型选项改变表格大小、外观及格子的颜色

直线、矩形、圆、多边形、圆弧绘制方法和设定可参照按钮、仪表及状态图组态设计；静态文字是指在触摸屏上对某个组态元件文字叙述，无其他功能。

图 9-54 给出了刻度 4 种显示方式，根据实际组态元件的方向来选择刻度方向。如不需要显示刻度标记，可在实际标记对话框中选择不显示“No”，其默认值为显示“Yes”。主刻

度数目可选范围为 0 ~ 99 个，系统默认值为 5 个。图 9-55 列出了主刻度的个数。

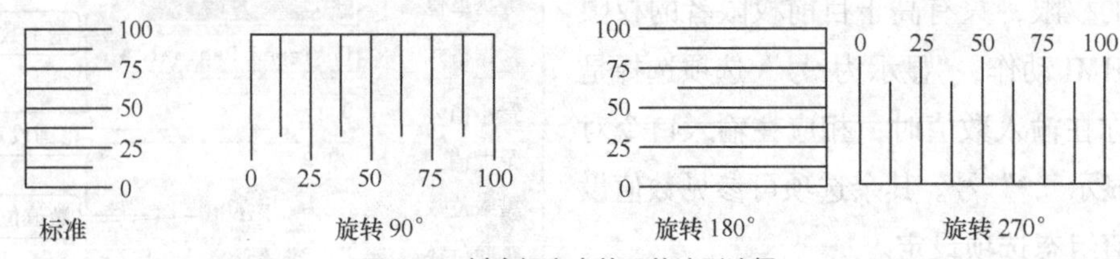

图9-54 刻度组态中的元件造型选择

图 9-55（a）所示主刻度个数为 5，图 9-55（b）所示主刻度个数为 10。根据实际刻度的多少来组态主刻度的数目，它们范围都是 0 ~ 100。

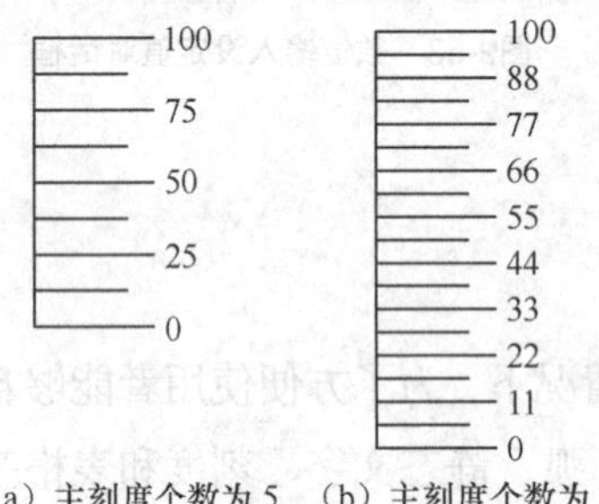

图9-55 主刻度个数比较

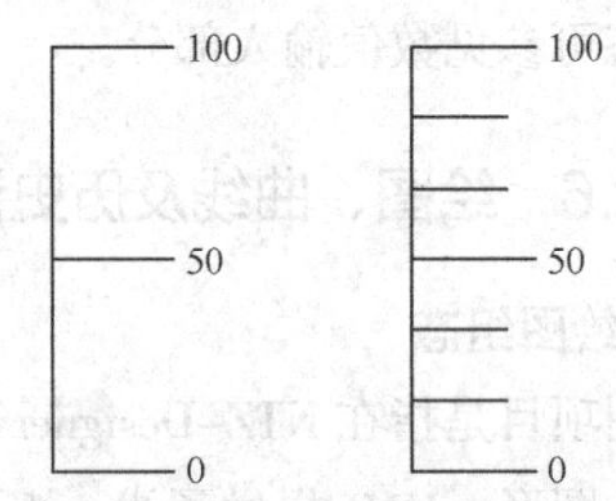

图9-56 次刻度数选择

次刻度是指除标记的主刻度外，HMI 所表示的其他未标记刻度。次刻度数目的范围为 0 ~ 99。如图 9-56（a）所示，次刻度数为 0，图 9-56（b）给出的次刻度数为 2。

表格组态主要是设定值中颜色组态，表格主要分为表头、交织和设定。图 9-57 给出了列表头、行表头、列交织和行交织颜色的设定，也给出了列表头交织、行表头交织、等行高间距和等列宽间距的设定。

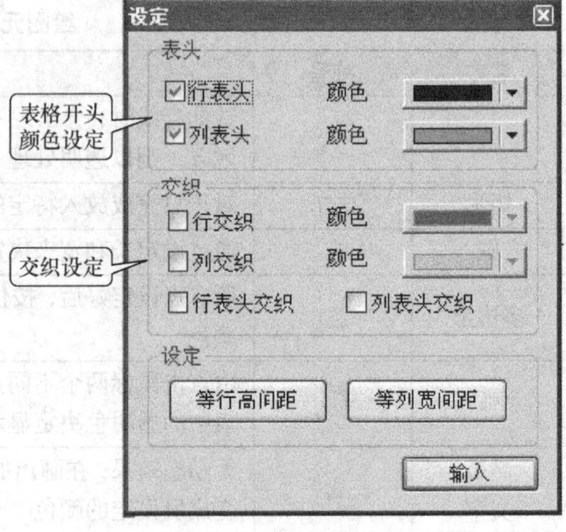

图9-57 表格设定组态

表 9-12 给出了表格行列颜色的定义及间距的定义，在创建表格时根据组态信息个数及其重要性来设定其颜色和宽度。

表 9-12 设定选项功能表

名称	功能
列表头	设定第一列的颜色
行表头	设定第一行的颜色
列交织	设定列交织的颜色
行交织	设定行交织的颜色

续表

名称	功能
列表头交织	设定列交织的颜色，由列表头开始，并决定是否使用
行表头交织	设定行交织的颜色，由列表头开始，并决定是否使用
等列高间距	每列的间距相等
等行高间距	每行的间距相等

2. 曲线组态

曲线组态是指将读取的存储器地址转换为曲线显示在触摸屏上。图 9-58（a）给出了折线图的显示方式，它主要读取设定存储器地址的连续资料，并将其转换为一维曲线后显示在触摸屏上。折线图设定是指在其属性曲线字段数上设定曲线的条数，并在设定值的属性栏里读取存储器的地址和格式。图 9-58（b）为 *XY* 分布图，它主要读取设定存储器地址的连续资料，并将其转换为 *XY* 分布图后显示在触摸屏上。

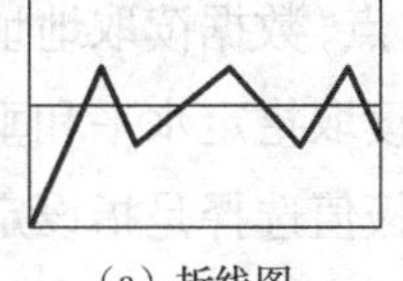

（a）折线图

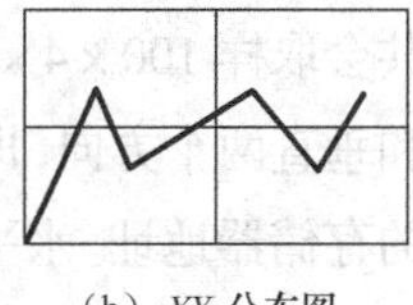

（b）*XY* 分布图

图9-58　曲线图分布

① 折线图的设定选项中可以对折线图设定数据和曲线的基本属性（如图 9-59 所示）。

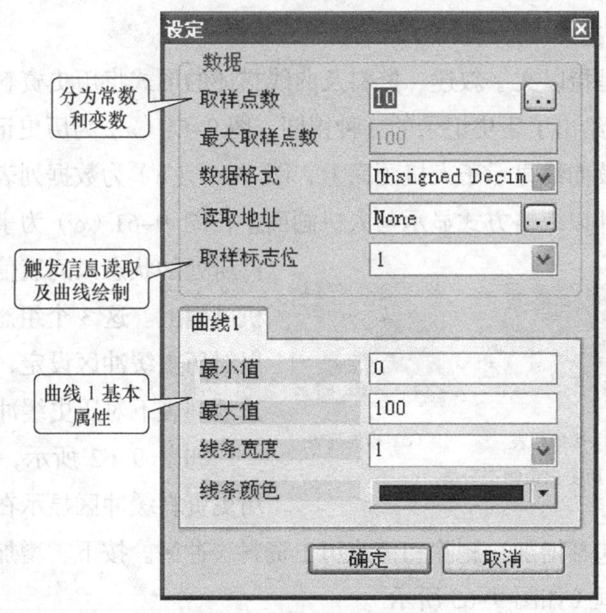

图9-59　折线图设定值组态

取样点数分为常数和变数：为常数时，最大显示点数选项不能编辑；为变数时，会参考读取地址+1 的值作为最大的取样点数值。人机设定完成最大的取样点数值后，当读取到的取样点数值大于设定的最大显示点数值时，系统会以设定的最大取样点数值为最大的取样点数。例如，在取样点数为 100 时，设 4 条曲线，那么总计会取 100×4 的点数。读取地址即读取 PLC 存储器和联机中内部存储器的地址。取样标志位是设定触发和清除的标志位，当取样标志位被触发时，HMI 才会开始读取资料并绘出曲线。曲线的最大值最小值设置是指对 y 轴的范围设定，如果读取资料高于或低于此值，则 HMI 显示此值。

② XY 分布图设定选项中可以设定数据和曲线的基本属性（如图 9-60 所示）。

XY分布图设置方法与折线图类似，但取样点数设为 100 点时，并设定 4 条曲线，那么共会取样 100×4×2 点，数据读取地址分水平和垂直两个方向，即读取指定水平和垂直资料的存储器地址。水平极值选择是指设定水平资料显示的最值，即最大值与最小值。如果读取的资料高于或低于此值，则显示此值。设定垂直资料显示最值，其读数方法与水平极值选择类似。XY分布图中水平线总数和垂直线总数可分别在 1～99 条设定。默认值是水平及垂直总线各一条。

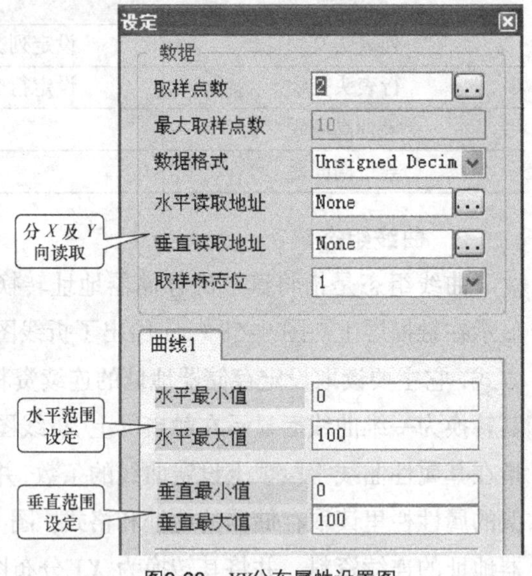

图9-60　XY分布属性设置图

3. 历史记录组态

历史记录组态是指以文字叙述、资料及曲线描述的形式将历史资料显示出来，并作实时的更新。图 9-61 给出了历史记录的 3 种视图。图 9-61（a）为历史记录趋势图，它是将历史资料装换为连续曲线显示于人机画面上；图 9-61（b）为数据列表，它是将历史资料转换为数值资料，并以表格方式显示与人机画面上；图 9-61（c）为事件列表，它是将元件所处的状态以列表信息的方式显示于人机画面上。这 3 个组态视图设定选项都可以对历史缓冲区设定，也可以在菜单里的选项列表下对历史缓冲区设定。

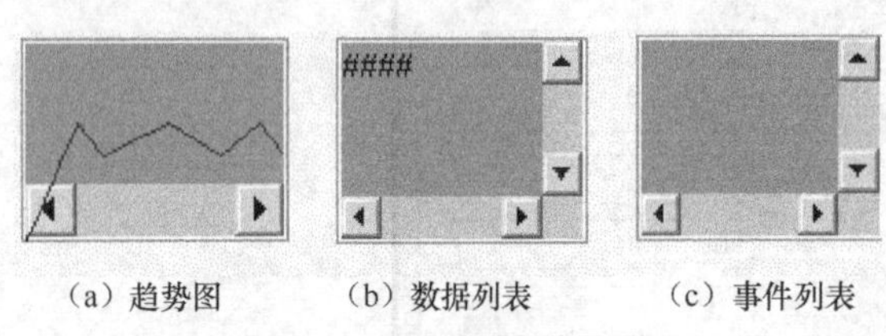

（a）趋势图　（b）数据列表　（c）事件列表

图9-61　历史记录组态分类

如图 9-62 所示，HMI 可以将编辑的历史资料缓冲区显示在左边对话框内。历史资料缓冲区编辑包括增加、删除和修改历史资料缓冲区。按下“增加”按钮后，出现缓冲区属性设置对话框（如图 9-63 所示）。

读取地址是指设定该历史缓存区取样资料的起始地址；数据单位为设定取样字个数，可以设定取样 1～13 连续字；取样点数表示可记忆存放的最大取样缓冲区个数；取样周期为设定每隔一定的时间读取地址一次，如果触发源是指定控制器，此项无法设定；组态时可以添加“记录时间日期”项目，添加取样过程中记录的取样时间日期；自动停止设定是指当取样达到资料满额时，HMI 判断是否停止记录；断电保持取样的资料是存储于 SRAM 中，触发源可以有定时器或者 PLC 控制器触发，当由控制器来触发时是由控制区中历史缓存区指定的触发位数控制。

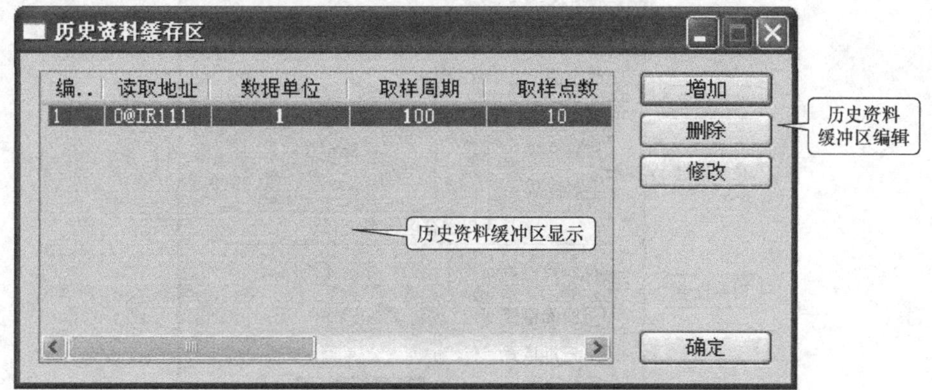

图9-62 历史资料缓冲区设定

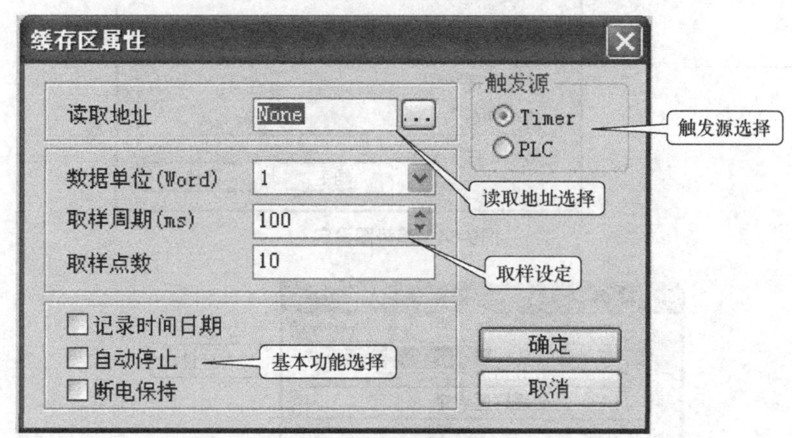

图9-63 缓冲区属性设置

（1）趋势图基本组态

如图 9–64 所示，趋势图设定分为资料设定部分、时间/日期显示和曲线设定部分。设定历史缓存区编号范围为 No.1 ~ No.12，曲线编号范围为 1 ~ 8。这里用#曲线代表目前要设定的曲线属性，可以进行添加。数据位置是指每次触发时所要读取字的数据位置。其余设置可参见折线图的组态设置。

（2）数据列表基本组态

数据列表可以在数据单位中设定需要字的个数，范围为 1 ~ 8（如图 9–65 所示）。而设定值里面的数据位置也会相对应于所选的数据单位。例如，数据单位与数据位置都可以是相同的数。数据列表可分为缓存区设定栏、时间/日期显示栏和资料栏。资料栏中编号可从资料 1 ~ 资料 8 进行设定，这里用#代表目前要设定的资料属性。其余设置可参照趋势图中的设置。数据栏总数可以在 1 ~ 8 设定，与数据列表设置中的资料栏数目对应。

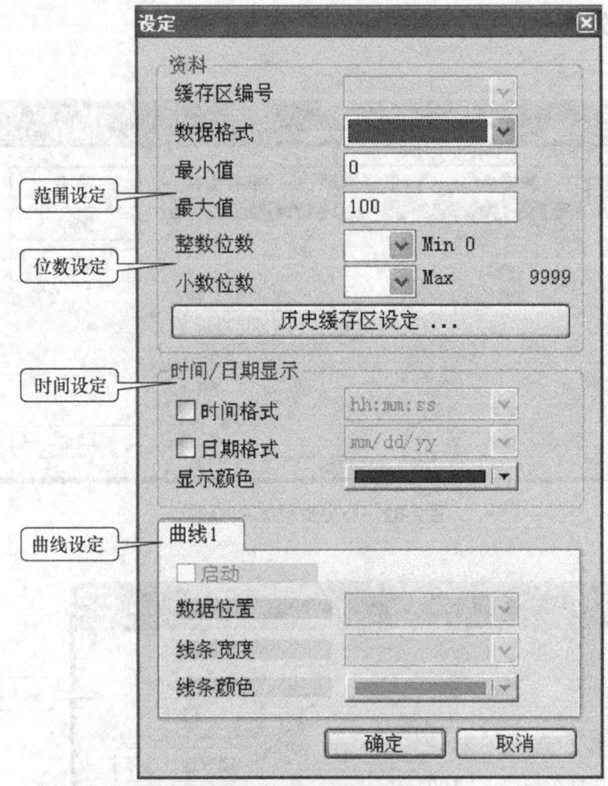

图9-64　趋势图设定

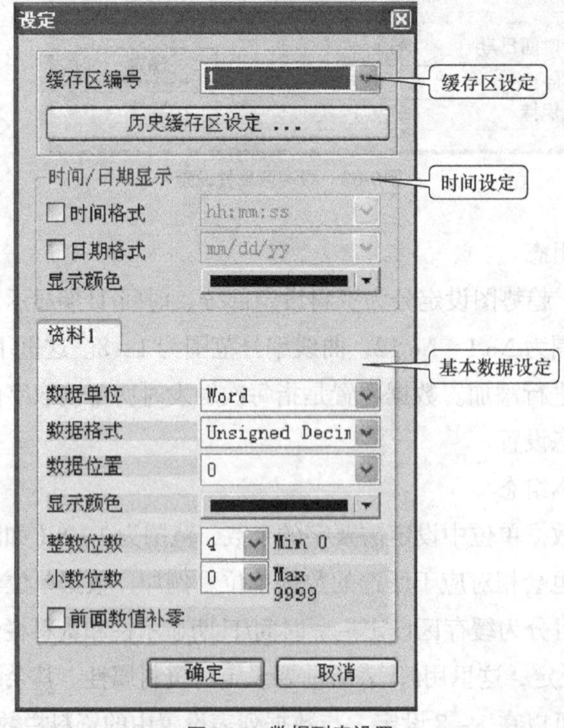

图9-65　数据列表设置

（3）事件列表基本组态

事件列表基本组态的方法与趋势图组态类似，这里不再赘述。

9.3　报警信息组态

在 NTZ-Designer 组态软件中，除了对基本画面进行组态外，还需要对报警信息组态。报警信息组态是检验一个组态工程的重要指标。报警系统的完善，能使操作者很快发现设备故障位置，并及时提出解决方案，减少了故障停机时间，提高了工作效率。一个报警信息可以由不同状态触发，报警信息的特点就是及时、准确、醒目，并配合声光显示。报警信息由两部分组成：一为基本设定部分，即设定基本报警内容、地址、编号及触发画面；二为报警信息显示部分，包括显示历史报警、最新报警、报警频率及信息走马灯。

9.3.1　报警设定

报警设定是对报警读取地址、取样周期、报警存储数量及断电保持的设定。在菜单栏的选项中可设置报警信息（如图 9-66 所示）。

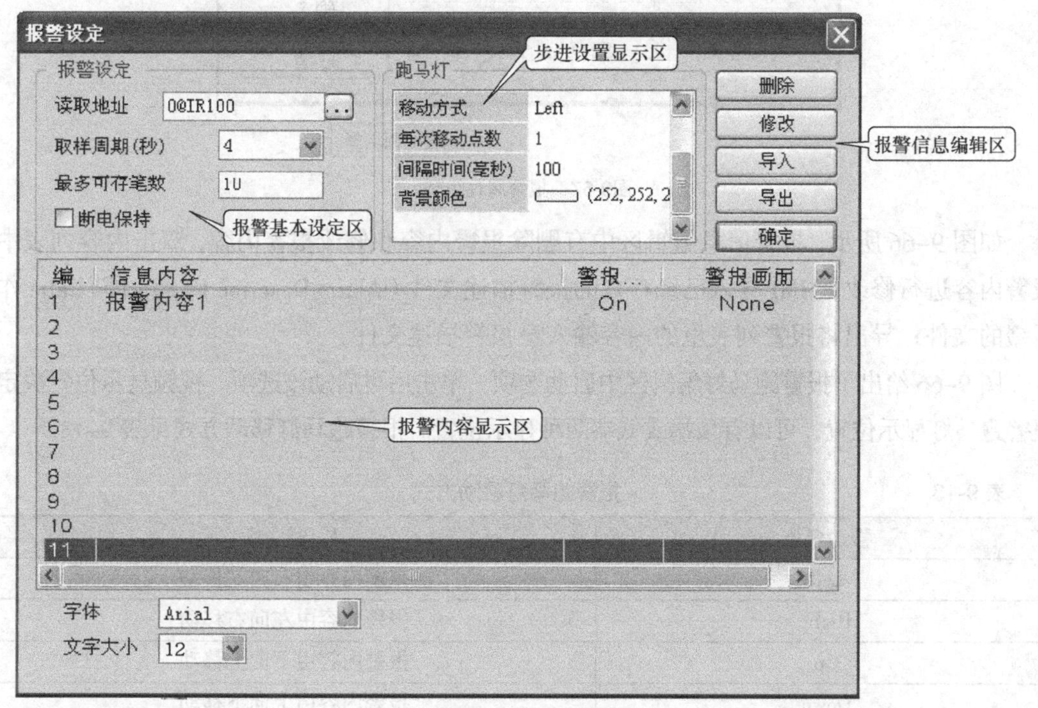

图9-66　报警设定图

报警设定图主要分为 4 个区，它们分别为报警基本设定区、步进显示设置区（跑马灯显示设置区）、报警信息编辑区和报警内容显示区。在读取地址中共提供 512 个点的报警，即 32 个字，设定读取位置需注意是以字为单位；取样周期（s）设定特定时间内（s）取样一次，其默认值为 4，可设置范围为 1 ~ 10s；依照次序存储资料，如果存储资料达到最大值可存数目，则 HMI 固定舍弃第一笔资料，之后所有数据位置往前移一位，新资料存于最后；断电保持选择是指如果断开电源时，选择把资料记录于 SRAM 中，NTZ 系列人机界面中存储器大小为 8KB。报警内容显示区编辑时可以双击一行报警内容，出现报警属性对话框。

如图 9-67 所示，报警信息内容为报警发生时要显示的信息，文本输入为报警内容 1；显示颜色，当报警发生时信息要显示的颜色；报警属性设定就是判别地址是 ON 时发出报警，还是 OFF 时发出报警；报警画面是指当报警发生时指定显示画面，它一般配合报警显示使用。

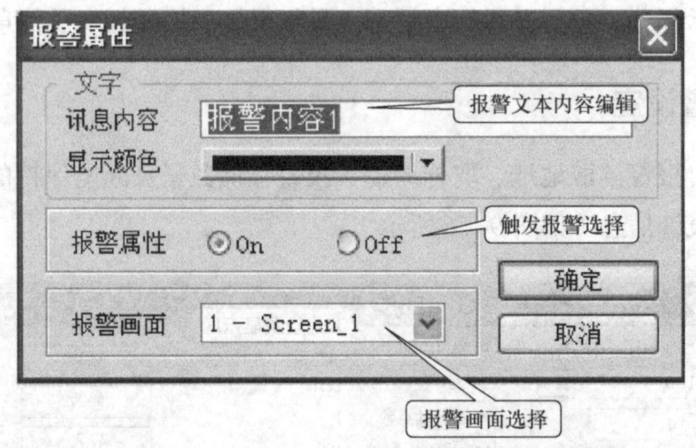

图9-67 报警属性组态

如图 9-66 所示，报警信息编辑区中有删除报警内容和修改报警内容，双击内容列表中报警内容进行修改；HMI 导入已经存在的报警描述文件（Alarm Describe File），即以.alm 作后缀的文件；导出将报警列表里的内容输入至报警描述文件。

图 9-66 给出了报警跑马灯编辑区中启动选项，单击后可启动该选项。视频显示位置决定报警跑马灯显示位置，可以有顶端或低端两种显示位置。报警跑马灯移动方式见表 9-13。

表 9-13 报警跑马灯移动方式

移动名称	移动说明
Left	报警内容由右向左移动
Right	报警内容由左向右移动
Up	报警内容由下向上移动
Down	报警内容由上向下移动

表 9-13 给出了 4 种移动方式，根据组态需要选择其移动方式。每次移动点数可以设置，选项默认值为 1，其可设置范围为 1 ~ 50 点；间隔时间（ms）选项默认值为 100ms，其可设置范围在 50 ~ 3000ms。

9.3.2 报警信息组态

报警显示主要分为如下 4 种。

① 历史报警。

② 最新报警。

③ 报警频率。

④ 信息走马灯。

图 9-68（a）给出了历史报警，人机会自动在固定的时间内，检查在“报警设定”里所设定的读取地址，它设定的地址其中一位被置为 ON 后，HMI 会将报警消息正文以历史报警元件显示在人机画面上；图 9-68（b）给出了最新报警，它所设定的读取地址 1 个位为 ON 后，HMI 将报警消息正文以最新报警元件显示在人机画面上；图 9-68（c）给出了报警频率，它所设定的读取地址 1 个位为 ON 后，HMI 会记录接点的发生次数，并将结果以报警频率元件显示在人机画面上，图 9-68（d）给出了信息走马灯，它所设定的读取地址 1 个位 ON 后，将报警消息正文以步进的方式显示在人机画面上。

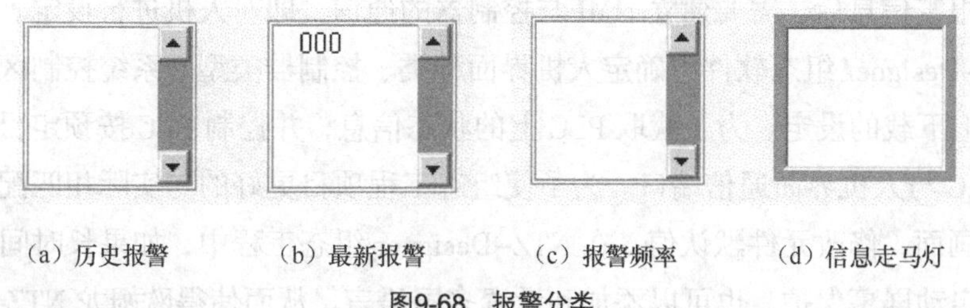

（a）历史报警　（b）最新报警　（c）报警频率　（d）信息走马灯

图9-68　报警分类

1. 历史报警

历史报警组态可以对元件背景色进行设置。图 9-68（a）给出了历史报警，它默认的背景色为白色。图 9-69 给出了历史报警的基本设定。

时间格式及日期格式设定如图 9-51 和图 9-52 所示；报警编号项目可添加；显示颜色可设置。报警发生时会在报警消息正文前加上“报警设定”里所指定的报警编号，同时 HMI 可以指定显示的颜色。

图9-69　报警基本功能设定

2. 最新报警

最新报警设定值背景色、时间格式、日期格式和显示颜色设置与历史报警设置类似。报警编号是最新报警编号，始终需要显示，因而报警编号显示为灰色，HMI 默认已经添加该功能。

3. 报警频率

如图 9-70 所示，“计数为零时是否显示”选项默认值为显示，当统计监视的各点报警发生的累记次数为 0 时显示在报警频率元件上；其余设置与历史报警设置类似。

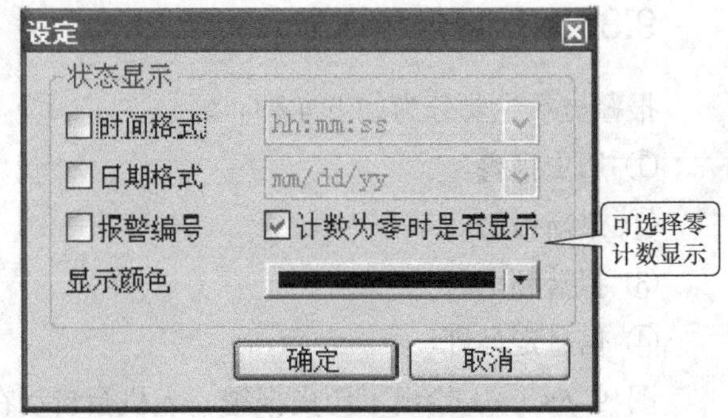

图9-70 报警频率设置

4. 信息走马灯

在信息走马灯组态中，HMI 对每次移动点数进行设置，默认值为 1，其可设置范围为 1～50 点；间隔时间（ms）选项默认值为 100ms，时间间隔设置范围在 50～3000ms；元件造型、背景色、外框颜色及设定值选项可参照数值显示元件组态和历史报警组态。

9.4 人机设定

组态完报警信息后，需要建立 HMI 与控制器的通信，即对人机进行设定。人机设定就是要在 NTZ-Designer 组态软件中确定人机界面种类、控制器类型、系统控制区、系统状态区、优化及上下载的设定。为了获取 PLC 上的状态信息，并控制 PLC 按预定目标运行，则需要设置 PLC 与人机界面通信端口。为了使组态工程项目更好的与实际相匹配，需要进一步设置系统画面，修改元件默认值，在 NTZ-Designer 组态工程中，如果长时间无人操作触摸屏，可以启动屏幕保护，也可以添加和设置多国语言，从而使得欧姆龙 NTZ-Designer 组态软件使用区域更加广泛。

图 9-8 给出了人机设定的主界面，主要包括常规、通信、默认和其他 4 个对话框，这 4 个对话框分别完成 HMI 基本设定、权限管理、控制器通信、系统及元件默认值设定、屏幕保护及语言设定。

9.4.1 常规选项

① 工程名称是对组态工程的命名，在存盘时以该名称存储；人机界面种类是指选择 NTZ 的 HMI 种类。在组态设备前，需明确人机界面种类、控制器类型和所要连接的控制器名称，NTZ-Designer 可提供多种类型控制器。

如图 9-71 所示，提供了 30 种控制器类型，提供欧姆龙 C、CJ/CS、NT link 系列控制器外，还支持与各主要厂商如三菱、西门子、台达、GE Fanuc 等的控制器连接。断电保持资料存放位置有两种选择方式：SRAM 和 SMC，该选项主要根据所选择的人机界面而定。最高权限密码是指可设定最高权限等级 8 的密码，同时此密码也是工程存储后的保护密码。

预设开机权限是指设定开机后的使用权限，可从 0 ~ 7 设定。组态时可以添加“等级不足时显示提示信息”项目。

② 提示系统控制区起始地址可在“系统控制区”选项下设定，长度可在 0 ~ 8 个字设定，如果使用多国语系功能时，长度设定至少需要 8 个字，为 0 时系统控制区是无效的。组态时可以添加“动作完成清除标志位”，它的功能主要是在控制区有任一动作结束，则 HMI 将控制暂存区清零。

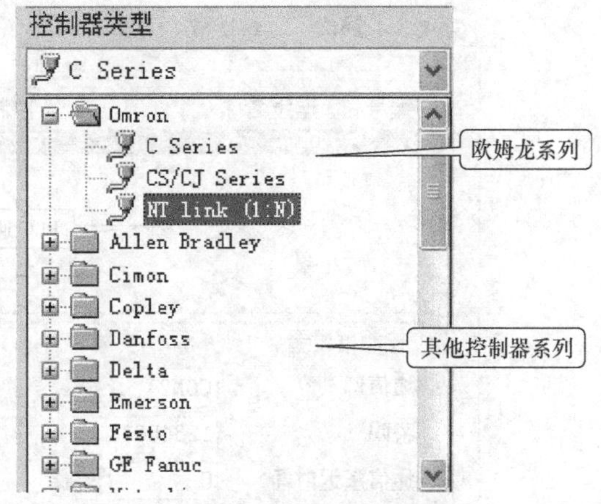

图9-71　控制器各系列选择

③ 通信优化方式有动态优化和静态优化两种选择方式。动态优化是执行画面切换时才将所有在此画面上读取地址元件作优化计算，在优化过程中元件暂时显示不正确的值，待优化过程完毕后才会正常显示，该功能的启动还需在通信页面的设定选项添加“读取优化”项目；静态优化编译时就将所有编辑画面上的读取地址元件作优化计算，同样，该功能的启动还需选择“读取优化”选项。

④ 上/下载设定中可以选择 USB 或 PC 串口（RS232）作通信口；开机延迟时间用来设定开机延迟时间以等待 PLC 的启动，可选范围为 0 ~ 255s；定时宏延迟时间设定每次执行定时的间隔时间，该延时时间设定的范围为 100 ~ 65535ms。

9.4.2　通信设置

① 控制器设置。图 9-72 给出了通信设置页面，如果 HMI 需要新增控制器，单击“新增”按钮，HMI 出现新增连接对话框（如图 9-73 所示）。

如图 9-73 所示，装置名称是所要连接的控制器名称；控制器类型可在下拉列表中进行选择。确定后可进一步编辑其他选项，同时可以对新增的连接进行修改或删除。

如图 9-72 所示，控制器设置中通信口选项可以设定为 COM1 或 COM2 口；密码选项为有些控制器需要在通信前输入密码才能通信；通信延迟时间选项是每次下达通信命令的间隔时间，范围为 0 ~ 255ms；“超时”为通信过程中控制器无响应时间，范围为 10 ~ 65535ms；“重试次数”选项是指在通信过程中若控制无响应，再次传送通信命令的次数，若 HMI 达到设定的重试次数后，人机端才会弹出通信异常对话框，可在 0 ~ 255 次设置；组态时可以添加“读取优化”项目，HMI 用来作优化计算，它与常规下的动态及静态优化共同起作用；长度限制是在常规页面中选择静态优化时该选项才起作用；组态时可以添加“通信中断”选项，为了避免通信异常后对话框一直显示在人机界面的画面上，设定范围为 1 ~ 255 次，若通信中断数达到而停止通信，若要恢复人机与此控制器通信，可设定控制区 D1 的位 0，在无通信状态下位 0 为 ON，当恢复通信后位 0 为 OFF。

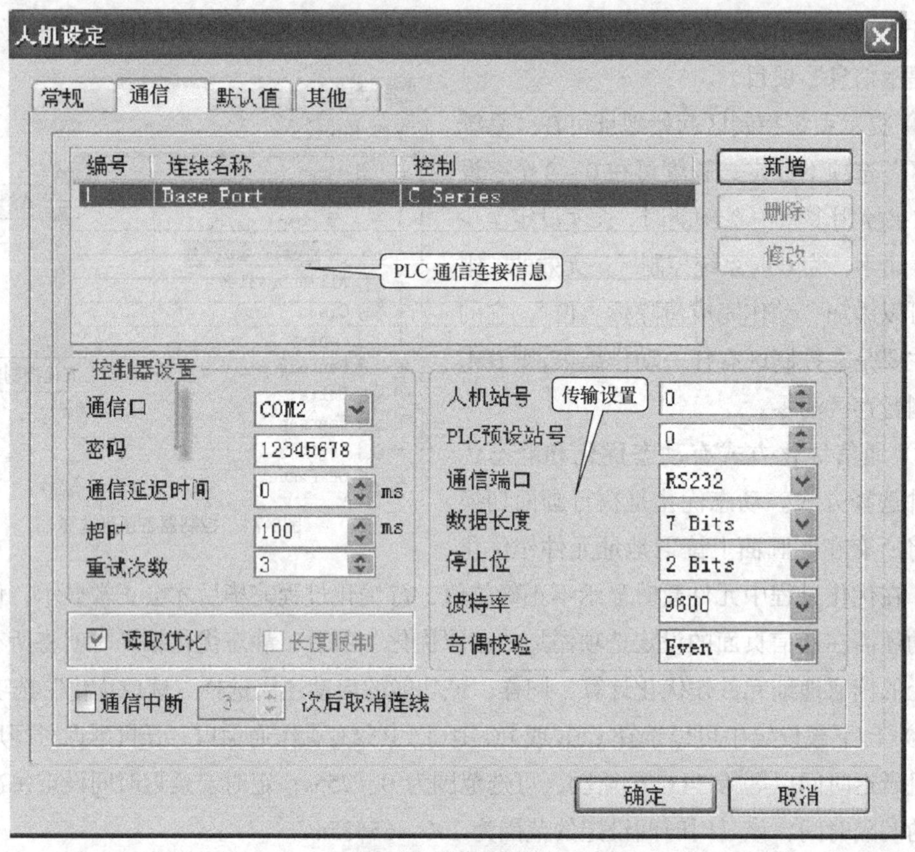

图9-72　通信设置画面

② 在传输设置中，人机站号可从 0 ~ 255 设置；PLC 预设站号为读写 PLC 地址的默认站号值，范围为 0 ~ 255；通信端口选择使用 RS232、RS422 和 RS485，选定一个端口后必须与 PLC 中设定一致；数据长度可选择 7 位或 8 位；停止位可选择 1 位或 2 位；波特率选择为 4800、9600、19200、38400、57600 或 115200，也可以直接输入波特率值，但输入的最大波特率值不能超过 187500；奇偶校验有 3 种选择方式，分别为无奇偶校验、奇校验和偶校验，选择此选项是为了保证数据在传输过程中的准确性。

图9-73　通信新增连接

9.4.3　默认值设定

如图 9-74 所示，默认启始画面为屏幕 1，也可以在下拉列表中对启始画面重新选择；默认数值格式选择及画面默认背景颜色设置与按钮设置类似，该颜色及数据格式设定好后，整个元件数据格式及背景色默认值即被选定；系统错误显示时间是指错误信息对话框显示停留时间，范围为 0 ~ 5s，设为 0 时表示错误信息对话框是不会显示在屏幕上；系统键使用方式是用户按下人机端的系统按钮时系统可能的执行动作，分为系统键无效、密码检查、关闭密码检查；元件默认值选项设置可参见按钮设置，注意在设置元件属性时默认的元件闪烁间隔时间。

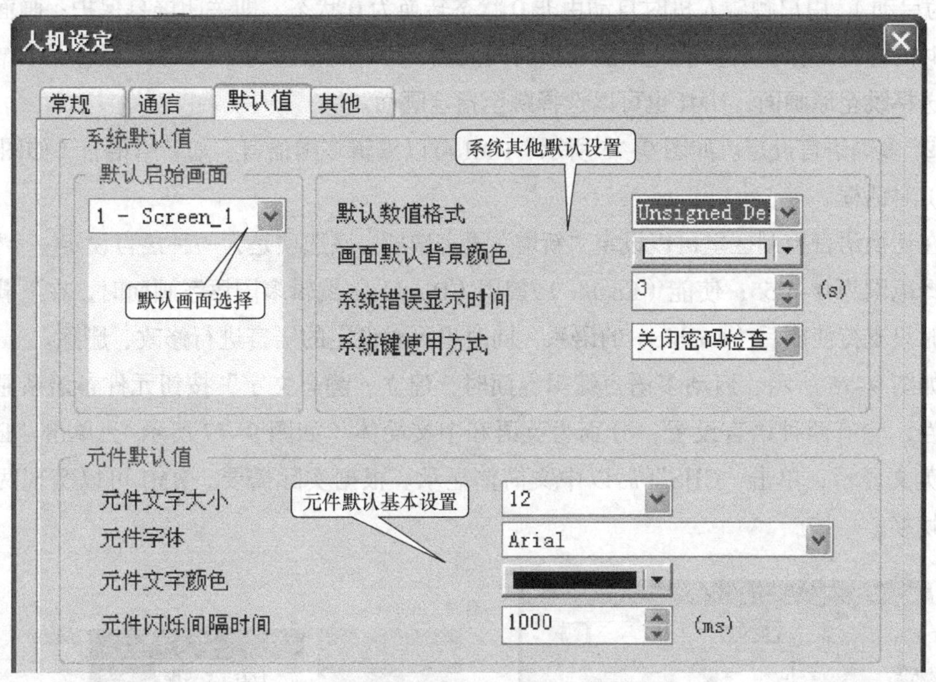

图9-74　默认值设置

9.4.4　其他选项

其他选项页面下主要是对屏幕保护设定及多国语言设定（如图 9-75 所示）。

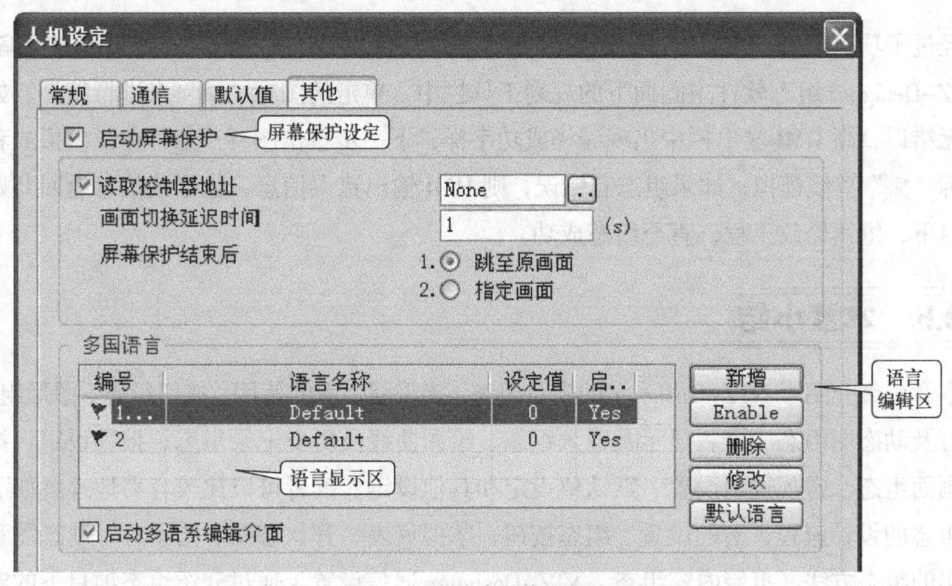

图9-75　人机设定其他选项页面图

① 组态时可以添加“启动屏幕保护”选项，添加该选项后可以开启屏幕保护功能；读取控制器地址，设定读取地址是由读取控制器地址是否为 0 决定（为 0 时默认为关闭，非 0 时为启动），用户触碰人机时自动由非 0 状态转换为 0 状态，即关闭屏幕保护；画面切换延迟时间即屏幕保护启动彼此画面切换时间间隔，其时间范围为 1 ~ 255s；屏幕保护结束后可以选择跳至原画面，HMI 也可以选择跳至指定画面。

② 多国语言设定。如图 9–75 所示，HMI 可以编辑多国语言。如新增语言（如图 9–76 所示）对话框。

在切换语言控制区里可以设定“新增”语言选项，该选项是为一种语言设定一个数值，其选择范围为 0 ~ 255；使能（Enable）/禁用（Disable）编辑多国语系画面时，在下载至人机端时只支持使能后（Enable）的语系，同时也可对设定的语言进行修改、删除。

如图 9–75 所示，启动多语言编辑界面时，建立“静态文字”按钮元件各语系显示文字属性，它有两种语言设置，分别为英语和中文简体（如图 9–77 所示）。单击“ENG”后以英文显示；单击“CHS”后以中文简体显示。根据实际需要，HMI 可以实现两种语言的切换。

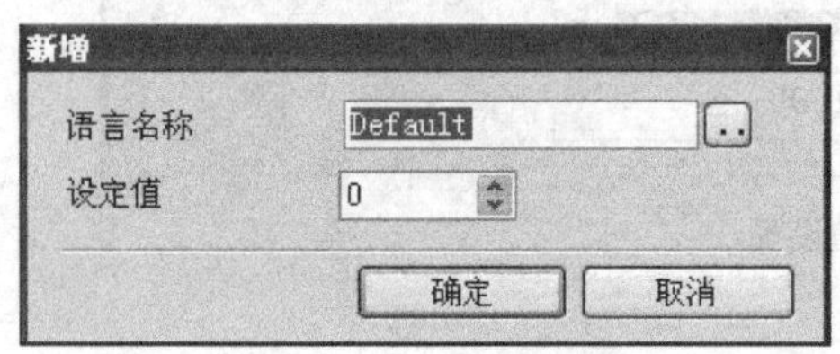

图9-76　语言新增对话框

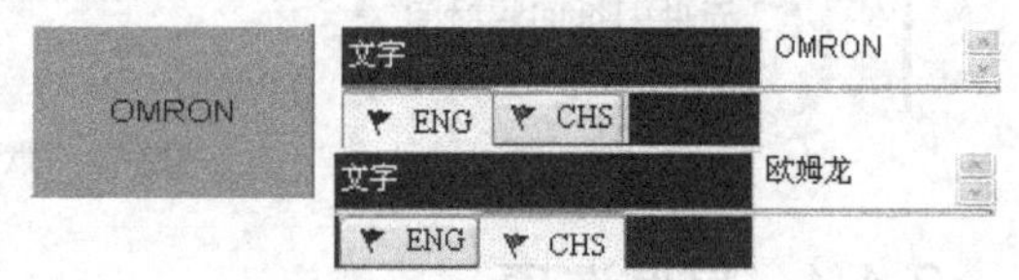

图9-77　按钮语言设置

9.4.5　组态项目编译

经过了项目组态、画面组态、报警信息组态和人机设定，下一步需要对工程进行编译，在 NTZ-Designer 组态软件主画面下的规划工具栏中，单击的图标“☑”来进行编译。如果组态无错误，则 HMI 输出栏中出现编译成功字样，下一步单击图标“▭”在线模拟或者单击图标“■”离线模拟；如果组态有错误，则 HMI 输出错误信息，依据该信息返回开始组态项目下，继续修改工程，直至组态成功。

9.5　本章小结

本章详细介绍了 NTZ-Designer 的项目组态、宏设置、库的使用、按钮组态、图形组态、指示灯及动态图组态、资料显示及输入组态、绘图曲线及历史记录组态、报警设定、报警信息画面组态、常规选项设置、默认值设定和其他设定。读者可以比较容易地理解如下内容：组态的设计流程、宏的设置、组态按钮、掌握仪表、管状态图、指示灯、动态图和输入输出的组态方法、报警内容组态、NTZ-Designer 通信设置。通过介绍组态项目下的宏设

置，使读者对组态一个基本元件所完成动作及画面转换有了深刻认识，同时对组态中报警信息组态进行了详细介绍，方便读者快速区分实际组态中的各种报警信息类型。欧姆龙组态中宏命令的设置与读取是一个难点，本章通过指令比较的方法进行了介绍。深入浅出地介绍了 NTZ-Designer 人机基本设置，同时通过本章的学习，读者可以进一步体会欧姆龙 NTZ-Designer 组态方法的本质。

第10章 三菱 GT Designer 组态工程设计

本章内容是关于组态软件 GT Designer 组态工程设计的。简单来说，组态工程设计过程是这样：在 GT Designer 软件中通过鼠标拖放、粘贴等操作，将指示灯等元件框图放置在模拟屏幕上，并设置工程的报警信息，为工程添加脚本语言、配方数据等，然后通过电缆或存储卡将工程数据传输到 GOT 中，运行系统测试并完善工程的功能。当然，设计一个高效的系统，不仅需要熟悉组态软件的操作，也需要详细了解系统的功能。因此，接下来是 GT Designer 操作和其相关功能的介绍。

10.1 组态工程创建简介

首先讲解组态工程的创建和系统设置。创建工程是 GOT 设计的第一步，此过程的参数，将直接影响工程的属性。GT Designer 带有工程向导功能，使用户能清晰地进行工程设置。

10.1.1 工程创建

打开 GT Designer 软件，弹出如图 10-1 所示的工程选择对话框。

这里需要新建工程，所以点击“新建”按钮。软件将弹出如图 10-2 所示新建工程向导对话框，此对话框有一个可选项“显示新建工程向导”，如果不勾选此选项，则以后新建工程时将不会显示新建向导。

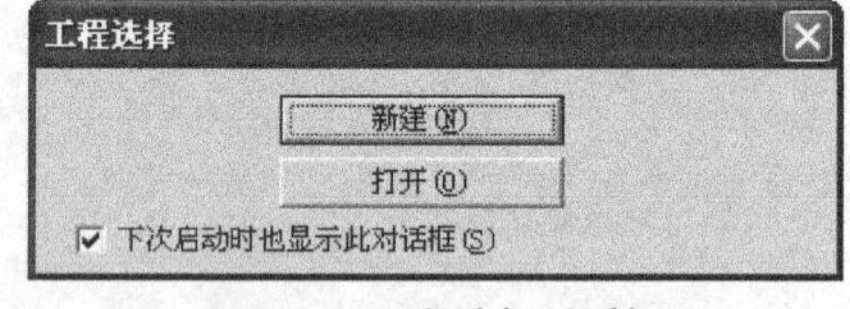

图10-1 工程选择对话框

点击“下一步”后，工程的新建向导对话框提示进行 GOT 系统设置（如图 10-3 所示），包括选择 GOT 类型和颜色。GT Designer 支持 GOT 系列所有的人机界面，这里选择 GT15**-V（640×480）型 GOT 来说明新建工程流程。

确认了 GOT 系统设置后，点击“下一步”按钮，将依次弹出如图 10-4、图 10-5、图 10-6 所示的连接机器设置对话框，这 3 个对话框分别提示用户选择 PLC 类型、I/F 类型和通信驱动程序。GOT 所支持的 PLC 类型众多，除了三菱电机 FX 系列、Q 系列外，还包括西门子 S200 系列、S300/400 系统等多家知名 PLC 品牌。

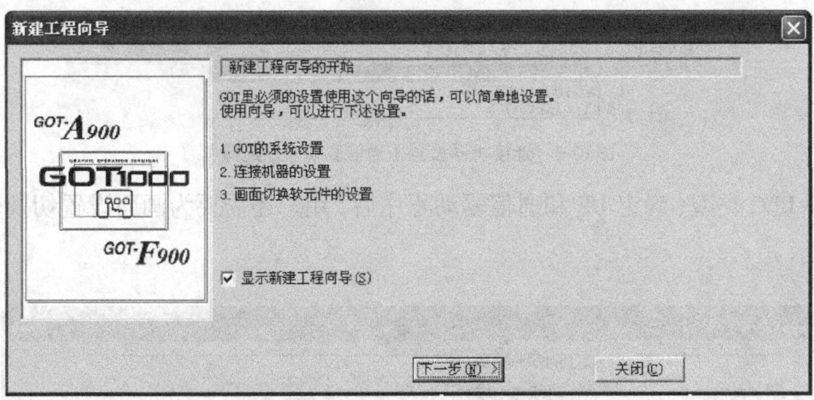

图10-2　新建工程向导

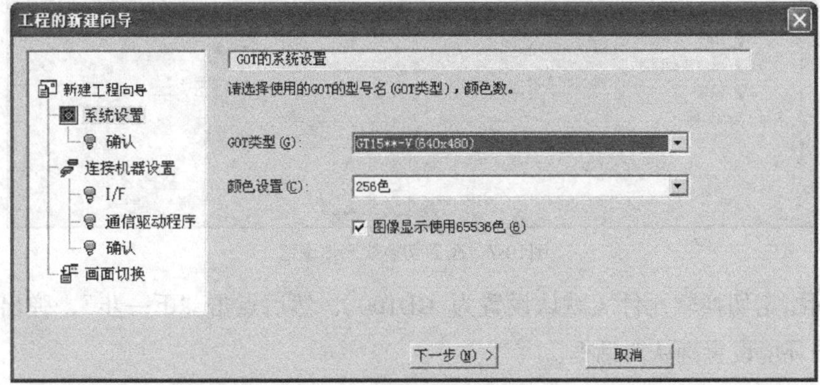

图10-3　GOT系统设置

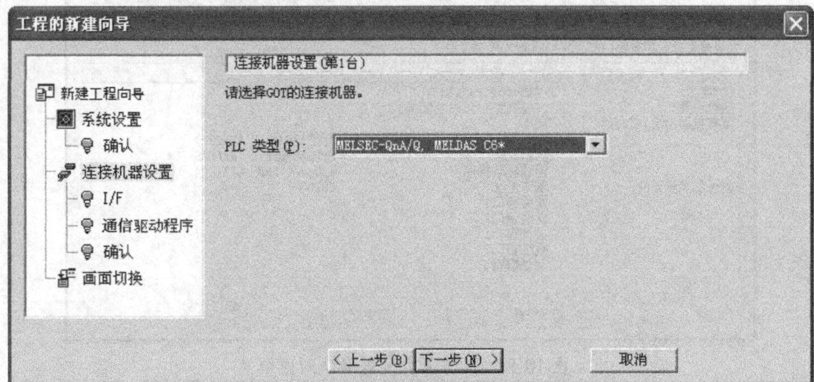

图10-4　连接机器设置（PLC类型选择）

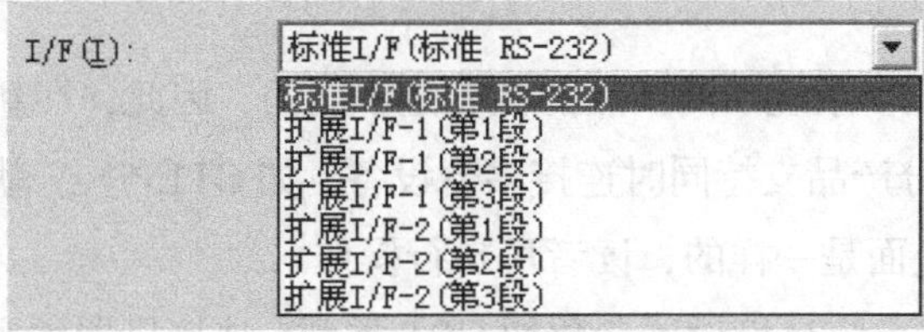

图10-5　连接机器设置（I/F选择）

图10-6　连接机器设置（通信驱动程序选择）

在选择 PLC 类型、确定 I/F 和通信驱动程序后，用户还需要为画面设置切换软元件（如图 10-7 所示）。

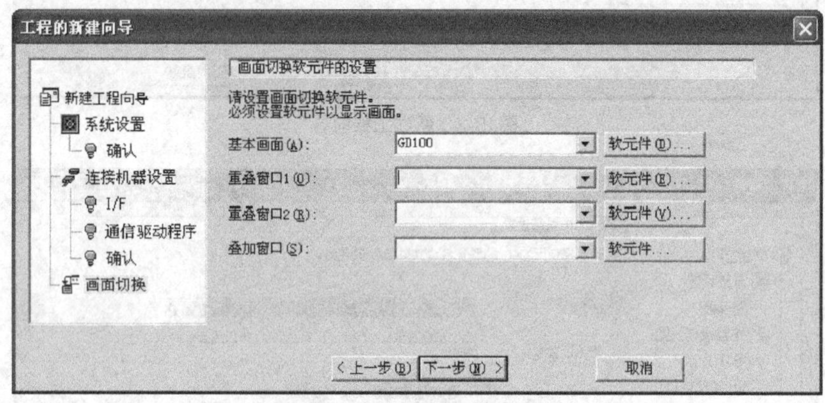

图10-7　画面切换软元件设置

为画面指定切换软元件（默认设置为 GD100），然后点击“下一步”，弹出如图 10-8 所示的系统环境设置确认对话框。

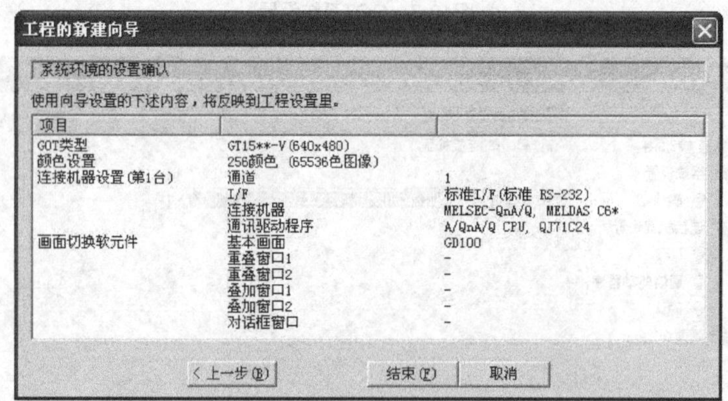

图10-8　系统环境设置确认对话框

至此，使用新建工程向导所设置的系统内容，都将被应用于新工程中，用户可以在工程中进行画面操作了。

需要指出的是，GOT 系统不同产品的性能是不同的，因此，在新建工程向导中选项也不尽相同，如 GOT 部分产品支持同时连接多台设备，如 GT15**–V 就可以追加多台控制设备，其添加的方法与上面是一样的，读者可自行操作。

另外，所有的这些系统环境设置参数如 GOT 类型、连接机器类型，在工程创建向导结

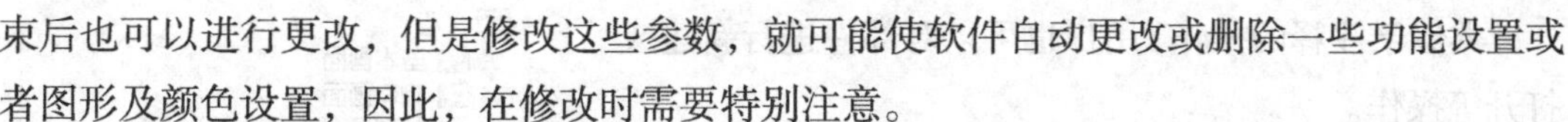

束后也可以进行更改，但是修改这些参数，就可能使软件自动更改或删除一些功能设置或者图形及颜色设置，因此，在修改时需要特别注意。

10.1.2 公共设置

公共设置包括系统设置、注释、部件、以太网设置等，这里以注释和部件为例进行说明。

1. 注释

注释是指用户通过 GT Designer 所登录的字符串，包括基本注释和注释组。预先进行任意一个基本注释或注释组登录，就可以在多个对象功能中显示注释。对于 GT15 系列，可登录的基本注释最多为 32767 个，可登录的注释组最多为 255 个，1 个注释组中最多可登录 32767 行×10 列注释。如图 10–9 所示，工作区工程窗口中注释目录下包含有每个注释的快捷方式，可通过右键对其进行“新建”、“打开”、“复制”等操作。

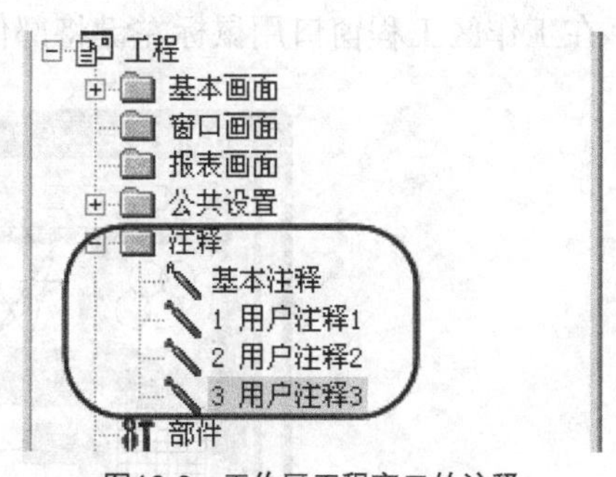

图10-9 工作区工程窗口的注释

用鼠标左键双击或右键选择“打开”图 10–9 中的注释菜单，或从菜单中选择“公共设置”→“注释”→“注释”，即可弹出如图 10–10 和图 10–11 所示的注释列表。

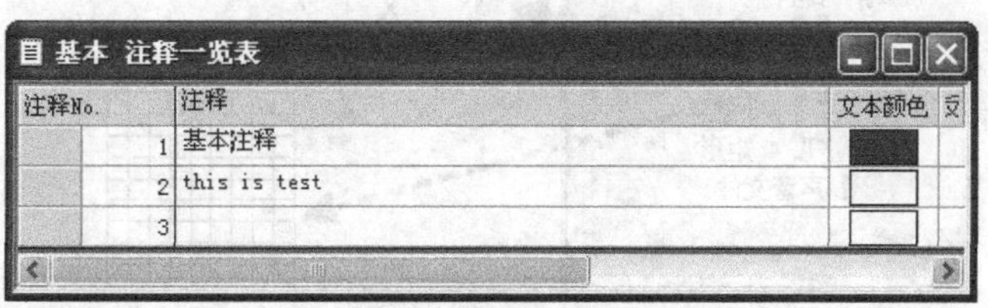

图10-10 基本注释浏览表

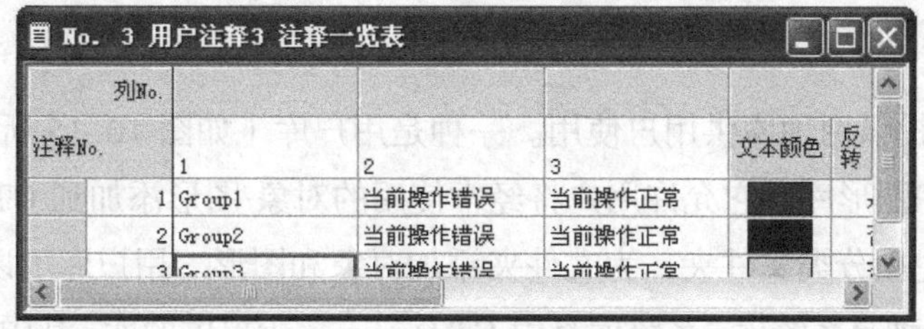

图10-11 注释组浏览表

输入文本到注释的编辑框，并设定属性，如文本颜色、字体等，编辑好每条注释，即可对注释进行登录。

2. 部件

部件即为用户创建的图形，GT Designer 可以对部件进行登录，最多可登录的部件类型为 32767 种。图 10–12 给出了工作区工程窗口中部件的快捷方式。

类似于注释的操作，用户也可以对部件进行新建或打开等操作。

例如，要在基本画面和窗口画面中使用一个已制作好的部件，其使用方法有两种。第一种方法是通过“公共设置”→“部件”菜单，点击后弹出如图 10–13 所示的画面，用鼠标单击目标部件，再移动鼠标到画面上，即可以添加部件。如图 10–14 所示，第二种方法是直接在工作区工程窗口用鼠标左键将部件拖动到画面。

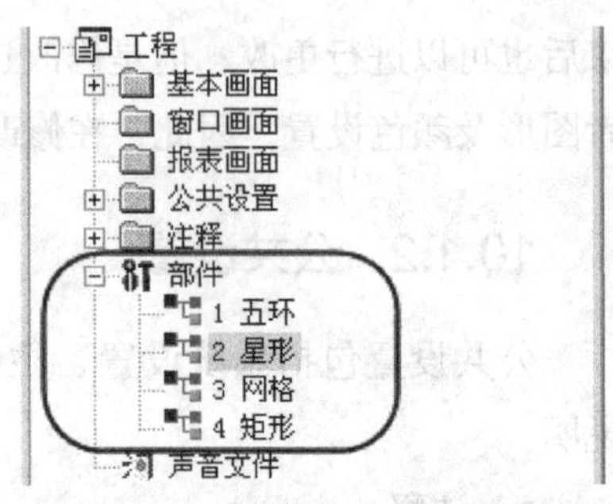

图10-12　工作区工程窗口的部件

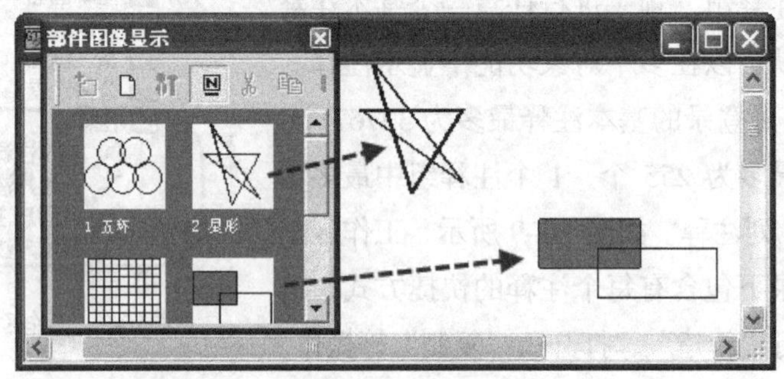

图10-13　通过部件图像对话框添加部件

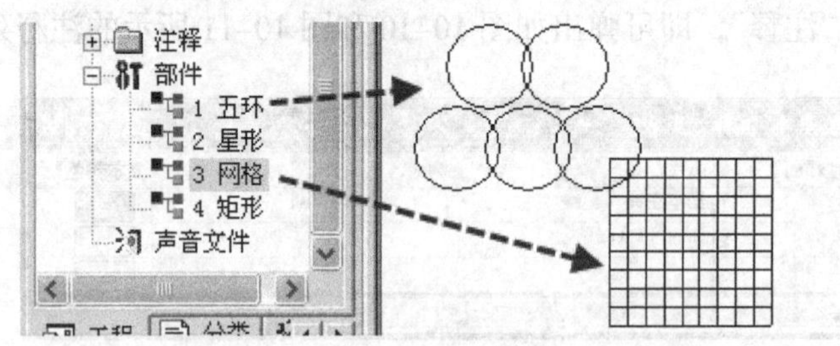

图10-14　通过工作区工程窗口添加部件

10.1.3　库的使用

GT Designer 提供两种库供用户使用。一种是用户库（如图 10–15 所示），用户库是由用户创建的对象和图形库，它允许用户将经常使用的对象/图形添加到 GT Designer 中。用户库可以方便地建立分类文件夹，为文件夹添加对象和图形。用户库可以登录用户创建的对象及图形。另一种是系统库，系统库是由 GT Designer 所提供的库，其中包括众多库模块，如开关、按钮。用户不能对系统库中所包含的库/模板进行登录、删除及属性更改，但是可以很便利地调用系统库，将库元件读取到画面中（如图 10–16 所示）。

对库进行操作也很简单。用户库可以添加自定义的库模块，可以新建/打开/保存用户库文件夹、新建/编辑模块。保存的库模块可以被其他个人计算机分享，通过用户库的导入，即可将库文件添加到当前计算机。

图10-15　工作区库窗口

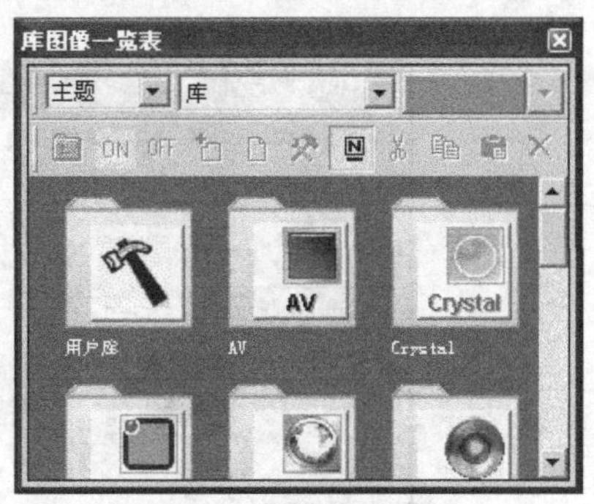

图10-16　库图像浏览窗口

10.2　画面对象组态

GT Designer 提供了丰富的组态对象，用户可以使用其指示灯、触摸开关、数值文本显示等对象，创建生动形象的组态画面。用户可以在对象工具栏上点击生成对象，也可以在菜单“对象”中查找对象并添加到画面中。

如图 10-17 所示，GT Designer 的画面对象种类齐全，有开关、指示灯等。下面将以指示灯等为例简介对象地使用。

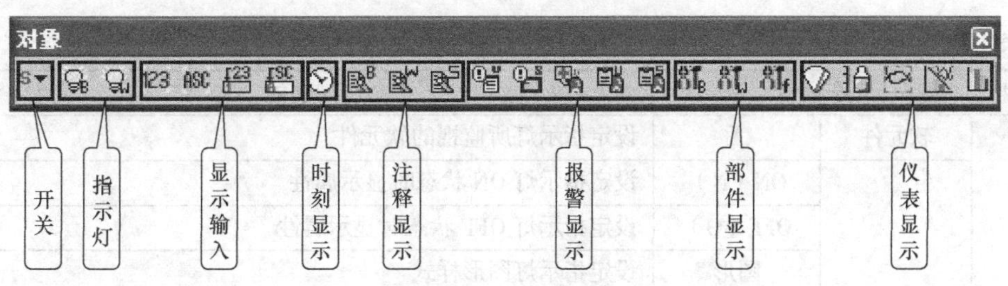

图10-17　对象工具栏

10.2.1　指示灯组态

指示灯有两种：位指示灯和字指示灯。位指示灯是通过判断位软元件的 ON/OFF 状态实现灯亮/灭显示；字指示灯可以根据字软元件的值显示不同颜色。

生成指示灯对象有两个途径：菜单“对象”→“指示灯”→“位指示灯”/“字指示灯”；从工具栏直接选择指示灯。

修改指示灯属性也有两种方式：在属性表中修改指示灯属性（如图 10-18 所示）；双击指示灯弹出如图 10-19 所示的对话框，在对话框上可修改指示灯的属性。

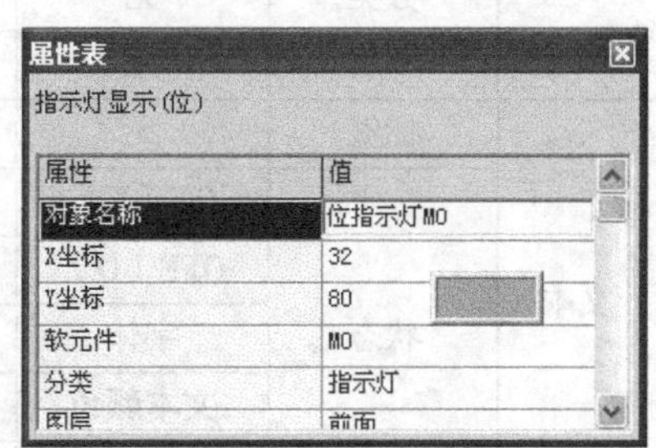

图10-18　位指示灯属性表

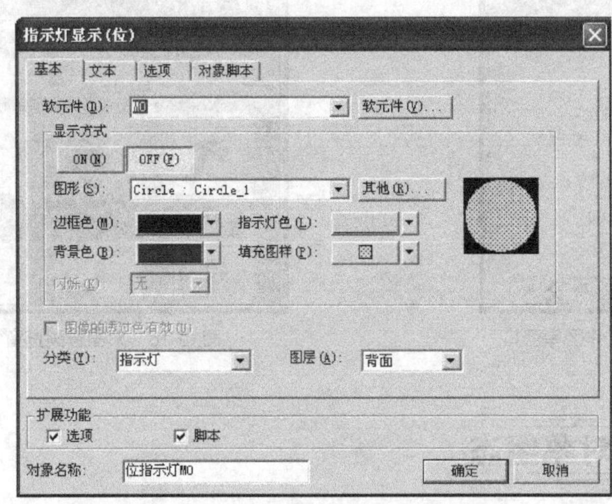

图10-19 位指示灯属性对话框

对如图 10-18 所示的属性表和如图 10-19 所示的对话框进行指示灯属性修改，两者效果一样。

位指示灯和字指示灯的属性和操作类似，这里就仅介绍位指示灯的属性。表 10-1 给出了指示灯属性对话框中每个选项卡的含义。

表 10-1 位指示灯属性含义

项目	子项目		功能
基本	软元件	无	设定指示灯所监视的软元件
	显示方式	ON（N）	设定指示灯 ON 状态时显示属性
		OFF（O）	设定指示灯 OFF 状态时显示属性
		图形	设定指示灯图形样式
		边框色	设定指示灯的边框颜色
		指示灯色	设定指示灯图心的颜色
		背景色	设定指示灯的背景色，在背景色上显示指示灯色和填充图样
		填充图样	设定指示灯的填充图样
		闪烁	设定指示灯的闪烁方式
	分类	无	为对象指定一个分类
	图层	无	设置对象的重叠方式
文本	标签	无	选择直接标签或注释组标签
	状态	ON（N）	设定指示灯 ON 状态时文本属性，可将内容复制给 OFF 状态
		OFF（O）	设定指示灯 OFF 状态时文本属性，可将内容复制给 ON 状态
		字体	选择文本字体，如宋体、黑体等
		文本颜色	设定文本显示颜色
		文本类型	设定文本显示的样式：阴影、雕刻

续表

项目	子项目		功能
文本	状态	文本尺寸	设定文本显示尺寸的缩放倍率
		显示位置	设定文本显示在指示灯的位置
		文本	输入当前状态时显示的文本，最多可输入 32 字符
		边框的间隔	设置文本对象边框的间距点数，最大值为 100
选项	安全等级	无	设定对象的安全等级，安全分为 1～15 级，为 0 表示不设定
	汉字圈	无	设置文本的汉字圈，需要字体的支持
	偏置	无	设置偏置软元件，在多个软元件监视切换时选择
对象脚本	使用对象脚本	脚本 ID	脚本分配的 ID 号，分配编号时就区别于其他对象的编号
		数据类型	软元件的数据类型：实数、BCD 等
		触发类型	脚本触发的动作条件，如上升沿、下降沿
		脚本预览	预览已编辑的脚本
		脚本编辑	弹出脚本编辑对话框，用于编辑脚本语言

10.2.2 触摸开关组态

如图 10–20 所示，GT Designer 中触摸开关可分为 8 种：位开关、数据写入开关、扩展功能开关、画面切换开关、站点切换开关、数据更改开关、键代码开关和多功能开关。

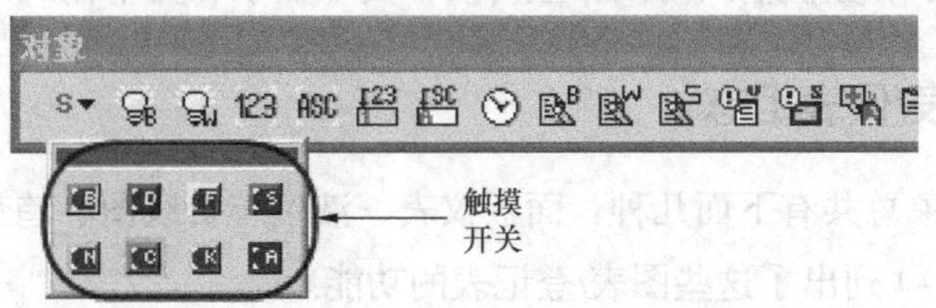

图10-20 工具栏开关对象

表 10–2 列出了各种开关的功能。

表 10-2 开关类型及其功能

项目	功能
位开关	对指定的位软元件进行置位、取反、复位、点动操作
数据写入开关	对指定的字软元件进行赋值，3 种赋值方式：用户设定的值、读取设定的软元件然后写入本软元件、上述两者的和
扩展功能开关	切换到实用菜单、亮度调整、日志、数据维护等窗口
画面切换开关	切换到基本窗口、重叠窗口、对话框窗口等
站点切换开关	切换到本站、其他站点，或软元件
数据更改开关	指定窗口画面显示基本画面的位置

续表

项目	功能
键代码开关	输入数值、ASCII，跳转到报警列表、数据列表显示等
多功能开关	可以定义为上述开关的任一种

10.2.3 数值/文本组态

数值/文本组态对象包括数值显示/输入、文本显示/输入、数据列表显示、注释显示及时钟显示，其功能见表10–3。

表10-3　数值/文本对象功能

项目	子项目	功能
显示	数值显示	显示指定的软元件的数值
	文本显示	以文本形式（ASCII、Shift JIS码）显示指定的字软元件的数值
	数据列表显示	以表格的形式显示多个指定的软元件的值
	时钟显示	显示GOT中的日期、时间
	注释显示	显示位软元件的ON/OFF状态所对应的注释和字软元件值对应的注释
输入	数值输入	写入任意的数值到指定的软元件中
	文本输入	以文本形式（ASCII、Shift JIS码）将输入的文本写入到字软元件

其中，数值显示和数值输入可以相互转换，文本显示和文本输入可以相互转换。

10.2.4 图表/仪表组态

图表和仪表对象总共有下面几种：面板仪表、液位、折线图、趋势图、条形图、统计图和散点图。表10–4列出了这些图表/登记表的功能。

表10-4　图表/登记对象功能

项目	子项目	功能
面板仪表	无	以仪表（指针）形式显示字软元件的值，需要设定显示上下限
液位	无	将液位形式显示指定的字软元件值，按设定的上下限比例显示对应的范围
图表	折线图	以折线的方式显示字软元件的值，可同时显示多个软元件的折线
	趋势图	以趋势图的方式显示字软元件的值，可同时显示多个软元件的趋势图
	条形图	以条形图的方式显示字软元件的值，可同时显示多个软元件的条形图
	统计图	以饼状或矩形显示多个字软元件的数据在总体数据中所占的比例
	散点图	以两个字软元件的值分别作为x轴和y轴的坐标值，在屏幕上显示此坐标值的点

图10–21分别给出了液位、条形图、趋势图等的示意图。

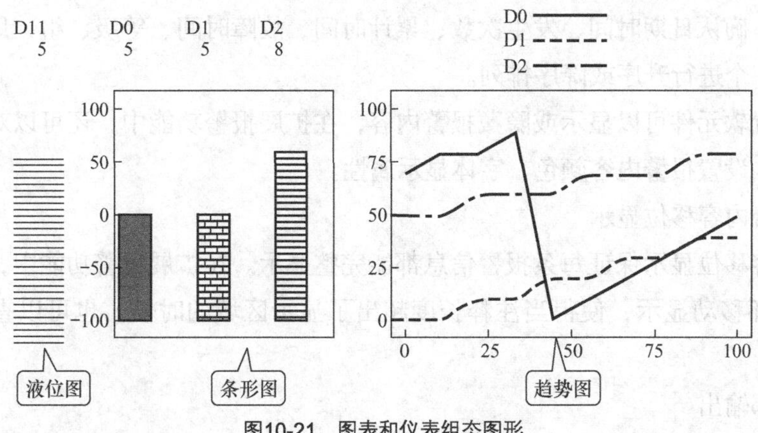

图10-21　图表和仪表组态图形

10.3　报警与用户管理

报警是指当控制系统寄存器的值达到用户指定的数值时，显示特定的画面以提醒用户。报警显示有两种：一种是用户创建添加的报警信息，当报警条件满足时，显示用户创建的注释；另一种是显示系统错误代码，当 CPU 错误、GOT 错误或网络错误时，显示其错误代码。

10.3.1　报警对象功能

报警对象具有以下 6 种功能。

（1）设置登录任务的注释

在扩展报警功能中，可以将 1 个报警所对应的注释分作上层、中层、通用层来显示，实现对报警信息顺序聚集、追踪显示。另外，在注释组列中添加不同语言的注释，并将组号写入到语言切换软元件中，即可实现注释显示语言切换。

（2）查看报警信息

在报警功能中，可以显示发生时间、注释、恢复时间、确认时间、累计时间、发生次数等项目。如图 10–22 所示，在扩展报警功能中，可以显示报警状态、故障时间、等级、组等项目，用户可随时掌握系统的运行状态，确保运行的高效安全。

发生日期	时刻	消息	恢复	确认
09/11/11	00:53:53	水位不足	00:54	
09/11/11	00:55:34	水位过低	00:55	
09/11/11	00:58:18	水位严重偏低	00:58	

图10-22　GOT报警画面

（3）操作显示内容

通过设置，可以更改报警信息的显示排列方式，可以设定为按报警发生时间或按软元件顺序进行显示。在扩展报警功能中，含有这些项目：发生日期时间注释、报警状态、恢复时期时间、确认日期时间、发生次数、累计时间、故障时间、等级、组，用户可以对这其中的任意一个进行升序或降序排列。

通过设置软元件可以显示或隐藏报警内容，在扩展报警功能中，还可以对显示内容进行聚集显示，设置报警内容颜色、字体显示属性。

（4）报警内容移位显示

报警内容移位显示保证每条报警信息都能完整显示。在扩展报警功能中，可以将注释从右至左循环移动显示，使得当注释长度超出了显示区域的时候，也可以查看全部报警信息。

（5）外部输出

外部输出就是将报警信息写入保存到软元件中。在扩展报警功能中，可以设定将如下的报警信息写入到软元件中：报警 ID、注释组编号、注释编号、报警状态、发生日期、发生时间、恢复日期、恢复时间、确认日期、确认时间、等级、组、发生次数、累计时间和故障时间。

（6）保存和调用报警数据功能

在扩展报警功能中，可以设置是否将报警信息数据以日志文件保存到存储卡中，或者将用户报警历史记录保存到存储卡中，可以设置在软元件的何种状态时保存数据（ON/OFF或其他），可以设置为自动读取存储卡中的报警数据。

另外，可以将报警数据以 CSV 格式保存到个人计算机中，在个人计算机上显示报警数据（如图 10-23 所示）。在扩展报警功能中，还可以将报警数据以文本文件格式保存到个人计算机。

	软元件	发生范围	注释No.	注释选择	详细No.	RST	RST值	邮件发送
1	M20		1	水位不足	1	无效	0	不发送
2	M21		2	水位过低	2	无效	0	不发送
3	M22		3	水位严重偏低	3	无效	0	不发送
4	M3		4	水位严重偏高	4	无效	0	不发送
5	M4		5	水位5	5	无效	0	不发送
6	M5		6	水位6	6	无效	0	不发送

图10-23　保存为CSV格式的报警信息

10.3.2　报警和扩展报警区别

扩展报警功能是对报警功能的扩充，表 10-5 分别列举了报警和扩展报警的功能。

表 10-5　报警和扩展报警的功能

项目		功能
报警显示	用户报警显示	当设定的报警检测软元件的条件满足时，将用户创建的注释作为报警信息显示的功能
	系统报警显示	当人机界面、控制系统模块发生错误时，显示其错误代码和出错信息的功能

续表

	项目	功能
扩展报警显示	报警记录显示	当设定的报警检测软元件的条件满足时，将所发生事件的时间及注释保存到 GOT 的存储器中，以表格形式显示历史记录
	扩展用户报警显示	当设定的报警检测软元件的条件满足时，将所发生事件的时间及用户添加并保存的注释，以表格形式显示在屏幕的功能
	扩展系统报警显示	当发生 CPU 错误、GOT 错误或网络错误时，显示其错误代码和出错信息的功能
	扩展报警弹出显示	系统自动添加，如有报警则弹出报警信息的功能，可显示用户报警、系统报警、用户报警加系统报警

10.4　脚本语言

前面的内容都是关于组态软件的基本操作，现在介绍组态软件一种较高级的功能，即脚本语言。

脚本语言是一种简单的程序，它由一些 ASCII 码组成，可以用文本编辑器直接对其进行开发。高级语言如 C、C++、Java 等必须先经过编译，将源代码转换为二进制代码之后才可执行。而像 Perl、JavaScript、VBScript 等脚本语言等则不需要事先编译，只要利用合适的解释器便可以执行代码。

三菱 GOT 系列可以使用脚本语言功能（以下简称脚本）进行 GOT 显示控制。通过 GOT 脚本进行控制，可以大幅度减轻系统显示相关的负荷。接下来介绍 GOT 脚本的特点、规格、设置、程序示例等。

10.4.1　脚本语言功能和特点

GOT 中可添加的脚本语言包括工程脚本、画面脚本和对象脚本。工程脚本就是能对整个工程进行动作的脚本；画面脚本是对某个画面进行动作的脚本；对象脚本则是对特定某个对象进行动作的脚本。表 10–6 给出了 3 种脚本语言的功能。

表 10-6　　脚本语言功能

脚本类型	功能
工程脚本	可以对工程全局进行设置操作的脚本，当 GOT 在线处理过程中被运行，比较适用于全局性的操作如报警处理，其最大个数为 256 个，当设置的监视点数过多时将对屏幕显示刷新有影响
画面脚本	以画面为单位进行处理的脚本，可以设置基本画面和窗口画面，当 GOT 处于在线状态及画面处于显示状态时可被执行，1 个画面上最多可以包括 256 个脚本，当设置的监视点数过多时将对屏幕显示刷新有影响

续表

脚本类型	功能
对象脚本	对对象进行设置的脚本，可设置的对象包括指示灯、开关、部件、数值文本显示、图表仪表等。当 GOT 处于在线运行状态、对象处于显示画面上、对象显示或运行状态及安全等级允许时，对象脚本可以运行。数值/文本输入对象可设置 1 个输入对象脚本和显示对象脚本，其他的对象只能设置 1 个脚本

在 GOT 中，脚本语言有如下的特点。

（1）容易掌握，维护方便

脚本语言和高级语言特别是 C 语言很相似，因此，编程者只需要掌握其基本语法，就要以快速地创建脚本语言。

用户在 GT Designer 上按功能创建脚本程序，将程序下载到 GOT 中，GOT 会对脚本语言进行解释执行，因此程序维护相对简单快捷。

（2）功能丰富，编程高效

通过为组态工程添加脚本语言，就可以使 GOT 执行更多操作。使用脚本语言可以用单个指示灯代表多个位软元件的状态，可以用单个开关选择执行多个操作中的一个，可以在系统报警功能检测到出错的同时自动显示对应的出错诊断画面。

脚本语言不仅可以使用四则基本算术运算，还可以使用各种应用算术函数，如三角函数和指数函数等。脚本语言还可以用较简单的表达式描述较复杂的多项式。

（3）兼容性强，调试方便

由于不像高级语言需要编译才能执行，脚本语言通常可以用 Windows 中记事本或写字板就可以编辑，编程效率非常高。调试 GOT 脚本语言也很方便，使用常见的通用 C 语言编译器或者调试器（如 Microsoft Visual C++），稍作修改就可以进行脚本仿真。

另外，测试和软元件监视功能可以用于查看脚本中的条件分支，通过监视 GOT 的特殊寄存器（GS），可以很容易地确认出错信息和正在执行的脚本。

10.4.2 脚本语言的规格

限于篇幅，接下来将只介绍工程脚本和画面脚本。对象脚本设置和操作方法与之类似，读者可以进行对比学习。

1. 语法

表 10-7 列出了 GOT 脚本语言的语法项，其包括控制语句、运算符等。语法是编程的基本，编程者需对语法熟练掌握。

表 10-7　　语法列表

<table>
<tr><th>项目</th><th>子项目</th><th>功能</th><th>示例</th></tr>
<tr><td rowspan="6">控制语句</td><td>if</td><td>if（表达式）{表达式集} 对条件表达式进行判断，结果为真（非 0）时执行表达式集，否则不执行，是最基本的流程控制语句</td><td>if（）{}</td></tr>
<tr><td>If… else…</td><td>if（表达式）{表达式集 1}else{表达式集 2} 对条件表达式进行判断，结果为真（非 0）时执行表达式集 1，为假（0）时执行表达式集 2，也是最基本的流程控制语句</td><td>if（）{}else{}</td></tr>
<tr><td>While…break</td><td>while（连续条件式）{表达式集}
对连续条件式进行判断，结果为真（非 0）时，循环执行{表达式集}，为假（0）时，使用 break 语句从 while 循环退出</td><td>while（）{}</td></tr>
<tr><td>switch</td><td>switch（表达式）
{case 常数 1:表达式集 1；break；
case 常数 2:表达式集 2；break；
default:表达式集；}
当 switch 中表达式的值与常数相等时，执行表达式集，case 分支根据判断值选择入口，直到遇到 break 语句退出 switch 语句</td><td>switch（）{case: break; default:}</td></tr>
<tr><td>return</td><td>表示脚本结束，退出整个脚本</td><td>return;</td></tr>
<tr><td>;</td><td>表示一行语句结束，接下来将执行下一句脚本</td><td>;</td></tr>
<tr><td rowspan="3">逻辑运算符</td><td>&&</td><td>（关系运算式 1）&&（关系运算式 2），逻辑与运算，当两运算式均为真时，其结果为真，否则为假</td><td>if ((）&&（))
{}</td></tr>
<tr><td>||</td><td>（关系运算式 1）||（关系运算式 2），逻辑或运算，当两运算式至少有一个为真时，其结果为真，否则为假</td><td>if ((）||（)) {}</td></tr>
<tr><td>!</td><td>!（关系运算式），逻辑非运算，对关系运算式取反，当关系运算式为真时，运算结果为假，否则，结果为真</td><td>if（!（)) {}</td></tr>
<tr><td rowspan="5">算术运算符</td><td>+</td><td>（项）加（因子），加法运算符</td><td>[w:D0]+[w:D1]</td></tr>
<tr><td>−</td><td>（项）减（因子），减法运算符</td><td>[w:D0]−[w:D1]</td></tr>
<tr><td>*</td><td>（项）乘（因子），乘法运算符</td><td>[w:D0]*[w:D1]</td></tr>
<tr><td>/</td><td>（项）除（因子），除法运算符，其结果是两者相除的整数部分。注意，因子为 0 时，脚本将停止动作</td><td>[w:D0]/[w:D1]</td></tr>
<tr><td>%</td><td>（项）除（因子）的模，取模运算符，其结果是两者相除的余数部分。注意，因子为 0 时，脚本将停止动作</td><td>[w:D0]%[w:D1]</td></tr>
<tr><td rowspan="3">关系运算符</td><td><和<=</td><td>（项 1）<（项 2）表示项 1 小于项 2，（项 1）<=（项 2）表示项 1 小于等于项 2</td><td>[w:D0]<[w:D1]</td></tr>
<tr><td>>和>=</td><td>（项 1）>（项 2）表示项 1 大于项 2，（项 1）>=（项 2）表示项 1 大于等于项 2</td><td>[w:D0]>[w:D1]</td></tr>
<tr><td>!=和==</td><td>（项 1）!=（项 2）表示项 1 不等于项 2，（项 1）==（项 2）表示项 1 等于项 2</td><td>[w:D0]==
[w:D1]</td></tr>
</table>

续表

项目	子项目	功能	示例
位运算符	&	（项）与（因子），逻辑位与运算符，两者按位作与运算	[w:D0]&[w:D1]
	|	（项）或（因子），逻辑位或运算符，两者按位作或运算	[w:D0]|[w:D1]
位运算符	~	~（项），对项按位作取反运算	~[w:D0]
	^	（项）异或（因子），逻辑位异或运算符，两者按位作异或运算	[w:D0]^[w:D1]
	<<	（项）<<（因子），将项按位左移因子所表示的位数	[w:D0]<<[w:D1]
	>>	（项）>>（因子），将项按位右移因子所表示的位数	[w:D0]>>[w:D1]
代入运算符	=	（软元件）=（项），将项的值保存到软元件中	[w:D0] = [w:D1]
软元件操作	set	set（位软元件），对位软元件进行置位操作	set([b:GB0])
	rst	rst（位软元件），对位软元件进行复位操作	rst([b:GB0])
	alt	alt（位软元件），对位软元件进行取反操作	alt([b:GB0])
	bmov	bmov（字软元件 1，字软元件 2，N），将字软元件 1 中的 N 个数据批量复制给字软元件 2 中的 N 个单元	bmov（[w:D0],[w:D1]，10）
	fmov	fmov（字软元件 1，字软元件 2，N），将字软元件 2 中的 N 个数据批量复制给字软元件 1	fmov（[w:D0],[w:D1]，10）
应用算术运算	sin	sin（字软元件或常数），计算字软元件或常数的正弦值	sin([w:GD0])
	cos	cos（字软元件或常数），计算字软元件或常数的余弦值	cos([w:GD0])
	tan	tan（字软元件或常数），计算字软元件或常数的正切值	tan([w:GD0])
	asin	asin（字软元件或常数），计算字软元件或常数的反正弦值	asin([w:GD0])
	acos	acos（字软元件或常数），计算字软元件或常数的反余弦值	acos([w:GD0])
	atan	atan（字软元件或常数），计算字软元件或常数的反正切值	atan([w:GD0])
	abs	abs（字软元件或常数），计算字软元件或常数的绝对值	abs([w:GD0])
	log	log（字软元件或常数），计算字软元件或常数的自然对数值	log([w:GD0])
	log10	log10（字软元件或常数），计算字软元件或常数的以 10 为底的对数值	log10([w:GD0])
	exp	exp（字软元件或常数），计算字软元件或常数的以 e 为底的指数值	exp([w:GD0])
	ldexp	ldexp（字软元件 1 或常数 1，字软元件 2 或常数 2），计算（字软元件 1 或常数 1）乘以 2 的（字软元件 2 或常数 2）次方	ldexp([w:GD0],[w:GD1])
	sqrt	sqrt（字软元件或常数），计算字软元件或常数的平方根	sqrt([w:GD0])
其他	常数	表示十进制数/十六进制数/BCD/实数/字符	0X1F
	//	用于标示脚本的注释	//Description

2. 数据和软元件

根据各脚本的数据类型，可将数据分为如下的 7 种类型。表 10-8 给出了每种类型数据的范围。

表 10-8　　脚本数据类型

数据类型	可以使用的常数	可以使用的数据范围
十六位有符号 BIN	十进制数	−32768 ~ 32767
	十六进制数	0 ~ FFFF
十六位无符号 BIN	十进制数	0 ~ 65535
	十六进制数	0 ~ FFFF
三十二位有符号 BIN	十进制数	−2147483648 ~ 2147483647
	十六进制数	0 ~ FFFFFFFF
三十二位无符号 BIN	十进制数	0 ~ 4294967295
	十六进制数	0 ~ FFFFFFFF
十六位 BCD	BCD	0 ~ 9999
	十六进制数	0 ~ 270F
三十二位 BCD	BCD	0 ~ 99999999
	十六进制数	0 ~ 5F5E0FF
三十二位实数	实数	有符号 13 位表示
	十六进制数	0 ~ FFFFFFFF

表 10-9 给出了软元件的种类和书写规范。临时软元件其实就是全局变量，可以用作传递参数。

表 10-9　　软元件的种类和书写规范

软元件的种类	书写规范	示例
字软元件	[w:软元件编号]	[w:D100]
位软元件	[b:软元件编号]	[b:M100]
字软元件的位指定	[b:软元件编号.位数]	[b:D100.01]
位软元件的字指定	[w:软元件编号]	[w:M100]
站号指定软元件	[网络 No.–站号:w:软元件编号]	[0–FF:w:D100]
通道指定	[@通道编号:w:软元件编号]	[@3:w:D100]
临时字软元件	[w:临时工作编号]	[w:TMP0001]
临时位软元件	[b:临时工作编号.位数]	[b:TMP1023.01]

10.4.3　脚本语言的设置

类似于高级语言，一个完整的脚本通常包括这 5 个因素：控制语句、运算符、变量、函数、常数和注释。

在设置了工程脚本、画面脚本后，如果脚本语言的执行条件满足，如通常、ON/OFF中、上升/下降沿、周期、ON/OFF 中周期，系统将运行工程脚本、画面脚本，并将其结果写入 PLC 的 CPU 中。

每个脚本在系统中都有以下的 4 种状态：等待顺序号状态、等待执行状态、执行状态、停止状态。另外，不论有多少个满足执行条件的脚本，系统每次只执行其中的一个，执行先后顺序为：工程脚本、基本画面脚本、叠加窗口脚本、重叠窗口脚本。

图 10-24 给出了在工程中添加并执行脚本语言的流程图。

图10-24　添加脚本语言流程图

10.4.4　脚本语言示例

下面以一个示例说明脚本语言的操作。工程中，设置一个位开关“M100 交替”对位软元件 M100 进行交替赋值。对应的设置一个指示灯显示对象，以便观察 M100 的 ON/OFF 状态。M101 元件设置同 M100。另设置两个位开关“清零”和“恢复”，按下“清零”，对 M102 进行置位，按下“恢复”，对 M102 进行复位。为工程添加脚本语言，使工程实现这样的功能：当 M100=1 时，对位软元件 D100 赋值为 10；当 M101=1 时，对位软元件 D101 赋值为

10；当 M102=1 时，则将 D100 和 D101 元件的值赋为 0，即使 M100 中 M101 的值为 1；只有当 M102=0 时，才恢复位软元件控制字软元件的显示。

首先，在 GT Designer 中设置如图 10–25 所示的基本画面。

画面中，对象的属性见表 10–10，读者可以按此表格设置对象属性。

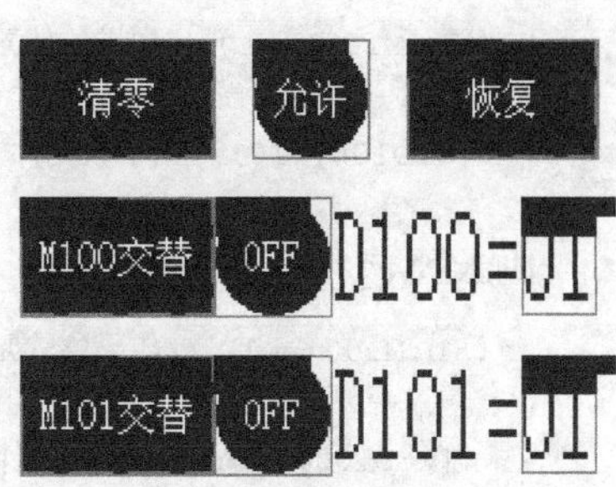

图10-25　脚本示例画面

表 10-10　　示例对象属性表

对象名	对象类型	设置项目	设置内容
M100 交替	位开关	控制软元件	M100 值交替，当 M100=1 时，D100=10
M101 交替	位开关	控制软元件	M101 值交替，当 M101=1 时，D101=10
清零	位开关	控制软元件	M102 值置位，禁止 D100 和 D101 显示
恢复	位开关	控制软元件	M102 值复位，恢复 D100 和 D101 的显示
指示灯	指示灯显示	显示软元件	分别显示 M100，M101，M102 的状态
寄存器	数值显示	显示软元件	分别显示 D100，D101 的数值

编写脚本语句，在系统菜单中选择“公共设置”→“脚本”，或从“工作区”→“工程”→“脚本”，弹出如图 10–26 所示脚本编辑窗口，此窗口可以编辑工程脚本和画面脚本，可以追加、编辑、复制粘贴脚本，可以对脚本语言进行预览。

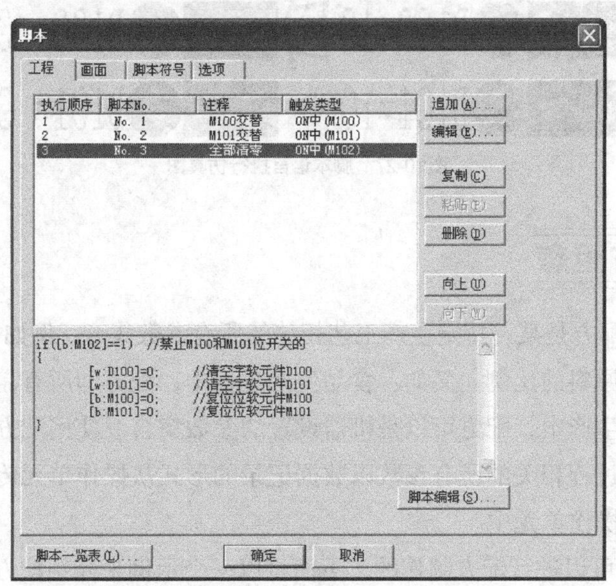

图10-26　脚本编辑窗口

下面为工程添加 3 个脚本，脚本语句分别如下。

脚本 No.1 内容：

```
if ( [b:M100]==1 ) //如果位软元件 M100 的值为 1
{
    [w:D100]=10;//则字软元件 D100 设置为 10
}
```

脚本 No.2：

```
if ( [b:M100]==1 ) //如果位软元件 M100 的值为 1
{
     [w:D100]=10;//则字软元件 D100 设置为 10
}
```

脚本 No.3：

```
if ( [b:M102]==1 )   //禁止 M100 和 M101 控制字软元件，即清空字软元件
{
    [w:D100]=0;      //清空字软元件 D100
    [w:D101]=0;      //清空字软元件 D101
    [b:M100]=0;      //复位位软元件 M100
    [b:M101]=0;      //复位位软元件 M101
}
```

编辑完成脚本后，可以使用 GT Simulator2 进行仿真调试，其结果如图 10–27 所示。图 10–27 左侧图表示允许通过位软元件控制字软元件，右侧图表示禁止通过位软元件控制字软元件。

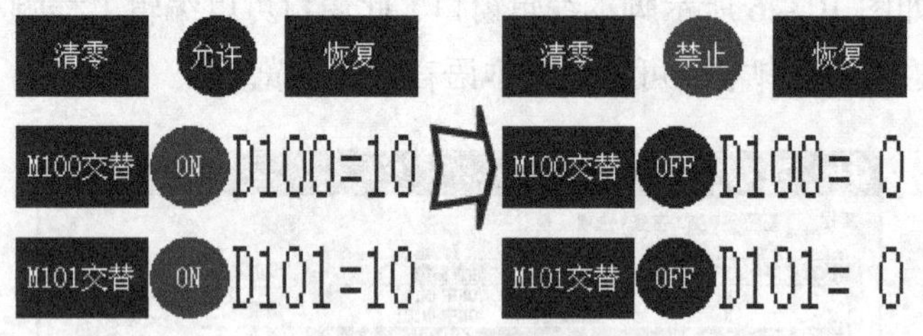

图10-27　脚本语言执行仿真图

10.5　配方组态

在工业领域，配方是某一特定生产工艺相关的所有参数集合。例如，塑料生产过程中，配方就是所有化学原料的比例。又如，食品生产过程中，配方即所有需要的食品原材料的成分表。而在机械生产中，配方可以是机器设置的参数集合。使用配方是为了能够集中且同步地将某一工艺过程相关的所有参数以数据记录的形式从操作单元传送到控制器中，或者从控制器传送到操作单元中。

GT Designer 是可以进行配方制作的，下面将以一个示例来介绍配方的功能及操作。

10.5.1　配方介绍

当只需要将软元件值写入到 GOT，而不需要在个人计算机上显示或编辑软元件值时，

可以直接用 GT Designer 将值写入。事实上，对数据更方便的管理方式，是使用配方文件，即将读取/写入 GOT 的软元件值保存在个人计算机中，以文件的形式进行管理。

GOT 有两种配方类型：配方功能和扩展配方功能。表 10–11 给出了配方和扩展配方的区别。

表 10-11　配方与扩展配方的对比

项目	配方	扩展配方	备注
GOT 型号	A900，F900，1000	GT15	仅 GT15 可使用扩展配方功能
配方数量	最多 256 个	最多 2048 个	设置多个配方对各个生产线进行管理
软元件点数	最多 8192 点	最多 32767 点	软元件为 32 位时，1 个软元件按 2 点计算
记录个数/软元件	1 个	最多 240 个	配方功能 1 个软元件设置多个值时，每个软元件应单独设置
触发形式	每个设置对应一个触发元件	每个设置对应一个触发元件，或设置所有的扩展配方都对应同一个触发元件	可指定软元件的 ON/OFF 状态进行每个配方数据的读取/写入
存储文件格式	CSV 文件（GT15），二进制类型文件	二进制类型文件	可将软元件的值保存到配方文件中，也可以将配方文件数据写入到软元件中

10.5.2　配方操作

在系统菜单中选择“公共设置”→“数据配方”，或选择“工作区”→“工程”→“数据配方”，可弹出如图 10–28 所示数据配方编辑窗。

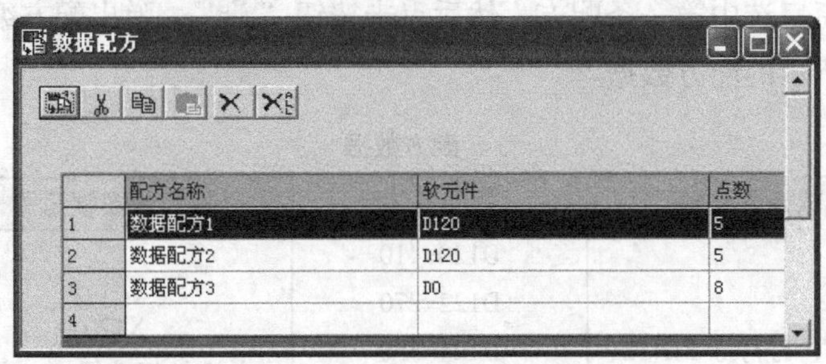

图10-28　数据配方编辑窗

此编辑窗口可对配方进行编辑、剪切、复制、删除等操作，还可以在列表框中预览配方名称和软元件。

用鼠标选中配方列表中的任一行配方，然后点击“ ”图标，弹出如图 10–29 所示窗口，就可进行配方的编辑。

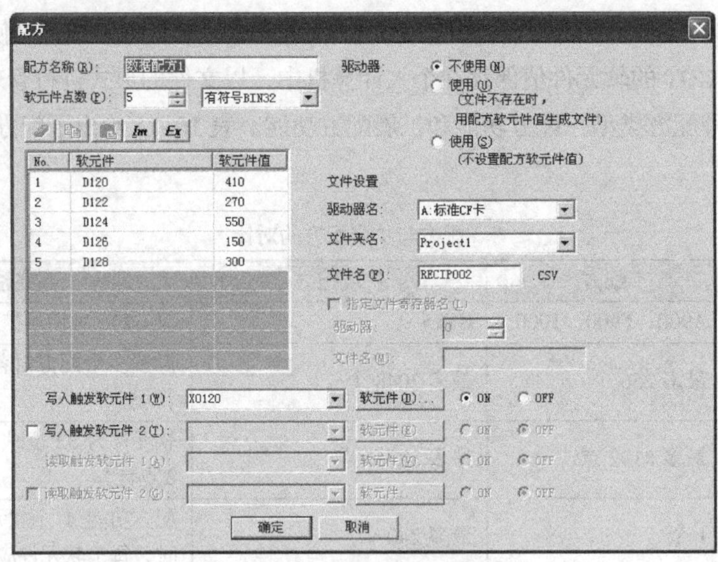

图10-29　配方编辑窗口

10.5.3　配方示例

下面同样用一个示例来演示配方文件的制作、下载和运行。

在基本画面上，放置如图 10-30 所示的组态画面。

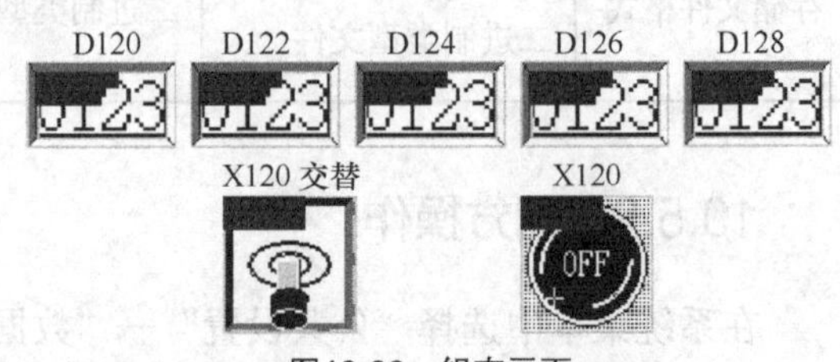

图10-30　组态画面

其中，5 个数值显示对象分别对应 D120、D122、D124、D126、D128 五个 32 位字软元件，位开关对 X120 进行交替操作，指示灯显示对象对应 X120 的开关状态。

在数据配方窗口选中第一条配方，然后点击按钮“ ”，弹出配方编辑窗口，在窗口中添加表 10-12 所示的配方数据。

表 10-12　　配方数据

配方名称	软元件点数	软元件值	写入触发软元件	其他项
数据配方 1	5 点，有符号 BIN32	D120=410 D122=270 D124=550 D126=150 D128=300	X120 单选按钮选择“ON”	缺省
数据配方 2	5 点，有符号 BIN32	D120=500 D122=100 D124=300 D126=200 D128=400	X120 单选按钮选择“OFF”	缺省

完成上述操作后，可以进行仿真或 GOT 下载来测试配方数据的运行。图 10–31 和图 10–32 分别给出了仿真画面。

如图 10–31 所示，X120 的状态是 OFF，故写入 GOT 的配方数据是“数据配方 2”。

点击位开关，使 X120 取反，即置 X120 的状态为 ON，则此时触发“数据配方 1”，相应的配方数据写入到 GOT 中，屏幕上画面变化为如图 10–32 所示画面。

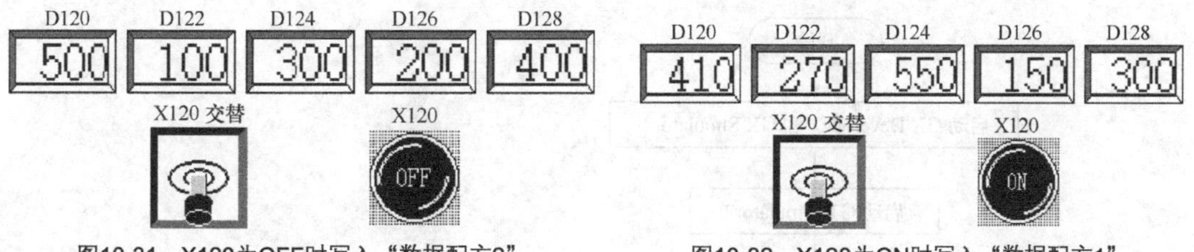

图10-31　X120为OFF时写入“数据配方2”　　图10-32　X120为ON时写入“数据配方1”

10.6　画面仿真功能

10.6.1　画面仿真简介

GT Simulator2 是一种可以在个人计算机上调用 GT Designer 工程数据进行仿真 GOT 操作的软件。本书中，有关三菱部分的程序或工程，大多可以使用 GT Simulator2 进行仿真并查看组态结果。

通过使用 GT Simulator2，可以在没有 GOT 硬件设备的情况下进行组态工程调试。如果同一台个人计算机上同时安装有 GT Simulator2 和 GX Simulator2 软件，则可以使两者配合起来进行画面调试，在该计算机上完成顺控程序编辑与仿真、监控组态工程编辑与仿真及两者的联合调试。如图 10–33 所示，将两种仿真软件结合应用，可以简化控制系统的设计和调试，极大地提高工作效率。

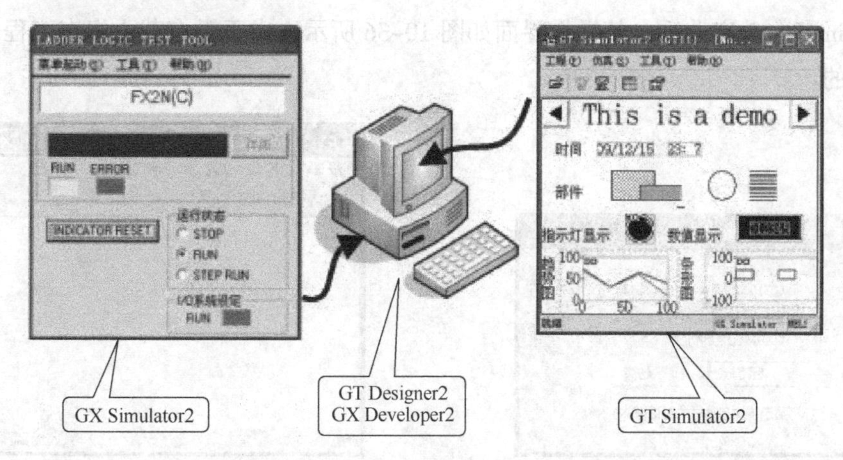

图10-33　在一台计算机上进行设计与仿真

10.6.2 仿真步骤

GT Simulator2 系统仿真有两种形式：与 GX Simulator2 连接仿真和与 PLC CPU 连接仿真。这里以 GT Simulator2 与 GX Simulator2 连接仿真为例进行讲解。图 10-34 给出了 GT Simulator2 与 GX Simulator2 连接仿真的流程图。

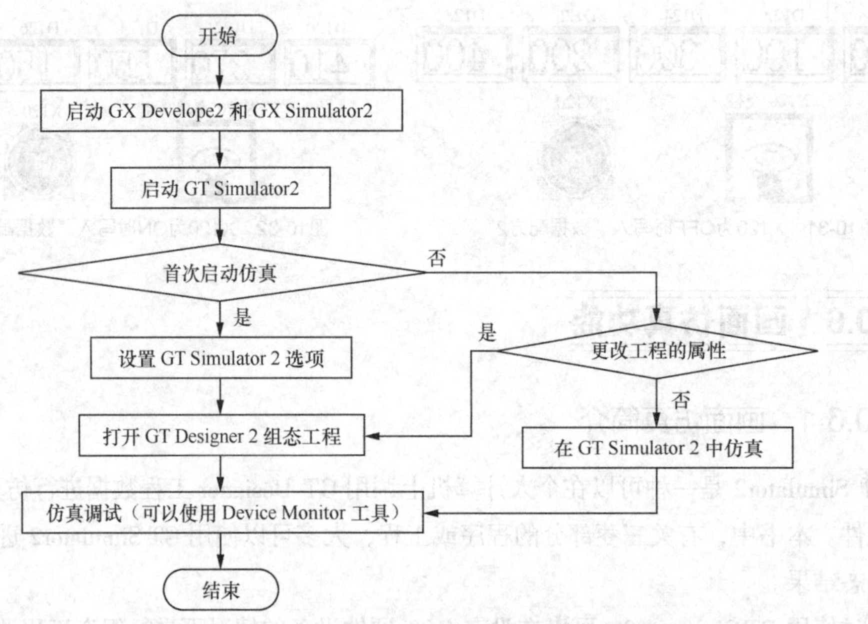

图10-34　GT Simulator2与GX Simulator2连接仿真流程图

确保在个人计算机上安装好 GT Simulator2 后，打开软件，弹出初始对话框（如图 10-35 所示），GT Simulator2 可以对 GOT 的 A900 系列、GOT1000 系列（包括 GT11 和 GT15）进行仿真。选择与 GT Designer 工程相对应的 GOT 系列型号，这里选择 GT11 型号，点击“启动”按钮，即可以进行仿真。

GT Simulator2 启动后，其操作界面如图 10-36 所示，由于没有载入组态工程，故画面区是空白的。

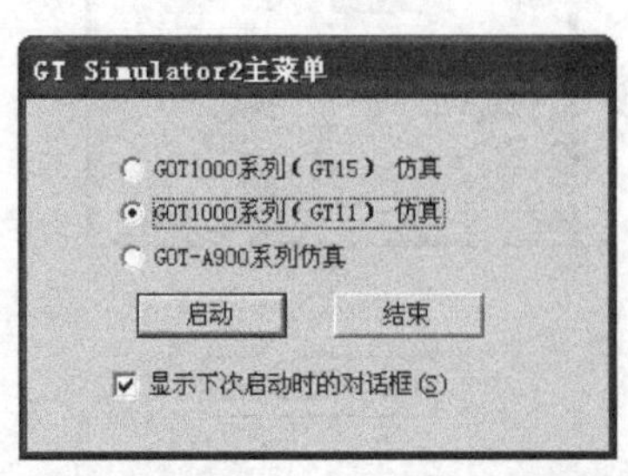

图10-35　GT Simulator2启动对话框

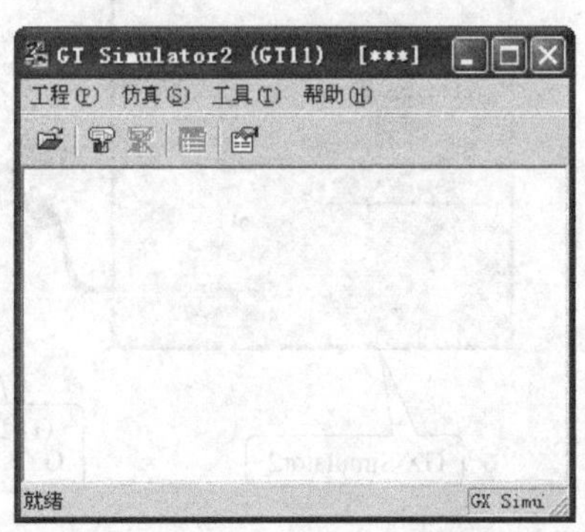

图10-36　GT Simulator2仿真窗口

表 10-13 给出了仿真窗口中各个菜单选项的含义。

表 10-13　　仿真窗口菜单选项

项目	子项目	说明
工程	打开	打开一个 GT Designer 工程数据
	快照	将当前的仿真画面以 BMP 格式保存在个人计算机中
	打印设置	设置打印机的属性
	页面设置	设置打印的页边距和图像色彩属性
	打印预览	显示将要打印的图像
	打印	打印选定的图像
	属性	查看 GT Designer 工程属性
	退出	退出 GT Simulator2
仿真	启动/停止	启动/停止选中的工程
	选项	包括通信设置、动作设置、环境设置
工具	启动 Device Monitor	启动 Device Monitor（软元件监视功能）窗口
	系统报警	查看系统报警信息
	脚本出错信息	查看脚本出错信息
帮助	目录	打开 GT Simulator2 使用手册
	版本信息	查看 GT Simulator2 的版本号和使用者信息
	连接至 MEKFANSweb	网络连接到三菱电机网站

从个人计算机上打开一个工程文件，即可仿真该工程的画面（如图 10-37 所示）。GT Simulator2 仿真画面与实际 GOT 屏幕画面是一致的，所显示的组态画面由组态工程决定。

另外，如图 10-38 所示，GT Simulator2 具有软元件监视功能，在菜单“工具”中选择“Device Monitor（D）”，弹出软元件监视窗口，窗口中以列表形式显示各软元件的名称、位置等属性。

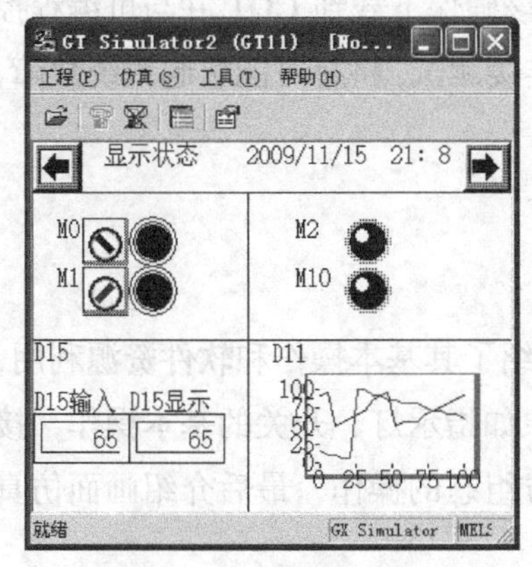

图10-37　GT Simulator2仿真画面

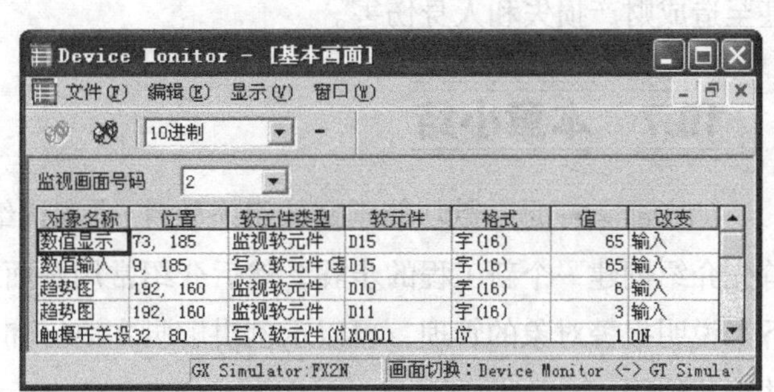

图10-38　软元件监视窗口

软元件监视功能可以对 GT Designer 组态工程中所设置的软元件值进行修改。例如，单击图 10-38 列表中第一条数值显示对象的“值”，可以重新输入数值改变软元件值。或者，如图 10-39 所示，单击“改变”列项下的“输入”，弹出软元件输入值对话框，在此框中输入数值，点击确定后也可更新软元件数值。

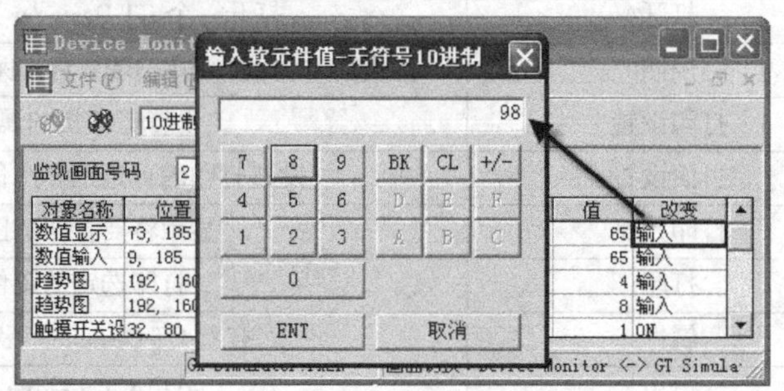

图10-39　修改软元件的数值

10.6.3　注意事项

① 仿真画面所显示的系统时间是个人计算机的时间，而实际上当 GOT 与 PLC CPU 相连接时，GOT 画面上显示的是所连接的 PLC 的内部时间。

② 当同时需要启动 GT Simulator2 和 GX Simulator2，应该先启动 GX Simulator2，再启动 GT Simulator2，才能在计算机上同时对 PLC 和 GOT 进行仿真。如果先启动了 GT Simulator2，将无法启动 GX Simulator2。当需要结束仿真时，应该先将 GT Simulator2 结束，如果先结束 GX Simulator2，则 GT Simulator2 会出现通信错误。

③ 使用 GT Simulator2 对 PLC 进行监控时，其响应速度将比实际 GOT 连接 PLC 的响应速度慢，甚至有时会出现通信连接不上的情况。

④ 使用 GT Simulator2 只是模拟实际的 GOT，进行组态画面的初步调试。使用仿真功能可以极大简化程序设计，加速开发效率，但是即使仿真调试成功，也不一定能说明下载到 GOT 中也是准确无误的，因此在投入实际运行前，应该确保下载到 GOT 并与可编程控制器 CPU 连接在线测试也是正常的。如果未作实际硬件连接测试，将有可能引起系统故障，甚至造成财产损失和人身伤害。

10.7　本章小结

GT Designer 是一款功能丰富的组态软件，本章详细介绍了其基本操作和软件资源利用，首先介绍创建一个新工程的步骤，然后介绍常用画面对象如指示灯、开关的基本操作，接下来说明报警对象的管理，再以示例讲解脚本语言和配方组态的操作，最后介绍画面仿真功能地使用。

限于篇幅，这里只是介绍了 GT Designer 的基本操作，其较多实用功能这里未能提及，读者可以自己动手操作，通过实践更加全面了解该软件。

第 11 章 部分品牌触摸屏介绍

触摸屏在我国已经发展了十几年，目前市场上比较流行的触摸屏品牌主要有几十种，如欧美国家的品牌西门子、施奈德（Schneider）、益逻（Elo）和海泰克等，日本的品牌三菱、日立、松下、东芝和富士等，韩国的品牌 LG、三星和现代，国产品牌昆仑通态、业成、欧菲光、信利、IRTOUCH、合力泰、深越光电等，港澳台地区的品牌台达、宸鸿、PROFACE 和威纶等。虽然触摸屏的品牌众多，但是它们都符合标准的技术规范，可以满足工程中的各种用途。一般而言，触摸屏的技术数据分为：型号和订货号、显示尺寸、分辨率、内存和使用条件及环境，其中还包括一些显示模式参数、保护特性、环境参数等。

本章将介绍部分品牌触摸屏产品的特点和性能。通过对西门子、三菱和欧姆龙三个品牌常用触摸屏产品的基本介绍，为读者进行系统设计触摸屏选型提供参考。

11.1 西门子触摸屏

西门子作为电力行业顶尖企业之一，推出了 HMI Comfort 等多个系列的触摸屏产品，下面介绍西门子系列触摸屏的一些基本情况。

11.1.1 HMI Comfort 系列触摸屏

如图 11-1 所示，西门子 HMI Comfort 系列触摸屏配有 4 到 22 英寸宽屏。具有高分辨率 16 Mio 彩色显示，大视角以及从 0 到 100%的亮度调节能力。可采用 PROFIBUS 以及 PROFINET 环境。可以横向和竖向安装触摸面板，可以在 ExZone2 危险区域使用该面板，无需安装额外的外壳。

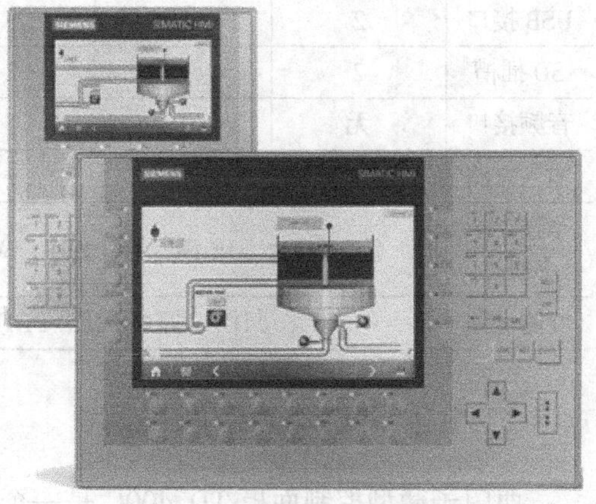

图11-1 HMI Comfort系列触摸屏

如表 11-1 所示，西门子 HMI Comfort 系列触摸屏包括 4 个按键面板、3 个触摸面板和 1 个按键触摸面板。所有设备只能使用 HMI 软件 WinCC 的 V11 以上版本进行配置。KP400 COMFORT 是一个 4 英寸按键面板，显示屏分辨率为 480×272 像素，与 OP 77B 兼容；KTP400 COMFORT 与 TP 177B4 兼容，提供触摸屏（480×272 像素）和 4 个另外的功能键；TP700 Comfort 有一个 800×480 像素的触摸屏，与 TP 177，MP 177 和 TP 277 兼容的同时，显示尺寸大却出了 40%；KP700 Comfort（800×480 像素）与 OP 277 兼容；KP900 和 TP900Comfort 具有与 7 英寸设备的相同显示屏分辨率，由于显示屏大，当从较远距离观看时，更加方便；12 英寸设备 KP1200 和 TP1200Comfort 具有分辨率为 1280×800 像素的 PC 典型显示屏。

表 11-1　HMI Comfort 系列部分触摸屏性能参数表

项目	KTP 400	KP 400	KTP 700	TP 700	KP 900	TP 900	TP 1900	TP 1200	KP 1500	TP 1500	TP 1900	TP 2200
显示尺寸	4.3 英寸		7 英寸		9 英寸		12.1 英寸		15.4 英寸		18.5 英寸	21.5 英寸
分辨率	480 × 272		800 × 480		800 × 480		1280 × 800		1280 × 800		1366 × 768	1920 × 1080
处理器	ARM 532MHz		X86 500MHz		X86 500MHz		X86 500MHz		X86 1GHz		X86 1GHz	X86 1GHz
内存	4MB		12MB		12MB		12MB		24MB		24MB	24MB
变量	1024		2048		2048		2048		4096		4096	4096
报警	2000		4000		4000		4000		6000		6000	6000
配方	100		300		300		300		500		500	500
画面	500		500		500		500		750		750	750
归档	10		50		50		50		50		50	50
脚本	50		100		100		100		200		200	200
PROFINET 接口	1		2（内置交换机）		2（内置交换机）		2（内置交换机）		2（内置交换机）		2（内置交换机）	2（内置交换机）
PROFIBUS 接口	1		1		1		1		1		1	1
USB 接口	2		3		3		3		3		3	3
SD 插槽	2		2		2		2		2		2	2
音频接口	无		1		1		1		1		1	1
输入方法	手机键盘式按键											
浏览器/多媒体	IE 浏览器，PDF，Word-and Excel-浏览器，多媒体播放器											
性能增强	归档，脚本，IE，PDF/Excel/Word 浏览器，0% ~ 100%亮度可调											

11.1.2　TD 400C 触摸屏

西门子微型控制面板 TD 400C 是一个特别灵活的 HMI 设备，用于西门子 S7-200，如图 11-2 所示。显示屏可配置四行，每行 24 个字符或者两行，每行 16 个字符。15 个可配置的按键提供有触觉的反馈，另外还可以设置视觉或声觉反馈。TD400C 集成了 PROFIBUS 网络，适用于简单的操作任务，也可配置较长的警报文本和其他相对有限的显示功能。可选择字符大小和显示屏背光，适用于照明条件差的应用场合。

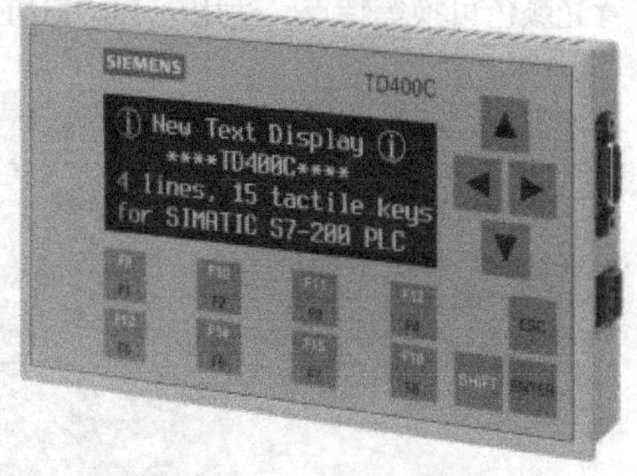

图11-2 TD 400C 触摸屏

TD 400C 可通过电缆方便地连接到 S7-200 的 PPI 接口上，不再需要单独的电源便可以正常工作。同时，也可将多个 TD 触摸屏连接到一个 S7-200。如果 TD 400C 和 S7-200 之间的距离大于 2.5 m，则需要一台交流电源适配器。此时，应采用 PROFIBUS 总线线路，而不是连接电缆。TD 400C 的配置数据都存储在 S7-200 的 CPU 中。使用编程软件 STEP7-Micro/WIN V4 SP 6 (TD 400 Wizard) 便可以创建警报文本和配置参数，不需要另外的参数化软件。

11.1.3 TP 177micro 触摸屏

如图 11-3 所示，西门子 TP 177micro 是 6 英寸触摸面板，可用于西门子 S7-200 PLC 初级的设备。TP 177micro 触摸面板具有 4 个蓝色等级的 5.7 英寸 STN 触摸显示屏。设备可以在横向和竖向安装。适用于不太复杂的 HMI 任务，具有 6 种矢量图形的触摸屏显示，32 种可组态语言应用于全球（其中 5 种可在线切换）。TP 177micro 是 TP 177A 的价格优化版本，专为 S7-200PLC 而定制。

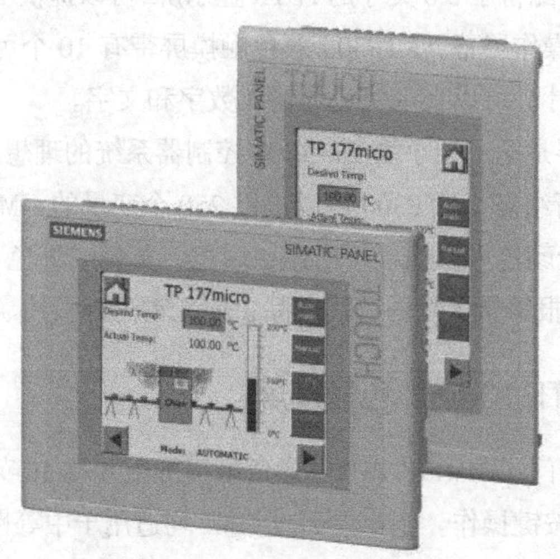

图11-3 TP 177micro 触摸屏

11.1.4 HMI KP300 单色触摸屏

如图 11-4 所示，HMI KP300 单色触摸屏配置有 3.6 英寸精简面板，FSTN 单色显示屏，采用按键操作。HMI KP300 单色触摸屏的定位是一种经济有效型显示设备，具有结构紧凑，背光颜色可换等特点，适用于 PROFINET 网络连接的小型 HMI 任务。

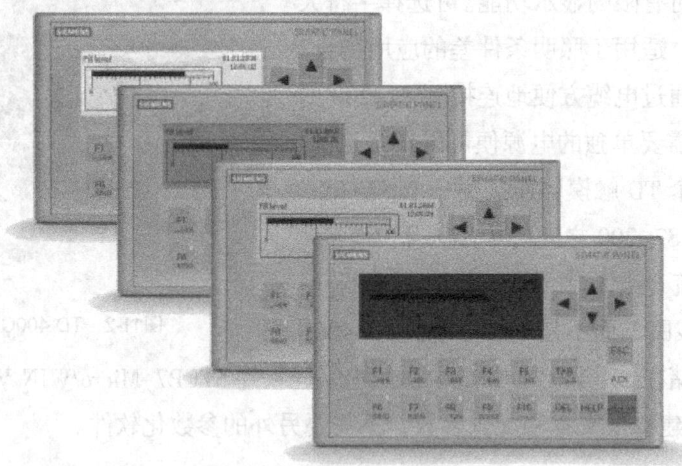

图11-4　HMI KP300 单色触摸屏

HMI KP300 单色触摸屏可以与西门子 S7-1200 控制器以及其他控制器组合使用。该设备可以用一个设备替换面板、文字显示屏以及报警指示灯。32 种可组态语言应用于全球（其中 5 种可在线切换）。用于复杂度有限的 HMI 任务的面板。

11.1.5　HMI KTP300 彩色触摸屏

KTP300 彩色触摸屏配备了 3.6 英寸的 FSTN 显示屏，可以提供 240x80 像素的解决方案，用于显示复杂度不高的操作屏幕。KTP300 彩色触摸屏带有 10 个可自由组态的功能键。键盘采用了手机键盘的设计，可以直观快速的输入数字和文字。

KTP300 彩色触摸屏是适用于小型 S7-1200 控制器系统的理想的 HMI 组件。它可以使用 WinCC Basic V11 进行组态。KTP300 可以提供 250 个变量的 HMI 基本的功能性（报警、趋势曲线、配方）。背光颜色可以编程（白色、绿色、黄色或红色），并分配给各种报警。因此 KP300 还可以用作报警指示灯的替代产品，而无需另外接线、分配 I/O 和编程。

11.1.6　HMI KTP1000 彩色触摸屏

如图 11-5 所示，西门子 HMI KTP1000 彩色触摸屏配置有 10 英寸精简面板，TFT 真彩显示屏，可采用触摸和按键操作。基本界面或 HMI 均适用于中等性能范围的任务，当无法不具备脚本和归档功能。适用于中等性能要求的任务，可用于 PROFIBUS 或 PROFINET 网络；可以与西门子 S7-1200 控制器或其他控制器组合使用。它可以使用 WinCC flexible Compact 或者用于 S7-1200 的 STEP7 基本工程组态软件的 HMI 组态软件进行组态。KTP1000 可以提供 500 个变量的 HMI 基本的功能性（报警、趋势曲线、配方）。

图11-5　HMI KTP1000彩色触摸屏

KTP1000 彩色触摸屏配备了 10.4 英寸 TFT 显示屏可以提供 256 种颜色。640×480 像素的分辨率可以在合适的尺寸包括颜色表现下显示最复杂的操作屏幕，面板可以用电阻模拟触摸屏操作，还配有 8 个自由组态的功能键，它们在执行时可以提供触觉反馈。它有两种版本：KTP1000Basic color DP 用于 MPI/PROFIBUS DP 连接，而 KTP1000 Basic color PN 带有以太网接口。32 种可组态语言应用于全球（其中 5 种可在线切换）。

11.2　三菱触摸屏

三菱推出了 GOT1000、GOT2000、GS2000、GT2000 等多个系列的触摸屏产品，下面介绍三菱公司触摸屏的技术参数特点以及适用范围。

11.2.1　GOT1000 系列触摸屏

如表 11–2 所示，GOT1000 系列触摸屏涵盖了从 4 英寸到 15 英寸的彩色和单色显示屏；电源规格为交流 100 ~ 240VAC 和直流 24VDC；分辨率 160×64 到 1024×768，显示色彩包括单色、3 色、16 色、256 色、4096 色、65536 色等。

其中，GT1020 触摸屏配备了超小型 3.7 英寸的高亮度宽屏液晶显示屏。采用 3 色 LED 背光灯来增加显示效果，分辨率为 160×64，512KB 的标准内存，内置了 RS232 和 RS422 标准接口，防护等级为 IP67。

GT1030 触摸屏配备了 4.5 英寸的 STN 单色（黑/白）宽屏显示液晶屏。分辨率为 288x96，背光灯为 3 色 LED（绿/橙/红），视角范围为左右各 30 度、上 20 度、下 30 度（横置显示时），触摸键数为 50 个/1 画面，1.5MB 用户存储器。GT1030 触摸屏的外形尺寸为 145×76×29.5mm，面板开孔尺寸；137×66mm。内置了 RS232 和 RS422 标准接口，采用超薄型设计，防护等级为 IP67。

GT1050 触摸屏配备了 5.7 英寸的 STN 单色（蓝/白）16 级灰度液晶屏，分辨率为 320×240。视角范围为左右各 45 度、上 20 度、下 40 度（横置显示时），触摸键数为 50 个/1 画面，3MB 的用户存储器。GT1050 触摸屏的外形尺寸为 164×135×56mm，面板开孔尺寸为 153×121mm。

GT1055 触摸屏配备了 5.7 英寸的 256 色 STN 彩色液晶屏，分辨率为 320x240。视角范围为左右各 55 度、上 65 度、下 70 度（横置显示时），触摸键数为 50 个/1 画面，3MB 的用户存储器。GT1055 触摸屏外形尺寸为 164×135×56mm，面板开孔尺寸为 153×121mm。内置了 USB、RS–422 和 RS–232 标准接口，防护等级为 IP67。

表 11-2　　GOT1000 系列触摸屏性能参数表

型号		显示尺寸	分辨率	显示屏	显示色彩	电源	内存	备注
GT1695	GT1695M-XTBA	15 英寸 XGA	1024×768	TFT 彩色液晶屏（高亮度、宽视角）	65536 色	100～240VAC	15MB	支持多媒体及视频/RGB 功能
GT1685	GT1685M-STBA	12.1 英寸 SVGA	800×600	TFT 彩色液晶屏（高亮度、宽视角）	65536 色	100～240VAC	15MB	支持多媒体及视频/RGB 功能
GT1675	GT1675M-STBA	10.4 英寸 SVG	A800×600	TFT 彩色液晶屏（高亮度、宽视角）	65536 色	100～240VAC	15MB	支持多媒体及视频/RGB 功能
	GT1675-VNBA	10.4 英寸 SVGA	800×600	TFT 彩色液晶屏	4096 色	100～240VAC	11MB	—
GT1672	GT1672-VNBA	10.4 英寸 SVGA	800×600	TFT 彩色液晶屏	16 色	100～240VAC	11MB	—
GT1665	GT1665M-STBA	8.4 英寸 VGA	800×600	TFT 彩色液晶屏（高亮度、宽视角）	65536 色	100～240VAC	15MB	支持多媒体及视频/RGB 功能
GT1655	GT1655-VTBD	5.7 英寸 VGA	640×480	TFT 彩色液晶屏（高亮度、宽视角）	65536 色	24VDC	15MB	—
Handy GOT	GT1665HS-VTBD	6.5 英寸 VGA	640×480	TFT 彩色液晶屏（高亮度、宽视角）	65536 色	24VDC	15MB	—
GT1595	GT1595-XTBA	15 英寸 XGA	1024×768	TFT 彩色液晶屏（高亮度、宽视角）	65536 色	100～240VAC	9MB	—
GT1585	GT1585V-STBA	12.1 英寸 SVGA	640×480	TFT 彩色液晶屏（高亮度、宽视角）	65536 色	100～240VAC	9MB	
GT1575	GT1575V-STBA	10.4 英寸 SVGA	640×480	TFT 彩色液晶屏（高亮度、宽视角）	65536 色	100～240VAC	9MB	
GT1565	GT1565-VTBA	8.4 英寸 VGA	640×480	TFT 彩色液晶屏（高亮度、宽视角）	65536 色	100～240VAC	9MB	—
GT1555	GT1555-VTBD	5.7 英寸 VGA	640×480	TFT 彩色液晶屏（高亮度、宽视角）	65536 色	24VDC	9MB	—
GT1455	GT1455-QTBDE	5.7 英寸 QVGA	320×240	TFT 彩色液晶屏	65536 色	24VDC	9MB	—
GT1450	GT1450-QLBDE			STN 单色液晶屏	单色（黑/白）6 级灰度	100～240VAC		
GT1275	GT1275-VNBA	10.4 英寸 VGA	640×480	TFT 彩色液晶屏	256 色	100～240VAC	6MB	—
GT1265	GT1265-VNBA	10.4 英寸 VGA	640x480	TFT 彩色液晶屏（高亮度、宽视角）	256 色	100～240VAC		
GT1155	GT1155-QTBD	5.7 英寸 QVGA	320×240	TFT 彩色液晶屏	256 色	24VDC	3MB	—
GT1055	GT1055-QSBD	5.7 英寸 QVGA	320×240	STN 彩色液晶屏	256 色	24VDC	3MB	—
GT1045	GT1045-QSBD	4.7 英寸 QVGA	320×240	STN 彩色液晶屏	256 色	24VDC	3MB	—
GT1030	GT1030-HBD	4.5 英寸	288×96	STN 单色/液晶屏（高对比度）	单色（黑/白）/3 色 LED（绿、橙、红）	24VDC	1.5MB	专用于 RS-422 连接
GT1020	GT1020-LBD	3.7 英寸	160×64	STN 单色/液晶屏	单色（黑/白）/3 色 LED（绿、橙、红）	24VDC	512KB	专用于 RS-422 连接

注：型号为-xxxD 的为直流电源供电型，电源为 24V DC。例如：GT1685M-STBA 对应的直流型为 GT1685M-STBD，GT1665M-VTBA 对应的直流型为 GT1665M-VTBD。

GT1575 触摸屏配备了 10.4 英寸的 256 色 TFT 彩色液晶屏，分辨率为 VGA 640×480。视角范围为左右 45 度、上 30 度、下 20 度，触摸键数为 1200 个/1 画面。GT1575 触摸屏的外形尺寸为 303×214×49mm，面板开孔尺寸为 289×200mm。液晶亮度为 200cd/m²，4 级可调。内置了 5MB 标准内存，并可扩展到 53MB 内存。内置接口包括 RS232 接口、USB 设备接口、CF 卡接口；扩展接口包括总线连接接口、串行通信接口、MELSECNET/H 通信接口、CC-Link 通信接口、以太网接口；其他接口包括打印机接口、CF 卡接口、音频接口、外部输入/输出接口。

GT1155 触摸屏配备了 5.7 英寸的 256 色 TFT 彩色液晶屏，分辨率为 320×240。视角范围为左右 70 度、上 70 度、下 50 度。液晶亮度为 200cd/m²，内置了 3MB 标准内存和 CF 卡接口。

GT1695 触摸屏配备了 15.0 英寸的 65536 色 TFT 彩色液晶屏，分辨率为 1024×768。视角范围为左右 45 度，上 30 度，下 20 度。液晶亮度为 200cd/m²，4 级可调。内置了 5MB 标准内存，并可扩展到 53MB 内存。内置接口包括 RS232 接口、USB 设备接口、CF 卡接口。扩展接口包括总线连接接口、串行通信接口、MELSECNET/H 通信接口、CC-Link 通信接口、以太网接口。其他接口包括打印机接口、CF 卡接口、音频接口、外部输入/输出接口。

11.2.2　GOT2000 系列触摸屏

GOT2000 系列触摸屏为三菱的高性能人机界面产品，对应的是 IQ Platform 平台。具有更好的兼容性和操作性，更美观的画面显示。可直接对装置及生产线的状态进行操作，提高生产效率。GOT2000 系列触摸屏具有以太网等通信功能，简单方便的多点触摸和手势操作，可实现多台机器批量备份及自动备份，针对 PLC 的梯形图监视和编辑功能，强大的报警功能并简便地搜索到报警原因，通过日志功能可收集数据，利用以太网可以远程操作，如图 11-6 所示。

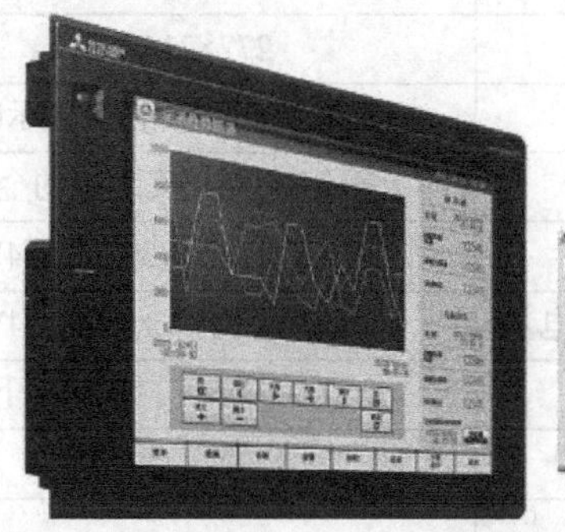
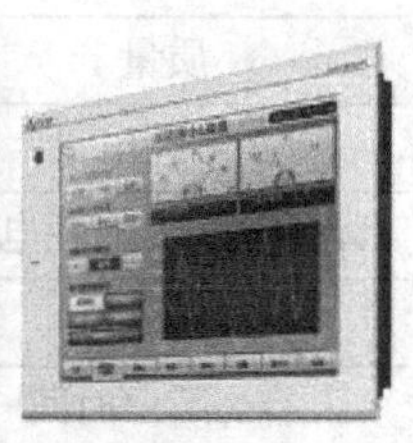

图11-6　GOT2000 系列触摸屏

GOT2000 系列主要针对汽车行业、FPD 行业、轮胎行业、纸巾行业及轴承等中高端用户，在高速性、可靠性、节能等方面的优势比较明显，其环境条件如表 11-3 所示。

表 11-3　GOT2000 系列触摸屏环境条件

项目	规格
使用环境温度	0～50℃
保存环境温度	-20～60℃

续表

项目	规格
使用/保存环境湿度	10%～90%RH、无结露（环境温度39℃）
抗振	符合JIS B 3502、IEC 61131-2
抗冲击	符合JIS B 3502、IEC 61131-2（147m/s²、*X*、*Y*和*Z*方向各3次）
使用环境	无油烟、腐蚀性气体、可燃性气体，无大量导电性尘埃无直射阳光（保存时亦相同）
使用海拔	2000m以下
过电压类别	Ⅱ以下（分类Ⅱ适用于从固定设备到被供电的机器等。额定最高300V的机器的耐电涌电压为2500V）
冷却方式	自冷
接地	D种接地（100Ω以下），无法接地时连接至控制柜上

11.2.3 GS2000系列触摸屏

如表11-4所示，GS2000系列触摸屏包括两个常用型号分别为：GS2110-WTBD和GS2107-WTBD。

表11-4　　GS2000系列触摸屏性能参数表

项目	规格	
	GS2110-WTBD	GS2107-WTBD
显示尺寸	10英寸	7英寸
外形尺寸	272×214×56mm	206×155×50mm
面板开孔尺寸	258×200mm（横向显示时）	191×137mm（横向显示时）
质量	约1.3kg（不包括安装用的金属配件）	约0.9kg（不包括安装用的金属配件）
正常耗电量	7.6W以下（317mA/24V）	6.5W以下（271mA/24V）
背光灯OFF时耗电量	3.8W以下（158mA/24V）	3.8W以下（158mA/24V）
冲击电流	17A以下（6ms、25℃、最大负载时）	
容许瞬停时间	5ms以内	
噪声耐量	遵从IEC61000-4-4	
耐电压	AC350V 1min（GOT的所有电源端子⇔GOT的接地端子之间）	
绝缘电阻	DC500V兆欧表测得10MΩ以上（GOT的所有电源端子⇔GOT的接地端子之间）	
显示屏类型	TFT彩色液晶	
分辨率	WVGA 800×480	
显示颜色	65536色	
触摸方式	模拟电阻膜方式	
触摸键尺寸	最小2×2点阵（每键）	

续表

项目	规格	
	GS2110-WTBD	GS2107-WTBD
同时按下	不可同时按下（只可触摸 1 点）	
触摸面板寿命	100 万次（操作力度在 0.98N 以下）	
C 驱动器	内置快闪卡 9M 字节（工程数据存储用、OS 存储用）	
寿命（写入次数）	10 万次	
内置接口	RS232、RS422、以太网、USB	
电源电压	DC24V（+10% -15%）波纹电压 200mV 以下	
存储卡	SDHC 存储卡、SD 存储卡	
保护	IP65	

如图 11-7 所示，GS2110-WTBD 触摸屏配备了 10 英寸的 65536 色 TFT 彩色液晶屏，分辨率为 800×480。外形尺寸为 272×214×56mm，显示器尺寸为 222×132.5mm。

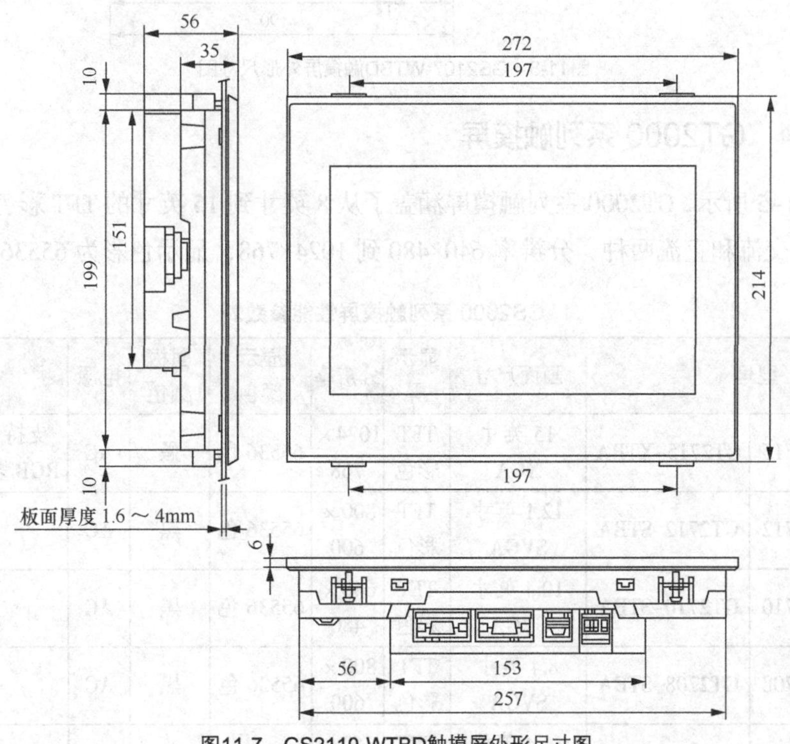

图11-7 GS2110-WTBD触摸屏外形尺寸图

如图 11-8 所示，GS2107-WTBD 触摸屏配备了 7 英寸的 65536 色 STN 彩色液晶屏，分辨率为 800×480。外形尺寸为 206×155×50mm，显示器尺寸为 206×155mm。

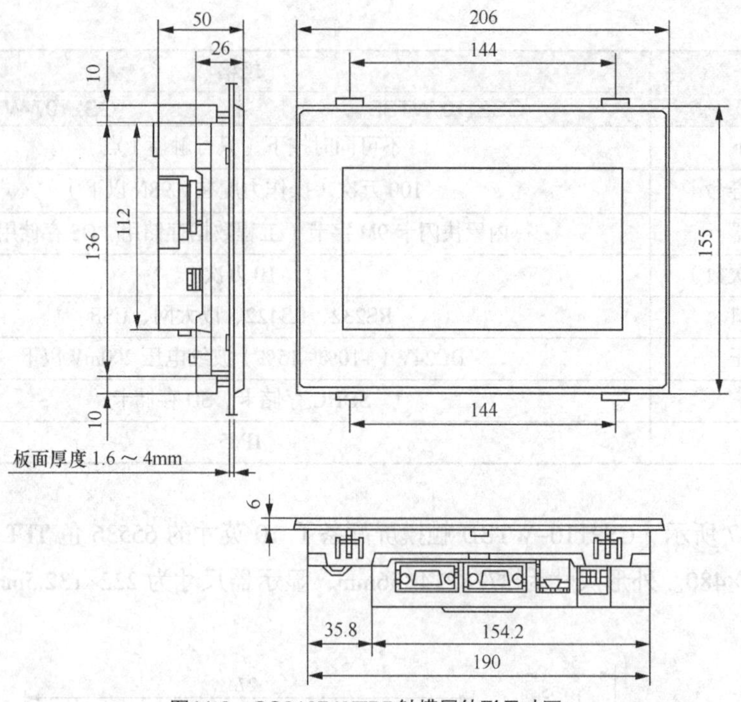

图11-8 GS2107-WTBD触摸屏外形尺寸图

11.2.4 GT2000 系列触摸屏

如表 11-5 所示，GT2000 系列触摸屏涵盖了从 8 英寸到 15 英寸的 TFT 彩色显示屏；电源规格包括交流和直流两种；分辨率 640×480 到 1024×768，显示色彩为 65536 色。

表 11-5　　GS2000 系列触摸屏性能参数表

型号			画面尺寸	显示屏	分辨率	显示颜色	面板颜色	电源	备注
GT27	GT2715	GT2715-XTBA	15 英寸 XGA	TFT 彩色	1024×768	65536 色	黑	AC	支持多媒体视频/RGB 多点触摸功能
	GT2712	GT2712-STBA	12.1 英寸 SVGA	TFT 彩色	800×600	65536 色	黑	AC	
	GT2710	GT2710-STBA	10.4 英寸 SVGA	TFT 彩色	640×480	65536 色	黑	AC	
	GT2708	GT2708-STBA	8.4 英寸 SVGA	TFT 彩色	800×600	65536 色	黑	AC	
GT23	GT2310	GT2310-VTBA	10.4 英寸 VGA	TFT 彩色	640×480	65536 色	黑	AC	—
	GT2308-	GT2308-VTBA	8.4 英寸 VGA	TFT 彩色	640×480	65536 色	黑	AC	—

注：型号-xxxD 为 24V DC 直流电源供电型。例如，GT2710-STBA 对应的直流型为 GT2710-STBD；GT2710-VTBA 对应的直流型为 GT2710-VTBD。

11.3　欧姆龙触摸屏

欧姆龙公司推出了 NA、NB、NS、NV、NT 等多个系列的触摸屏产品，下面介绍欧姆龙触摸屏的技术参数特点以及适用范围。

11.3.1　NA 系列触摸屏

如图 11-9 所示，NA 系列触摸屏涵盖了从 7 英寸到 15 英寸的 TFT24 位全彩显示屏；电源规格为直流，两种分辨率为 800×480 和 1280×800，显示色彩为 1677 万色。表 11-6 给出了 NA 系列触摸屏的部分性能参数。其使用环境温度受到安装角度的限制，安装角度为与水平方向呈 0～45° 角时，使用环境温度为 0～45℃；安装角度为与水平方向呈 45～90° 角时，使用环境温度为 0～50℃；安装角度为与水平方向呈 90° ～135° 角时，使用环境温度为 0～50℃。

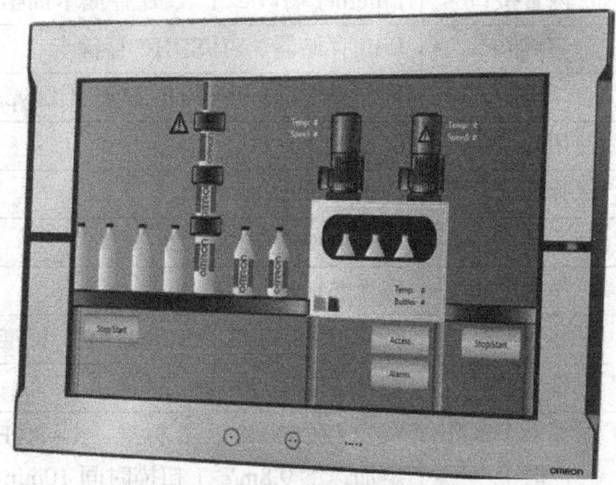

图11-9　NA系列触摸屏

表 11-6　　NA 系列触摸屏性能参数表

项目	规格			
	NA5-15W	NA5-12W	NA5-9W	NA5-7W
显示尺寸	15.4 英寸	12.1 英寸	9 英寸	7 英寸
分辨率	1280×800	1280×800	800×480	800×480
外形尺寸	420×291×69mm	340×244×69mm	290×190×69mm	236×165×69mm
面板尺寸	392×268	310×221	261×166	197×141
面板厚度范围	1.6～6.0mm			
有效显示区域	331×207mm	261×163mm	197×118mm	152×91mm
重量	3.2kg 以下	2.3kg 以下	1.7kg 以下	1.3kg 以下
正常耗电量	47W 以下	45W 以下	40W 以下	35W 以下
内部存储器	256MB			
面板颜色	黑/银			
容许瞬停时间	瞬停不予保证			
额定电源电压	DC24V±20%			
显示屏类型	TFT 彩色液晶（24 位全彩）			
视角	左 60°、右 60°、上 60°、下 60°			
显示颜色	1677 万色			

续表

项目	规格			
	NA5-15W	NA5-12W	NA5-9W	NA5-7W
触摸方式	模拟电阻膜方式（压敏式）			
基准范围	10 像素以内（无连续 3 点）			
触摸面板寿命	100 万次以上			
寿命	50000 小时以上			
内置接口	Ethernet 端口 2 个、SD 存储卡插槽 1 个、USB 3 个			
存储卡	USB 存储器、SD/SDHC 存储卡			
保护	正面操作部：IP65 防油型、UL type4X			
使用环境温度	0 ~ 50℃			
保存环境温度	−20 ~ +60℃			
使用环境湿度	10% ~ 90%RH 无结露			
使用环境	应无腐蚀性气体			
污染度	符合 JIS B 3502、IEC 61131−2 标准中的 2 以下			
抗干扰性	符合 IEC61000−4−4 标准			
耐振动（动作时）	符合 IEC60068−2−6 标准：5 ~ 8.4Hz 时，单振幅 3.5mm；8.4 ~ 150Hz 时，各方向的恒定加速度 $9.8m/s^2$（扫描时间 10min×扫描次数 10 次=总计 100min）			
耐冲击	符合 IEC60028−2−27：$147m/s^2$，X、Y 和 Z 方向各 3 次			
电池寿命	电池寿命为 5 年（25℃）。电池电量不足的 5 天内，可进行 RTC 备份。更换电池时，可在 5min 内通过超级电容器进行 RTC 备份（5min 后电源 ON，然后 OFF 后）			
适用标准	UL508/CSA standard C22.2 NO.142；EMC 指令(2004/108/EC) EN61131−2：2007；船舶标准 LR、DNV、NK；ANSI 12.12.01 Class1 Division 2/CSA standard C22.2；NO.213− M1987（R2013）；ROHS 指令（2002/95/EC）；KC 标准（EMS）KN61000−6−2：2012−06(EMI) KN61000−6−4：2012−06；RCM			

11.3.2 NB 系列触摸屏

如表 11−7 所示，NB 系列触摸屏涵盖了从 3.5 英寸到 10 英寸的真彩 TFT 显示屏，长效的 LED 背景光寿命可达 50000 小时，电源规格为直流，屏幕数据存储容量高达 120MB，320×240 和 800×480 两种分辨率，显示色彩为 65000 色。

表 11-7 NB 系列触摸屏性能参数表

项目	规格			
	NB3Q	NB5Q	NB7W	NB10W
显示尺寸	3.5 英寸	5.6 英寸	7 英寸	10.1 英寸
分辨率	320 × 240	320 × 234	800 × 480	800 × 480
外形尺寸	103.8 × 129.8 × 52.8mm	142 × 184 × 46mm	148 × 202 × 46mm	210.8 × 268.8 × 54.0mm

续表

项目	规格			
	NB3Q	NB5Q	NB7W	NB10W
重量	300g 以下	305g 以下	620g 以下	627g 以下
正常耗电量	5W	9W	6W	10W
内部存储器	128MB（包括系统区域在内）			
额定电源电压	DC24V±15%			
显示屏类型	真彩 TFT 彩色液晶			
显示颜色	65536 色			
触摸方式	模拟电阻薄膜			
触摸面板寿命	100 万次以上触摸操作			
寿命	可在常温（25℃）条件下运行 50000 小时			
内置接口	Ethernet 端口 2 个、串行 2 个、SD 存储卡插槽 1 个、USB 2 个			
存储卡	USB 存储器、SD/SDHC 存储卡			
保护	正面操作部分：IP65（仅面板正面防尘、防滴）			
使用环境温度	0 ~ 50℃			
保存环境温度	−20 ~ +60℃			
使用环境湿度	10% ~ 90%RH 无结露			
使用环境	应无腐蚀性气体			
抗干扰性	符合 IEC61000-4-4 标准			
电池寿命	电池寿命为 5 年（25℃）			
适用标准	EC 指令、KC、cUL508			

欧姆龙 NB 系列网络型触摸屏具有简单、智能、可靠性高等特点。与欧姆龙 CP1 系列小型机器控制器组合，广泛应用于包装、食品、塑机、纺织等行业中的简易式加盖机、封盖机/旋盖机、直列式灌装机、直列式封装机/直列式贴标机等各种行业领域。

NB 系列触摸屏配备 3 种标准窗口，便于用户灵活地创建各种画面：①基本窗口（用于总画面或弹出画面）；②公共窗口（用于固定画面或模板画面；③快选窗口（用于菜单画面）。而且，除了标准窗口之外，用户还可利用间接窗口元件展现“窗口层叠（即窗口中套窗口）”效果。以及利用直接窗口元件实现对弹出窗口的有效管理。此外，NB 系列还支持底层窗口及弹出窗口透明度调整。

NB 系列触摸屏目前支持语言多达 32 种，便于对文本的高效管理。借助“文本库”功能，可对工程中多次用到的语言进行存储。同样，也可对用于描述支持多个状态（ON/OFF）、每个状态均采用一个文本的元件的文本进行存储。而且，该操作还可同各种语言的字体设置一同进行。

NB 系列触摸屏可方便快捷地配备动画方式，便于用户轻松灵活地创建出各种移动元件。例如，若想利用文本和图形显示不同的状态或在改变显示图形的同时显示自由或运动轨迹，则只需对状态、*X/Y* 坐标和相应地址进行配置即可。得益于“宏”的强大功能，NB 系列触摸屏不仅可以执行计算、对比或迭代以及数学运算，还可在屏幕上绘制图形和图案以及向本地存储器/相连设备的存储器中写入值或从本地存储器/相连设备的存储器中读取值。NB 系列触摸屏配备即时报警通知功能。事件监控（报警）功能不仅灵活多样，而且简单易用。借助该功能，用户不仅可为 ON/OFF 或 ON 条件触发输入位或字报警，还可以采用不同的字体和颜色来表示状态和优先级的变化程度。除了采用蜂鸣器有声报警以及附带文本信息外，用户还可将需要立即采取措施的情况设置成弹出式报警。

采用图形化的方式，NB 系列触摸屏可简单明了地显示实时和历史数据。除了可显示时间采样和趋势数据外，还可对基本实时趋势数据的采样数据（最多为 16 个连续字）进行保存。而且，在单点/多点和历史数据共同采样的情况下，还可利用 *X/Y* 坐标进行标绘。此外，还可以利用 *X* 分量和 *Y* 分量表示采样点等多种表示方式对数据进行显示处理。

NB 系列触摸屏还具备密码保护功能，可解决重大工程的安全问题。而且，多样化的安全选项可针对画面、按钮和输入等设置多达 16 种最低安全等级。针对每位操作人员可设置多达 32 种特定的权限控制等级。此外，还配备寄存器状态（位/字）控制选项（用于查看实际情况与预定义值的差别）和标准操作确认查看选项（用于确认操作人员是否已执行过关键操作）。

11.3.3 NS 系列触摸屏

如表 11-8 所示，NS 系列触摸屏涵盖了从 5.7 英寸到 15 英寸的 TFT 彩色显示屏；长效的 LED 背景光寿命可达 50000 小时，屏幕数据存储容量达到 60MB。分辨率为 320×240～1024×768，显示色彩为 32768 色。

表 11-8 NS 系列触摸屏性能参数表

项目	规格				
	NS5-V2	NS8-V2	NS10-V2	NS12-V2	NS15-V2
显示尺寸	5.7 英寸	8.4 英寸	10.4 英寸	7 英寸	15 英寸
分辨率	320 × 240	640 × 480	640 × 480	800 × 600	1024 × 768
显示屏类型	STN 单色/TFT 彩色/彩色高亮 TFT	高清 TFT 彩色	高清 TFT 彩色	高清 TFT 彩色	高清 TFT 彩色
显示颜色	16 阶/256 色	256 色	256 色	256 色	256 色
外壳颜色	黑/象牙白	黑/象牙白	黑/象牙白	黑/象牙白	黑/银色
有效显示区域	117.2×88.4mm	170.9×128.2mm	215.2×162.4mm	246.0×184.5mm	304.1×228.1mm
视角	左/右 45°、上 20°、下 40°	左/右 80°、上 80°、下 60°	左/右 70°、上 65°、下 65°	左/右 80°、上 80°、下 80°	左/右 80°、上 70°、下 60°

续表

项目	规格				
	NS5-V2	NS8-V2	NS10-V2	NS12-V2	NS15-V2
重量	1.0kg 以下	2.0kg 以下	2.3kg 以下	2.5kg 以下	4.2kg 以下
正常耗电量	15W 以下	25W 以下			45W 以下
耐冲击（工作期间）	147m/s^2，X、Y和 Z方向各 3 次				5～8.4Hz，3.5mm 单振幅，8.4～150Hz、9.8m/s^2，X、Y和 Z方向至少各 10 次
画面数据容量	60MB				
面板颜色	黑/象牙白/银色				
容许瞬停时间	瞬停不予保证				
额定电源电压	DC24V±15%				
图像数据	32768 色				
触摸方式	矩阵阻止膜（压敏）				
触摸面板寿命	100 万次以上				
寿命	50000 小时以上				
内置接口	Ethernet 端口、SD 存储卡插槽、USB				
保护	IP65 防油型和 NEMA4 UL 类别 4				
使用环境温度	0～50℃				
保存环境温度	−20～+60℃				
使用环境湿度	35%～85%（0～40℃）；35%～60%（40～50℃）（无结露）				
使用环境	无腐蚀性气体				
抗干扰性	符合 IEC61000−4−4 标准				
接地	接地电阻 100Ω 以下				
电池寿命	电池寿命为 5 年（25℃），电池电量低时（指示灯亮起橙光）5 天内更换电池				
适用标准	符合 UL 508、UL 1604、EMC 指令、NK 和 LR 标准				

11.3.4　NV 系列触摸屏

如表 11−9 所示，NV 系列触摸屏涵盖了从 5.7 英寸到 15 英寸的 TFT 彩色显示屏，长效的 LED 背景光寿命可达 50000 小时，屏幕数据存储容量 60MB，分辨率 320×240 到 1024×768，显示色彩为 32768 色。紧凑型 NV 系列触摸屏可满足对可视性、简易性以及成本的基本需求，单色型号提供三种背光色来进行状态显示。例如，绿色表示正常工作，橙色表示用户控制，红色表示错误，方便操作人员了解工作状态。可以使用大小为 10～240 点的 True Type 字体来灵活设计亮丽画面。可以切换部件的标签和语言，可以允许使用最多 16 种不同语言的字符串，并可以同时变更所有标签。同时，还符合国际安全标准，可方便地出口设备或将其运输到国外使用。可连接到欧姆龙 PLC、三菱 PLC 以及许多其他全球制造商的 PLC。

这样，无需更换 PLC 即可以连接 NV 系列触摸屏。

表 11-9　　NV 系列触摸屏性能参数表

项目	规格		
	NV3W	NV3Q	NV4W
显示尺寸	3.1 英寸	3.6 英寸	4.6 英寸
显示屏类型	STN 单色	STN 单色	STN 单色
电源电压	DC5V、DC24V	DC24V	DC24V
分辨率	128 × 64	320 × 120	320 × 120
显示屏有效尺寸	70 × 35mm	70.6 × 52.9mm	109 × 41mm
质量	160g 以下	210g 以下	240g 以下
正常耗电量	2W 以下	3.6W 以下	1.7W 以下
耐振动	10 ~ 55Hz，0.75 振幅，*X*、*Y* 和 *Z* 各方向 10min，每分钟扫描一次	10 ~ 55Hz, 0.75 振幅, *X*、*Y* 和 *Z* 各方向 10min，每分钟扫描一次	5 ~ 9Hz，3.5mm 单振幅，9 ~ 150Hz，$9.8m/s^2$，*X*、*Y* 和 *Z* 方向各 10 次
耐冲击	$98m/s^2$，*X*、*Y* 和 *Z* 方向各 4 次	$98m/s^2$，*X*、*Y* 和 *Z* 方向各 4 次	$147m/s^2$，*X*、*Y* 和 *Z* 方向各 3 次
LED 背光	NV3W-MG：3 色（绿色、橙色和红色）；NV3W-MR：LED 背光，3 色（白色、粉色和红色）	NV3Q-MR：3 色（白色、粉色和红色）；NV3Q-SW：1 色（白色）	NV4W-MG：3 色（绿色、橙色和红色）；NV4W-MR：3 色（白色、粉色和红色）
外部存储	/	SD 存储卡（32MB ~ 2GB）	
触摸方式	模拟电阻膜方式		
触控开关	最小 8 × 8 点阵		
触摸面板寿命	1 亿次操作以上（25°C 条件下）		
使用寿命	50000 小时以上		
内置接口	COM 端口、工具端口、USB		
抗干扰性	1000Vp-p，脉冲宽度 50ns，电源终端之间 1μs（通过模拟器）		
耐环境性	对于 NV3W 和 NV3Q IP65（初始状态），对于 NV4W IP67（初始状态）防尘和防滴漏仅针对面板前面（在面板接触面上使用防水垫片）每次重新安装 PT 时请更换防水垫片		
适用标准	UC、CE		
工作环境温度	0 ~ 50°C		
工作环境湿度	20% ~ 85%（无结露）		
存储环境温度	-20 ~ 60°C		
存储环境湿度	10% ~ 85%（无结露）		
绝缘电阻	电源终端和外壳之间 100MΩ（DC500V）（初始状态）		
安全标准	UL 508 和 EC 指令		

11.3.5　NT 系列触摸屏

图 11-10 给出了 NT 系列触摸屏型号编码的含义。如表 11-10 所示，NT 系列触摸屏涵盖了从 5.7 英寸到 15 英寸的 TFT 彩色显示屏，长效的 LED 背景光寿命可达 50000 小时，屏幕数据存储容量 60MB，分辨率 320×240～1024×768，显示色彩为 32768 色。支持 AB、GE、西门子、施耐德、三菱 A、FX 型号的 PLC。

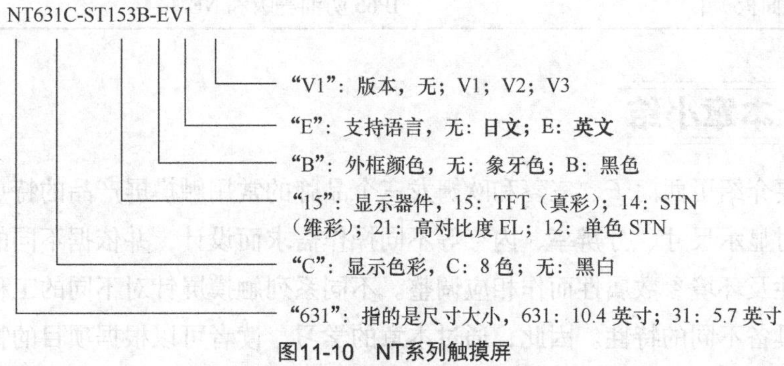

图11-10　NT系列触摸屏

表 11-10　NT 系列触摸屏性能参数表

项目	规格		
	NT631C	NT31/NT31C	NT20
显示尺寸	10.4 英寸	5.7 英寸	4.6 英寸
显示屏类型	TFT 彩色	STN 彩色/STN 单色	STN 单色
电源电压	DC24V±15%	DC24V±15%	DC24V−15%/+10%
分辨率	640×480	320×240	140 (128) × 260 (256)
显示屏有效尺寸	211 × 158mm	118.2 × 89.4mm	66 (57.6) × 120 (115.2)mm
显示颜色	8 色（可以在平铺模式下显示中间色）	8 色（可以在平铺模式下显示中间色）/黑/白（2 色）	白（2 色）
质量	2.5kg 以下	1kg 以下	0.7kg 以下
正常耗电量	18W 以下	15W 以下	10W 以下
触摸方式	矩阵阻止膜（压敏）		
画面数据容量	1MB		
框架颜色	米黄色/黑色		
触控开关	最小 8 × 8 点阵		
触摸面板寿命	100 万次以上		
使用寿命	50000 小时以上		
适用标准	UL 1604 Class 1 Division 2、EC 指令		
工作环境温度	0 ~ 50°C		
工作环境湿度	20% ~ 85%（无结露）		
存储环境温度	−20 ~ 60°C		

续表

项目	规格		
	NT631C	NT31/NT31C	NT20
工作环境	无腐蚀性气体		
耐振动（工作期间）	5～9H，单幅：3.5mm；9～150Hz，9.8m/s^2；X、Y和Z方向各 10 次		
耐冲击（操作期间）	147m/s^2，X、Y和Z方向各 3 次		
适用标准	UL 1604 Class 1 Division 2、EC 指令		
防护等级（前面板）	IP65 防油等级和 NEMA4		

11.4 本章小结

本章主要介绍了西门子、三菱和欧姆龙三个品牌的常用触摸屏产品的特点和性能。各品牌产品针对显示尺寸、分辨率、内存等不同操作需求而设计，并依据不同的显示模式参数、保护特性及环境参数属性而作相应调整。不同系列触摸屏针对不同的工程现场技术要求，硬件上具备不同的特性。因此，通过本章的学习，读者可以根据项目的特点来确定触摸屏的特性，通过适当的参数设置来完成触摸屏的选型。

实践篇

第 12 章　欧姆龙 C200HS PLC 及触摸屏在重型龙门铣床上的应用

第 13 章　扭矩模拟量输入触摸屏组态

第 14 章　TP177A 在汽车配件夹具上的应用

第 15 章　欧姆龙 C200Hα PLC 及触摸屏在轧辊车床上的应用

第12章 欧姆龙 C200HS PLC 及触摸屏在重型龙门铣床上的应用

铣床是一种常用的金属切削机床，可用来加工平面、斜面和沟槽等。铣床运动方式分为主体运动及辅助运动。装在主轴上的旋转铣刀称为主运动，工作台及其工件的移动称为进给运动。主运动和进给运动称为主体运动。工作台载着工件快速前进与返回等称为辅助运动，主轴和工作台一般都采用单独的异步电动机来拖动。

铣削加工方式有顺铣和逆铣两种，所以要求主轴有正转和反转。为了缩短主轴停车过程的时间，主轴电动机应具有制动装置。进给电动机的正反转与机械传动机构配合，实现其在不同方向的运动。为了保证工作安全可靠，铣床启动顺序为先启动主轴电动机，再开进给电动机；停止时先停进给电动机，再停主轴电动机，同时在 PLC 设计时也应有电动机的互锁。

本章主要介绍了欧姆龙 C200HS PLC 及触摸屏在重型龙门铣床上的应用，包括了龙门铣床概述、组成、电气选型、触摸屏画面组态、梯形图程序说明、指令表部分说明及触摸屏与 PLC 的通信。实物图的加入使龙门铣床的外观结构更加直观，梯形图程序中加入的注释使得程序更加容易理解。

12.1 重型龙门铣床的概述

龙门铣床是具有门式框架和卧式长床身的铣床。龙门铣床加工精度和生产率均较高，适合在成批大量生产中加工大型工件的平面和斜面。

如图 12–1 所示，龙门铣床结构形式为立柱和顶梁构成门式框架。横梁可沿两立柱导轨作升降运动，横梁上有 1 个带垂直主轴的铣头，可沿横梁导轨作横向运动。两立柱上还可安装一个带有水平主轴的铣头，它可沿立柱导轨作升降运动。每个铣头都具有单独的电动机（功率最大可达 150kW）、变速机构、操纵机构和主轴部件等。大型龙门铣床（工作台 6m×22m）的总重量达 850t。加工时，工件安装在工作台上并随之作纵向进给运动。主轴进给与升降台、横梁设置了互锁保护，消隙开关及主轴微动开关的设置使机床运行更加平稳。

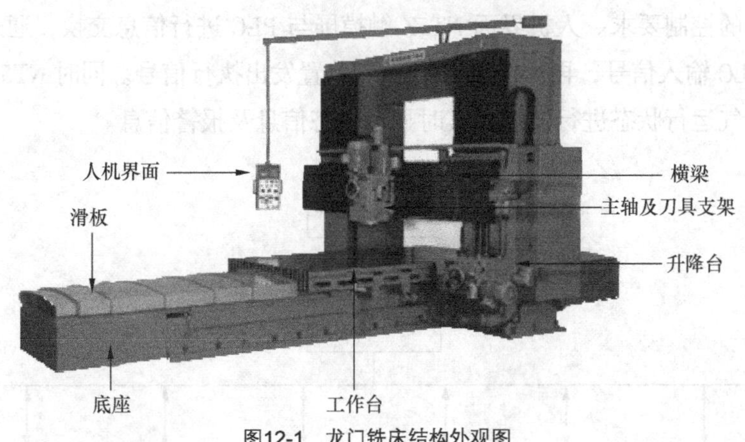

图12-1　龙门铣床结构外观图

12.1.1　龙门铣床组成

龙门铣床主要由底座、床身、横梁、刀杆支架、升降台、滑板、工作台、悬挂、主轴、电气控制单元等组成。

① 底座。底座是固定床身的装置，用来稳定整个铣床。

② 床身。床身内部装有主轴传动机构和变速操作机构。同时在床身顶部有水平导轨。

③ 横梁。横梁在水平导轨上支撑和固定刀具支架。

④ 刀杆支架。刀杆支架用来支撑要装铣刀中心轴的一端，中心轴的另一端则固定在主轴上。

⑤ 升降台。升降台又称滑枕，它可以沿着垂直的导轨上下移动，升降台上固定有刀具支架来完成垂直方向的铣削。

⑥ 滑板。滑板是带动工作台纵向移动的传动及支撑装置。

⑦ 工作台。工作台位于滑板上部的可转动部分的导轨上，可以作垂直于主轴轴线方向的移动（纵向移动），并且工作台上有 T 型槽，被用来固定工件。

12.1.2　龙门铣床电气选型

在龙门铣床中，根据铣床的各项参数来确定主轴、进给电动机的功率。以 X2025 重型龙门铣床为例，其加工参数包括了工作台直径工作面积（宽 × 长）2500mm×8000mm、最大加工尺寸（长×宽×高）8000mm×2500mm×2000mm、两柱间距离 3200mm 和工作台承载重量 40t。对于该型号龙门铣床，其控制框图如图 12-2 所示，工作台电动机一般为 13kW、440V、36A、1000r/min；水平及垂直铣头横梁和升降台电动机功率分别为 4kW 和 3kW、输入电压 180V、转速 1500r/min。

如图 12-2 所示，龙门铣床电气控制是指欧姆龙 PLC 对铣床各部分电动机进行的控制，并且达到预想的控制要求。人机界面 NT5Z 触摸屏与 PLC 进行信息交换，通过组态好的各部分元件给 PLC 输入信号，再由 PLC 给各执行装置发出执行信号。同时 NT5Z 触摸屏对铣床各部分的电气运行状态进行监控，实时显示状态信息及报警信息。

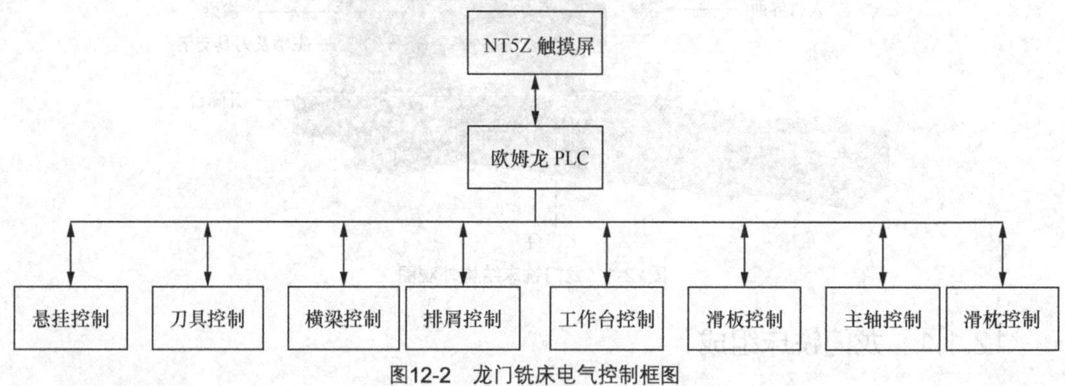

图12-2　龙门铣床电气控制框图

NT5Z 型的人机界面（HMI）具有使用方便、通信丰富、内存容量可达 4MB、支持扩展 SMC 存储卡、结构紧凑及便于连接的优点，同时也适合机械加工中组态应用。鉴于以上特点，NT5Z 型触摸屏适合于龙门铣床的电气控制。

12.1.3　PLC I/O 点数分配

明确了龙门铣床的组成及需要完成的功能后，需要对输入/输出（I/O）进行分配。本节主要对龙门铣床配置输入输出点，根据控制要求给每个指定的功能分配一个 I/O 通道，表格的应用使读者能够清晰看出每个 I/O 的地址和功能。

表 12–1 列出了龙门铣床各部分输入点在 PLC 中的地址分配，其中分配了 5 个通道的地址。它们分别为：通道 0，地址范围 0.00 ~ 0.15，该通道分配了机床送电/停止、悬挂上升/下降、悬挂限位开关、横梁上升/下降、横梁限位开关、横梁润滑限位、泵的压力和油过滤器的地址；通道 1，地址范围 1.00 ~ 1.15，该通道分配了刀具夹紧/放松、刀具停止、刀具限位、工作台停进给、工作向前/向后进给、工作台长车/慢点选择、工作台向前/向后限位、进给系统励磁准备好和机床润滑检测的地址；通道 2，地址范围 2.00 ~ 2.15，该通道分配了滑板向左/向右、滑板停进给、滑板限位、滑板长车/慢点选择、滑板导轨润滑检测、升降台上升/下降、升降台停进给、升降台导轨润滑检测和升降台长车/慢点选择的地址；通道 3，地址范围 3.00 ~ 3.15，该通道分配了升降台放松、升降台限位、主轴通电/停止、主轴挡位的限位、主轴长车/微动选择、主轴正/反转和铣床左侧排削开关的地址；通道 4，地址范围 4.00 ~ 4.09，该通道分配了右侧排削开关、风机断路开关、水泵断路开关、主轴系统准备好和故障清除按钮的地址。同时，表 12–1 所示中地址通道的每一位数据类型都为布尔型。

表 12-1　　输入点数地址分配表

	名　称	类型	地址		名　称	类型	地址
通道 0	机床送电按钮	BOOL	0.00	通道 1	刀具夹紧按钮	BOOL	1.00
	机床急停按钮	BOOL	0.01		刀具放松按钮	BOOL	1.01
	悬挂上升限位一	BOOL	0.02		刀具夹紧停止	BOOL	1.02
	悬挂上升限位二	BOOL	0.03		刀具夹紧限位	BOOL	1.03
	悬挂下降限位	BOOL	0.04		工作台消隙开关	BOOL	1.04
	悬挂上升按钮	BOOL	0.05		工作台向前进给按钮	BOOL	1.05
	悬挂下降按钮	BOOL	0.06		工作台停进给按钮	BOOL	1.06
	机床泵站压力	BOOL	0.07		工作台向后进给按钮	BOOL	1.07
	横梁上升按钮	BOOL	0.08		进给系统励磁准备好	BOOL	1.08
	横梁下降按钮	BOOL	0.09		选工作台长车	BOOL	1.09
	横梁放松限位	BOOL	0.10		选工作台慢点	BOOL	1.10
	左导轨润滑限位	BOOL	0.11		工作台向前限位	BOOL	1.11
	横梁右导轨润滑限位	BOOL	0.12		工作台向后限位	BOOL	1.12
	横梁上升限位	BOOL	0.13		工作台前终端限位	BOOL	1.13
	横梁下降限位	BOOL	0.14		工作台后终端限位	BOOL	1.14
	油过滤器	BOOL	0.15		机床润滑检测	BOOL	1.15
通道 2	滑板向左按钮	BOOL	2.00	通道 3	选升降台放松	BOOL	3.00
	停滑板进给按钮	BOOL	2.01		升降台放松限位	BOOL	3.01
	滑板向右按钮	BOOL	2.02		升降台向上限位	BOOL	3.02
	选择滑板进给长车	BOOL	2.03		升降台向下限位	BOOL	3.03
	选择滑板进给慢点	BOOL	2.04		主轴停止按钮	BOOL	3.04
	滑板导轨润滑检测	BOOL	2.05		主轴系统送电按钮	BOOL	3.05
	滑板放松限位	BOOL	2.06		主轴正转按钮	BOOL	3.06
	滑板左限位	BOOL	2.07		主轴反转按钮	BOOL	3.07
	滑板右限位	BOOL	2.08		选主轴长车	BOOL	3.08
	滑板放松开关	BOOL	2.09		选主轴微动	BOOL	3.09
	升降台向上按钮	BOOL	2.10		主轴变速微动按钮	BOOL	3.10
	升降台向下按钮	BOOL	2.11		主轴一挡限位	BOOL	3.11
	停升降台进给按钮	BOOL	2.12		主轴三挡限位	BOOL	3.12
	选升降台进给长车	BOOL	2.13		主轴二挡限位	BOOL	3.13
	选升降台进给慢点	BOOL	2.14		机床找正开关	BOOL	3.14
	升降台导轨润滑检测	BOOL	2.15		左侧排屑开关	BOOL	3.15
通道 4	右侧排屑开关	BOOL	4.00	通道 4	主轴系统准备好	BOOL	4.08
	风机空开	BOOL	4.05		故障清除按钮	BOOL	4.09
	水泵开关	BOOL	4.06				

同样，在龙门铣床中输出点数目地址的分配见表 12-2。龙门铣床输出点的地址分配共有 4 个通道，它们分别是：通道 100，地址范围 100.00 ~ 100.15，该通道分配了左右排屑的输出、悬挂上升/下降输出、机床通电输出 1、横梁上升/下降输出、横梁液压泵输出、横梁润滑/放松阀、主轴运行、刀具夹紧/放松和工作台向前/向后的地址；通道 101，地址范围 101.00 ~ 101.15，该通道分配了工作台停止输出、工作台长车/慢点输出、工作台向前/向后的地址；滑板向左/向右输出、滑板进给长车/慢点、滑板输出故障输出、滑板放松中继、升降台进给长车、升降台向上/向下和主轴励磁准备好的地址；通道 102，地址范围 1002.00 ~ 102.15，该通道分配了升降台无进给输出、升降台进给慢点输出、升降台放松中继、主轴正转/反转、主轴长车/停止、机床泵站输出、油过滤器故障输出、工作台故障、机床液压泵故障、滑板故障、滑板放松和滑板终端故障的地址；通道 103，地址范围 103.00 ~ 103.15，该通道分配了升降台放松/终端故障、主轴在 1 挡/2 挡/3 挡、滑板励磁准备好、升降台励磁准备好、滑板运行指示、升降台运行指示、主轴系统通电指示、主轴微动指示、风机故障和机床故障输出的地址。地址通道的每一位数据类型全为布尔型。

表 12-2　　输出地址 I/O 分配

	名　称	类型	地址		名　称	类型	地址
通道 100	左排屑输出	BOOL	100.00	通道 101	工作台停止	BOOL	101.00
	右排屑输出	BOOL	100.01		主轴励磁准备好	BOOL	101.01
	悬挂上升输出	BOOL	100.02		工作台长车输出	BOOL	101.02
	悬挂下降输出	BOOL	100.03		工作台向前	BOOL	101.03
	机床通电输出 1	BOOL	100.04		工作台向后	BOOL	101.04
	机床通电输出 1	BOOL	100.05		工作台慢点输出	BOOL	101.05
	横梁上升	BOOL	100.06		滑板向左	BOOL	101.06
	横梁下降	BOOL	100.07		滑板向右	BOOL	101.07
	横梁液压泵	BOOL	100.08		滑板进给慢点输出	BOOL	101.08
	横梁放松阀	BOOL	100.09		滑板进给长车输出	BOOL	101.09
	横梁润滑阀	BOOL	100.10		滑板输出故障	BOOL	101.10
	主轴运行输出	BOOL	100.11		滑板放松中继 1	BOOL	101.11
	刀具夹紧输出	BOOL	100.12		滑板放松中继 2	BOOL	101.12
	刀具放松输出	BOOL	100.13		升降台进给长车输出	BOOL	101.13
	工作台向前输出	BOOL	100.14		升降台向上	BOOL	101.14
	工作台向后输出	BOOL	100.15		升降台向下	BOOL	101.15
通道 102	升降台无进给输出	BOOL	102.00	通道 103	升降台故障输出指示	BOOL	103.00
	升降台进给慢点输出	BOOL	102.01		升降台放松故障	BOOL	103.01
	升降台放松中继 1	BOOL	102.02		升降台终端故障	BOOL	103.02
	升降台放松中继 2	BOOL	102.03		主轴在 1 挡	BOOL	103.03

续表

	名　称	类型	地址		名　称	类型	地址
通道 102	主轴正转输出	BOOL	102.04	通道 103	主轴在 2 挡	BOOL	103.04
	主轴反转输出	BOOL	102.05		主轴在 3 挡	BOOL	103.05
	主轴长车输出	BOOL	102.06		滑板励磁准备好	BOOL	103.07
	主轴停止输出	BOOL	102.07		升降台励磁准备好	BOOL	103.08
	水泵启动输出	BOOL	102.08		滑板运行指示	BOOL	103.09
	机床泵站故障	BOOL	102.09		升降台运行指示	BOOL	103.10
	油过滤器故障	BOOL	102.10		主轴系统通电指示	BOOL	103.11
	工作台故障	BOOL	102.11		主轴微动指示	BOOL	103.12
	机床液压泵故障	BOOL	102.12		风机故障	BOOL	103.13
	滑板故障输出	BOOL	102.13		机床故障输出	BOOL	103.15
	滑板放松输出	BOOL	102.14				
	滑板终端故障	BOOL	102.15				

同时，为了在系统运行中对龙门铣床导轨各个部位润滑，地址通道 200 中分配了各个润滑点中继工作位，其使用方法可参见 PLC 梯形图相应说明。

12.2　龙门铣床触摸屏画面组态

在 PLC 输入/输出地址分配完成后，便可以开始对组态触摸屏画面进行组态，即建立一个人机对话窗口，并将各种输入及显示功能集中在一个操作终端上，以方便使用者操作。

由于龙门铣床机械结构复杂，需在组态前对其进行分类。在 NTZ-Designer 组态软件中，组态龙门铣床主要分为：悬挂组态、横梁组态、刀具组态、排屑组态、工作台组态、滑板组态、主轴组态、升降台画面组态和报警画面组态。报警组态需实时显示报警内容、报警时间及报警编号，并通过信息跑马灯显示各部件状态。

龙门铣床上电后，人机界面启动并进入主画面（如图 12-3 所示）。为了避免铣床故障造成损失，需在各个画面下组态急停按钮，它可以在紧急状态下快速停止整个系统。在铣床上电后并且无故障输出时，组态画面通电指示灯点亮，液压泵也随即启动。如果液压系统有异常或其他部分异常时，报警信息画面自动弹出并显示报警内容，报警画面也可以随时在每个组态画面下调用。同时，状态信息条位于主画面底部，它以跑马灯形式显示当前铣床所处的状态和其他信息。

所谓信息跑马灯方式，就是资料显示的一种类型，分别显示时间、日期、状态编号及信息每次移动的点数，组态信息显示时常用。

如图 12-3 所示，在主画面中分别点击“悬挂控制”、“横梁控制”、“刀具控制”、“排削控制”、“工作台控制”、“滑板控制”、“主轴控制”和“升降台控制”画面切换按钮后，可进入相应的控制子画面。

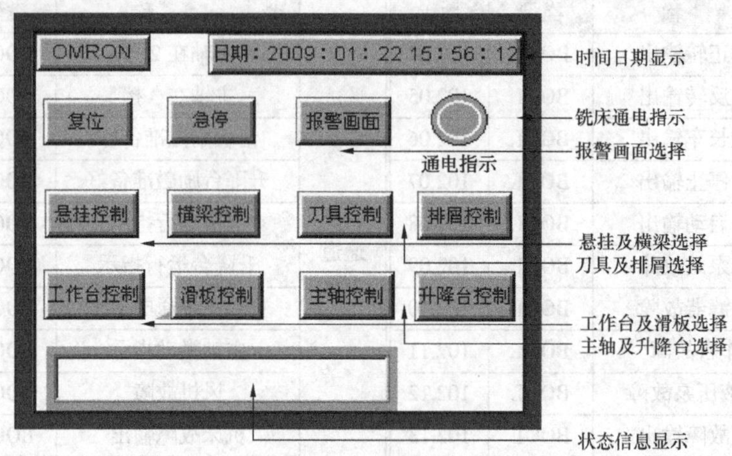

图12-3　主画面组态

图 12-4 给出了悬挂画面的组态过程，所谓悬挂，就是垂直悬吊于龙门铣床前的人机操作单元。组态悬挂就是设置悬挂"上升"和"下降"。当悬挂上升至最高限位开关处，悬挂将自动停止；同样，当悬挂下降至最低限位开关处，悬挂将自动停止，并在状态信息栏显示悬挂所处状态。如果出现紧急故障，可在当前画面点击"急停"按钮，待故障解决后，再用"复位"按钮进行复位。

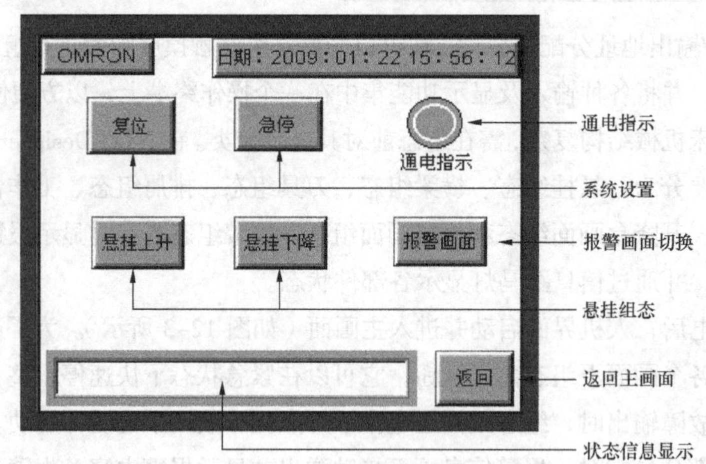

图12-4　悬挂画面组态设置

横梁部分组态就是组态横梁上升和横梁下降（如图 12-5 所示）。同时在该画面下可以组态水泵停止和启动。当出现故障时，人机界面将自动弹出报警画面，并输出横梁报警信息。按下返回按钮可以返回主画面。

图 12-6 给出了刀具画面组态过程。组态刀具画面前需要分清刀具安装过程，分别为：在机床停转情况下按下"刀具放松"按钮，铣床开始执行刀具放松操作；然后将刀具装入，按下"刀具夹紧"按钮，铣床开始执行刀具夹紧操作；在刀具夹紧到位后状态信息栏会显

示刀具夹紧到位信息，装置停止夹紧。从以上操作过程可以看出，组态刀具就是组态刀具放松和夹紧。同时在刀具夹紧或放松过程中按下“夹紧停止”按钮来停止对刀具的操作。

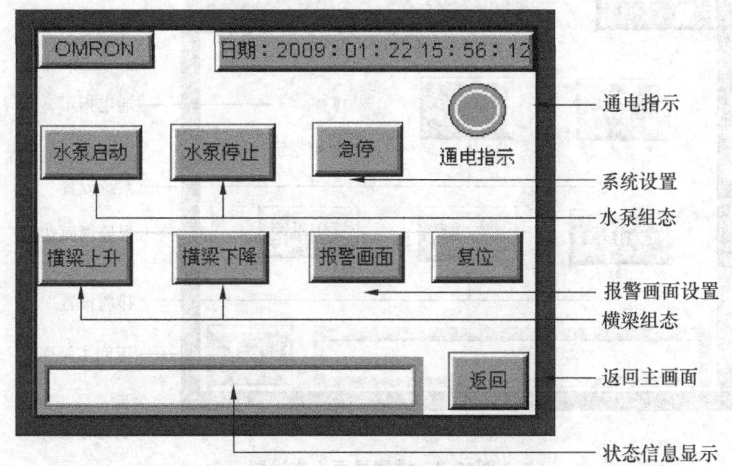

图12-5　横梁画面组态设置

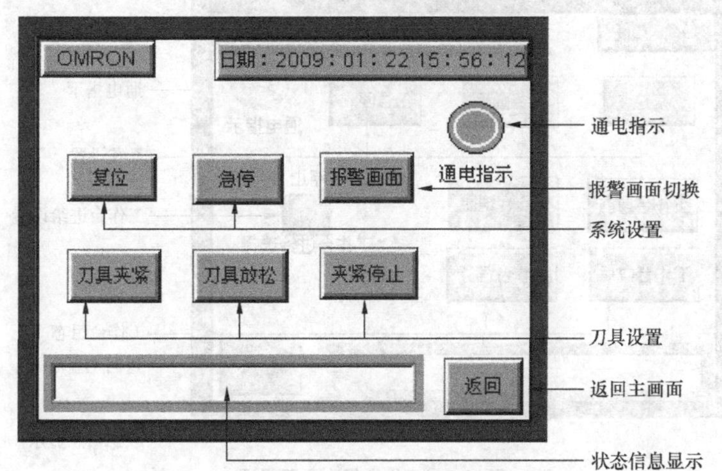

图12-6　刀具画面组态设置

如图 12–7 所示，排屑画面组态就是对左侧及右侧排屑的画面设置。所谓排屑就是将铣削后的铁屑通过指定装置去除掉，排屑装置分布在左右两侧。根据需要可以点击“左侧排屑”按钮进行排屑，也可以点击“右侧排屑”按钮进行排屑。如果遇到排屑故障，人机界面将弹出报警画面，并显示详细故障信息，待故障解除后可用“复位”按钮进行复位。

图 12–8 给出了组态工作台画面的过程，在消除工作台间隙后，工作台才能移动。在工作台移动过程中可以点击“工作台停止”按钮来停止其工作，同时通过“工作台进给选择”旋钮来选择工作台长车、慢点或者停止，慢点是对工作台进行点动控制。工作台移动主要指工作台向前或向后运动，与主轴转动配合使用。遇到工作台故障时会弹出故障报警画面，显示工作台详细报警信息，也可点击“报警画面”按钮进入报警显示画面查看当前或者历

史报警。事件信息可在跑马灯信息栏中显示。

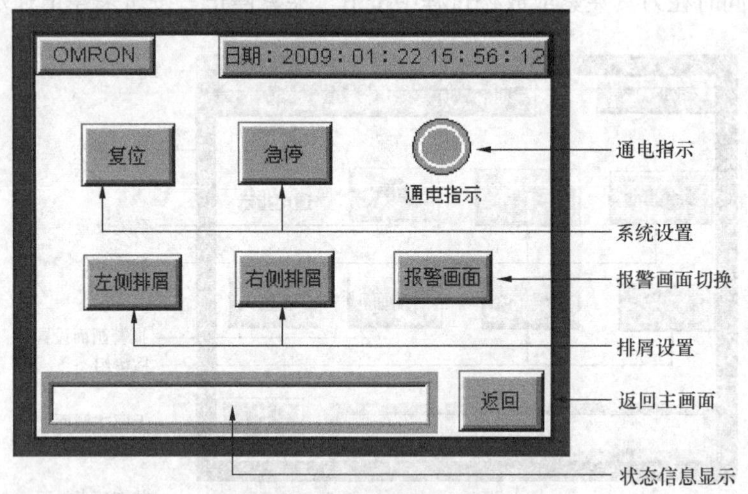

图12-7　排屑画面组态设置

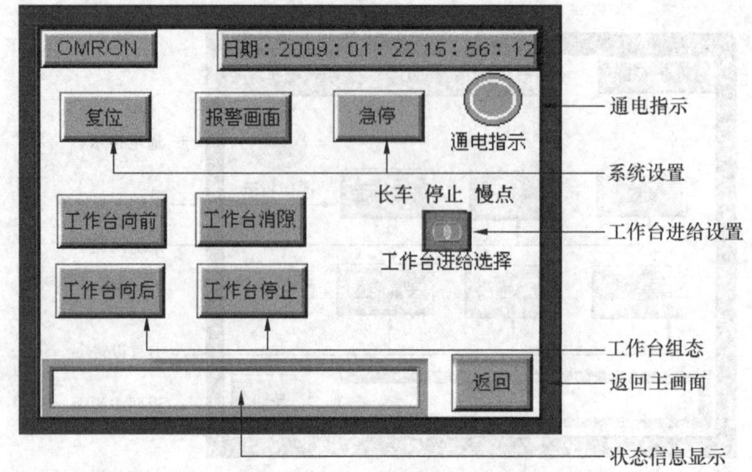

图12-8　工作台组态画面设置

滑板画面组态与工作台组态画面类似（如图 12–9 所示），选择滑板长车、慢点或者停止是通过“滑板进给选择”旋钮来实现。滑板移动主要指滑板向左或向右运行，与主轴转动配合使用。当遇到滑板故障会弹出故障报警画面，显示滑板详细报警信息。用户也可随时点击进入故障画面，对历史报警信息进行检查。

如图 12–10 所示，图中组态了主轴画面。主轴运动就是各个方向的铣刀转动，其转动方式有正转和反转。同时，可以对主轴运动方式进行选择：点击“主轴长车”按钮即选择主轴长车运行；点击“主轴微动”按钮即选择主轴进行微动操作；点击“主轴变速微动”可对主轴进行变速微动操作。遇到故障时，人机界面则弹出报警对话框来显示当前详细报警信息。同时，在信息跑马灯上实时显示当前所执行的操作。

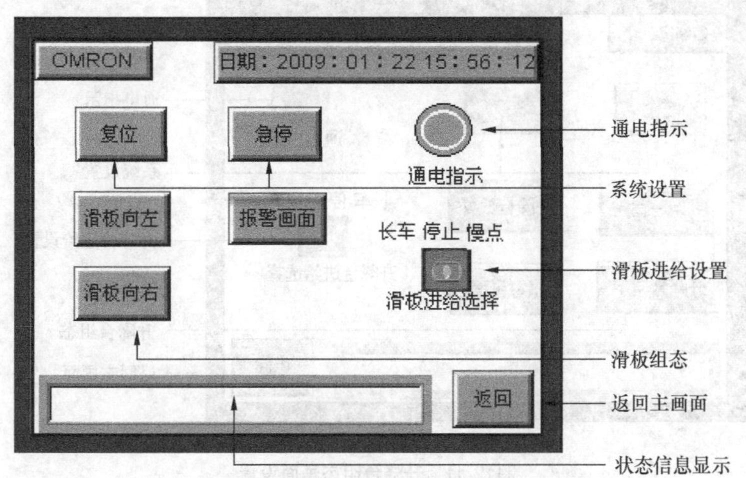

图12-9　滑板画面组态设置

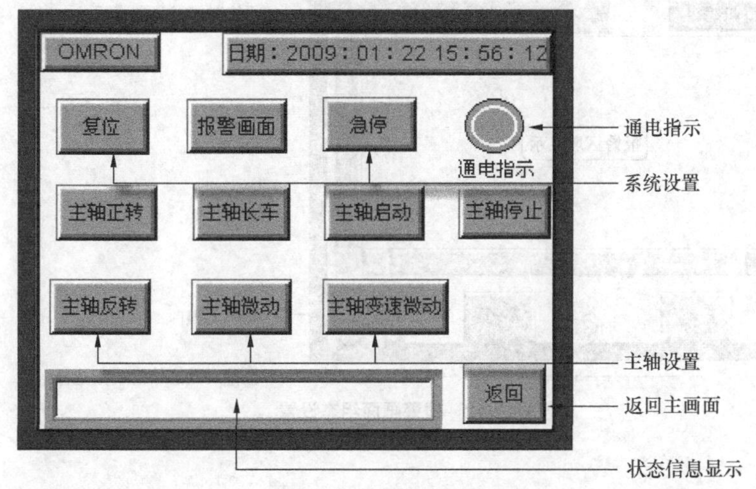

图12-10　主轴组态画面设置

图 12–11 给出了对升降台的操作，选择工作长车、慢点或者进给停止是通过“升降台进给选择”旋钮来实现的。升降台移动主要指滑板向上或向下，并与主轴转动配合使用，如果遇到升降台故障，人机界面会弹出故障报警画面，并显示升降台详细报警信息。同时也可点击进入故障画面，并对历史报警进行检查，故障解除可点击“复位”按钮。同时在跑马灯信息栏中显示当前所处状态。

报警画面的组态设置如图 12–12 所示，当报警信息触发后，人机界面将直接弹出该对话框，并显示报警日期、报警编号、报警详细内容及历史报警。报警画面除显示报警信息外，还对铣床各部分动作状态进行显示。同时，HMI 将保存其内容，以方便对历史状态进行查询。如果故障页数较多，进行故障查询时可点击“下一页”按钮或“上一页”按钮来换页。

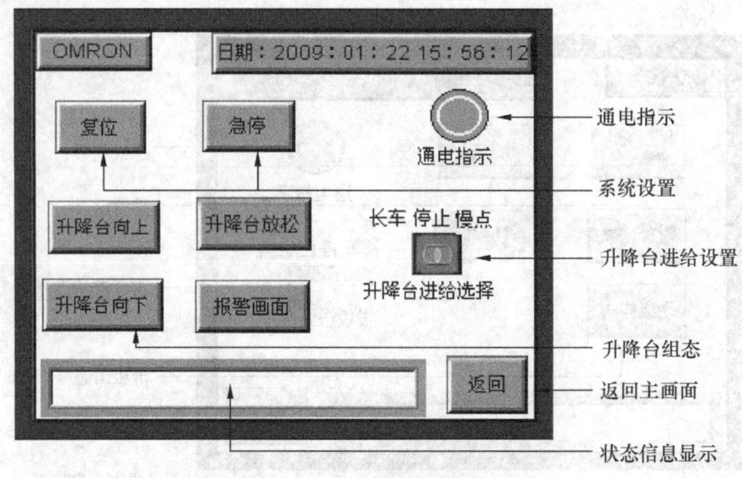

图12-11　升降台组态画面设置

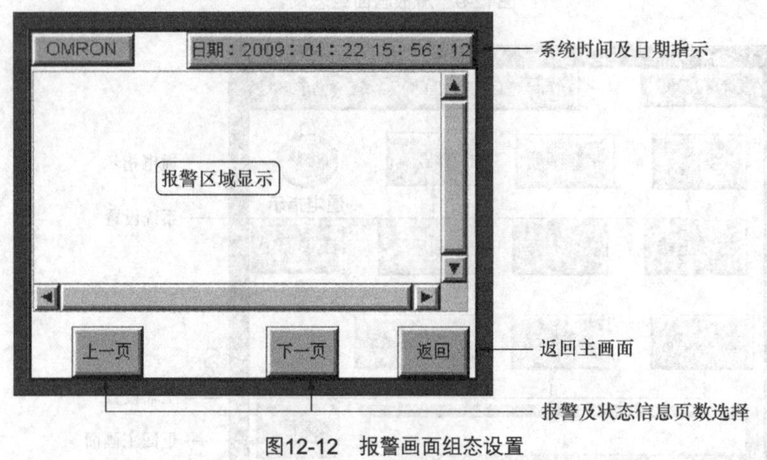

图12-12　报警画面组态设置

12.3　龙门铣床 PLC 程序设计

确定好龙门铣床 PLC 的输入/输出点、中继工作位信号及完成对触摸屏组态后，下一步需要对铣床 PLC 程序作整体设计。本节详细介绍了龙门铣床 PLC 梯形图和指令表设计。龙门铣床 PLC 中分别介绍了铣床送电信号程序、排屑及悬挂部分程序、横梁部分程序、刀具部分程序、主轴部分程序、工作台及升降台部分程序和故障部分程序。在梯形图和指令表中引入注释后，使读图更加方便，同时增加了对每一部分程序说明，使得龙门铣床梯形图更加容易理解，因此它适合各类设计者的要求。

12.3.1　龙门铣床 PLC 梯形图程序

1. 铣床送电准备信号程序设计段

图 12–13 给出了铣床送电过程的 PLC 梯形图，机床正常输出条件为：龙门铣床上电、

设备正常运行和计时器 TIM000 未置位。如果龙门铣床进给系统励磁准备好，则显示包括主轴、滑板、升降台励磁都准备好。同时，在主轴系统正常送电后，PLC 的输出主轴通电正常；如果出现故障，机床延时并切断送电回路。液压泵站和油过滤器如果有异常，PLC 则输出相应故障信息。如图 12–13 所示，在工作台、滑板和升降台移动过程中 PLC 会输出机床运行指示。

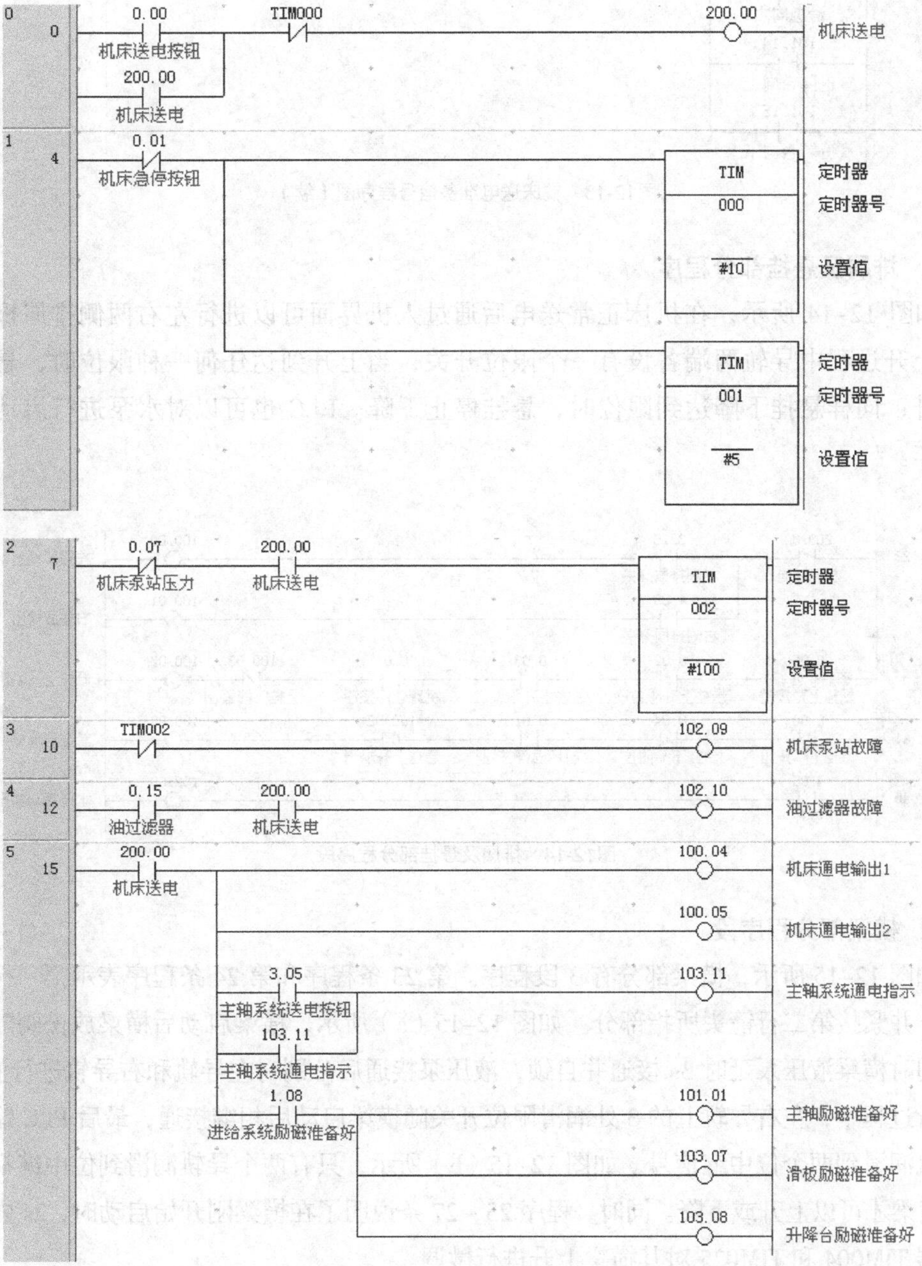

0　0
0.00 机床送电按钮
200.00 机床送电
TIM000
200.00 机床送电

1　4
0.01 机床急停按钮
TIM 定时器
000 定时器号
#10 设置值
TIM 定时器
001 定时器号
#5 设置值

2　7
0.07 机床泵站压力
200.00 机床送电
TIM 定时器
002 定时器号
#100 设置值

3　10
TIM002
102.09 机床泵站故障

4　12
0.15 油过滤器
200.00 机床送电
102.10 油过滤器故障

5　15
200.00 机床送电
100.04 机床通电输出1
100.05 机床通电输出2
3.05 主轴系统送电按钮
103.11 主轴系统通电指示
103.11 主轴系统通电指示
1.08 进给系统励磁准备好
101.01 主轴励磁准备好
103.07 滑板励磁准备好
103.08 升降台励磁准备好

图12-13　铣床送电准备信号程序图

图12-13　铣床送电准备信号程序图（续）

2. 排屑及悬挂部分程序

如图 12-14 所示，在机床正常送电后通过人机界面可以进行左右两侧排屑操作。悬挂上升过程中导轨两端各设有一个限位开关，当上升到达任何一种限位时，悬挂停止上升；同样悬挂下降达到限位时，悬挂停止下降。PLC 也可以对水泵进行启动和停止操作。

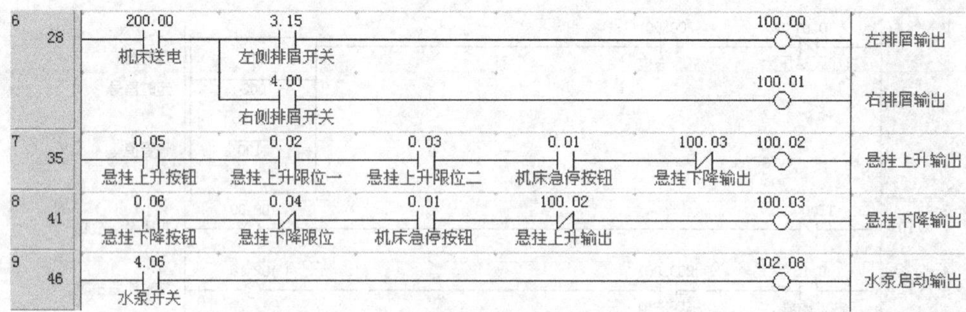

图12-14　排屑及悬挂部分程序段

3. 横梁部分程序段

如图 12-15 所示，横梁部分有 3 段程序。第 23 条程序和第 24 条程序表示第一行程序未完，并紧接第二行箭头所指部分。如图 12-15（a）所示，横梁启动后横梁放松阀随即接通，同时横梁液压泵延时 3s 接通并自锁，液压泵接通后分别对左导轨和右导轨进行润滑。在润滑过程中，左右导轨上的 3 处润滑限位开关随横梁启动后相继接通，最后 PLC 输出左右导轨润滑到两个位中继信号。如图 12-15（b）所示，只有两个导轨润滑到位中继都接通后，横梁才可以上升或下降。同时，程序 25～27 条说明了在横梁刚开始启动时，2s 内通过定时器 TIM004 和 TIM025 对其横梁上升进行微调。

（a）

图12-15 横梁部分程序段

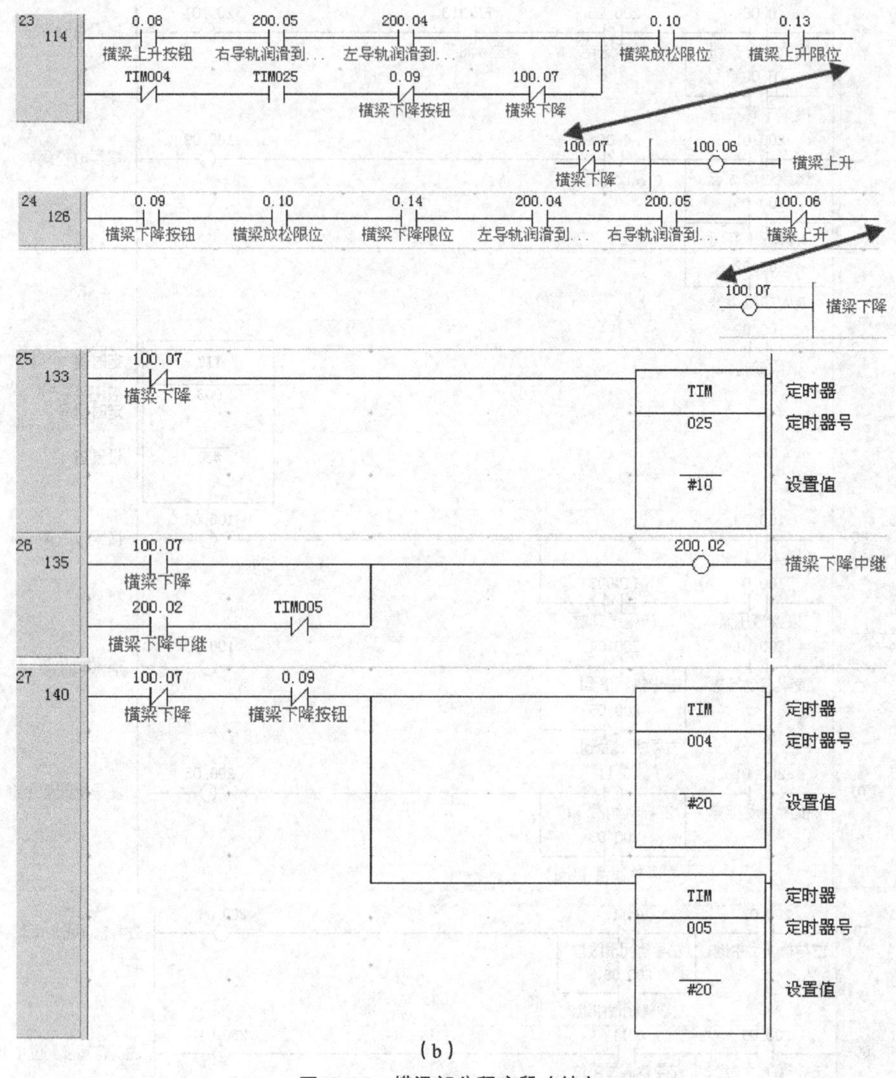

(b)

图12-15 横梁部分程序段（续）

4. 刀具部分程序段

图 12-16 给出了刀具操作的梯形图程序，第 28 条程序和第 29 条程序表示第一行程序未完，紧接着第二行箭头所指部分。在机床停止状态下，PLC 可以对刀具进行夹紧和放松两种操作：第一种是刀具夹紧过程中，如果刀具达到夹紧限位，则停止夹紧；第二种是在刀具放松过程中，定时器 TIM006 在 8s 后自动接通，则刀具放松停止。如果放松操作未到位，则可继续点击刀具放松按钮。在夹紧或放松过程中，使用者可点击“刀具夹紧停止”按钮。

5. 主轴程序部分

如图 12-17（a）所示，主轴分为 3 个挡位：1 挡、2 挡和 3 挡，每个挡位由一个限位开关控制。当主轴在挡位上时，选择主轴长车运动后，并且长车运动与主轴变速微动形成互锁，则输出主轴长车运动；选择主轴微动后，PLC 输出主轴微动指示。如图 12-17（b）

所示，主轴正转输出条件包括：机床上电 0.5s 延时到位、主轴校正位置旋钮处于常闭状态、无微动输出、主轴在 1 挡位或 2 挡位、与反转控制形成互锁及主轴长车同主轴正转形成自锁。

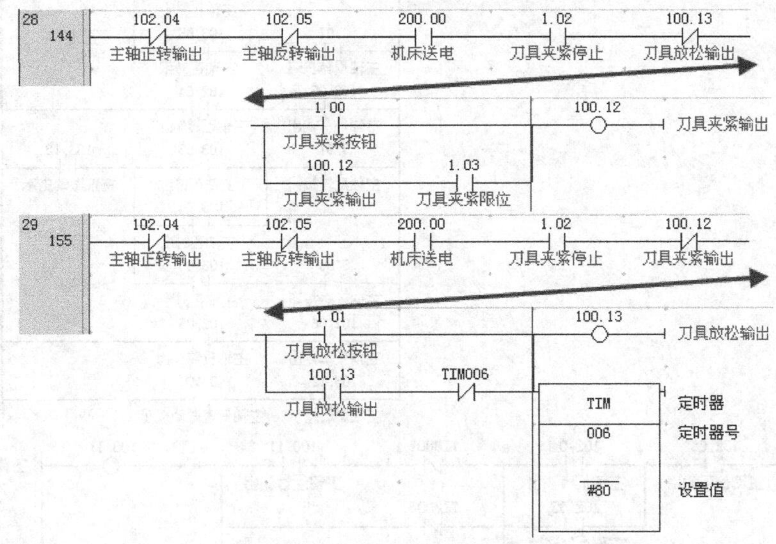

图12-16　刀具操作部分程序段

如图 12-17（b）所示，在主轴 3 挡时也可以通过点击主轴正转按钮来实现主轴反转控制；同样在 3 挡时，点击反转按钮可实现主轴的正转控制。同时，在主轴长车下无论主轴处于正转状态还是处于反转状态，PLC 输出主轴运行信号，该信号为间断点亮信号，通过定时器 TIM7 和 TIM9 完成。

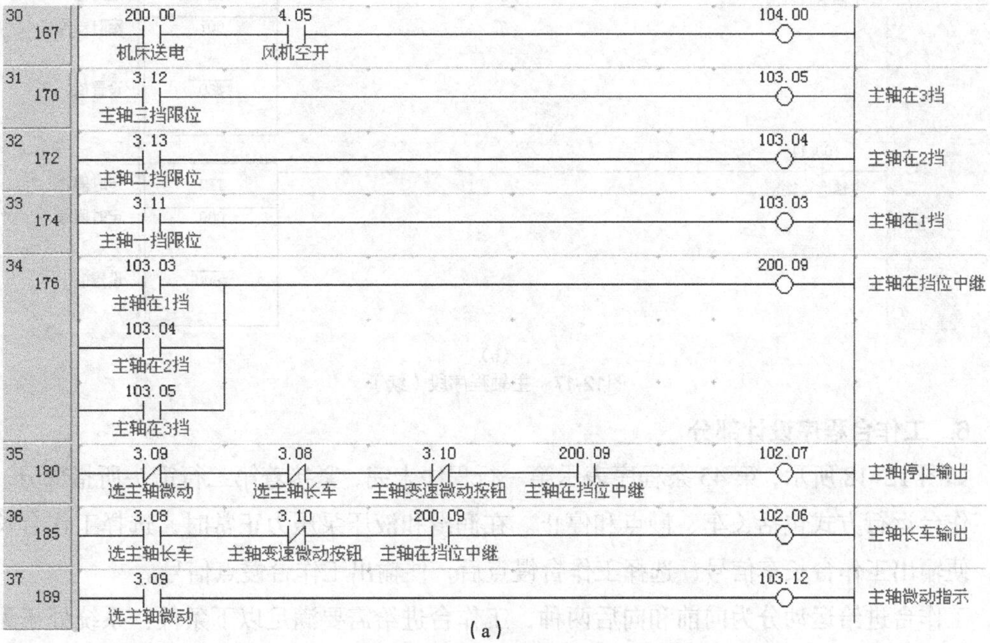

（a）

图12-17　主轴程序段

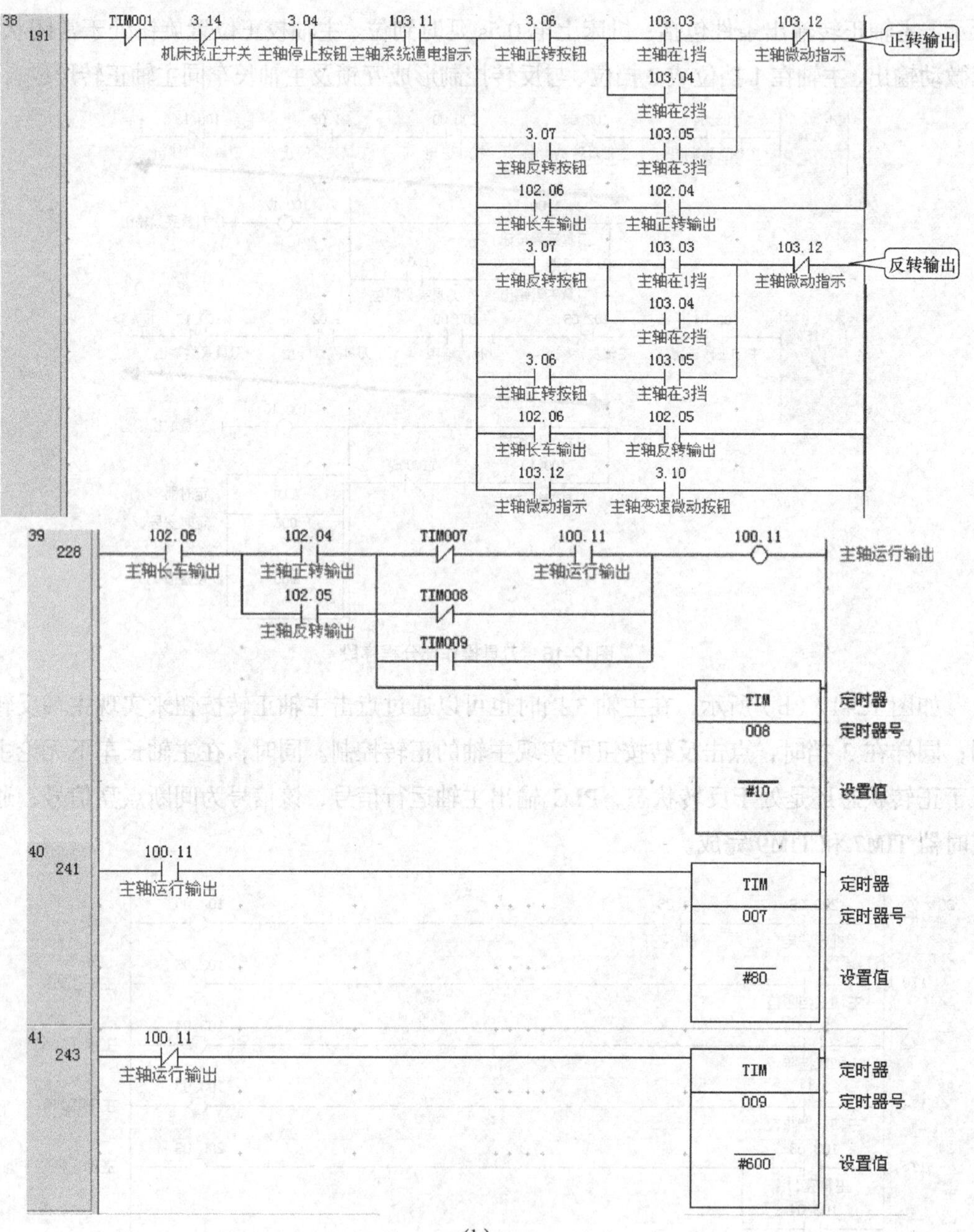

(b)

图12-17　主轴程序段（续）

6. 工作台程序设计部分

如图 12-18 所示，第 45 条程序表示第一行程序未完，紧接着第二行箭头所指部分。选择工作台运行方式包括长车、慢点和停止。在润滑和液压泵压力正常时，选择工作台长车后，便输出工作台长车信号；选择工作台慢点后，便输出工作台慢点信号。

工作台进给运动分为向前和向后两种，工作台进给需要满足以下条件：系统处于无故障状态、进给系统和主轴系统励磁都准备好、润滑正常及横梁处于夹紧状态。

点击“工作台向前”按钮，当工作台没有达到极限位置时，工作台向前的信号接通。如果主轴处于正转输出或反转输出，并且工作台有长车输出信号，则 PLC 输出向前移动信号并自锁。当工作台间隙消除开关为 ON，并且它与向后输出形成互锁时，工作台便产生向前输出信号。

为了使系统能更好地定位，在主轴无输出时工作台定位可以通过定位（找正）开关来控制。工作台向后移动程序与向前移动程序类似。

工作台出现故障条件为：向前限位为 ON、向后限位为 ON、工作台前终端限位为 ON 和工作台后终端限位为 ON。

7．水泵故障及升降台控制程序

如图 12–19 所示，第 63 条程序表示第一行程序未完，紧接着第二行箭头所指部分。水泵故障输出条件为：机床送电、油压检测正常且水泵开关处于关断状态，则 6s 后 PLC 启动水泵故障报警。

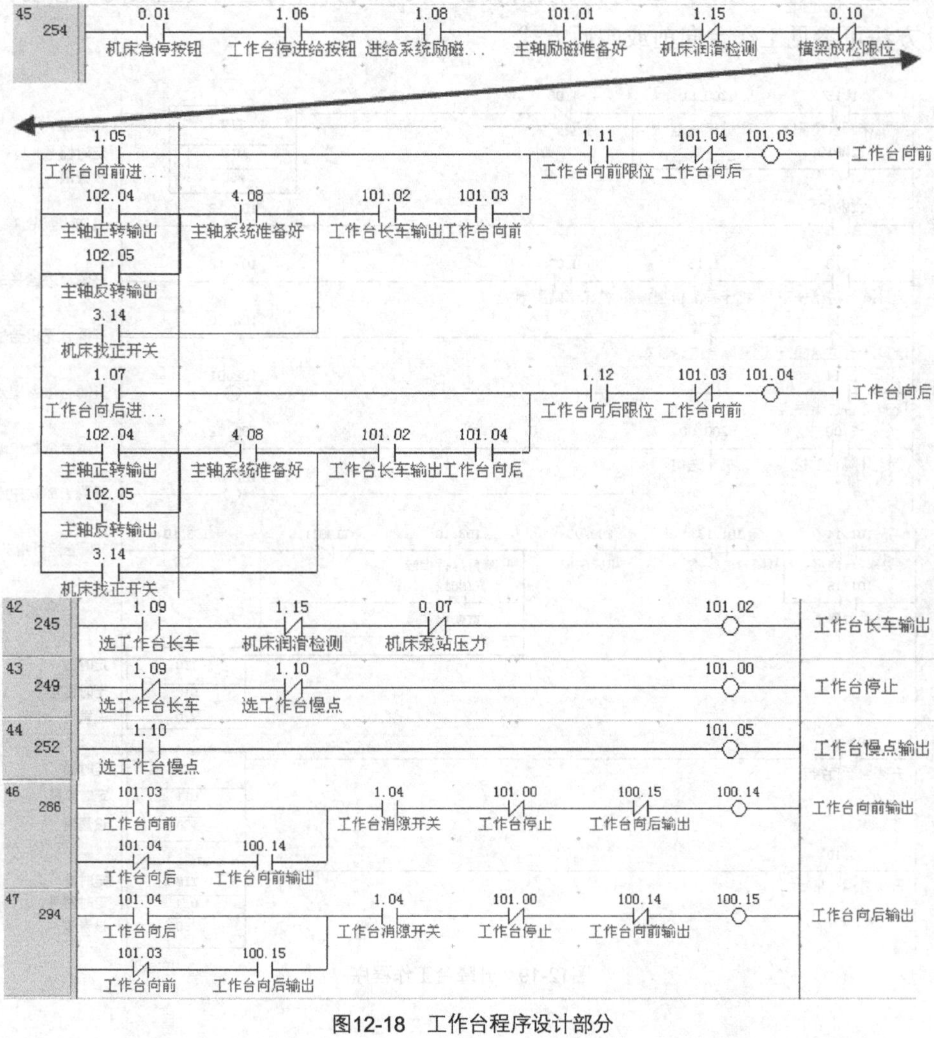

图12-18　工作台程序设计部分

图12-18 工作台程序设计部分（续）

如图 12-19（a）所示，升降台运动方式选择程序部分与主轴运动方式程序部分类似，这里不再赘述。

在选择升降台放松后，如果升降台放松限位或泵站压力异常，则输出升降台放松故障。同样，如果升降台达到上端限位或下端限位，则输出升降台终端故障。当无机床通电中继信号时，系统将延时 1min 5s 产生升降台故障报警，并保持，通过复位按钮复位。

如图 12-19（b）所示，在升降台放松状态下可以对升降台进行向上或向下移动，其程序设计方法可参见工作台向前或向后方式。

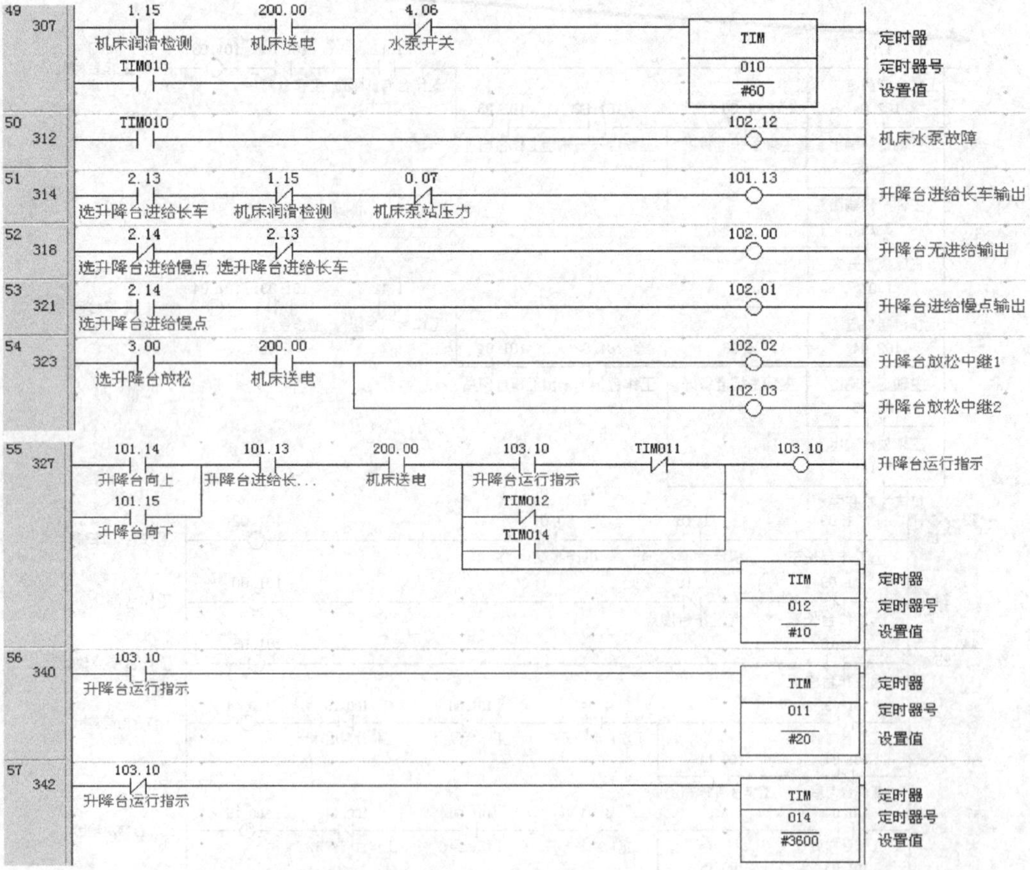

图12-19 升降台工作程序

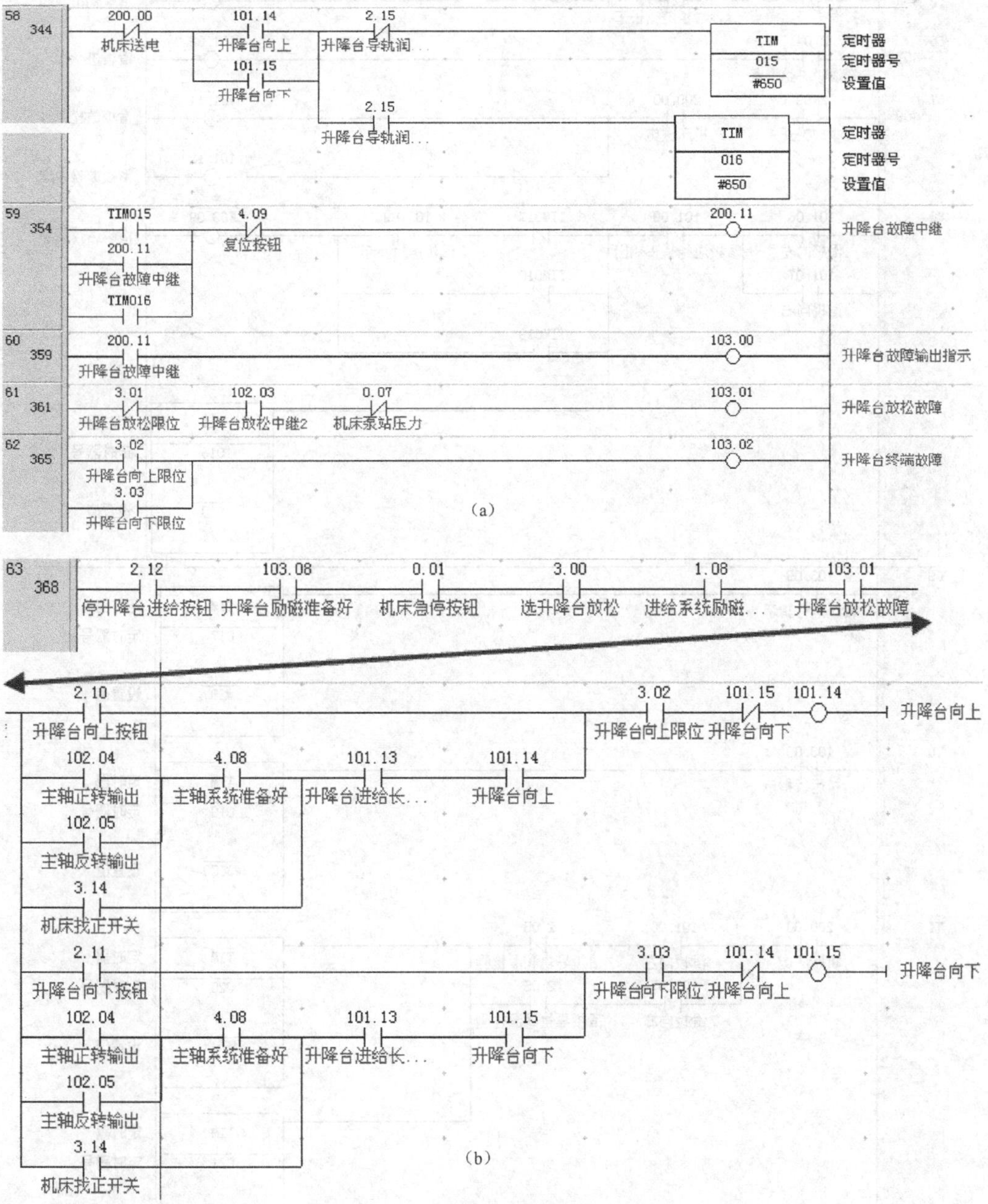

58 344
200.00 机床送电　101.14 升降台向上　101.15 升降台向下　2.15 升降台导轨润...　TIM 015 #650 定时器 定时器号 设置值
2.15 升降台导轨润...　TIM 016 #650 定时器 定时器号 设置值

59 354
TIM015　200.11 升降台故障中继　TIM016　4.09 复位按钮　200.11 升降台故障中继

60 359
200.11 升降台故障中继　103.00 升降台故障输出指示

61 361
3.01 升降台放松限位　102.03 升降台放松中继2　0.07 机床泵站压力　103.01 升降台放松故障

62 365
3.02 升降台向上限位　3.03 升降台向下限位　103.02 升降台终端故障

（a）

63 368
2.12 停升降台进给按钮　103.08 升降台励磁准备好　0.01 机床急停按钮　3.00 选升降台放松　1.08 进给系统励磁...　103.01 升降台放松故障

2.10 升降台向上按钮　102.04 主轴正转输出　102.05 主轴反转输出　3.14 机床找正开关　4.08 主轴系统准备好　101.13 升降台进给长...　101.14 升降台向上　3.02 升降台向上限位　101.15 升降台向下　101.14 升降台向上

2.11 升降台向下按钮　102.04 主轴正转输出　102.05 主轴反转输出　3.14 机床找正开关　4.08 主轴系统准备好　101.13 升降台进给长...　101.15 升降台向下　3.03 升降台向下限位　101.14 升降台向上　101.15 升降台向下

（b）

图12-19　升降台工作程序（续）

8. 滑板程序段

如图 12-20（a）所示，第 76 条程序表示第一行程序未完，紧接着第二行箭头所指部分。滑板运动选择方式程序与主轴工作方式类似；滑板故障产生方式与升降台类似；如图 12-20（b）所示，滑板两种运动方式程序设计方法与工作台类似。

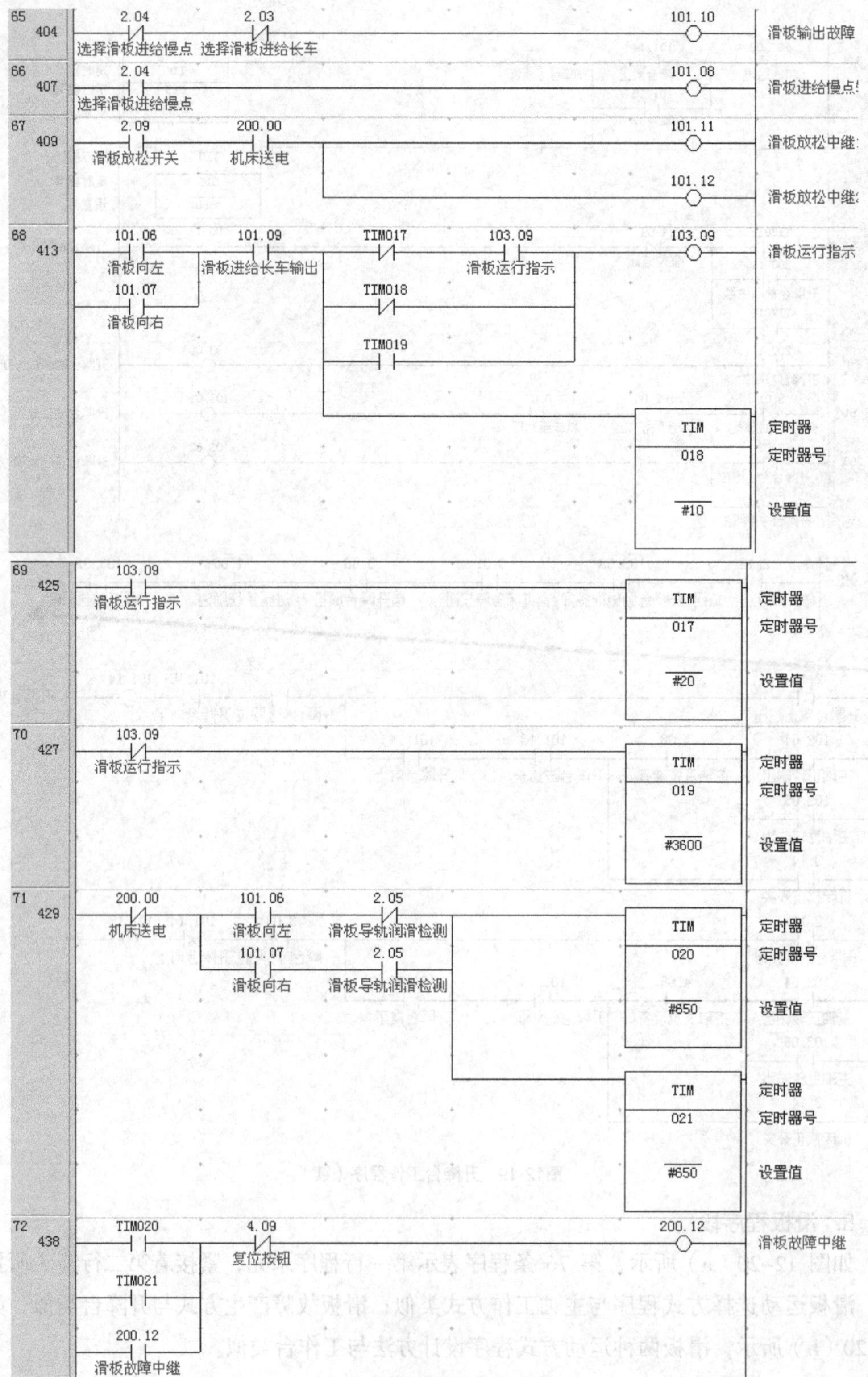

65 404
2.04
选择滑板进给慢点
2.03
选择滑板进给长车
101.10
滑板输出故障
66 407
2.04
选择滑板进给慢点
101.08
滑板进给慢点
67 409
2.09
滑板放松开关
200.00
机床送电
101.11
滑板放松中继
101.12
滑板放松中继
68 413
101.06
滑板向左
101.07
滑板向右
101.09
滑板进给长车输出
TIM017
TIM018
TIM019
103.09
滑板运行指示
103.09
滑板运行指示
TIM 定时器
018 定时器号
#10 设置值
69 425
103.09
滑板运行指示
TIM 定时器
017 定时器号
#20 设置值
70 427
103.09
滑板运行指示
TIM 定时器
019 定时器号
#3600 设置值
71 429
200.00
机床送电
101.06
滑板向左
101.07
滑板向右
2.05
滑板导轨润滑检测
2.05
滑板导轨润滑检测
TIM 定时器
020 定时器号
#650 设置值
TIM 定时器
021 定时器号
#650 设置值
72 438
TIM020
TIM021
200.12
滑板故障中继
4.09
复位按钮
200.12
滑板故障中继

图12-20 滑板程序段

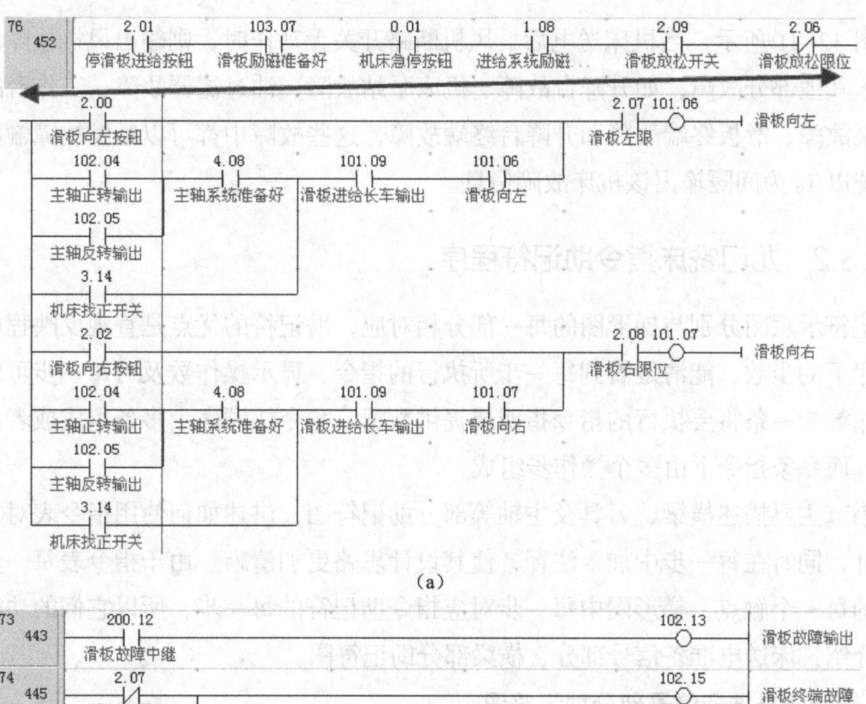

（a）

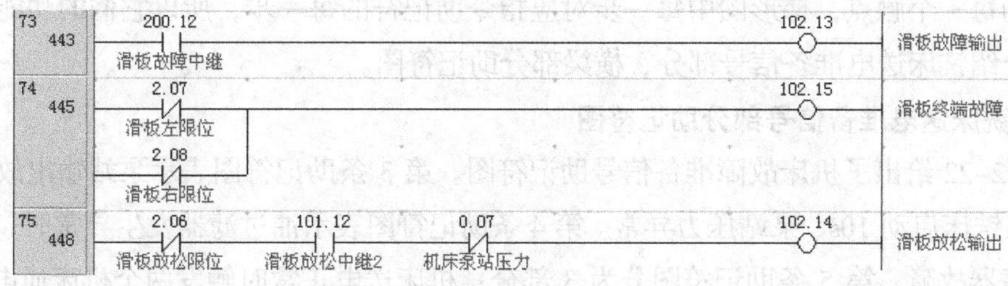

（b）

图12-20　滑板程序段（续）

9. 故障输出程序段

图 12-21 所示为铣床故障输出部分。

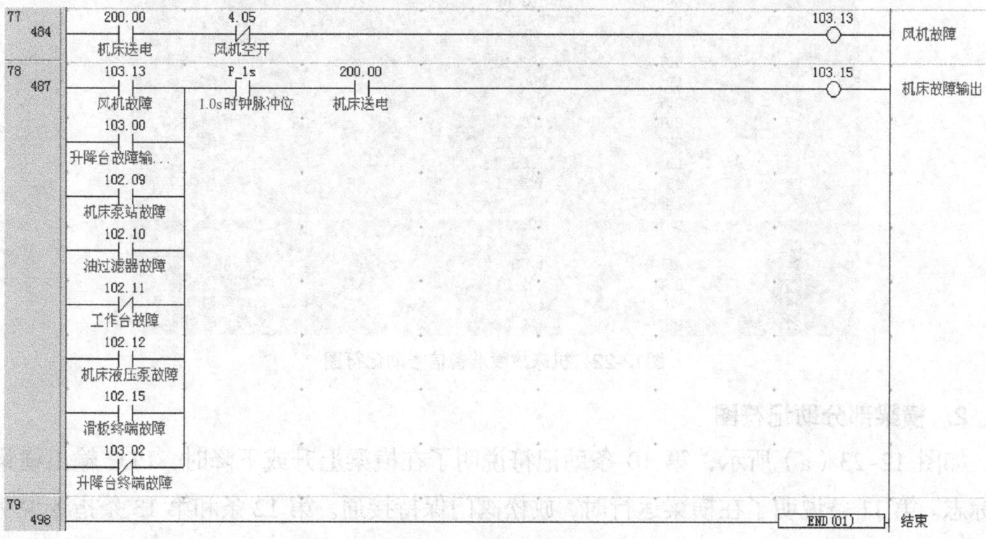

图12-21　故障输出程序段

如图 12-21 所示，当机床送电后，风机断路开关无动作时，则输出风机故障。同样，对于机床其他部分故障，如升降台故障、机床泵站故障、油过滤器故障、工作台故障、机床液压泵故障、滑板终端故障和升降台终端故障，这些故障中都可以触发故障输出信号，同时系统以 1s 为间隔输出该机床故障信息。

12.3.2 龙门铣床指令助记符程序

助记符示意图分别与梯形图的每一部分相对应，助记符的优点是直观反映程序条数和每条程序下的步数、能清楚看到每一步所执行的指令、显示操作数及对每一步可以进行注释。操作数为一条将要执行的指令指明或提供数据。指令按顺序由多条组成或者由多个网络组成，而每条指令下由多个操作步组成。

本小节主要描述横梁、刀具及主轴等部分助记符图，讲述如何使用指令表对龙门铣床进行设计，同时在每一步中加入注释，使其设计思路更加清晰。由于指令表每一步对应梯形图中的每一个触点，梯形图中每一步对应指令助记符的每一步，所以它们的功能相同，这里只介绍铣床送电准备信号部分、横梁部分助记符图。

1. 铣床送电准备信号部分助记符图

图 12-22 给出了机床故障准备信号助记符图。第 3 条助记符图表示泵站输出故障条件为：龙门铣床启动 10s、泵站压力异常。第 4 条助记符图表示油过滤器发生异常时，机床输出油过滤器故障。第 5 条助记符图分为 3 部分：机床送电正常时触发两个机床通电输出 1 和 2；在按下“机床送电”按钮后机床输出通电指示信号；在进给励磁准备好后，PLC 正常输出主轴励磁、滑板励磁和升降台励磁准备好信号。

条	步	指令	操作数	值	注释
3	10	LDNOT	TIM002		
	11	OUT	102.09		机床泵站故障
4	12	LD	0.15		油过滤器
	13	AND	200.00		机床送电
	14	OUT	102.10		油过滤器故障
5	15	LD	200.00		机床送电
	16	OUT	TR0		
	17	OUT	100.04		机床通电输出1
	18	OUT	100.05		机床通电输出2
	19	LD	3.05		主轴系统送电按钮
	20	OR	103.11		主轴系统通电指示
	21	ANDLD			
	22	OUT	103.11		主轴系统通电指示
	23	LD	TR0		
	24	AND	1.08		进给系统励磁...
	25	OUT	101.01		主轴励磁准备好
	26	OUT	103.07		滑板励磁准备好
	27	OUT	103.08		升降台励磁准备好

图12-22 机床故障准备信号助记符图

2. 横梁部分助记符图

如图 12-23（a）所示，第 10 条助记符说明了在横梁上升或下降时，PLC 输出横梁启动标志。第 11 条说明了在横梁运行时，放松阀门保持接通。第 12 条和第 13 条指令说明横梁在启动 3s 后横梁液压泵接通。第 14 条指令说明横梁启动后，通过左右导轨润滑是否到

位来输出横梁润滑阀正常的信息。第 15 ~ 17 条表示，左导轨润滑分为 3 个阶段：第一阶段是左导轨润滑达到第一个润滑点时，对应润滑限位常开触点接通，同时常闭触点断开，中继工作位 1 接通；第二阶段是左导轨润滑达到第二个润滑点时，左导轨润滑限位常闭触点断开，同时其常开触点接通，中继工作位 2 接通；第三阶段是左导轨润滑达到第三个润滑点时，左导轨润滑限位常开触点接通，同时常闭触点断开，输出左导轨润滑到位中继。右导轨润滑与左导轨润滑类似，位于助记符图的第 18 ~ 20 条。

如图 12–23（b）所示，第 21 条和第 22 条分别表示了机床进给轴停止运行状态和机床运行指示状态。第 23 条助记符表示左右导轨润滑到位、放松限位、横梁上升限位开关压合及与横梁下降保持互锁，则横梁上升输出接通。同样，横梁下降在第 24 条中也有说明。同时，助记符段第 24 ~ 27 条说明，点击“横梁下降”按钮并松开后输出横梁上升，并在 2s 后断开。该过程是横梁的一个微动过程，目的是进行横梁启动前的微调，这样有利于机械的运动。

条	步	指令	操作数	值	注释
10	48	LD	0.08		横梁上升按钮
	49	OR	0.09		横梁下降按钮
	50	AND	200.00		机床送电
	51	AND	TIM013		进给轴停止
	52	OUT	200.01		横梁启动标志
11	53	LD	200.01		横梁启动标志
	54	OR	100.06		横梁上升
	55	OR	200.02		横梁下降中继
	56	ANDNOT	4.09		复位按钮
	57	OUT	100.09		横梁放松阀
12	58	LDNOT	100.09		横梁放松阀
	59	TIM	003		液压泵延时
			#30		
13	60	LD	100.09		横梁放松阀
	61	LD	100.08		横梁液压泵
	62	ANDNOT	TIM003		液压泵延时
	63	ORLD			
	64	OUT	100.08		横梁液压泵
14	65	LD	200.01		横梁启动标志
	66	LDNOT	200.04		左导轨润滑到...
	67	ORNOT	200.05		右导轨润滑到...
	68	ANDLD			
	69	OUT	100.10		横梁润滑阀正常
15	70	LD	200.01		横梁启动标志
	71	LD	0.11		左导轨润滑限位
	72	OR	200.03		左导轨润滑中继1
	73	ANDLD			
	74	OUT	200.03		左导轨润滑中继1
16	75	LD	200.03		左导轨润滑中继1
	76	LDNOT	0.11		左导轨润滑限位
	77	OR	200.06		左导轨融化中继2
	78	ANDLD			
	79	OUT	200.06		左导轨融化中继2
17	80	LD	200.06		左导轨融化中继2

图12-23　龙门铣床横梁部分助记符图

条	步	指令	操作数	值	注释
	81	LD	0.11		左导轨润滑限位
	82	OR	200.04		左导轨润滑到...
	83	ANDLD			
	84	OUT	200.04		左导轨润滑到...
18	85	LD	200.01		横梁启动标志
	86	LD	0.12		横梁右导轨润...
	87	OR	200.07		右导轨润滑中继1
	88	ANDLD			
	89	OUT	200.07		右导轨润滑中继1
19	90	LD	200.07		右导轨润滑中继1
	91	LDNOT	0.12		横梁右导轨润...
	92	OR	200.08		右导轨润滑中继2
	93	ANDLD			
	94	OUT	200.08		右导轨润滑中继2
20	95	LD	200.08		右导轨润滑中继2
	96	LD	0.12		横梁右导轨润...
	97	OR	200.05		右导轨润滑到...
	98	ANDLD			
	99	OUT	200.05		右导轨润滑到...

（a）

条	步	指令	操作数	值	注释
21	100	LDNOT	101.03		工作台向前
	101	ANDNOT	101.04		工作台向后
	102	ANDNOT	101.06		滑板向左
	103	ANDNOT	101.07		滑板向右
	104	ANDNOT	101.14		升降台向上
	105	ANDNOT	101.15		升降台向下
	106	TIM	013		进给轴停止
			#10		
22	107	LD	101.03		工作台向前
	108	OR	101.04		工作台向后
	109	OR	101.06		滑板向左
	110	OR	101.07		滑板向右
	111	OR	101.14		升降台向上
	112	OR	101.15		升降台向下
	113	OUT	200.10		机床运行指示
23	114	LD	0.08		横梁上升按钮
	115	AND	200.05		右导轨润滑到...
	116	AND	200.04		左导轨润滑到...
	117	LDNOT	TIM004		
	118	AND	TIM025		
	119	ANDNOT	0.09		横梁下降按钮
	120	ANDNOT	100.07		横梁下降
	121	ORLD			
	122	AND	0.10		横梁放松限位
	123	AND	0.13		横梁上升限位
	124	ANDNOT	100.07		横梁下降
	125	OUT	100.06		横梁上升
24	126	LD	0.09		横梁下降按钮
	127	AND	0.10		横梁放松限位
	128	AND	0.14		横梁下降限位
	129	AND	200.04		左导轨润滑到...
	130	AND	200.05		右导轨润滑到...
	131	ANDNOT	100.06		横梁上升
	132	OUT	100.07		横梁下降
25	133	LDNOT	100.07		横梁下降
	134	TIM	025		

图12-23　龙门铣床横梁部分助记符图（续）

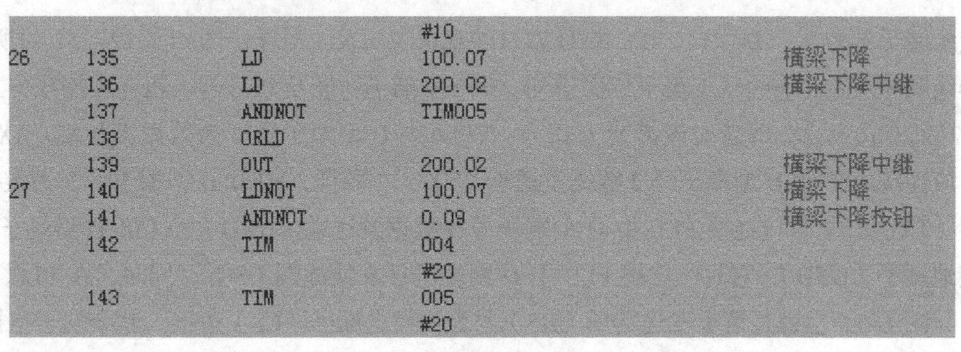

			#10	
26	135	LD	100.07	横梁下降
	136	LD	200.02	横梁下降中继
	137	ANDNOT	TIM005	
	138	ORLD		
	139	OUT	200.02	横梁下降中继
27	140	LDNOT	100.07	横梁下降
	141	ANDNOT	0.09	横梁下降按钮
	142	TIM	004	
			#20	
	143	TIM	005	
			#20	

（b）

图12-23　龙门铣床横梁部分助记符图（续）

12.4　通信设置

前面已经组态完成了触摸屏画面，同时也完成了 PLC 程序设计，下一步需要建立 C200HS 型 PLC 与触摸屏画面的通信。本节主要介绍 NTZ 人机界面和 PLC 的串口通信设置。通过通信口的外观图能直观显示串口的特征，有利于初学者对串口的掌握。

欧姆龙 C200HS PLC 与其对应触摸屏 NTZ 进行通信时，需要对人机进行设置。

如图 12-24 所示，在 NTZ-Designer 上的人机设置控制器通信口应与触摸屏的通信口一致，都为 COM1 口，同时波特率为 9600、人机端口采用 RS232 协议通信，其余参数采用默认值。

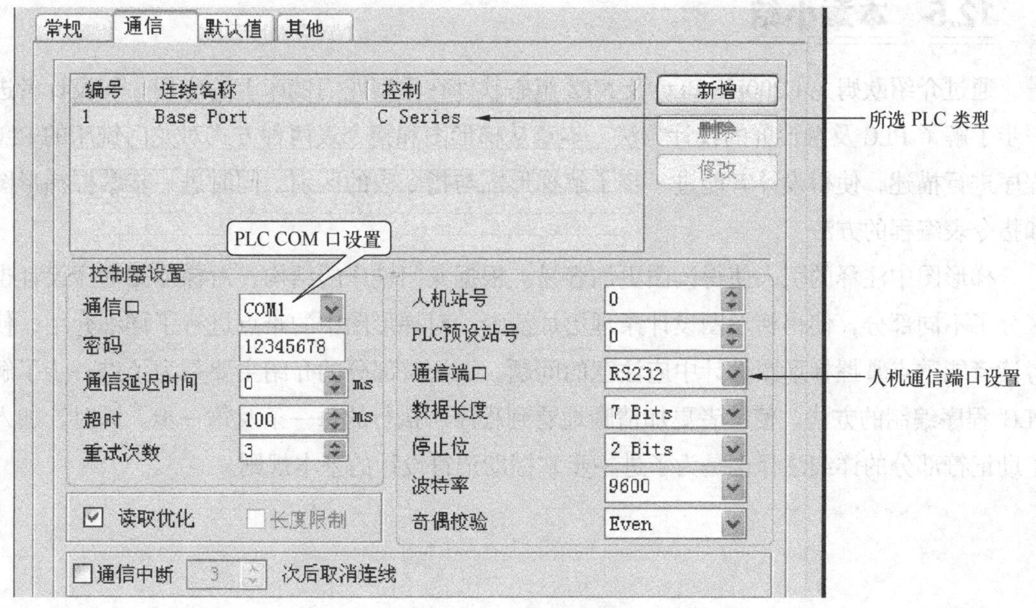

图12-24　人机设定图

图 12-25 给出了 RS232 协议端子外观图及其含义。NT5Z 型人机界面接线端子与 PLC

的接线端子都为9针D型口，PLC的D型口外观正视图及1号端子图如图12-25(a)所示，其排线顺序从左至右，从上至下依次排列。RS232端子功能及PLC与人机界面接线方式如图12-25(b)所示。两者对应接线方式为：NT5Z中D型端子号2为数据接收端(RXD)，它对应连接PLC中D型端子号2数据发送端（TXD）；同样，NT5Z D型端子号3为数据接收端（TXD），它对应连接PLC中D型端子号3数据发送端（RXD）；NT5Z D型端子号5为接地端子（GND），它对应连接PLC中D型端子号9接地端（SG）；同时，在PLC中端子4与端子5，也就是请求发送端子（RS）与允许发送端子（CS）短接，其余端子空接。

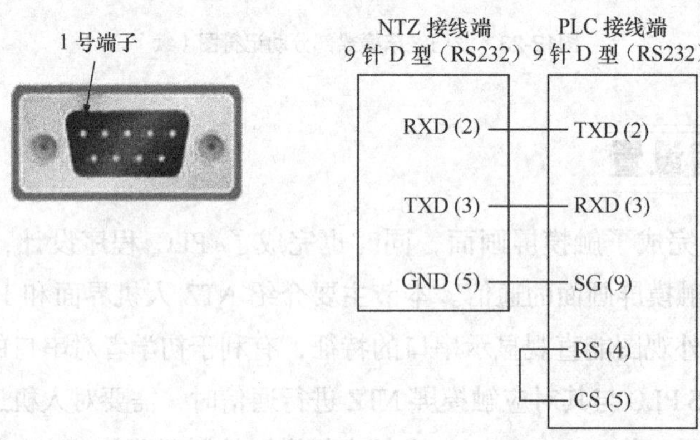

图12-25 触摸屏与PLC通信端子说明

12.5 本章小结

通过介绍欧姆龙C200HS PLC及NTZ组态软件在重型龙门铣床上的应用，使设计者进一步了解了PLC及触摸屏的设计方法。本章从梯形图和指令表两种方式对龙门铣床的PLC程序进行描述，使得设计者能进一步了解梯形图与指令表的区别，同时进一步掌握梯形图和指令表编程的方法。

梯形图中注释的引入使得读图更加容易。根据龙门铣床的结构，对梯形图程序设计也区分了不同部分，使得梯形图设计条理更加清晰。对梯形图中的难点进行了详细介绍，使得读者能重点掌握梯形图设计中应注意的问题。助记符部分的介绍主要是为了进一步了解PLC程序编制的方法，使读者更加清晰地看到程序所执行的每一条及每一步。同时，加入了助记符部分的详细注释也是为了进一步掌握助记符设计的基本规则。

第 13 章 扭矩模拟量输入触摸屏组态

西门子 S7-200CN 系列的 CPU 226 DC/DC/DC 是一款常用的控制模块，其使用范围可覆盖从替代继电器的简单控制到极复杂的自动化控制，应用领域极为广泛。它将一个微处理器、一个集成电源和数字量 I/O 点集成在一个紧凑的封装中，从而形成了一个功能强大的微型 PLC。

模拟量输入模块 EM231CN 是 S7-200CN 模拟量扩展模块，它是 4 模拟量输入模块，其中两路为电压型模拟量输入，另外两路为电流型模拟量输入。CPU 226 对 EM231CN 的访问是通过用户对其地址进行编程，其地址分别是 AIW0、AIW2、AIW4 和 AIW6。

本章主要介绍西门子 S7-200CNPLC 与触摸屏 TP270 在测试模拟量输入上的应用，包括了组态任务描述、组态变量设置、PLC 地址分配、触摸屏画面组态、PLC 程序编程、扭矩测试电气系统图、梯形图程序说明、程序运行与调试。

13.1 组态任务

在组态一个触摸屏任务之前，首要任务是考虑在触摸屏中所要完成的功能和任务，然后再对触摸屏所要实现的功能和任务进行具体分解。通过触摸屏上出现的相应功能部件对 PLC 内部存储器状态进行读取，进行相对应的反应，从而达到触摸屏实时监控的目的。

13.1.1 组态描述

本小节主要描述在组态时所需要完成的功能和任务，列举在组态一个画面时所需具备的相应功能部件。通过对组态任务的描述，使得读者容易理解本章所需要实现的组态任务。

1. 组态功能

本项目采用 WinCC flexible 组态软件来完成组态项目。模拟量输入模块选用 EM231CN，扭矩传感器选用德国 HBM T20WN，PLC 选用 S7-200CN 系列的 CPU 226DC/DC/DC。模拟量模块 EM231CN 采集得到的数据在 PLC 程序中进行数据处理，同时，PLC 把数值送往触摸屏 TP270，并在触摸屏上显示出来。

① 显示最大的扭矩值。

② 设置最大合格扭矩值，并设置用户权限。

③ 显示扭矩值是否合格。

④ 显示扭矩值指示灯，红灯表示扭矩值过大，绿灯表示扭矩值正常。

⑤ 扭矩值超过最大值时报警并停止扭矩测试电动机。

⑥ 可复位所测得的扭矩值。

⑦ 用户登录注销，以防其他人利用当前登陆用户的权限进行操作。

2. 组态项目

如图 13-1 所示，组态界面中包含有显示最大扭矩值 IO 域组态，最大扭矩值设置 IO 域组态，指示灯图形 IO 域组态，扭矩测试结果按钮组态，复位按钮组态，用户注销按钮组态，用户权限操作设置组态，两个文本域组态。在此组态界面中，可实现显示最大扭矩值、设置最大合格扭矩值、系统复位、用户注销、显示扭矩测试结果等功能。

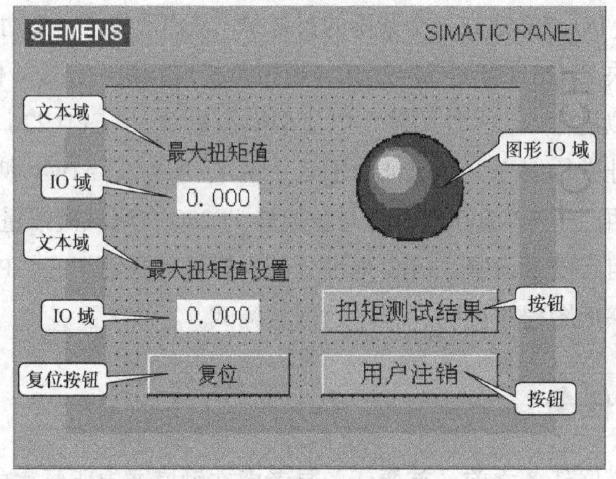

图13-1 组态主界面

13.1.2 变量名与 PLC 地址分配

1. 变量名

（1）变量设置

触摸屏中的变量地址跟 PLC 程序中的变量地址是对应的。如图 13-2 所示，触摸屏上的变量设置中有内部变量与外部变量，外部变量由 PLC 程序来控制，其地址跟 PLC 中对应变量地址一致。

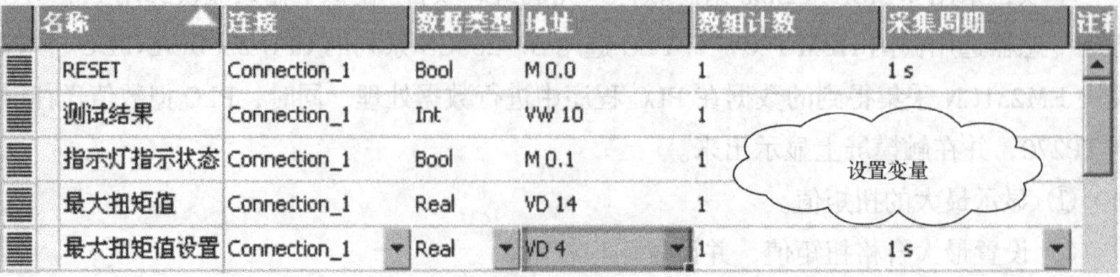

名称	连接	数据类型	地址	数组计数	采集周期	注释
RESET	Connection_1	Bool	M 0.0	1	1 s	
测试结果	Connection_1	Int	VW 10	1		
指示灯指示状态	Connection_1	Bool	M 0.1	1		
最大扭矩值	Connection_1	Real	VD 14	1		
最大扭矩值设置	Connection_1	Real	VD 4	1	1 s	

设置变量

图13-2 变量设置

（2）文本列表设置

在扭矩测试结果按钮中需要用到文本列表，可以用地址指针方式来实现文本切换。如图 13–3 所示，在“列表条目”中可设置默认条目，每个对应条目都有自己的“数值”，PLC 程序控制该“数值”可以实现不同“条目”相互切换。

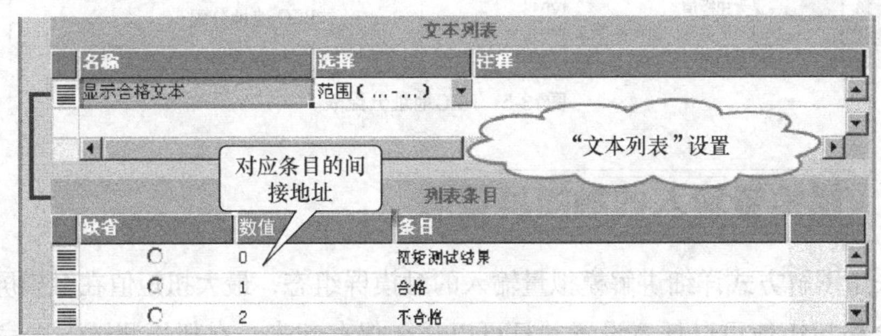

图13-3 文本列表设置

（3）报警组态

当测得的扭矩最大值超过设置的限制值时，将上升沿触发模拟量报警组态。如图 13–4 所示，报警变量为模拟量变量，在扭矩值过大时上升沿触发报警，报警类别为“错误”类型，触发属性中设置有“滞后”。

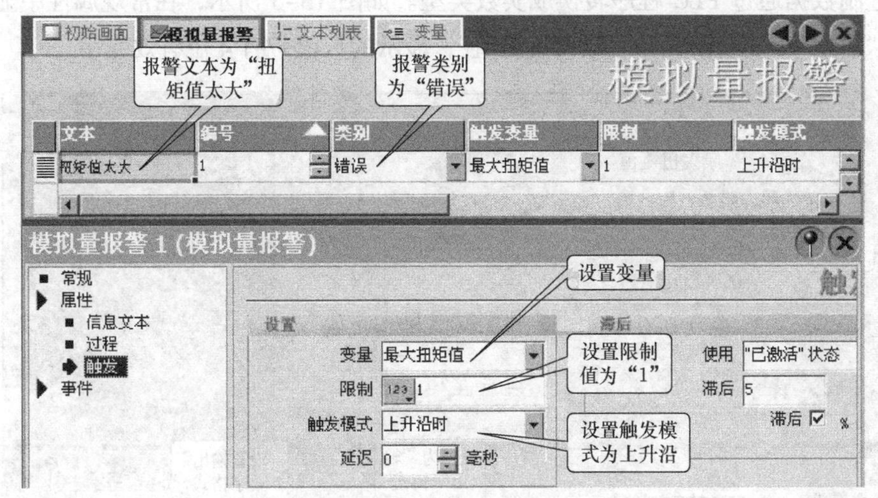

图13-4 报警组态

2. PLC 地址分配

由于 PLC 地址与触摸屏组态的外部变量地址是相对应的，因而在分配 PLC 中变量地址时要把两者之间地址对应起来。如图 13–5 所示，触摸屏外部变量符号与其地址列举在 PLC 符号表中，地址与触摸屏上相应变量的地址一致。

			符号	地址	注释
1			模拟量输入	AIW0	
2					
3			复位按钮	I0.0	
4			启动扭矩测试	I0.1	
5					
6			复位标志	M0.0	
7			指示灯状态位	M0.1	
8					
9			最大扭矩值设置	VD4	
10			最大扭矩值	VD14	
11			扭矩值数据类型转换存储	VD18	
12			测试结果	VW10	

地址要与触摸屏组态地址要相一致

PLC 地址分配

图13-5　PLC地址分配表

13.2　模拟量输入的触摸屏组态

本节采用图解方式详细讲解模拟量输入的触摸屏组态，最大扭矩值在触摸屏上可以显示，最大合格扭矩值可以任意设置并且可以长久保存起来。在扭矩测试一次完毕后，扭矩测试结果以文本的形式显示，扭矩测试工作的不同状态用扭矩值状态指示灯的不同颜色表示。

1. 显示最大扭矩值组态

在触摸屏上显示的最大扭矩值数据类型为实数，且带有 4 位有效数字。扭矩传感器输出的为电压信号，EM231CN 将采集到的电压信号送往 CPU226，此时数据类型为二进制，这些二进制数据通过 PLC 程序转换成实数类型。如图 13-6 所示，在常规属性中显示模式设置为“输出”，变量设置为“最大扭矩值”，显示的数值带有 4 位有效数字。

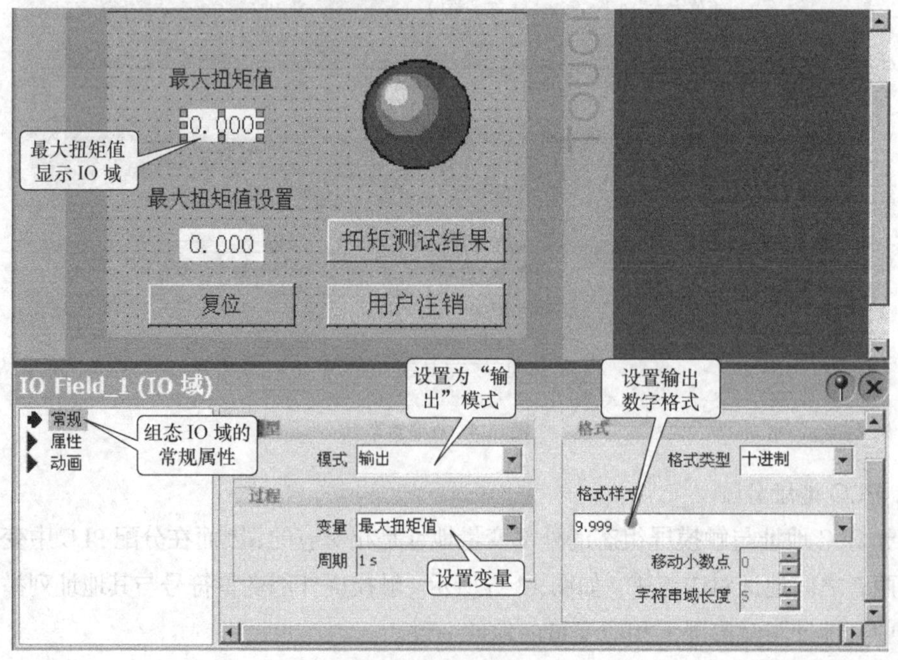

图13-6　最大扭矩值组态

2. 最大扭矩值设置组态

扭矩最大合格值设置为实数，且带有 4 位有效数字。当实际测得扭矩值小于此值时扭矩测试为合格，大于此值则为不合格。该值设置有用户权限，登录时正确输入用户名和密码，在触摸屏上设置好后扭矩最大合格值后注销用户。如图 13-7 所示，在常规属性中显示模式设置为“输入/输出”，变量设置为“最大扭矩值设置”，显示的数值带有 4 位有效数字，安全属性设置组权限为“最大扭矩值设置”。

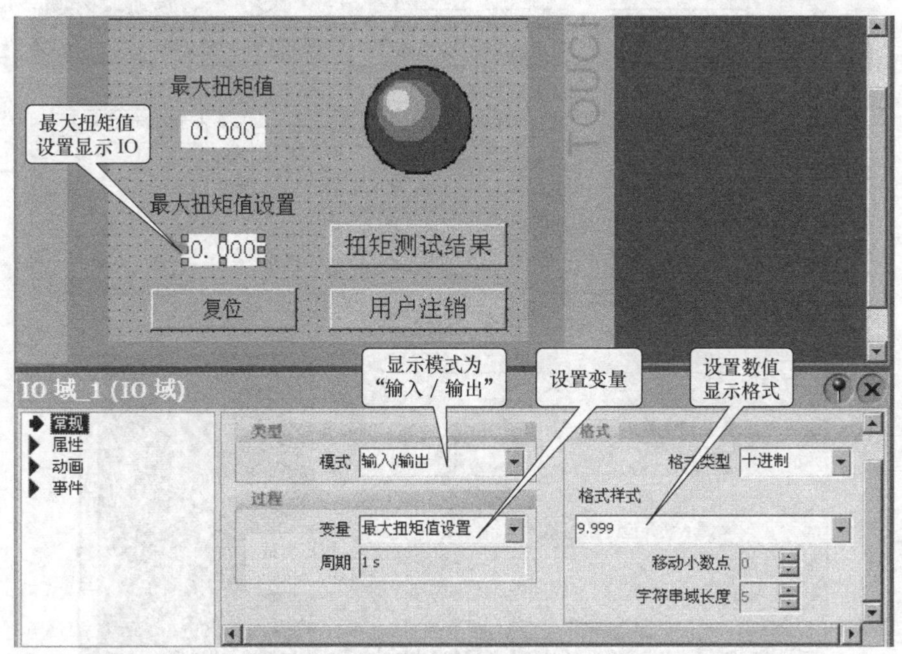

图13-7　最大扭矩值设置组态

3. 指示灯组态

当所测得的最大扭矩值小于扭矩最大合格值时，指示灯状态为绿色；当所测得的最大扭矩值大于扭矩最大合格值时，指示灯状态为红色。如图 13-8 所示，用图形 IO 域来组态指示灯，工作模式设置为双状态，当状态数值为“0”时指示灯为绿色，当状态数值为“1”时指示灯为红色。

4. 扭矩测试结果组态

扭矩测试结果按钮中可以显示 3 种文本状态：扭矩测试结果、合格和不合格。这 3 种文本状态由 PLC 中相应变量来触发，当未进行测试扭矩时文本显示为“扭矩测试结果”，当最大扭矩值在正常范围内时则显示为“合格”，当最大扭矩值不在正常范围内时则显示为“不合格”。如图 13-9 所示，在常规属性中按钮模式设置为“文本”，文本采用“文本列表”形式，文本列表中不同文本之间切换由相应的 PLC 程序来控制。

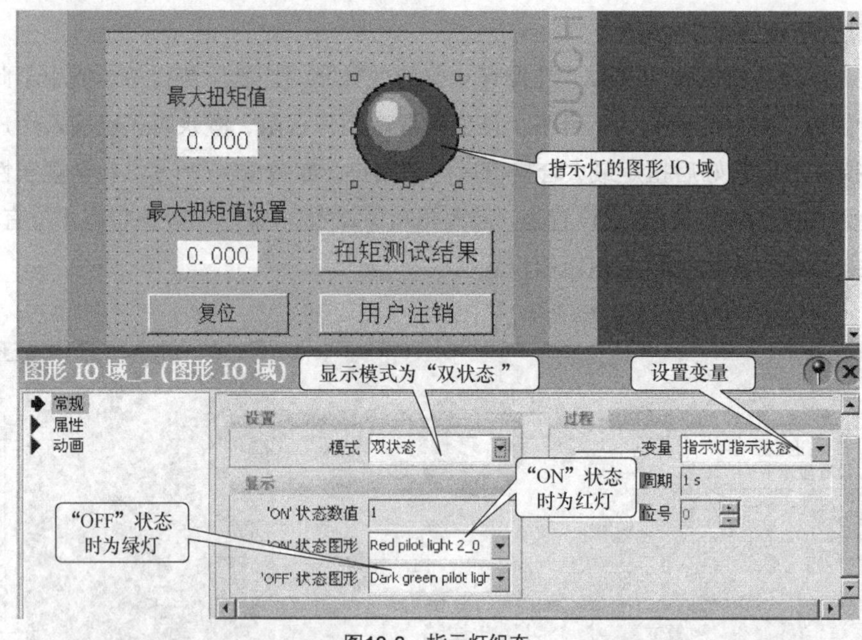

图13-8　指示灯组态

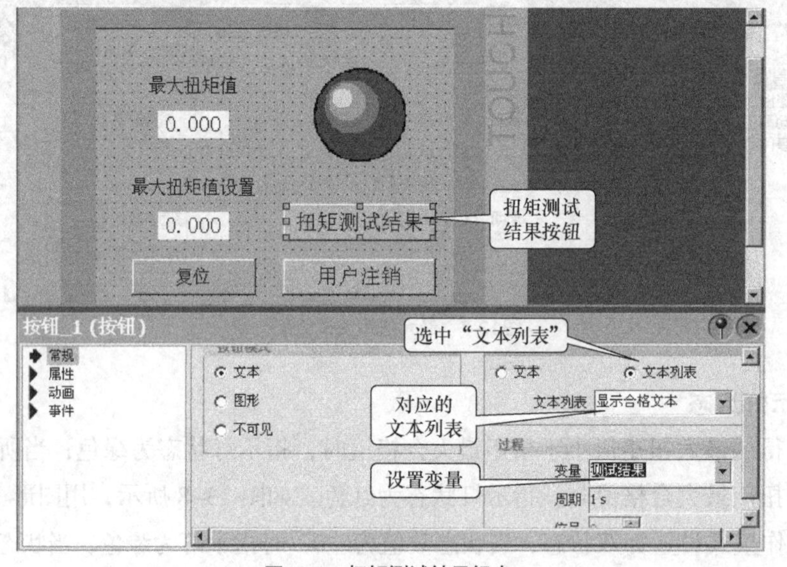

图13-9　扭矩测试结果组态

5. 复位组态

单击复位组态按钮可对扭矩值最大值进行复位操作。如图 13–10 所示，在复位按钮的事件中设置有系统函数“ResetBit”，所需复位的变量为“RESET”，在单击按钮时可进行复位操作。

6. 用户注销组态

注销用户可以防其他人利用当前登录用户的权限进行操作，本章中扭矩最大合格值设置有访问权限。在画面中组态一个用户注销按钮，如图 13–11 所示，在用户注销按钮的事

件中设置有系统函数“ResetBit”，在单击按钮时可进行用当前用户注销操作。

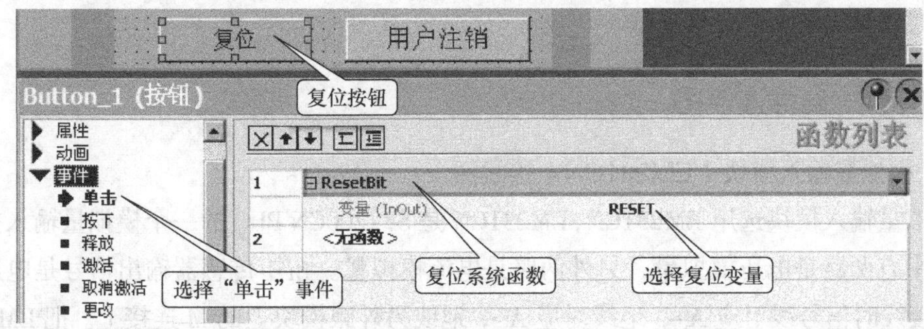

图13-10　复位组态

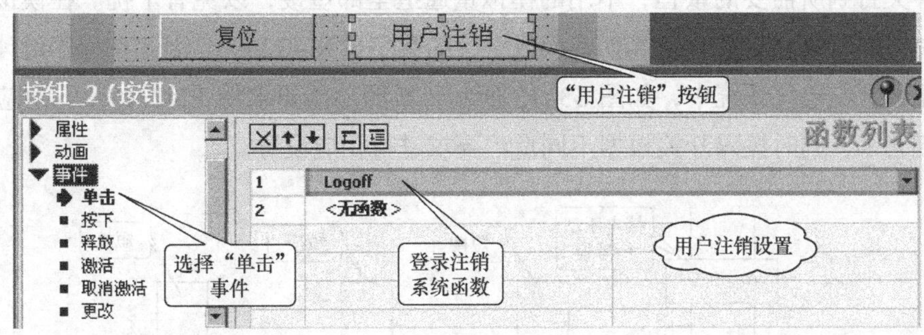

图13-11　用户注销组态

7. 用户权限操作设置组态

扭矩最大合格值具有访问权限，拥有权限的用户登录后才能对此数值进行操作设置。完成修改设置值后注销当前登录用户，以防他人利用此登录用户权限。在画面中组态用户权限操作设置，如图 13–12 所示，“最大扭矩值设置” IO 域的安全属性设为启用状态，组权限设置为“最大扭矩值设置”。

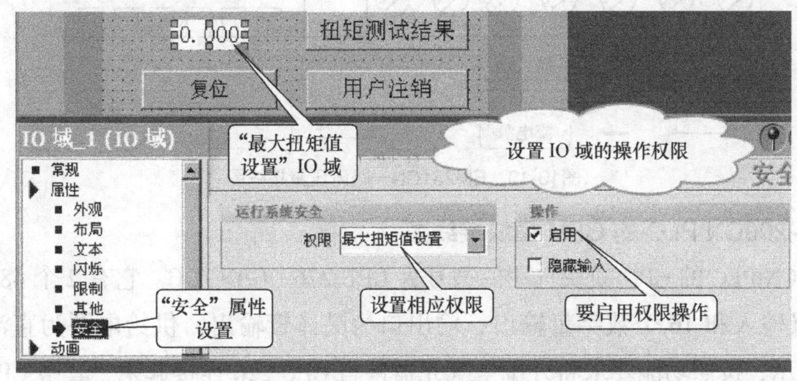

图13-12　用户权限操作设置组态

13.3　PLC 编程

在 WinCC flexible 组态软件中组态好一个项目后，在 PLC 编程软件上编写相应的 PLC

控制程序。在编写好 PLC 程序后将其下载到 PLC 中，同时建立好 PLC 与触摸屏之间的通信，这时触摸屏就可以正常工作。

13.3.1 硬件连接图

1. 模拟量输入模块（EM231CN）接线图

模拟量输入模块选用 EM231CN，EM231CN 是 S7-200CN PLC 的一个模拟量输入扩展模块，其中有两路是电压模拟量，另外两路是电流模拟量。扭矩传感器输出信号是电压模拟量，在接线时信号线对应 A+，地线对应 A-，地线另外跟模块上的 M 连接上。把 EM231CN 的拨码开关打到所需要的量程，不用的模拟量通道全部短接，以免有干扰。在模拟量采集中，模块将采得的模拟量值经 A/D 转换成对应的数字量 0 ~ 32000，因此在程序设计时要作对应的还原。在电气系统中，如图 13-13 所示，按照功能要求将 EM231CN 与对应电气元器件连接起来，同时拨码开关根据不同量程要求进行相应设置。

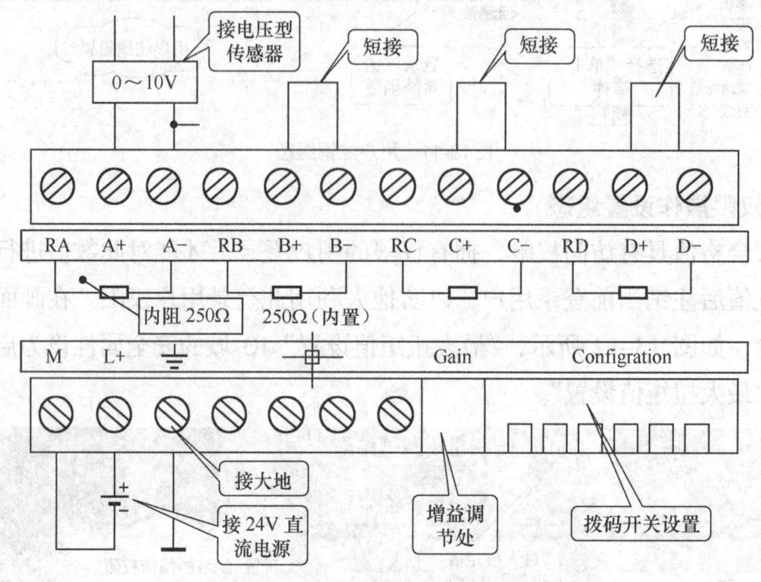

图13-13 EM231CN一路电压量接线图

2. S7-200CN PLC 的 CPU 模块接线图

S7-200CN PLC 的 CPU 模块选用的型号为 CPU 226 DC/DC/DC。它有 2 个 485 接口，有 24 个数字量输入和 16 个数字量输出，输出口为晶体管输出，供给电源为直流 24V。如图 13-14 所示，按照功能要求将外围电气元器件与 CPU 226 连接起来，其中 CPU 226 供电电源、输入端口电源和输出端口电源连分别接到+24V 直流开关电源。

3. 触摸屏 TP270 接线图

触摸屏选用的型号为 TP270，规格是 5 英寸的 256 色触摸屏。如图 13-15 所示，触摸屏中带有 USB、以太网、RS485 和直流 24V 接口，该型号触摸屏可以采用多种通信连接方式。

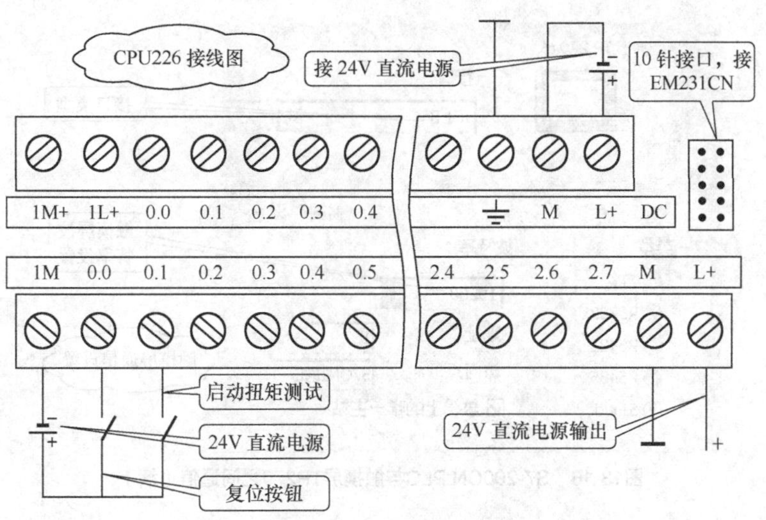

图13-14　CPU 226接线图

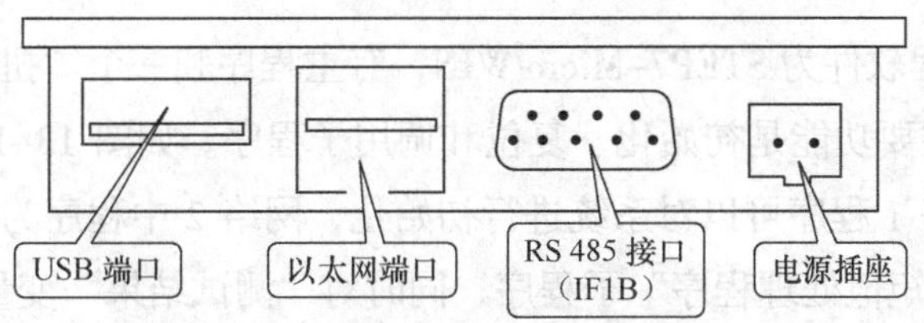

图13-15　触摸屏TP270接线图

4. S7-200CN PLC 与触摸屏 TP270 之间通信

在把 PLC 程序和 WinCC flexible 组态程序分别下载到 CPU 226 和 TP270 之前，PLC 和触摸屏的波特率要求设置一致，同时触摸屏和 TP270 的通信接口用一根两头为 RS485 接头的总线连接起来。如图 13-16 所示，PLC 中的波特率在系统块中设置为 19.2kbit/s，触摸屏的波特率在通信连接窗口中也设置为 19.2kbit/s，接口类型设置为 IF1B。

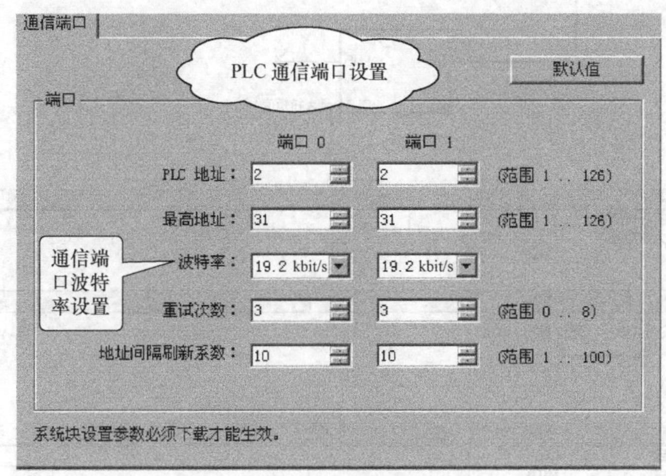

图13-16　S7-200CN PLC与触摸屏TP270之间通信

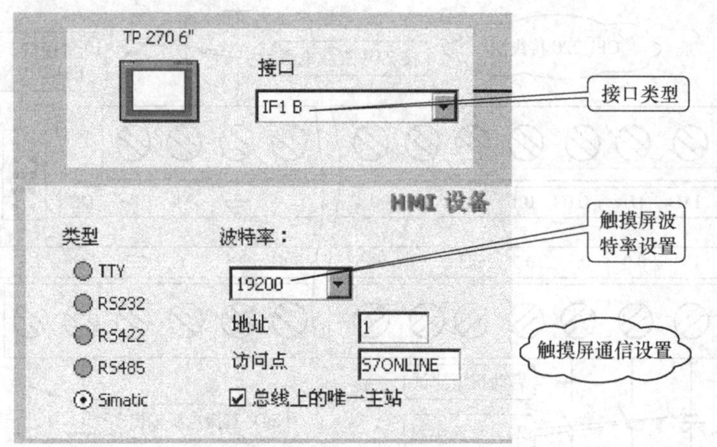

图13-16　S7-200CN PLC与触摸屏TP270之间通信（续）

13.3.2　梯形图

S7-200 PLC 编程软件为 STEP7-Micro/WIN，有主程序和一个“扭矩值处理程序”子程序。主程序梯形图主要功能是初始化、复位和调用子程序。如图 13-17 所示，在系统刚启动第一个周期中网络 1 程序可以对系统进行初始化，网络 2 中程序为复位操作程序，网络 3 中程序为调用“扭矩值处理程序”子程序，同时对“测试结果”变量赋值为“0”。

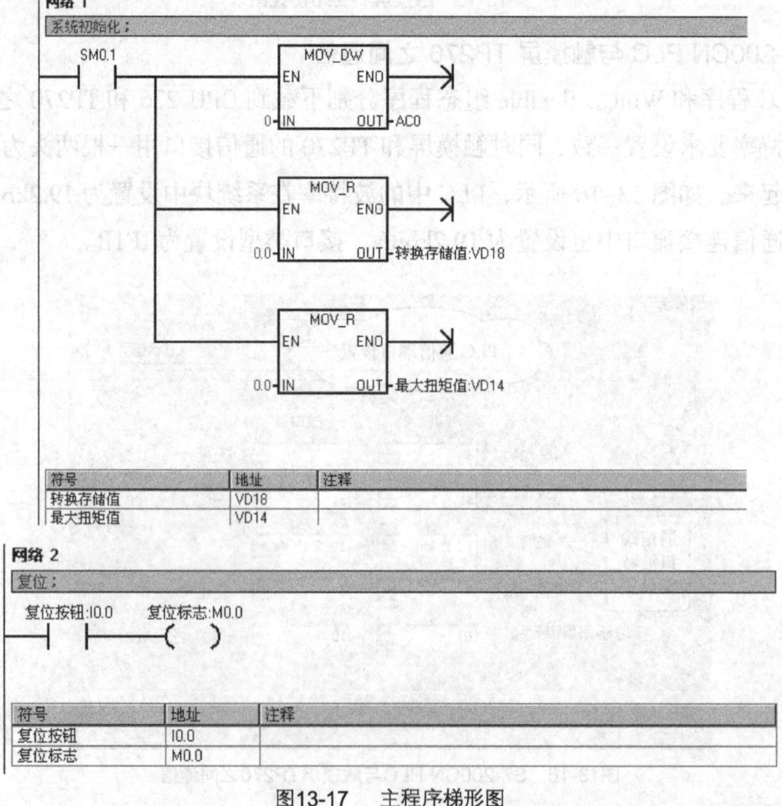

符号	地址	注释
转换存储值	VD18	
最大扭矩值	VD14	

符号	地址	注释
复位按钮	I0.0	
复位标志	M0.0	

图13-17　主程序梯形图

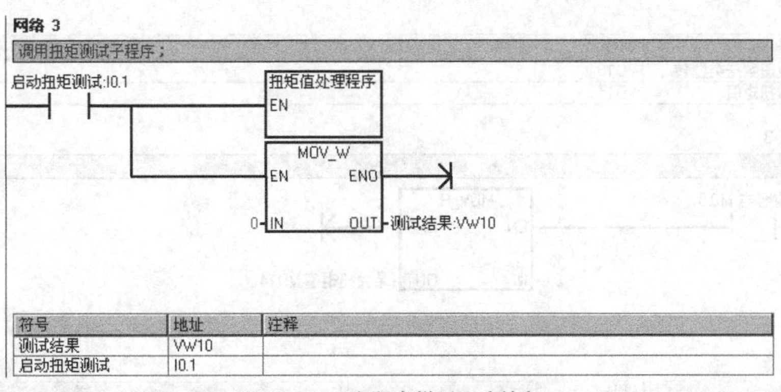

符号	地址	注释
测试结果	VW10	
启动扭矩测试	I0.1	

图13-17　主程序梯形图（续）

子程序“扭矩值处理程序”主要功能是实现模拟量数据转换、模拟量的最大值、指示灯指示和文本切换等。PLC 中的子程序梯形图如图 13–18 所示，网络 1 是模拟量数据类型由二进制转换成实数，网络 2 是将扭矩最大值送往触摸屏，网络 3 是对扭矩最大值进行复位操作程序，网络 4 是变量“测试结果”值为“1”时文本显示为“合格”，网络 5 是变量“测试结果”值为“2”时文本显示为“不合格”，同时指示灯颜色变成红色。

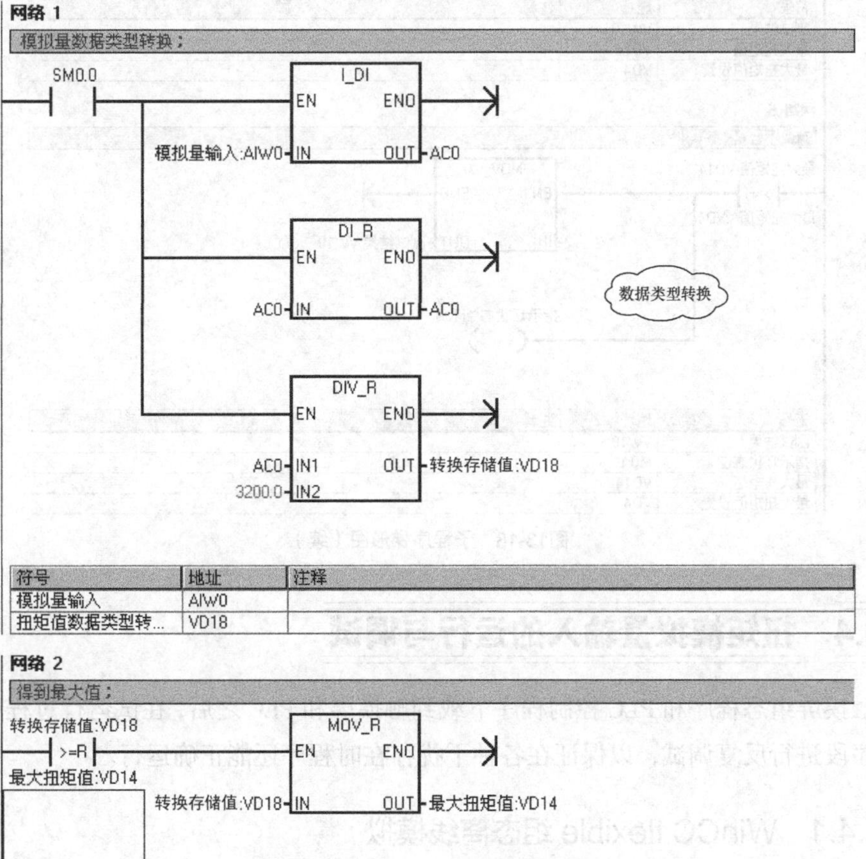

符号	地址	注释
模拟量输入	AIW0	
扭矩值数据类型转...	VD18	

图13-18　子程序梯形图

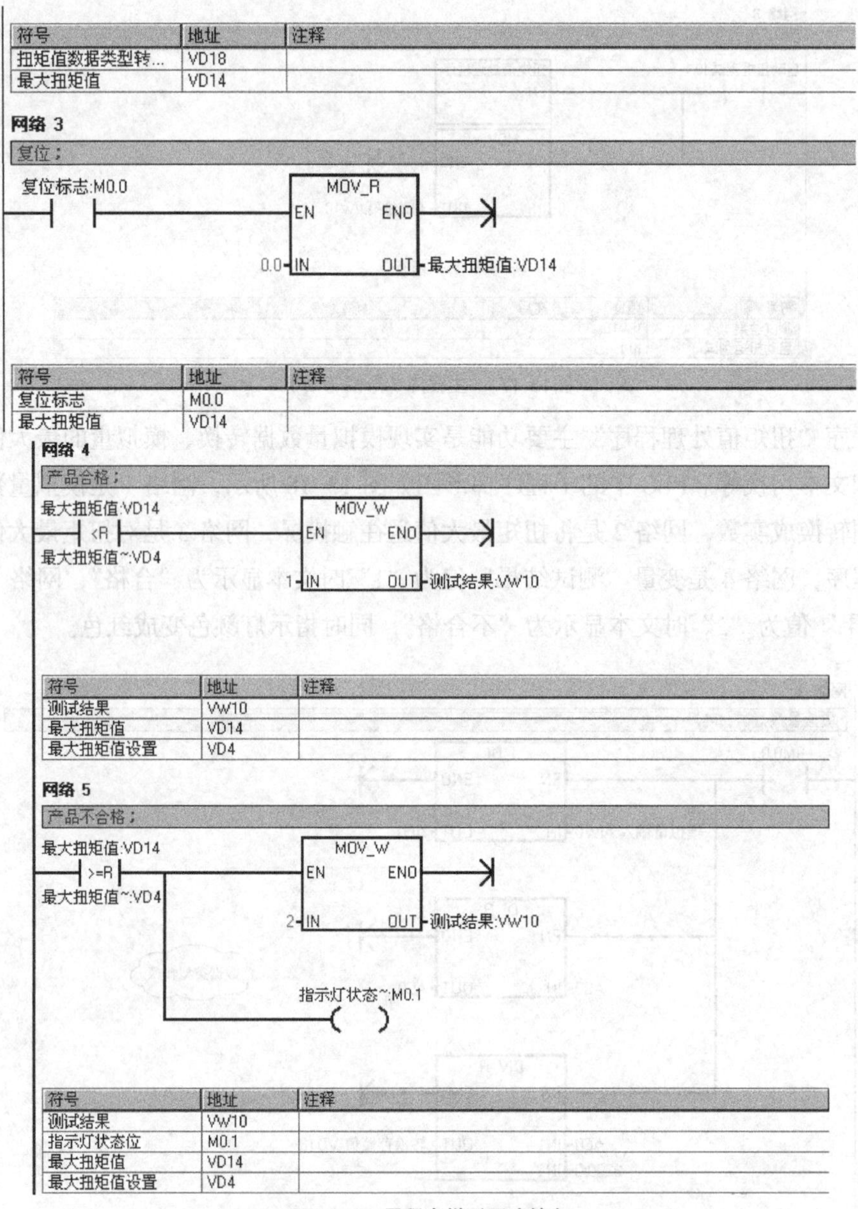

图13-18　子程序梯形图（续）

13.4　扭矩模拟量输入的运行与调试

将触摸屏组态程序和PLC控制程序下载到触摸屏和PLC之后，在试运行过程中需要对相应程序段进行反复调试，以保证在各种干扰存在时程序还能正确运行。

13.4.1　WinCC flexible组态离线模拟

单击WinCC flexible编译器工具栏中的按钮“”，启动模拟器。把组态界面中要求实

现的功能全都进行离线仿真一次，直至所有功能能够正确实现。WinCC flexible 中的项目离线模拟如图 13-19 所示，在运行模拟器中对相应变量设置数值时，观察 SIMATIC WinCC flexible Runtime 窗口中相应的变化。

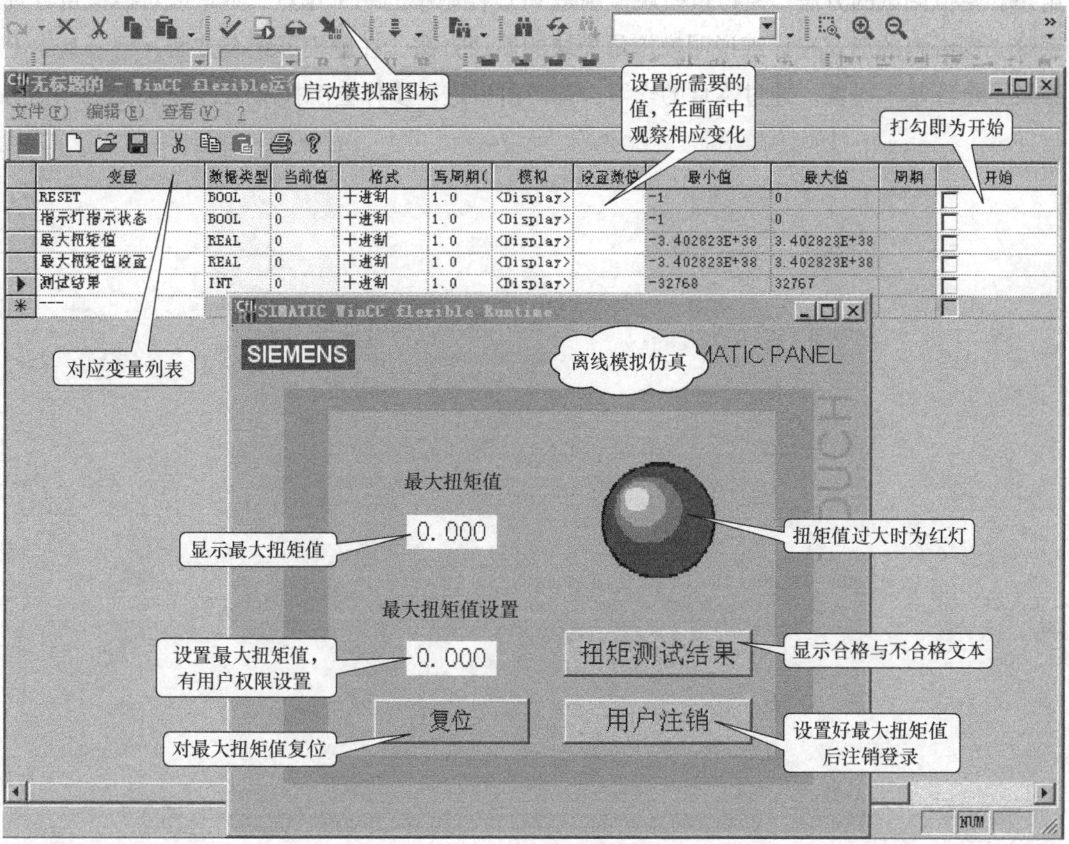

图13-19　项目离线模拟界面

13.4.2　运行与在线调试

S7-200 PLC 仿真器功能比较差，不能仿真模拟量和子程序等。这里就采用 PLC、触摸屏和对应的外围电路安装好后，进行在线运行调试。按要求连接好外围接线，上电后把 PLC 程序和组态程序分别下载 PLC 和触摸屏上，连接好 PLC 与触摸屏之间的通信。根据所要求的功能进行一一调试，发现问题后需要及时修改。

13.5　本章小结

本章详细地介绍了组态任务描述、组态变量设置、PLC 地址分配、触摸屏画面组态、PLC 程序编程、扭矩测试电气系统图、梯形图程序说明、程序运行与调试等方面内容。通过实例，读者可以比较容易地理解如下内容：模拟量采集数据处理、模拟量输入模块 EM231

的外围电路接线及模块中各种功能和设置，S7-200CN CPU 226 的外围电路接线，S7-200的程序编写，触摸屏的组态和S7-200程序对触摸屏组态各相应功能部件的控制。

本章从工程设计角度出发，深入浅出地介绍了使用WinCC flexible对触摸屏TP270进行组态和模拟调试的方法。模拟量模块控制是PLC控制中的一个难点，本章以对模拟量处理系统实例讲解的形式来详细说明模拟量模块的使用方法。在触摸屏组态方面，已经基本上涉及了全部基本对象。通过本章的学习，读者可以进一步体会触摸屏组态的本质。

第14章 TP177A在汽车配件夹具上的应用

西门子 S7-200 是国内应用很广的一款 PLC，本章介绍一个涂油装配应用实例来说明 TP177A 与 S7-200 配合使用的组态方法。

TP177A 是具有 4 级灰度的单色显示器，没有趋势图、数据记录和报表打印功能，其中数据记录功能可通过 S7-200 来实现。WinCC flexible 可对 TP177A 进行仿真，但 S7-200 的编程软件不能像 STEP 7 那样可以与 WinCC flexible 集成在一起。CPU 226 DC/DC/DC 有 24 个数字量输入和 16 个数字量输出，输出口为晶体管输出，供给电源为直流 24V，通信接口为两个 RS485 接口。

本章主要介绍了西门子 S7-200 PLC 与触摸屏 TP177A 在汽车零部件生产线上的应用，包括了组态任务描述、组态变量设置、PLC 地址分配、触摸屏画面组态、PLC 程序编程、电气系统图、液压系统图、梯形图程序说明、程序运行与调试。

14.1 组态任务

在组态一个触摸屏任务之前，首要任务是考虑在触摸屏中所要完成的功能和任务，然后再对触摸屏所要实现的功能和任务进行具体分解。通过触摸屏 TP177A 上出现的相应功能部件对 S7-200 PLC 内部存储器状态进行读取，进行相应的反应，从而达到触摸屏实时监控的目的。

14.1.1 组态描述

本小节主要描述在组态时所需要完成的功能和任务，列举在组态一个画面时所需具备的相应功能部件。通过对组态任务的描述，使得读者容易理解本章所需要实现的组态任务。

1. 组态功能

本项目采用 WinCC flexible 来进行组态。CPU 选用西门子 S7-200CN 系列的 CPU 226DC/DC/DC，触摸屏选用西门子公司的 TP177A，在 TP177A 上可设置主界面、操作界面、调试界面、手动操作界面、报警界面等。

① 在触摸屏上显示各工序流程 。

② 设置不同级别用户权限和信息。

③ 在未按正常流程操作时有报警提示。

④ 在触摸屏上设置永久保存值。

⑤ 程序可自动运行，也可在触摸屏上手动操作。

⑥ 在触摸屏上可进行复位操作。

⑦ 在触摸屏上显示已装配工件数量。

⑧ 用户登录注销，以防其他人利用当前登陆用户的权限进行操作。

2. 组态项目

如图 14–1 所示，组态界面共有 10 个：主界面、操作界面、调试界面、手动操作界面、系统设置、系统信息、项目信息、用户管理、诊断画面、模板界面。在此组态界面中可实现显示各工步步骤、设置永久保存值、系统复位、用户注销、自动挡和手动挡等功能。

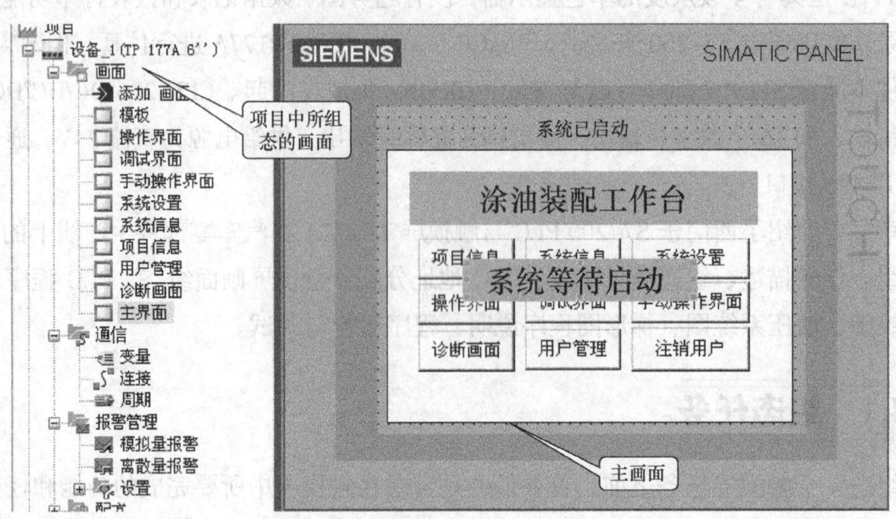

图14-1 组态界面

14.1.2 变量名与 PLC 地址分配

1. 变量名

（1）变量设置

触摸屏中的变量地址跟 PLC 程序中的变量地址是对应的，也可以根据需求来定义内部变量。如图 14–2 所示，变量编辑器中列举了触摸屏所用到的变量，在触摸屏上的变量设置中有内部变量与外部变量，外部变量由 PLC 程序来控制，其地址跟 PLC 中对应变量地址一致。

（2）文本列表设置

在操作界面中需要用到“工步显示”文本列表，可以用地址指针的方式来实现文本的切换。“Default”为默认值，即在默认状态下的文本数值。如图 14–3 所示，在“列表条目”中可设置默认条目，每个对应条目都有自己的“数值”，PLC 程序控制该“数值”可以实现不同“条目”相互切换。

名称	连接	数据类型	地址	数组计数	采集周期
步骤指示指针	Connection_1	Int	MW 20	1	1 s
复位	Connection_1	Bool	V 100.6	1	1 s
系统启动	Connection_1	Bool	V 190.1	1	1 s
电磁阀1调试	Connection_1	Bool	V 200.6	1	1 s
锁紧汽缸电磁阀	Connection_1	Bool	V 300.6	1	1 s
涂油气路电磁阀	Connection_1	Bool	V 400.6	1	1 s
电磁阀2调试	Connection_1	Bool	V 500.6	1	1 s
手动涂油	Connection_1	Bool	V 600.6	1	1 s
涂油时间	Connection_1	Real	VD 50	1	100 ms
报警信息	Connection_1	Word	VW 1000	1	1 s
数量统计	Connection_1	Int	VW 30	1	1 s

与 S7-200 相连接

触摸屏中变量设置

图14-2　变量设置

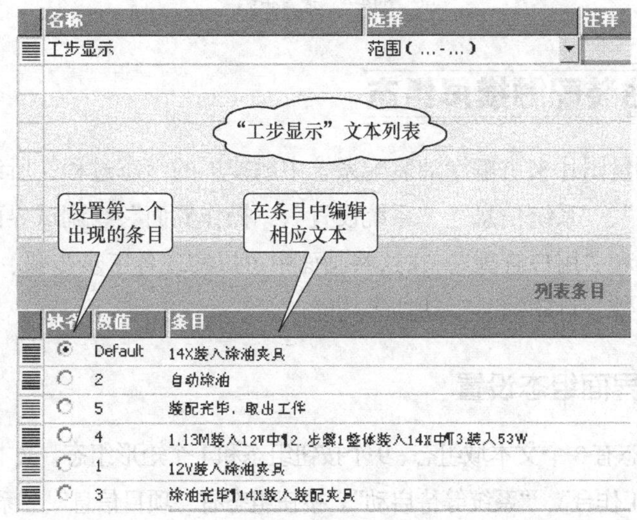

图14-3　文本列表设置

（3）报警组态

当润滑脂的量较少，报警信息存储器 VW1000 值为 1，将上升沿触发离散量报警组态，信息提示为“油位报警”。当在电磁阀涂油时取出涂油工件，报警信息存储器 VW1000 值为 2，将上升沿触发离散量报警组态，信息提示为“涂油期间工件不允许取出”。当在触摸屏上设置涂油时间值过小，报警信息存储器 VW1000 值为 3，将上升沿触发离散量报警组态，信息提示为“涂油时间设置过小”。这 3 个报警组态均为“错误”类别，组别均为“确认组 1”（如图 14–4 所示）。

2. PLC 地址分配

PLC 地址与触摸屏组态的外部变量地址是相对应的，因而在给 PLC 中的变量分配地址时要充分考虑触摸屏设定的地址。数据存储要注意溢出时候，相邻存储器之间有一定影响，存储器地址相邻之间要求有一定间隔。

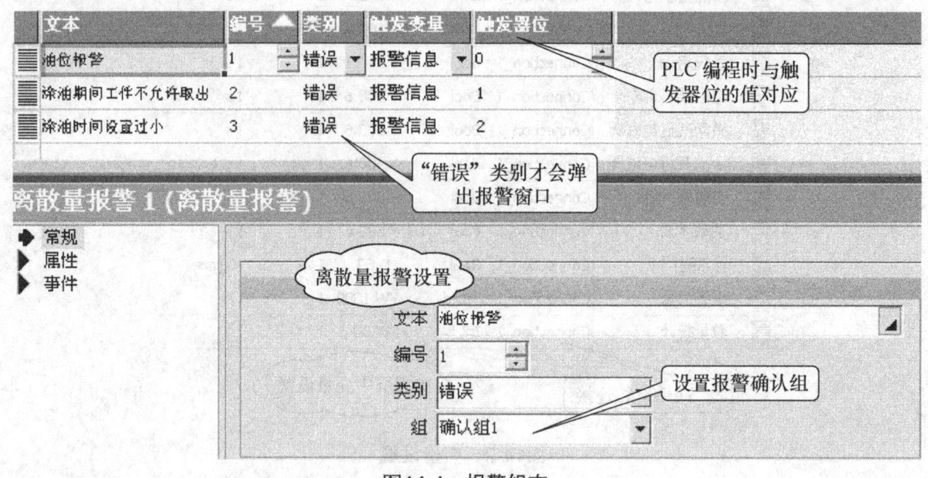

图14-4 报警组态

14.2 涂油装配触摸屏组态

本节中采用大量图片来讲解涂油装配系统中触摸屏的组态过程，所组态的画面有"主界面"、"项目信息"、"系统信息"、"系统设置"、"操作界面"、"调试界面"、"手动操作界面"、"诊断画面"和"用户管理"，在这些画面中可以实现各工步步骤、设置永久保存值、系统复位、用户注销、自动挡、手动挡等功能。

14.2.1 主界面组态设置

主界面中的组态有3个文本域组态、9个按钮组态和1个矩形组态。文本域组态有"系统已启动"、"涂油装配工作台"、"系统等待启动"。按钮组态有"项目信息"、"系统信息"、"系统设置"、"操作界面"、"调试界面"、"手动操作界面"、"诊断画面"、"用户管理"和"注销用户"。

1. "系统已启动"组态设置

如图14–5所示，在"开启"按钮单击后文本"系统已启动"将出现在触摸屏上，但在整个电气系统刚上电时是不可见的。

2. "涂油装配工作台"组态设置

如图14–6所示，在电气系统刚上电时文本"涂油装配工作台"是可见的，但在"开启"按钮单击后是不可见的。

3. "系统等待启动"组态设置

如图14–7所示，文本"系统等待启动"和"涂油装配工作台"类似，在电气系统刚上电时是可见的，但在"开启"按钮点击后是不可见的。

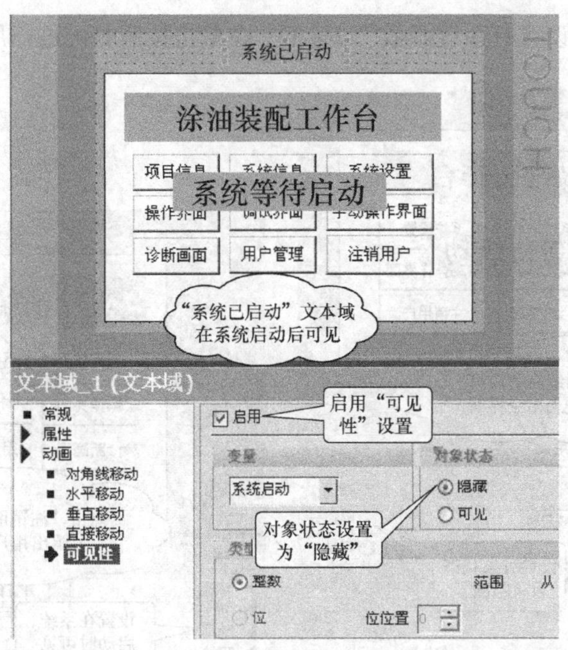

图14-5　"系统已启动"组态

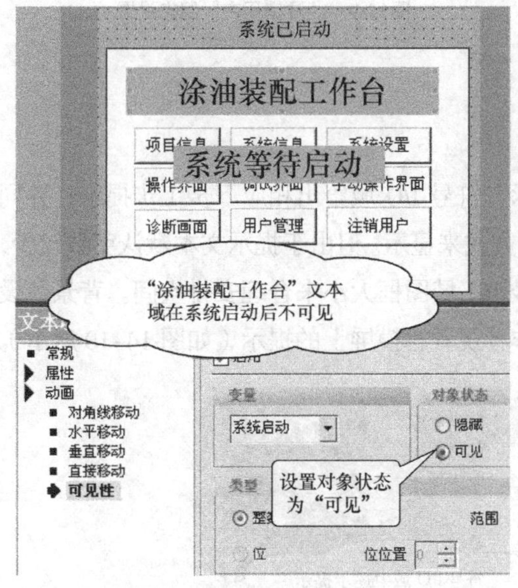

图14-6　"涂油装配工作台"组态

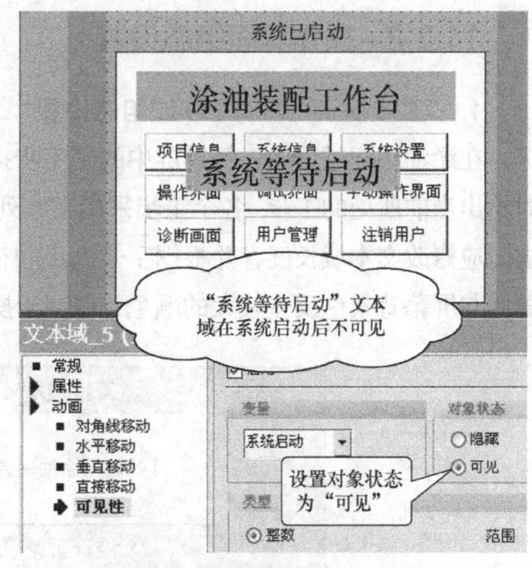

图14-7　"系统等待启动"组态

4. 按钮组态设置

主界面中有 8 个按钮组态，分别是"操作界面"、"调试界面"、"手动操作界面"、"系统设置"、"系统信息"、"项目信息"、"用户管理"、"诊断画面"。这些按钮组态设置相类似，在触摸屏上单击此按钮后即可进入相应的组态界面（如图 14–8 所示）。

5. "注销用户"组态设置

注销用户登录，以防其他人利用当前登录用户的权限进行操作。如图 14–9 所示，在用户注销按钮的事件中设置有系统函数“Logoff”，在单击按钮时可进行用当前用户注销操作。

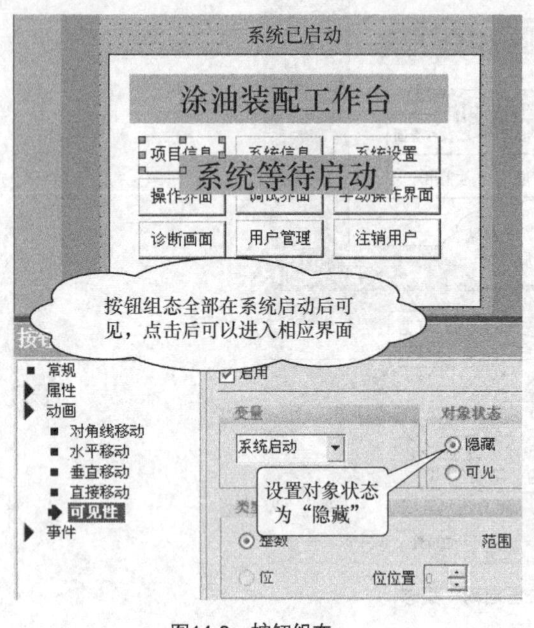

图14-8　按钮组态

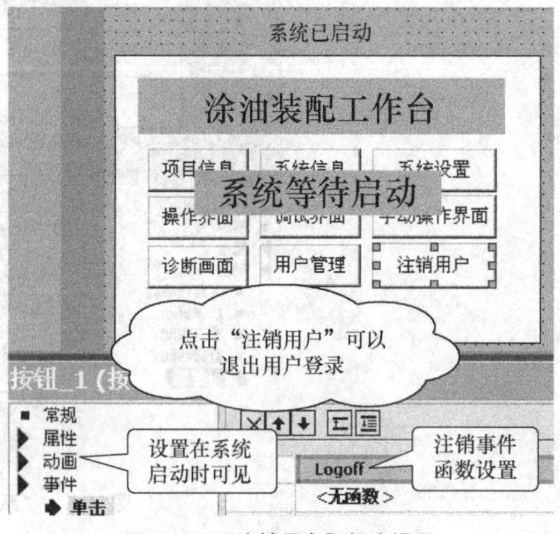

图14-9　“注销用户”组态设置

14.2.2　操作界面组态设置

1. “工步提示”符号 I/O 域组态设置

在涂油装配过程中，触摸屏中的“工步提示”符号 I/O 域给出相应下步工步提示，并同时给出当前所处的工步。各个工步采用文本列表方式来显示。但由于提示文本默认字数较少，这时应修改文本域长度，并根据字体大小和符号 I/O 域图框大小来合理安排空间。背景色设置为与屏幕背景色反差较大的颜色，以便于操作者观看触摸屏上的提示（如图 14-10 所示）。

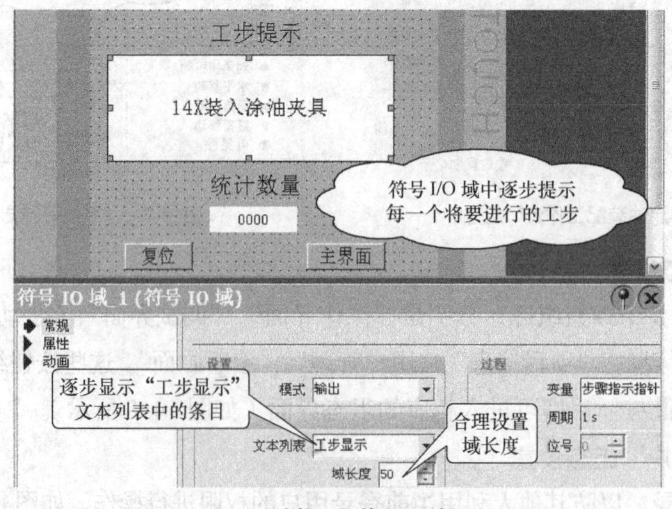

图14-10　“工步提示”符号I/O域组态设置

2. 文本域组态设置

操作界面中有两个文本域，分别是"工步提示"和"统计数量"文本域。这两个文本域是用于提示相应的符号 I/O 域和 I/O 域组态（如图 14–11 所示）。

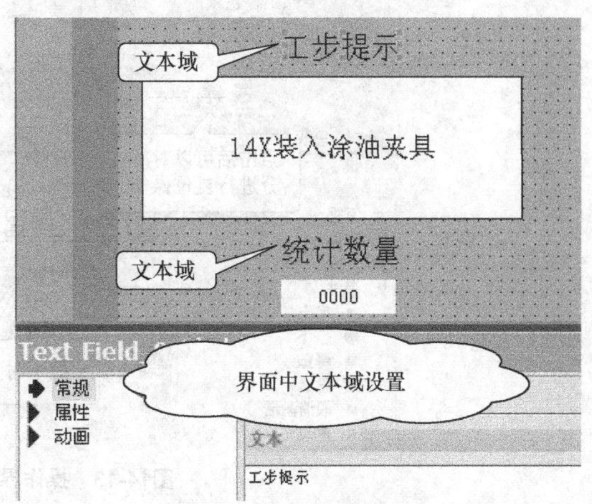

图14-11　文本域组态设置

3. "数量统计" I/O 域组态设置

在涂油装配一次完成后，"数量统计"存储器 VW30 就加 1，其对应的数值显示在触摸屏上。调整相应的背景色和文字大小，以便视觉美观和操作者观看。图 14–12 给出了操作界面中"数量统计"IO 域组态设置。

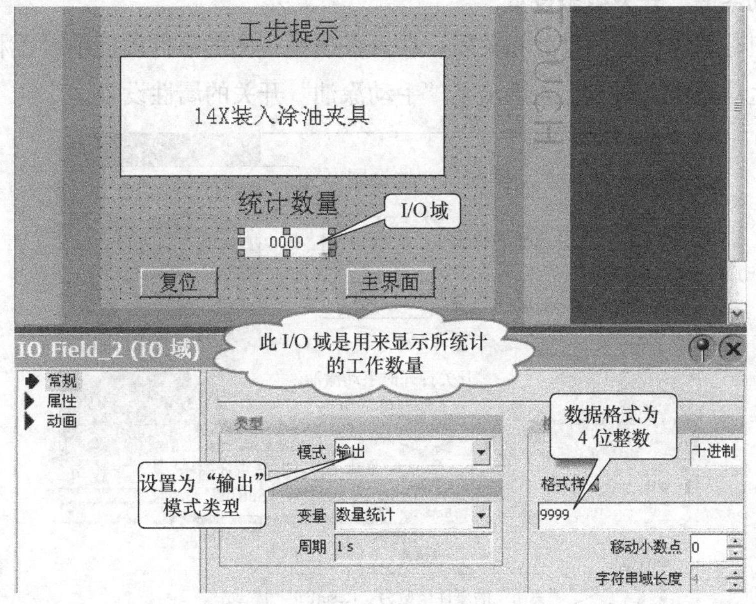

图14-12　"数量统计" I/O域组态设置

4. 按钮组态设置

操作界面中有两个按钮组态，分别是"复位"和"主界面"。

① 在单击"复位"按钮后，步骤指示和涂油装配计件数可以复位。在"复位"按钮属性视图的事件属性中设置相应的系统函数"SetBit"（如图 14–13 所示）。

② 单击"主界面"按钮后即以返回主界面，此按钮属性视图的事件属性中设置相应的系统函数"ActivateScreen"（如图 14–13 所示）。

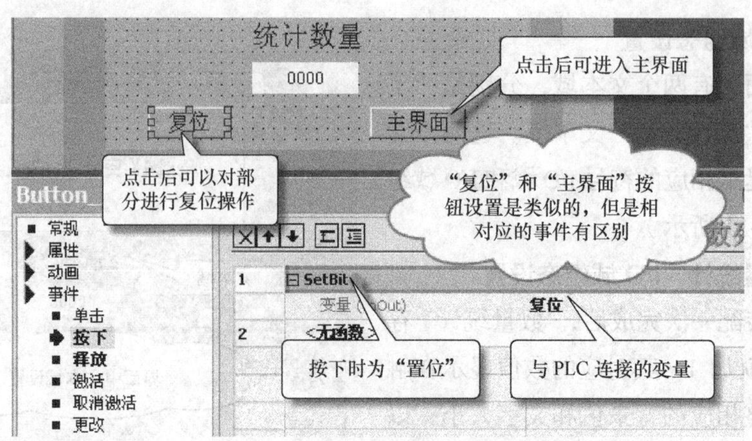

图14-13 操作界面中按钮组态设置

14.2.3 手动操作界面组态设置

1. "手动涂油"开关组态设置

开关按钮有两种状态：打开和关闭。在开关属性视图的事件属性中设置相应功能即可实现涂油的生动操作。图 14–14 给出了"手动涂油"开关的属性设置。

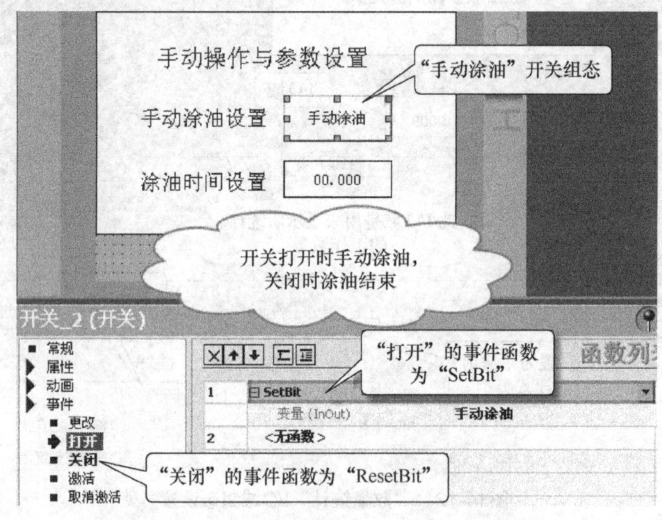

图14-14 "手动涂油"开关组态设置

2. "涂油时间"I/O 域组态设置

充分的涂油时间是正常定量涂油的基本保证，且可根据不同涂油量来设置相应的涂油时间。该 I/O 域是输入输出模式，既能显示涂油时间又能从触摸屏上输入设定，并且掉电可以保存。"涂油时间"设有访问权限，在登录后才能进行相关操作。图 14–15 给出了"涂油时间"I/O 域组态的属性设置。

3. 文本域组态设置

手动操作界面中有 3 个文本域，分别是"手动操作与参数设置"、"手动涂油设置"

和“涂油时间设置”文本域。后两个文本域是用于提示相应的开关组态和 I/O 域组态（如图 14–16 所示）。

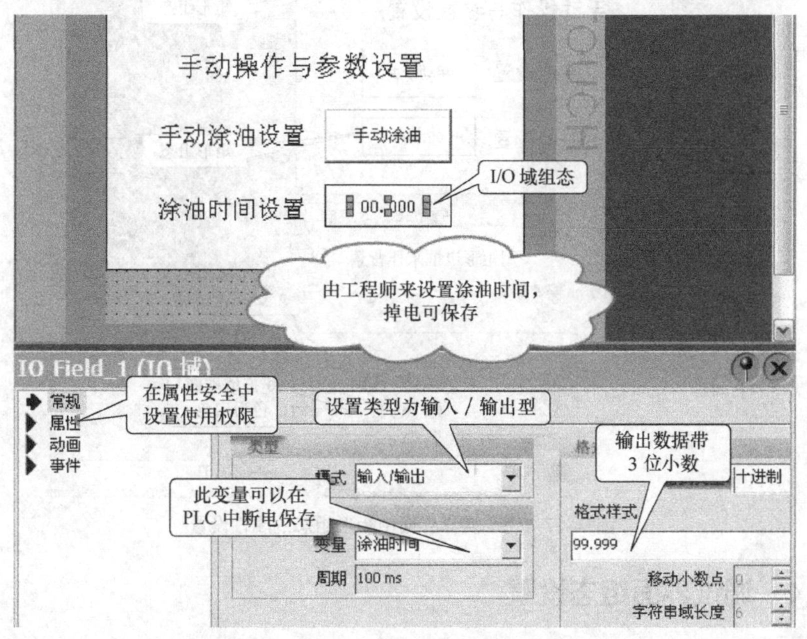

图14-15　“涂油时间”I/O域组态的属性设置

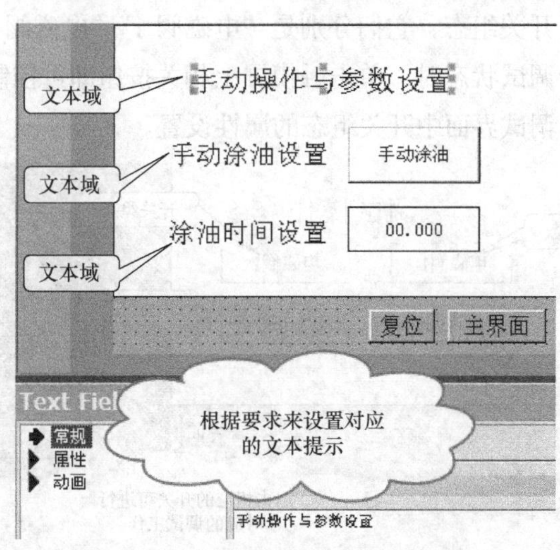

图14-16　手动操作界面中文本域组态设置

4. 矩形组态设置

手动操作界面中有两个矩形，它们是作为文本域、I/O 域和开关组态的背景，也可以对其在触摸屏上的显示顺序进行修改。图 14–17 给出了手动操作界面中矩形组态的属性设置。

5. 按钮组态设置

手动操作界面中有两个按钮组态，分别是“复位”和“主界面”，它的属性设置跟其他子界面中的按钮组态设置相类似。

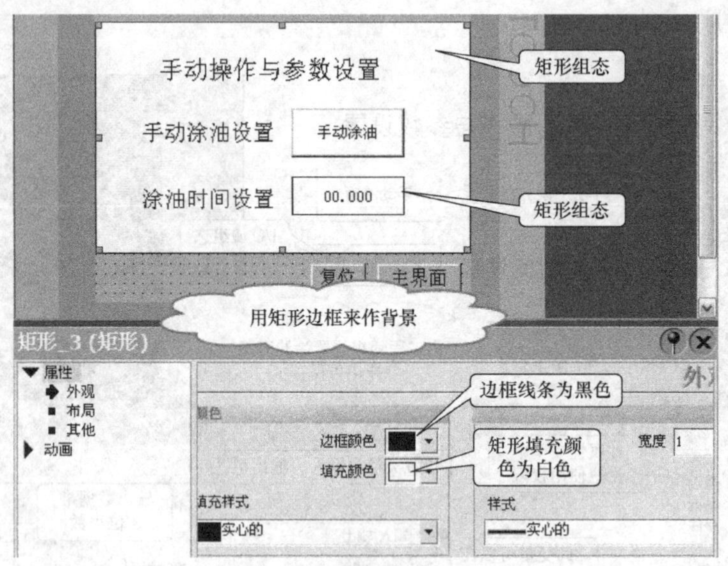

图14-17　手动操作界面中矩形组态的属性设置

14.2.4　调试界面组态设置

1. 开关组态设置

调试界面中有3个开关组态，它们分别是“电磁阀1”“电磁阀2”和“气路电磁阀”开关组态。在设备处于调试状态时，单击触摸屏上相关按钮即可控制油路电磁阀和气路电磁阀。图14–18给出了调试界面中开关组态的属性设置。

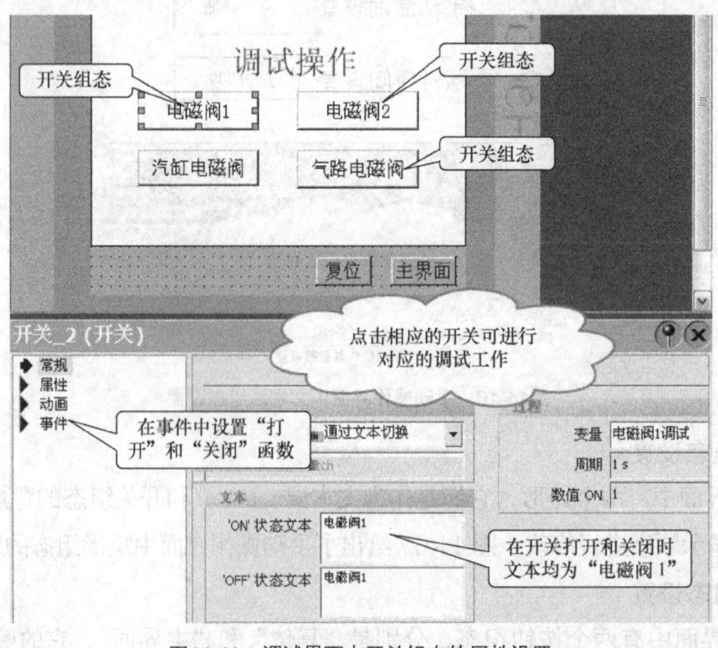

图14-18　调试界面中开关组态的属性设置

2. 按钮组态设置

按下“汽缸电磁阀”按钮时是置位，而松开按钮时是复位。该汽缸的作用是锁紧工件防差错。图 14–19 给出了调试界面中按钮组态的属性设置，在按下该按钮时汽缸锁紧，而在释放扭矩时汽缸将松开。

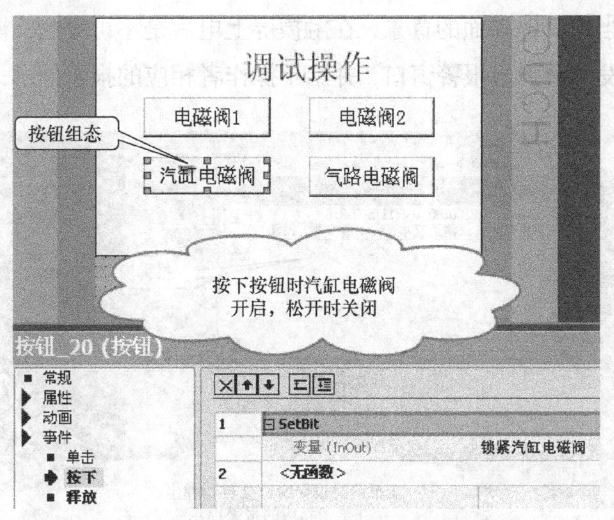

图14-19 调试界面中按钮组态的属性设置

3. 文本域和矩形组态设置

调试界面中有一个文本域和一个矩形组态，在文本域中可对按钮和开关组态进行相关文字说明。矩形组态是作为文本域、按钮和开关组态的背景。图 14–20 给出了调试界面中文本域和矩形组态。

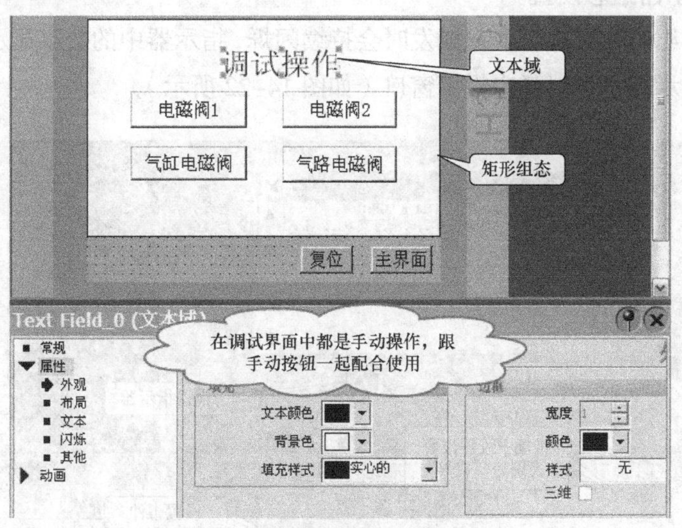

图14-20 调试界面中文本域和矩形组态

4. “复位”和“主界面”按钮组态设置

调试界面中有两个按钮组态，分别是“复位”和“主界面”，可参照操作界面中按钮设置来进行设置。

14.2.5 模板界面组态设置

1. 报警窗口组态设置

模板界面可以当作其他界面的背景，在触摸屏上电后是不可见的。模板界面中的报警窗口在有报警变量触发时会弹出报警窗口，并给予操作者相应的报警提示（如图 14-21 所示）。

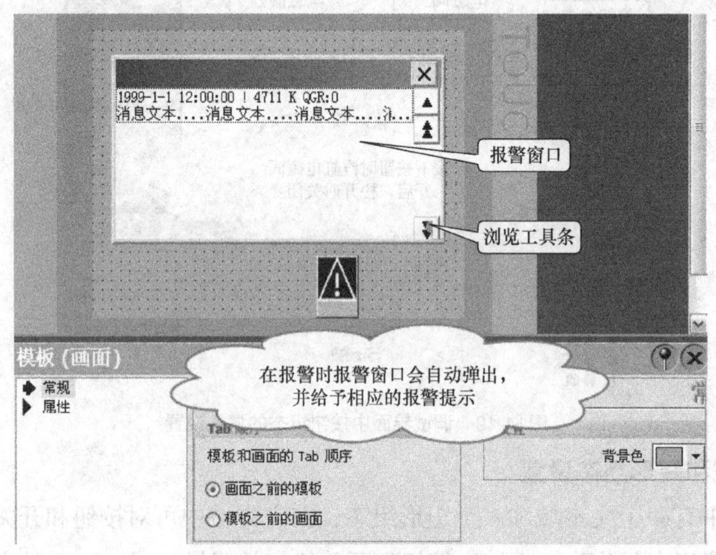

图14-21 报警窗口组态设置

2. 报警指示器组态设置

报警指示器组态在有报警变量触发时会持续闪烁，指示器中的数字显示的是报警数量，此时单击报警指示器也可以弹出报警窗口（如图 14-22 所示）。

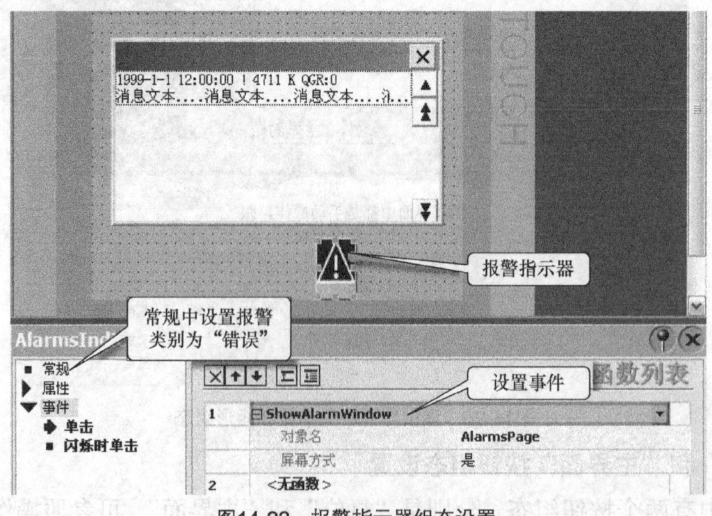

图14-22 报警指示器组态设置

14.2.6　系统设置界面组态设置

1. “对比度增加”和“对比度减少”按钮组态设置

如图 14-23 所示，“系统设置”界面中有两个对比度设置按钮，分别是“对比度增加”和“对比度减少”按钮组态。在事件属性中两个按钮都调用了系统函数中的对比度调整函数，单击按钮即可进行加减运算操作。

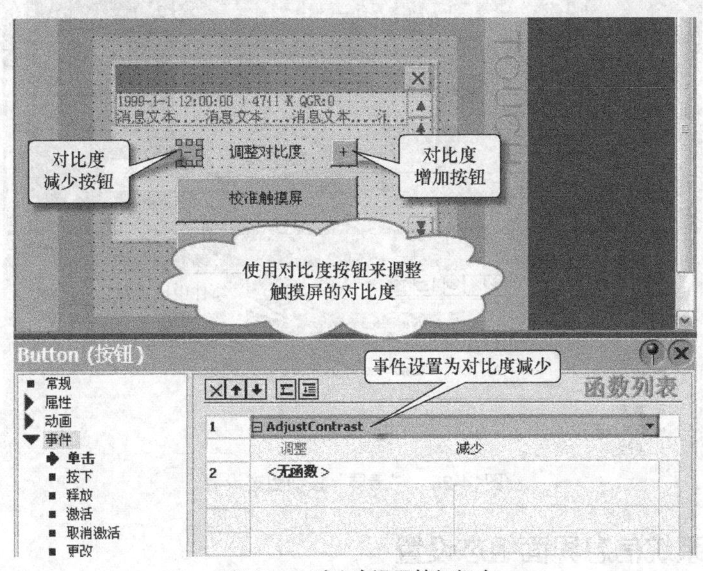

图14-23　对比度设置按钮组态

2. “校准触摸屏”按钮组态设置

如图 14-24 所示，“校准触摸屏”按钮组态在“系统设置”界面中设置，其事件属性调用系统函数中的“CalibrateTouchScreen”函数，单击按钮可以对触摸屏进行校准。

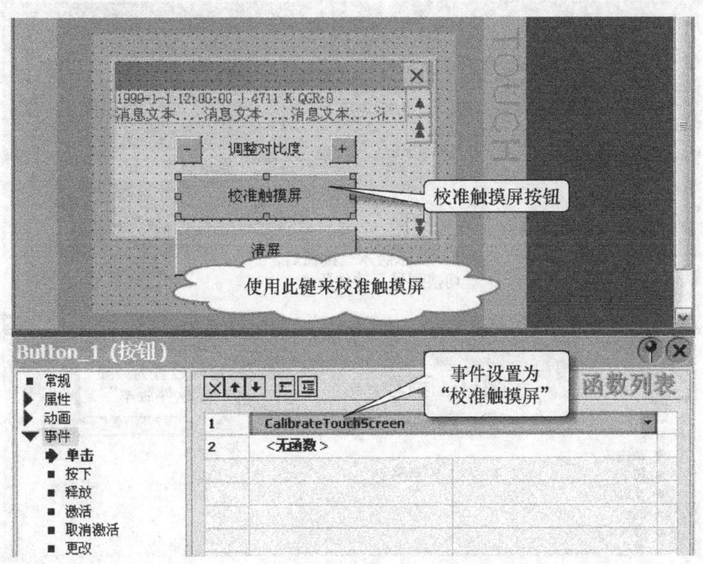

图14-24　“校准触摸屏”按钮组态

3. “清屏”按钮组态设置

如图 14-25 所示，“系统设置”界面中设置有“清屏”按钮组态，单击该按钮即可对触摸屏进行清屏操作，其事件属性调用系统函数中的“ActivateCleanScreen”函数。

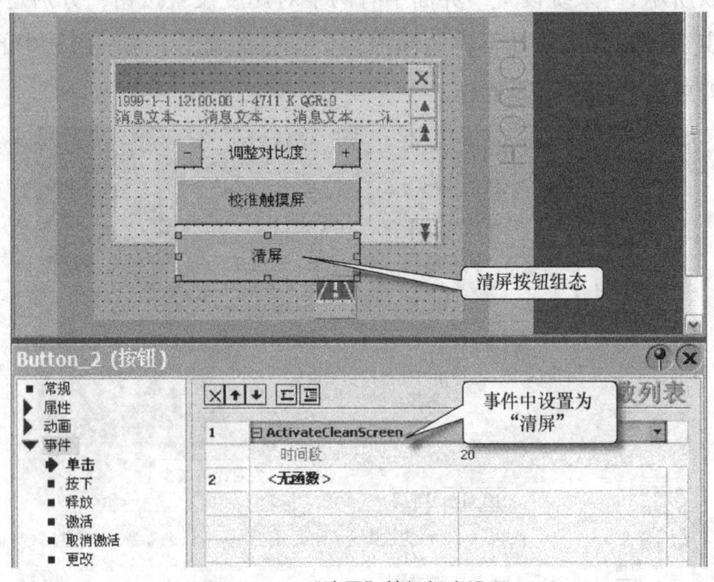

图14-25 “清屏”按钮组态设置

14.2.7 系统信息界面组态设置

如图 14-26 所示，在“系统信息”界面属性中可以添加信息文本，并在信息文本中对系统设置进行描述。“系统信息”界面中有“显示信息”按钮组态，单击此按钮即可显示软件的版本信息，其事件属性调用了系统函数中的“ShowSoftwareVersion”函数。

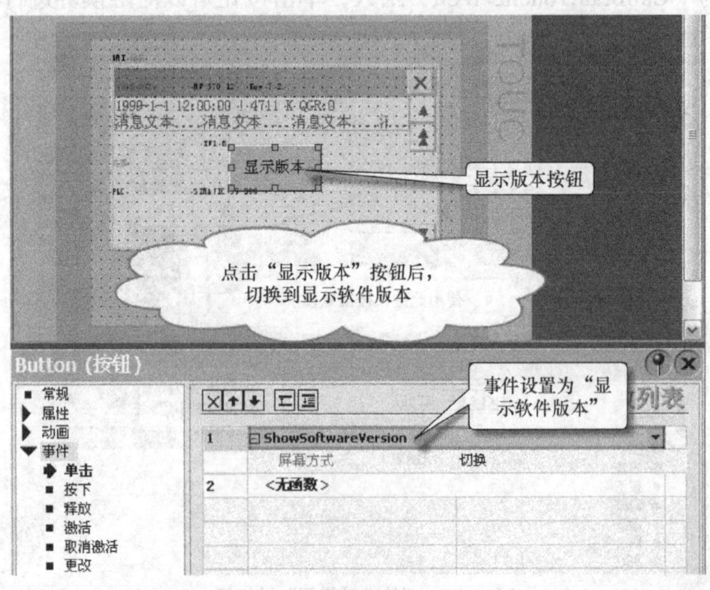

图14-26 显示软件版本组态

14.2.8　项目信息界面组态设置

在“项目信息”界面中也可以添加信息文本，在信息文本中可对项目信息进行描述。如图 14–27 所示，“项目信息”界面中有两个信息文本，这两个文本都是系统自带的。

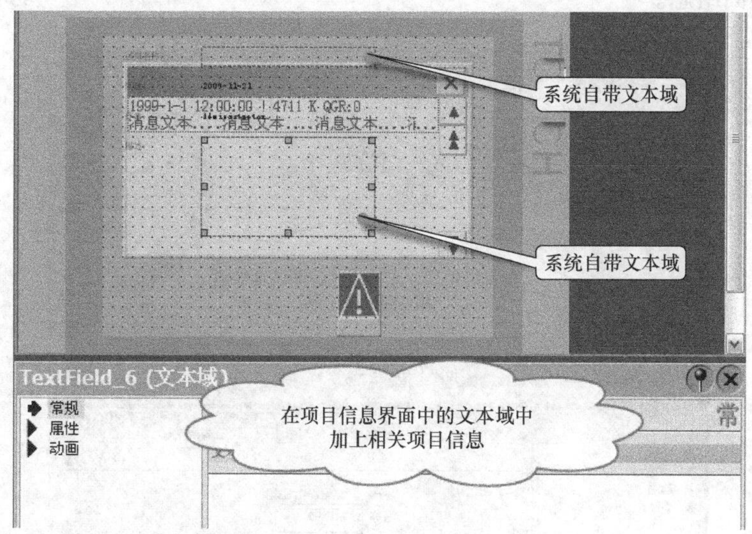

图14-27　信息文本组态

14.2.9　用户管理界面组态设置

“用户视图”在“用户管理”界面中组态，且其常规属性中只有“简单的”类型可选。图 14–28 给出了用户视图组态。

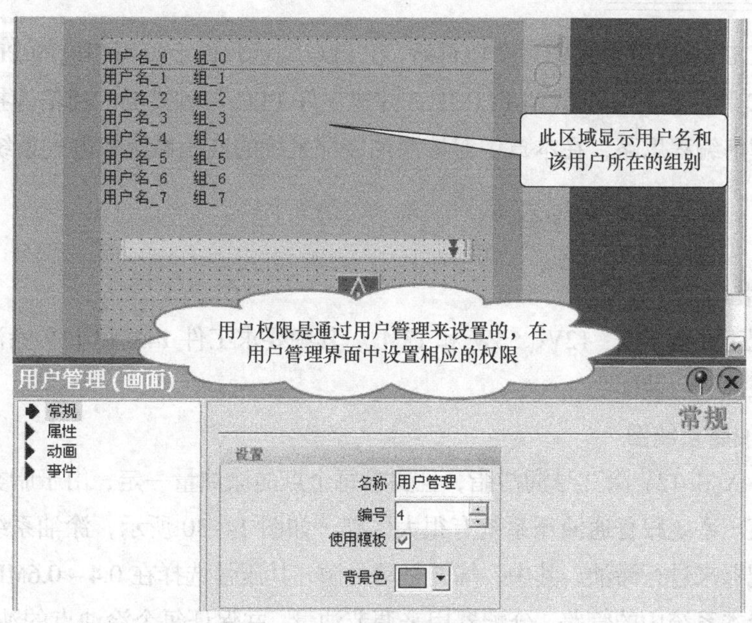

图14-28　用户视图组态

14.2.10 诊断画面界面组态设置

在有报警出现时可打开诊断画面，在此界面中可查找相关的报警提示信息。图 14–29 给出了诊断画面组态。

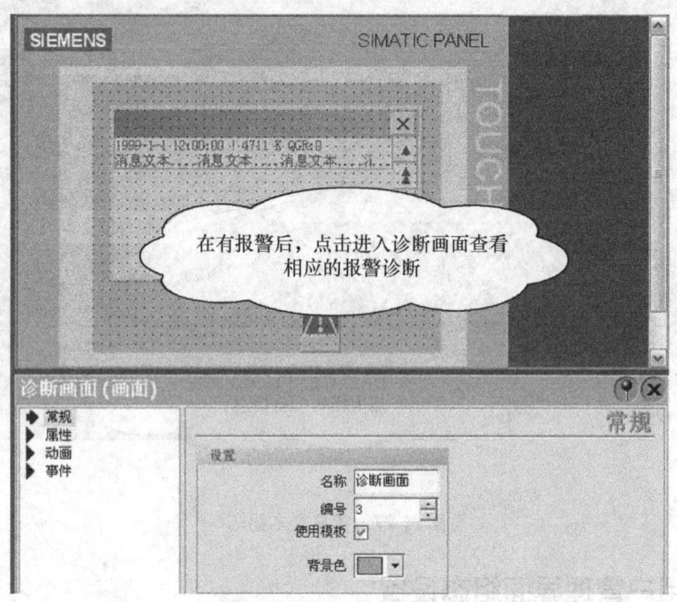

图14-29 诊断画面组态

14.3 PLC 编程

在 WinCC flexible 组态完毕一个项目后，在 PLC 编程软件上编写相应的 PLC 控制程序。在编写好 PLC 程序后将其下载到 PLC 中，并建立好 PLC 与触摸屏的通信连接。为了使读者能更好地理解编程思路，在本章中对该涂油装配系统的液压系统和电气系统进行描述。

14.3.1 涂油装配工作台

1. 涂油装配工件

涂油装配工件有 14X、12V、53W 和 13M ，其中要求工件 14X 和 12V 涂油，在涂完油后再对这些工件进行装配。

2. 液压油路系统图

给工件 14X 和 12V 涂 2 号润滑脂，且要求每个点的涂油量一定，由于脂类不同于润滑油，因此此液压系统跟普通液压系统有很大区别。如图 14–30 所示，涂油系统利用气阀、液压阀和分配器来进行涂油，其中，气阀是动力源，其压强选择在 0.4 ~ 0.6MPa，液压阀用来开启和闭合本系统中的管路，分配器用来调节油量，并保证每个涂油点的油量保持一致。

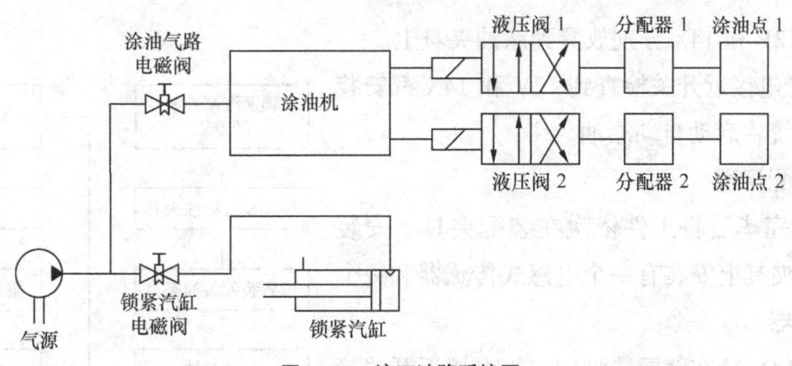

图14-30　液压油路系统图

3. 涂油夹具和装配夹具

工件 14X 和 12V 需要涂油，在涂油前需将工件装配在特定仿形夹具上，且在涂油夹具上分别安装有光电传感器。在涂完油后再将工件逐个装配在装配夹具上，当工件 14X 装入后锁紧汽缸锁紧工件。在装配夹具上装有两个传感器，其中一个是光电传感器，另外一个是电感式传感器。如图 14–31 所示，涂油装配工作台有 3 个夹具，其中两个为涂油夹具，另外一个为装配夹具。

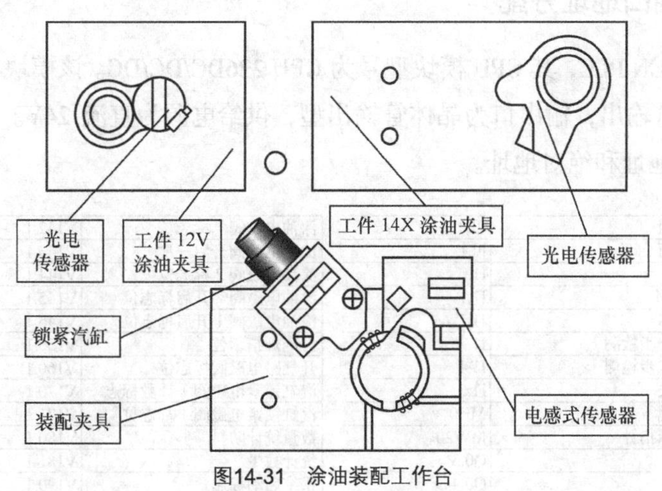

图14-31　涂油装配工作台

4. 涂油点与装配防差错

工件 14X 涂油夹具和工件 12V 涂油夹具上有各自涂油出口点，可对工件对应部位进行涂油。涂油量是根据电磁阀 1、电磁阀 2、涂油分配器和气路电磁阀开启时间来设定。在工件装配过程中，气路电磁阀用来控制汽缸的夹紧和松开，同时也可用汽缸、仿形夹具和传感器来进行装配防差错。锁紧汽缸动作如下：在未涂油前汽缸处于锁紧状态，在涂油完毕时汽缸松开，在装配工件 14X 后汽缸又夹紧，在全部工件装配完成后汽缸松开 3s。

5. 涂油装配工作流程

（1）涂油流程

14X 和 12V 共有 3 个涂油点，其中 14X 有 1 个，12V 有 2 个。

① 将 12V 和 14X 分别放置到涂油夹具上。

② 当光电接近开关检查到 12V 和 14X 都安装到位时，系统将启动自动涂油。

（2）装配流程

在涂油完毕后将工件依次在装配夹具上安装起来，装配夹具上安装有一个电感式传感器和一个光电式传感器。

① 将 14X 放在装配造型中，光电接近开关接收到信号，启动汽缸，锁紧 14X 中。

② 将 13M 与 12V 进行装配，然后将其整体装进 14X 中。

③ 将 53W 装配上，电感式接近开关接收到信号，松开汽缸，取出工件即完成装配（如图 14-32 所示）。

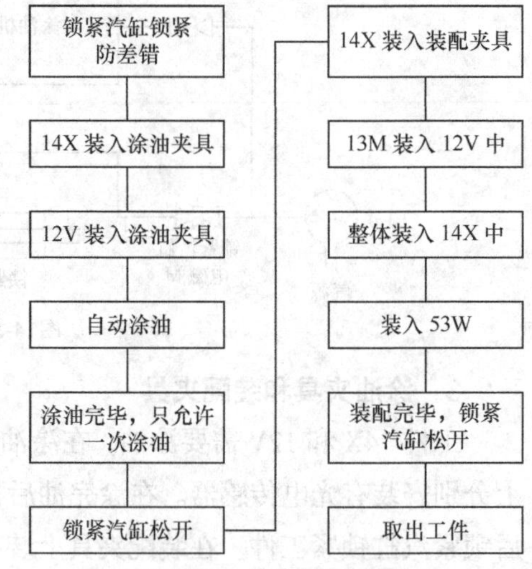

图14-32　涂油装配流程图

14.3.2　端口地址分配

选用 S7-200CN PLC，其 CPU 模块型号为 CPU 226DC/DC/DC。该模块有 24 个数字量输入和 16 个数字量输出，输出口为晶体管输出型，供给电源为直流 24V。图 14-33 给出了 PLC 端口的符号地址和绝对地址。

开启按钮	I0.0	涂油电磁阀 1 标志位	V142.1
复位按钮	I0.1	涂油电磁阀开启一次	V143.1
工件 12V	I1.0	涂油电磁阀 2 标志位	V144.1
工件 13M	I1.1	涂油电磁阀 2 开启标志位	V145.1
工件 14X	I1.2	涂油电磁阀 1 开启标志位	V146.1
装配第一步检测	I1.3	灯闪烁指示位	V150.1
装配第二步检测	I1.4	开气路电磁阀标志位	V160.1
油位开关	I1.5	汽缸锁紧电磁阀 1 计数标志	V170.1
存储单元	MD0	汽缸锁紧电磁阀 1 标志位	V171.1
步骤指示指针	MW20	数量统计防抖	V180.1
涂油阀 1	Q0.3	统计数量	V181.1
涂油阀 2	Q0.4	系统启动标志	V190.1
气阀	Q0.5	开启计数标志位	V191.1
汽缸电磁阀	Q0.6	手动与自动计数标志	V200.1
指示灯	Q0.7	电磁阀 1 调试	V200.6
提示操作 12V	V80.1	手动与自动选择标志位	V201.1
提示操作 14X	V81.1	手动与自动选择按钮	V202.1
光栅 13M 标志	V82.1	复位标志位	V210.1
光栅 13M	V84.1	油位开关标志位	V220.1
装配提示 1	V90.1	涂油电磁阀 1 手动标志位	V240.1
装配提示 2	V91.1	涂油电磁阀 2 手动标志位	V241.1
装配提示 1 完成	V100.1	气阀手动标志位	V242.1
复位	V100.6	锁紧汽缸电磁阀	V300.6
装配提示 2 完成	V101.1	涂油气路电磁阀	V400.6
锁汽缸防差错	V110.1	电磁阀 2 调试	V500.6
装配完成标志位	V120.1	手动涂油	V600.6
汽缸松开电磁阀 1 计数标志	V130.1	涂油期间取出工件报警	V1001.1
上部涂油标志位	V140.1	涂油时间	VD50
涂油完毕	V141.1	计件	VW30

图14-33　IO端口地址分配

14.3.3　电气控制系统

1. 电气系统配置

电气控制系统中主要电气元件有 1 个 S7-200CN PLC、1 个触摸屏 TP177A、若干按钮、3 个光电式接近开关、1 个电感式接近开关、1 个油位检测开关、2 个涂油阀、2 个气路电磁阀和 1 个涂油状态指示灯。

2. 电气控制系统图

电气控制系统要求方便稳定，TP177A 与触摸屏的通信稳定性比较差，当两者不能通信上时，要求仔细检查通信连接线或是在触摸屏系统界面中重新进行通信连接。图 14-34 给出了电气控制系统示意图。

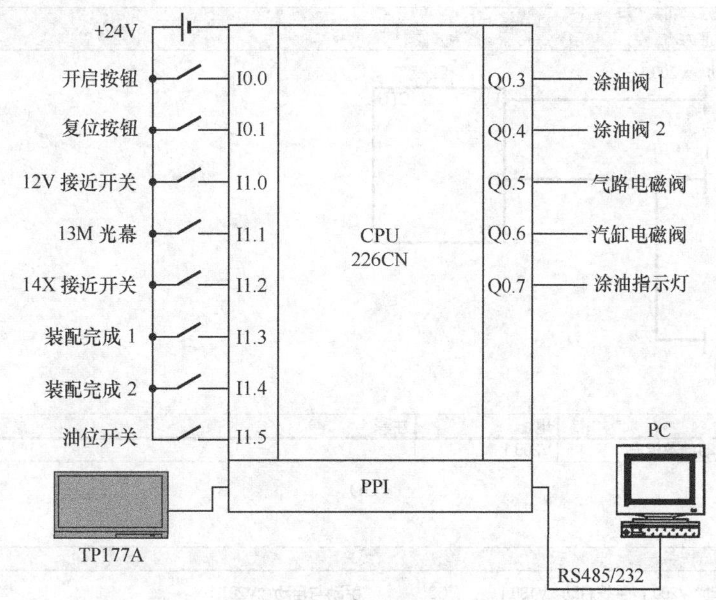

图14-34　电气控制系统示意图

14.3.4　设备控制程序

在 PLC 控制程序中，主程序能实现的功能有手动、自动、复位、报警及输入输出端口分配等。主程序能调用“自动挡程序”，从而实现自动涂油功能。

1. 主程序

（1）手动程序

手动按钮是一次单击型按钮，它没有保持功能。在自动涂油出故障时，使用手动涂油按钮可以进行手动涂油工作，从而保证设备不停产。如图 14-35（a）所示，当操作人员单击手动按钮时，计数器 C2 值为 1。如图 14-35（b）所示，当操作人员再次单击手动按钮时，计数器 C2 值为 2，此时将触发计数器 C2 复位。网络 8 是一个启保停程序段，当计数器 C2 值为 1 时手动与自动标志位为高电平，当计数器 C2 值为 0 和 2 时手动与自动标志位为低电平［如图 14-35（c）所示］。

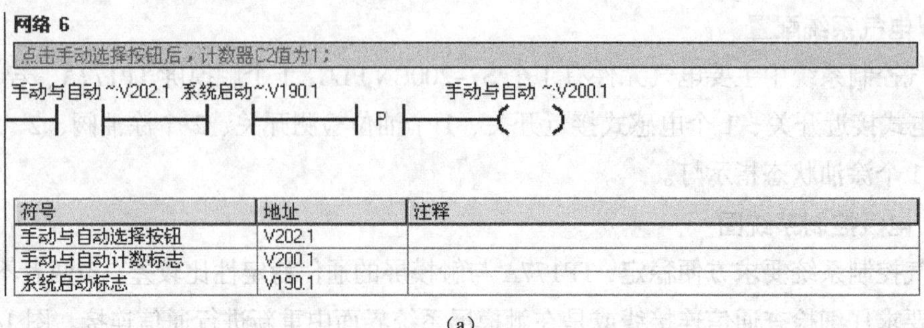

符号	地址	注释
手动与自动选择按钮	V202.1	
手动与自动计数标志	V200.1	
系统启动标志	V190.1	

（a）

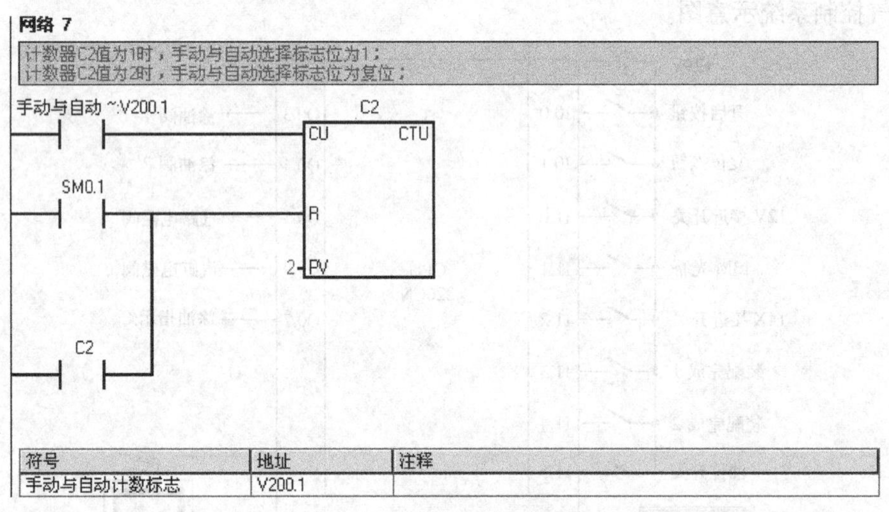

符号	地址	注释
手动与自动计数标志	V200.1	

（b）

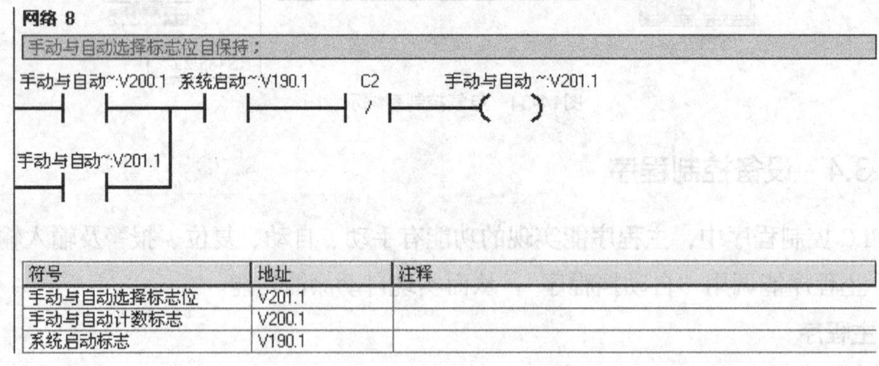

符号	地址	注释
手动与自动选择标志位	V201.1	
手动与自动计数标志	V200.1	
系统启动标志	V190.1	

（c）

图14-35 手动程序

（2）复位程序

复位按钮也是一次单击型按钮，单击后即可对程序进行复位操作。如图 14-36（a）所示，在系统开启时单击复位按钮，此时复位标志位为高电平。在网络 5 中当复位标志位为高电平时，步骤指示指针和计数将被清零［如图 14-36（b）所示］。

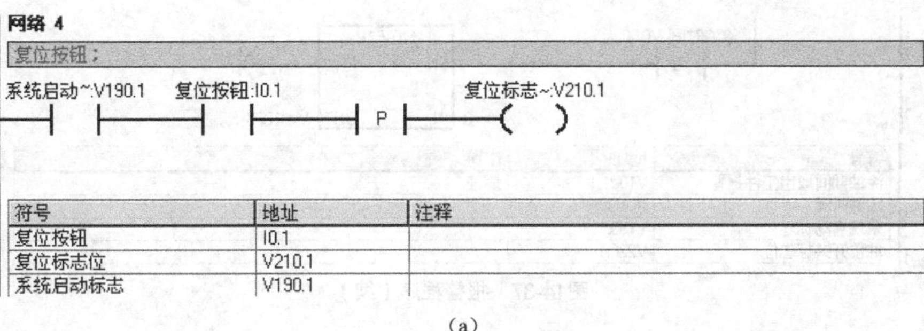

符号	地址	注释
复位按钮	I0.1	
复位标志位	V210.1	
系统启动标志	V190.1	

（a）

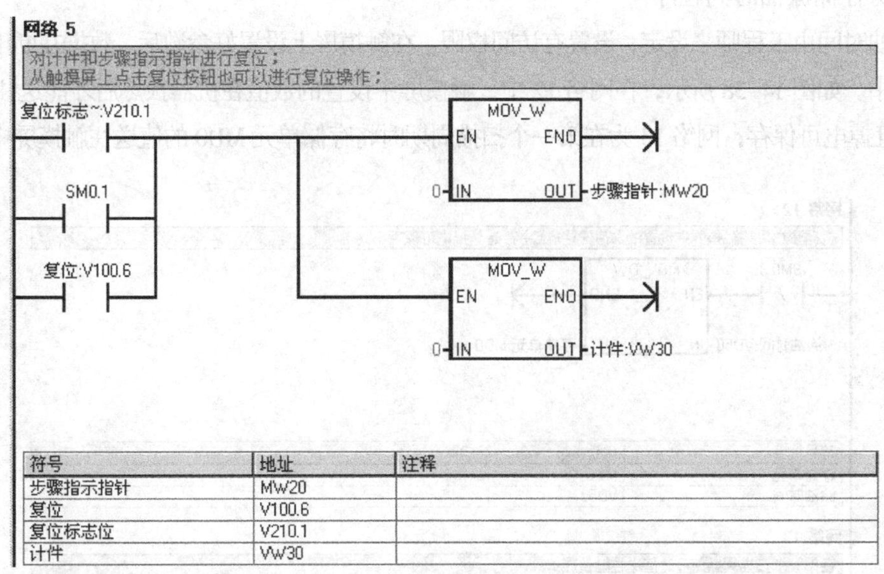

符号	地址	注释
步骤指示指针	MW20	
复位	V100.6	
复位标志位	V210.1	
计件	VW30	

（b）

图14-36 复位程序

（3）报警程序

网络 10 为触摸屏报警程序段，在报警条件触发后相应报警窗口将会显现在触摸屏上，当 VW1000 的值为 1 时触发油位报警，当 VW1000 的值为 2 时触发涂油取工件报警，当 VW1000 的值为 3 时触发涂油时间过短报警（如图 14–37 所示）。

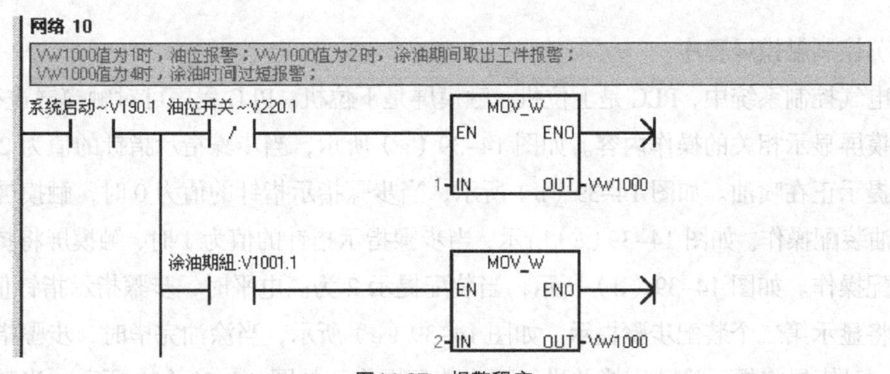

图14-37 报警程序

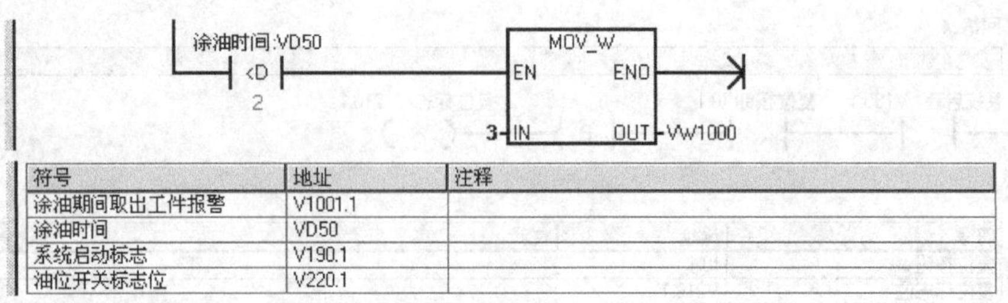

符号	地址	注释
涂油期间取出工件报警	V1001.1	
涂油时间	VD50	
系统启动标志	V190.1	
油位开关标志位	V220.1	

图14-37 报警程序（续）

（4）存储涂油时间程序

涂油时间由工程师来设定，设置有访问权限。在触摸屏上设置好参数后，数据在断电后保存在PLC中。如图14–38所示，在网络12中，触摸屏中设置的数值在机器预热后才能送往PLC中存储，且掉电可保存；网络13为在第一个扫描周期时将存储单元MD0的值送往触摸屏中存储。

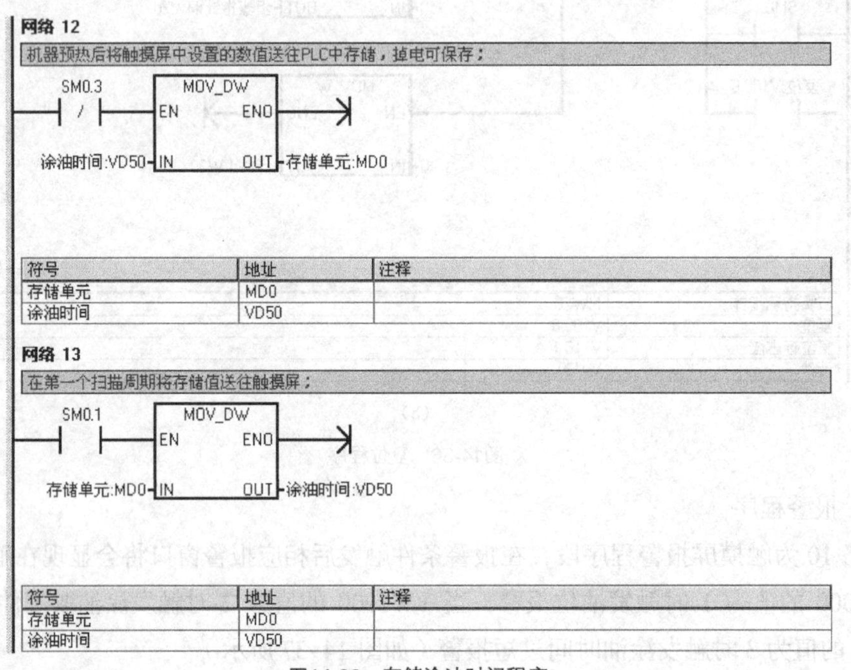

符号	地址	注释
存储单元	MD0	
涂油时间	VD50	

符号	地址	注释
存储单元	MD0	
涂油时间	VD50	

图14-38 存储涂油时间程序

（5）控制触摸屏程序

在电气控制系统中，PLC是上位机，触摸屏是下位机。PLC程序可对触摸屏进行操作，同时触摸屏显示相关的操作内容。如图14–39（a）所示，当步骤指示指针的值为2时，触摸屏将提示正在喷油。如图14–39（b）所示，当步骤指示指针的值为0时，触摸屏将提示14X涂油装配操作。如图14–39（c）所示，当步骤指示指针的值为1时，触摸屏将提示12V涂油装配操作。如图14–39（d）所示，当装配提示2为高电平时，步骤指示指针值为4，触摸屏将显示第二个装配步骤提示。如图14–39（e）所示，当涂油完毕时，步骤指示指针值为3，触摸屏将提示涂油完毕并进行下步装配操作。如图14–39（f）所示，当整个装配

完成后，步骤指示指针值为 5，触摸屏将提示装配完毕并取出工件。

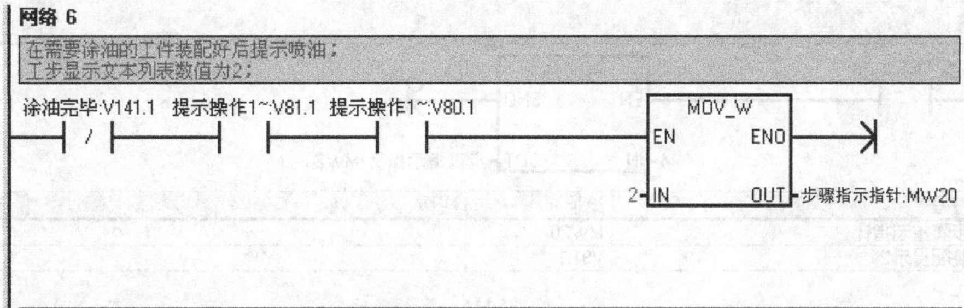

网络 6

在需要涂油的工件装配好后提示喷油；
工步显示文本列表数值为2；

涂油完毕:V141.1　提示操作1~:V81.1　提示操作1~:V80.1

MOV_W
EN　ENO
2-IN　OUT-步骤指示指针:MW20

符号	地址	注释
步骤指示指针	MW20	
提示操作12V	V80.1	
提示操作14X	V81.1	
涂油完毕	V141.1	

(a)

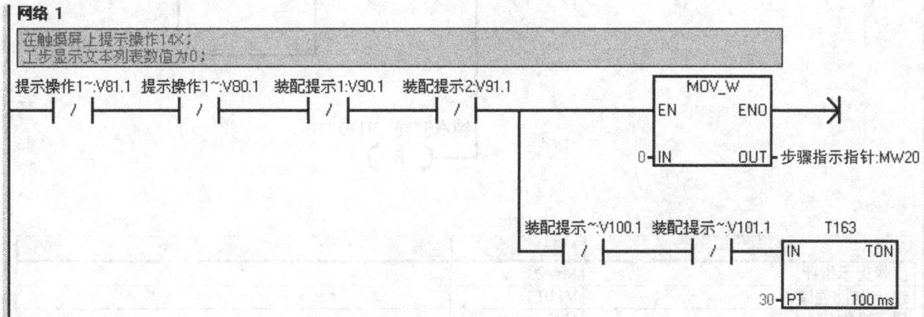

网络 1

在触摸屏上提示操作14X；
工步显示文本列表数值为0；

提示操作1~:V81.1　提示操作1~:V80.1　装配提示1:V90.1　装配提示2:V91.1

MOV_W
EN　ENO
0-IN　OUT-步骤指示指针:MW20

装配提示~:V100.1　装配提示~:V101.1

T163
IN　TON
30-PT　100 ms

符号	地址	注释
步骤指示指针	MW20	
提示操作12V	V80.1	
提示操作14X	V81.1	
装配提示1	V90.1	
装配提示1完成	V100.1	
装配提示2	V91.1	
装配提示2完成	V101.1	

(b)

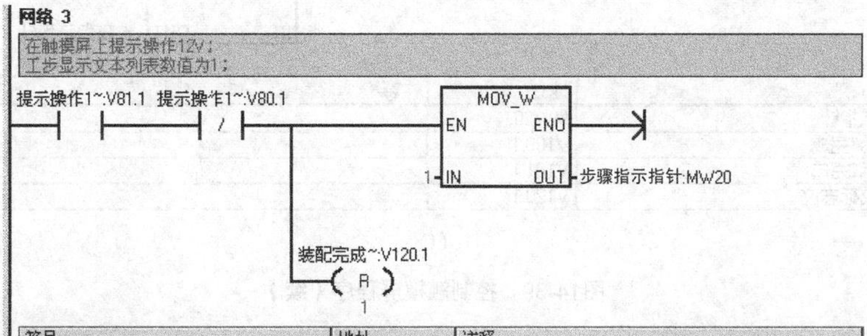

网络 3

在触摸屏上提示操作12V；
工步显示文本列表数值为1；

提示操作1~:V81.1　提示操作1~:V80.1

MOV_W
EN　ENO
1-IN　OUT-步骤指示指针:MW20

装配完成~:V120.1
(R)
1

符号	地址	注释
步骤指示指针	MW20	
提示操作12V	V80.1	
提示操作14X	V81.1	
装配完成标志位	V120.1	

(c)

图14-39　控制触摸屏程序

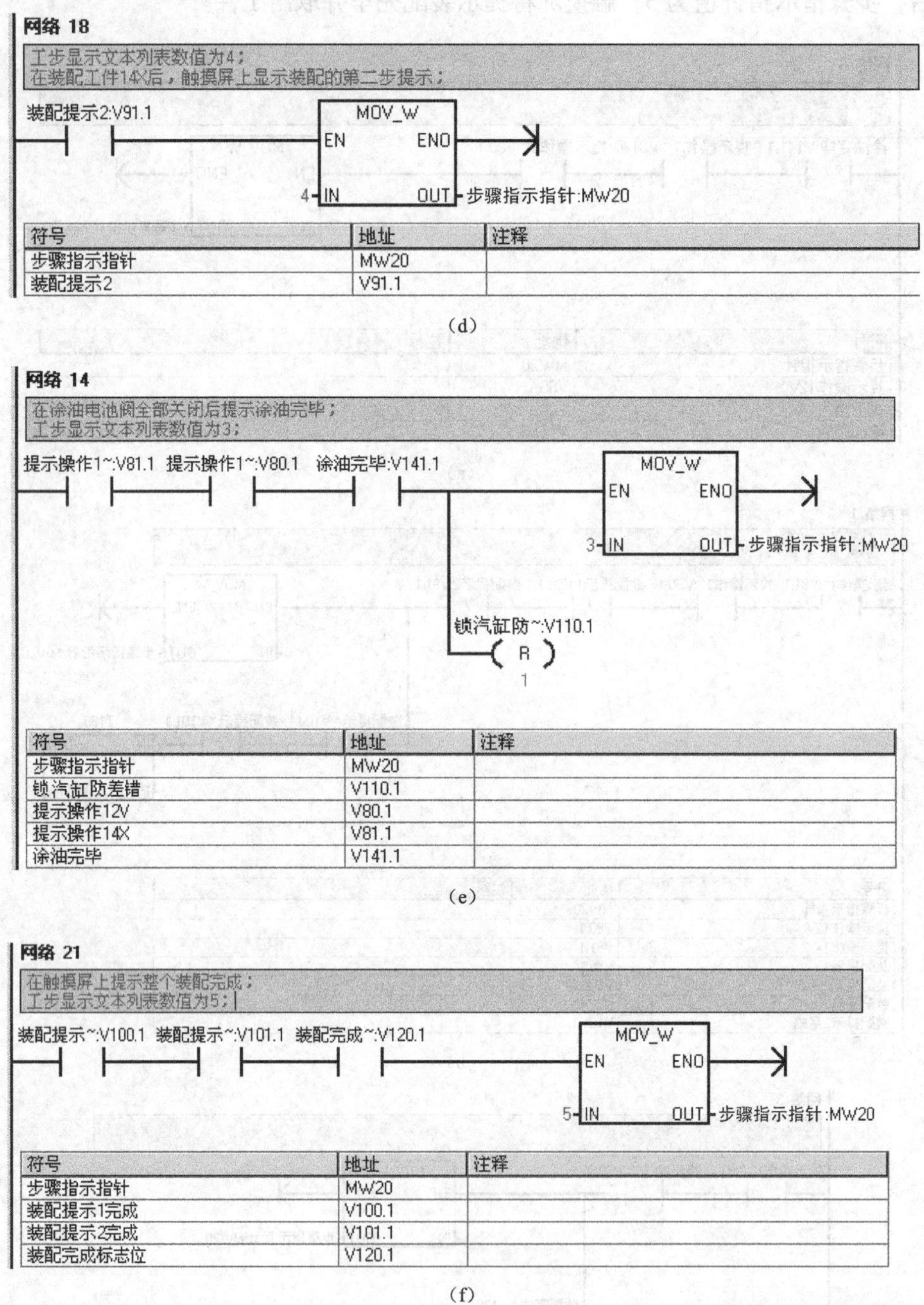

图14-39 控制触摸屏程序（续）

（6）输入端口程序

为了方便在编写和检修时查找相应输入端口地址，输入端口程序段都在主程序中的一个网络图中。如图 14-40 所示，每个输入端口都有其对应的标志位。

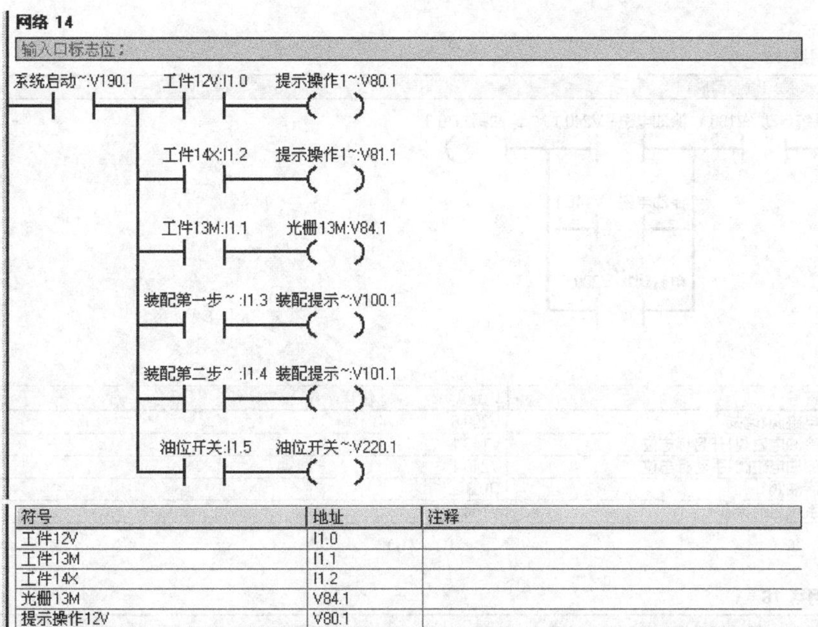

符号	地址	注释
工件12V	I1.0	
工件13M	I1.1	
工件14X	I1.2	
光栅13M	V84.1	
提示操作12V	V80.1	
提示操作14X	V81.1	
系统启动标志	V190.1	
油位开关	I1.5	
油位开关标志位	V220.1	
装配第二步检测	I1.4	
装配第一步检测	I1.3	
装配提示1完成	V100.1	
装配提示2完成	V101.1	

图14-40　输入端口程序

（7）输出端口程序

输出端口都在主程序中，方便读写程序人员和检修时查找相应程序。如图 14–41（a）所示，在自动挡时指示灯点亮，在自动涂油时指示灯闪烁。如图 14–41（b）所示，网络 15 为涂油阀 1 所对应的程序段，在系统启动标志为高电平时，有 3 种情形可使得涂油阀 1 动作。如图 14–41（c）所示，网络 16 为涂油阀 2 所对应的程序段，在系统启动标志为高电平时，也有 3 种情形可使得涂油阀 2 动作。如图 14–41（d）所示，网络 18 为锁紧电磁阀所对应的程序段。如图 14–41（e）所示，网络 17 为气阀动作所对应的程序段，也有 3 种情形可使得气阀动作。

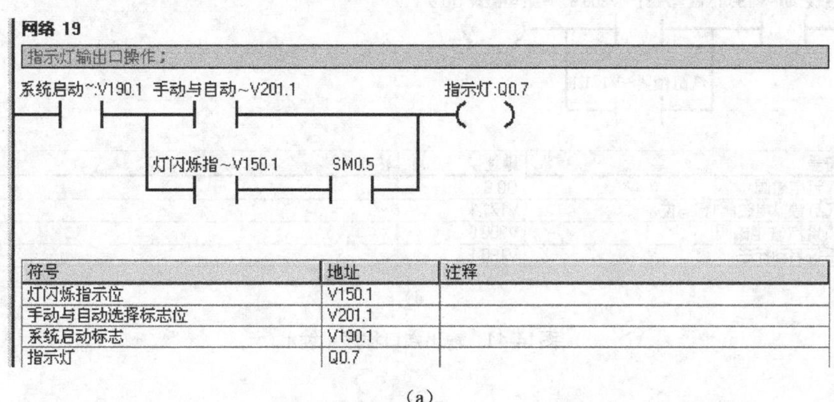

符号	地址	注释
灯闪烁指示位	V150.1	
手动与自动选择标志位	V201.1	
系统启动标志	V190.1	
指示灯	Q0.7	

（a）

图14-41　输出端口程序

网络 15

涂油阀1输出口操作；

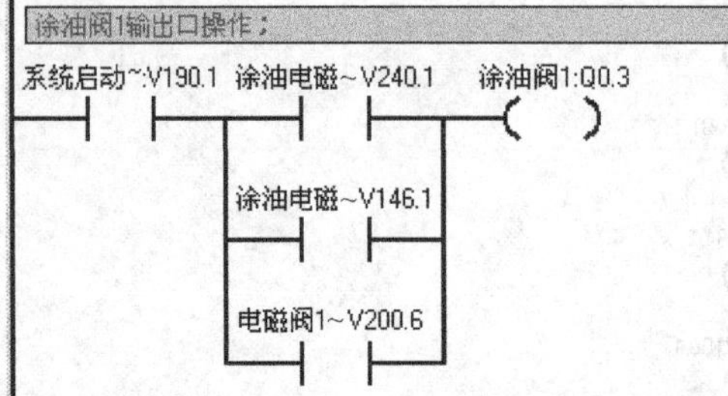

符号	地址	注释
电磁阀1调试	V200.6	
涂油电磁阀1开启标志位	V146.1	
涂油电磁阀1手动标志位	V240.1	
涂油阀1	Q0.3	
系统启动标志	V190.1	

（b）

网络 16

涂油阀2输出口操作；

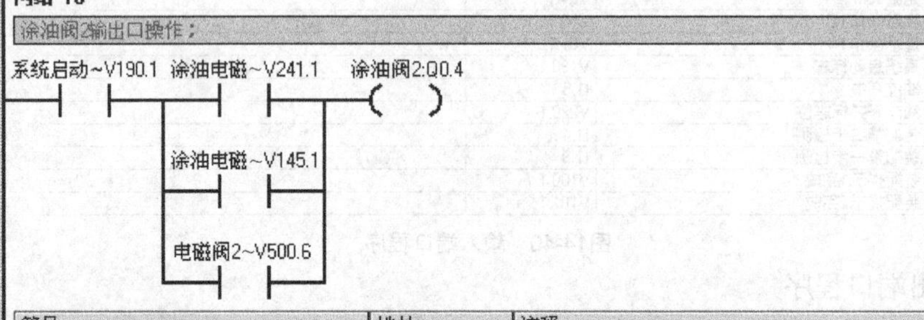

符号	地址	注释
电磁阀2调试	V500.6	
涂油电磁阀2开启标志位	V145.1	
涂油电磁阀2手动标志位	V241.1	
涂油阀2	Q0.4	
系统启动标志	V190.1	

（c）

网络 18

锁紧汽缸电磁阀输出口操作；

系统启动~V190.1 锁紧汽缸~V300.6 汽缸电磁阀:Q0.6

汽缸锁紧~V171.1

符号	地址	注释
汽缸电磁阀	Q0.6	
汽缸锁紧电磁阀1标志位	V171.1	
锁紧汽缸电磁阀	V300.6	
系统启动标志	V190.1	

（d）

图14-41 输出端口程序（续）

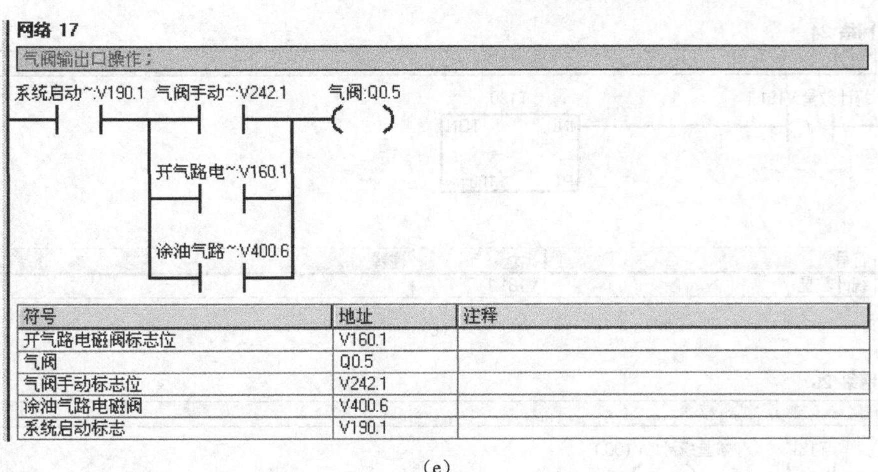

符号	地址	注释
开气路电磁阀标志位	V160.1	
气阀	Q0.5	
气阀手动标志位	V242.1	
涂油气路电磁阀	V400.6	
系统启动标志	V190.1	

（e）

图14-41 输出端口程序（续）

（8）触摸屏中数量统计程序

所完成的涂油装配数量在触摸屏中显示，同时要求在进行数量统计时能防抖动误操作。如图 14-42（a）所示，在整个涂油装配操作完成后，计件数 VW30 值就增加 1。如图 14-42（b）所示，在取出工件后，统计数量这个标志位要求复位。如图 14-42（c）所示，在整个涂油装配操作完成后，延时 2s 后才能计数。如图 14-42（d）所示，网络 26 可实现在 2s 内工件抖动而不会产生误操作。如图 14-42（e）所示，在工件抖动时定时器 T131 开始计时。

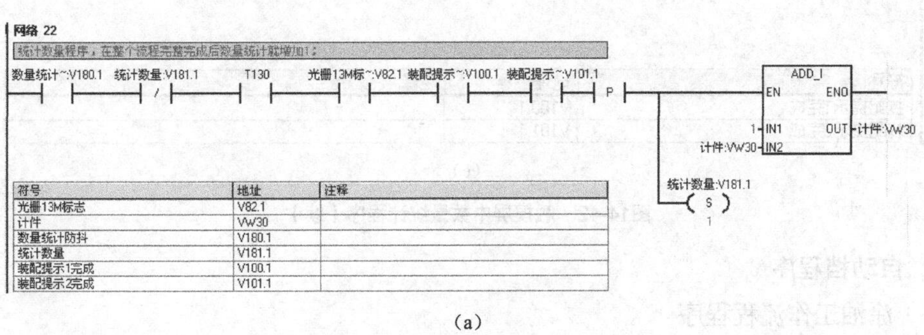

符号	地址	注释
光栅13M标志	V82.1	
计件	VW30	
数量统计防抖	V180.1	
统计数量	V181.1	
装配提示1完成	V100.1	
装配提示2完成	V101.1	

（a）

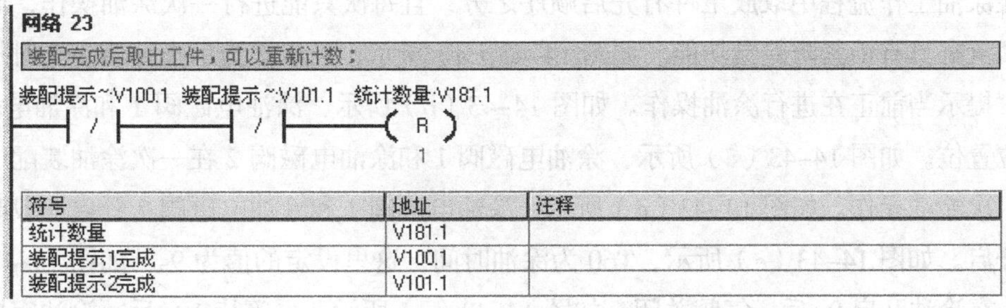

符号	地址	注释
统计数量	V181.1	
装配提示1完成	V100.1	
装配提示2完成	V101.1	

（b）

图14-42 触摸屏中数量统计程序

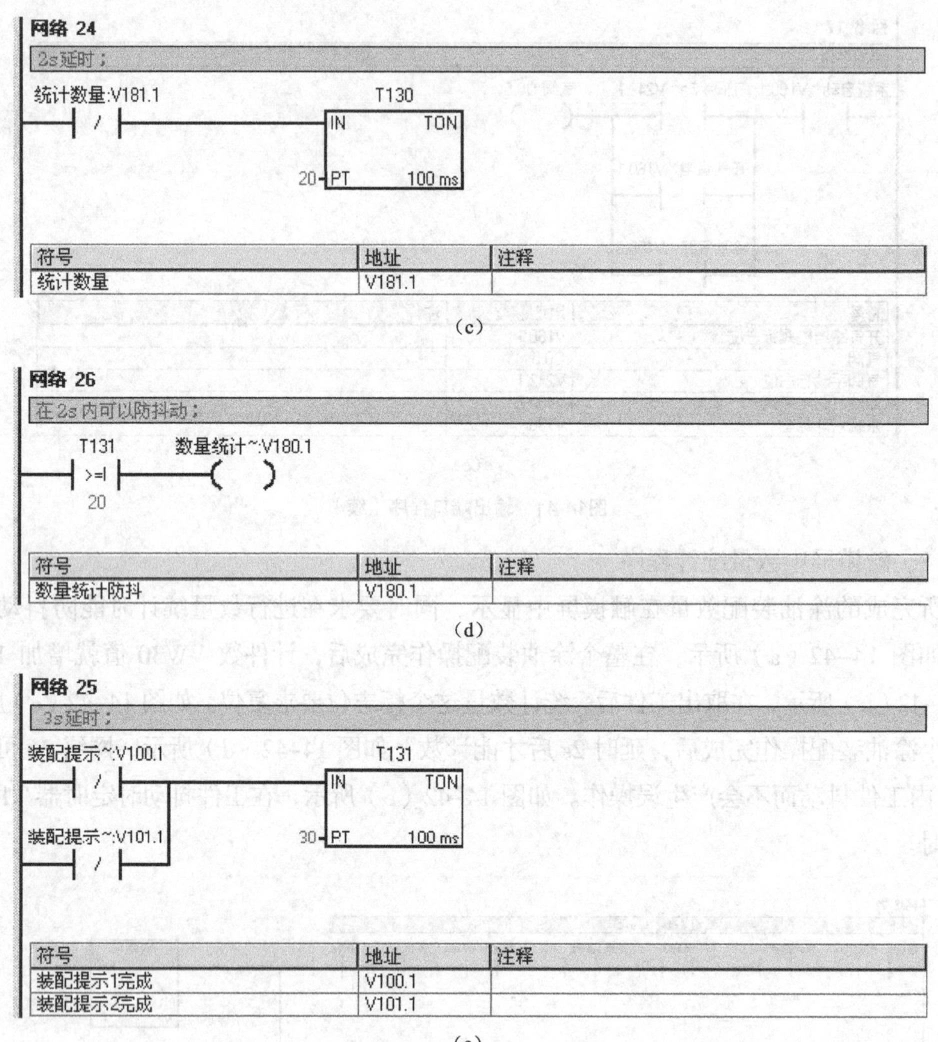

图14-42　触摸屏中数量统计程序（续）

2. 自动挡程序

（1）涂油工作流程程序

在涂油工作流程中取放工件有先后顺序之分，且每次只能进行一次涂油操作，同时要求锁紧汽缸具有锁紧防差错功能。如图 14-43（a）所示，当步骤指示指针值为 2 时指示灯闪烁，提示当前正在进行涂油操作。如图 14-43（b）所示，涂油电磁阀 1 和涂油电磁阀 2 标志位置位。如图 14-43（c）所示，涂油电磁阀 1 和涂油电磁阀 2 在一次涂油装配中只能进行一次涂油操作。如图 14-43（d）所示，涂油电磁阀 1 和涂油电磁阀 2 开启一段时间后气阀开启。如图 14-43（e）所示，T60 为涂油时间，这里设定的值为 9s。如图 14-43（f）所示，在涂油开启 9s 后，气阀关闭。如图 14-43（g）所示，再等待 10s 后，涂油完毕，可取出涂油工件进行下步操作。

网络 7

在涂油时指示灯闪烁；

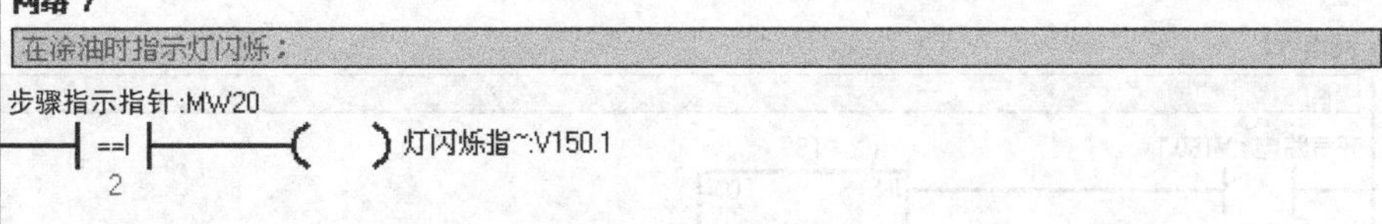

符号	地址	注释
步骤指示指针	MW20	
灯闪烁指示位	V150.1	

(a)

网络 8

涂油电磁阀标志位；

上部涂油~:V140.1　涂油电磁~:V142.1

涂油电磁~:V144.1

符号	地址	注释
上部涂油标志位	V140.1	
涂油电磁阀1标志位	V142.1	
涂油电磁阀2标志位	V144.1	

(b)

网络 9

先开涂油电磁阀；

涂油电磁~:V142.1　涂油电磁~:V143.1　涂油电磁~:V146.1

涂油电磁~:V145.1

符号	地址	注释
涂油电磁阀1标志位	V142.1	
涂油电磁阀1开启标志位	V146.1	
涂油电磁阀2开启标志位	V145.1	
涂油电磁阀开启一次	V143.1	

(c)

网络 10

涂油电磁阀开启后再开启气路电磁阀；

涂油电磁~:V142.1　T38　开气路电~:V160.1

涂油电磁~:V144.1

符号	地址	注释
开气路电磁阀标志位	V160.1	
涂油电磁阀1标志位	V142.1	
涂油电磁阀2标志位	V144.1	

(d)

图14-43　涂油工作流程程序

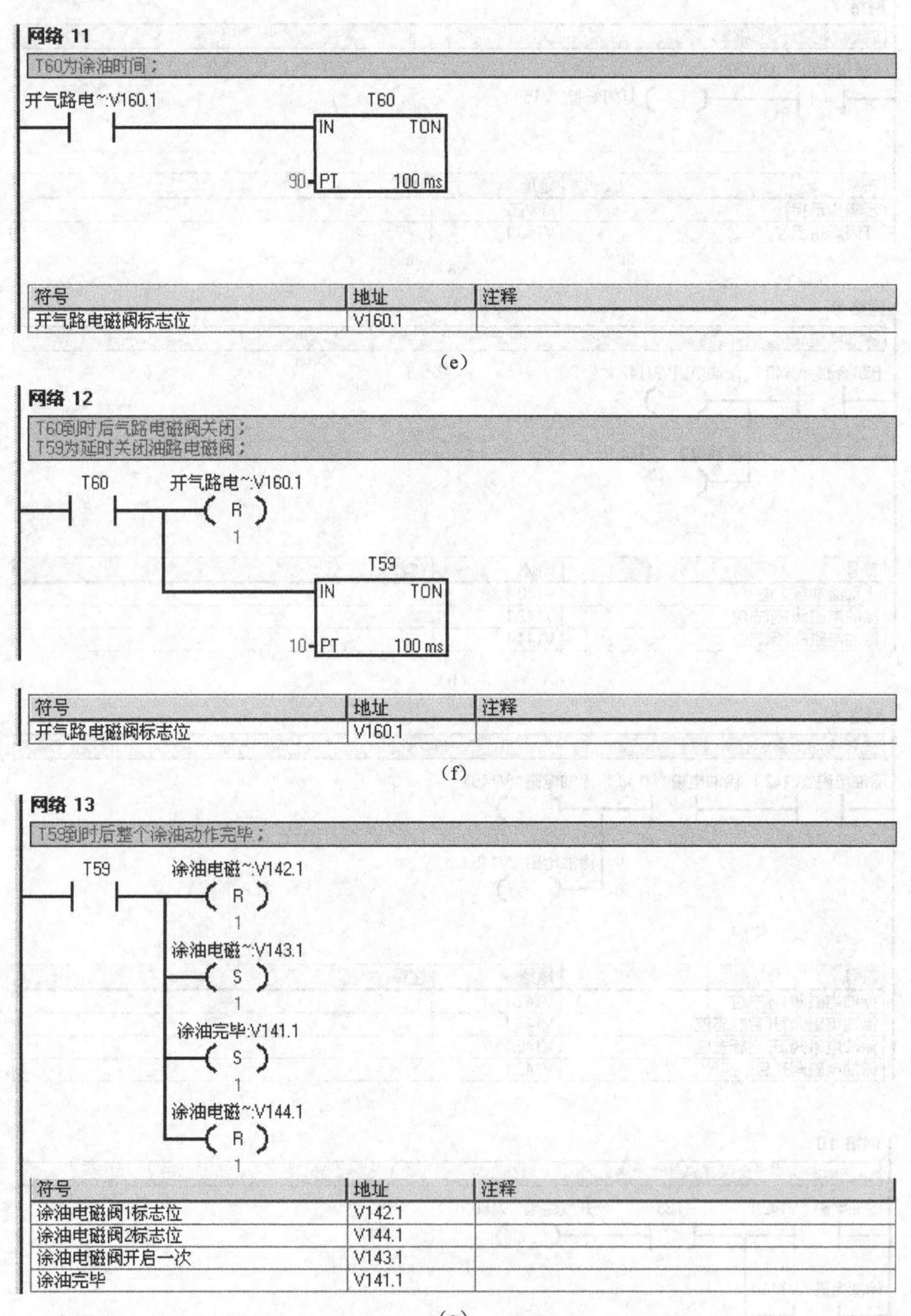

图14-43　涂油工作流程程序（续）

（2）装配防差错工作流程程序

在装配工作流程中每个工步都具有防差错功能，且要求尽可能地提高涂油装配效率。如图 14-44（a）所示，在整个流程走完后，再过 3s 开启锁紧汽缸电磁阀。如图 14-44（b）所示，网络 17 程序段可实现锁紧汽缸电磁阀动作标志位置位与复位操作。

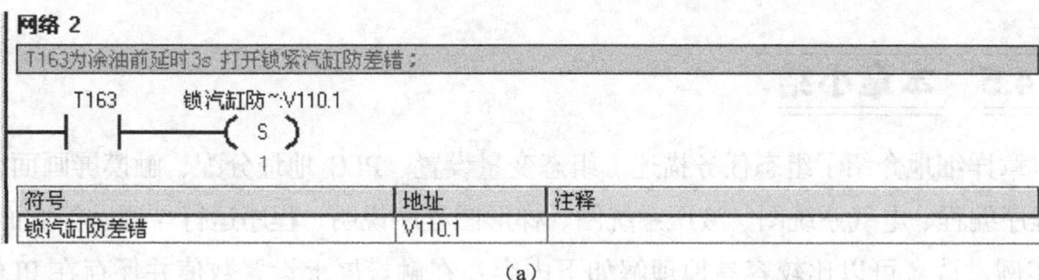

（a）

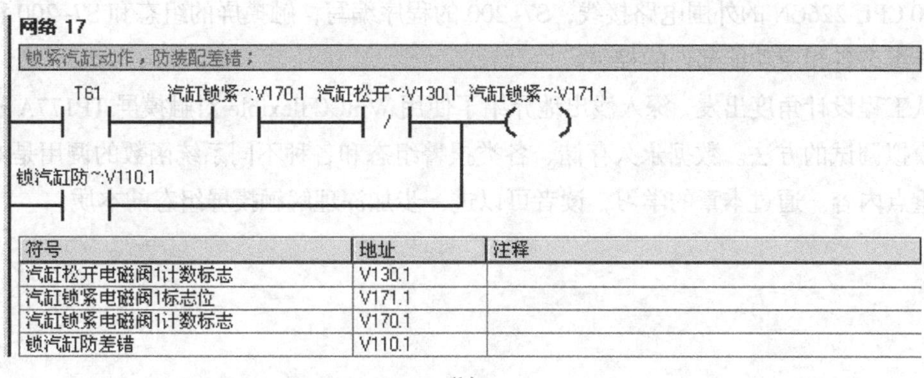

（b）

图14-44 装配防差错工作流程程序

14.4 程序运行与调试

分别将触摸屏组态程序和 PLC 控制程序下载到触摸屏和 PLC 中，在试运行过程进行反复调试，以保证在各种干扰存在时程序还能正确运行。

14.4.1 触摸屏与 PLC 通信连接

触摸屏与 PLC 用一根 RS485 总线连接起来，两者之间的波特率在通信设置时要求一致。在无法正常通信时要查找通信线路，或是退出界面重新进入触摸屏起始界面。

14.4.2 WinCC flexible 组态离线模拟

单击 WinCC flexible 编译器工具栏中的“”按钮，启动模拟器。将组态界面中要求实现的功能进行离线仿真，确保触摸屏上设置的功能全部能正确实现。

14.4.3 运行与在线调试

在设备安装完成后，将 PLC 程序下载到 CPU226 CN 中。在各种可能出现的情况下考察程序能否正常工作，并在 PLC 程序中“程序状态监控”和“程序状态表”中监控对应的程序和存储器。通过反复调试，各种误操作都有相应错误提示、防差错措施、预防对策和排除故障措施。

14.5 本章小结

本章详细地介绍了组态任务描述、组态变量设置、PLC 地址分配、触摸屏画面组态、PLC 程序编程、电气系统图、液压系统图、梯形图程序说明、程序运行与调试等方面内容。通过实例，读者可以比较容易地理解如下内容：在触摸屏上设置数值并保存在 PLC 中，S7-200 CPU 226CN 的外围电路接线，S7-200 的程序编写，触摸屏的组态和 S7-200 程序对触摸屏组态各相应功能部件的控制。

从工程设计角度出发，深入浅出地介绍了使用 WinCC flexible 对触摸屏 TP177A 进行组态和模拟调试的方法。数据永久存储、各类报警组态和各种不同系统函数的调用是本章的一个重点内容。通过本章的学习，读者可以进一步加深理解触摸屏组态的本质。

第 15 章 欧姆龙 C200Hα PLC 及触摸屏在轧辊车床上的应用

轧辊车床主要应用与冶金制造行业，它主要是对各类长短不同、重量不同的轧辊外表层进行切削加工。由于在轧辊切削过程中对切削转速、刀架挡位及进刀速度有特殊要求，所以控制轧辊车床的 PLC 输入/输出点数也相应增多，同时考虑到余量，可选用欧姆龙中型 C200Hα系列 PLC。该系列 PLC 集中了“信息化对应控制器”功能的 SYSMAC a 系列可编程控制器，实现了工业现场的自动控制。同时，触摸屏的加入使操作更加方便，实时的报警信息使维护和改进更加方便。本章将介绍触摸屏 PLC 控制系统在 C84 型轧辊车床上的应用，其中包括轧辊车床的组成、参数说明、控制系统构成及选型、轧辊车床的硬件接线、PLC 输入/输出地址分配、触摸屏画面的组态、PLC 梯形图程序、指令表程序及 PLC 与触摸屏的通信。通过对轧辊车床 PLC 及触摸屏的介绍，读者将进一步熟悉 PLC 与触摸屏的设计方法及在工程应用中所要注意的问题。

15.1 轧辊车床的概述

设计和组态轧辊车床触摸屏 PLC 控制系统之前，需要对轧辊车床基本组成及各部分功能了解清楚。C84 型轧辊车床主要用于轧辊圆柱表面的粗车、半精车、精车、切断等，也可加工相应规格的轴类零件。构成 C84 型车床的主轴设定了 3 个挡位，满足不同转速下对轧辊的切削。同时，在每个人机界面上加入了急停按钮，使得机床运行更加安全。刀架进给与主轴旋转设置了互锁，使得刀架进给也更加安全，并且加入了刀架制动装置，使得刀架定位更加准确。

本节主要讲述了轧辊车床的组成和每一部分的功能、基本参数组成和控制系统构成及选型。用实际图例说明轧辊车床，使得读图更加直观、易懂。

15.1.1 C84 型轧辊车床组成

与普通车床不同，C84 型轧辊车床其主要由以下 6 部分组成。

① 主轴箱。主轴箱的一端是直流电动机，另一端是由齿轮带动的花盘（如图 15-1 所

示）。主轴箱内部主要由各种传动齿轮及液压缸组成。主轴箱功能主要是夹紧轧辊并驱动轧辊按照设定转速旋转，驱动源为 Z 系列 55kW 直流电动机，主轴换挡操作都在主轴箱内完成。

② 液压工作站系统。液压工作站系统主要是给主轴箱提供静压油和润滑油。液压站由一个 7.5kW 液压泵、电磁阀、回油缸及压力表组成。液压站不仅为主轴箱提供静压，同时也为左右两个刀架提供静压及润滑，也为尾座提供静压。

③ 刀架。刀架是切削轧辊的主要设备。由刀头、溜板箱及交流伺服电动机组成，溜板箱在滑轨作横向移动，从而完成切削不同部位的轧辊。组成刀架的电气控制部分通过 NT5Z 型人机界面控制其横向和纵向移动、快速和进给，图 15–2 给出了轧辊刀架溜板箱的外观图。

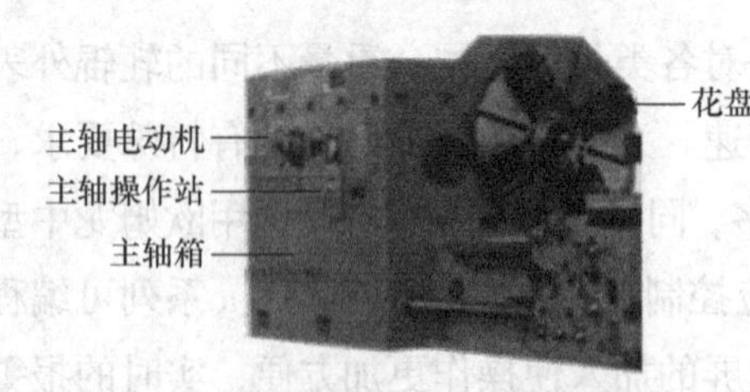

图15-1　轧辊车床主轴箱示意图

图15-2　刀架溜板箱示意图

④ 尾座。尾座位于车床尾部，由套筒（顶紧轧辊的装置）、液压缸、尾座电动机和套筒电动机组成（如图 15–3 所示）。它配合主轴夹紧装置——花盘，来完成对整个轧辊的夹紧。

⑤ 导轨。导轨是刀架及尾座移动的轨道。导轨表面要求保持清洁、光滑并且平整，从而使刀架运行平稳，保证了加工质量。因此应定期清理和润滑导轨表面。导轨底部是机床床身，用来稳定整个机床（如图 15–4 所示）。

图15-3　轧辊车床尾座示意图

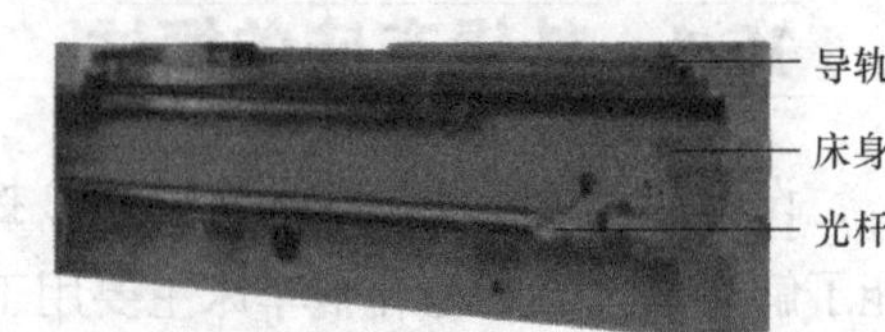

图15-4　轧辊车床导轨示意图

⑥ 机床电气控制部分。机床电气控制部分由主回路和控制回路两部分组成。主回路主要由主轴驱动装置、刀架驱动装置及各种交直流电动机组成；控制回路由 C200HS 型 PLC 和布于两个刀架的触摸屏、各种电磁阀、限位开关及其他控制电路组成。

15.1.2　C84 型轧辊车床参数

对于 C84 型轧辊车床，一般包括 C8450、C8463、C84100、C84125 和 C84160 型，表 15–1 给出了 C84125 型轧辊车床参数，有利于轧辊车床的 PLC 各模块选型及触摸屏的组态。

表 15–1 列出了 C84125 型轧辊车床基本参数，分别给出了加工工件直径、重量、长度，中心高，单刀架最大切削力，尾座套筒行程，主电动机功率，主轴转速级数及范围，机床

重量及外形尺寸。

表 15-1　　C84125 参数表

<table>
<tr><th>参数名称</th><th colspan="2">参数值</th><th>参数名称</th><th>参数值</th></tr>
<tr><td>加工工件直径（mm）</td><td colspan="2">ϕ200 ~ ϕ1250</td><td>最大工件长度（mm）</td><td>根据用户选择</td></tr>
<tr><td>中心高（mm）</td><td colspan="2">900</td><td>最大工件重量（t）</td><td>32</td></tr>
<tr><td>单刀架最大切削力（kN）</td><td colspan="2">130</td><td>花盘最大扭矩（kN /m）</td><td>120</td></tr>
<tr><td>主轴转速级数及范围（r/min）</td><td>2 ~ 160</td><td>刀架进给量级数及范围（mm/r）</td><td>纵向，横向</td><td>18；0.31 ~ 16
0.08 ~ 4</td></tr>
<tr><td>尾座套筒行程（mm）</td><td colspan="2">300</td><td>中心架夹持直径范围（mm）</td><td>360 ~ 550</td></tr>
<tr><td>主电动机功率（kW）</td><td colspan="2">55/75</td><td>机床外形尺寸（长×宽×高）（mm）</td><td>12240×2280×1800</td></tr>
<tr><td>机床重量（t）</td><td colspan="2">55</td><td></td><td></td></tr>
</table>

15.1.3　C84125 型轧辊车床控制系统构成及其选型

如图 15-5 所示，系统人机界面选用 NT5Z-ST121B-EC，PLC 选用欧姆龙 C200HS 型，伺服电动机选用 1FT5104-1AA71-3AA0。由于 C84125 型轧辊车床有左右两个刀架，所以选用人机界面设置应分为左右两部分。

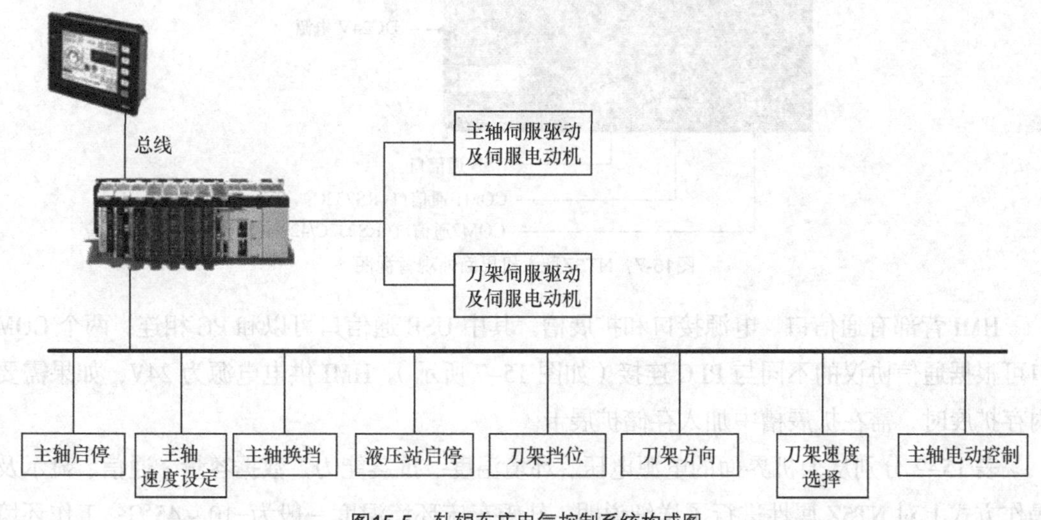

图15-5　轧辊车床电气控制系统构成图

欧姆龙 NT5Z 型的 HMI 是 OMRON 新一代 5.7 英寸黑白色触摸屏，支持多厂家的 PLC，可在线/离线模拟，USB 接口连接计算机，高速上传/下载程序，两个串行通信接口，可独立使用不同通信协议，强大的宏功能，实现方便的编程和丰富的通信，4MB 内存容量，支持扩展 SMC 存储卡，多种密码保护设置，使用户放心。图 15-6 和图 15-7 给出了 NT5Z 触摸屏的基本外观图。

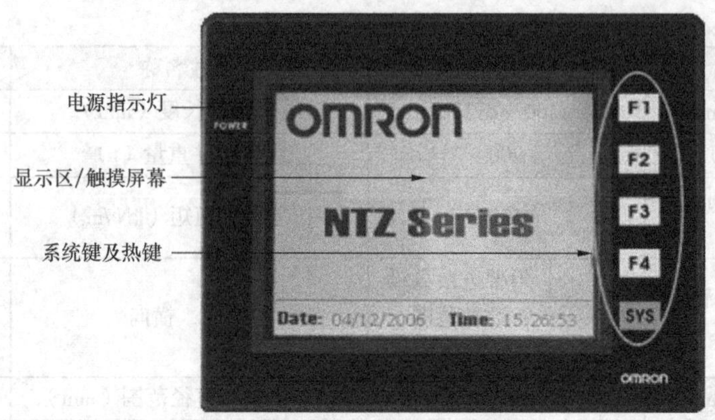

图15-6 NT5Z型人机界面外观正视图

在 NT5Z 型人机界面正视图下有电源接通显示、实时数据显示及相应的触摸屏操作，同时提供系统键及热键（如图 15-6 所示）。该键可通过“人机设定”自定义系统键的功能，且持续按住系统键 3s 可进入系统功能菜单，组态的每一幅画面均能够重新定义一次辅助键的功能。NT5Z 型人机界面外观背视图如图 15-7 所示。

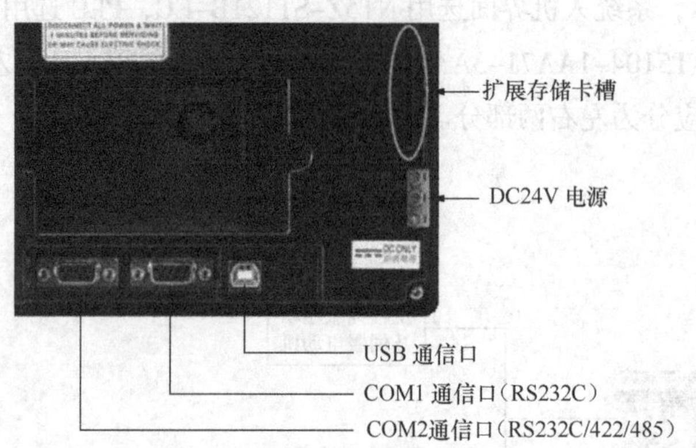

图15-7 NT5Z型人机界面外观背视图

HMI 背部有通信口、电源接口和扩展槽。其中 USB 通信口可以和 PC 相连，两个 COM 口可根据通信协议的不同与 PLC 连接（如图 15-7 所示）。HMI 供电电源为 24V，如果需要内存扩展时，需在扩展槽中加入存储扩展卡。

表 15-2 分别从人机界面的电源电压、环境温度、抗震能力、数据容量、通信、显示及操作方式上对 NT5Z 属性进行了详细说明。轧辊车床环境温度一般为-10 ~ 45℃；工作环境湿度为 20% ~ 70%RH 无凝霜；抗震动能力强；同时对数据存储及机床断电保护强。通过对 NT5Z 型人机界面基本参数及轧辊车床的基本参数进行比较，NT5Z 型人机界面满足轧辊车床控制要求。对于欧姆龙 C200HS PLC 规格在欧姆龙 C200Hα PLC 控制系统的设计方法章节中已经介绍，这里不再赘述。

表 15-2　　NT5Z 型人机界面参数

规格分类	项目		规格
一般规格	电源额定电压		DC 24V
	电压允许范围		DC 21.6～28.8V
	功率消耗		7.2W（max）
	工作环境温度		0～50℃
	存放环境温度		−20～60℃
	工作环境湿度		10%～90%RH 无凝霜
	运行环境要求		无腐蚀性气体
	质量		0.65kg
	外壳等级		前端操作平台：IP65&NEMA4 标准
	抗震动/抗冲击能力		符合 IEC61131–2 标准：震动不连续 10～57Hz，0.0075mm；57～150Hz，1G。震动连续 10～57Hz，0.0035mm；57～150Hz，*XYZ* 各 10 次
	适用标准		符合 CE 标准
通信规格	COM1 通信口		符合 EIA RS232 标准，9 针 D–Sub 连接器（孔）
	COM1 通信口		符合 EIA RS232/ RS485 RS422 标准 9 针 D–Sub 连接器（孔）
	USB 通信口		USBV1.1 标准，通信速率可达 1.5bit/s
数据容量规格	内存容量		4MB 闪存（系统：1MB，用户：3MB）
	断电保持区		256KB
	配方存储区		64KB
	扩展存储卡		支持 SMC 存储卡
	数据记录间隔		数据记录时间间隔为 0.1ms
显示规格	显示	显示设备	高亮度单色 LCD
		分辨率	320 像素×240 像素
		显示色彩	黑白，16 灰阶
		有效显示面积	宽度 118.2mm，高度 89.4mm
		液晶亮度	150cd/m^2
		液晶视角	上/下/左/右各 60°
	背光灯	寿命	在常温 25℃下 50000h
		辉度调整	背光亮度可调节，并且可以调节显示刷新率
操作规格	触摸膜	类型	四线制模拟电阻式
		输入方式	感应压力式
		动作力	0.8N 以下
		寿命	100 万次以上

轧辊车床控制系统主要是由 3 部分组成：人机界面、PLC 及连接 PLC 的外围设备（如

图 15-8 所示）。

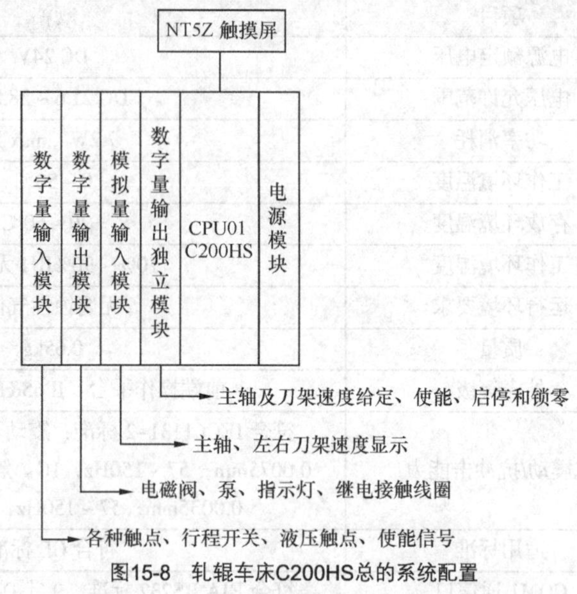

图15-8　轧辊车床C200HS总的系统配置

① 人机界面通过通信电缆与PLC的CPU相连，从而实现了PLC与人机界面的双向通信。

② 根据轧辊车床所要完成的功能及技术要求，PLC 主要由 CPU、电源、数字量输入/输出模块、独立数字量输出模块和模拟量输入模块组成。

③ PLC 每一个模块下对应连接有外围电路，它们是 PLC 的输入信号。如按钮、行程开关、使能信号和液位开关。同时PLC输出相应的控制信号，如控制电磁阀、液压泵及各种信号指示。独立数字量输出模块分别完成主轴及刀架速度给定、使能和锁零等功能。模拟量输入模块主要是对实际转速信号进行测量，并将其显示在触摸屏上。

15.2　轧辊车床硬件接线及地址分配

确定了PLC的基本规格及其每个模块接入的数字量或模拟量个数之后，下一步需要进行电气元件接线，这里主要介绍 PLC、主轴及刀架伺服驱动模块的接线，详细指出了该模块连线所要完成的功能。轧辊车床 PLC 连接主要是指与各种数字量输入/输出信号的连接、数字量独立输出信号的连接、模拟量输入信号连接、欧姆龙 NT5Z 型触摸屏的连接及通信、主轴回路和刀架回路的连线。通过对 PLC 及各控制电路硬件接线的介绍，有利于进行系统输入输出的分配。

15.2.1　C200HS PLC 输入/输出硬件接线

1. C200HS PLC 的数字量输入连接

图 15-9 给出了轧辊车床 PLC 数字量输入控制的部分接线图。电源单元为 C200HW-

PA204，它提供 220V 交流电源。图中主要描述了车床急停控制，急停按钮分别位于两个刀架 HMI 界面和主轴箱按钮站上；所谓油泵压力控制就是对主轴油泵启动、停止、过载及油压信号输入的控制；同时也描述了主装置故障信号，对应 0 通道第 4 位上的输入点；主轴运动控制分为正向点动、正转、停止、反向点动和反转。这些功能接线是对应 0 通道第 6 ~ 9 个输入点。

除以上连接外，还有主轴挡位信号输入、左刀架和右刀架数字量输入的连接。主轴挡位输入用来完成对主轴挡位设定，左刀架数字量信号用来完成左刀架工作方式选择、方向挡位选择、左油泵过载、伺服系统信号、左刀具油泵控制及左刀架运动控制和左前限位控制，它与右刀架同时位于 C200H-ID216 数字量输入单元上。其连接方式与 PLC 数字输入部分类似。

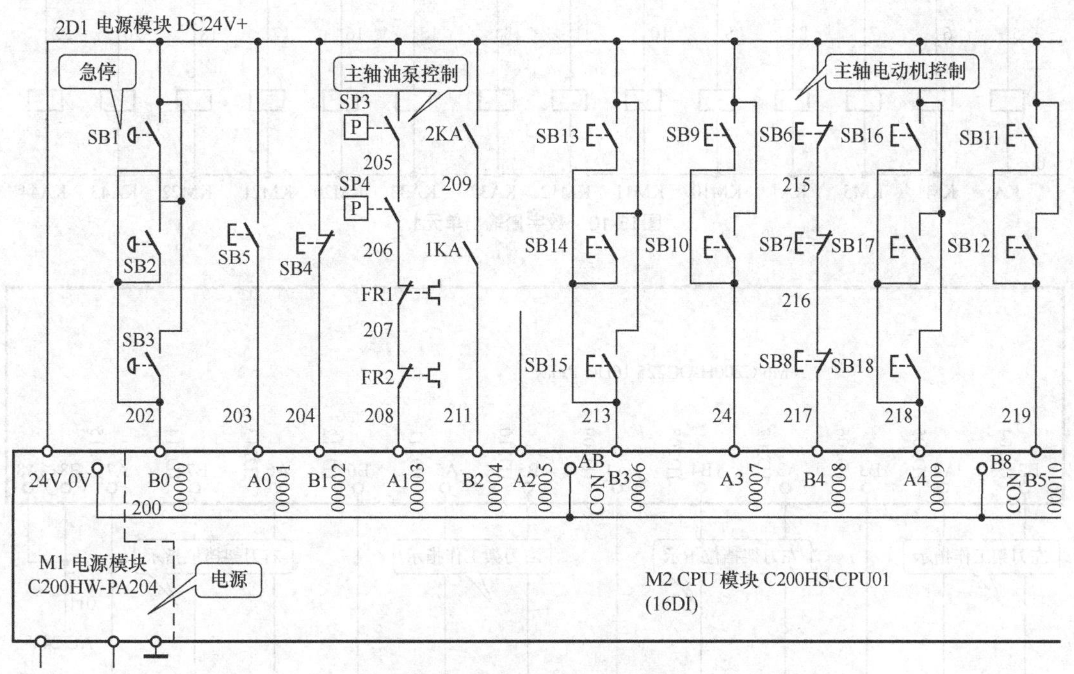

图15-9　PLC数字量输入部分连接图

2. PLC 数字量输出部分电气连接

如图 15-10 所示，数字量输出模块型号为 C200H-OC225，它分别与继电器线圈连接，电源为 AC110V，完成车床的急停输出、油泵输出、风机输出、主回路输出。对于左刀架控制输出，从通道 10004 ~ 10008，分别对应左刀架主回路输出、溜板箱油泵输出、刀架油泵输出及左右双方向速度显示。同样，对于右刀架控制输出，从通道 10009 ~ 10013，其功能与左刀架相同。

如图 15-11 所示，数字量输出单元为 C200H-OC225，它分别与指示信号灯连接，电源为 AC 24V，完成左刀架的快速、进给指示，左刀架Ⅰ挡纵向指示、Ⅰ挡横向指示、Ⅱ挡纵向指示和Ⅱ挡横向指示，对应通道为 10206 ~ 10209。右刀架工作指示与左刀架类似。

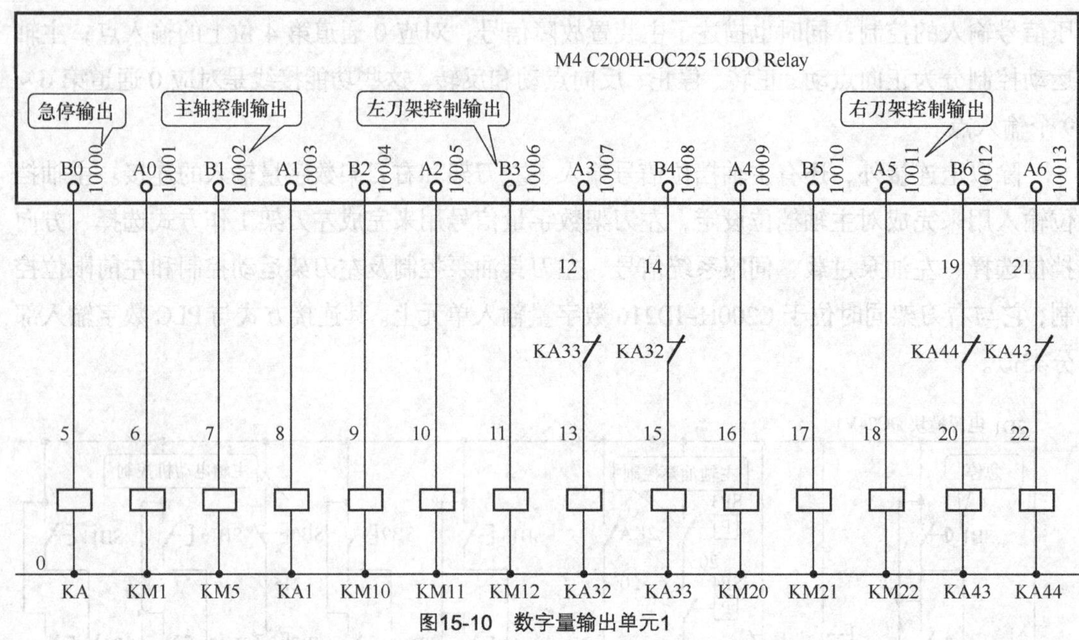

图15-10　数字量输出单元1

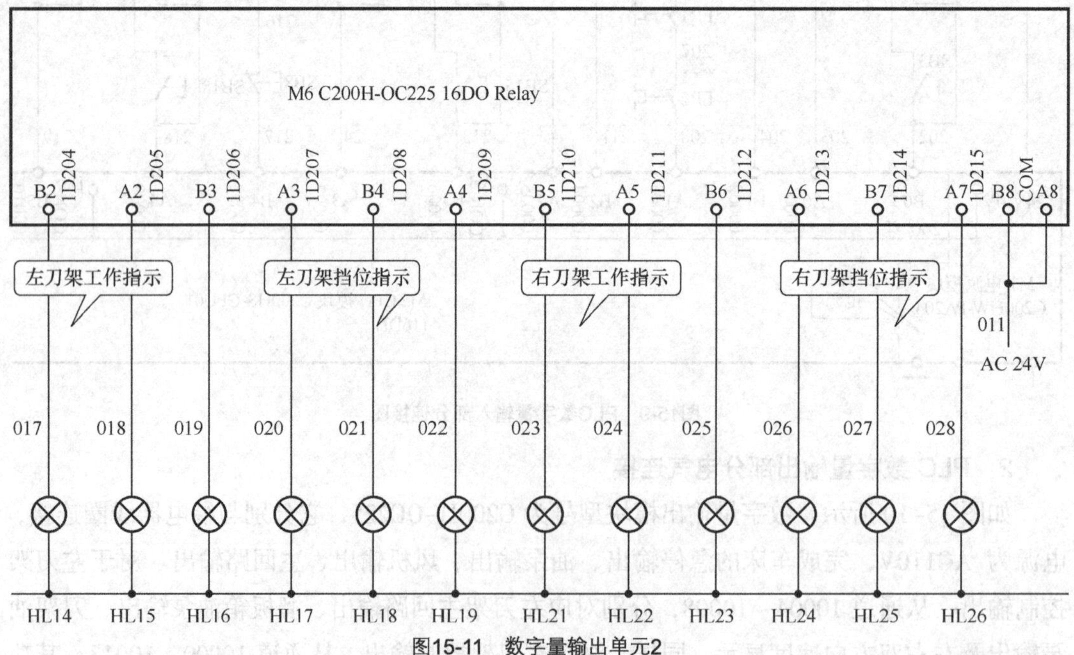

图15-11　数字量输出单元2

图 15–12 所示为数字量输出单元与离合器的连接，电源为 DC24V。它分别完成左刀架离合器Ⅰ挡选择、Ⅱ挡选择、横向传动、纵向传动、横向制动和纵向制动，依次接入通道 10104 ~ 10109。右刀架离合器与左刀架类似。

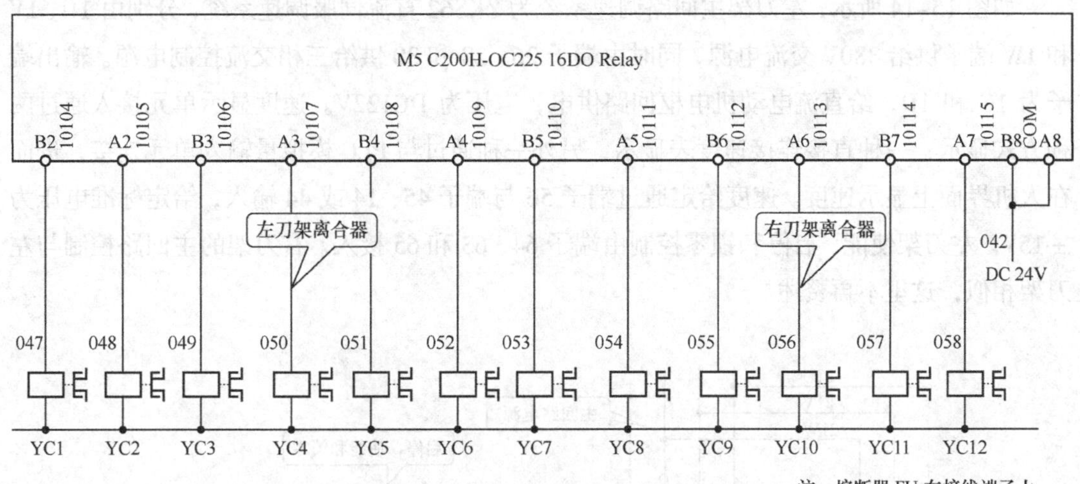

图15-12　数字量输出单元3

3. 数字量独立输出单元

如图 15-13 所示，数字量独立输出单元型号为 C200H-OC224。该单元共有 8 个独立输出点，所谓独立输出就是每个输出点互不影响，分别完成主轴调速给定控制和主轴调速装置控制。给定控制主要完成主轴点动、长车及正反转。主轴调速装置控制主要完成主轴的使能、启停和锁零。左右架速度控制与主轴类似。

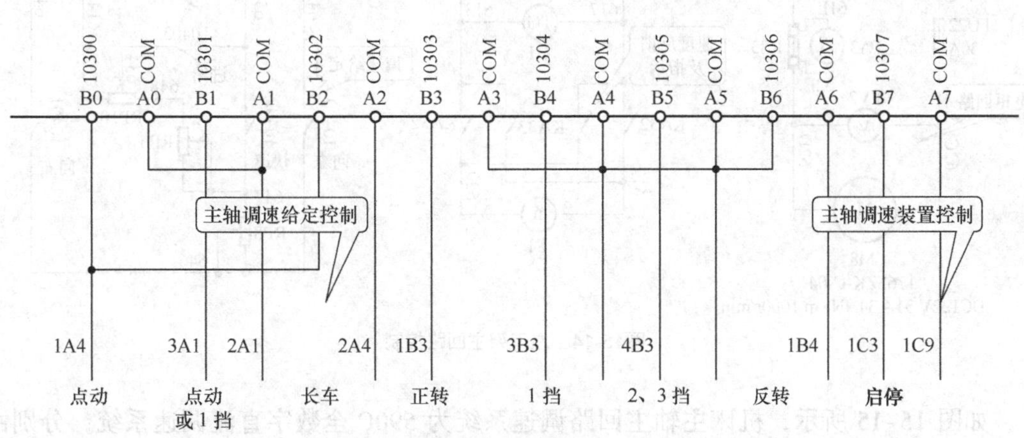

图15-13　数字量输出独立单元

15.2.2　主轴及刀架回路单元硬件接线

掌握 PLC 的输入/输出接线后，需要对刀架及主轴电动机主回路进行分析，从而完成机床各个部分的动作。本节主要描述了左右两个刀架伺服装置外部接线，同时也对主轴调速系统进行了描述。

如图 15-14 所示，左刀架主回路调速系统为 ZKS62 直流伺服调速系统，分别由 1U、1V 和 1W 端子供给 380V 交流电源，同时由端子 26、28 和 30 供给三相交流控制电源。输出端子为 1C 和 1D，给直流电动机电枢回路供电，电压为 DC122V。速度显示单元接入通过两种方式显示：一种直接连接速度表显示，另外一种通过与 PLC 模拟量输入单元连接，进而在人机界面上显示速度。速度给定通过端子 56 与端子 45、14 或 44 输入，给定标准电压为 ±15V。左刀架使能、启停和锁零控制由端子 64、63 和 65 接入。右刀架的主回路控制与左刀架相似，这里不再赘述。

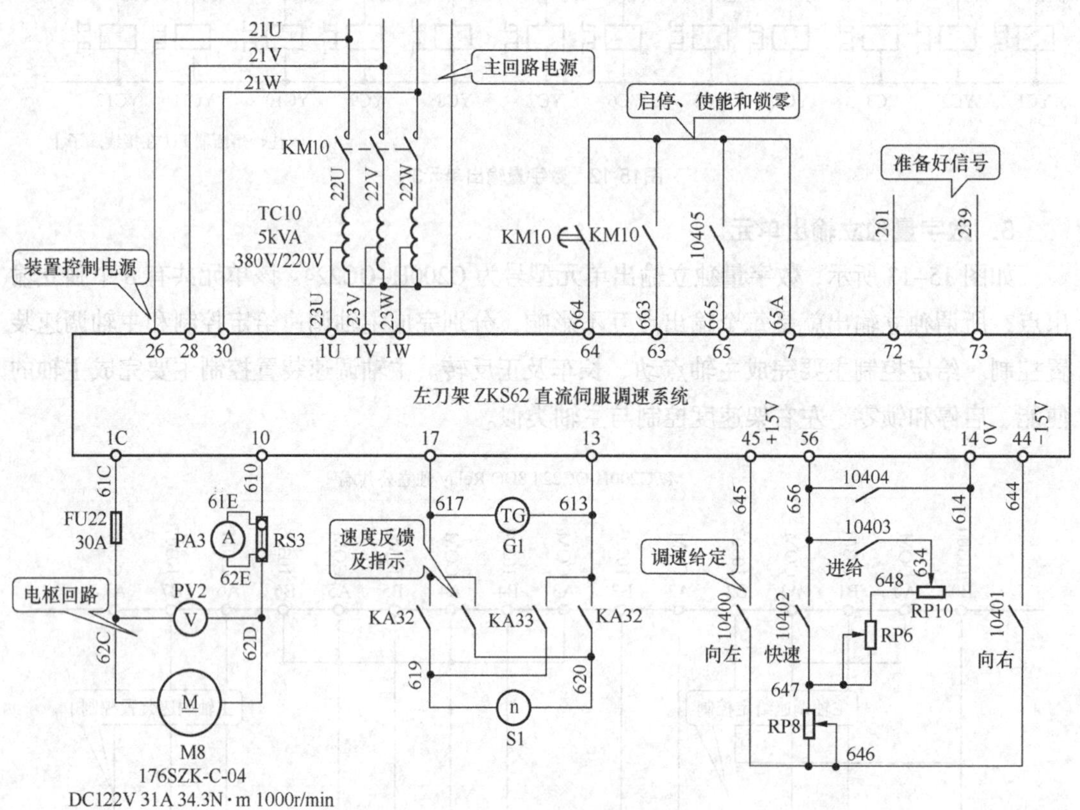

图15-14　左刀架主回路控制

如图 15-15 所示，机床主轴主回路调速系统为 590C 全数字直流调速系统，分别由 L1、L2 和 L3 端子供给 380V 交流电源，控制电源为交流 220V，由端子 D7、D8 接入。输出端子为 120 和 121，由它给直流电动机电枢回路供电，供电电压为 DC400V。速度显示单元接入通过两种方式显示：一种直接连接速度表显示，另外一种通过与 PLC 模拟量输入单元连接，进而在人机界面上显示速度。速度给定控制通过端子 A4 与端子 A1、B3 或 B4 输入，给定标准电压为 ±10V。同时还可以实现主轴使能、启停和超速保护控制。

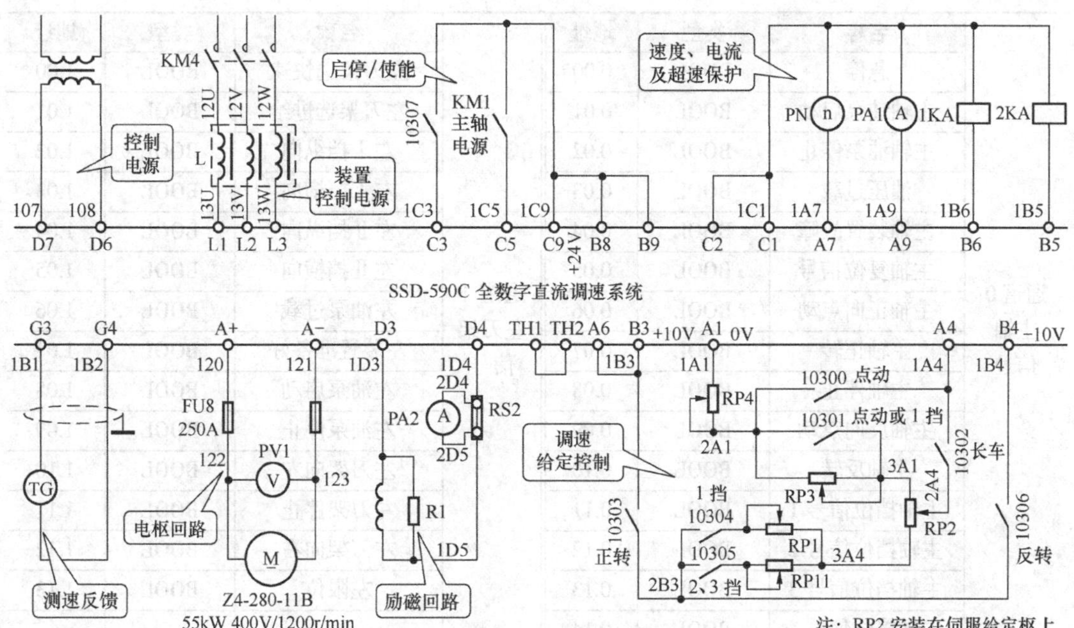

图15-15　主轴控制部分接线图

15.2.3 PLC 地址分配

根据 PLC、主轴和刀架的外部接线图和轧辊车床本身所要完成的动作给 PLC 分配 I/O 点数，本节主要对 PLC 进行 I/O 点数的分配。表格的使用使读者能够清晰看出每个 I/O 点所要完成的功能。

见表 15-3，输入信号主要分为两类：主轴信号和刀架信号。PLC 共分配了 45 个输入点。主轴信号占用了通道 0 及通道 2。这两个通道地址分别对应以下内容：在通道 0 中，地址范围从 0.00 ~ 0.14，该通道分配了机床急停、主轴油泵启动/停止、油压过载、主轴装置故障、主轴复位信号、主轴正向/反向点动、主轴正/反转、主轴停止及主轴挡位信号的地址；在通道 2 中，地址范围从 2.13 ~ 2.15，这 3 位地址分别对应了主轴Ⅰ挡、主轴Ⅱ挡和主轴Ⅲ挡的输入。右刀架信号占用了通道 2 中的 2.00 ~ 2.12，主要分配了右刀架快速/进给选择、右刀架Ⅰ挡横向/纵向选择、右刀架Ⅱ挡横向/纵向选择、右刀架油泵过载、右刀架装置准备好及右刀架向右等的输入地址。左刀架信号占用了通道 1 的 14 位，地址范围从 1.00 ~ 1.13，主要分配了左刀架快速/进给选择、左刀架Ⅰ挡横向/纵向选择、左刀架Ⅱ挡横向/纵向选择、左刀架油泵过载、左刀架装置准备好、左刀架向右及左刀架限位等的输入地址。表 15-3 给出了地址通道的每一位数据类型都为布尔型。

表 15-3 主轴及刀架输入地址分配表

	名称	类型	地址		名称	类型	地址
通道 0 主轴信号	急停	BOOL	0.00	通道 1 左刀架信号	左刀架选快速	BOOL	1.00
	主轴油泵启动	BOOL	0.01		左刀架选进给	BOOL	1.01
	主轴油泵停止	BOOL	0.02		左Ⅰ挡纵向	BOOL	1.02
	油压过载	BOOL	0.03		左Ⅰ挡横向	BOOL	1.03
	主轴装置故障	BOOL	0.04		左Ⅱ挡纵向	BOOL	1.04
	主轴复位信号	BOOL	0.05		左Ⅱ挡横向	BOOL	1.05
	主轴正向点动	BOOL	0.06		左油泵过载	BOOL	1.06
	主轴正转	BOOL	0.07		左装置准备好	BOOL	1.07
	主轴停止	BOOL	0.08		左油泵启动	BOOL	1.08
	主轴反向点动	BOOL	0.09		左油泵停止	BOOL	1.09
	主轴反转	BOOL	0.10		左刀架向左	BOOL	1.10
	主轴挡位信号 1	BOOL	0.11		左刀架停止	BOOL	1.11
	主轴挡位信号 2	BOOL	0.12		左刀架向右	BOOL	1.12
	主轴挡位信号 3	BOOL	0.13		左限位	BOOL	1.13
	主轴挡位信号 4	BOOL	0.14				
通道 2 右刀架信号	右刀架选快速	BOOL	2.00	通道 2	右油泵启动	BOOL	2.08
	右刀架选进给	BOOL	2.01		右油泵停止	BOOL	2.09
	右Ⅰ挡纵向	BOOL	2.02		右刀架向左	BOOL	2.10
	右Ⅰ挡横向	BOOL	2.03		右刀架停止	BOOL	2.11
右刀架信号	右Ⅱ挡纵向	BOOL	2.04	主轴信号	右刀架向右	BOOL	2.12
	右Ⅱ挡横向	BOOL	2.05		主轴Ⅰ挡	BOOL	2.13
	右油泵过载	BOOL	2.06		主轴Ⅱ挡	BOOL	2.14
	右装置准备好	BOOL	2.07		主轴Ⅲ挡	BOOL	2.15

表 15–4 给出了输出点地址分配。数字量输出通道共有 6 个，它们分别为：通道 100，地址范围 100.00 ~ 100.14，该通道主要分配了急停输出、主轴油泵接通、主轴风机接通、主轴装置上电接通、左装置上电接通、右刀架装置上电接通、右刀架溜板箱油泵接通、右刀架油泵接通、左溜板油泵接通、左刀架油泵通、刀架向右的左/右速度指示、刀架向左的左/右速度指示及主轴故障报警地址；通道 101，地址范围 101.00 ~ 101.15，该通道主要分配电磁阀和离合器的输出地址，分别为：主换挡电磁阀 1 ~ 4、左刀架Ⅰ挡/Ⅱ挡离合器、左刀架横向/纵向离合器、左刀架横向/纵向制动离合器、右刀架Ⅰ挡/Ⅱ挡离合器、右刀架横向/纵向离合器和右刀架横向/纵向制动离合器；通道 102，地址范围 102.00 ~ 102.15，该通道主要分配了主轴及刀架的各种显示信号地址，分别为：主轴在Ⅰ挡/Ⅱ挡/Ⅲ挡指示、油压故障指示、左刀架选择快速/进给指示、左刀架Ⅰ挡/Ⅱ挡纵向指示、左刀架Ⅰ挡/Ⅱ挡横向指示、右刀架选择快速/进给指示、右刀架Ⅰ挡/Ⅱ挡纵向指示和右刀架Ⅰ挡/Ⅱ挡横向指示；通道 103，地址范围 103.00 ~ 103.07，该通道分配了主轴输出信号地址，分别为：主轴点动/非点

动输出、主轴Ⅰ挡/ⅡⅢ挡给定、主轴正向/反向输出、主轴启停输出；通道 104，地址范围 104.00～104.05，该通道分配了左刀架输出信号地址，分别为：左刀架左转/右转输出、左刀架快速/进给输出、左刀架短接给定输出和左刀架开锁零输出；通道 105，地址范围 105.00～105.05，该通道分配了右刀架的输出信号，它与通道 104 中的左刀架分配方式类似。

表 15-4　　输出点地址分配

	名称	类型	地址		名称	类型	地址
通道 100	急停输出	BOOL	100.00	通道 101	主换挡电磁阀 1	BOOL	101.00
	主轴油泵通	BOOL	100.01		主换挡电磁阀 2	BOOL	101.01
	主轴风机通	BOOL	100.02		主换挡电磁阀 3	BOOL	101.02
	主装置上电通	BOOL	100.03		主换挡电磁阀 4	BOOL	101.03
	左装置上电通	BOOL	100.04		左Ⅰ挡离合器	BOOL	101.04
	左溜板油泵通	BOOL	100.05		左Ⅱ挡离合器	BOOL	101.05
	左刀架油泵通	BOOL	100.06		左纵向离合器	BOOL	101.06
	左向左速度指示	BOOL	100.07		左横向离合器	BOOL	101.07
	左向右速度指示	BOOL	100.08		左纵制动离合器	BOOL	101.08
	右装置上电通	BOOL	100.09		主横制动离合器	BOOL	101.09
	右溜板油泵通	BOOL	100.10		右Ⅰ挡离合器	BOOL	101.10
	右刀架油泵通	BOOL	100.11		右Ⅱ挡离合器	BOOL	101.11
	右向左速度指示	BOOL	100.12		右纵向离合器	BOOL	101.12
	右向右速度指示	BOOL	100.13		右横向离合器	BOOL	101.13
	主轴故障报警	BOOL	100.14		右纵制动离合器	BOOL	101.14
通道 102	主轴在Ⅰ挡指示	BOOL	102.00		右横制动离合器	BOOL	101.15
	主轴在Ⅱ挡指示	BOOL	102.01	通道 103	主轴点动输出	BOOL	103.00
	主轴在Ⅲ挡指示	BOOL	102.02		主轴Ⅰ挡或点动	BOOL	103.01
	油压故障指示	BOOL	102.03		主轴非点动输出	BOOL	103.02
	左选快速指示	BOOL	102.04		主轴正向输出	BOOL	103.03
	左选进给指示	BOOL	102.05		主轴Ⅰ挡给定	BOOL	103.04
	左Ⅰ挡纵向指示	BOOL	102.06		主轴Ⅱ、Ⅲ挡给定	BOOL	103.05
	左Ⅱ挡纵向指示	BOOL	102.07		主轴反向输出	BOOL	103.06
	左Ⅰ挡横向指示	BOOL	102.08		主轴启停输出	BOOL	103.07
	左Ⅱ挡横向指示	BOOL	102.09	通道 104	左刀架左转输出	BOOL	104.00
	右选快速指示	BOOL	102.10		左刀架右转输出	BOOL	104.01
	右选进给指示	BOOL	102.11		左刀架快速输出	BOOL	104.02
	右Ⅰ挡纵向指示	BOOL	102.12		左刀架进给输出	BOOL	104.03
	右Ⅱ挡纵向指示	BOOL	102.13		左短接给定输出	BOOL	104.04
	右Ⅰ挡横向指示	BOOL	102.14		左开锁零输出	BOOL	104.05
	右Ⅱ挡横向指示	BOOL	102.15				

续表

	名称	类型	地址		名称	类型	地址
通道 105	右刀架右转输出	BOOL	105.01	通道 105	右刀架左转输出	BOOL	105.00
	右刀架进给输出	BOOL	105.03		右刀架快速输出	BOOL	105.02
	右开锁零输出	BOOL	105.05		右短接给定输出	BOOL	105.04

表 15-5 给出了中继工作位的地址分配，从通道 200 ~ 203，通道 200 和 203 为主轴中继信号，通道 201 为左刀架信号，通道 202 为右刀架信号。

表 15-5　中继信号地址分配表

	名称	类型	地址		名称	类型	地址
通道 200 主轴信号	急停中继	BOOL	200.00	通道 201	左刀架快速左转中继	BOOL	201.00
	主轴故障中继	BOOL	200.01		左刀架进给左转中继	BOOL	201.01
	主轴正点中继	BOOL	200.02		左刀架快速右转中继	BOOL	201.02
	主轴反点中继	BOOL	200.03		左刀架进给向右中继	BOOL	201.03
	主轴正转中继	BOOL	200.04		左刀架进给运行中继	BOOL	201.04
	主轴反转中继	BOOL	200.05		左刀架运转中继	BOOL	201.05
	主轴长车中继	BOOL	200.06	通道 202	右刀架快速左转中继	BOOL	202.00
	主轴运行中继	BOOL	200.07		右刀架进给运行中继	BOOL	202.01
	主轴Ⅰ挡中继	BOOL	200.08		右刀架快速右转中继	BOOL	202.02
	主轴Ⅱ挡中继	BOOL	200.09		右刀架进给右转中继	BOOL	202.03
	主轴Ⅲ挡中继	BOOL	200.10		右刀架进给运行中继	BOOL	202.04
	主轴在挡位中继	BOOL	200.11		右刀架运转中继	BOOL	202.05
	换挡脉冲中继	BOOL	200.12		刀架进给中中继	BOOL	202.07
通道 203 主轴信号	主轴在Ⅰ挡中继	BOOL	203.00	通道 203	主轴在Ⅲ挡中继	BOOL	203.02
	主轴在Ⅱ挡中继	BOOL	203.01		换挡指示闪烁	BOOL	203.03

通道 200 和 203 为主轴输出状态中继信号地址分配，范围为 200.00 ~ 200.12 和 203.00 ~ 203.03，通道 200 中分配了急停中继、主轴故障中继、主轴正向点动/反向点动中继、主轴正转/反转中继、主轴长车/运行中继、主轴Ⅰ挡/Ⅱ挡/Ⅲ挡中继、主轴在挡位中继和换挡脉冲中继的地址，通道 203 中分配了主轴在Ⅰ挡/Ⅱ挡/Ⅲ挡中继和主轴换挡指示闪烁中继的地址；通道 201 为左刀架输出状态中继地址分配，范围从 201.00 ~ 201.05，该通道分配了左刀架快速左转\右转中继、左刀架进给左转/右转中继、左刀架进给运行中继和左刀架运转中继的地址；通道 202 为右刀架输出状态中继地址分配，范围从 202.00 ~ 201.07，其分配方式与通道 201 中的左刀架中继分配类似，其中多出一位 202.07 为刀架进给中中继。

除以上输入、输出和中继工作位信号外，也存在定时器信号，范围从 TIM000 ~ TIM004，分别说明了两种急停延时、主轴油泵延时及两种主轴故障延时。同时列出了各种时钟脉冲位及各种标志位，并相应占用通道 252 ~ 255。

15.3　轧辊车床触摸屏画面组态

触摸屏画面组态是建立在 PLC 输入/输出地址分配完成的基础之上，所谓组态触摸屏画面就是建立一个人机对话窗口，将各种输入及显示功能集中在一个操作终端上，以方便使用者操作。本节主要介绍了轧辊车床的组态画面，NTZ-Designer 组态软件在轧辊车床上的使用。轧辊车床触摸屏画面组态主要分为 5 个部分，包括主轴画面组态、刀架画面组态、液压站组态、速度显示组态和报警组态。在组态画面中加入详细注释，使读图更加容易。

如图 15-16 所示，在每个组态画面下需要实时监控报警的发生。报警组态需实时显示报警内容、报警时间及报警编号。在主轴启动及切削过程中也需要对主轴转速作实时监控，所以在每个画面下组态了主轴转速。

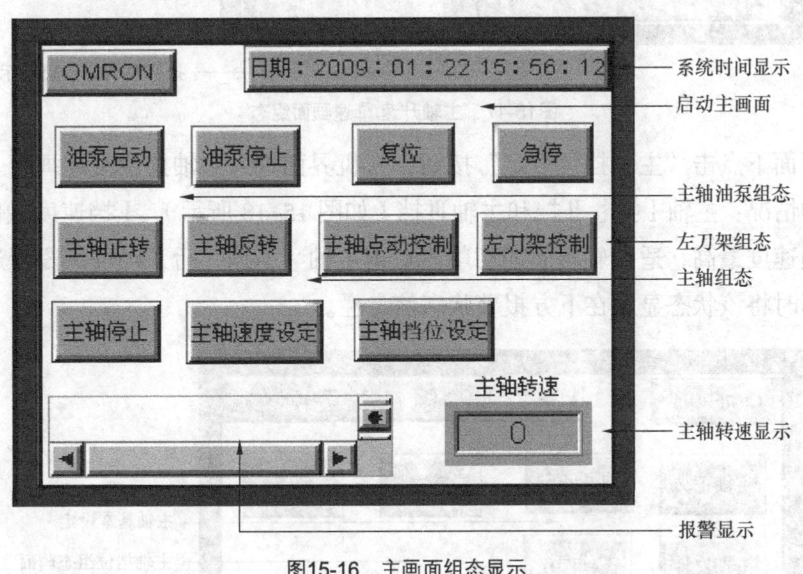

图15-16　主画面组态显示

15.3.1　主轴画面组态

启动 HMI 后，人机界面进入主画面，它主要包括了系统“复位”按钮、“急停”按钮，这两项在每个组态画面下都有设定，目的是为了在短时间内复位和停止整个系统，以免造成事故。同时还包括了“主轴正转”“主轴反转”“主轴停止”按钮，“主轴点动控制”画面切换按钮，“主轴速度设定”画面切换按钮，“主轴挡位设定”画面切换按钮和“左刀架控制”画面切换按钮。组态主画面目的是在操作返回主画面后能快速进入另外一个子画面。

点击主画面下的“主轴速度设定”按钮，进入如图 15-17 所示主轴速度设定画面。通过点击主轴“降速”和“升速”按钮可改变主轴旋转速度。如果有报警或事件消息，则在报警显示区会详细显示报警信息和事件信息。点击“返回”按钮后可返回主画面进行其他操作。

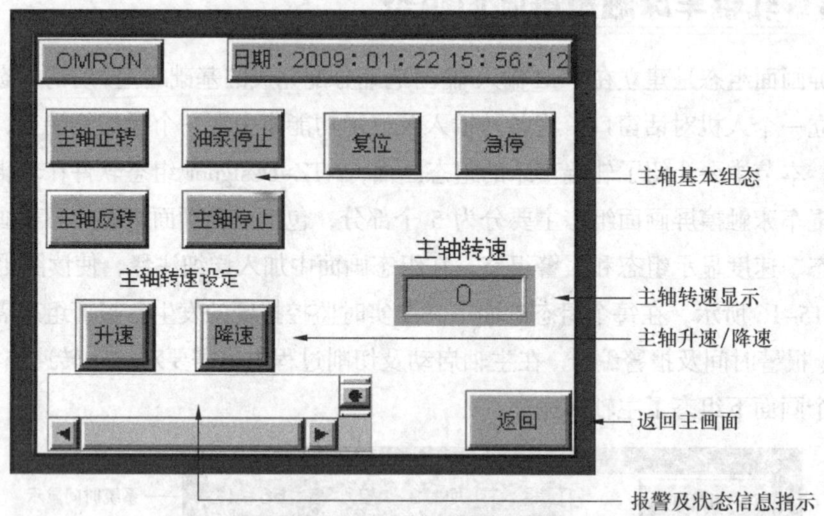

图15-17 主轴升速/降速画面组态

在主画面下点击“主轴挡位设定”按钮，人机界面进入主轴挡位设定画面。主轴挡位选择有3种情况：主轴Ⅰ挡、Ⅱ挡和主轴Ⅲ挡（如图15–18所示）。Ⅰ挡速度最低，适合粗加工，Ⅲ挡速度最高，适合轧辊后期切削。点击主轴“Ⅰ挡”后，经过一段延迟，主轴换挡到位，同时将该状态显示在下方报警状态信息栏。

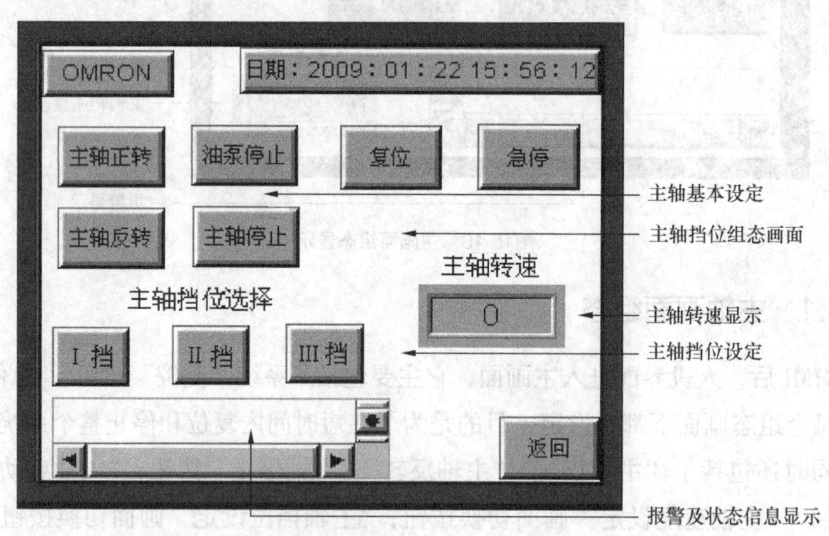

图15-18 主轴挡位设定画面

在主画面下，点击“主轴点动设定”画面切换按钮，人机界面进入主轴点动操作画面，图15–19给出了主轴点动画面组态图。在对轧辊一个特定位置进行切削时，需要轧辊转过一个很小的角度，这就要求主轴完成点动操作，一般点动有正向点动和反向点动，点击“主轴正点”按钮，轧辊逆时针转过一个角度；相反，则顺时针转过一个角度。

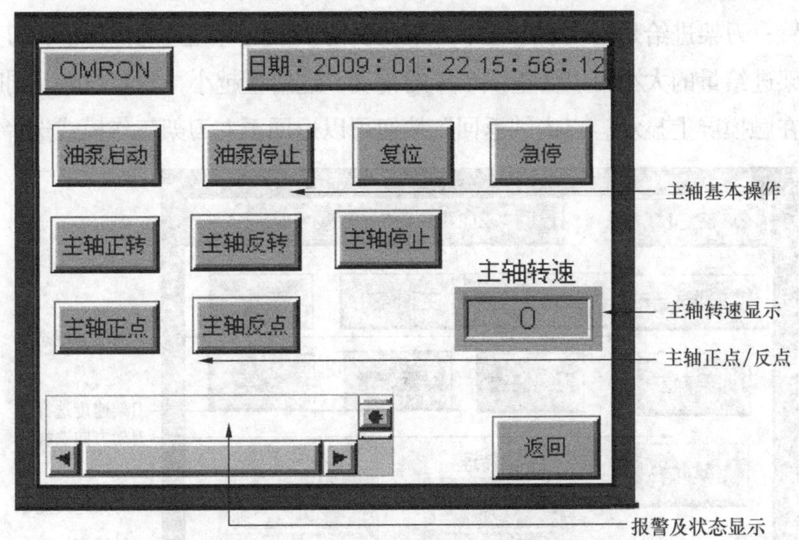

图15-19　主轴点动画面设定

15.3.2　刀架画面组态

在 C84125 车床上分配有两个刀架，图 15-16 给出了左刀架的组态画面图。在主画面下点击“左刀架控制”画面切换按钮，人机界面进入左刀架工作模式选择画面（如图 15-20 所示）。点击“刀架油泵启动”按钮后，正常启动左刀架油泵及润滑泵，同时也可点击“刀架油泵停止”按钮停止油泵工作。可选择刀架运动方向，分为向左和向右两个方向。在左刀架油泵启动情况下，点击“刀架速度选择”画面切换按钮，人机界面进入左刀架快速/进给组态画面。

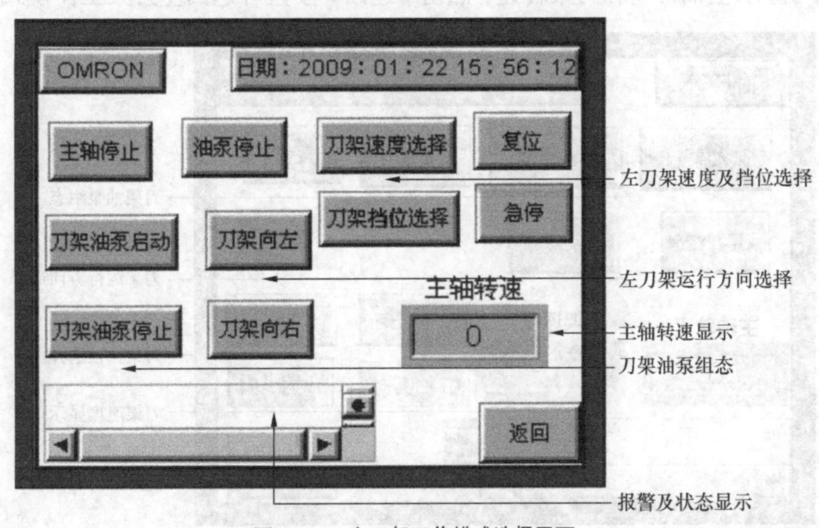

图15-20　左刀架工作模式选择画面

如图 15-21 所示，刀架运动方向有向左和向右，同时可以进行选择。左刀架速度选择有“刀架快速”和“刀架进给”两种。刀架快速是指在横向和纵向上刀架快速移动，从而达到要求的位置；刀架进给是指切削过程中刀架在横向或纵向所经过的位移量，刀架进给量一般很小，刀架进给量的大小可以衡量该车床的精度，进给量越小，精度越高。同时可以将刀架移动速度在触摸屏上显示，点击“返回”按钮可以返回至左刀架工作模式选择画面。

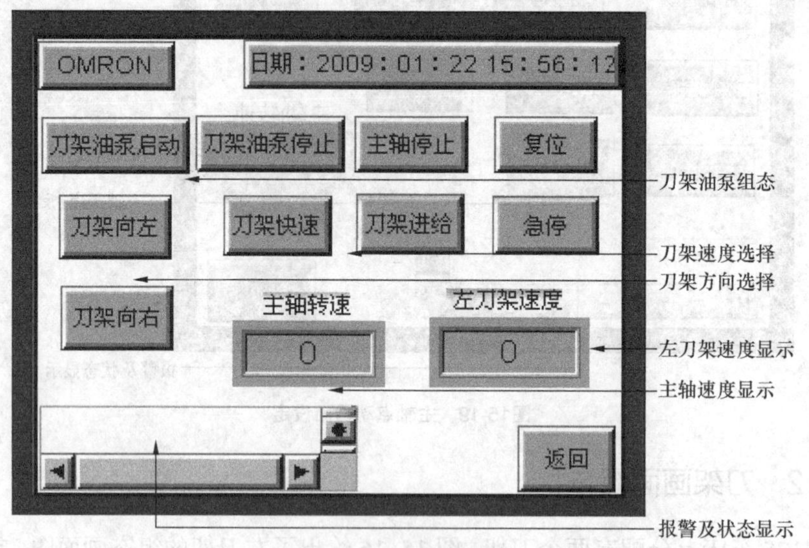

图15-21　左刀架快速/进给选择组态

点击图 15–20 上的“刀架挡位选择”按钮后，人机界面进入左刀架挡位方向设定画面（如图 15–22 所示）。刀架运动方向有向左或向右两种方向，同时挡位选择与刀架横向和纵向配合使用。如图 15–22 所示，左刀架挡位方向可以分为Ⅰ挡横向、Ⅰ挡纵向、Ⅱ挡横向和Ⅱ挡纵向，也可显示主轴转速和刀架转速，点击“返回”按钮可返回左刀架工作模式选择画面。

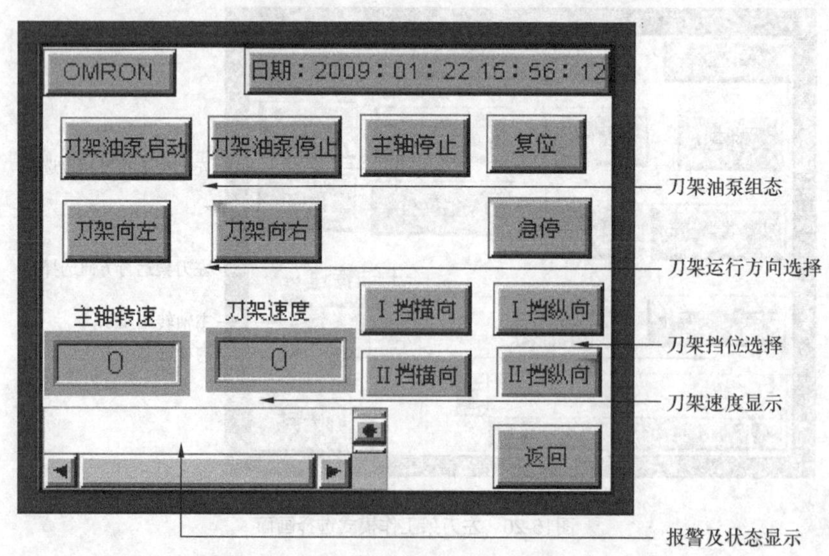

图15-22　左刀架挡位方向选择画面设定

同样，右刀架工作站的组态画面与左刀架类似，可点击“右刀架控制”按钮，进入类

似左刀架工作模式选择画面（如图 15-20 所示），可对右刀架油泵进行启动/停止操作，同时可选择对右刀架速度进行设置或改变其挡位。

15.3.3　液压站组态

启动机床后，可在人机界面中设定主轴油泵启动/停止、左刀架及右刀架油泵的启动/停止、过压/欠压和过滤器状态的显示。当液压出现故障时，为了及时停止油泵工作，在每个组态画面下设置了油泵停止按钮。

15.3.4　速度显示组态和报警组态

速度显示组态是为了更方便地读出主轴转速信号。同时，将主轴转速显示在每个组态画面下，目的是在启动主轴或刀架后，分清主轴当前所处的状态。

报警组态主要是对主轴装置故障、主轴挡位信号状态、刀架挡位及运行故障、液压信号故障和电池电量低的指示。在每个画面下都有报警组态信息栏，使操作人员无论在对主轴操作或是对刀架操作过程中，机床出现故障后都能及时发现并处理。

15.4　C84125 型轧辊车床 PLC 程序设计

组态完触摸屏，并完成输入输出点及中继工作位地址分配后，需要对车床 PLC 程序作进一步设计。本节主要讨论欧姆龙 C200HS PLC 的梯形图设计，分别对轧辊车床急停部分程序、主轴油泵及故障部分程序、主轴各状态指示部分程序、换挡部分程序、左刀架部分程序和右刀架部分程序进行了介绍。在梯形图和指令表中引入注释，方便了读图，因此适合各类设计者的读图需求。

15.4.1　主轴控制部分

1. 急停部分程序段

机床急停就是在故障发生后快速停止整个车床运转，以避免故障扩大。如图 15-23 所示，当按下“急停”按钮，并且主轴油泵启动按钮断开后，PLC 接通急停中继并自锁。同时接通急停定时器 TIM000 和 TIM001，分别延时 1.5s 和 0.5s，执行互锁 IL（02）指令，并直接转入 IL（03）的下一条指令执行。

联锁指令 IL（02）和 ILC（03）一起使用，并建立联锁功能。联锁和采用 TR 位类似都可用于分叉处理。在 IL（02）指令执行条件不满足（OFF）时，处于 IL（02）和 ILC（03）之间的指令处理与 TR 位的处理结果不同。如果 IL（02）执行条件为 OFF，程序直接转入 IL（03）的下一条指令执行；执行条件满足（ON），从 IL（02）所处的指令点到下一个 ILC（03）指令间的每一行指令允许执行。

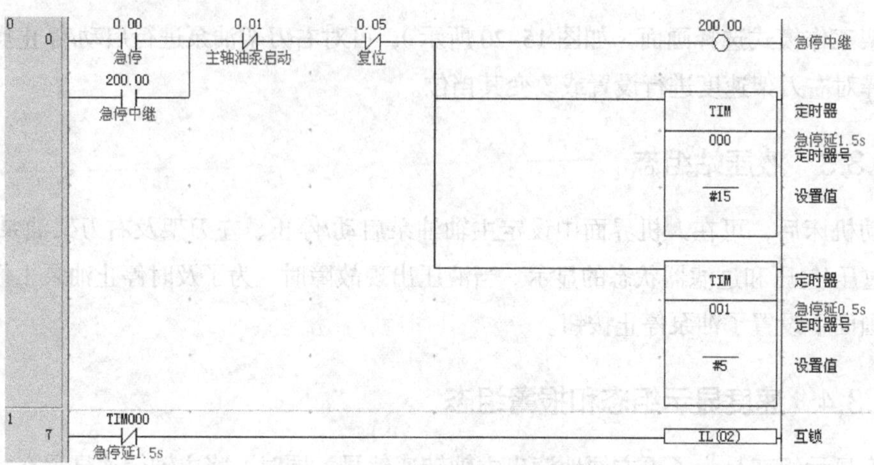

图15-23　急停程序段设计

2. 主轴油泵启动及故障程序段

图 15-24（a）给出了主轴油泵启动程序。在无主轴故障下，主轴油泵接通并自锁，同时接通风机。接通定时器 TIM002 延时 10s。油压过载或主轴装置故障时输出主轴故障中继，同时主轴故障延时 1.5s 和 0.5s 后使主轴油泵自动断开［如图 15-24（b）所示］。

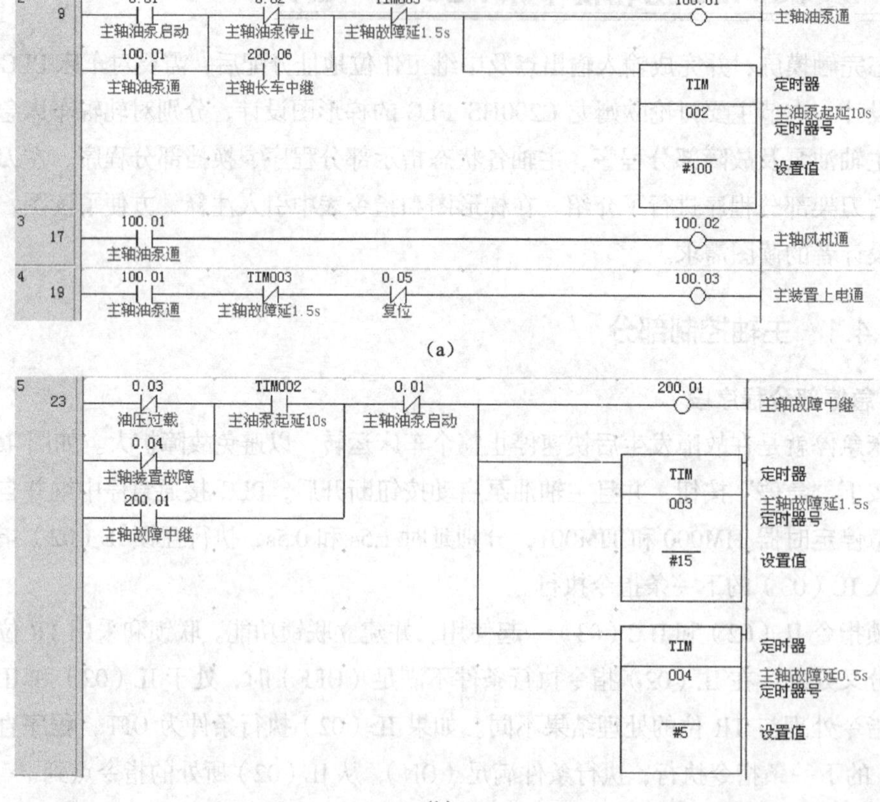

图15-24　主轴油泵启动及故障程序

3. 主轴各状态运行程序段

图 15-25 给出了主轴启停、点动、正转/反转和正转方向输出程序的设计。主轴正转条件：油泵接通、主轴在挡位、无主轴故障、无急停输出及反向联锁，接通正转中继工作位并自锁。

在正向点动或接通换挡脉动中继时，主轴正点中继工作位接通。无论主轴处于正点中继接通，还是主轴正转状态，程序将输出主轴正向信号，同时输出主轴运行中继工作位。主轴启动条件：主轴油泵接通、主轴无故障、无急停输出。

同样，如图 15-25 所示，主轴反转条件为：油泵接通、主轴在挡位、无主轴故障、无急停输出及反向联锁，接通反转中继工作位并自锁。

在反向点动或接通换挡脉动中继时，主轴反向点动中继工作位接通。无论主轴处于反向点动，还是主轴反转，程序将输出主轴反向信号，同时输出主轴运行中继工作位。

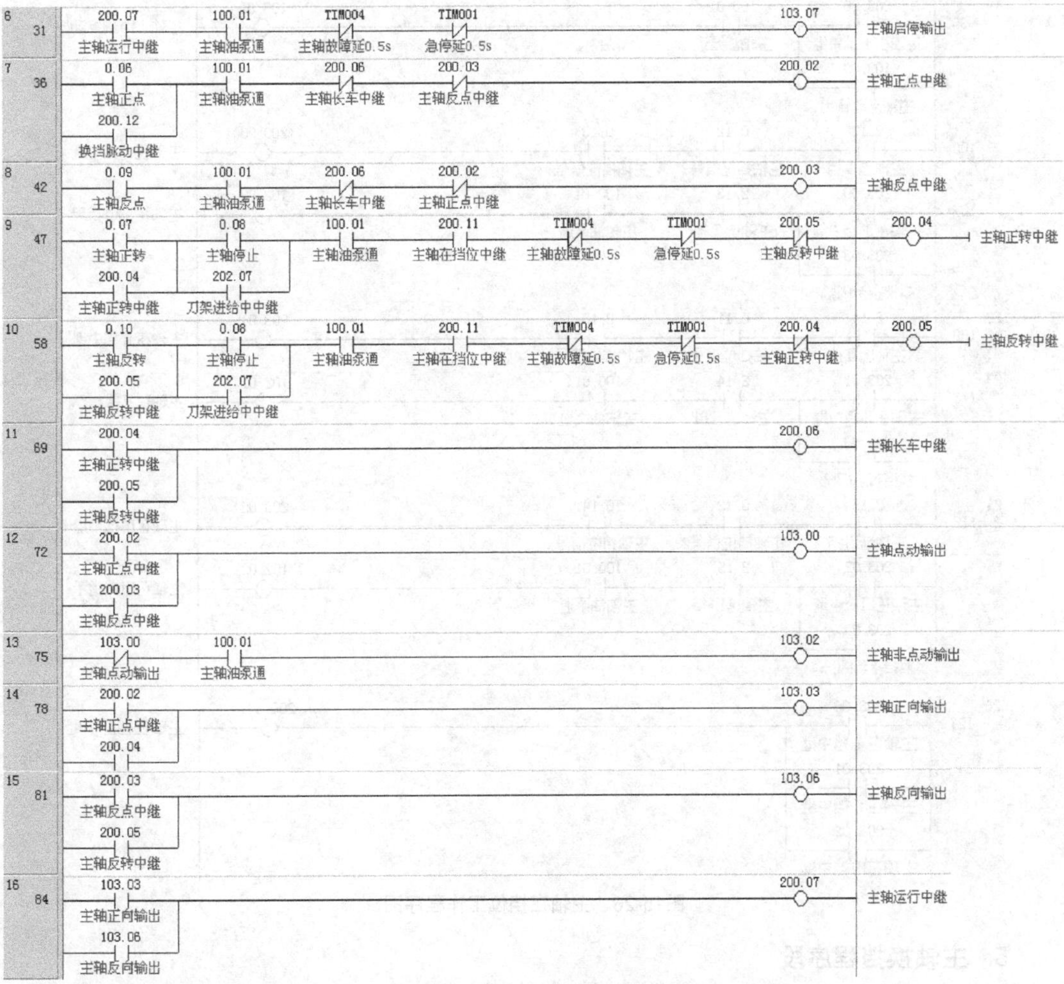

图15-25　主轴运行程序指示

4. 主轴挡位工作指示程序段

如图 15-26 所示，主轴选择Ⅰ挡后，主轴在Ⅰ挡的两个行程开关闭合，即主轴挡位信号 2 和主轴挡位信号 3 接通，同时主轴在Ⅰ挡中继接通，并输出主轴在Ⅰ挡指示。在主油泵接通时，PLC 输出主轴Ⅰ挡给定工作位 103.04，也可通过换挡脉动中继输出给定工作位 103.04，输出Ⅰ挡给定工作位 103.04 的目的是为了与主轴Ⅱ挡Ⅲ挡给定构成联锁。Ⅱ挡和Ⅲ挡给定及在挡位显示程序与Ⅰ挡类似。

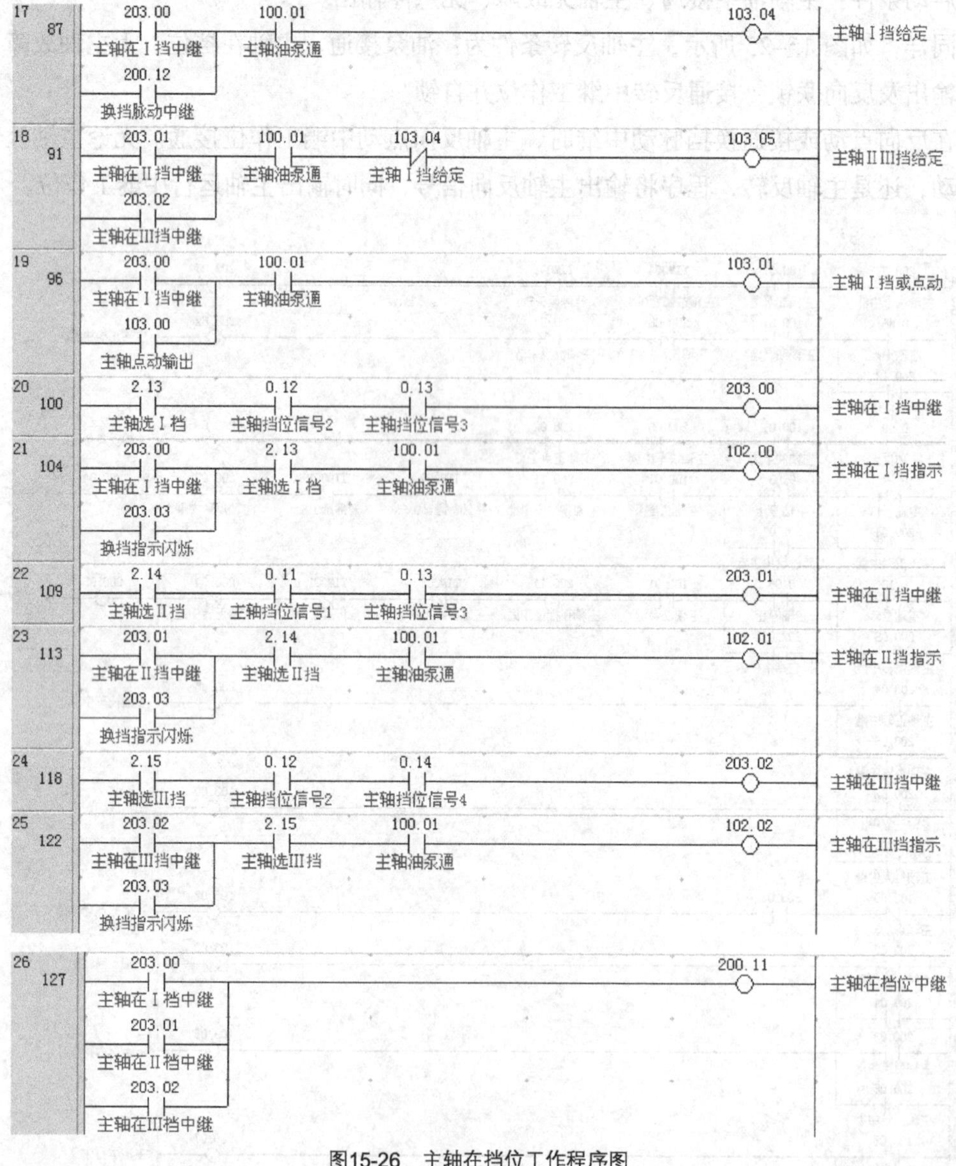

图15-26 主轴在挡位工作程序图

5. 主轴换挡程序段

如图 15-27 所示，在主轴油泵接通并且主轴不在挡位时，PLC 则以 1s 为周期触发换挡指示，并间断性闪烁。

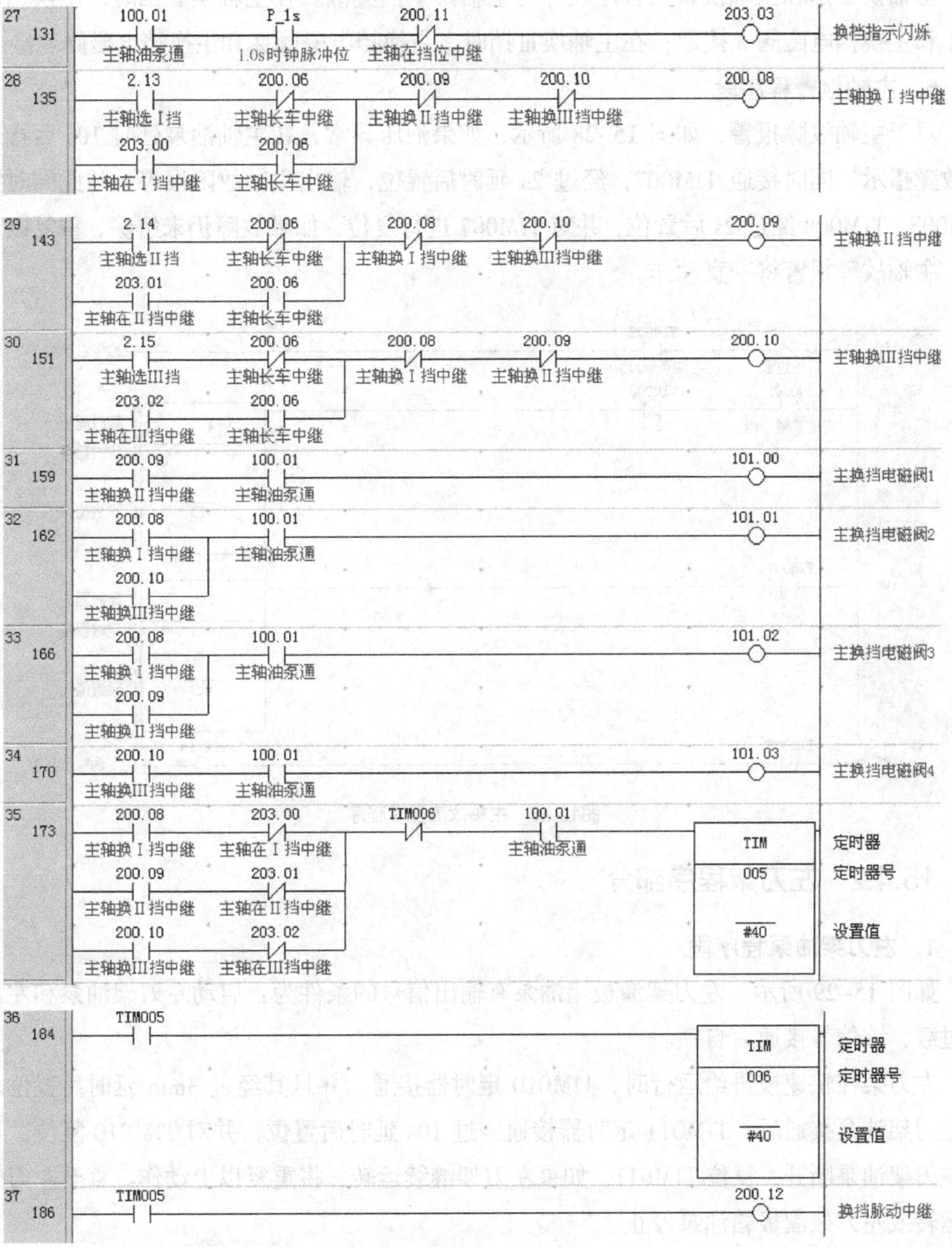

图15-27 主轴换挡程序设计图

主轴换Ⅰ挡中继接通条件为：主轴选择Ⅰ挡、主轴不在长车运行下、主轴Ⅰ挡与Ⅱ挡和Ⅲ挡互锁。在主轴油泵通时，同时接通主换挡电磁阀 2 和 3 进行换挡。

当主轴在Ⅰ挡断开时，启动定时器 TIM005，经过 4s 后，TIM005 被置位，接通换挡脉动中继，同时，TIM006 延时 4s 后被置位，则 TIM005 复位，同时 TIM006 也被复位。如果主轴在Ⅰ挡仍是断开，重复以上操作，进行脉冲换挡。

主轴换Ⅱ挡和主轴换Ⅲ挡程序设计与主轴换Ⅰ挡类似。在主轴换Ⅱ挡时，主换挡电磁阀1和主换挡电磁阀3接通；在主轴换Ⅲ挡时，主换挡电磁阀2和主换挡电磁阀4接通。

6. 主轴报警程序段

对于主轴故障报警，如图15-28所示，如果油压异常，在主轴油泵延时10s后接通油压故障指示，同时接通TIM007，经过2s延时后置位，输出主轴故障报警，与此同时接通TIM008，TIM008经过2s后置位，并对TIM007进行复位，如果故障仍未解除，重复以上动作，主轴故障报警将一直动作。

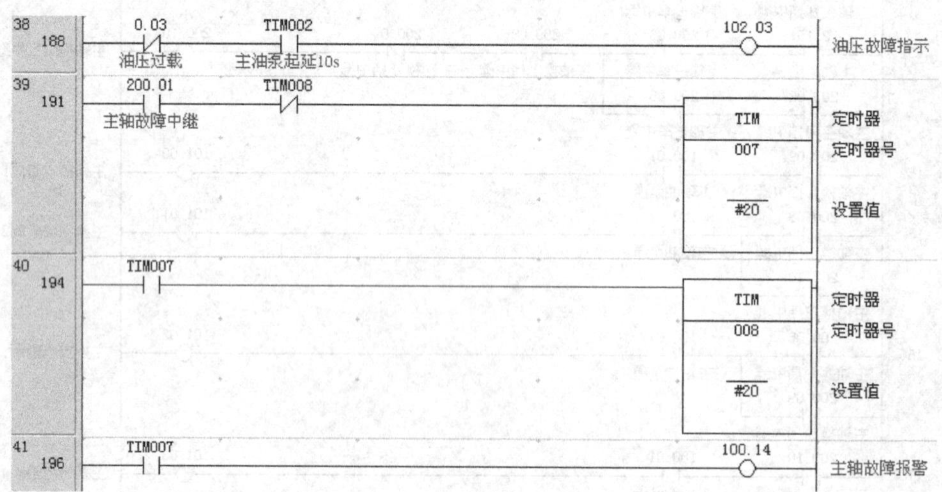

图15-28　主轴故障报警程序

15.4.2　左刀架程序部分

1. 左刀架油泵程序段

如图15-29所示，左刀架溜板箱油泵有输出信号的条件为：启动左刀架油泵和左油泵不过载，该信号接通后自锁。

左刀架在快速或进给运行时，TIM010定时器接通，并且其经过3min延时后置位。同时左刀架油泵接通后，TIM011定时器接通经过10s延时后置位，并对TIM010复位，从而使左刀架油泵断开，复位TIM011。如果左刀架继续运转，将重复以上动作。直至左刀架停止运转或左刀架溜板箱油泵停止。

2. 左刀架上电及工作指示程序段

如图15-30所示，左刀架溜板箱油泵接通后，在左刀架装置准备好后输出左刀架装置上电指示。左刀架快速指示输出的条件为：左刀架选择快速、左刀架溜板箱油泵接通，与左刀架选择进给指示形成互锁；左刀架进给指示输出的条件为：左刀架选择进给、左刀架溜板箱油泵接通、与左刀架选择快速指示形成互锁。同时在左刀架运行状态下PLC自锁。

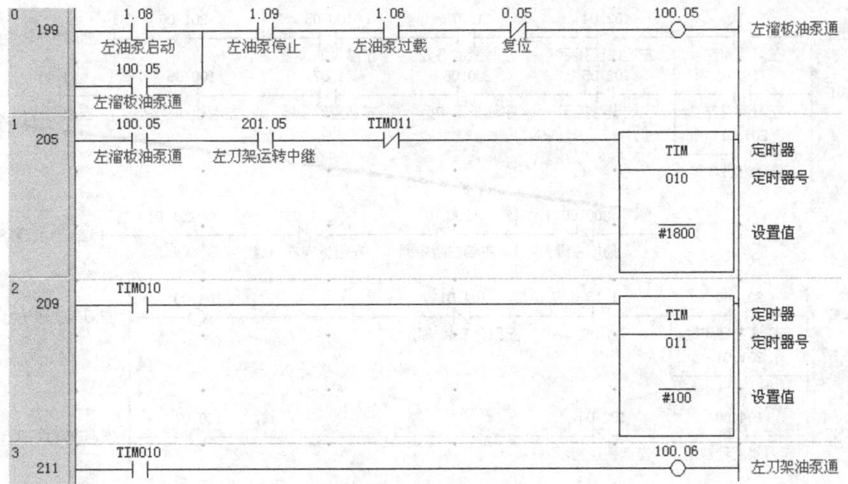

图15-29　左刀架油泵程序设计图

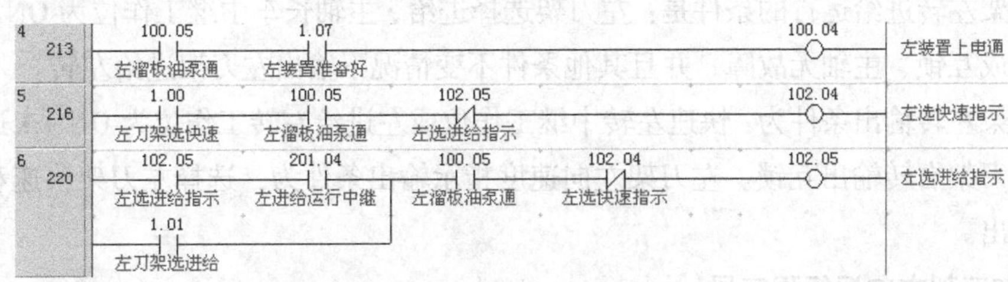

图15-30　左刀架上电及指示

3. 左刀架运行输出程序段

如图 15-31 所示，左刀架运行输出即左刀架向左或向右运行。左刀架作进给运动即左刀架向左进给或左刀架向右进给。同样，左刀架选择快速指示下，左刀架快速输出，无进给输出。

图15-31　左刀架运行输出程序设定图

4. 左刀架左向运行程序段

如图 15-32 所示，在左刀架程序部分中第 8 条程序表示第一行程序未完，紧接第二行箭头所指部分。左刀架快速左转输出的条件为：选择左刀架向左、选择快速、左刀架装置无故障、溜板箱油泵接通。

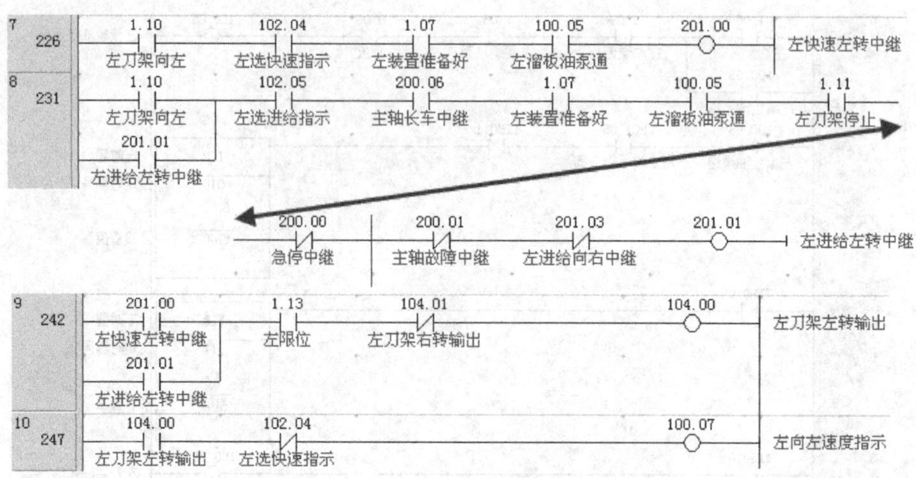

图15-32　左刀架左向运行程序设计图

左刀架左转进给运行的条件是：左刀架选择进给、主轴长车中继工作位为ON、与左进给向右形成互锁、主轴无故障，并且其他条件不变情况下输出左刀架进给左转。

左刀架左转输出条件为：快速左转中继工作位或左进给左转工作位为ON、未达到左限位、与左刀架右转输出互锁。左刀架左向速度指示输出条件为：选择左刀架快速和左刀架左转有输出。

5. 左刀架右向运行程序段

如图15–33所示，左刀架程序部分中第12条程序表示第一行程序未完，紧接第二行箭头所指部分。左刀架快速右转中继工作位接通条件为：选择左刀架向右、选择快速、左刀架装置无故障和溜板箱油泵接通。

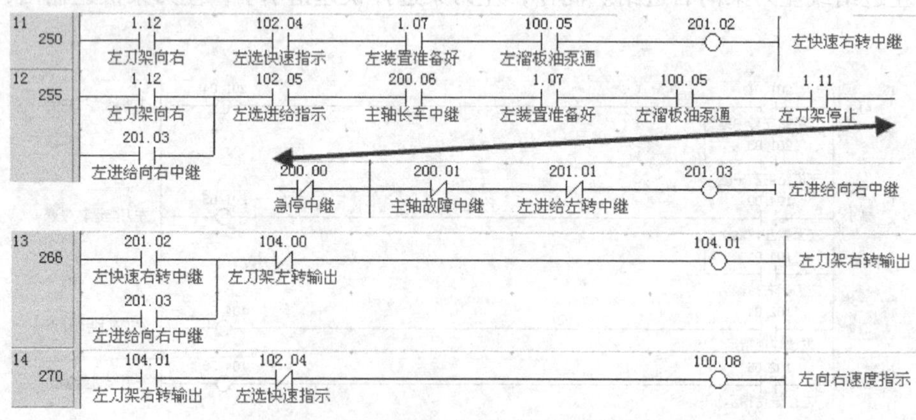

图15-33　左刀架右向运行程序段设计

左刀架进给右转输出条件为：左刀架选进给、主轴长车中继工作位为ON、与左刀架进给向左互锁、主轴无故障，并且其他条件不变。左刀架右转指令输出条件为：快速右转中继工作位或左进给右转工作位为ON、与左刀架左转输出互锁及在没有选择左刀架快速时，PLC接通刀架右向速度指示。

6. 左刀架短接零输出程序段

如图 15-34 所示，在左刀架处于停止状态下，并且接通左刀架溜板箱油泵后，PLC 输出一个左刀架开锁零输出工作位和左刀架短接给定输出，TIM012 计时，并在 1s 后断开，左刀架开锁零输出。开锁输出的目的就是使刀架能准确地区分当前刀架所处的状态，有利于刀架准确定位。

图15-34　左刀架短接零输出程序图

7. 左刀架挡位选择及指示程序段

图 15-35 给出了挡位在不同方向上的指示程序。输出左刀架Ⅰ挡纵向指示的条件为：左刀架Ⅰ挡纵向指示为 ON、左刀架处于运行状态、左刀架溜板箱油泵通、与其他挡位及各个方向形成互锁。左刀架Ⅰ挡纵向指示接通后并自锁。同样，也可输出Ⅰ挡横向、Ⅱ挡纵向和Ⅱ挡横向指示。

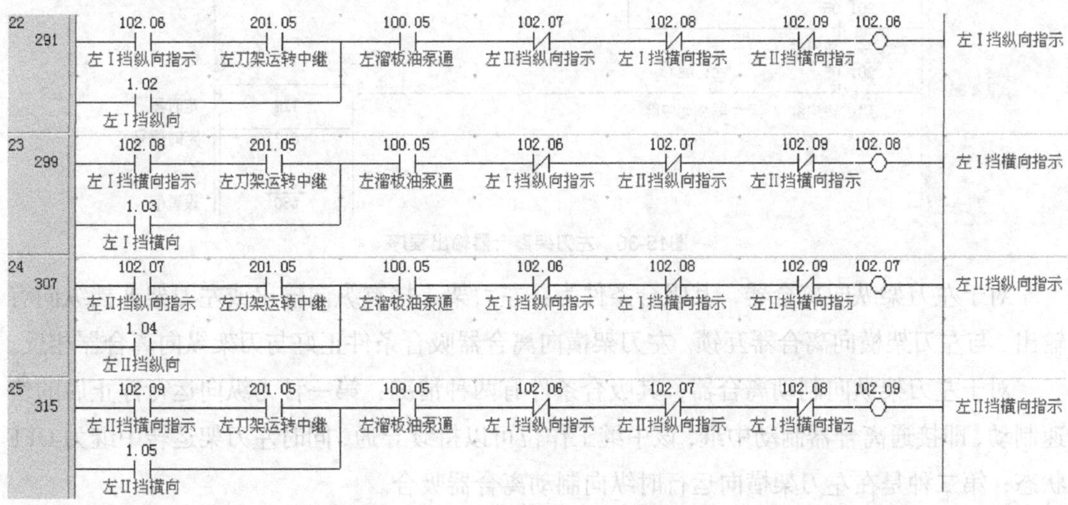

图15-35　左刀架挡位及方向指示程序

在选择挡位和方向时，各挡位和方向上的离合器也相应有输出（如图 15-36 所示）。轧辊车床上刀架横向/纵向和挡位选择通过离合器吸合来实现（如图 15-36 所示）。左刀架Ⅰ挡离合器吸合条件为：左刀架Ⅰ挡横向或纵向指示为 ON、左刀架无快速输出、与左刀架Ⅱ挡离合器互锁。左刀架Ⅱ挡离合器吸合条件为：左刀架输出为快速、与左刀架Ⅰ挡离合器互锁。

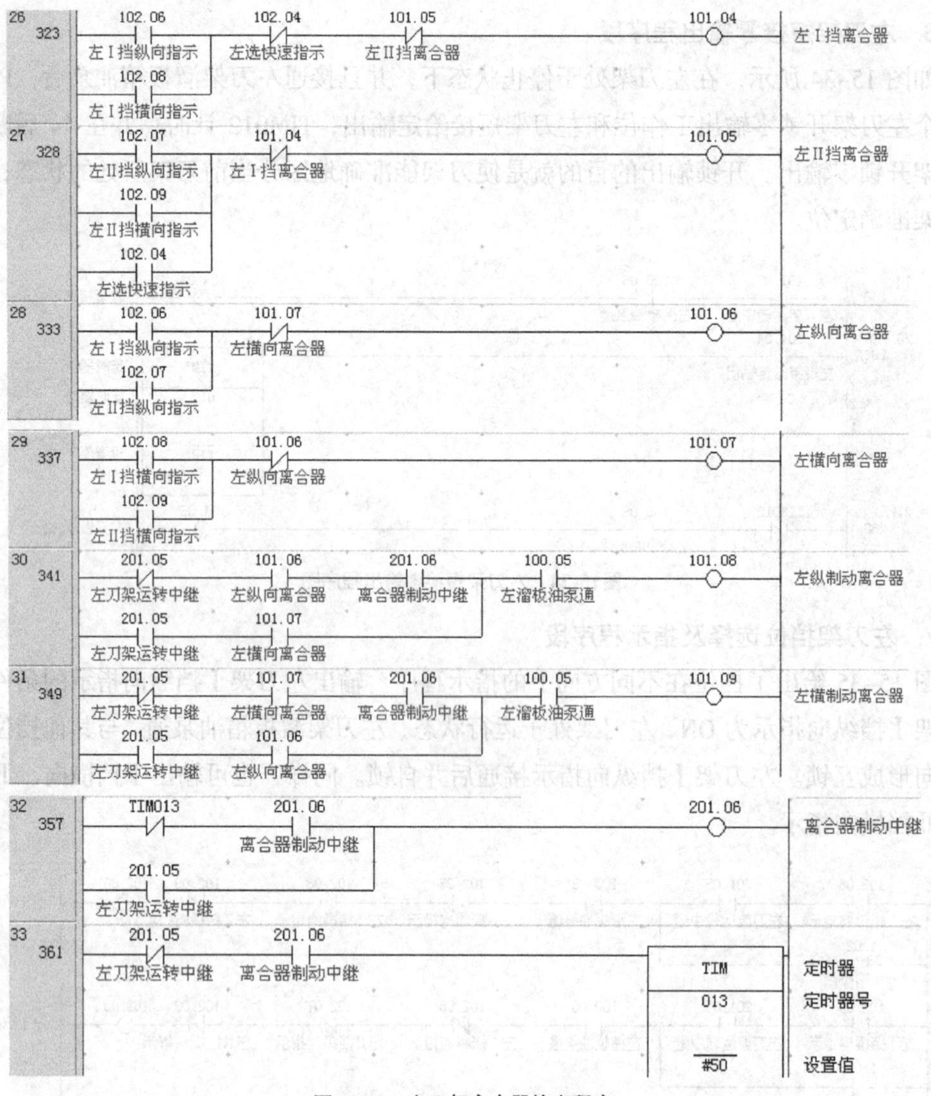

图15-36　左刀架离合器输出程序

对于左刀架纵向离合器，其吸合条件为：左刀架Ⅰ挡有纵向输出或左刀架Ⅱ挡纵向有输出、与左刀架横向离合器互锁。左刀架横向离合器吸合条件正好与刀架纵向离合器相反。

对于左刀架纵向制动离合器，其吸合条件有两种情况：第一种为纵向运行停止后的快速制动，即接通离合器制动中继，该中继工作位可以持续导通，同时左刀架运转中继为OFF状态；第二种是在左刀架横向运行时纵向制动离合器吸合。

左刀架横向制动离合器的吸合条件有两种情况，与左刀架纵向制动离合器的吸合条件相反。

右刀架程序与左刀架类似，这里不再赘述。

15.4.3　轧辊车床的指令助记符程序

在基本指令编程中，指令助记符代表梯形图中的条件，多数指令有至少一个或更多操

作数与之联系。操作数为一条要执行的指令指明或提供数据。这些操作数有时是以实际数字形式输入，但通常是包含了需用数据的数据区里的地址字或地址位。指令按顺序由多条组成或者由多个网络组成，而每条指令下又由多个操作步组成，为了使指令表更加直观易懂，可在注释栏里对每条指令进行解释说明。本小节将主要讲述如何使用指令表对轧辊车床进行设计，同时在每一步中加入注释，使得读图更加容易。由于指令表每一步对应梯形图中的每一个触点，所以完成功能相同。图 15–37 给出了轧辊车床主轴运行程序指示助记符图。

条	步	指令	操作数	值	注释
6	31	LD	200.07		主轴运行中继
	32	AND	100.01		主轴油泵通
	33	ANDNOT	TIM004		主轴故障延0.5s
	34	ANDNOT	TIM001		急停延0.5s
	35	OUT	103.07		主轴启停输出
7	36	LD	0.06		主轴正点
	37	OR	200.12		换挡脉动中继
	38	AND	100.01		主轴油泵通
	39	ANDNOT	200.06		主轴长车中继
	40	ANDNOT	200.03		主轴反点中继
	41	OUT	200.02		主轴正点中继
8	42	LD	0.09		主轴反点
	43	AND	100.01		主轴油泵通
	44	ANDNOT	200.06		主轴长车中继
	45	ANDNOT	200.02		主轴正点中继
	46	OUT	200.03		主轴反点中继
9	47	LD	0.07		主轴正转
	48	OR	200.04		主轴正转中继
	49	LD	0.08		主轴停止
	50	OR	202.07		刀架进给中中继
	51	ANDLD			
	52	AND	100.01		主轴油泵通
	53	AND	200.11		主轴在挡位中继
	54	ANDNOT	TIM004		主轴故障延0.5s
	55	ANDNOT	TIM001		急停延0.5s
	56	ANDNOT	200.05		主轴反转中继
	57	OUT	200.04		主轴正转中继
10	58	LD	0.10		主轴反转
	59	OR	200.05		主轴反转中继
	60	LD	0.08		主轴停止
	61	OR	202.07		刀架进给中中继
	62	ANDLD			
	63	AND	100.01		主轴油泵通
	64	AND	200.11		主轴在档位中继
	65	ANDNOT	TIM004		主轴故障延0.5s
	66	ANDNOT	TIM001		急停延0.5s
	67	ANDNOT	200.04		主轴正转中继
	68	OUT	200.05		主轴反转中继
11	69	LD	200.04		主轴正转中继
	70	OR	200.05		主轴反转中继
	71	OUT	200.06		主轴长车中继
12	72	LD	200.02		主轴正点中继
	73	OR	200.03		主轴反点中继
	74	OUT	103.00		主轴点动输出
13	75	LDNOT	103.00		主轴点动输出
	76	AND	100.01		主轴油泵通
	77	OUT	103.02		主轴非点动输出
14	78	LD	200.02		主轴正点中继
	79	OR	200.04		主轴正转中继
	80	OUT	103.03		主轴正向输出
15	81	LD	200.03		主轴反点中继
	82	OR	200.05		主轴反转中继
	83	OUT	103.06		主轴反向输出
16	84	LD	103.03		主轴正向输出
	85	OR	103.06		主轴反向输出
	86	OUT	200.07		主轴运行中继

图15-37　主轴运行程序指示助记符图

1. 轧辊车床主轴运行部分助记符图

主轴运行状态助记符图中第 6 ~ 16 条对应梯形图 15–25 所示第 6 ~ 16 条程序。它分别完成主轴启停、正向点动、反向点动、正转/反转和正/反方向输出程序的设计。

图 15–38 给出了右刀架离合器部分助记符图，与梯形图的每一步对应。助记符图第 26 条完成右刀架Ⅰ挡离合器的吸合；第 27 条完成右刀架Ⅱ挡离合器的吸合；第 28 条完成右刀架纵向离合器的吸合；第 29 条完成右刀架横向离合器的吸合；第 30 条完成右刀架纵向制动离合器的吸合；第 31 条完成右刀架横向制动离合器的吸合；第 32 条和第 33 条共同完成右刀架横向制动过程中离合器中继工作位的吸合。

条	步	指令	操作数	值	注释
26	487	LD	102.12		右Ⅰ挡纵向指示
	488	OR	102.14		右Ⅰ挡横向指示
	489	ANDNOT	102.10		右选快速指示
	490	ANDNOT	101.11		右Ⅱ挡离合器
	491	OUT	101.10		右Ⅰ挡离合器
27	492	LD	102.13		右Ⅱ挡纵向指示
	493	OR	102.15		右Ⅱ挡横向指示
	494	OR	102.10		右选快速指示
	495	ANDNOT	101.10		右Ⅰ挡离合器
	496	OUT	101.11		右Ⅱ挡离合器
28	497	LD	102.12		右Ⅰ挡纵向指示
	498	OR	102.13		右Ⅱ挡纵向指示
	499	ANDNOT	101.13		右横向离合器
	500	OUT	101.12		右纵向离合器
29	501	LD	102.14		右Ⅰ挡横向指示
	502	OR	102.15		右Ⅱ挡横向指示
	503	ANDNOT	101.12		右纵向离合器
	504	OUT	101.13		右横向离合器
30	505	LDNOT	202.05		右刀架运转中继
	506	AND	101.12		右纵向离合器
	507	AND	202.06		
	508	LD	202.05		右刀架运转中继
	509	AND	101.13		右横向离合器
	510	ORLD			
	511	AND	100.10		右溜板油泵通
	512	OUT	101.14		右纵制动离合器
31	513	LDNOT	202.05		右刀架运转中继
	514	AND	101.13		右横向离合器
	515	AND	202.06		
	516	LD	202.05		右刀架运转中继
	517	AND	101.12		右纵向离合器
	518	ORLD			
	519	AND	100.10		右溜板油泵通
	520	OUT	101.15		右横制动离合器
32	521	LDNOT	TIM019		
	522	AND	202.06		
	523	OR	202.05		右刀架运转中继
	524	OUT	202.06		
33	525	LDNOT	202.05		右刀架运转中继
	526	AND	202.06		
	527	TIM	019		
			#50		

图15-38　右刀架离合器部分助记符图

2. 轧辊车床右刀架挡位指示程序图

左刀架挡位在不同方向上的指示助记符图如图 15–39 所示。第 22 条指令描述了左刀架Ⅰ挡纵向指示输出的条件；第 23 条指令描述了左刀架Ⅰ挡横向指示输出的条件；第 24 条指令描述了左刀架Ⅱ挡纵向指示输出的条件；第 25 条描述了左刀架Ⅱ挡横向指示输出的条件，它们的输出条件与图 15–35 所示的梯形图类似。

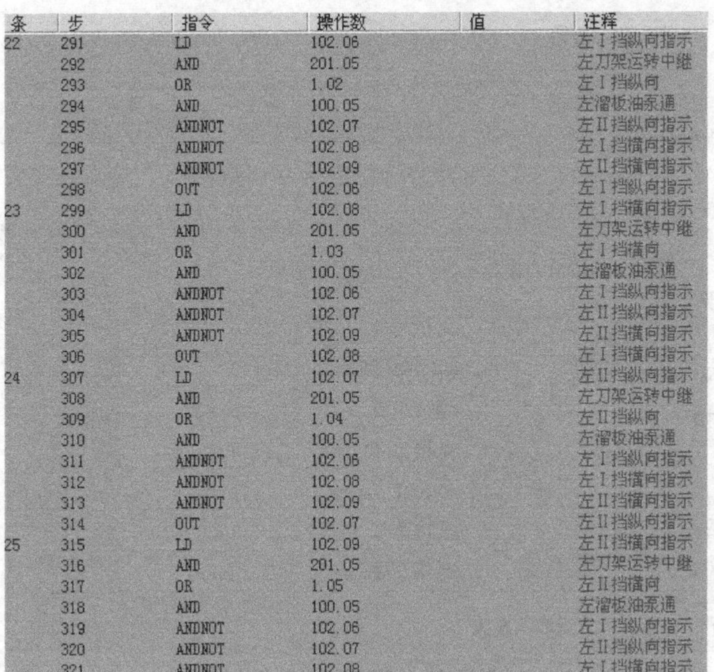

条	步	指令	操作数	值	注释
22	291	LD	102.06		左Ⅰ挡纵向指示
	292	AND	201.05		左刀架运转中继
	293	OR	1.02		左Ⅰ挡纵向
	294	AND	100.05		左溜板油泵通
	295	ANDNOT	102.07		左Ⅱ挡纵向指示
	296	ANDNOT	102.08		左Ⅰ挡横向指示
	297	ANDNOT	102.09		左Ⅱ挡横向指示
	298	OUT	102.06		左Ⅰ挡纵向指示
23	299	LD	102.08		左Ⅰ挡横向指示
	300	AND	201.05		左刀架运转中继
	301	OR	1.03		左Ⅰ挡横向
	302	AND	100.05		左溜板油泵通
	303	ANDNOT	102.06		左Ⅰ挡纵向指示
	304	ANDNOT	102.07		左Ⅱ挡纵向指示
	305	ANDNOT	102.09		左Ⅱ挡横向指示
	306	OUT	102.08		左Ⅰ挡横向指示
24	307	LD	102.07		左Ⅱ挡纵向指示
	308	AND	201.05		左刀架运转中继
	309	OR	1.04		左Ⅱ挡纵向
	310	AND	100.05		左溜板油泵通
	311	ANDNOT	102.06		左Ⅰ挡纵向指示
	312	ANDNOT	102.08		左Ⅰ挡横向指示
	313	ANDNOT	102.09		左Ⅱ挡横向指示
	314	OUT	102.07		左Ⅱ挡纵向指示
25	315	LD	102.09		左Ⅱ挡横向指示
	316	AND	201.05		左刀架运转中继
	317	OR	1.05		左Ⅱ挡横向
	318	AND	100.05		左溜板油泵通
	319	ANDNOT	102.06		左Ⅰ挡纵向指示
	320	ANDNOT	102.07		左Ⅱ挡纵向指示
	321	ANDNOT	102.08		左Ⅰ挡横向指示
	322	OUT	102.09		左Ⅱ挡横向指示

图15-39　左刀架挡位指示助记符图

15.5　轧辊车床 PLC 与人机界面的连接

前面已经完成 PLC 程序设计和触摸屏画面组态，需要进一步建立 C200HS 型 PLC 与触摸屏画面的通信，本节主要介绍 NT5Z 型人机界面和 PLC 的串口及如何进行通信设置。通过了解人机界面与 PLC 的通信规则，来进一步掌握触摸屏及 PLC 的用法。通信口的实际外观图能显示串口一些特征，适合初学者参考。

对于 PLC 与 NT5Z 型人机界面连线，采用 COM1 口，其协议为 RS232。图 15-40 给出了 COM1 口排线顺序图，它按照从右至左，从上到下依次排序。其中端子 2 为接收数据端（RXD），端子 3 为发送数据端（TXD），端子 5 为接地端子（GND），端子 7 为请求发送端（RTS），端子 8 为允许发送端（CTS），其余为空端子。

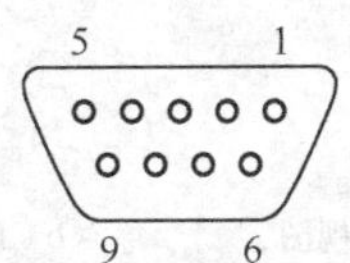

图15-40　9针D型口外观图

人机界面参数设置如图 15-41 所示，控制器通信口需要与触摸屏的通信口一致，设为 COM1 口。同时，人机界面通信端口也要保持一致，统一设定为 RS232，波特率为 9600。其余参数为人机默认值。

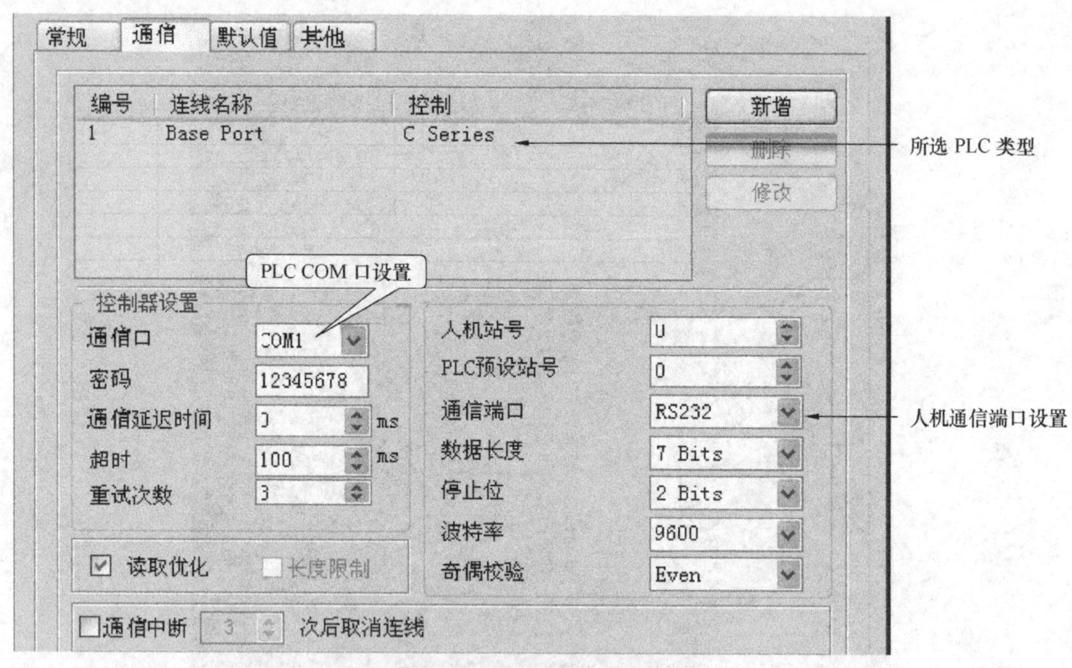

图15-41　NT5Z型人机界面设置

PLC 采用相应的 9 针 D 型串口线，其接线方式如图 15-42 所示。PLC D 型口外观正视图及 1 号端子如图 15-42（a）所示，其排线顺序与 NT5Z 相反。图 15-42（b）为接线端子 RS232 协议连接方式：人机发送端（3）对应连接 PLC 的接收端（3）、PLC 的发送端（2）对应连接人机接收端（2）、人机的接地线（5）与 PLC 的地线（9）相连、PLC 的端子 4 和 5 短接，其余空接。

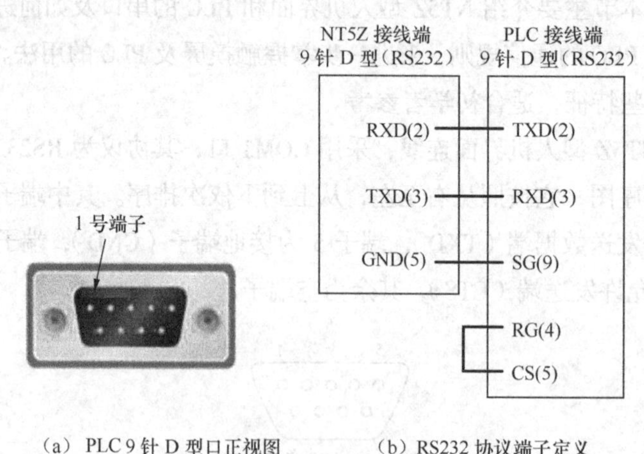

（a）PLC 9 针 D 型口正视图　　（b）RS232 协议端子定义

图15-42　触摸屏与PLC通信端子说明

15.6　本章小结

本章主要介绍了欧姆龙 C200HS PLC 及触摸屏在轧辊车床上的应用，通过对轧辊车床

基本功能及运动方式的介绍，增加了读者对 PLC 各个通道的地址分配及 PLC 程序设计的认识；通过介绍轧辊车床和人机界面的参数，使读者进一步熟悉了欧姆龙 PLC、触摸屏及电机选型的方法；对 PLC 各个模块硬件连线图进行了详细说明，目的是进一步了解利用欧姆龙 PLC 如何完成对轧辊车床的控制，并对 PLC 中每个外部接点的含义有了深刻认识，有利于系统掌握 PLC 的硬件组成；按照轧辊车床完成的功能，利用组态图加标注的方法，将轧辊车床的组态任务进行了图解，从而能直观看出每个组态画面所要完成的功能，易于初学者掌握工程中的基本组态；同时还强调了一些基本程序指令在实际应用中应注意的问题，使读者在以后应用或设计中能够引起重视；最后介绍了 PLC 与触摸屏的通信设置，使读者进一步掌握 PLC 与触摸屏建立通信的方法。

特别加入了梯形图和指令表的描述，用这两种方式对轧辊车床控制程序进行介绍，使得读者能进一步了解梯形图与指令表的区别，并从中掌握一些特殊指令的应用。

本章实例代表性强，内容全面，条理清楚，重点突出，图表丰富，内容简单易懂，满足广大初学者及工程设计人员的需要。

参考文献

[1] 苟晓卫，汪国民，田昕，岂兴明．PLC 触摸屏快速入门与实践．北京：人民邮电出版社，2011．

[2] 周丽芳，罗志勇，罗萍，岂兴明．三菱系列 PLC 快速入门与实践．北京：人民邮电出版社，2010．

[3] 李乃夫，吴萍，刘文新．PLC 与触摸屏应用技术．北京：电子工业出版社，2018．

[4] 李响初，李哲，刘拥华．跟我动手学 PLC 与触摸屏．北京：中国电力出版社，2013．

[5] 肖威，李庆海．PLC 及触摸屏组态控制技术．北京：电子工业出版社，2013．

[6] 阳胜峰，吴志敏．西门子 PLC 与变频器 触摸屏综合应用教程．北京：中国电力出版社，2009．

[7] 刘华波，刘丹，赵岩岭、马艳、山炳强．西门子 S7-1200PLC 编程与应用．北京：机械工业出版社，2016．

[8] 廖长初．S7-1200PLC 编程与应用．北京：机械工业出版社，2010．